基础化学

（第三版）

主　编	桑　潇	麻文胜	李炳诗
副主编	沈　娟	徐瑞东	石　刚
	袁翔宇	冯文文	
参　编	张　栩	梁　志	杨玉婷
	赵　强	曹小冬	张　悦
	侯春玲		

华中科技大学出版社
http://press.hust.edu.cn
中国·武汉

内 容 提 要

全书分为化学基础、化学分析、有机化合物、化学基本实验四大模块。其理论知识包括绪论、分散系、理想气体的 $p\text{-}V\text{-}T$ 关系、化学反应速率及其影响因素、化学平衡概述、溶液中的酸碱平衡、溶液中的沉淀-溶解平衡、配合物、氧化还原反应与电极电势、物质结构基础;分析化学概述、定量分析中的误差与有效数字、滴定分析法;有机化学基础知识,脂肪烃,芳香烃,卤代烃,醇、酚、醚,醛、酮,羧酸及其衍生物,脂类和甾体化合物,糖,含氮有机化合物。化学基本实验部分包括基础化学实验基本常识及基础化学中较为典型的实验。

本书聚焦于基本概念、基本原理和基本方法,力求重点明确、语言简洁明了,强化化学的基础性与应用性。本书从知识应用的角度出发,增加了知识拓展内容。每章(除绪论外)列有学习目标、本章小结、目标检测、综合测评等,有助于培养学生自主学习能力。

本书可供高职高专化工、药学、环保、食品、生物、制药等专业学生使用,也可供轻纺、材料、冶金等专业学生选用。

图书在版编目(CIP)数据

基础化学 / 桑潇,麻文胜,李炳诗主编. -- 3 版. -- 武汉 : 华中科技大学出版社,2025. 8. -- ISBN 978-7-5772-2148-9

Ⅰ. O6

中国国家版本馆 CIP 数据核字第 20257CC637 号

基础化学(第三版)
Jichu Huaxue(Di-san Ban)

桑 潇 麻文胜 李炳诗 主编

策划编辑:王新华

责任编辑:李 佩

封面设计:刘 卉

责任校对:刘 竣

责任监印:曾 婷

出版发行:华中科技大学出版社(中国·武汉)　　　电话:(027)81321913
　　　　　武汉市东湖新技术开发区华工科技园　　　邮编:430223

录　排:华中科技大学惠友文印中心

印　刷:武汉市洪林印务有限公司

开　本:787mm×1092mm　1/16

印　张:28.75

字　数:752 千字

版　次:2025 年 8 月第 3 版第 1 次印刷

定　价:69.80 元

网络增值服务

使用说明

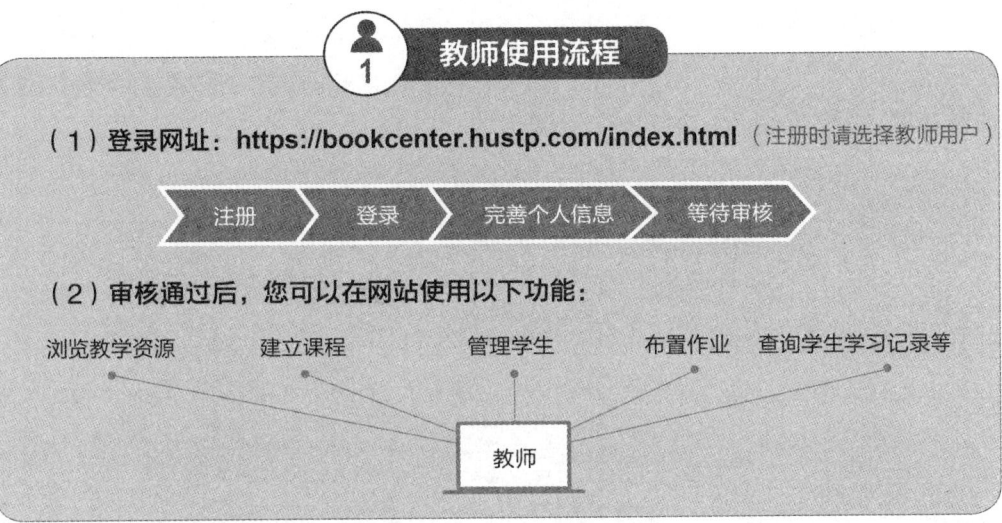

1 教师使用流程

（1）登录网址：**https://bookcenter.hustp.com/index.html**（注册时请选择教师用户）

注册 > 登录 > 完善个人信息 > 等待审核

（2）审核通过后，您可以在网站使用以下功能：

浏览教学资源　　建立课程　　管理学生　　布置作业　查询学生学习记录等

教师

2 学生使用流程

（建议学生在PC端完成注册、登录、完善个人信息的操作）

（1）PC 端学生操作步骤

① 登录网址：https://bookcenter.hustp.com/index.html（注册时请选择普通用户）

注册 > 完善个人信息 > 登录

② 查看课程资源：（如有学习码，请在个人中心-学习码验证中先验证，再进行操作）

选择课程

首页课程 > 课程详情页 > 查看课程资源

（2）手机端扫码操作步骤

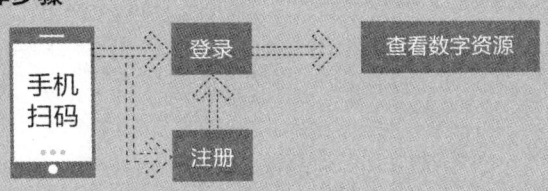

手机扫码 → 登录 → 查看数字资源
　　　　　↘ 注册 ↗

第三版前言

化学作为一门兼具创造性、实用性、综合性的中心学科，能够精准辨识物质形态，改变物质的状态、结构与性质，生成新物质。它不仅与国民经济关系密切，还是化工、药学、食品、环保、生物、制药等专业学习的基础。编好化学教材也是提高相关专业人才培养质量的重要保证。

随着高职高专教育教学改革的不断深化，按照"十四五"规划教材的要求，在汲取广大读者意见和建议、深入研究国内外近年来同类教材（尤其近几年的规划教材），以及多年教学实践的基础上，我们对《基础化学》（第二版）进行了修订。

本教材修订的指导思想：内容充分体现教材的传承和创新，坚持"三基"（基本理论、基本知识、基本技能）、"五性"（思想性、科学性、前沿性、启发性、适用性）的原则要求，反映化学基础专业教学核心思想和特点，使本教材注重规范、突出创新、贴近教学、贴近实践，提升质量，服务于高素质化工类人才的培养。

本教材的修订重点：①更新内容：增加了溶液的配制、压强对化学反应速率的影响、脂肪烃、芳香烃、卤代烃、理想气体的 p-V-T 关系，含氮有机化合物中增加了硝基化合物、腈；整合了化学平衡概述、溶液中的酸碱平衡、溶液中的沉淀-溶解平衡；增加的相关实验有影响化学反应速率因素的探究，蔗糖水解反应速率常数的测定，乙酸电离常数的测定，粗食盐的提纯与精制，配合物的生成与沉淀的转化，标准溶液的配制，有机化合物密度、熔点、黏度、折射率的测定，工业乙醇的蒸馏和分馏。②删除内容：分散系的部分内容、元素化学选述、旋光异构、部分实验。

本教材的特点：①本次再版在继承原版教材的编写思想和结构框架的基础上，突出了安全与环保、绿色化学的理念，增设了环保措施，确保学生安全操作。同时注重与国际接轨，对部分主要的化学专业术语括注了专业英语词汇。②本教材符合高职高专教育的特点，有利于职业能力的培养，实用性较强。书中采用了现行国家标准规定的术语、符号和单位，比如平衡常数的表示及应用，有机化合物的命名介绍了中国化学会发布的《有机化合物命名原则2017》，体现了规范性、科学性和先进性。③优化教材，适当降低难度，注重论述严谨、语言流畅简洁、层次分明、术语规范、图文并茂。④强化思政教育，注重创新能力、终身学习能力的培养。⑤强化实验技能培养，充分突出职业院校特色。⑥教材形式创新,实验部分以任务为载体,突出以学生为主体的特征。⑦与信息时代接轨,融合优质数字资源,部分学习资料及课后目标检测以二维码的形式呈现,学生线上完成目标检测,后台实现目标检测结果输出,提高学生学习效率,同时为学生过程性成绩提供依据。

本教材由桑潇、麻文胜、李炳诗担任主编,沈娟、徐瑞东、石刚、袁翔宇、冯文文担任副主编。化学基础模块编写分工如下:石刚、赵强(第一章),梁志(第二章),曹小冬、张悦(第三章),张栩(第四章),沈娟(第五章),杨玉婷(第六章),曹小冬(第七章),桑潇、曹小冬(第八、九、十章);化学分析模块编写分工如下:侯春玲(第一章),冯文文(第二章),冯文文、麻文胜(第三章);有机化合物模块编写分工如下:曹小冬(第一、三章),沈娟(第二章),桑潇(第四、十章),李炳诗(第五、六、七章),袁翔宇(第八章),徐瑞东(第九章),桑潇、袁翔宇(第十章);化学基本实验模块由桑潇、麻文胜完成。全书由桑潇统稿。

本教材编写过程中得到了编者所在院校领导以及华中科技大学出版社领导和编辑的大力支持与帮助,第一版、第二版教材的作者付出了大量的劳动和心血,打下了良好的基础,在此一并表示衷心的感谢。本教材内容汲取了其他优秀教材的精华,对本教材所引用文献资料的原作者深表谢意。

鉴于编者的学识及能力有限,书中难免存在不足之处,诚恳希望广大读者批评指正。

编 者

目录

模块一 化学基础

模块二 化学分析

模块三　有机化合物

模块四　化学基本实验

模块一

化学基础

第一章

绪　论

 学习目标

1. 了解化学及其发展过程；
2. 了解基础化学课程的内容、地位和作用；
3. 熟悉 SI 基本构成和我国法定计量单位；
4. 明确化学对生命、环境、药物、食品等的重要意义。

第一节　基础化学的内容与作用

化学是一门在原子、分子层次上研究物质的组成、结构、性质、变化规律及其应用的自然科学。化学的发展历史大致可以分为三个时期：17 世纪中叶以前的古代和中古时期，人类在炼金术、炼丹术、医药学的实践中获得了初步的化学知识。17 世纪后叶到 19 世纪末的近代化学时期，科学元素说和原子-分子论相继被提出，化学家发现元素周期律，建立碳的四面体结构和苯的六元环结构，确立原子量的概念和物质成分的分析方法，相继建立了无机化学、有机化学、物理化学和分析化学四大基础学科，化学实现了从经验到理论的重大飞跃，真正被确立为一门独立的科学。从 20 世纪开始，是现代化学时期。这一时期，化学的理论、研究方法、实验技术以及应用方面都发生了深刻的变化。化学的发展不仅突破原有的四大基础学科，衍生出如高分子化学、核化学、放射化学与生物化学等新的分支，而且在发展过程中还与其他学科交叉渗透形成多种边缘学科，如环境化学、农业化学、药物化学、材料化学、地球化学等。化学在其他学科中的应用，促进了电子学、生物学、药学、环境科学、计算机科学、工程学、地质学、食品科学、冶金学，以及其他许多领域的发展。化学已被公认为"21 世纪的一门中心科学"。

一、基础化学的内容和任务

基础化学以培养高素质、高技能应用型人才为目标,体现思想性、科学性、先进性、启发性和适用性的原则,对化工、医药学、环境、食品、园艺等相关专业学习中,必须掌握的无机化学、物理化学、分析化学、有机化学的基本理论、基本知识、基本技能进行精选和整合,突出了化学与医学、生物学、药学、环境学、营养学等的有机联系,强化化学在专业中的实际应用。基础化学的主要内容包括水溶液(稀溶液、电解质溶液、缓冲溶液、胶体溶液等)的性质(浓度、依数性、酸碱性和氧化还原性等),化学反应的基本原理(化学反应速率、化学平衡、电化学),物质(原子、分子)的结构,元素及化合物的性质与应用,化学分析,以及基本实验等。基础化学课程的任务是给大学一年级学生提供与专业相关的现代化学基本概念、基本原理及其应用的基本知识,同时通过实验课的训练,使学生掌握基本实验技能,提高动手能力。基础化学课程的目标,一方面是提高学生的科学素养,以利于学习后续课程;另一方面是提高学生分析和解决问题的能力,为学生将来从事专业工作提供更多的思路和方法。

二、基础化学的学习方法

基础化学提炼和融合了化学原理、物质结构基础知识、化学分析和元素、化合物的结构与性质等化学知识,覆盖面广,内容浓缩紧凑。高职高专教育理念指导下的教育教学改革后,基础化学的教学课时数大为减少,因此大学一年级学生要学好基础化学,必须尽快适应大学的课程内容和教学要求,在掌握基础知识和基本技能的同时,掌握高效的学习方法,进一步提高发现问题、分析问题和解决问题的能力。基础化学的学习方法如下。

(1) 以我为主,掌握主动。做到课前预习,要在每一章节课堂教学之前,通篇浏览,以求对内容及重点、难点有一定了解,安排好学习计划,提高学习效率。

(2) 专心听讲,积极思考。教师授课前对教学内容经过了精心组织,以突出重点、化解难点。教学方法和手段也常常是精心设计的,对理解很有帮助。听课时要紧跟教师的思路,注意教师提出问题、分析问题和解决问题的思路和方法,从中受到启发。听课时还应适当做些笔记,认真地记下讲课内容的重点,以备复习和深入思考。

(3) 对比归纳,学会总结。弄清基本概念,弄懂基本原理,处理好理解和记忆的关系,要在理解的基础上,记忆一些基本概念、基本原理和重要公式。学以致用,要在思考的基础上应用一些原理去说明或解决一些问题,在应用中加深对基本理论的理解和掌握。

(4) 课后复习,多做习题。课后复习是消化和掌握所学知识的重要过程。基础化学课程的特点是理论性强,知识点多,有的概念比较抽象,不要企图一听就懂、一看就会。做练习有利于深入理解、掌握和运用课程内容,要重视教材中例题和解题过程中的分析方法和技巧,以培养独立思考和分析问题、解决问题的能力。

(5) 自主学习,培养能力。除预习、听讲、复习、做练习外,阅读参考书刊、查阅专业网站是学习的重要途径,也是培养综合能力和创造精神的极好方法。只读教材,思路难免受到限制,如能查阅书刊和网上信息,不但可以加深对课程内容的理解,还可以扩大知识面,活跃思维,提高学习兴趣。大学阶段一定要为终身学习打好基础。

实验课是基础化学课程的重要组成部分,是理解和掌握课程内容,学习科学实验方法,培养动手能力的重要环节,必须予以足够的重视。

第二节 法定计量单位

计量制度的产生和发展是社会文明程度和科学发展水平的体现。在选定基本单位以后，再以一定的关系构成导出一系列完整的单位体系，称为单位制，它是科学研究、学习、应用及交流中必不可少的工具。

一、国际单位制简介

国际单位制是全世界几千年生产和科学技术发展的综合结果，是全世界的"法定计量单位制"。它于 1960 年由第 11 届国际计量大会(CGPM)正式通过，并经 1971 年第 14 届国际计量大会补充修改而成，用"SI"表示，是以米、千克、秒、安培、开尔文等七个单位为基本单位，以平面角的弧度、立体角的球面度为辅助单位，按一贯原则导出的单位制。国际单位制(SI)具有统一性、简明性、实用性、科学性、精确性及继承性等优点。

国际单位制(SI)由如下部分构成，在实际应用中，基本单位、导出单位以及它们的倍数是单独、交叉、混合或组合使用的，构成了可以覆盖整个科学技术领域的计量单位体系。

$$
国际单位制(SI)\begin{cases} SI\,单位\begin{cases} SI\,基本单位（表 1-1-1） \\ SI\,辅助单位 \\ SI\,导出单位（表 1-1-2） \end{cases} \\ SI\,词头（十进倍数和分数）（表 1-1-3） \end{cases}
$$

导出单位是用基本单位或辅助单位以代数式的乘、除数学运算所表示的单位，例如压强单位 $1\,Pa = 1\,N \cdot m^{-2}$。词头表示单位的倍数或分数，任何一个物理量只有一个 SI 单位，其他单位都是 SI 单位的十进倍数和分数单位。例如，质量的 SI 单位是千克(kg)，克(g)、毫克(mg)是它的分数单位；体积的 SI 单位是立方米(m^3)，立方厘米(cm^3)和立方毫米(mm^3)为其分数单位。

表 1-1-1 SI 基本单位

物理量		单位	
名称	符号	名称	符号
长度	L,l	米	m
质量	m	千克	kg
时间	t	秒	s
热力学温度	T	开[尔文]	K
物质的量	n	摩尔	mol
电流	I	安[培]	A
发光强度	I_v,I	坎[德拉]	Cd

注：无方括号的量的名称和单位名称为全称。方括号中的字，在不引起混淆、误解的情况下，可以省略。去掉括号中的字即为其名称的简称。下同。

表 1-1-2 部分 SI 导出单位

量的名称	SI 导出单位		
	名称	符号	SI 基本单位和 SI 导出单位表示
力,重力	牛[顿]	N	$1\ N=1\ kg\cdot m\cdot s^{-2}$
压强	帕[斯卡]	Pa	$1\ Pa=1\ N\cdot m^{-2}$
能[量],功,热量	焦[耳]	J	$1\ J=1\ N\cdot m$
电荷[量]	库[仑]	C	$1\ C=1\ A\cdot s$
电压,电动势,电位	伏[特]	V	$1\ V=1\ W\cdot A^{-1}$
电阻	欧[姆]	Ω	$1\ \Omega=1\ V\cdot A^{-1}$
电导	西[门子]	S	$1\ S=1\ \Omega^{-1}$
摄氏温度	摄氏度	℃	$1℃=1\ K$

表 1-1-3 部分 SI 词头

倍数	词头名称	词头符号	分数	词头名称	词头符号
10^1	十	da	10^{-1}	分	d
10^2	百	h	10^{-2}	厘	c
10^3	千	k	10^{-3}	毫	m
10^6	兆	M	10^{-6}	微	μ
10^9	吉[咖]	G	10^{-9}	纳[诺]	n
10^{12}	太[拉]	T	10^{-12}	皮[可]	p
10^{15}	拍[它]	P	10^{-15}	飞[母托]	f
10^{18}	艾[可萨]	E	10^{-18}	阿[托]	a

二、我国的法定计量单位

SI 是全世界通用的"法定计量单位制"。我国从 1984 年起全面推行以 SI 为基础的法定计量单位,规定一切属于 SI 的单位,都是我国的法定计量单位,并根据我国的实际情况,明确规定可采用若干与 SI 并用的非 SI 单位。表 1-1-4 收录了可与 SI 并用的我国法定计量单位。法定计量单位是适用于当今我国文化教育、经济建设以及科学技术各个领域的简单、科学、实用、先进的计量单位体系。本书所有用量和单位均遵照这套标准。

表 1-1-4 可与 SI 单位并用的我国法定计量单位

量的名称	单位名称	单位符号	与 SI 单位的关系
时间	分	min	$1\ min=60\ s$
	[小]时	h	$1\ h=60\ min=3600\ s$
	日(天)	d	$1\ d=24\ h=86400\ s$

续表

量的名称	单位名称	单位符号	与 SI 单位的关系
[平面]角	度	°	$1° = (\pi/180)$ rad
	[角]分	′	$1′ = (1/60)° = (\pi/10800)$ rad
	[角]秒	″	$1″ = (1/60)′ = (\pi/648000)$ rad
体积	升	L	$1\ L = 1\ dm^3$
质量	吨	t	$1\ t = 10^3\ kg$
	原子质量单位	u	$1\ u \approx 1.660540 \times 10^{-27}\ kg$
旋转速度	转每分	r/min	$1\ r/min = (1/60)\ r/s$
长度	海里	n mile	$1\ n\ mile = 1852\ m$(只用于航行)
速度	节	kn	$1\ kn = 1\ n\ mile/h = (1852/3600)\ m/s$ （只用于航行）
能	电子伏	eV	$1\ eV \approx 1.602177 \times 10^{-19}\ J$
级差	分贝	dB	
线密度	特[克斯]	tex	$1\ tex = 10^6\ kg/m$
面积	公顷	hm²	$1\ hm^2 = 10^4\ m^2$

国际标准和国家标准规定：①法定单位与词头的符号，不论拉丁字母或希腊字母，一律用正体，不附省略点，且无复数形式。②单位符号的字母一般用小写字体，如 m(米)，s(秒)；若单位名称来源于人名，则其符号的第一个字母用大写字体，如 W(瓦)，A(安)。③若单位名称来源于人名，则其符号的第一个字母用大写字体，其余用小写字体，如 Pa(帕)。④大于或等于 10^6 的词头，采用大写字体，其余词头为小写字体，如 MPa，km。⑤升的单位符号有"L""l"，当打字和印刷时，表示容积量值应避免英文字母"l"与阿拉伯数字"1"相混淆。

第三节　化学与人类

化学与社会的关系日益密切，从化学的角度能更加真实、深刻地反映出物质世界的多样性、复杂性和统一性。实践表明，人们运用化学的观点和知识来分析和解决诸如能源危机、粮食问题、环境污染、疾病流行等社会问题，可以得到更多的启示。

一、生理现象与化学反应

人体可被看作一个化学系统，一个每时每刻都在发生化学反应的反应器。人体的各种组织由蛋白质、核酸、脂类、糖、维生素、无机盐和水等物质组成，这些物质由 80 多种化学元素组成,多达上万种。整个生命过程包含极其复杂的物质变化,从出生、成长、繁衍到衰老,包括疾病和死亡等所有生命活动,都是化学变化的表现。生命活动如呼吸、消化、循环、排泄以及各种器官的生理活动,都是以体内的化学反应为基础的。人体的基本营养物质如糖、蛋白质、脂类、维生素、无机盐等在体内的代谢也同样遵循化学变化的基本原理和规律。生物化学就是在化学和生物学的基础上发展起来的,它运用化学的原理和方法,研究生物体内的物质组成、物质结构与功能以及物质代谢和能量变化等生命活动。

二、人体必需的化学元素

迄今已经命名的 118 种元素中,目前在人体内已检测出 81 种,这 81 种元素称为生命元素。按元素对人体正常生命的作用及含量,可将生命元素分为常量元素和微量元素,必需元素和非必需元素。

1. 常量元素和微量元素

(1) 常量元素 常量元素是指在体内质量分数大于 0.01% 的元素,共 11 种。它们约占人体重的 99.9%,其中氢、氧、碳、氮约占 95%,其余 7 种约占 4%。常量元素在人体内按含量由多到少的排列顺序为氧(O)、碳(C)、氢(H)、氮(N)、钙(Ca)、磷(P)、钾(K)、硫(S)、钠(Na)、氯(Cl)、镁(Mg)。常量元素是构成人体组织最主要的成分,人体若缺乏某种常量元素,会发生机能失调,但这种情况很少发生,因为在一般的饮食中均含有较多的常量元素。

(2) 微量元素 微量元素是指在体内质量分数小于 0.01% 的元素。各种微量元素在人体内的含量不同,对人体正常生命活动的作用也不同,有些是人体非必需的元素,例如铝、银、铅等;有些则是人体必需的元素,例如铁、锌、碘等。必需的微量元素是保证人体健康必不可少的。

2. 必需元素及其生物学功能简介

1) 必需元素的基本功能

世界卫生组织确认的人体必需的元素包括 11 种常量元素和 18 种微量元素。人体必需的微量元素有锌(Zn)、铜(Cu)、铁(Fe)、碘(I)、硒(Se)、铬(Cr)、钴(Co)、锰(Mn)、钼(Mo)、钒(V)、氟(F)、镍(Ni)、锶(Sr)、锡(Sn)、溴(Br)、砷(As)、硅(Si)、硼(B)。应当注意,"常量"和"微量","必需"和"非必需"的界限是相对的。首先,随着检测手段和诊断方法的进步和完善,非必需的元素可能会被发现是必需的。如砷,过去一直认为是有害元素,1975 年才认识到它的必需性。其次有一个量的问题,即使是必需元素,在体内也有一个最佳营养浓度,过量或不足都不利于健康。

研究表明,必需元素涉及生命活动的各个方面:氧、碳、氢、氮、磷、硫是生物高分子蛋白质、核酸、糖等的主要组成元素,是生命的基础;镁、钙、磷是骨骼、牙齿的重要成分;参与组成某些具有特殊功能的物质(如铁是血红蛋白的组分);维持体液的渗透压;维持机体的酸碱平衡和电解质平衡;维持神经系统的兴奋性,使机体具有接受环境刺激和做出反应的能力;通过生物酶的强化或抑制,影响代谢过程等。

2) 必需微量元素的特殊生理作用

人体内的必需微量元素含量虽然很少,但对于维持人体的生长发育、保护人体健康和防病治病意义重大。在此,简要介绍碘、铁、锌、硒、氟。

(1) 碘 碘(I)是甲状腺激素合成的必需元素,它通过甲状腺激素促进蛋白质的合成,活化 100 多种酶,调节能量代谢。甲状腺激素能加速各种物质的氧化过程,增加人体耗氧量和产

生热量。甲状腺激素可从多方面影响糖的代谢,与大脑的发育和功能活动也有密切关系,如在胚胎早期缺乏甲状腺激素,则脑部发育受影响,造成不可逆转的功能损害。人体缺碘会引起甲状腺肿大和地方性克汀病两大疾病。

(2) 铁　铁(Fe)是地壳含量居第四位的元素,是人体内含量最多的一种微量元素,约占体重的 0.0057%,为 3~4 g。铁作为含铁酶的组成成分,促进体内化学反应的进行。铁不仅是血红蛋白的组成成分,而且是细胞色素酶的组成成分,所以缺铁不仅会引起贫血,而且会引起细胞色素酶系活性减弱,导致氧化还原反应减慢、电子传递及能量代谢紊乱,影响人体免疫力。铁还是血红蛋白的重要组成成分,担负着将氧气从肺泡毛细血管运送到全身各组织细胞的重要任务。血液里如果缺乏铁,便无法将氧气运输到人体的各组织中,人便存在生命危险。

(3) 锌　锌(Zn)被医学界誉为"生命之花",是维系人体健康的重要微量元素之一,也是细胞所需的重要矿物质元素。锌分布于人体所有组织、器官、体液及分泌物中。它参与体内200多种金属酶和蛋白质、核酸的合成。锌能提高酶的活性,维持血浆中维生素 A 的平衡,影响维生素 C 的排泄量,并与脂肪酸和维生素 E 有协同作用。锌还参与多种代谢过程,包括糖、脂类、蛋白质与核酸的合成和降解。人体缺锌会导致一系列代谢紊乱及病理变化,引起营养性侏儒症和肠病性肢端皮炎等多种疾病。

(4) 硒　硒(Se)是人类生长、发育过程中重要的必需微量元素之一。它广泛存在于人体组织和器官之中,人的各重要器官包括大脑、心脏、肾脏、肝脏、胰脏等,都需要一定量的硒以维持正常功能。硒具有抗氧化、抗衰老,保护修复细胞,提高红细胞的携氧能力和人体免疫力,解毒排毒等生理功能。硒还称为"抗癌之王"。缺硒会导致头晕目眩、胸闷气短、心慌,患克山病、大骨节病、心血管病、糖尿病、肝病、前列腺病、心脏病、癌症等多种疾病。但硒摄入量过高,会使人头痛、精神错乱、肌肉萎缩,甚至中毒死亡。

(5) 氟　氟(F)是生物钙化作用所必需的物质。人体对饮食中氟的含量最为敏感。适量氟有利于钙和磷在骨骼中沉积,增强骨骼的硬度,并降低硫化物的溶解度,对骨骼被吸收起抑制作用;但过量的氟与钙结合形成氟化钙,沉积于骨组织中会使之硬化,引起血钙降低,从而使甲状腺激素分泌增加而动员骨钙入血,最终使骨基质溶解,引起骨质疏松和软化。氟也是牙齿的组成部分,氟能被牙釉质中的羟磷灰石吸附,形成坚硬的氟磷灰石保护层,它能抵抗酸性腐蚀,并能抑制嗜酸细菌的活性,对抗某些酶对牙齿的损害,防止龋齿的发生。但过量的氟又能使牙釉受到损害,出现牙根发黑,牙面发黄、粗糙失去光泽,牙齿发脆而容易折断等症状。长期摄入高剂量的氟化物,可能导致癌症、神经疾病以及内分泌系统功能失常。

三、化学与食品

食品是指可食的、含有易消化营养素的特殊的化学物质。供人类食用的食品,不仅要有足够的营养,还要注意营养均衡,为此应当了解食品的主要化学成分,建立化学与食品的联系。

1. 食品的主要化学成分

食品的主要化学成分又称维持生命活动的六大营养物质,主要包括水、无机盐或矿物质、维生素、脂类、蛋白质和糖。

(1) 水　水是维持动植物和人类生存必不可少的物质之一,作为食品,许多动植物一般含有 60%~90% 水,有的甚至更高。在动植物体内,水不仅以自由水状态存在,溶解可溶性物质(例如糖和许多盐)而构成溶液,使淀粉、蛋白质等亲水性高分子分散在其中,形成凝胶来保持一定形态的膨胀体;而且水还能与食品成分中的蛋白质活性基($—OH$,$=NH$,$—COOH$,$—CONH_2$)、糖的活性基($—OH$)以氢键结合成为不能自由移动的结合水,表现出与一般液态水不同的性质。

(2) 无机盐或矿物质　在生命元素中,除 C、H、O、N 等构成各种有机化合物和水外,其余元素均以无机盐或矿物质形式存在,并具有一定的化学形态和生理功能。这些形态包括游离的水合离子,与生物大分子(如蛋白质和酶)或小分子配体形成的配合物,以及构成某一器官或组织的难溶化合物等。矿物质虽仅占体重的 4% 左右,需要量也不像蛋白质、脂类、糖那样大,但它们是构成人体组织和维持正常生理活动所不可缺少的物质。人体内的矿物质主要来自作为食物的动植物组织,其次来自饮水、食盐和食品添加剂等。

(3) 维生素　维生素是一类结构和性质上并无共同特征的相对分子质量较低的有机化合物,在天然食品中含量极少,在人体内含量甚微,但却是人体生长和健康所必需的。它们与蛋白质、脂类、糖不同,维生素在人体内不能产生热量,也不参与人体细胞、组织的构成,但却参与调节人体的新陈代谢,促进生长发育,祛除某些疾病,并能提高人体抵抗力。维生素按其溶解性可分为脂溶性维生素(维生素 A、维生素 D、维生素 E、维生素 K)和水溶性维生素(B 族维生素和维生素 C)两大类。维生素在人体内不能合成,必须从食物中摄取。食品中维生素最主要的来源有蔬菜、水果、动物肝脏、鸡蛋、豆类和奶类等。

(4) 脂类　脂类是脂肪和类脂的总称,是一类重要的营养物质。天然食品中都含有脂类,在植物组织中,脂类主要存在于种子或果仁中,在根、茎、叶中含量较少;动物体内脂类主要存在于皮下组织、腹腔、肝及肌肉间的结缔组织中;许多微生物细胞中也能积累脂类。

(5) 蛋白质　蛋白质是一种化学结构非常复杂的含氮有机高分子。组成蛋白质的元素主要有碳、氢、氧和氮四种,有的蛋白质中还含有硫、磷、铁、镁、碘等元素。蛋白质是食品的主要营养成分之一。我国的膳食蛋白质主要从畜禽肉类、蛋类、鱼类、奶类、豆类、薯类、蔬菜类等食品中取得。谷类食品的蛋白质含量虽然不高,但作为主食每日摄入,成年人每日摄入量一般达500 g 左右,所以,谷类蛋白质是膳食蛋白质的重要来源,占我国人民膳食蛋白质的 60%~70%。

(6) 糖　糖由 C、H、O 三种元素构成,是食品的重要成分,也是自然界中最丰富的有机化合物。糖主要存在于植物体内,是绿色植物经过光合作用的产物,占植物体干重的 50%~80%。动物体内不能直接合成糖,因此,糖主要是由植物性食品供给。淀粉是糖在自然界中最主要的存在形式。

2. 食品化学成分的主要反应

食品经过原料生产、储藏、运输、加工等过程,主要成分可能发生以下化学变化:食品的褐变;脂类的水解、氧化和降解;蛋白质变性、水解与降解;糖的合成与水解;维生素的降解和损失及酶的催化降解等。这些变化一方面对食品加工过程具有重要意义,还可为生命活动提供营养、能量等;另一方面也可能使食品的品质下降或失去食用价值。因此,化学在食品的加工和储藏中发挥着重要作用,如可以通过检测确定食品的安全性;为加工工艺的最优设计提供保障;避免营养元素在加工过程中过多损失;为有效地控制伪劣产品提供手段等。

四、化学与药物

最初的化学就同医药学建立了特殊的联系,这种联系伴随着科技的进步和学科的发展越来越紧密。几乎所有具有治疗、缓解、预防和诊断疾病以及调节机体功能的药品都是化学物

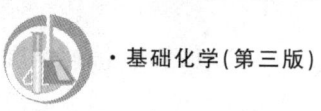

质,药品制备、生产过程都是化学反应过程或与化学反应过程密切相关。

药物的主要作用是调整因疾病而引起的机体的种种异常变化,抑制或杀死病原微生物,帮助机体抵抗感染。药物的药理作用和疗效是与其化学结构及性质相关的。例如,碳酸氢钠、乳酸钠等药物,因为在水溶液中呈碱性,所以是临床上常用的抗酸药,主要用于治疗糖尿病及肾炎等引起的代谢性酸中毒。氯化钾可用于治疗低钾血症。钙是人体的必需元素,钙缺乏能造成骨骼畸形、手足抽搐、骨质疏松等许多疾病,老人与儿童常需要服用葡萄糖酸钙、乳酸钙等药物以防止钙的缺乏。顺式二氯二氨合铂(Ⅱ)是第一代抗癌药物,能抑制癌细胞 DNA 的复制,抑制癌细胞的生长,从而达到治疗的目的。由于药物在防病和治病方面的重要作用,越来越多的科学家、医学家为开发利用新的药物而进行不懈的探索和实验。据统计,第一次世界大战前,医生能够使用的重要药物只有乙醚、阿片以及它们的衍生物,而第二次世界大战之后,出现了一系列新的药物如磺胺类药、阿司匹林、抗生素、麻醉药、维生素等,如今新的药物更是层出不穷。而药物的研制、生产、鉴定、保存及新药的合成等,都需要丰富的化学知识。

另外,在临床上,经常运用化学原理和化学方法对人体组织和体液进行分析检验,为诊断疾病提供科学的依据。例如,要确诊糖尿病,需要用化学方法检测尿液中葡萄糖、丙酮等的含量;要判断肝和心肌的功能,也需要测定血液中转氨酶活性的变化等。

五、化学与环境

人类赖以生存的环境由自然环境和社会环境组成。自然环境是人类生活和生产所必需的自然条件和自然资源的总称,是由化学物质构成的。社会环境是人类在自然环境的基础上,为不断提高物质生活水平和精神生活水平,通过长期有计划、有目的地发展,逐步创造和建立起来的一种人工环境。社会环境是人类物质文明和精神文明发展的标志,它随经济和科学技术的发展而不断地变化。显然,化学在利用自然资源创建优良社会环境过程中发挥了重要作用。

目前,由于急剧的人口增长、急速发展的工业化进程、不合理地利用自然资源造成的生态环境破坏等诸多因素,环境问题越来越突出。人类为了继续生存和发展,就必须保护和改善环境,了解环境污染的情况和原因,并制定相应的对策。我们必须能够回答下列问题:在空气、水、土壤和食品中,存在着哪些潜在的有害物质?这些物质来自何方?有何方案——代用品或改变生产工艺能缓解和消除已存在的问题?某物质的危险程度与接触程度的依赖关系如何?在众多的可用的改进提案中,应如何做出正确选择?因此化学仍然承担着重要的责任。

1. 水中的化学污染物

水是一种宝贵的自然资源,是人类生活和动植物生长所必需的物质,也是生产、建设不可缺少的物质。由于物质的可溶性,水成为多种物质的优良溶剂或清洗剂。也正因为水的这种性质,其极易被污染。

引起水体污染的原因有自然污染和人为污染两个方面,人为污染是主要因素。自然污染是自然原因所造成的,如特殊地质条件使某些地区有某种化学元素大量富集、天然植物在腐烂过程中产生某种毒物,以及降雨淋洗大气和地面后夹带各种物质流入水体。人为污染是人类在生活和生产活动中给水源带进了污染物,包括生活污水、工业废水、农田排水和矿山排水等。此外,废渣和垃圾经降雨淋洗流入水体也会造成污染。就污染物的化学成分而言,有酸、碱等无机化合物、重金属(毒性较大的有汞、镉、铬、铅等)、氰化物(如 HCN、NaCN),有毒有机化合物(有机氯农药、有机磷农药、合成洗涤剂、多氯联苯等)、无毒有机化合物(碳氢化合物、脂类、无毒营养物、石油等),以及放射性污染等多种。消除水污染的有效措施是减少污染物的排放、寻找化学替代品或将污染物转化为无害化学品。

2. 大气中的化学污染物

20 世纪 30 年代以来,随着工业和交通运输的迅速发展,向大气中排放大量烟尘、有害气体和金属氧化物等,使某些物质的浓度超过了正常水平(大气本底值),以至破坏生态系统和人类正常的生存和发展条件,对人和动植物等产生有害的影响,这就是大气污染。在目前的大气污染问题中,较突出的是酸雨、温室效应、臭氧层空洞和光化学烟雾等。

人为排放的大气污染物有数十种之多,其中排放量最多、危害较大的有以下五种。

(1)颗粒物质 大气是由各种固体或液体粒子均匀地分散在空气中形成的一个庞大的分散系(气溶胶),气溶胶中分散的各种粒子(除水外)称为大气颗粒物质,包括尘、烟、雾等。颗粒污染物主要来自燃料燃烧过程中形成的煤烟、飞灰,各种工业过程排放的原料或产品粒子,汽车排放的含铅化合物,以及化石燃料燃烧排放的 SO_2 在一定条件下转化的硫酸盐等。近年来,我国部分城市不断出现的雾霾,均与大气中的颗粒物质(PM2.5 和 PM10)严重超标有很大的关系。

(2)硫氧化物(SO_x) 大气中含硫氧化物主要是 SO_2,还有小部分 SO_3。这些硫氧化物主要来自发电厂和供热厂中含硫化石燃料的燃烧,其次是冶炼厂、硫酸厂的排放气,有机化合物的分解和燃烧,海洋及火山活动等。由 SO_2、SO_3 等形成的酸雨同温室效应(全球气候变暖)、臭氧层破坏(臭氧层空洞)已成为举世瞩目的三大全球性公害,严重威胁着全球动植物的生存。

(3)氮氧化物(NO_x) 氮氧化物的种类很多,造成大气污染的主要是 NO 和 NO_2 等。它们主要来自矿物燃料的高温燃烧(如汽车、飞机、内燃机及工业窑炉的燃烧);另外生产、使用硝酸(HNO_3)工厂的排放气,氮肥厂、有机中间体厂、有色及黑色金属冶炼厂的某些生产过程也产生氮氧化物。氮氧化物对环境的损害作用极大,它既是形成酸雨的主要物质之一,也是形成大气中光化学烟雾的重要物质。

(4)CO 和 CO_2 CO 是人类向大气排放量最大的污染物,主要来自燃料的不完全燃烧。其中由汽车等移动源燃烧产生的 CO 量逐年增加,占人为污染源排放的 CO 总量的 70% 左右。现代发达国家城市空气中的 CO 有 80% 是汽车排放的。

CO_2 与 CO 不同,它本身没有毒性,因此过去不把 CO_2 列为污染物,但从长远来看,CO_2 也是相当重要的污染物。CO_2 是一种温室气体,其含量的不断增加会引起全球气候变暖。全球气候变暖会给人类带来极大危害,例如病虫害增加,海平面上升,气候反常,海洋风暴增多,土地干旱,沙漠化面积增大等。因此,温室效应已作为重大大气污染问题引起人们极大的关注。

(5)烃类(C_xH_y) 烃类污染物是通过炼油厂排放气、汽车油箱的蒸发、工业生产及固定燃烧污染源等进入大气的。其中一个很重要的来源是汽车尾气,汽车尾气中常含有相当量的未燃尽的烃类,这些烃类大多是饱和烃。更为严重的是,一小部分由饱和烃裂解而产生的活性较高的烯烃,在大气环境中受强烈的紫外线照射,极易与 O_2、NO 及 O_3 等发生反应,生成光化学烟雾中的有害成分。光化学烟雾污染已成为一个世界性的问题而逐渐引起人们的关注。

其他大气有机污染物中,首推氟利昂(二氯二氟甲烷)。它们在大气中的平均寿命达数百年,所以 20 世纪中期以后大量排放到空气中的氟利昂,现在大部分仍留在大气层中。进入平流层的氟利昂,在一定的气象条件下,会在强烈紫外线的作用下被分解,分解释放出的氯原子

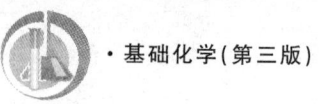

会同臭氧发生连锁反应,不断破坏臭氧层,导致太阳光中的紫外线得不到过滤与减弱,对人体及环境产生巨大伤害。

综 合 测 评

目标检测

一、填空题

1. 国际单位制(SI)由_____和_____单位组成。其中 SI 单位分为 SI 基本单位和_____两大部分。SI 单位的倍数单位由 SI 词头加 SI 单位构成。

2. 我国的法定计量单位包括_____和_____两部分,其中体积升(L)属于_____计量单位。

3. 人为排放的大气污染物有很多,其中排放量最多、危害较大的主要有_____、SO_x、_____、CO 和 CO_2 及_____等五种。

4. 食品的原料生产、储藏、运输、加工过程将发生一系列化学变化,这些变化主要包括食品的褐变;_____;蛋白质的变性、水解与降解;_____;维生素的降解和损失及酶的催化降解等。

5. 按元素对人体正常生命活动的作用及含量将生命元素分为_____和_____,常量元素和_____。

二、问答题

1. 为什么说化学是一门中心科学?试举几例说明。

2. 基础化学课程的主要内容及特点是什么?

3. 简述化学与药学的关系。

4. 如何从化学的角度认识环境问题?

5. SI 单位由哪几部分组成?

第二章

分 散 系

 **学习目标**

1. 了解分散系的分类、特征；
2. 掌握溶液浓度的几种常用表示方法及基本计算；
3. 了解稀溶液的依数性、渗透压的产生原理；
4. 知道胶体分散系、粗分散系及表面活性物质的基础知识与应用，具备用化学知识解决日常生活以及医药学相关问题的能力。

第一节 分散系及其分类

一、分散系概述

将一部分物质从其他物质中划分出来，作为研究对象，这一部分物质称为系统或体系。体系中物理性质和化学性质完全均匀的部分称为相。根据体系中相的数目不同，体系可分为均相体系（单相体系）与非均相体系（多相体系）。如乙醇与水彼此能完全互溶，乙醇的水溶液为均相体系。苯难溶于水，苯与水组成的体系为非均相体系。

通常把一种或几种物质分散到另一种物质中所形成的体系称为分散系。其中被分散的物质称为分散质（或分散相），另一种物质称为分散剂（或分散介质）。例如，碘分散在酒精（乙醇）中形成的碘酒，脂肪等以细小粒子分散在水中形成的牛奶，泥土分散在水中形成的泥浆等都是分散系。其中碘、脂肪、泥土为分散质，酒精（乙醇）、水为分散剂。

二、分散系的分类与特性

物质被分散的程度不同，其粒子大小也不同，分散系的某些性质也会发生变化。根据分散

质粒子的大小,分散系可分为溶液、胶体、粗分散系三种类型。

1. 溶液

分散质为单个分子或离子,粒子直径小于 1 nm(10^{-9} m)的分散系称为真溶液,简称溶液。分散质与分散剂间无界面。若将其置于密闭容器中,无论放置多久,分散质与分散剂都不会发生分离,表现出均相、稳定、透明等性质。由于其分散质粒子较小,因而能透过滤纸与半透膜,扩散速率较大。

2. 胶体

分散质粒子直径为 1~100 nm 的分散系,称为胶体分散系,简称胶体。根据分散相粒子的聚集状态及性质不同,胶体又可分为溶胶和高分子溶液。其中溶胶的分散质是由许多分子、原子或离子构成的不溶于分散剂的聚集体,分散质与分散剂之间存在着明显的界面,久置易发生分散质与分散剂的分离——聚沉,表现为高度分散性、非均相性和聚结不稳定等性质,如 $Fe(OH)_3$、As_2S_3 等溶胶。高分子溶液的分散质是单个高分子,分散质与分散剂间无界面,久置也不发生分离,表现为均相、稳定透明、不能透过半透膜、扩散慢等性质,如蛋白质的水溶液等。

3. 粗分散系

分散质粒子直径大于 100 nm 的分散系,称为粗分散系。由于分散质粒子较大,系统呈混浊状态,分散质与分散剂之间有着明显的界面,久置易分层或聚沉,表现为非均相、不稳定、不能透过半透膜等性质。若分散质粒子为固体粒子,则称为悬浊液,如泥浆、药用炉甘石洗剂等;分散相粒子为液体的粗分散系,称为乳状液,如牛奶、豆浆等。

第二节　溶　　液

一、溶液浓度及其表示方法

溶液是由溶质和溶剂两部分组成的高度分散系。在工农业生产、日常生活和医疗卫生中会经常接触到溶液,如人体内的血液、细胞液及各种腺体的分泌液都是溶液。在实验室及日常生活及工作中经常会遇到与溶液浓度相关的问题,医药上为了保证用药的安全与效果,需要知道用药的剂量,而用药的多少则与药物的浓度有关。

溶液的浓度是指一定量溶液或溶剂中所含溶质的量。表示溶液浓度的方法有多种,常用的有以下几种。

1. 物质的量浓度

物质的量浓度指溶液中溶质 B 的物质的量 n_B(mol)与溶液体积 V(m^3)之比,用符号 c_B 表示。

$$c_B = \frac{n_B}{V} \tag{1-2-1}$$

式中:c_B 为溶液的物质的量浓度,单位是 $mol \cdot m^{-3}$,以及 $mol \cdot L^{-1}$、$mmol \cdot L^{-1}$ 等;n_B 为溶质的物质的量,单位是 mol;V 为溶液的体积,单位是 m^3,化学上常用升(L)或毫升(mL)。

在计算溶质的物质的量(n)时,一般需要知道该物质的质量(m)和摩尔质量(M),三者之间有以下关系:

$$n(\mathrm{mol}) = \frac{m(\mathrm{g})}{M(\mathrm{g \cdot mol^{-1}})}$$

例 1-2-1 每 100 mL 生理盐水注射液中含 0.90 g NaCl,试计算该溶液的物质的量浓度。($M_{\mathrm{NaCl}} = 58.5 \mathrm{~g \cdot mol^{-1}}$)

解 根据公式
$$c_{\mathrm{B}} = \frac{n_{\mathrm{B}}}{V} \qquad n_{\mathrm{B}} = \frac{m_{\mathrm{B}}}{M_{\mathrm{B}}}$$

得
$$n_{\mathrm{NaCl}} = \frac{0.90 \mathrm{~g}}{58.5 \mathrm{~g \cdot mol^{-1}}} = 0.0154 \mathrm{~mol}$$

$$c_{\mathrm{NaCl}} = \frac{0.0154 \mathrm{~mol}}{0.1 \mathrm{~L}} = 0.154 \mathrm{~mol \cdot L^{-1}}$$

即生理盐水的物质的量浓度为 $0.154 \mathrm{~mol \cdot L^{-1}}$。

2. 质量分数

质量分数是指溶液中溶质 B 的质量与溶液总质量之比,或溶液中某种溶质质量占溶液总质量的百分比,用符号 w_{B} 表示。

$$w_{\mathrm{B}} = \frac{m_{\mathrm{B}}}{m} \qquad \qquad (1\text{-}2\text{-}2)$$

式中:m_{B} 为溶质 B 的质量;m 为溶液总质量;w_{B} 为溶质 B 的质量分数,无单位,可以用小数或百分数表示,如市售浓盐酸中 HCl 的质量分数为 0.37 或 37%。

例 1-2-2 如何将 15 g 氯化钠配制成 w_{NaCl} 为 0.25 的氯化钠溶液?

解 将有关数据代入下式:
$$w_{\mathrm{NaCl}} = \frac{m_{\mathrm{NaCl}}}{m_{\mathrm{NaCl}} + m_{\mathrm{H_2O}}}$$

得
$$0.25 = \frac{15}{15 + m_{\mathrm{H_2O}}}$$

可以计算出
$$m_{\mathrm{H_2O}} = 45 \mathrm{~g}$$

即将 15 g 固体 NaCl 溶于 45 g 纯水中,可配制成质量分数为 0.25 的氯化钠溶液。

3. 质量浓度

质量浓度是指溶液中溶质 B 的质量 $m_{\mathrm{B}}(\mathrm{kg})$ 与溶液体积 $V(\mathrm{m^3})$ 之比,用符号 ρ_{B} 表示。

$$\rho_{\mathrm{B}} = \frac{m_{\mathrm{B}}}{V} \qquad \qquad (1\text{-}2\text{-}3)$$

式中:V 为溶液的体积,单位是 $\mathrm{m^3}$,化学上常用升(L)或毫升(mL);m_{B} 为溶质 B 的质量,单位是 kg,化学上常用 g 或 mg;ρ_{B} 为溶液的质量浓度,单位常用 $\mathrm{kg \cdot L^{-1}}$、$\mathrm{g \cdot L^{-1}}$ 或 $\mathrm{mg \cdot L^{-1}}$。

注意:溶液的密度为溶液的质量与溶液的体积之比,符号为 ρ,单位是 $\mathrm{kg \cdot L^{-1}}$ 或 $\mathrm{g \cdot mL^{-1}}$。溶液的质量浓度与溶液的密度符号相似,但意义不同。

例 1-2-3 临床上常用 0.9% 的氯化钠注射液和 5% 的葡萄糖注射液,求此两种注射液的质量浓度。

解 因为两种注射液均为稀溶液,其相对密度近似为 1,即 100 g 溶液体积为 100 mL。根据公式

$$\rho_B = \frac{m_B}{V}$$

得

$$\rho_{NaCl} = \frac{0.9\ g}{0.1\ L} = 9\ g \cdot L^{-1}$$

$$\rho_{C_6H_{12}O_6} = \frac{5\ g}{0.1\ L} = 50\ g \cdot L^{-1}$$

即氯化钠注射液与葡萄糖注射液的质量浓度分别为 $9\ g \cdot L^{-1}$ 和 $50\ g \cdot L^{-1}$。

4. 体积分数

体积分数指在相同的温度与压强下,溶质 B 的体积 V_B 与溶液总体积 V 之比,用符号 φ_B 表示。

$$\varphi_B = \frac{V_B}{V} \tag{1-2-4}$$

式中:V_B 为溶质 B 的体积,单位是 m^3,化学上常用 L 或 mL;V 为溶液的体积,单位是 m^3,化学上常用 L 或 mL;φ_B 为体积分数。

体积分数无单位,可用小数或百分数表示。如乙醇消毒液的体积分数为 0.75 或 75%。

5. 质量摩尔浓度

质量摩尔浓度是指溶液的单位质量溶剂中,所含溶质 B 的物质的量,用符号 b_B 表示。

$$b_B = \frac{n_B}{m_A} \tag{1-2-5}$$

式中:n_B 为溶质的物质的量,单位是 mol;m_A 为溶剂的质量,单位是 kg;b_B 为质量摩尔浓度,单位是 $mol \cdot kg^{-1}$。

质量摩尔浓度的优点是其值不受温度的影响。对于极稀的水溶液,由于其相对密度近似为 1,所以 c_B 与 b_B 的数值几乎相等。

二、溶液的配制与稀释

溶液的配制、稀释属于化学实验技能中的基本操作。配制一定组成的溶液时,既可以用纯物质直接配制,也可以通过已有溶液的稀释或混合来完成。

1. 溶液的配制

(1) 一定浓度及质量溶液的配制　方法是根据需要或计算,称取一定质量的溶质与一定质量的溶剂,然后将两者混合均匀即可。

例 1-2-4　如何配制生理盐水(0.9% NaCl 溶液)500 g?

解　根据公式(1-2-2)可知,500 g 生理盐水中含有溶质 NaCl 的质量为

$$m_{NaCl} = \omega_{NaCl}m = 0.9\% \times 500\ g = 4.5\ g$$

配制该溶液所用溶剂水的质量为

$$m_{H_2O} = m - m_{NaCl} = 500\ g - 4.5\ g = 495.5\ g$$

配制方法:称量 4.5 g 纯净的固体 NaCl 溶解在 495.5 g 纯净水中,混合均匀即可得到 500 g 生理盐水。

(2) 一定浓度及体积溶液的配制　方法是根据需要或计算,将一定质量的溶质与适量的溶剂混合,待完全溶解后,再加溶剂至所需体积,搅拌均匀即可。

例 1-2-5 如何配制 $0.10 \text{ mol} \cdot \text{L}^{-1}$ NaOH 溶液 250 mL? (已知 $M_{\text{NaOH}} = 40 \text{ g} \cdot \text{mol}^{-1}$)

解 根据题意,由公式(1-2-1)及 $n_{\text{B}} = \dfrac{m_{\text{B}}}{M_{\text{B}}}$ 得

所需 NaOH 的质量

$$m_{\text{NaCl}} = c_{\text{NaCl}} V M_{\text{NaCl}} = 0.10 \text{ mol} \cdot \text{L}^{-1} \times 0.25 \text{ L} \times 40 \text{ g} \cdot \text{mol}^{-1} = 1.0 \text{ g}$$

配制方法:精确称量 1.0 g 固体 NaOH,放入烧杯内,加少量蒸馏水溶解后,转移至 250 mL 容量瓶内。再用少量蒸馏水冲洗烧杯 2~3 次,冲洗后的液体一并转移至容量瓶内。加水至容量瓶刻度线的 2/3 处时,摇匀。再加水至刻度线附近,改用胶头滴管滴加至刻度线,摇匀后倒入试剂瓶中,并贴好标签。

一般溶液配制的基本步骤:①根据条件计算;②称量(或移取);③溶解(或稀释);④定量转移;⑤定容;⑥倒入试剂瓶中,并贴好标签。

注意:一般情况下,在配制溶液时,用台秤称量物质的质量,用量筒量取溶剂的体积;如果需要精确配制溶液的浓度,则需用分析天平称量物质的质量,用容量瓶定容,配制溶液。

2. 溶液的稀释

在浓溶液中加入一定量溶剂,得到所需浓度溶液的操作过程,称为溶液的稀释。在稀释过程中,由于只加溶剂而不加入溶质,所以溶液稀释前后,溶质的量(质量或物质的量)保持不变。即

稀释前溶质的物质的量＝稀释后溶质的物质的量

或

稀释前溶质的质量＝稀释后溶质的质量

这就是溶液的稀释定律。

设浓溶液的物质的量浓度为 c_1,体积为 V_1;稀溶液的物质的量浓度为 c_2,体积为 V_2。则溶液的稀释公式为

$$c_1 V_1 = c_2 V_2 \tag{1-2-6a}$$

在应用溶液的稀释公式时应注意,等式两边的单位要保持一致。

若是质量分数(或体积分数),则有

$$w_1 m_1 = w_2 m_2 \tag{1-2-6b}$$

$$\varphi_1 V_1 = \varphi_2 V_2 \tag{1-2-6c}$$

例 1-2-6 用 95% 乙醇 500 mL,能配制 75% 消毒乙醇多少毫升?如何配制?

解 设配制的 75% 消毒乙醇的体积为 V_2,根据稀释公式(1-2-6c)及题意得

$$0.95 \times 500 \text{ mL} = 0.75 V_2$$

解得

$$V_2 = 633 \text{ mL}$$

配制方法:用量筒准确量取 95% 乙醇 500 mL,倒入 1000 mL 烧杯中,再用量筒准确量取蒸馏水 133 mL,缓慢倒入上述烧杯中,用玻璃棒轻轻搅拌均匀,即得 75% 消毒乙醇约 633 mL。

第三节　稀溶液的依数性

当溶质与溶剂组成溶液时,溶液的某些物理性质会发生变化,性质各异,但有些溶液,特别是稀溶液具有一些共同的性质,如蒸气压下降、凝固点降低、沸点升高、渗透压等。这些性质只

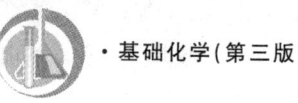

与溶液中溶质的粒子数有关,而与溶质的本性无关,通常把这种性质称为稀溶液的依数性。稀溶液(一般指浓度小于或等于 $0.2\ mol \cdot kg^{-1}$ 的溶液)的依数性有明显的规律性,在日常生活及生命科学中极为重要。

一、蒸气压下降

1. 溶剂的蒸气压

在一定温度下,将某种纯溶剂放在密闭容器中,由于分子的无规则热运动,液面上一些能量高的分子就会逸出液面,扩散到容器上部空间形成气态分子,即进入气相,此过程称为蒸发。同时,气相的蒸气分子接触到液面又变成液态分子进入液相,此过程称为凝结。当蒸发速率与凝结速率相等时,气相与液相建立平衡,此时液面上蒸气的压强是恒定的,称为液体在该温度下的饱和蒸气压,简称蒸气压,一般用 $p^{\ominus}$ 表示。

蒸气压的大小与物质的本性和温度有关,而与容器的大小、物质的质量等无关。不同物质在相同温度下具有不同的蒸气压,如水在 293 K 时的蒸气压为 2.34 kPa,而苯在此温度下的蒸气压则为 9.96 kPa。同一物质的蒸气压随着温度的升高而增大,如水在 303 K 时的蒸气压为 4.24 kPa,在 373 K 时的蒸气压为 101.3 kPa。

固体也有蒸气压,一般情况下,大多数固体的蒸气压都很小,如冰在 273 K 时的蒸气压为 0.61 kPa。

通常把常温下蒸气压较低的物质(固体或液体)称为难挥发性物质,如硫酸、NaCl 等;把蒸气压较高的物质称为易挥发性物质,如乙醇、苯、萘等。对于稀溶液,一般只考虑溶剂的蒸气压,而忽略难挥发溶质的蒸气压。

2. 溶液的蒸气压下降

在一定温度下,纯溶剂的蒸气压($p^{\ominus}$)是个定值。如果在溶剂中加入难挥发性溶质,进入溶剂中的溶质分子要占据溶液的部分液面,单位时间内逸出液面的溶剂分子数就会减少,溶液中的溶剂将在较低的蒸气压下与它的蒸气达到平衡,这时的蒸气压称为溶液的蒸气压,一般用 p 表示,显然 $p < p^{\ominus}$ 。一般把溶液的蒸气压小于纯溶剂的蒸气压的现象,称为溶液的蒸气压下降。一般溶液的浓度越大,其蒸气压下降就越多,如图 1-2-1、图 1-2-2 所示。

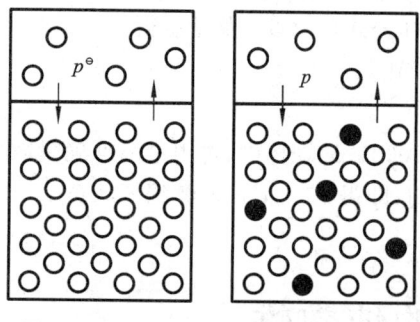

图 1-2-1 纯溶剂、溶液的蒸发示意图

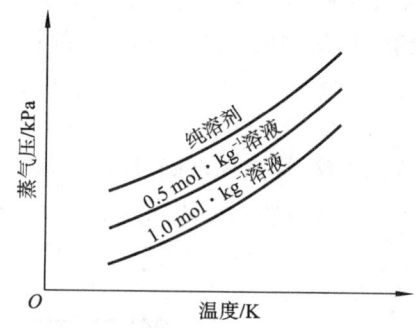

图 1-2-2 纯溶剂与溶液蒸气压曲线

1887 年,法国物理学家拉乌尔(Raoult)根据大量实验结果,总结出一条规律:在一定温度下,难挥发的非电解质稀溶液的蒸气压降低值与溶解在溶剂中的溶质的摩尔分数成正比。

$$\Delta p = p_A^* - p_A = p_A^* x_B \tag{1-2-7}$$

式中：Δp 为稀溶液的蒸气压下降值，Pa；p_A^* 为纯溶剂的饱和蒸气压，Pa；p_A 为稀溶液的蒸气压，Pa。

由式(1-2-7)可知，稀溶液的蒸气压下降只与溶质的微粒数目有关，与溶质的本性无关。即稀溶液的蒸气压下降具有依数性。

二、凝固点降低

1. 溶剂的凝固点

在一定外压下，物质液相蒸气压与其固相蒸气压相等，固相与液相平衡共存的温度，称为液体的凝固点。例如，在 101.3 kPa 时，水的冰点是 273.15 K，此时冰与水的蒸气压均为

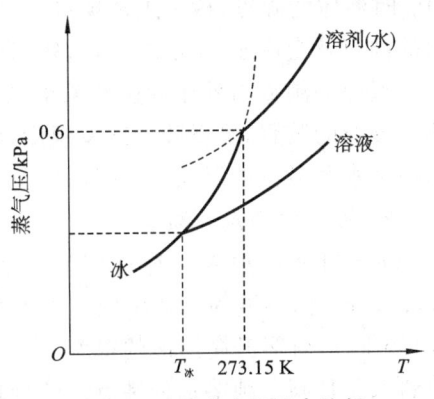

0.6105 kPa，二者可平衡共存；温度低于 273.15 K 时，水的蒸气压大于冰的蒸气压，水就会自动不断地结冰；温度高于 273.15 K 时，冰的蒸气压大于水的蒸气压，冰则会不断融化为水。

2. 溶液的凝固点降低

稀溶液凝固时得到的固相并非固态溶液，而是纯溶剂。因此，溶液的凝固点是溶液中溶剂的蒸气压与固相纯溶剂的蒸气压相等时的温度。由于溶液的蒸气压总是低于同温度下纯溶剂的蒸气压，只有在较低温度（低于纯溶剂的凝固点）下，才能使固-液建立新的平

图 1-2-3　稀溶液凝固点降低

衡。因此，溶液的凝固点总是低于纯溶剂的凝固点，而且溶液浓度越大，凝固点降低得就越多，这一现象称为溶液的凝固点降低。如图 1-2-3 所示，溶液的凝固点（$T_冰$）低于纯溶剂（水）的凝固点（273.15 K）。

拉乌尔定律指出：稀溶液凝固点降低与溶质的质量摩尔浓度成正比，与溶质的本性无关。即

$$\Delta T_f = T_f^* - T_f = K_f b_B \tag{1-2-8}$$

式中：ΔT_f 为凝固点降低值，K；T_f 为溶液的凝固点，K；T_f^* 为纯溶剂的凝固点，K；b_B 为溶质的质量摩尔浓度；K_f 为溶剂的凝固点降低常数，仅取决于溶剂的本性，与溶质性质无关。

表 1-2-1 列出了几种溶剂的凝固点降低常数。

表 1-2-1　几种溶剂的凝固点及凝固点降低常数

溶　　剂	水	乙酸	环己烷	苯	萘	三溴甲烷
T_f^*/K	273.15	289.75	279.65	278.65	353.5	280.95
$K_f/(K \cdot kg \cdot mol^{-1})$	1.86	3.90	20.0	5.10	6.90	14.4

例 1-2-7　在 100 g 苯中加入 2.67 g 萘，测定溶液的凝固点下降了 1.07 K，试求萘的摩尔质量。

解
$$\Delta T_f = K_f b_B = \frac{K_f m_B}{M_B m_A}$$

$$M_B = \frac{K_f m_B}{\Delta T_f m_A} = \frac{5.10 \ K \cdot kg \cdot mol^{-1} \times 2.67 \ g}{1.07 \ K \times 100 \times 10^{-3} \ kg} = 127.3 \ g \cdot mol^{-1}$$

所以萘的摩尔质量为 127.3 g·mol⁻¹。

三、沸点升高

1. 纯溶剂的沸点

加热一种液体时,随着温度的升高,液体蒸气压逐渐增大,当液体的蒸气压等于外压时,就会沸腾,这时气、液两相平衡共存,该温度称为液体的沸点。因此,沸点是指一种液体的蒸气压等于外压时,气、液两相平衡共存的温度。达到沸点时,若继续加热沸腾,液体的温度不再上升,此时提供的热能仅用于克服分子间作用力而使液体不断蒸发,直至液体全部蒸发。因此,纯溶剂的沸点是恒定的。

液体的沸点与外压的大小有密切的关系,外压越大,液体的沸点就越高。当外压为 101.3 kPa 时液体的沸点,称为正常沸点。如水的正常沸点为 373.15 K,当外压高于 101.3 kPa 时,水的沸点就会高于 373.15 K,当外压低于 101.3 kPa 时,水的沸点就会低于 373.15 K。

液体的沸点与外压的这种关系,已被广泛应用于生产和科学实验中。如利用减压蒸馏或减压浓缩的装置,可以降低蒸发温度,防止某些热敏性物质被破坏。临床上利用高压灭菌,可以提高水及蒸汽的温度,从而提高灭菌效能。

2. 溶液的沸点升高

如果在水中加入一种难挥发的溶质,溶液中水的蒸气压就会下降。因此,当温度达到 373.15 K 时,溶液的蒸气压低于 101.3 kPa,溶液就不会沸腾。为使溶液中溶剂的蒸气压达到 101.3 kPa,就需升高溶液的温度,这样才能使溶液沸腾,如图 1-2-4 所示,$T_1 > T_0$。可见溶液的沸点总是高于纯溶剂的沸点。这种现象称为溶液的沸点升高。

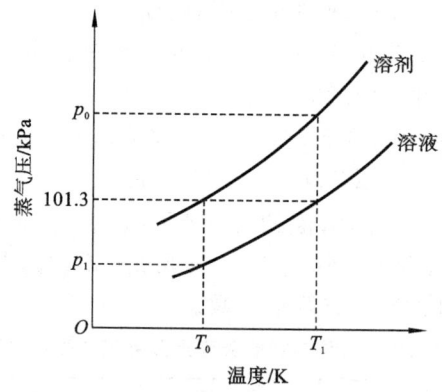

图 1-2-4　稀溶液的沸点升高

溶液的浓度越大,蒸气压就越低,其沸点就越高。例如,常温下饱和食盐水溶液的沸点为 381.95 K,比纯水的沸点高。在实验室,为了提高水浴温度,在水中加入食盐就是利用溶液沸点升高这个原理。

实验结果表明,稀溶液的沸点升高也与溶液的质量摩尔浓度成正比。即

$$\Delta T_b = T_b - T_b^* = K_b b_B \tag{1-2-9}$$

式中:ΔT_b 为沸点升高值,K;T_b 为溶液的沸点,K;T_b^* 为纯溶剂的沸点,K;K_b 为溶剂的沸点升高常数,$K \cdot kg \cdot mol^{-1}$,仅取决于溶剂的本性,而与溶质的性质无关。

表 1-2-2 列出了几种常见溶剂的沸点升高常数 K_b。

表 1-2-2　几种常见溶剂的沸点及沸点升高常数

溶　剂	水	乙醇	丙酮	环己烷	苯	氯仿	四氯化碳
T_b^*/K	373.15	351.48	329.3	353.25	353.25	334.35	349.87
$K_b/(K \cdot kg \cdot mol^{-1})$	0.512	1.20	1.72	2.60	2.53	3.85	5.02

例 1-2-8　烟草的有害成分为尼古丁,其实验式为 C_5H_7N,现将 538 mg 尼古丁溶于 10.0 g 水中,所得溶液在 101.3 kPa 下的沸点是 100.17 ℃,试求尼古丁的分子式。

解　根据公式
$$\Delta T_b = T_b - T_b^* = K_b b_B = \frac{K_b m_b}{M_b m_A} \times 1000$$

得
$$M_B = \frac{K_b m_b}{\Delta T_b m_A} \times 1000$$

$$= \frac{0.512 \times 538 \times 10^{-3} \times 1000}{0.17 \times 10.0} \ g \cdot mol^{-1}$$

$$= 162.03 \ g \cdot mol^{-1}$$

因此尼古丁的分子式为 $(C_5H_7N)_2$,即为双分子缔合。

四、渗透压

1. 渗透现象和渗透压

在一杯水中滴入一滴蓝墨水,很快就会发现水变为蓝色。在盛有浓蔗糖水溶液的水杯中,小心加上一层清水,一段时间后可以成为浓度均匀的蔗糖水溶液。这种物质由高浓度区域向低浓度区域定向迁移的过程,称为扩散。任何纯溶剂与溶液之间,或两种浓度不同的溶液相互接触时,都会存在扩散现象。

如果用一种只允许溶剂水分子通过,而溶质大分子不能通过的半透膜把蔗糖水溶液和纯水隔开(图 1-2-5、图 1-2-6),可以看到水分子通过半透膜,由纯水进入蔗糖水溶液中,使溶液体积增大,浓度降低。如果将两种浓度不同的溶液也用半透膜隔开,结果是稀溶液中的溶剂分子通过半透膜进入浓溶液中。这种溶剂分子通过半透膜,由纯溶剂进入稀溶液或由稀溶液进入浓溶液的现象,称为渗透现象,简称渗透。

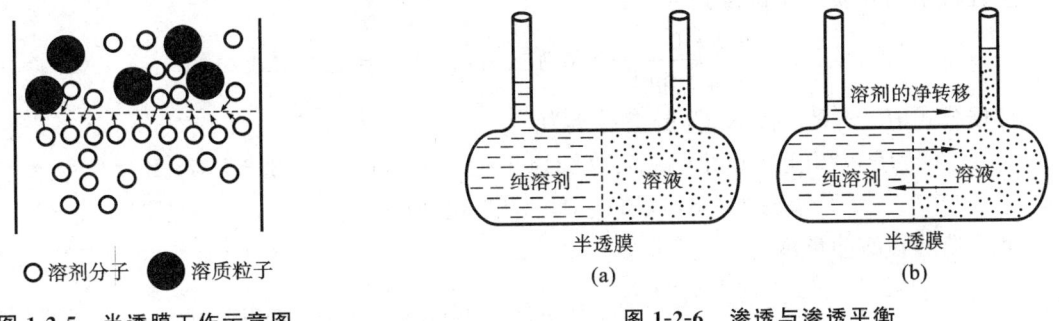

○溶剂分子　●溶质粒子

图 1-2-5　半透膜工作示意图

图 1-2-6　渗透与渗透平衡

为了阻止渗透现象发生,可在溶液液面上额外施加一定的压强。通常把这种为了阻止溶剂从纯溶剂向溶液中渗透,而需要施加的压强,称为溶液的渗透压。

溶液的渗透压只有在半透膜两侧分别为纯溶剂和溶液时,才能表现出来。如果用半透膜

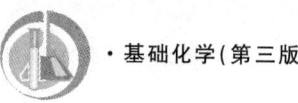

将两种浓度不同的溶液隔开,为了阻止渗透现象发生,也必须在浓溶液液面上施加一定的压强,但此时的压强既不是浓溶液的渗透压,也不是稀溶液的渗透压,而是两种溶液的渗透压之差。

渗透现象是经常发生的,产生渗透现象必须具备两个条件:一是有半透膜;二是半透膜两侧的液体中,所含溶质的数量或浓度不同。渗透总是溶剂分子从纯溶剂向溶液或从稀溶液向浓溶液方向进行。

常用的半透膜有膀胱膜、硫酸纸、玻璃纸以及人工制造的羊皮纸、火棉胶膜等。机体内的细胞膜、毛细血管壁等都是生物半透膜,其半透性不完全,往往可以使少量小分子溶质或离子透过。

2. 渗透压与浓度、温度的关系

1886 年荷兰物理学家范特霍夫(van't Hoff)根据实验结果提出:非电解质稀溶液渗透压与溶液浓度、温度之间的关系,类似理想气体的状态方程,即

$$\Pi V = nRT \text{ 或 } \Pi = cRT \tag{1-2-10}$$

式中:Π 为溶液的渗透压,kPa;V 为溶液的体积,m^3;n 为物质的量,mol;c 为物质的量浓度,$mol \cdot m^{-3}$;R 为摩尔气体常数,其值为 8.314 $J \cdot K^{-1} \cdot mol^{-1}$;$T$ 为热力学温度,K。

此式表明,在温度一定的条件下,稀溶液的渗透压与溶液的物质的量浓度成正比而与溶质的本性无关,这个定律称为范特霍夫定律。不同的非电解质溶液,只要浓度相同,其渗透压就相同,如 0.3 $mol \cdot L^{-1}$ 葡萄糖溶液与 0.3 $mol \cdot L^{-1}$ 蔗糖溶液在 37 ℃时它们的渗透压相等,均为 772.8 kPa。

对于强电解质溶液,情况则有所不同,由于强电解质全部电离,单位体积溶液中所含溶质质点数要比相同浓度的非电解质溶液多,因此渗透压也较大。在利用上述公式计算渗透压时必须引入一个校正因子 i。即

$$\Pi = icRT \tag{1-2-11}$$

式中:i 是溶质的一个分子在溶液中电离后的质点数。如对于 KCl,$i = 2$,对于 $AlCl_3$,$i = 4$ 等。

例 1-2-9 分别计算生理盐水(9 $g \cdot L^{-1}$ NaCl)和 50 $g \cdot L^{-1}$ 葡萄糖($C_6H_{12}O_6$)溶液在 37 ℃(310 K)时的渗透压。

解 已知 $M_{NaCl} = 58.5 \ g \cdot mol^{-1}$,$M_{C_6H_{12}O_6} = 180 \ g \cdot mol^{-1}$。

生理盐水的物质的量浓度为

$$c_{NaCl} = \frac{9 \ g \cdot L^{-1}}{58.5 \ g \cdot mol^{-1}} = 0.154 \ mol \cdot L^{-1} = 154 \ mol \cdot m^{-3}$$

根据公式 $\Pi = icRT$ 得 NaCl 的渗透压为

$$\Pi = 2 \times 154 \ mol \cdot m^{-3} \times 8.314 \ J \cdot K^{-1} \cdot mol^{-1} \times (273+37) \ K$$
$$= 2 \times 154 \times 8.314 \times 310 \ Pa = 793.82 \ kPa$$

葡萄糖的物质的量浓度为

$$c_{C_6H_{12}O_6} = \frac{50 \ g \cdot L^{-1}}{180 \ g \cdot mol^{-1}} = 0.278 \ mol \cdot L^{-1} = 278 \ mol \cdot m^{-3}$$

$C_6H_{12}O_6$ 的渗透压为

$$\Pi = cRT = 278 \ mol \cdot m^{-3} \times 8.314 \ J \cdot K^{-1} \cdot mol^{-1} \times 310 \ K$$
$$= 278 \times 8.314 \times 310 \ Pa = 716.5 \ kPa$$

3. 渗透压的应用

（1）医学中的渗透浓度　溶液都有渗透压,人的体液中含有电解质与非电解质等组分,体液的渗透压取决于单位体积体液中各种分子及离子的总数,即取决于能产生渗透效应的各种分子及离子的总数,医学上称之为渗透浓度,其单位为 mol·L^{-1}。由范特霍夫定律可知,渗透压与渗透浓度成正比,故医学上常用渗透浓度直接表示渗透压的大小。如生理盐水(9 g·L^{-1} NaCl)的渗透浓度为 0.308 mol·L^{-1},葡萄糖溶液(50 g·L^{-1})的渗透浓度为 0.278 mol·L^{-1}。

（2）等渗、低渗与高渗溶液　在相同温度下,当两种溶液的渗透压相等时,这两种溶液互为等渗溶液。对于渗透压不相等的两种溶液,渗透压高的称为高渗溶液,渗透压低的则为低渗溶液。

医学上的等渗、低渗、高渗溶液是以血浆渗透压(或渗透浓度)为标准来衡量的,正常人血浆的渗透浓度约为 0.3 mol·L^{-1}。临床上规定,凡渗透浓度在 0.28～0.32 mol·L^{-1} 范围的溶液,称为等渗溶液。如临床上使用的生理盐水(9 g·L^{-1} NaCl)、50 g·L^{-1} 葡萄糖溶液、19 g·L^{-1} 的乳酸钠溶液、12.5 g·L^{-1} 碳酸氢钠溶液等都是等渗溶液。渗透浓度低于 0.28 mol·L^{-1} 的溶液,称为低渗溶液;渗透浓度高于 0.32 mol·L^{-1} 的溶液,称为高渗溶液。

等渗溶液在临床应用上有很重要的意义,输液是临床治疗中常用的处置方法之一,输液的一个根本原则是不因输液而影响血浆渗透压。这是因为红细胞具有半透膜的性质,正常情况下的红细胞,其膜内的细胞液与膜外的血浆是等渗的。静脉滴注等渗溶液,不会破坏红细胞的正常生理功能。若大量滴注低渗溶液,血浆被稀释,血浆中的水分通过细胞膜向细胞内渗透,结果会使红细胞不断增大,直至破裂而出现溶血现象。若大量滴注高渗溶液,血浆浓度增大,使红细胞内的细胞液向血浆渗透,结果会使红细胞萎缩,易黏合在一起形成"团块",这些"团块"聚集在小血管中可能形成"血栓"(图 1-2-7)。如果基于某种治疗需要,输入少量高渗溶液也是允许的,但输入量与速度都必须严格控制。

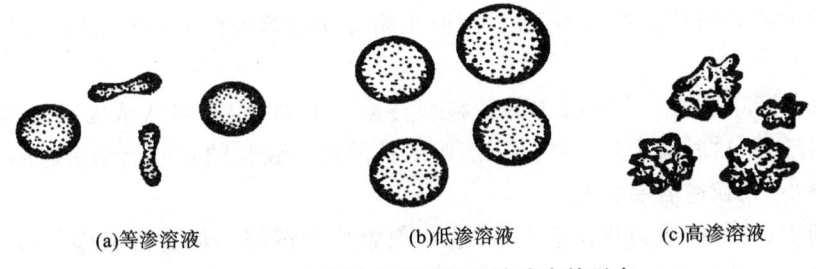

(a)等渗溶液　　　(b)低渗溶液　　　(c)高渗溶液

图 1-2-7　红细胞在不同浓度溶液中的形态

第四节　胶　　体

胶体是分散相粒子的大小在 1～100 nm 范围的一种分散系,许多蛋白质溶液、淋巴液、血液等属于胶体。胶体又可分为溶胶和高分子溶液,习惯上把难溶性固体分散在水中形成的胶体溶液称为溶胶,溶胶的分散相与分散介质间存在着巨大的相界面,是一种不稳定的体系。

一、溶胶的基本性质

溶胶的胶粒是由大量的原子(分子或离子)构成的聚集体。粒径为 $1\sim100$ nm 的胶粒分散在分散介质中,具有多相性、高度分散性和聚结不稳定性等基本特性,其动力学性质、光学性质和电学性质都是由这些基本特性引起的。

1. 溶胶的动力学性质

(1) 布朗运动   1827 年,英国植物学家布朗(Brown)在显微镜下观察悬浮在水面上的花粉和孢子时,发现它们处于不停的无规则运动之中,而且温度越高,胶粒的质量越轻,介质的黏度越小,这种无规则运动就表现得越明显,后来人们称这种运动为布朗运动。布朗运动的本质在很长一段时间内没有得到阐明,直到 19 世纪初,人们才用分子运动论阐明了布朗运动产生的原因。布朗运动是介质分子热运动撞击悬浮胶粒的结果,如果胶粒很大,介质分子在各个方向上对胶粒的撞击力相互抵消,胶粒可能静止不动,因此大胶粒观察不到布朗运动;若胶粒比较小,某一瞬间胶粒在各个方向受到的撞击力不能相互抵消,合力使胶粒向某一方向运动。显然合力的方向随时会发生变化,所以胶粒的运动方向也在不断地变化,这就是胶粒的布朗运动。如图 1-2-8 所示。

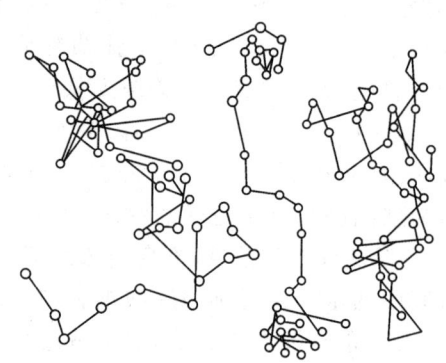

图 1-2-8   布朗运动

布朗运动是胶体分散系特有的性质,胶粒质量越小,温度越高,运动速率越大,布朗运动越剧烈。运动着的胶粒可使其本身不下沉,因而布朗运动是溶胶稳定的一个因素,即溶胶具有动力学稳定性。

(2) 扩散和沉降平衡   当溶胶中的胶粒存在浓度差时,胶粒将从浓度高的区域向浓度低的区域做定向迁移,这种现象称为扩散。溶胶的扩散是由胶粒的布朗运动引起的。温度越高,溶胶的黏度越小,胶粒越容易扩散。

在重力场中,胶粒因重力作用而下沉,这一现象称为沉降。粗分散系中,分散相粒子大而且重,无布朗运动,扩散力接近于零,在重力作用下很快沉降。胶体中,胶粒较小,扩散和沉降两种作用同时存在。当沉降速率等于扩散速率时,胶粒的浓度从上到下逐渐增大,形成一个稳定的浓度梯度,这种状态称为沉降平衡。

2. 溶胶的光学性质

光线照射分散系时,可观察到不同的现象,根据胶粒的大小,光可以被吸收、散射或者反射。当胶粒的直径超过入射光波长时,光在胶粒表面会发生反射,例如粗分散系对可见光(波长为 $4\times10^{-7}\sim7\times10^{-7}$ m)具有反射作用,所以悬浊液、乳状液等粗分散系是混浊不透明的。当胶粒的直径略小于入射光波长时,光波就环绕胶粒向各个方向散射,每个胶粒本身就好像一个光源,可向各个不同方向发出乳光,即发生散射现象。如果入射光波长远大于分散相胶粒直径,则光线会透过分散系,可观察到透明的液体。

丁达尔发现,在暗室内用一束光线照射溶胶或溶液时,在与光束垂直的方向观察,只有溶胶可以看到一个明显发亮的光锥,如图 1-2-9 所示。一般把溶胶的这一性质,称为丁达尔现象(又称丁铎尔现象)。丁达尔现象是胶粒对光散射的结果,是鉴别溶胶与溶液及高分子溶液常用的方法。

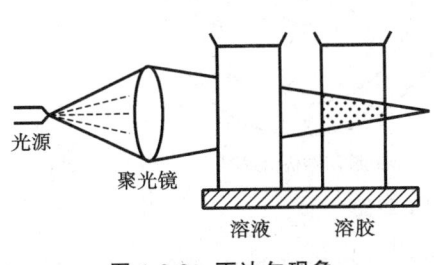

图 1-2-9　丁达尔现象

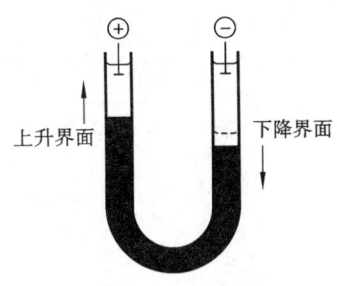

图 1-2-10　电泳示意图

3. 溶胶的电学性质

溶胶的电学性质又称电动现象,是指胶粒的运动与电性能之间关系所产生的现象。

电泳是胶体最典型的电学性质。若在一支 U 形管内注入有色溶胶,小心地在溶胶表面注入无色的电解质溶液,使溶胶与电解质溶液之间保持清晰的界面,并使液面在同一水平高度。在电解质溶液中插入电极,接通直流电后,可见 U 形管内有色溶胶的界面发生变化,一侧界面上升,另一侧界面下降,如图 1-2-10 所示。这种在电场作用下,胶粒在分散介质中定向移动的现象,称为电泳。

从电泳方向可以判断胶粒的带电性质。金属氢氧化物溶胶(如 $Fe(OH)_3$)的胶粒带正电,在电场中向负极移动,称为正溶胶;金属硫化物、硅酸、金、银等溶胶,其胶粒带负电,在电场中向正极移动,称为负溶胶。

目前电泳技术在氨基酸、多肽、蛋白质及核酸等物质的分离和鉴定方面均有广泛的应用。

二、胶体的稳定与聚沉

溶胶是高度分散的、多相的、不稳定体系,而事实上很多溶胶又能长时间稳定存在。这是什么原因? 在什么条件下溶胶将发生聚沉? 它们对于解决许多实际问题具有重要意义。

1. 胶团的结构

胶粒的结构相当复杂,一般由胶核、吸附层和扩散层构成。其中胶核由许多原子或分子聚集而成,位于胶粒的中心;胶核周围是由吸附在核表面上的定位离子、部分反离子和溶剂分子组成的吸附层,胶核和吸附层合称为胶粒,胶粒是带电的;吸附层以外由反离子组成扩散层,胶核、吸附层和扩散层构成胶团,整个胶团是电中性的。

例如,用 KI 和 $AgNO_3$ 制备 AgI 溶胶时,$(AgI)_m$ 为胶核。如果 KI 过量,胶核吸附 n 个 I^- 为定位离子,使胶核表面带负电。由于静电作用,胶核吸引部分反离子即 $(n-x)$ 个 K^+ 进入吸附层,另外 x 个反离子(K^+)构成扩散层,图 1-2-11 是 AgI 的胶团结构示意图。

图 1-2-11 中 m 表示胶核中 AgI 的粒子数,一般较大。n 为胶核吸附定位离子(I^-)的数目,n 较 m 小得多,$n-x$ 是吸附层中 K^+ 的数目。由结构图可以看出,胶粒是带负电的,在电场中将向正极或阳极移动。如果制备 AgI 溶胶时 $AgNO_3$ 过量,则胶核表面带正电,定位离子是 Ag^+,反离子是 NO_3^-。

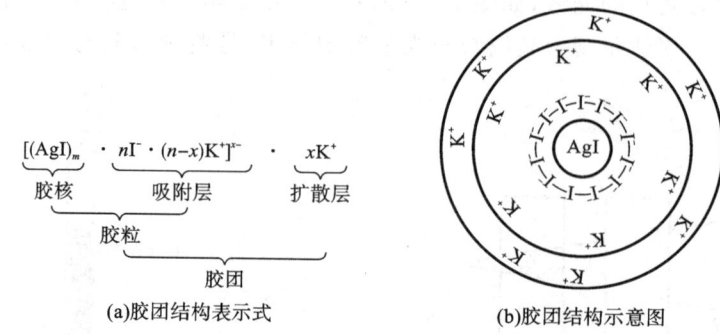

(a)胶团结构表示式   (b)胶团结构示意图

图 1-2-11   AgI 胶团结构示意图

由胶团结构可知,通常所说溶胶带正电或带负电是针对胶粒而言,其电性取决于胶核吸附的定位离子,而带电的多少则由定位离子与吸附层中的反离子所带电荷之差决定。

化学上还有几种常见的胶团,其结构如下所示:

$$\{(AgI)_m \cdot nI^- \cdot (n-x)K^+\}^{x-} \cdot xK^+ \quad (负溶胶)$$

$$\{[Fe(OH)_3]_m \cdot nFeO^+ \cdot (n-x)Cl^-\}^{x+} \cdot xCl^- \quad (正溶胶)$$

$$\{(As_2S_3)_m \cdot nHS^- \cdot (n-x)H^+\}^{2x-} \cdot 2xH^+ \quad (负溶胶)$$

2. 胶粒带电的原因

胶粒表面带有电荷,有的带正电荷,有的带负电荷。胶粒表面带电主要有以下两种原因。

(1)吸附作用   固体表面因对电解质阴、阳离子的不等量吸附而获得电荷——带电。例如,将 $FeCl_3$ 溶液缓缓滴加到沸水中,制备氢氧化铁溶胶。

水解反应: $FeCl_3 + 3H_2O \longrightarrow Fe(OH)_3(溶胶) + 3HCl$

溶液中部分 $Fe(OH)_3$ 与 HCl 作用,又发生如下反应:

$$Fe(OH)_3 + HCl \longrightarrow FeOCl + 2H_2O$$

$$FeOCl \longrightarrow FeO^+ + Cl^-$$

许多 $Fe(OH)_3$ 形成胶核,并优先吸附溶液中的 FeO^+ 而带正电,溶胶中电性相反的 Cl^-(反离子)则多数留在介质中。

胶粒优先吸附与自身相同成分的离子的规律,称为法金斯规则。利用这一规则可以判断胶粒的带电符号,例如用 $AgNO_3$ 和 KI 制备 AgI 溶胶时,AgI 胶粒优先吸附 Ag^+ 或 I^-,而对 NO_3^- 或 K^+ 的吸附很弱。因而在制备 AgI 溶胶时,若 KI 过量,则形成的 AgI 胶粒将吸附过量的 I^- 而带负电;若 $AgNO_3$ 过量,则吸附过量的 Ag^+ 而带正电。因此,过量的 Ag^+ 或 I^- 是 AgI 胶粒表面电荷的来源。

(2)电离作用   有些胶粒本身含有可电离基团,例如,蛋白质分子中含有羧基和氨基,在水中可以电离成 $-COO^-$ 或是 $-NH_3^+$,因而使整个大分子带电。又如硅胶的胶核由多个 $xSiO_2 \cdot yH_2O$ 聚集而成,其表面的 H_2SiO_3 分子可以电离,由于它是一个弱电解质,根据介质 pH 值的不同,电离后硅胶胶粒可以带正电荷或带负电荷。

3. 溶胶的稳定性

溶胶之所以具有相对稳定性,是因为其具有动力稳定性和聚结稳定性。

(1)动力稳定性   胶粒具有强烈的布朗运动,以致胶粒不因重力作用而下沉,这种稳定性称为动力稳定性。影响动力稳定性的主要原因是分散度,胶体体系的分散度越大,胶粒的布朗运动越剧烈,扩散能力越强,动力稳定性就越大,胶粒越不容易聚沉。

另外,介质的黏度对溶胶的稳定性也有一定的影响,介质黏度大,胶粒就难聚沉,溶胶的动力稳定性就越大。

（2）胶粒带电的稳定作用　由胶团结构可知,在胶粒周围存在着反离子的扩散层,使每个胶粒周围形成离子氛,当胶粒相互靠近,扩散层相互重叠时,就会产生静电排斥力,结果使两个胶粒相互碰撞后又重新分开,保持了溶胶的稳定性。

（3）溶剂化的稳定作用　溶质和溶剂间所起的化合作用,称为溶剂化作用,如果溶剂为水,则称为水化。胶团中的离子都是溶剂化的,憎液溶胶的胶核是憎水的,但它吸附的离子和反离子都是水化的,所以胶核的周围有一水化层,当胶粒相互靠近时,水化层被挤压变形,而水化层具有弹性,造成胶粒接近时的机械阻力,从而防止溶胶的聚沉。

在上述各种因素中,胶粒带电是溶胶稳定存在的主要原因。

4. 溶胶的聚沉

溶胶中分散相颗粒相互聚结,颗粒变大,分散度降低,最后从介质中沉淀析出的现象,称为聚沉。

引起溶胶聚沉的因素很多,如升高温度,改变 pH 值,加入电解质或带有相反电荷的另一溶胶,机械作用等都可使溶胶发生聚沉。其中对溶胶聚沉影响最大,作用最敏感的是电解质。

（1）电解质的聚沉作用　电解质对溶胶具有"双重"作用,适当浓度的电解质有利于双电层及扩散层的形成,提高溶胶的稳定性,但过量的电解质又会破坏胶粒的双电层,使其聚沉。

电解质中起聚沉作用的主要是与胶粒带相反电荷的离子,即反离子。反离子的价数越高,聚沉能力越强。其原因是电解质中的反离子可以压缩胶粒周围的扩散层,使之变薄,胶粒所带电性减弱或呈中性,稳定性降低。例如 NaCl、$CaCl_2$、$AlCl_3$ 三种电解质溶液,对 AgI 负溶胶起聚沉作用的是其反离子 Na^+、Ca^{2+}、Al^{3+},它们的聚沉能力 $AlCl_3$ 最强,$CaCl_2$ 次之,NaCl 最弱。

（2）溶胶的相互作用　若将两种带相反电荷的溶胶相互混合,发生聚沉的作用称为相互聚沉。相互聚沉的程度与两者的相对量有关,当两种溶胶粒子所带电荷全部中和时,聚沉最完全。

溶胶的相互聚沉现象在水的净化方面得到了广泛的应用。通常水中的悬浮物及泥沙为带负电的溶胶,净水剂——明矾的水解产物 $Al(OH)_3$ 溶胶则带正电,将明矾撒入含有悬浮物及泥沙的水中,两种电性相反的溶胶相互吸附而聚沉,使水得以净化。

（3）高分子对溶胶的作用　高分子对溶胶的作用具有双重性,如图 1-2-12 所示。

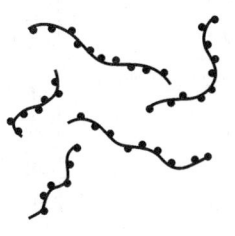 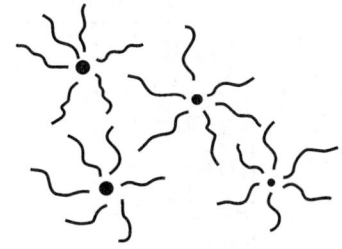

(a)敏化作用　　　　　　　　(b)保护作用

图 1-2-12　高分子对溶胶的作用

① 敏化作用:在溶胶中加入少量的高分子,有时会降低溶胶的稳定性,甚至发生聚沉,这种现象称为敏化作用。敏化作用是由于大分子链起了"桥联"作用,把邻近胶粒吸附在链节上,促使溶胶聚沉。

② 保护作用:在溶胶中加入足够量的高分子,高分子被吸附在胶粒表面,包围住胶粒,使胶粒与分散介质的亲和力增强,从而增强了溶胶的稳定性。这种现象称为高分子对溶胶的保护作用。

第五节 高分子溶液

高分子与人们日常生活中的衣食住行密切相关,在医药上的应用也非常广泛。如人体的血液、肌肉、内脏等都是天然高分子的多元体系;药物制剂中,高分子的应用也极其普遍,如血浆代用液、疫苗、胶浆等制剂都是以高分子溶液直接作为药物;同时高分子还可作为制剂过程中的增溶剂、乳化剂、胶束剂等。

一、高分子

高分子是指相对分子质量在 $10^4 \sim 10^6$ 范围内,由一种或几种简单化合物通过共价键重复连接的巨型分子,又称为大分子。高分子包括天然高分子和合成高分子两大类。如淀粉、蛋白质、纤维素、天然橡胶和各种生物大分子等属于天然高分子,聚乙烯、合成纤维、合成橡胶等属于人工合成的高分子。高分子的许多性质,如难溶解、有溶胀现象、溶液黏度大等,都与相对分子质量大这一特点有关。

二、高分子溶液的特征

高分子溶液具有明显的特征,有许多性质与溶胶相似,但其分散相是单个的分子或离子,其结构与胶粒不同,因而又有一些与溶胶不同的性质。高分子溶液与溶胶、小分子溶液性质的比较见表 1-2-3。

表 1-2-3　高分子溶液与溶胶、小分子溶液性质的比较

比较项目	高分子溶液	溶胶	小分子溶液
粒径	$1 \sim 100$ nm	$1 \sim 100$ nm	<1 nm
在分散介质中存在的单元	大单分子	许多小分子组成的胶粒	小单分子
与分散介质的亲和力	大	小	大
分散系	均相	多相	均相
扩散速率	小	小	大
溶解性	可溶	不溶	可溶
稳定性	稳定系统,不需加稳定剂	不稳定系统,需加稳定剂	稳定

续表

比较项目	高分子溶液	溶胶	小分子溶液
对电解质的敏感程度	不敏感,大量电解质会发生盐析	敏感	不敏感
能否透过半透膜	不能	不能	能
黏度和渗透压	黏度和渗透压大	黏度和渗透压小	黏度和渗透压小
丁达尔现象	不明显	明显	不明显

高分子溶液的特征如下。

(1)黏度大　溶胶的黏度一般与纯溶剂几乎没有区别,如溴化银溶胶的黏度和水几乎相同。而高分子溶液即使浓度很低,与溶剂相比,黏度也会增加很多,主要是由于高分子是链状分子,长链之间互相靠近而结合,把一部分液体包围在结构中使它失去流动性,大分子本身在流动时受到的阻力也很大,因此,高分子溶液的黏度比溶胶和真溶液大得多。

(2)溶解的可逆性　高分子在适当的介质中可以自动溶解而形成溶液,若设法使它聚沉并从介质中分离出来,只要重新加入原来的分散剂,高分子又可以自动再分散,形成原来状态的溶液,因此,高分子的溶解过程是可逆的。溶胶一旦聚沉,再加入原来的分散剂则不能再形成胶体溶液。

(3)稳定性　高分子溶剂化能力很强,在分子外面形成了很厚的水化膜,因而很稳定。要使高分子溶液发生聚沉,关键是破坏高分子的水化膜。破坏水化膜的方法主要有两种:一种是加入亲水性强的有机溶剂,如乙醇、丙酮等。如在药厂制备高分子代血浆右旋糖酐时,就是利用加入大量乙醇的方法,使它失去水化膜而沉淀。另一种方法是加入大量电解质。向高分子溶液中加入大量电解质,而使高分子从溶液中析出的过程称为盐析。盐析在制备生化制品时应用广泛。

第六节　粗 分 散 系

粗分散系是指分散相粒子直径大于 100 nm 的分散系,主要有悬浊液和乳状液两大类。

一、悬浊液

不溶性固体粒子分散在液体中所形成的分散系称为悬浊液,亦称悬浮液,如外用药炉甘石洗液等。悬浊液由于分散相粒子的颗粒较大,不存在布朗运动、扩散和渗透现象,在重力作用下易发生沉降。悬浊液对光的散射十分微弱,多具有反射作用,因而从外观上看,悬浊液不均匀、不稳定、不透明。悬浊液中分散相粒子也能选择性吸附溶液中的某种离子而带电;某些高分子对悬浊液具有保护作用等,这些都是悬浊液暂时稳定存在的原因。

悬浊液用途较广泛。在医疗方面,常把一些不溶于水的药物配制成悬浊液来使用。例如,治疗扁桃体炎用的青霉素钾(钠),在使用前要加适量注射用水,摇匀后成为悬浊液,供肌内注射;用 X 射线检查肠胃病时,让患者服用的钡餐是硫酸钡的悬浊液等。又如,粉刷墙壁

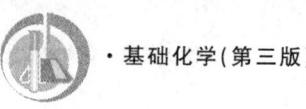

时,常把熟石灰粉(或墙体涂料)配制成悬浊液(内含少量胶质),这样便能均匀地喷涂在墙壁上。

在农业生产中,为了合理使用农药,常把不溶于水的固体或液体农药,配制成悬浊液或乳状液,用来喷洒受病虫损害的农作物,以提高药效。因经乳化处理后的农药药液喷洒均匀,易附着在叶面上。

二、乳状液

1. 乳状液的概念

一种液体以极小的液滴分散到另一种互不相溶的液体中形成的具有一定稳定性的液-液分散系称为乳状液。通常将被分散成液滴的相称为内相(亦称分散相或分散质),而作为分散介质的连续相称为外相。这种粗分散系具有很大的界面,很不稳定,常需加入(或自然形成)第三种物质,称为乳化剂。乳化剂所起的作用称为乳化作用。如食物中的油脂进入人体后要经过乳化,使之成为极小的乳滴,才有利于肠壁的吸收,此时胆汁酸盐就是乳化剂。

日常生活中的药用鱼肝油乳剂、硅乳,临床上用的脂肪乳剂输液及各种乳膏等都是乳状液。为了加大用药剂量,通常用注射型乳状剂,在乳状液降解时药物就会缓慢地被机体吸收,可以提高药效。有报道称,用乳化的流行性感冒疫苗治疗的患者,其体内所显示的抗体水平约为平常疗法的十倍,且能保持两年以上。

2. 乳状液的结构

乳状液有两相,一相是极性的水,另一相为非极性(或极性小)的油。水与油可以形成两种不同类型的乳状液,一种是以油(有机化合物)分散到极性大的水中形成的分散系,称为水包油型,用 O/W 表示;另一种是以极性大的水分散到极性小的油中形成的分散系,称为油包水型,用 W/O 表示,如图 1-2-13 所示。如牛奶是 O/W 型乳状液,原油是 W/O 型乳状液。另外,还有一种多重乳剂,又称复乳,它是 W/O 型(或 O/W 型)乳状液分散到水(或油)中形成的分散系,用 W/O/W(或 O/W/O)表示。

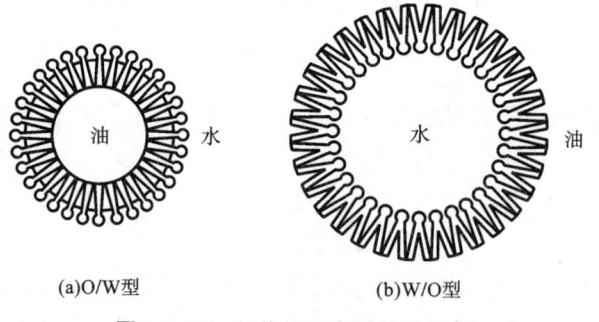

(a)O/W型　　　　　　　　(b)W/O型

图 1-2-13　两种不同类型的乳状液

乳状液的类型从外观上是很难区分的,常用染色法或稀释法来鉴别。染色法是将少量的油溶性染料加入乳状液中,轻轻振摇后,置于显微镜下观察,如整个乳状液呈染料颜色,则为 W/O 型乳状液,如果只见分散相液滴呈染料颜色,则为 O/W 型乳状液。稀释法是将少量乳状液置于洁净的玻璃片上,然后滴加水,能与水混溶的为 O/W 型乳状液;反之,则为 W/O 型乳状液。

第七节　表面活性物质

表面活性物质又称为表面活性剂,是一类组成、结构、性质特殊,应用广泛的化学物质。

一、表面活性剂的分类

表面活性剂品种繁多,分类方法也很多。若按用途来分,表面活性剂可分为乳化剂、洗涤剂、增溶剂、发泡剂、铺展剂、渗透剂等;若按化学结构来分,表面活性剂可分为离子型表面活性剂、非离子型表面活性剂;另外还有一些特殊的表面活性剂,如高分子型表面活性剂、氟表面活性剂、硅表面活性剂等。

1. 离子型表面活性剂

溶于水后能够发生电离的表面活性剂称为离子型表面活性剂。离子型表面活性剂按其活性成分所带电荷的性质,分成阴离子型表面活性剂、阳离子型表面活性剂、两性离子型表面活性剂三种类型。

(1)阴离子型表面活性剂　阴离子型表面活性剂在水中电离后,起表面活性作用的是与亲油性基团相连的亲水性阴离子。硬脂酸、软脂酸、月桂酸、硫酸化蓖麻油等,是目前最常用,也是产量最大的一类表面活性剂。这类表面活性剂可作为外用药剂的附加剂、乳化剂、去污剂和固体药剂的润湿剂等。

(2)阳离子型表面活性剂　阳离子型表面活性剂与阴离子型表面活性剂相反,起表面活性作用的是与亲油性基团相连的亲水性阳离子。常用的有季铵盐、烷基吡啶盐等,在医药上比较重要的是季铵盐型阳离子型表面活性剂。常用的有苯扎溴铵(新洁尔灭)、苯扎氯铵(洁尔灭)等。这类表面活性剂的杀菌能力强而表面活性作用较弱,是一类良好的外用杀菌剂。

(3)两性离子型表面活性剂　两性离子型表面活性剂是指在分子中同时具有阴、阳两种离子性质的表面活性剂,如氨基酸型表面活性剂与甜菜碱型表面活性剂。这类表面活性剂有两个亲水性基团,一个带正电,一个带负电。当 pH<pI(等电点)时,呈阳离子型表面活性剂的性质;当 pH>pI 时,呈阴离子型表面活性剂的性质。蛋黄中的卵磷脂就是天然的两性离子型表面活性剂,它对油脂的乳化作用很强,可作为注射用乳状液。

2. 非离子型表面活性剂

这类活性剂在水溶液中不电离,在分子结构上,亲水性基团主要有甘油、聚乙二醇及山梨醇等多元醇,亲油性基团是长链脂肪酸或长链脂肪醇以及芳烷基等,它们以醚键或酯键结合。这类表面活性剂具有毒性且溶血作用较小,不电离,不易受电解质溶液 pH 值的影响,能与大多数药物配合使用等优点,可广泛用作药物制剂制备过程中的乳化剂、增溶剂、助悬剂、分散剂等。

二、表面活性剂的特征

1. 表面活性剂的两亲结构

表面活性剂具有独特的"两亲"结构。任何一种表面活性剂均由亲水基团和亲油基团构成,因而它具有亲水、亲油双重性质。其中亲油基团一般是 8 个碳原子以上的非极性烃链,亲水基团是电负性较大的一些原子或原子团,与水有较强的亲和力或容易与水键合,如—OH、—NH$_2$、—SH、—COOH、—COONa、—SO$_3$Na 等。例如,脂肪酸钠(RCOONa),其中 R 是碳氢链亲油基团,—COONa(或—COO$^-$)为亲水基团。表面活性剂脂肪酸钠的结构如图 1-2-14 所示。

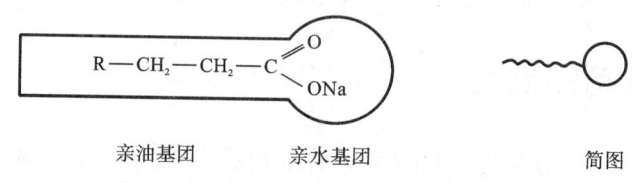

亲油基团　　　　亲水基团　　　　　　　　简图

图 1-2-14　表面活性剂脂肪酸钠的结构

为了方便表述,通常用"—○"表示表面活性剂,其中"——"表示表面活性剂的亲油基团,"○"表示亲水基团。由于表面活性剂具有两亲性,因而倾向于集中在溶液表面或是互不相溶的两种液体的界面上。

2. 表面活性剂的亲水亲油平衡值

表面活性剂亲水、亲油性的大小取决于分子中亲水基团和亲油基团的相对强弱。亲水基团表示表面活性剂溶于水的能力,亲油基团则表示其溶于油的能力。表面活性剂中这两种性能完全不同的基团相互作用、相互联系又相互制约,它们之间的平衡关系对其降低表面活性的能力非常重要。1949 年,格里芬(Griffin)提出了亲水亲油平衡值(HLB 值)的计算公式:

$$HLB\text{ 值}=\frac{\text{亲水基团质量}}{\text{亲水基团质量+亲油基团质量}}\times\frac{100}{5}=\frac{\text{亲水基团的摩尔质量}}{\text{表面活性剂的摩尔质量}}\times\frac{100}{5}$$

式中:HLB 值为表面活性剂的亲水亲油平衡值。

对于非离子型表面活性剂,把完全亲水的聚乙二醇的 HLB 值定为 20,完全没有亲水基的碳氢化合物石蜡的 HLB 值定为 0,按亲水性的强弱确定表面活性剂的 HLB 值。其他非离子型表面活性剂的 HLB 值介于 0～20 之间。表面活性剂的 HLB 值越大,表明其亲水性越强;反之,亲水性越弱。HLB 值在 10 附近,亲水、亲油能力基本一致。表面活性剂的 HLB 值不同,其性能与用途也不同。HLB 值在 8～12 之间的表面活性剂,通常可以形成 O/W 型乳状液;HLB 值在 3～6 之间的表面活性剂可以形成 W/O 型乳状液。表 1-2-4 给出了表面活性剂的用途,对实践工作有一定的参考意义。实际上,任何一种表面活性剂都不同程度上兼有乳化、润湿、增溶等作用。很多情况下,需要使用两种或两种以上的表面活性剂。

表 1-2-4　HLB 值及主要用途

亲水、亲油性	HLB 值的范围	用途
亲油性 ↓ 亲水性	3～6	W/O 型乳化剂
	6～8	润湿剂
	8～12	O/W 型乳化剂
	13～15	洗涤剂
	15～18	增溶剂

3. 表面活性剂在水溶液中的状态

若在纯水中加入表面活性剂,由于表面活性剂的特殊结构,它在水中将以不同的状态存在。当溶液较稀时,加入的表面活性剂稀疏地分布于水相表面;当增加表面活性剂的量,在浓度不大时,它们基本上还是分布在表面,只是排列愈加规整;当达到饱和浓度时,表面活性剂在表面定向排列,形成可溶性的表面膜;若继续增加表面活性剂的浓度,表面活性剂分子则会聚于溶液内部,并互相把非极性基团(疏水基)靠在一起,形成极性基团朝向水相,非极性基团在内,直径在胶体分散相大小范围内的缔合体。这种存在于溶液内部的表面活性分子聚合体称为胶束。图 1-2-15 为表面活性剂在不同浓度溶液中的分布及变化状况。

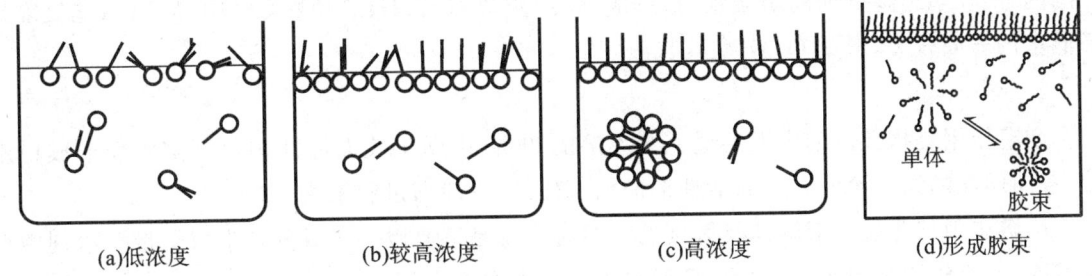

(a)低浓度　　(b)较高浓度　　(c)高浓度　　(d)形成胶束

图 1-2-15　表面活性剂的不同分布状态

开始形成胶束时表面活性剂的最低浓度称为临界胶束浓度(critical micelle concentration),通常用 CMC 表示,临界胶束浓度约为饱和吸附浓度的 4/3。

胶束虽小(直径为 1~100 nm),但结构复杂。一般分为球形、棒状、椭球状、层状等。图 1-2-16 是胶束的结构示意图。

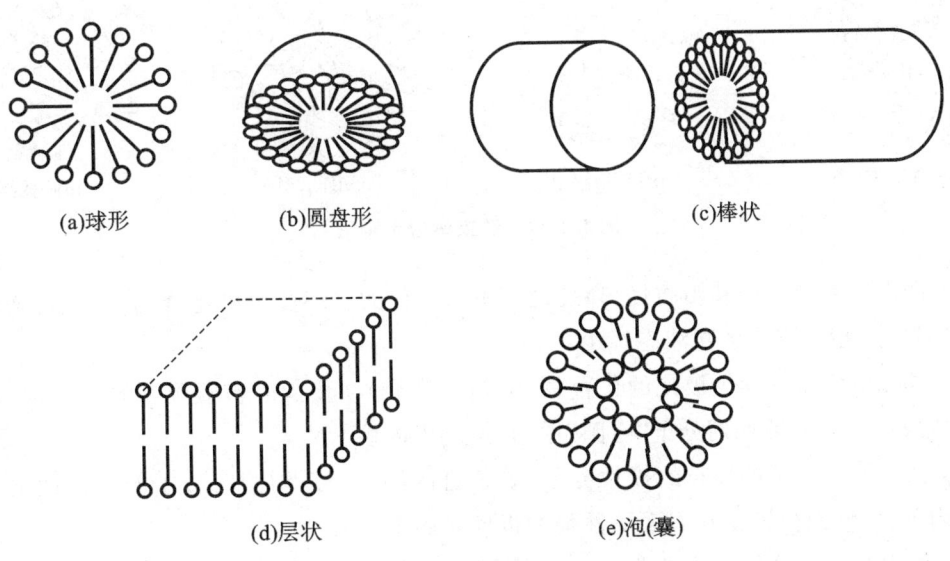

(a)球形　　　(b)圆盘形　　　(c)棒状

(d)层状　　　(e)泡(囊)

图 1-2-16　胶束结构示意图

三、表面活性剂的应用

表面活性剂的结构特点及性质,使它们较广泛地应用于制药工业中,成为药物制剂中极为重要的一种添加剂,主要作用如下。

1. 乳化作用

用作乳化剂的表面活性剂有阴离子型表面活性剂和非离子型表面活性剂两种。乳化剂对制备稳定的乳状液有很重要的作用,其中表面活性剂的种类、用量、HLB 值等均对乳状液产生影响。一般而言,表面活性剂的 HLB 值是决定乳状液类型的主要因素之一,HLB 值在 3～6 范围内,能较多地降低油的表面张力,形成 W/O 型乳状液;HLB 值在 8～18 范围内,能较多地降低水的表面张力,形成 O/W 型乳状液。

2. 增溶作用

增溶作用是指在溶剂中微溶或完全不溶的物质,借助于表面活性剂得到溶解而形成稳定的、各向同性的均一溶液。表面活性剂的增溶作用,一般通过胶束来实现。

增溶作用与普通的溶解是有区别的。溶解作用是溶质以分子或离子形式分散于溶剂中形成溶液;增溶作用是增溶质以"团块"形式进入胶束内部。由于胶束内部类似于液态烃,根据相似相溶原理,难溶于水的有机化合物可以溶解于其中。增溶作用也不同于乳化作用,乳化是借助于乳化剂的帮助,使互不相溶的两种液体形成不稳定、不透明的多相体系。低于 CMC 的表面活性剂是没有增溶作用的。增溶质在胶束中被增溶的形式主要有内部溶解型、外壳溶解型、插入型、吸附型。图 1-2-17 为胶束增溶示意图。

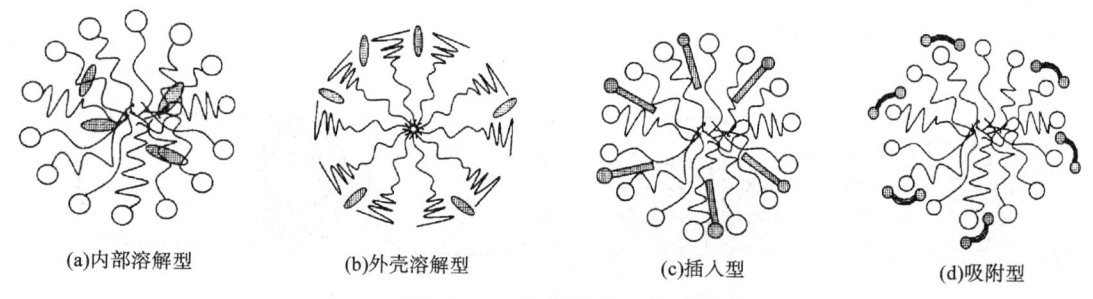

  (a)内部溶解型 (b)外壳溶解型 (c)插入型 (d)吸附型

图 1-2-17 胶束增溶示意图

(1)内部溶解型 饱和脂肪烃、环烷烃等不易极化的难溶性有机化合物,一般被增溶在胶束的内芯部分,相当于溶解在液态烃中。

(2)外壳溶解型 容易极化的化合物(如短链芳烃)在量少时被吸附在胶束表面,量多时插入形成胶束的表面活性剂分子"空隙"中,直至进入内核。

(3)插入型 分子链较长的极性分子,如长链的醇、胺等,增溶时分子的非极性碳氢链插入胶束内部,极性部分则留在表面活性剂的极性基团中。

(4)吸附型 一些较小的极性分子,既不溶于水也不溶于非极性的液态烃中,如苯二甲酸二甲酯,增溶时被吸附在胶束的表面。

3. 润湿作用

用于促进液体在固体表面铺展或渗透的表面活性剂称为润湿剂。这类表面活性剂可以降低固-液界面张力,减小接触角,使固体被液体润湿。作为润湿剂的表面活性剂的亲水基团和亲油基团具有适宜的平衡,最适合的 HLB 值在 7～9 之间,直链脂肪族表面活性剂以碳原子个数在 8～12 之间为宜,并有适当的溶解度。如在片剂、软膏剂、混悬剂中为了增加药物的分散度,促使药物与皮肤良好接触,就需加入表面活性剂。

4. 去垢作用

去垢剂又称洗涤剂,是用于除去污垢的一类表面活性剂。去垢是一个较为复杂的过程,往往是润湿、渗透、分散、乳化、增溶等作用的综合结果。去垢剂的 HLB 值一般在 13～16 之间,常用的有钾皂、钠皂、十二烷基磺酸钠等。

5. 起泡与消泡作用

泡沫是气体分散在液体中形成的分散系,由一层很薄的液膜包裹着气体。泡沫很不稳定,为了使泡沫相对稳定,需加入一定量的表面活性剂,这种表面活性剂称为起泡剂。有时则恰恰相反,需要消除生产过程中产生的泡沫,这种用来消泡的表面活性剂称为消泡剂。

6. 消毒和杀菌作用

大多数阳离子型表面活性剂和两性离子型表面活性剂可用作消毒剂和杀菌剂。表面活性剂的消毒和杀菌作用主要是由于它们可与细菌生物膜蛋白强烈作用使之变性或被破坏。通常这些表面活性剂在水中有较大的溶解度。如新洁尔灭,浓度不同,其用途不同:浓度为 0.02％时,用于伤口或黏膜消毒;浓度为 0.05％时,用于手术前皮肤消毒;浓度为 0.5％时,则用于器械和环境的消毒。

知识拓展

纳米技术在医药中的应用

纳米粒子是指粒径在 1～100 nm 之间的粒子,纳米级结构材料简称纳米材料,纳米粒子的这一尺度既不属于传统的宏观系统,也不属于典型的微观系统,而属于介观系统。纳米粒子由于其粒径小的特点,具有小尺寸效应、量子尺寸效应、表面效应和宏观量子隧道效应。目前,纳米科技广泛应用于医药科技领域,将纳米粒子用作靶向给药系统的药物载体,可将药物送到特定的部位,达到治疗的目的。

脂质体也称为微脂粒,属于纳米级材料,是一种类似生物膜双分子层封闭结构的微型泡囊,属于靶向给药系统的一种新剂型,主要由磷脂及一些附加剂(胆固醇、十八胺、磷脂酸等)构成。由于生物体质膜的基本结构也是磷脂双分子层膜,因此脂质体具有与生物体细胞相类似的结构,有很好的生物相容性。

脂质体药物具有靶向性和淋巴定向性、缓释作用、降低药物毒性、提高稳定性等特点,因此越来越受到人们的重视。

 本章小结

1. 知识思维导图

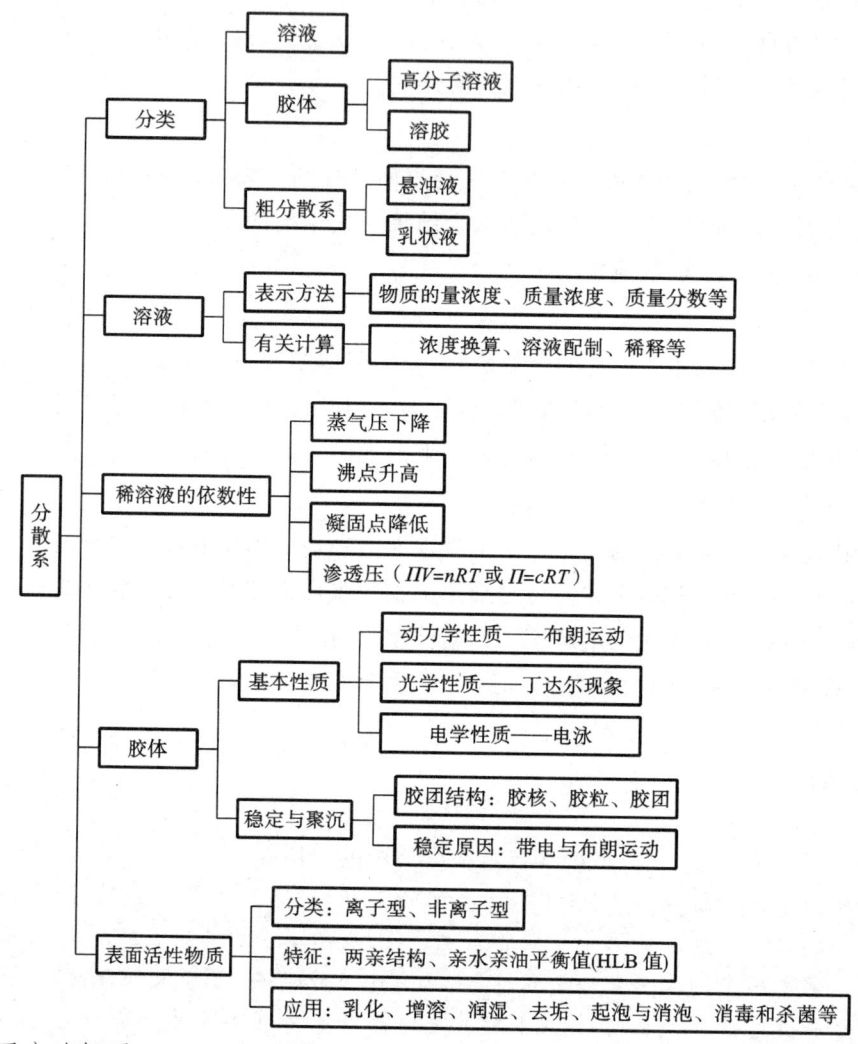

2. 学习方法概要

分散系在化学及相关专业课程的学习和实践中都具有重要意义。学习时首先应明确分散系的概念、分类方法及不同分散系在性质上的差异;溶液的学习过程中,浓度的表示方法及计算是重点,溶液的配制、稀释是基本技能;稀溶液的依数性运用广泛,应熟悉;胶体及粗分散系要理解其特性及应用;表面活性剂的学习过程中,重要的是通过对其两亲结构的认识,了解其实际应用。

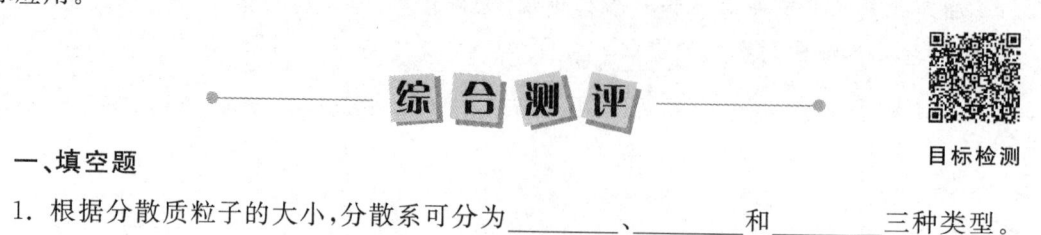

目标检测

一、填空题

1. 根据分散质粒子的大小,分散系可分为_____、_____和_____三种类型。

2. 溶液稀释的规则是_____。

3. 稀溶液的依数性包括_____、_____、_____与_____,其中_____是引起溶液凝固点降低与沸点升高的根本原因。

4. 促使溶胶稳定存在的三种原因是_____、_____和_____。

5. 乳状液是指_____,其可分为_____型和_____型,其符号分别为_____与_____。

6. 胶束的增溶作用是指_____,其中_____称为增溶质,_____称为增溶剂。增溶质被增溶的四种形式分别为_____型、_____型、_____型与_____型。

7. 表面活性剂是指_____,当表面活性剂的浓度超过临界胶束浓度时,表面活性剂分子可形成三种类型的胶束,它们是_____、_____、_____。

8. 溶胶的动力学性质包括_____、_____、_____。

二、问答题

1. 实验室要配制 $0.1\ mol\cdot L^{-1}$ 盐酸 5000 mL,需要用浓度为 37%、密度为 $1.19\ g\cdot mL^{-1}$ 的浓盐酸多少毫升?

2. 试计算 $5\ g\cdot L^{-1}$ 葡萄糖溶液和 $10\ g\cdot L^{-1}$ 氯化钠溶液在 37 ℃时的渗透压,并进行简要分析。

3. 在以 KI 和 $AgNO_3$ 为原料制备 AgI 溶胶时,如果使 $AgNO_3$ 过量,或者使 KI 过量,两种情况下制得的 AgI 的胶团结构有什么不同?试分别写出其胶团结构式,并指出电泳方向。

如果用① KCl、② K_2SO_4、③ $MgSO_4$ 使正溶胶发生聚沉,其聚沉能力由强到弱的顺序如何?

三、思考题

1. 什么是表面活性剂?其具有怎样的结构特征?共分为几类?

2. 胶束是怎样形成的?何为临界胶束浓度?

3. 溶胶属于热力学不稳定体系,为什么能长期稳定存在?

4. 用渗透现象解释,在给患者输液时通常输入等渗溶液,不能输入低渗溶液,却能输入少量高渗溶液。

第三章

理想气体的 p-V-T 关系

 学习目标

1. 了解理想气体模型,理解理想气体状态方程的意义;
2. 掌握理想气体压强、体积、质量和密度等的计算方法;
3. 理解分压定律和分体积定律的意义;
4. 掌握理想气体混合物的相关物理量的计算。

第一节 理 想 气 体

一、气体的性质

人类赖以生存的世界是一个由大量分子、原子等微观粒子聚集而成的物质世界。通常情况下,物质的聚集状态为气态、液态和固态,分别用符号 g、l、s 表示。在化工生产中,由于气体具有良好的流动性和混合性,所以许多物质以气态参与化学反应。

气体有各种各样的性质。对一定量的纯气体而言,压强、温度和体积是三个最基本的性质。对于气体混合物,基本性质还应包括组成。这些基本性质可以直接测定,常作为控制化工过程的主要指标和研究其他性质的基础。

由于分子的热运动,气体分子不断地与容器壁碰撞,对容器壁产生作用力。单位面积容器壁上所受的力称为压强,用符号 p 表示。压强是大量气体分子对容器壁碰撞的宏观表现,其法定计量单位是 Pa(帕斯卡)。之前人们习惯用 atm(大气压)作压强单位,1 atm=101325 Pa=101.325 kPa≈101.3 kPa。

气体的体积即它们所占空间的大小,用符号 V 表示。由于气体能充满整个容器,所以气体的体积就是容器的容积,单位是 m^3(立方米)。体积也可用 L(升)作为单位,1 m^3=1000 L。

气体的温度是定量反映气体冷热程度的物理量。热力学温度用符号 T 表示，单位是 K（开尔文）。还有一种常用的温度是摄氏温度，用符号 t 表示，单位是℃（摄氏度）。两者之间的关系是

$$T(\text{K}) = t(\text{℃}) + 273.15$$

二、理想气体状态方程

气体的性质受外界条件如温度、压强的影响特别大，尤其是气体的体积，直接和温度、压强有关。由于气体分子运动速率很大，而且随温度升高而增大，故气体具有扩散性；再者气体分子间有较大的空隙，气体具有较大的可压缩性。

在大量实验的基础上，总结出普遍适用于低压气体的体积 V、压强 p 与温度 T 之间的关系式，称为理想气体状态方程，其数学表达式如下：

$$pV = nRT \tag{1-3-1}$$

式中：p 为气体压强，Pa；V 为气体体积，m^3；T 为热力学温度，K；n 为气体的物质的量，mol；R 为摩尔气体常数，$R = 8.314$ J·K^{-1}·mol^{-1}，其数值与气体的种类无关。

理想气体是指分子间没有作用力，分子体积为零的气体。这种气体实际上不存在，它只是一种理想状况。但在低压及较高温度下，由于气体分子之间距离较大，分子间相互作用力很小，气体分子本身的体积与气体所占据的体积相比可忽略不计，这种状态下的气体可看作理想气体。

理想气体状态方程十分有用，用它可以进行低压下气体的计算。在有了必要的实验数据之后，除了可计算气体的 p、V、T、n 外，还可以用来求气体的密度、相对分子质量等。

例 1-3-1 某厂氢气柜的设计容积为 2.00×10^3 m^3，设计容许压强为 5.00×10^3 kPa。设氢气为理想气体，则氢气柜在 298.15 K 时最多可装多少千克氢气？

解
$$n = \frac{pV}{RT} = \frac{5.00 \times 10^6 \text{ Pa} \times 2.00 \times 10^3 \text{ m}^3}{8.314 \text{ J·K}^{-1} \cdot \text{mol}^{-1} \times 298.15 \text{ K}}$$
$$= 4.034 \times 10^6 \text{ mol}$$

H_2 的摩尔质量 $M_{H_2} = 2 \times 10^{-3}$ kg·mol^{-1}，所以
$$m = nM_{H_2} = 4.034 \times 10^6 \text{ mol} \times 2 \times 10^{-3} \text{ kg·mol}^{-1} = 8.068 \times 10^3 \text{ kg}$$

将 $n = m/M$ 代入式(1-3-1)，理想气体状态方程又可表示为

$$pV = \frac{m}{M}RT \tag{1-3-2}$$

例 1-3-2 由气体管道输送 141.86 kPa，40 ℃的乙烯，求管道内乙烯的密度 ρ。

解
$$pV = \frac{m}{M_{C_2H_4}}RT$$

$$pM_{C_2H_4} = \frac{m}{V}RT = \rho_{C_2H_4}RT$$

$$\rho_{C_2H_4} = \frac{pM_{C_2H_4}}{RT} = \frac{141.86 \times 10^3 \text{ Pa} \times 28 \times 10^{-3} \text{ kg·mol}^{-1}}{8.314 \text{ J·K}^{-1} \cdot \text{mol}^{-1} \times 313.15 \text{ K}} = 1.526 \text{ kg·m}^{-3}$$

所以，气体的密度

$$\rho = \frac{pM}{RT} \tag{1-3-3}$$

式中:ρ 为气体的密度,kg·m^{-3};p 为气体压强,Pa;M 为气体的摩尔质量,kg·mol^{-1};T 为热力学温度,K;R 为摩尔气体常数,$R=8.314$ J·K^{-1}·mol^{-1}。

通常,在相当于几百 kPa 乃至几千 kPa 的压强下,理想气体状态方程往往能满足一般工程计算的需要。

一般说来,对于难液化的气体(如 H_2、O_2 等),允许使用的压强就高一些,而对于容易液化的气体(如水蒸气、氨气等),允许使用的压强就低一些。

第二节　理想气体混合物

在科学实验和生产实际中,常遇到由多种气体组成的气体混合物。如空气就是氮气、氧气和少量其他气体的混合物,合成氨的原料气就是氢气和氮气的混合物。早在 19 世纪,科学家在对低压混合气体的实验研究中,总结出两条重要的定律,即道尔顿(Dalton)提出的分压定律和阿马格(Amagat)提出的分体积定律。

约翰·道尔顿

一、分压定律

如果将几种彼此不发生化学反应的气体放在同一容器中,则各种气体如同单独存在时一样充满整个容器。当几种气体混合后,各种气体的压强将发生什么变化? 1801 年,道尔顿通过实验发现:混合气体的总压等于各组分气体分压之和。所谓某组分的分压是指该组分在同一温度下单独占有混合气体的体积时所产生的压强。以上关系就称为道尔顿分压定律。

如图 1-3-1 所示,若用 p_A,p_B,p_C 分别表示气体 A,B,C 的压强,p 代表总压,则道尔顿分压定律可表示为

$$p = p_A + p_B + p_C \tag{1-3-4}$$

事实上,我们不可能测量出混合气体中某组分气体的分压,只能测出混合气体的总压。怎样计算组分气体的分压?

对于混合气体中的某组分 B,占有的体积为 V,分压为 p_B,物质的量为 n_B,由理想气体状态方程可知

$$p_B V = n_B RT \tag{1-3-5}$$

式(1-3-5)即为混合气体中某组分 B 的理想气体状态方程。

$$p_B = \frac{n_B}{V}RT$$

即混合气体中某组分气体的分压可以通过该组分气体的理想气体状态方程计算得出。

由道尔顿分压定律可知

$$p = p_A + p_B + p_C = \frac{n_A}{V}RT + \frac{n_B}{V}RT + \frac{n_C}{V}RT = \frac{n_A + n_B + n_C}{V}RT = \frac{n}{V}RT$$

即

$$pV = nRT$$

式中:p 为混合气体的压强(总压),n 为混合气体的物质的量。由此可见,理想气体状态方程不仅适用于某一纯净气体,也适用于混合气体。

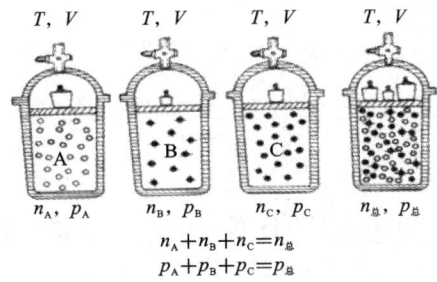

$$n_A + n_B + n_C = n_总$$
$$p_A + p_B + p_C = p_总$$

图 1-3-1 分压定律示意图

以式 $p_B V = n_B RT$ 两边分别除以式 $pV = nRT$ 两边，可得 $\dfrac{p_B}{p} = \dfrac{n_B}{n}$，因为

$$\frac{n_B}{n} = y_B$$

所以

$$y_B = \frac{p_B}{p}$$

或

$$p_B = y_B p \tag{1-3-6}$$

即混合气体中某组分气体的分压等于该组分气体的摩尔分数与总压的乘积。

严格说来，道尔顿分压定律仅适用于理想气体混合物和低压下的真实气体混合物。

例 1-3-3 某容器中含有 NH_3、O_2 与 N_2 的混合物。取样分析后，得知其中 $n_{NH_3} = 0.32$ mol，$n_{O_2} = 0.18$ mol，$n_{N_2} = 0.70$ mol，混合气体的总压 $p = 133$ kPa。试计算各组分气体的分压。

解
$$\begin{aligned}
n &= n_{NH_3} + n_{O_2} + n_{N_2} \\
&= 0.32\ \text{mol} + 0.18\ \text{mol} + 0.70\ \text{mol} \\
&= 1.20\ \text{mol}
\end{aligned}$$

由 $p_B = y_B p$

$$p_{NH_3} = \frac{n_{NH_3}}{n} p = \frac{0.32}{1.20} \times 133\ \text{kPa} = 35.5\ \text{kPa}$$

$$p_{O_2} = \frac{n_{O_2}}{n} p = \frac{0.18}{1.20} \times 133\ \text{kPa} = 20.0\ \text{kPa}$$

$$p_{N_2} = p - p_{NH_3} - p_{O_2} = 133\ \text{kPa} - 35.5\ \text{kPa} - 20.0\ \text{kPa} = 77.5\ \text{kPa}$$

例 1-3-4 1 mol N_2 和 3 mol H_2 混合，在 298.15 K 时体积为 4.0 m³。求混合气体的总压和各组分的分压。（设混合气体为理想气体混合物）

解 方法①
$$n = n_{N_2} + n_{H_2} = 1\ \text{mol} + 3\ \text{mol} = 4\ \text{mol}$$

$$\begin{aligned}
p &= \frac{nRT}{V} = \frac{4\ \text{mol} \times 8.314\ \text{J} \cdot \text{K}^{-1} \cdot \text{mol}^{-1} \times 298.15\ \text{K}}{4.00\ \text{m}^3} \\
&= 2478.8\ \text{Pa} \\
&\approx 2.48\ \text{kPa}
\end{aligned}$$

$$p_{N_2} = y_{N_2} p = \frac{n_{N_2}}{n} p = \frac{1\ \text{mol}}{4\ \text{mol}} \times 2.48\ \text{kPa} = 0.62\ \text{kPa}$$

$$p_{H_2} = y_{H_2} p = \frac{n_{H_2}}{n} p = \frac{3\ \text{mol}}{4\ \text{mol}} \times 2.48\ \text{kPa} = 1.86\ \text{kPa}$$

方法② 根据 $p_BV=n_BRT$

则
$$p_{N_2}V=n_{N_2}RT$$

$$p_{N_2}=\frac{n_{N_2}RT}{V}=\frac{1\ mol\times 8.314\ J\cdot K^{-1}\cdot mol^{-1}\times 298.15\ K}{4.00\ m^3}=619.7\ Pa$$

$$\approx 0.62\ kPa$$

$$p_{H_2}=\frac{n_{H_2}RT}{V}=\frac{3\ mol\times 8.314\ J\cdot K^{-1}\cdot mol^{-1}\times 298.15\ K}{4.00\ m^3}=1859.1\ Pa$$

$$\approx 1.86\ kPa$$

道尔顿分压定律对于研究气体混合物非常重要。在实验室中常用排水取气法收集气体（图1-3-2）。用这种方法收集的气体中总是含有水蒸气。在这种情况下所测出的压强实际是混合气体的总压，即

$$p(总压)=p(气体)+p(水蒸气)$$

水的蒸气压仅与水的温度有关，因此气体的分压是总压减去该温度下水的蒸气压。

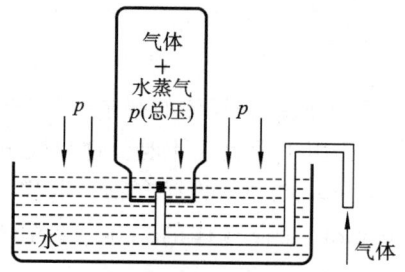

图 1-3-2　排水取气法收集气体

例 1-3-5　在实验室用排水取气法收集制取的氢气（图1-3-3），在 20 ℃和 100.6 kPa 压强下，收集了 400 mL 气体，求制得的氢气的质量。已知 20 ℃时水的蒸气压是 2.34 kPa。

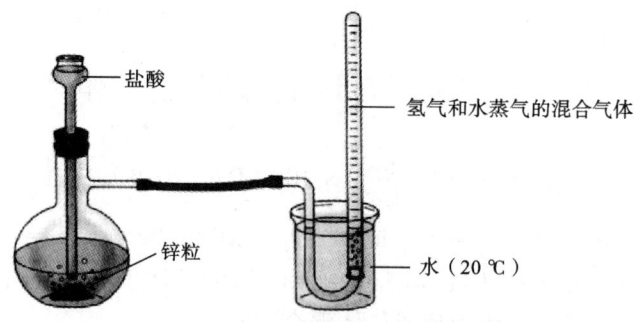

图 1-3-3　排水取气法收集氢气

解　排水取气法制得的气体并非纯氢气，而是氢气和水蒸气的混合物。

$$p_{H_2}=100.6\ kPa-2.34\ kPa=98.26\ kPa$$

需要注意的是，H_2 占有总体积时，产生的是分压。所以，下列公式中的 V 是总体积。

根据公式 $p_{H_2}V=n_{H_2}RT$ 得

$$98.26\times 10^3\ Pa\times 400\times 10^{-6}\ m^3=\frac{m_{H_2}}{2\ g\cdot mol^{-1}}\times 8.314\ J\cdot K^{-1}\cdot mol^{-1}\times (273.15+20)\ K$$

$$m_{H_2}=0.032\ g$$

答：制得氢气 0.032 g。

二、分体积定律

在实际工作中,进行混合气体组分分析时,常采用量取组分分体积的方法。所谓分体积,是指组分气体单独存在,并具有与混合气体相同的温度和压强时所占有的体积。混合气体的总体积等于各组分气体的分体积之和。这就是**阿马格分体积定律**。

图 1-3-4 中,V_A,V_B,V_C 分别表示 A,B,C 三种组分气体的分体积,V 为混合气体的总体积。

$$V = V_A + V_B + V_C \tag{1-3-7}$$

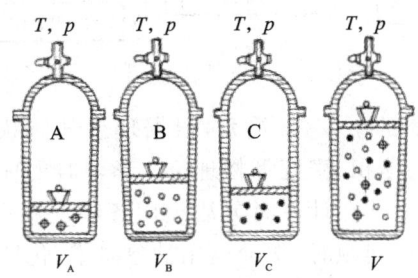

图 1-3-4 分体积定律示意图

例如,在某一温度和压强下,CO 和 CO_2 混合气体的体积为 100 mL。将混合气体通过氢氧化钠溶液,其中 CO_2 被吸收,量得剩余的 CO 在同温同压下的体积为 40 mL。则 CO 的分体积为 40 mL,CO_2 的分体积为 60 mL。

将分体积的概念代入理想气体状态方程得

$$pV_B = n_B RT \tag{1-3-8}$$

式中:p 为混合气体总压,V_B 为组分 B 的分体积,n_B 为组分 B 的物质的量。

用 $pV = nRT$ 两边分别去除 $pV_B = n_B RT$ 两边,则得

$$\frac{V_B}{V} = \frac{n_B RT/p}{nRT/p} = \frac{n_B}{n} = y_B$$

$$V_B = y_B V \tag{1-3-9}$$

即混合气体中某组分气体的分体积等于该组分气体的摩尔分数与总体积的乘积。

根据式(1-3-8)、式(1-3-9)和式(1-3-10),可得

$$y_B = \frac{n_B}{n} = \frac{V_B}{V} = \frac{p_B}{p} \tag{1-3-10}$$

例 1-3-6 某种只含 CO_2 一种酸性组分的混合气体,于室温和常压下取样 100.00 mL。经过氢氧化钠溶液充分洗涤后,在同样温度和压强条件下,测得剩余气体的体积为 90.50 mL。求混合气体中 CO_2 的摩尔分数。(设混合气体为理想气体混合物)

解 设混合气体中 CO_2 的分体积为 V_{CO_2},其余组分的分体积之和为 $V_余$,则混合气体总体积 $V_总 = V_{CO_2} + V_余$。

$$V_{CO_2} = V_总 - V_余 = 100.00 \text{ mL} - 90.50 \text{ mL} = 9.50 \text{ mL}$$

$$y_{CO_2} = \frac{V_{CO_2}}{V_总} = \frac{9.50 \text{ mL}}{100.00 \text{ mL}} = 0.095$$

本章小结

1. 知识思维导图

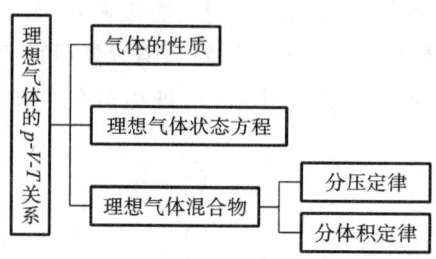

2. 学习方法概要

本章内容介绍了理想气体的 $p\text{-}V\text{-}T$ 关系,根据理想气体状态方程、分压定律、分体积定律,可以计算理想气体的压强、体积、密度等物理量。学习时要理解理想气体模型,知道哪些气体可以看作理想气体进行计算,并在计算时灵活运用各物理量之间的关系。同时要注重理论和实际应用的结合,在解决具体问题时,学会运用抽象思维,化繁为简。

综 合 测 评

目标检测

一、填空题

1. 理想气体模型的两个基本特征是 ＿＿＿＿＿＿＿＿＿＿ 、＿＿＿＿＿＿＿＿＿＿ 。

2. 2 mol 理想气体,在 300 K、400 kPa 下的体积 $V =$ ＿＿＿＿＿＿＿＿ 。

3. T、V 恒定的容器中,含有 A 和 B 两种理想气体,A 的分压和分体积分别为 p_A 和 V_A。若往容器中再加入 5 mol 的理想气体 C,则 A 的分压 p_A ＿＿＿＿,A 的分体积 V_A ＿＿＿＿。(选填变大、变小或不变)

4. 在 300 K、400 kPa 下,摩尔分数 $y_B = 0.40$ 的 5 mol A、B 理想气体混合物,其中 A 气体的分压 $p_A =$ ＿＿＿＿ kPa。

二、计算题

1. 某制氧机每小时可生产 101.3 kPa,298.15 K 的纯氧 6000 m³,试求一天能生产多少吨氧。

2. 求在 273.15 K,压强为 230 kPa 时某钢瓶中所装 CO_2 气体的密度。

3. 在盛有 N_2 和 H_2 的物质的量之比为 1∶3 的混合气体容器中,压强为 300 kPa,N_2 和 H_2 的分压各为多少?

4. 30 ℃时,在一个 10.0 L 的容器中,O_2、N_2 和 CO_2 混合物的总压为 93.3 kPa。分析结果得 $p_{O_2} = 26.7$ kPa,CO_2 的含量为 5.00 g,求容器中:(1) p_{CO_2};(2) p_{N_2};(3) O_2 的摩尔分数。

第四章

化学反应速率及其影响因素

 **学习目标**

1. 了解基元反应、复杂反应、反应级数、活化能、活化分子等概念及其意义；
2. 熟悉反应速率理论，掌握浓度、温度、压强和催化剂等因素对化学反应速率的影响。

化学反应速率是化学领域的核心概念之一，它衡量着化学反应进行的快慢程度。化学反应速率无处不在，深入探究其影响因素与变化规律，不仅有助于揭示化学反应的本质，而且对优化生产工艺、推动生命科学研究、治理环境具有重要意义。

本章主要介绍化学反应速率的概念、定量表示方法，探讨浓度、温度、压强、催化剂等因素对化学反应速率的影响规律，以及相关理论解释和实际应用。

第一节 化学反应速率

一、化学反应速率的概念与表示方法

不同的反应，化学反应速率是不同的，例如，火药爆炸是瞬间完成的，沉淀反应及中和反应有时几秒钟就能完成，有些有机化合物的合成过程则需要以小时计，橡胶老化和铁的锈蚀需要以年计，而石油和煤的形成则要以万年计。为了定量地比较化学反应的快慢，常引入用来衡量化学反应进行快慢程度的物理量——化学反应速率。

1. 化学反应速率的概念

化学反应速率是衡量化学反应进行快慢程度的物理量，即反应体系中各物质的数量随时间的变化率，常用符号 v 表示。对于恒容反应，化学反应速率常用单位时间（如每秒、每分钟或每小时等）内反应物或产物浓度变化来表示。浓度的单位一般为 $mol \cdot L^{-1}$，时间的单位视反应的快慢可用秒(s)、分钟(min)、小时(h)等表示,因而,化学反应速率的单位就是 $mol \cdot L^{-1} \cdot s^{-1}$、$mol \cdot L^{-1} \cdot min^{-1}$ 或 $mol \cdot L^{-1} \cdot h^{-1}$ 等。应当注意的是,一般不用固体或纯液体来表示化学反应速率,因其浓度通常是不变的。

2. 化学反应速率的表示方法

(1)平均速率 平均速率是指反应在某一时间段内的化学反应速率的平均值。若反应从 t_1 时刻进行至 t_2 时刻,反应时间间隔为 Δt,某反应物浓度或产物浓度从 c_1 变为 c_2,浓度的改变量为 Δc,则化学反应速率为

$$\bar{v} = \pm \frac{c_2 - c_1}{t_2 - t_1} = \pm \frac{\Delta c}{\Delta t} \tag{1-4-1}$$

例 1-4-1 在给定条件下,合成氨反应:

$$N_2 \quad + \quad 3H_2 \quad \Longleftrightarrow \quad 2NH_3$$

起始浓度/$(mol \cdot L^{-1})$ 2.0   3.0   0

2 min 时浓度/$(mol \cdot L^{-1})$ 1.8   2.4   0.4

则反应在 2 min 内的平均速率,可分别表示为:

$$v_{N_2} = -\Delta[N_2]/\Delta t = [-(1.8 - 2.0)/(2 - 0)]\ mol \cdot L^{-1} \cdot s^{-1} = 0.1\ mol \cdot L^{-1} \cdot min^{-1}$$

$$v_{H_2} = -\Delta[H_2]/\Delta t = [-(2.4 - 3.0)/(2 - 0)]\ mol \cdot L^{-1} \cdot s^{-1} = 0.3\ mol \cdot L^{-1} \cdot min^{-1}$$

$$v_{NH_3} = \Delta[NH_3]/\Delta t = [(0.4 - 0)/(2 - 0)]\ mol \cdot L^{-1} \cdot s^{-1} = 0.2\ mol \cdot L^{-1} \cdot min^{-1}$$

可见,同一化学反应中,用不同的物质表示的化学反应速率有可能不同,在这里用 N_2、H_2、NH_3 三种物质表示的速率之比是 $1:3:2$,它们之间的速率之比为反应式中相应物质化学式前的系数比。

(2)瞬时速率 由于大多数化学反应并不是匀速进行的,而是随着反应物浓度的减小,化学反应速率变小。所以,要确切地表示化学反应在某一时刻的化学反应速率,应采用瞬时速率。瞬时速率相当于时间间隔(Δt)趋近于 0 时的平均速率,这时 Δc、Δt 都是无限小,可用 dc 和 dt 表示。物质 B 的瞬时速率 v_B 为

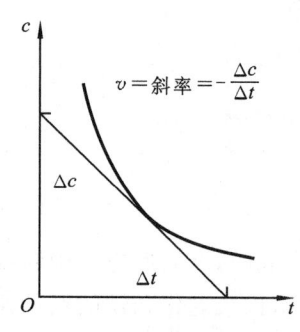

$$v_B = \lim_{\Delta t \to 0} \pm \frac{\Delta c_B}{\Delta t} = \pm \frac{dc_B}{dt} \tag{1-4-2}$$

一般意义上的化学反应速率都是指瞬时速率。求某时刻的瞬时速率,常用数学作图中的切线方法(图 1-4-1)或微分方法求得。

对于反应物,c-t 曲线上任一点斜率的负值,就是该点对应时刻的反应的瞬时速率。

对于一般的化学反应

$$a A + b B \Longrightarrow d D + e E$$

图 1-4-1 浓度随时间变化示意图

通常可以选择任一物质来表示化学反应速率,但所表示速率数值有可能不同,它们之间的关系由方程式中的化学计量数确定。即

$$\frac{1}{a}v_A = \frac{1}{b}v_B = \frac{1}{d}v_D = \frac{1}{e}v_E$$

因此,表示某一化学反应的速率,需指明是以哪一种物质表示的反应速率。

化学反应速率体现了量变与质变的辩证关系。化学反应速率的改变是一个量变的过程，当化学反应速率变化到一定程度时，可能引发反应的方向、产物的种类等发生质变。例如，在合成氨的反应中，恰当地控制化学反应速率才能使氨的产量达到理想状态。这启示我们在学习和生活中，要重视量的累积，把握好度，促成质的飞跃。

二、化学反应的活化能与反应速率理论

1. 活化能

活化能和活化分子的概念是由阿伦尼乌斯(Arrhenius)于 1889 年最早提出来的。活化分子一般是指能够发生反应的高能分子。活化分子的平均能量与反应物分子平均能量的差值称为活化能，用 E_a 表示。

$$E_a = \overline{E}_{活化} - \overline{E} \tag{1-4-3}$$

活化能的单位是 $kJ \cdot mol^{-1}$。

活化能是决定化学反应速率的一个重要因素。在一定温度下，活化能越小，反应越快；活化能越大，反应越慢。一般的化学反应的活化能在 $40 \sim 400$ $kJ \cdot mol^{-1}$ 之间，大多数为 $60 \sim 250$ $kJ \cdot mol^{-1}$。常温下，活化能小于 40 $kJ \cdot mol^{-1}$ 的反应，其反应很快，一般实验方法难以测定；活化能大于 400 $kJ \cdot mol^{-1}$ 的反应属于慢反应。

2. 反应速率理论

(1) 碰撞理论 1918 年，美国化学家路易斯(Lewis)提出化学反应的碰撞理论，他认为参加化学反应的分子、原子或离子发生反应的必要条件是它们彼此相互碰撞，即碰撞是反应物分子之间发生化学反应的先决条件，但又不是每次碰撞都能引起反应。例如，在 973 K、101 kPa 的条件下，在反应 $2HI(g) \Longrightarrow H_2(g) + I_2(g)$ 中，浓度为 10^{-3} $mol \cdot L^{-1}$ 的碘化氢气体，每秒分子间相互碰撞次数高达 3.5×10^{25}，如每次碰撞都能发生反应，化学反应速率 $v = 5.8 \times 10^4$ $mol \cdot L^{-1} \cdot s^{-1}$，但实际上实验测得的化学反应速率 v 只有 1.2×10^{-8} $mol \cdot L^{-1} \cdot s^{-1}$。因此，大多数分子间的碰撞是无效的，是不能引起化学反应的。

反应物分子间发生有效碰撞转变为产物，必须同时满足能量和空间两个条件。

① 反应物分子必须有足够的动能 活化分子之间之所以能发生有效碰撞，是由于它们的能量高，在碰撞时才能使旧键断裂，新键形成，从而导致反应发生。

② 反应物分子必须按一定方向互相碰撞 "碰撞得法"才能引起旧键断裂，新键形成。例如，在气相反应 $NO_2(g) + CO(g) \Longrightarrow NO(g) + CO_2(g)$ 中，CO 和 NO_2 两种分子有几种可能的碰撞取向，如图 1-4-2 所示。

(a)   (b)   (c)   (d)

图 1-4-2 CO 和 NO_2 分子间几种可能的碰撞取向

其中(a)、(b)、(c)三种取向的碰撞都是无效的，只有(d)取向的碰撞是有效的，NO_2 分子中的 O 碰到 CO 才有可能引起反应。

碰撞理论直观明了，用于说明一些简单的反应比较成功。但由于它没有考虑到分子内部

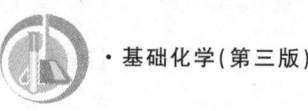

的结构,把分子看作简单的钢球,分子间的相互作用看作机械的碰撞,因而在处理复杂分子的碰撞时得不到满意的结果。

(2)过渡状态理论 过渡状态理论又称为活化配合物理论,是 1935 年,由美国物理化学家艾林(Eyrimg)和加拿大物理化学家波拉尼(Polanyi)等人提出的。该理论认为化学反应不是反应物分子间的简单碰撞就能完成的,而是在反应过程中要经过一个高能量的中间过渡状态,形成一种活性基团(活化配合物),然后分解转变成产物。

例如,在化学反应 $NO_2(g)+CO(g)=\!\!=\!\!=NO(g)+CO_2(g)$ 中,当 NO_2 和 CO 的活化分子按照一定的方向彼此靠近之后,可以形成一种活化配合物[ON---O---CO],反应过程为

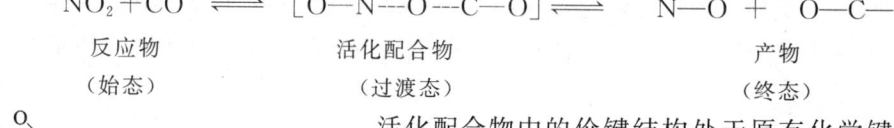

| NO_2+CO | $\Longleftrightarrow$ | $[O-N\text{---}O\text{---}C-O]$ | $\Longleftrightarrow$ | $N-O$ + $O-C-O$ |

反应物　　　　　　　　活化配合物　　　　　　　　　产物
（始态）　　　　　　　　（过渡态）　　　　　　　　　（终态）

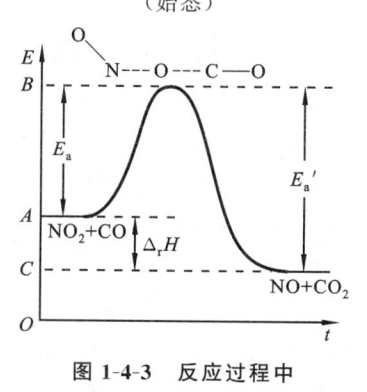

图 1-4-3　反应过程中势能变化

活化配合物中的价键结构处于原有化学键被削弱、新化学键正在形成的一种过渡状态,其势能较高,极不稳定。因此,活化配合物一经形成就极易分解,它既可分解为产物 NO 和 CO_2,也可分解为原反应物。当活化配合物[ON---O---CO]中靠近 C 原子的那一个 N—O 完全断开,新形成的 O—C 进一步强化时,即形成了产物 NO 和 CO_2,此时整个体系的势能降低,反应即告完成。过程中的能量变化如图 1-4-3 所示。图中,B 点对应的能量为活化配合物[ON---O---CO]的势能,A、C 点对应的能量分别为基态反应物(NO_2+CO)分子对、基态产物($NO+CO_2$)分子对的势能。E_a、E_a'分别表示活化配合物[ON---O---CO]与基态反应物(NO_2+CO)分子对、[ON---O---CO]与基态产物($NO+CO_2$)分子对的势能差。在过渡状态理论中,活化能也是指使反应进行所必须克服的势能垒,而把过渡态(活化配合物)较反应物分子所高出的能量称为活化能。如 N_2O_4 分解反应的活化能为 58.1 kJ·mol^{-1}。正、逆反应的活化能之差为反应热($\Delta_r H$)。

$$\Delta_r H = E_a - E_a'$$

$$(1\text{-}4\text{-}4)$$

第二节　影响化学反应速率的因素

化学反应具有不同的化学反应速率,影响化学反应速率的主要因素是内因,即反应物本身的性质和反应的类型。但外界条件如浓度、压强、温度、催化剂等对化学反应速率也有一定的影响。

一、浓度对化学反应速率的影响

1. 基元反应与质量作用定律

(1)基元反应 基元反应又称原反应或简单反应,是指反应物粒子(原子、离子、分子、自由基等)在碰撞过程中能直接转变为产物的反应,即一步完成的反应。通常,大多数化学反应

的反应式只代表了参加反应的各物质之间的计量关系和总的结果,并非反应的实际途径或过程。例如,氯化氢的气相合成反应的计量反应式如下:

$$H_2 + Cl_2 \longrightarrow 2HCl \qquad (1)$$

实际上,此反应是经下列步骤进行的:

$$Cl_2 + M \longrightarrow 2Cl + M \qquad (2)$$
$$Cl + H_2 \longrightarrow HCl + H \qquad (3)$$
$$H + Cl_2 \longrightarrow HCl + Cl \qquad (4)$$
$$2Cl + M \longrightarrow Cl_2 + M \qquad (5)$$

反应(1)为总反应,反应(2)~(5)为基元反应。反应(2)~(5)表示反应(1)的历程或反应机理。

反应若包含了两个或两个以上的基元反应(步骤),则称为复合反应或非基元反应。

(2) 质量作用定律　质量作用定律是由挪威化学家古尔德贝格(Guldberg)和瓦格(Waage)提出的。质量作用定律可表述为:在一定温度下,基元反应的化学反应速率与各反应物的浓度的幂的乘积成正比。

如基元反应

$$NO_2(g) + CO(g) \Longrightarrow NO(g) + CO_2(g)$$

根据质量作用定律,化学反应速率与反应物浓度的关系如下:

$$v = kc_{NO_2}c_{CO}$$

质量作用定律表明了化学反应速率与反应物浓度之间的比例关系。通常化学反应速率随反应物浓度的增加而增加。

2. 反应速率方程和反应级数

(1) 反应速率方程　表示反应物浓度与化学反应速率之间定量关系的数学式,称为**反应速率方程**。质量作用定律的数学式就是一种反应速率方程。更一般地,对于符合质量作用定律的反应

$$aA + bB \longrightarrow 产物$$

反应速率方程为

$$v = kc_A^a c_B^b \qquad (1\text{-}4\text{-}5)$$

(2) 反应级数　反应速率方程中,幂指数 a、b 称为反应级数,$n = a + b$ 称为反应(总)级数。反应级数越大,浓度对化学反应速率的影响越显著。

反应速率方程中的系数 k 称为**反应速率常数**,对于指定的化学反应,k 是与反应物本性、温度和催化剂等因素有关,而与反应物浓度无关的常数。在相同的条件下,k 越大,表示化学反应速率越大。

由反应的有效碰撞理论和反应速率方程可知,在其他条件不变时,增加反应物的浓度,可以增大化学反应速率。这是因为当增加反应物的浓度时,单位体积内的活化分子总数增加,从而增加了单位时间内反应物分子间的有效碰撞次数,导致化学反应速率增大。

对于可逆反应 $aA + bB \Longrightarrow dD + eE$,一般正反应的速率取决于 A、B 两种物质的浓度,与 D、E 两种物质的浓度关系不大;而逆反应的速率取决于 D、E 两种物质的浓度,与 A、B 两种物质的浓度关系也不大。

固体和纯液体的浓度是一个常数,增加这些物质的量,一般不会影响化学反应速率,但固体物质的化学反应速率与其表面积大小有关,一般固体物质的分散度越大,反应越快。

(3) 一级反应和半衰期　凡是化学反应速率只与物质浓度的一次方成正比的化学反应称

为一级反应。例如五氧化二氮的分解反应及蔗糖的水解反应等都是一级反应。

$$N_2O_5 \Longrightarrow N_2O_4 + \frac{1}{2}O_2$$

$$\underset{\text{蔗糖}}{C_{12}H_{22}O_{11}} + H_2O \longrightarrow \underset{\text{果糖}}{C_6H_{12}O_6} + \underset{\text{葡萄糖}}{C_6H_{12}O_6}$$

设有某一级反应

$$A \xrightarrow{k_1} P$$

$$t = 0 \qquad c_{0,A} = a \qquad c_{0,P} = 0$$

$$t = t \qquad c_A = a - x \qquad c_P = x$$

反应速率方程的微分式为

$$v = -\frac{dc_A}{dt} = \frac{dc_P}{dt} = k_1 c_A \tag{1-4-6}$$

若对式(1-4-6)做不定积分,则得

$$\ln(a - x) = -k_1 t + 常数$$

一级反应的特征:①以 $\ln(a-x)$ 对时间 t 作图,应得斜率为 $-k_1$ 的直线。

②若对式(1-4-6)做定积分

$$\int_0^x \frac{dx}{a - x} = \int_0^t k_1 dt$$

得

$$\ln \frac{a}{a - x} = k_1 t \tag{1-4-7}$$

从反应物起始浓度 a 和 t 时刻的浓度 $a-x$,即可算出反应速率常数,一级反应的反应速率常数的量纲为时间$^{-1}$。

③若令 $x = \frac{1}{2}a$ 时的时间为 $t_{1/2}$,即反应物消耗了一半时所需的时间,这个时间称为**半衰期**,则

$$t_{1/2} = \frac{\ln 2}{k_1} = \frac{0.6932}{k_1} \tag{1-4-8}$$

从式(1-4-8)可知,一级反应的半衰期与反应速率常数成反比,而与反应物的起始浓度无关,对于一个给定的反应,$t_{1/2}$ 是一个常数。

例 1-4-2 某金属钚的同位素进行 β 放射为一级反应,经 14 d(1 d = 1 天)后,同位素的活性降低了 6.85%。试求此同位素的蜕变常数和半衰期;要分解 90.0%,需多长时间?

解 设反应开始时物质的相对量为 100%,14 d 后剩余未分解者为 100% − 6.85%,代入式(1-4-7),则

$$k_1 = \frac{1}{t} \ln \frac{a}{a - x} = \frac{1}{14} \ln \frac{100}{100 - 6.85}$$

$$= 0.00507 \ (d^{-1})$$

代入式(1-4-8),得

$$t_{1/2} = \frac{\ln 2}{k_1} = \frac{0.6932}{0.00507} = 136.7 \ (d)$$

分解 90.0% 时,代入式(1-4-7),得

$$t = \frac{1}{k_1} \ln \frac{a}{a-x} = \frac{1}{0.00507} \ln \frac{100}{100-90.0}$$
$$= 454.2 \ (d)$$

二、压强对化学反应速率的影响

对于有气体参加的反应,压强影响化学反应速率。在一定温度下,增大压强,气态反应物的浓度增大,化学反应速率增大;降低压强,气态反应物浓度减小,化学反应速率减小。

$$2NO_2 \Longrightarrow O_2 + 2NO \qquad v = k \cdot c_{NO_2}^2$$

当压强增大 1 倍时,化学反应速率增大至原来的 4 倍。

对于没有气体参加的反应,由于压强对反应物的浓度影响很小,所以压强改变,其他条件不变时,对化学反应速率影响不大。

三、温度对化学反应速率的影响

温度对化学反应速率的影响特别显著,也比较复杂,但对大多数化学反应来说,温度升高,化学反应速率增大。例如:$2H_2(g) + O_2(g) \Longrightarrow 2H_2O(g)$,在常温下化学反应速率极小,几乎察觉不到有 H_2O 生成,但当温度升高到 873 K 时,化学反应速率急剧增大,甚至发生爆炸。

温度对化学反应速率的影响可用碰撞理论解释:①温度升高,反应物分子运动速率增大,单位时间内反应物分子的碰撞总次数增加,有效碰撞次数也增加,因此化学反应速率增大;②温度升高,分子能量增大,导致活化分子百分数增加,从而增大了化学反应速率。在上面两个原因中,第二个是主要的。

(1)范特霍夫规则 温度改变对反应物浓度影响不大,它主要是改变了速率常数 k。1884 年,荷兰物理化学家范特霍夫(van't Hoff)根据大量实验事实归纳出一条经验规则:反应温度每升高 10 K,化学反应速率或反应速率常数增大 2~4 倍。即

$$\frac{k_{T+10}}{k_T} \approx 2 \sim 4 \qquad\qquad (1\text{-}4\text{-}9)$$

在缺少实验数据时,范特霍夫规则可用于估算温度对化学反应速率的影响程度。

(2)阿伦尼乌斯方程 1889 年,瑞典化学家阿伦尼乌斯(Arrhenius)根据实验结果,提出在一定的温度变化范围内,反应速率常数(k)与温度(T)之间的定量关系——阿伦尼乌斯方程:

$$k = A e^{-\frac{E_a}{RT}} \qquad\qquad (1\text{-}4\text{-}10a)$$

两边取对数得

$$\ln k = -\frac{E_a}{RT} + \ln A \qquad\qquad (1\text{-}4\text{-}10b)$$

式中:R 为摩尔气体常数,8.314 J·K^{-1}·mol^{-1};T 为热力学温度,K;E_a 为反应的活化能,kJ·mol^{-1};A 为频率因子或指前因子,是与单位时间内反应物的碰撞总次数(碰撞频率)有关的特性常数,其单位与反应速率常数一致。

对指定的反应,在温度变化不大的范围内,A 和 E_a 都可视为不随温度变化的常数。

分析阿伦尼乌斯方程,可以得出以下结论:

① 对某一给定反应,A 和 E_a 可视为常数,由于温度 T 与反应速率常数 k 之间呈对数(或指数)关系,因此温度对反应速率常数和化学反应速率影响十分显著。

② 当温度一定时,若几个反应 A 值相近,E_a 越大的反应 k 越小,即活化能越大的反应进行得越慢。

③ 活化能不同的反应,温度变化对化学反应速率的影响程度不同。活化能越大的反应,化学反应速率受温度变化的影响越大。

阿伦尼乌斯方程不仅可以定性说明温度、活化能对化学反应速率的影响,而且还能通过实验定量计算反应速率常数和活化能,在化学计算中具有重要意义。

例 1-4-3 某药物在水溶液中分解。在 323 K 和 343 K 时测得该反应的反应速率常数分别为 7.08×10^{-4} h^{-1} 和 3.55×10^{-3} h^{-1},求该反应的活化能和 298 K 时的反应速率常数。

解 将 T_1 时反应速率常数 k_1 及 T_2 时反应速率常数 k_2,分别代入公式(1-4-10b),得

$$\ln k_2 = -\frac{E_a}{RT_2} + \ln A$$

$$\ln k_1 = -\frac{E_a}{RT_1} + \ln A$$

两式相减得

$$\ln \frac{k_2}{k_1} = \frac{E_a}{R} \cdot \frac{T_2 - T_1}{T_1 T_2} \tag{1-4-11}$$

已知:$T_1 = 323$ K,$T_2 = 343$ K;$k_1 = 7.08 \times 10^{-4}$ h^{-1},$k_2 = 3.55 \times 10^{-3}$ h^{-1}。

则

$$E_a = \frac{RT_1 T_2}{T_2 - T_1} \ln \frac{k_2}{k_1}$$

$$= \frac{8.314 \text{ J} \cdot \text{K}^{-1} \cdot \text{mol}^{-1} \times 323 \text{ K} \times 343 \text{ K}}{343 \text{ K} - 323 \text{ K}} \ln \frac{3.55 \times 10^{-3} \text{h}^{-1}}{7.08 \times 10^{-4} \text{h}^{-1}} = 74.25 \text{ kJ} \cdot \text{mol}^{-1}$$

298 K 时反应速率常数 k 可按下式计算:

$$\ln k_{298} = \frac{E_a}{R} \frac{298 - T_1}{298 T_1} + \ln k_1$$

将求得的 E_a 值和 323 K 时的 k_1 值代入上式,得

$$\ln k_{298} = \frac{74.25 \times 1000}{8.314} \times \frac{298 - 323}{323 \times 298} + \ln(7.08 \times 10^{-4}) = (-2.319) + (-7.253) = -9.572$$

求得

$$k_{298} = 6.96 \times 10^{-5} (\text{h}^{-1})$$

即该反应的活化能为 74.25 kJ $\cdot$ mol^{-1},298 K 时的反应速率常数为 6.96×10^{-5} h^{-1}。

四、催化剂对化学反应速率的影响

催化反应是十分重要且普遍存在的,80%~90%的化工及制药过程应用了催化剂,酶催化

反应更是动植物所不可缺少的。

（1）催化剂和催化作用 在化学反应中，使用少量就能显著改变化学反应速率而本身在反应前后组成、数量和化学性质保持不变的物质称为**催化剂**。催化剂的这种作用称为**催化作用**。凡能增大化学反应速率的称为正催化剂，能减小化学反应速率的称为负催化剂或阻化剂。一般情况下所提到的催化剂指正催化剂。有时，反应产物也对反应本身起催化作用，这称为自催化作用。

（2）催化作用的共同特征

① 催化剂不能改变反应的平衡规律 催化剂不能改变化学反应的平衡位置或平衡常数 K，催化剂能同等程度地加快正、逆反应。催化剂也不能使化学平衡移动，只能缩短达到平衡的时间。

② 催化剂参与了化学反应过程 催化剂增大化学反应速率，主要是因为催化剂参加了反应过程，改变了反应的途径，降低了反应的活化能，从而使活化分子百分数增大，有效碰撞次数增加，导致化学反应速率增大。表 1-4-1 列出了某些反应有催化剂与无催化剂时的活化能。

表 1-4-1 催化剂对反应活化能的影响

反 应 式	活化能 E_a/(kJ·mol^{-1})		催 化 剂
	非催化反应	催化反应	
$2HI \Longrightarrow H_2 + I_2$	184.1	104.6	Au
$2NO \Longrightarrow N_2 + O_2$	244.8	134.0	Pt
$3H_2 + N_2 \Longrightarrow 2NH_3$	334.7	167.4	Fe·Al$_2$O$_3$·K$_2$O
$2SO_2 + O_2 \Longrightarrow 2SO_3$	251.0	62.7	Pt

催化剂能显著增大化学反应速率，是由于它能与反应物之间形成了一种势能低且很不稳定的过渡态活化配合物。如图 1-4-4 所示，反应 $A+B \longrightarrow AB$，所需的活化能为 E_a。在催化剂 K 的参与下，反应按以下两步进行。

$$A + K \longrightarrow AK$$

$$AK + B \longrightarrow AB + K$$

催化反应的新途径中两步的活化能 E_1、E_2 均小于无催化剂时的原途径的活化能 E_a。在催化剂的作用下，绝大多数反应物分子会沿新途径转变成产物，还有少量能量高的活化分子仍可按原途径进行反应，化学反应速率明显增大。

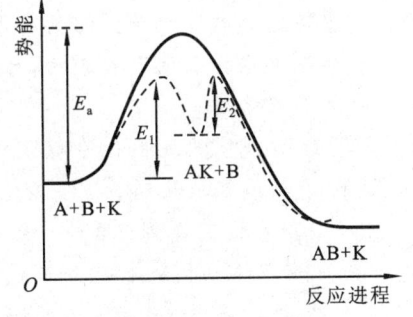

图 1-4-4 反应进程中能量变化
（实线为非催化历程，虚线为催化历程）

（3）催化剂具有选择性 催化剂的选择性有两方面的含义。其一，不同类型的反应需用不同的催化剂，一种催化剂只能催化一种或少数几种反应，例如氧化反应和脱氢反应的催化剂是不同类型的催化剂；即使同一类型的反应，通常催化剂也不同，如 SO_2 的氧化用 V_2O_5 作催化剂，而乙烯氧化却用 Ag 作催化剂。其二，对同样的反应物，选择不同的催化剂可得到不同的产物。例如，乙醇在不同催化剂作用下可制取 25 种产品：

$$C_2H_5OH \begin{cases} \xrightarrow[200\sim250\ ℃]{Cu} CH_3CHO+H_2 \\[2mm] \xrightarrow[350\sim360\ ℃]{Al_2O_3\ 或\ TbO_2} C_2H_4+H_2O \\[2mm] \xrightarrow[250\ ℃]{Al_2O_3} (C_2H_5)_2O+H_2O \\[2mm] \xrightarrow[400\sim450\ ℃]{ZnO\text{-}Cr_2O_3} CH_2{=}CH{-}CH{=}CH_2\ +\ H_2O+H_2 \\[2mm] \xrightarrow{Na} C_4H_9OH+H_2O \\[2mm] \qquad\vdots \end{cases}$$

根据催化剂的这一特性,可由一种原料制取多种产品。

值得一提的是,在生命过程中,生物体内的催化剂——酶,起着重要的作用。据研究,人体内的部分能量是由蔗糖氧化产生的。蔗糖在纯水溶液中几年也不与氧发生反应,但在特殊酶的催化下,只需几小时就能完成反应。人体内有许多种酶,它们不但选择性高,而且能在常温、常压和近于中性的条件下加速某些反应的进行。而工业生产中不少催化剂往往需要高温、高压等比较苛刻的条件。因此,为了适应发展新技术的需要,模拟酶的催化作用已成为当今重要的研究课题,我国科学工作者在化学模拟生物固氮酶的研究方面已处于世界前列。

催化剂催化的反应中,少量杂质往往会使催化剂的催化活性大为降低,这种现象称为催化剂中毒。因此,使用催化剂的反应中,必须保持原料的纯净。

新型催化剂的研发是增大化学反应速率的关键,这需要不断创新。例如,寻找更高效、更环保的催化剂推动化学工业的发展。我们在学习中要敢于突破传统思维,培养创新意识,为科技进步贡献自己的力量。

知识拓展

生物体内的催化剂——酶

酶是活体细胞产生的具有催化功能的蛋白质或 RNA。体内的一切化学反应几乎都是在酶的催化下完成的,可以说生命离不开酶,没有酶就没有生命,所以酶也称为生物催化剂。

酶所催化的反应称为酶促反应。体内消化酶的存在使食物中蛋白质、脂类、糖等大分子物质在消化道内(37 ℃,一定 pH 值)很快被消化,分解成小分子物质;如果在体外,这些反应必须在强酸、强碱、高温条件下才能进行,即使加入一般的化学催化剂,也难以达到体内物质分解代谢的速率。

酶的种类很多,经鉴定的酶就有 2000 多种。酶与一般化学催化剂不同,具有如下特点:①多数的酶是蛋白质,对热非常敏感,$37\sim40$ ℃是多数酶的最适温度,超过 80 ℃,多数酶将变性失去催化活性;②酶的催化有高度的专一性,一种酶通常只能催化一种化学反应,体内消化食物的酶有胃蛋白酶、淀粉酶、脂肪酶等;③酶的催化效率极高,比一般的催化剂高 $10^6\sim10^{10}$ 倍,酶的催化效能主要是通过降低反应所需的活化能实现的。

在工业生产中,合理控制化学反应速率不仅能提高生产效率,还能降低能耗和减少环境污染,实现可持续发展。

 本章小结

1. 知识思维导图

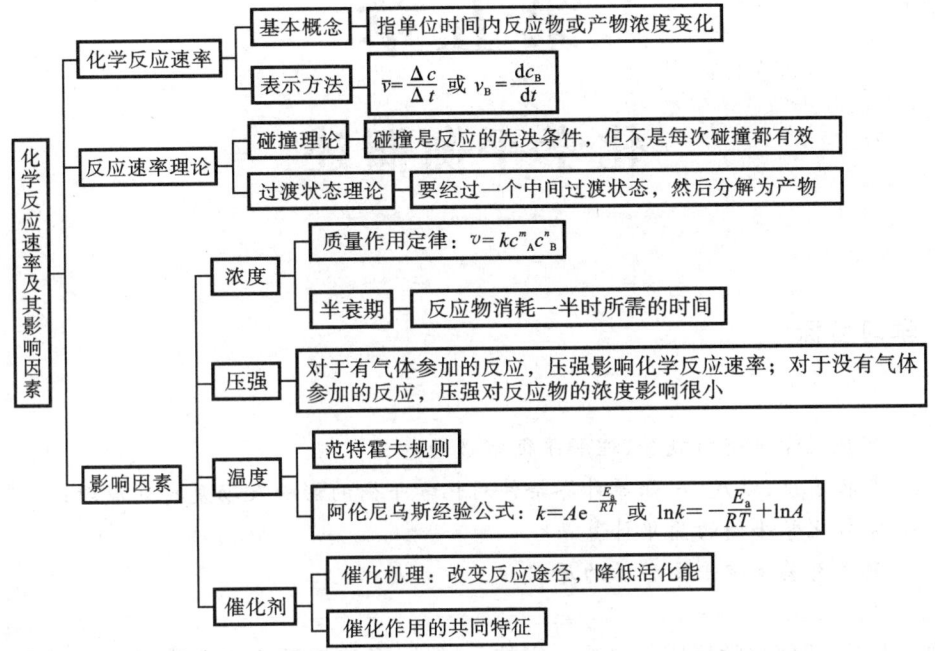

2. 学习方法概要

在化学反应速率的学习中,首先要明确其意义及其表示方法,理解活化分子、活化能、催化剂、基元反应、质量作用定律等概念,了解反应速率理论的基本思想;其次能用反应速率理论、质量作用定律等,从物质浓度变化、分子能量变化、活化能的改变的角度来认识浓度、温度、压强、催化剂等外界因素对化学反应速率的影响。

 综 合 测 评

一、问答题

目标检测

1. 影响化学反应速率的主要因素有哪些? 它们是如何影响化学反应速率的?

2. 同一化学反应用不同物质的浓度变化表示的化学反应速率一定相同吗? 为什么?

3. 如何通过实验测定化学反应速率?

二、计算题

1. 已知反应 $A(g)+2B(g) \longrightarrow C(g)$ 为基元反应。某温度下,当 $c_A=0.5 \text{ mol} \cdot \text{L}^{-1}$,$c_B=0.6 \text{ mol} \cdot \text{L}^{-1}$ 时的反应速率为 $0.018 \text{ mol} \cdot \text{L}^{-1} \cdot \text{min}^{-1}$,求该温度下的反应速率常数。

2. 298 K 时某分解反应的半衰期为 5.7 h,此值与起始浓度无关,试求:

(1) 该反应的反应速率常数。

(2) 反应完成 90% 时所用时间。

3. X,Y,Z 为三种气体,把 a mol X 和 b mol Y 充入一密闭容器中,发生反应 $X+2Y \rightleftharpoons 2Z$,达到平衡时,若它们的物质的量满足 $n_X+n_Y=n_Z$,则 Y 的转化率是多少?

第五章

化学平衡概述

 **学习目标**

1. 掌握化学平衡的概念,理解平衡常数的意义;
2. 掌握浓度、温度、压强等外界条件对化学平衡的影响及勒夏特列原理;
3. 掌握化学平衡的简单计算;
4. 熟悉有关化学平衡移动的原理。

从理论上讲,任何化学反应都具有一定的可逆性,意味着反应物无法完全转化为产物,这构成了化学反应进行的程度问题。而化学平衡理论正是用来探讨这一化学反应进行程度的关键。通过掌握化学平衡理论,我们能够正确认识化学反应进行的程度,并理解化学平衡的移动。

第一节　化学平衡的基本特征

一、可逆反应

在众多的化学反应中,仅有少数反应能进行"到底",即反应物几乎能完全转变为产物,而在同样条件下,产物几乎不能转变成反应物。例如:

$$2KClO_3 \xrightarrow[\triangle]{MnO_2} 2KCl + 3O_2 \uparrow$$

$$C_6H_{12}O_6 + 6O_2 \longrightarrow 6CO_2 + 6H_2O$$

$$2HCl + Na_2O \longrightarrow 2NaCl + H_2O$$

这种只能向一个方向进行的反应称为**不可逆反应**。

对于多数化学反应来说,在一定条件下反应既能按反应式从左向右进行(正反应),同时也能从右向左进行(逆反应),这种在同一反应条件下,能同时向正、逆两个方向进行的反应,称为可逆反应。在可逆反应的化学方程式中,常用"⇌"来表示反应的可逆性。例如,NO 和 O₂ 相互作用生产 NO₂,同样条件下 NO₂ 也可分解为 NO 和 O₂,用可逆反应式表示为

$$2NO(g) + O_2(g) \rightleftharpoons 2NO_2(g)$$

二、化学平衡

可逆反应中,始终存在着正反应和逆反应这一对矛盾,在一定条件下两者可以同时进行。例如,在一定温度下把 NO 和 O₂ 置于一密闭容器中,反应开始时,每隔一定时间取样分析,会发现反应物 NO 和 O₂ 的分压逐渐减小,而产物 NO₂ 的分压逐渐增大。若保持温度不变,待反应进行到一定时间,将发现混合气体中各组分的分压不再随时间而改变,维持恒定,此时即达到化学**平衡状态**。这一过程可用化学反应速率解释:反应刚开始,反应物浓度(或分压)最大,具有最大的正反应速率 $v_正$,此时尚无产物,故逆反应速率 $v_逆 = 0$。随着反应进行,反应物不断消耗,浓度(或分压)不断减小,正反应速率随之减小。另一方面,产物浓度或分压不断增大,逆反应速率逐渐增大,至某一时刻 $v_正 = v_逆$(不等于 0)(图 1-5-1),即单位时间内因正反应使反应物减小的量等于逆反应使反应物增加的量。此时,宏观上各种物质的浓度或分压不再随时间而改变,达到平衡状态;但微观上反应并未停止,正、逆反应仍在进行,只是两者化学反应速率相等而已,故化学平衡是一种动态平衡。

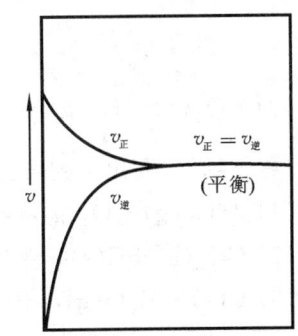

图 1-5-1 可逆反应的正、逆反应速率变化示意图

平衡状态有以下几个重要特点。

(1) 只有在恒温条件下,封闭体系中进行的可逆反应,才能建立化学平衡,这是建立化学平衡的前提。

(2) 正、逆反应速率相等是化学平衡建立的条件。

(3) 平衡状态是封闭体系中可逆反应进行的最大限度,各物质浓度都不随时间改变,这是建立化学平衡的标志。

(4) 化学平衡是有条件的、相对的和可以改变的。当外界因素改变时,体系内各物质的浓度(或分压)就会发生变化,原有的平衡将受到破坏,直到建立新的动态平衡。

[想一想] 如何判断化学反应已达到平衡状态?达到化学平衡后继续延长反应时间还有意义吗?

第二节　标准平衡常数

对一般的化学反应 $a A(g) + b B(aq) + c C(l) \rightleftharpoons x X(g) + y Y(aq) + z Z(s)$,当温度一定,系统达到平衡时,其标准平衡常数的表达式为

$$K^\ominus = \frac{(p_X/p^\ominus)^x (c_Y/c^\ominus)^y}{(p_A/p^\ominus)^a (c_B/c^\ominus)^b} \tag{1-5-1}$$

其中,溶液用相对浓度 $c_B/c^{\ominus}$ 表示;气体用相对分压 $p_B/p^{\ominus}$ 表示;纯固体、纯液体及稀溶液中的溶剂参加反应时,它们纯态即为标准状态,其相对浓度为1。

$$p^{\ominus} = 100 \text{ kPa}, \quad c^{\ominus} = 1 \text{ mol} \cdot \text{L}^{-1}$$

例 1-5-1 写出下列可逆反应的标准平衡常数表达式。

(1) $CaCO_3(s) \Longrightarrow CaO(s) + CO_2(g)$ $\qquad K^{\ominus} = \dfrac{p_{CO_2}}{p^{\ominus}}$

(2) $Cr_2O_7^{2-} + H_2O \Longrightarrow 2CrO_4^{2-} + 2H^+$ $\qquad K^{\ominus} = \dfrac{[c_{CrO_4^{2-}}/c^{\ominus}]^2 \cdot [c_{H^+}/c^{\ominus}]^2}{c_{Cr_2O_7^{2-}}/c^{\ominus}}$

$Cr_2O_7^{2-}$ 的平衡浓度也可写作$[Cr_2O_7^{2-}]$,H^+ 的平衡浓度也可写作$[H^+]$,所以该反应的标准平衡常数表达式也可写作:

$$K^{\ominus} = \frac{[CrO_4^{2-}]^2 \cdot [H^+]^2}{[Cr_2O_7^{2-}]}$$

(3) $CO_2(g) + H_2(g) \Longrightarrow CO(g) + H_2O(l)$ $\qquad K^{\ominus} = \dfrac{p_{CO}/p^{\ominus}}{[p_{CO_2}/p^{\ominus}] \cdot [p_{H_2}/p^{\ominus}]}$

[**练一练**] 写出下列可逆反应的标准平衡常数表达式。

(1) $2SO_2(g) + O_2(g) \Longrightarrow 2SO_3(g)$

(2) $CO_2(g) + C(s) \Longrightarrow 2CO(g)$

(3) $C(s) + H_2O(g) \Longrightarrow CO(g) + H_2(g)$

一、平衡常数的物理意义

平衡常数是可逆反应的特征常数,它的大小表明在一定条件下反应进行的程度。$K^{\ominus}$ 越大,表明正反应进行的程度越大,即正反应进行得越完全。

平衡常数与反应系统的浓度(或分压)无关,它只是温度的函数。因此,使用时必须注明对应的温度。

书写平衡常数表达式时,应注意以下几点。

(1) 写入平衡常数表达式中各物质的浓度或分压,必须是在系统达到平衡状态时相应的值。

(2) 有固体或纯液体参加的反应,固体或纯液体的浓度不必写入平衡常数表达式。

(3) 稀溶液中进行的反应,若反应中有水参与,水的浓度看作常数,不必写入平衡常数表达式。

(4) 一定温度下,对于同一可逆反应,平衡常数表达式和平衡常数的数值取决于反应式的书写形式,反应式不同,平衡常数也不相同。

(5) 正、逆反应的平衡常数互为倒数。

二、标准平衡常数的计算

化学反应一旦在一定条件下达到平衡,平衡系统中各物质浓度之间的数量关系因为受平衡常数的制约而被确定下来。化学实验和工业生产中正是根据这种平衡关系来计算有关物质的平衡浓度、平衡常数以及反应物的转化率的。

例 1-5-2　工业上合成氨反应：$N_2(g)+3H_2(g) \Longleftrightarrow 2NH_3(g)$，在 773 K 建立平衡时，$NH_3(g)$、$N_2(g)$和 $H_2(g)$分压分别为 3.57×10^6 Pa、4.17×10^6 Pa 和 12.52×10^6 Pa，计算该温度下合成氨反应的标准平衡常数 $K^\ominus$。

解　合成氨反应：

$$N_2(g)+3H_2(g) \Longleftrightarrow 2NH_3(g)$$

平衡时压强/(10^6Pa)　　　4.17　　12.52　　　3.57

$$K^\ominus = \frac{(p_{NH_3}/p^\ominus)^2}{(p_{N_2}/p^\ominus)(p_{H_2}/p^\ominus)^3} = \frac{(3.57 \times 10^6/10^5)^2}{(4.17 \times 10^6/10^5) \times (12.52 \times 10^6/10^5)^3} = 1.60 \times 10^{-5}$$

答：773 K 时合成氨反应的标准平衡常数为 1.60×10^{-5}。

三、转化率

用平衡常数表示反应限度有时不够直观，因此在实际应用中，常用平衡时的转化率 α 来表示反应限度。对于化学反应：

$$a\text{A}+b\text{B} \Longleftrightarrow c\text{C}+d\text{D}$$

反应物 A 平衡时的转化率可以表示为

$$\alpha_A = \frac{\text{A 的初始浓度} - \text{A 的平衡浓度}}{\text{A 的初始浓度}} \times 100\% = \frac{\text{已转化的反应物 A 的量}}{\text{反应物 A 的总量}} \times 100\%$$

转化率越大，表示反应向右进行的程度越大。从实验测得的转化率，可以用来计算平衡常数；反之，由平衡常数也可计算各物质的转化率。平衡常数和转化率虽然都能表示反应进行的程度，但两者有差别：平衡常数与体系的起始状态无关，只与反应温度有关；转化率除与温度有关外，还与体系起始状态有关，并须指明是哪种反应物的转化率，同一反应的反应物不同，转化率的数值也不同。

例 1-5-3　$AgNO_3$ 和 $Fe(NO_3)_2$ 两种溶液会发生反应，在 25℃ 时，将 $AgNO_3$ 和 $Fe(NO_3)_2$ 两种溶液混合，开始时溶液中 Ag^+ 和 Fe^{2+} 均为 0.100 $mol \cdot L^{-1}$，达到平衡时，Ag^+ 的转化率为 19.4%，求：(1)平衡时各离子的浓度；(2)该温度下的平衡常数。

解

	$Fe^{2+}(aq)$	$+$	$Ag^+(aq)$	$\Longleftrightarrow$	$Fe^{3+}(aq)+Ag(s)$
起始浓度/$(mol \cdot L^{-1})$	0.100		0.100		0
转化浓度/$(mol \cdot L^{-1})$	$-0.100 \times 19.4\%$		$-0.100 \times 19.4\%$		$0.100 \times 19.4\%$
	$=-0.0194$		$=-0.0194$		$=0.0194$
平衡浓度/$(mol \cdot L^{-1})$	$0.100-0.0194$		$0.100-0.0194$		0.0194
	$=0.0806$		$=0.0806$		

$$K^\ominus = \frac{[c(Fe^{3+})/c^\ominus]}{[c(Fe^{2+})/c^\ominus][c(Ag^+)/c^\ominus]} = \frac{0.0194}{0.0806 \times 0.0806} = 2.99$$

答：平衡时 Fe^{2+} 的浓度为 0.0806 $mol \cdot L^{-1}$，Ag^+ 的浓度为 0.0806 $mol \cdot L^{-1}$，Fe^{3+} 的浓度为 0.0194 $mol \cdot L^{-1}$。该温度下的平衡常数为 2.99。

多重平衡：在一个化学过程中，有多个平衡同时存在，且同一种物质同时参与几种平衡，这种现象叫多重平衡。例如，某一系统中同时存在下列三种平衡：

① $H_2(g) + S(s) \rightleftharpoons H_2S(g)$ $\qquad K_1^\ominus = \dfrac{p_{H_2S}/p^\ominus}{p_{H_2}/p^\ominus}$

② $S(s) + O_2(g) \rightleftharpoons SO_2(g)$ $\qquad K_2^\ominus = \dfrac{p_{SO_2}/p^\ominus}{p_{O_2}/p^\ominus}$

③ $H_2(g) + SO_2(g) \rightleftharpoons O_2(g) + H_2S(g)$ $\qquad K_3^\ominus = \dfrac{[p_{O_2}/p^\ominus] \cdot [p_{H_2S}/p^\ominus]}{[p_{H_2}/p^\ominus] \cdot [p_{SO_2}/p^\ominus]}$

由反应式知 $\qquad\qquad\qquad\qquad$ ③＝①－②

则反应式③的平衡常数为 $\qquad\qquad K_3^\ominus = K_1^\ominus / K_2^\ominus$

　　由此可以得出多重平衡的规则:若两个反应式相加(或相减)得到第三个反应式,则其平衡常数为前两个反应的平衡常数的积(或商)。根据此规则,可求得多个反应组合后所需反应的平衡常数。

第三节　化学平衡的移动

　　化学平衡状态是在一定条件下的一种暂时稳定状态,一旦外界条件(如温度、压强和浓度等)发生变化,这种平衡状态就会遭到破坏,各物质的浓度随之发生变化,直到在新的条件下,正、逆反应速率再次相等,建立新的平衡状态。这种**因外界条件改变,使可逆反应从原来的平衡状态转变到新的平衡状态的过程称为化学平衡的移动。**

　　浓度、压强、温度等是影响化学反应速率的主要因素,分析和掌握这些因素对化学平衡移动方向的影响,在生产实践和生活中创造条件使化学平衡向着有利的方向移动,使可逆反应进行到最大限度或缩短平衡到达的时间,都具有十分重要的意义。

一、浓度对化学平衡的影响

　　对任一化学反应
$$aA(g) + bB(aq) + cC(l) \rightleftharpoons xX(g) + yY(aq) + zZ(s)$$
其反应商 Q 表达式为
$$Q = \frac{(p_X/p^\ominus)^x (c_Y/c^\ominus)^y}{(p_A/p^\ominus)^a (c_B/c^\ominus)^b} \tag{1-5-2}$$

式中各物质的浓度并不一定是平衡时的浓度。只有达到平衡时,$Q = K^\ominus$,此时各物质的浓度才是平衡浓度。如果 $Q < K^\ominus$,说明产物的浓度小于其平衡浓度或者反应物的浓度大于平衡浓度,平衡被破坏,为了建立新的平衡,反应向正方向进行。若 $Q > K^\ominus$,则反应逆向进行。由此可以得出如下结论:

$Q = K^\ominus$ 　化学反应处于平衡状态;

$Q < K^\ominus$ 　反应正向自发进行,平衡向右移动;

$Q > K^\ominus$ 　逆反应自发进行。

这就是化学反应进行方向的反应商判据。

如果反应物或产物是气体,则反应商的表达式中,以各物质的相对分压($p_i/p^\ominus$)表示。总之,反应商的表示方法与标准平衡常数的表示方法应一致。二者的差别只是平衡常数表达式中各分压或浓度必须是平衡时的数值,而反应商则可以是任意时刻系统的组成。

例 1-5-4 在例 1-5-3 已达平衡的体系中,增加 Fe^{2+} 的浓度达到 0.806 mol·L^{-1}。其他离子的浓度都不变,试问:(1)反应向哪个方向进行? (2)平衡时 Ag^+ 的转化率为多少?

解 (1)此时的反应商为

$$Q = \frac{[c(Fe^{3+})/c^\ominus]}{[c(Fe^{2+})/c^\ominus][c(Ag^+)/c^\ominus]} = \frac{0.0194}{0.0806 \times 0.806} = 0.299$$

因为 $Q < K^\ominus$,所以反应正向自发进行。

(2)计算平衡时 Ag^+ 的转化率。

设在新的平衡条件下 Ag^+ 的转化浓度为 x mol·L^{-1},则

$$Fe^{2+}(aq) \quad + \quad Ag^+(aq) \Longrightarrow Fe^{3+}(aq) + Ag(s)$$

起始浓度/(mol·L^{-1})	0.806	0.0806	0.0194
转化浓度/(mol·L^{-1})	$-x$	$-x$	$+x$
平衡浓度/(mol·L^{-1})	$0.806-x$	$0.0806-x$	$0.0194+x$

$$K^\ominus = \frac{[c(Fe^{3+})/c^\ominus]}{[c(Fe^{2+})/c^\ominus][c(Ag^+)/c^\ominus]} = \frac{0.0194+x}{(0.806-x) \times (0.0806-x)} = 2.99$$

$$x = 0.05$$

平衡时 Ag^+ 的转化率:$\alpha(Ag^+) = \dfrac{x}{c} = \dfrac{0.05+0.0194}{0.100} \times 100\% = 69.4\%$

69.4%>19.4%,增加 Fe^{2+} 的浓度后,平衡时 Ag^+ 的转化率提高。

结论:对任何可逆反应,在其他条件不变时,增大反应物浓度(或减小产物浓度),平衡向正反应方向移动;减小反应物浓度(或增大产物浓度),平衡向逆反应方向移动。在化工生产中,常利用这一原理增加某一廉价易得反应物的量来提高另一贵重反应物的转化率。

二、压强对化学平衡的影响

压强的变化对固态或液态物质的体积影响很小,因此在没有气态物质参加反应时,可忽略压强对化学平衡的影响。但是对于有气体参加的反应,压强的影响必须考虑。

对于可逆反应:

$$a\,A(g) + b\,B(g) \Longrightarrow g\,G(g) + d\,D(g)$$

平衡时

$$K^\ominus = \frac{(p_G/p^\ominus)^g \cdot (p_D/p^\ominus)^d}{(p_A/p^\ominus)^a \cdot (p_B/p^\ominus)^b}$$

若在此系统中,保持温度不变,将系统的体积从原体积 V 压缩到 $(1/x) \cdot V$,则系统的总压增大为原来的 x 倍,相应各组分的分压也都增大至原来的 x 倍,则

$$Q = \frac{(xp_G/p^\ominus)^g \cdot (xp_D/p^\ominus)^d}{(xp_A/p^\ominus)^a \cdot (xp_B/p^\ominus)^b}$$

$$= x^{(g+d)-(a+b)} \cdot K^\ominus$$

$$= x^{\Delta n} \cdot K^\ominus$$

当 $\Delta n > 0$ 时,即产物气体分子数多于反应物气体分子数,$Q > K^{\ominus}$,平衡向左移动(即平衡向气体分子总数减少的方向移动)。

当 $\Delta n < 0$ 时,即产物气体分子数小于反应物气体分子数,$Q < K^{\ominus}$,平衡向右移动(即平衡向气体分子总数减少的方向移动)。

当 $\Delta n = 0$ 时,反应前后气体分子总数相等,此时,$Q = K^{\ominus}$,压强变化对平衡没有影响。

结论: 对任何可逆反应,在其他条件不变时,增大压强,化学平衡向气体分子总数减少的方向移动;减小压强,化学平衡向气体分子总数增多的方向移动。

三、温度对化学平衡的影响

温度也是影响化学平衡移动的重要因素之一,它与浓度、压强的影响有着本质的区别。浓度、压强变化时,平衡常数不变,只是平衡发生移动。但温度变化时,平衡常数值发生改变,从而导致平衡的移动。

温度 T 对化学平衡影响,可以通过下列关系表示:

$$\ln \frac{K_2^{\ominus}}{K_1^{\ominus}} = \frac{\Delta_r H_m^{\ominus}}{R}\left(\frac{1}{T_1} - \frac{1}{T_2}\right) \tag{1-5-3}$$

式(1-5-3)称为化学反应的等压方程式,也称范特霍夫等压方程式。由上式可知温度 T 对化学平衡影响如下。

若反应是吸热的,即 $\Delta_r H_m^{\ominus} > 0$,当温度 T 升高时,由式(1-5-3)可得:$K_2^{\ominus} > K_1^{\ominus}$,即平衡常数随温度升高而增大,升高温度时平衡向正反应方向移动。当温度 T 降低时,$K_2^{\ominus} < K_1^{\ominus}$,平衡向逆反应方向移动。

若反应是放热的,即 $\Delta_r H_m^{\ominus} < 0$,当温度 T 升高时,$K_2^{\ominus} < K_1^{\ominus}$,即平衡常数随温度升高而减小,升高温度时平衡向逆反应方向移动。反之,当温度 T 降低时,$K_2^{\ominus} > K_1^{\ominus}$,平衡向正反应方向移动。

结论: 对任何可逆反应,在其他条件不变时,升高温度,化学平衡向吸热方向移动;降低温度,化学平衡向放热方向移动。

四、催化剂与化学平衡

催化剂对一个可逆反应的正、逆反应影响是等同的,即催化剂使正、逆反应速率同时同倍数增大,而使平衡常数保持不变。因此,催化剂不会使化学平衡发生移动。若在尚未达到平衡状态的反应体系中加入催化剂,可以增大化学反应速率,缩短反应达到平衡状态的时间,即缩短了完成反应所需要的时间,这在工业生产上具有重要意义。

综合上述影响化学平衡移动的各种因素,1884 年法国科学家勒夏特列(Le Chatelier)概括出一条普遍规律:如果改变平衡系统的条件(如浓度、压强或温度)之一,平衡就向能减弱这个改变的方向移动。这个规律称为**勒夏特列原理**,也称平衡移动原理。

以合成氨反应为例说明勒夏特列原理。

$$N_2(g) + 3H_2(g) \rightleftharpoons 2NH_3(g) \qquad \Delta_r H_m^{\ominus} = -176 \text{ kJ} \cdot \text{mol}^{-1}$$

该反应是气体分子总数减少的放热的可逆反应,根据这个特点,反应条

勒夏特列

件选择如下:

升高温度可以增大化学反应速率,缩短达到平衡的时间。但是温度过高,不利于正反应的进行,会减小 NH_3 的平衡浓度,降低原料的转化率。因此,在达到催化剂所要求的活性温度范围内,反应温度应尽量低一些,一般选择 450～500 ℃。

在一定温度下,增大压强可以加快合成氨反应,并提高平衡时的转化率。但是增大压强,不仅增加动力消耗,而且对设备材质的要求也相应提高,致使设备费用和操作费用同时增大,生产成本明显升高。因此,一般采用 20.3～50.7 MPa。

N_2 和 H_2 极不容易化合,即使在高温、高压下,合成氨的反应也十分缓慢。因此工业上主要使用以铁为主的催化剂以增大化学反应速率。

平衡移动原理是一条普遍的规律,它适用于所有已经达到的动态平衡,如化学平衡、电离平衡、沉淀-溶解平衡、水解平衡等。对于非平衡系统,其变化方向只有一个,那就是自发地向着平衡状态的方向移动。

 **本章小结**

1. 知识思维导图

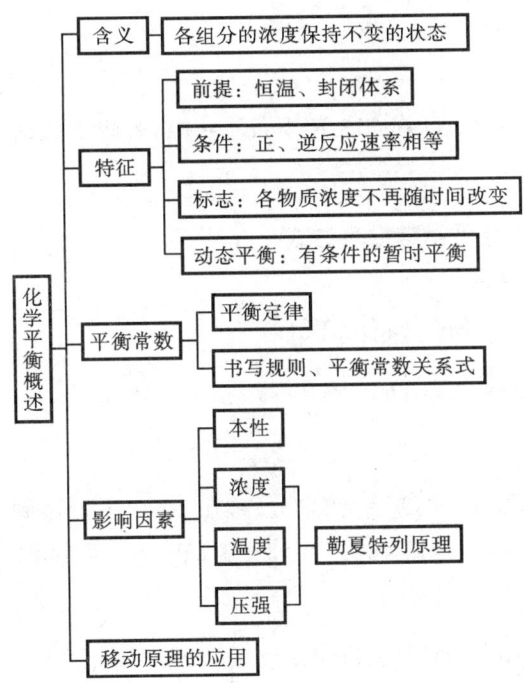

2. 学习方法概要

化学平衡是研究化学问题的另一重要方面,弄清其原理、掌握其方法对基础化学课程的学及化学问题的研究具有重要意义。在学习化学平衡及其规律问题时,一定要明确化学平衡是有条件的、暂时的、动态的;平衡的标志是各物质的浓度或压强不随时间变化。反应的程度可用平衡常数表示,平衡浓度可以测定和计算。平衡是可以改变的、可以移动的,其移动的方向可以用勒夏特列原理来判断。

综合测评

目标检测

一、填空题

1. 在一定的条件下,可逆反应达到正、逆反应速率相等时,系统中 ＿＿＿＿＿＿＿＿＿＿＿＿＿ 称为化学平衡。

2. 能够影响化学平衡移动的因素有 ＿＿＿＿＿＿＿＿＿＿＿＿＿＿＿＿＿ ,催化剂能够 ＿＿＿＿＿＿＿＿＿＿＿＿＿＿ ,但 ＿＿＿＿＿＿＿ 平衡移动。

3. 可逆反应 $2A(g)+B(g) \rightleftharpoons 2C(g)$, $\Delta_r H_m^{\ominus}<0$ 。反应达到平衡时,容器体积不变,增加 B 的分压,则 C 的分压 ＿＿＿＿＿＿＿＿ ,A 的分压 ＿＿＿＿＿＿＿＿ ;减小容器的体积,B 的分压 ＿＿＿＿＿＿＿ , $K^{\ominus}$ ＿＿＿＿＿＿＿ 。

4. 反应 $2Cl_2(g)+2H_2O(g) \rightleftharpoons 4HCl(g)+O_2(g)$; $\Delta_r H_m^{\ominus}>0$ 。达到平衡后进行下述变化,对指明的项目有何影响?

(1) 加入一定量的 O_2 ,会使 $n_{H_2O(g)}$ ＿＿＿＿＿＿＿＿ , n_{HCl} ＿＿＿＿＿＿＿＿

(2) 增大容器体积, $n_{H_2O(g)}$ ＿＿＿＿＿＿＿＿

(3) 减小容器体积, n_{Cl_2} ＿＿＿＿＿＿＿＿

(4) 升高温度, $K^{\ominus}$ ＿＿＿＿＿＿＿＿ , n_{HCl}

(5) 加入催化剂, n_{HCl} ＿＿＿＿＿＿＿＿

5. 可逆反应 $I_2+H_2 \rightleftharpoons 2HI$ 在 713 K 下, $K^{\ominus}=51$,若将上式改写为 $\frac{1}{2}I_2+\frac{1}{2}H_2 \rightleftharpoons HI$,则其 $K^{\ominus}$ 为 ＿＿＿＿＿＿＿ 。

二、写出下列反应的标准平衡常数表达式

1. $H_2(g)+S(s) \rightleftharpoons H_2S$

2. $Sn(s)+Pb^{2+}(aq) \rightleftharpoons Sn^{2+}(aq)+Pb(s)$

3. $NO(g)+\frac{1}{2}O_2(g) \rightleftharpoons NO_2(g)$

三、计算题

1. 实验测得反应: $2SO_2(g)+O_2 \rightleftharpoons 2SO_3(g)$ 在 1000 K 下达到平衡时,各物质的平衡分压: $p_{SO_2}=27.7$ kPa; $p_{O_2}=40.7$ kPa; $p_{SO_3}=32.9$ kPa。计算该温度下反应的标准平衡常数 $K^{\ominus}$ 。

2. 在一密闭容器中存在下列反应: $NO(g)+\frac{1}{2}O_2(g) \rightleftharpoons NO_2(g)$ 。已知反应开始时 NO 和 O_2 的分压分别为 101.3 kPa 和 607.8 kPa。在 973 K 下达到平衡时,有 12% 的 NO 转化为 NO_2 。计算:

(1) 平衡时各组分气体的分压;

(2) 该温度下的标准平衡常数 $K^{\ominus}$ 。

3. 反应: $CO_2(g)+H_2(g) \rightleftharpoons CO(g)+H_2O(g)$,在 1023 K 下达到平衡时有 90% 的 H_2 变成 $H_2O(g)$,此温度下的 $K^{\ominus}=1$ 。反应开始时, CO_2 和 H_2 按什么比例混合?

4. 反应: $Sn+Pb^{2+} \rightleftharpoons Sn^{2+}+Pb$ 在 298 K 下达到平衡,该温度下的 $K^{\ominus}=2.18$ 。若反应

开始时 $c_{Pb^{2+}}=0.1\ mol\cdot L^{-1}$，$c_{Sn^{2+}}=0.1\ mol\cdot L^{-1}$。计算平衡时 Pb^{2+} 和 Sn^{2+} 的浓度。

5. 反应：$CaCO_3(s)\Longrightarrow CaO(s)+CO_2(g)$，在 973 K 下的 $K^\ominus=2.92\times10^{-2}$，在 1173 K 下 $K^\ominus=1.05$。试问：

(1) 该反应是吸热反应还是放热反应？

(2) 在 973 K 和 1173 K 下 CO_2 的分压分别为多少？

第六章

溶液中的酸碱平衡

 **学习目标**

> 1. 掌握弱电解质的电离及其有关计算；
> 2. 了解 pH 值的意义及近似测定；
> 3. 掌握缓冲溶液的作用原理及有关的基本计算；
> 4. 理解各种盐的水解的实质及影响水解平衡的各种因素。

一、电解质

1. 电解质的概念

实验发现，化合物的水溶液在导电性方面有很大的差别。例如，NaOH、NaCl、HCl、HNO$_3$ 等物质的水溶液的导电能力较强，CH$_3$COOH、NH$_3$ 水溶液的导电能力较弱，而另一类物质如 CH$_3$CH$_2$OH、C$_{12}$H$_{22}$O$_{11}$ 等的水溶液则不能导电。根据化合物的水溶液在导电性上的差别，可将它们分为电解质和非电解质两大类。凡是在水溶液或在熔融状态下能导电的化合物称为**电解质**，在水溶液或熔融状态下均不能导电的化合物称为**非电解质**。无机化合物中的酸、碱、盐都是电解质，而乙醇、蔗糖等大部分有机化合物属于非电解质。

2. 电解质的分类

根据电解质溶液导电能力的强弱，电解质还可分为强电解质和弱电解质。在水溶液中或熔融状态下能完全电离的电解质称为强电解质，在水溶液中或熔融状态下仅能部分电离的电解质称为弱电解质。强酸如 HNO$_3$、H$_2$SO$_4$、HCl、HBr、HI、HClO$_4$ 等，强碱如 KOH、NaOH、Ba(OH)$_2$ 等，盐(除少数盐如 Pb(CH$_3$COO)$_2$、HgCl$_2$ 等外)均是强电解质。弱酸如 CH$_3$COOH (简写为 HAc)、H$_2$CO$_3$、HCN、H$_2$S 等，弱碱如 NH$_3$·H$_2$O、CH$_3$NH$_2$、C$_6$H$_5$NH$_2$ 等都是弱电解质。

必须指出，强电解质与弱电解质之间并没有绝对严格的界限，以上电解质的分类是以水作为溶剂的，如溶剂不同，分类的情况就可能不同，电解质的强弱常会发生变化。如 HAc 在水溶液中是弱酸，但以液氨作溶剂时，则表现为强酸。因此，不要把电解质的强弱看成是绝对的，一成不变的。

　　强电解质在溶液中是全部电离的,不存在未电离的分子,所以强电解质在理论上的电离度是100%。但是,实验测得的强电解质在溶液中的电离度往往小于100%。这主要是因为离子是一种带电荷的粒子,每一个离子的运动都受到其他离子的影响。在强电解质溶液中,离子浓度较大,带相反电荷的离子的相互牵制作用较强,使离子不能完全地自由移动,因而影响了溶液的导电能力。这样使实验中所测得的电离度数据总是小于100%。实验所测得的电离度称为表观电离度。弱电解质在水溶液中的电离过程与强电解质相似,只是电离度较小,存在着可逆平衡。

二、弱电解质的电离平衡

1. 电离平衡和电离常数

　　弱电解质在水溶中只能部分电离,且其电离是一个可逆过程。根据化学平衡原理,当正、逆反应速率相等时,弱电解质的分子与其离子间建立平衡,这种平衡称为**电离平衡**或**解离平衡**。

　　以 HAc 的电离为例,电离过程可表示为

$$HAc \underset{结合}{\overset{电离}{\rightleftharpoons}} H^+ + Ac^-$$

　　在一定温度下,达到平衡时,溶液中各种离子浓度和分子浓度是一定的,离子浓度的乘积与未电离的分子浓度之比是个常数,称为**电离平衡常数**或**电离常数**,用 K_i 表示。

$$K_i = \frac{[H^+][Ac^-]}{[HAc]} \tag{1-6-1}$$

　　K_i 的大小,反映了弱酸电离程度的大小。K_i 越大,表示弱电解质电离程度越大;K_i 越小,表示弱电解质电离程度越小。如 25 ℃时,$K_{HCOOH} = 1.77 \times 10^{-4}$,$K_{HAc} = 1.76 \times 10^{-5}$,说明电解质 HAc 电离程度更小。

　　一般用 K_a 表示弱酸的电离常数,用 K_b 表示弱碱的电离常数。

　　电离常数 K_i 一般不受浓度的影响,受温度的影响也不显著。电离常数可以通过实验测得,部分常见弱电解质的电离常数见附录 A。

2. 电离度

　　弱电解质在水溶液中达到平衡时,分子已电离的程度称为**电离度**,用 α 表示,即

$$\alpha = \frac{已电离的溶质的分子数}{电离前溶质的分子总数} \times 100\%$$

或

$$\alpha = \frac{已电离的溶质的浓度}{电离前溶质的总浓度} \times 100\%$$

3. 电离平衡的计算

　　在弱电解质溶液的平衡体系中,根据平衡原理,可进行弱电解质的电离常数(K_a 或 K_b)、电离度(α)及离子平衡浓度之间的计算。

　　例 1-6-1　计算 0.10 mol·L^{-1} HAc 溶液中的 H$^+$ 浓度及电离度 α。(已知 $K_{HAc} = 1.76 \times 10^{-5}$)

　　解　设电离平衡时,已电离的 HAc 浓度为 x mol·L^{-1},则[H$^+$]=[Ac$^-$]=x mol·L^{-1},有

$$
\begin{array}{ccccc}
& HAc & \rightleftharpoons & H^+ & + & Ac^- \\
\end{array}
$$

起始浓度/(mol·L^{-1})　　　0.10　　　　　　0　　　　　0

平衡浓度/(mol·L^{-1})　　0.10$-x$　　　　　x　　　　x

$$
K_{HAc} = \frac{[H^+][Ac^-]}{[HAc]}
$$

$$
\frac{x^2}{0.10-x} = 1.76 \times 10^{-5}
$$

当 K_i 比较小时,上述计算可做近似处理,即 $0.10-x \approx 0.10$,故

$$
x^2 = 1.76 \times 10^{-6}
$$

$$
x = 1.33 \times 10^{-3}
$$

即　　　　　　　　　　$[H^+] = 1.33 \times 10^{-3}$ mol·L^{-1}

则　　　　　　　　　　$\alpha = \dfrac{1.33 \times 10^{-3}}{0.10} \times 100\% = 1.33\%$

例 1-6-2　已知 25 ℃时,0.20 mol·L^{-1} 氨水的电离度为 0.934%,求溶液中 OH$^-$ 的浓度及电离常数 $K_{NH_3 \cdot H_2O}$。

解　设平衡时$[OH^-] = x$ mol·L^{-1},则有

$$
\begin{array}{ccccc}
& NH_3 \cdot H_2O & \rightleftharpoons & NH_4^+ & + & OH^- \\
\end{array}
$$

起始浓度/(mol·L^{-1})　　　0.20　　　　　　0　　　　　0

平衡浓度/(mol·L^{-1})　　0.20$-x$　　　　　x　　　　x

因为　　　　　　$\alpha = \dfrac{\text{已电离的溶质的浓度}}{\text{电离前溶质的总浓度}} \times 100\%$

所以　　　　　　　　$0.934\% = \dfrac{x}{0.20} \times 100\%$

$$
x = 1.87 \times 10^{-3}
$$

即　　　　　　　　　$[OH^-] = 1.87 \times 10^{-3}$ mol·L^{-1}

$$
K_{NH_3 \cdot H_2O} = \frac{[NH_4^+][OH^-]}{[NH_3 \cdot H_2O]} = \frac{(1.87 \times 10^{-3})^2}{0.20 - 1.87 \times 10^{-3}} = 1.75 \times 10^{-5}
$$

电离度和电离常数均能表示弱电解质之间的相对强弱,两者既有区别又有联系。电离常数是平衡常数的一种,因而它与浓度无关,而与温度有关;电离度是转化率的一种,它随浓度的增加而减小。两者之间又有一定的定量关系。一元弱电解质的电离度 α 与电离常数 K_i 的关系为

$$
K_i = c\alpha^2 \quad \text{或} \quad \alpha = \sqrt{\frac{K_i}{c}} \tag{1-6-2}
$$

这个公式反映了电离度、电离常数及溶液浓度之间的关系。即同一电解质的电离度与其浓度的平方成反比,即当溶液稀释时,其电离度是增大的。这种关系也称为**稀释定律**。表 1-6-1 是几种不同浓度下 HAc 的电离度和电离常数。

表 1-6-1　不同浓度 HAc 溶液的电离度和电离常数

溶液浓度/(mol·L^{-1})	电离度 α/(%)	电离常数 K_i
0.2	0.938	1.76×10^{-5}
0.1	1.33	1.76×10^{-5}

溶液浓度/(mol·L⁻¹)	电离度 α/(%)	电离常数 K_i
0.02	2.96	1.76×10^{-5}
0.001	13.3	1.76×10^{-5}

从表 1-6-1 可以看出,在同一温度下,不论 HAc 的浓度如何变化,电离常数不变,而电离度相差很大。因此,用电离常数比较同类型弱电解质的相对强弱,在实际应用中更为重要。

三、水的电离和溶液的 pH 值

1. 水的电离

水是最重要的溶剂,因为许多生命现象与水溶液内的反应有关。实验表明,水本身也能够发生电离,是一种极弱的电解质,其电离方程式可写为

$$H_2O \rightleftharpoons H^+ + OH^-$$

$$K_i = \frac{[H^+][OH^-]}{[H_2O]}$$

或

$$K_i[H_2O] = [H^+][OH^-]$$

由于 25 ℃时,1 L 水的浓度大约为 55.6 mol·L⁻¹,常将它作为常数,这样水的浓度与 K_i 的乘积仍为常数,用 K_w 表示,即 $K_w = K_i[H_2O]$。因此

$$K_w = [H^+][OH^-] \tag{1-6-3}$$

K_w 称为水的**离子积常数**。

在 25 ℃下测得 $K_w = [H^+][OH^-] = 10^{-14}$,即纯水中$[H^+] = [OH^-] = 10^{-7}$ mol·L⁻¹。

水的电离是吸热反应,温度越高,K_w 越大,但 K_w 随温度变化不大(表 1-6-2),通常取值为 1.0×10^{-14}。

表 1-6-2 不同温度下水的离子积常数

温度/℃	0	18	25	50	100
K_w	1.3×10^{-15}	7.4×10^{-15}	1.00×10^{-14}	5.6×10^{-14}	7.4×10^{-13}

不论是酸性溶液还是碱性溶液中,都同时存在 H^+ 和 OH^-,水的离子积又不因溶解其他物质而改变,所以在室温下,用式(1-6-3)可以计算任何水溶液中的$[H^+]$或$[OH^-]$。若已知溶液中$[H^+]$,可计算出溶液中$[OH^-]$,反之亦然。

例 1-6-3 计算 25 ℃时,0.010 mol·L⁻¹ NaOH 溶液中的$[H^+]$。

解 由于 NaOH 是强电解质,它完全电离,溶液中$[OH^-] = 1.0 \times 10^{-2}$ mol·L⁻¹,而 $[H^+][OH^-] = K_w = 1.0 \times 10^{-14}$,故

$$[H^+] = \frac{K_w}{[OH^-]} = \frac{1.0 \times 10^{-14}}{1.0 \times 10^{-2}} \text{ mol·L}^{-1} = 1.0 \times 10^{-12} \text{ mol·L}^{-1}$$

即在 0.010 mol·L⁻¹ NaOH 溶液中$[H^+]$等于 1.0×10^{-12} mol·L⁻¹。

2. 溶液的酸碱性和 pH 值

溶液的酸碱性是由其$[H^+]$和$[OH^-]$的相对大小决定的。从水的电离平衡可知,在纯水中$[H^+] = [OH^-] = 10^{-7}$ mol·L⁻¹,这时水显中性。

当在水中加入少量的酸或碱时，由于同离子效应使水的电离平衡被破坏，达到新的平衡时，溶液中 $[H^+] \neq [OH^-]$，结果溶液就显酸性或碱性。如在水中加入少量盐酸，使溶液中 $[H^+] = 10^{-3}$ mol·L^{-1}，由于 $[OH^-][H^+] = 10^{-14}$，所以 $[OH^-] = 10^{-11}$ mol·L^{-1}，溶液中 $[H^+] > [OH^-]$，溶液显酸性。

所以，常用溶液中 H^+ 浓度与 OH^- 浓度的相对大小，表示溶液的酸碱性。即

$[H^+] = [OH^-]$ 时，溶液显中性；

$[H^+] > [OH^-]$ 时，溶液显酸性；

$[H^+] < [OH^-]$ 时，溶液显碱性。

在稀溶液中，$[H^+]$ 或 $[OH^-]$ 较小，直接用 $[H^+]$ 或 $[OH^-]$ 表示溶液的酸碱性很不方便，这时溶液的酸碱性常用 pH 值或 pOH 值来表示。pH 值是指氢离子浓度（严格地讲指活度）的负对数，pOH 值是指氢氧根浓度的负对数，即

$$pH = -\lg[H^+], \quad pOH = -\lg[OH^-]$$

室温下　　$pH + pOH = -\lg([H^+][OH^-]) = -\lg(1.0 \times 10^{-14}) = 14.00$

溶液的酸碱性和 pH 值的关系（在室温下）为：

中性溶液，$pH = 7.00$；

酸性溶液，$pH < 7.00$；

碱性溶液，$pH > 7.00$。

pH 值的范围一般为 0～14。pH 值越小，溶液的酸性越强，碱性越弱；pH 值越大，溶液的酸性越弱，碱性越强。对于 $pH < 0$ 的强酸性溶液或 $pH > 14$ 的强碱性溶液，用 pH 值表示其酸碱性就不太方便，一般直接用 $[H^+]$ 或 $[OH^-]$ 来表示溶液的酸碱性。

3. 溶液 pH 值的测定方法

测定溶液 pH 值的方法很多，常用的有酸碱指示剂、pH 试纸及 pH 计（酸度计）。

（1）酸碱指示剂　酸碱指示剂多是一些有机染料，它们属于有机弱酸或弱碱。随着溶液 pH 值的改变，酸碱指示剂本身的结构发生改变而引起颜色变化。常见酸碱指示剂的变色范围见表 1-6-3。

表 1-6-3　常见酸碱指示剂的变色范围

指示剂	pH 值变色范围	酸色	中间色	碱色
甲基橙	3.1～4.4	红色	橙色	黄色
甲基红	4.4～6.2	红色	橙色	黄色
酚酞	8.0～10	无色	粉红	红色
石蕊	5～8	红色	紫色	蓝色

例如，向溶液中滴加甲基橙试液后，溶液显红色，说明该溶液 $pH < 3.1$；显黄色，说明 $pH > 4.4$；显橙色，说明 pH 值在 3.1～4.4 的范围内。

（2）pH 试纸　pH 试纸是利用复合指示剂制成的，将试纸用多种酸碱指示剂的混合溶液浸透后经晾干得到。它对不同 pH 值的溶液能显示不同的颜色，称为色阶，据此可以迅速地判断溶液的酸碱性。常用的 pH 试纸有广范 pH 试纸和精密 pH 试纸。广范 pH 试纸的 pH 范围为 1～14 或 0～10，可以识别的 pH 差值约为 1；精密 pH 试纸的 pH 范围较窄，可以判别 0.2 或 0.3 的 pH 差值。此外，还有用于酸性、中性或碱性溶液的专用 pH 试纸。图 1-6-1 为实验

室常用的广范 pH 试纸。

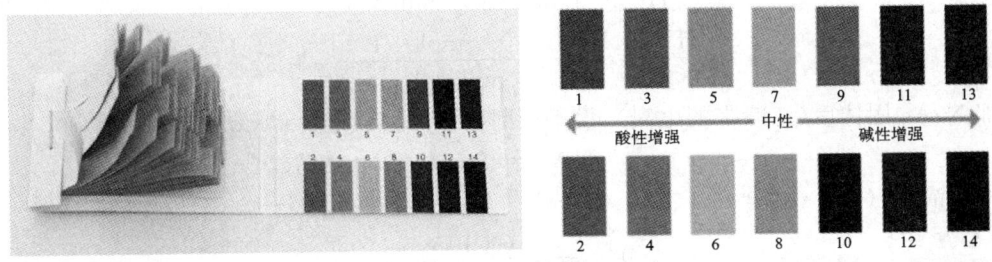

图 1-6-1 广范 pH 试纸

（3）pH 计　pH 计也叫酸度计，是可以直接显示溶液 pH 值的电子仪器，由于其快速、准确，已经广泛用于科研和生产中。图 1-6-2 所示的酸度计，精密度可达到 0.01。

扫码看彩图

图 1-6-2　pH S-3C 型数显酸度计

四、同离子效应与缓冲溶液

1. 同离子效应

电离平衡与其他化学平衡一样，都是相对的和暂时的。一旦外界条件发生变化，这种平衡就会遭到破坏，又在新的条件下重新达到平衡。新的平衡相对于原来的平衡，溶液中的离子浓度已经发生了变化。例如，在 25 ℃时，$0.200\ mol\cdot L^{-1}$ HAc 溶液中的 $[H^+]$ 为 1.89×10^{-3} $mol\cdot L^{-1}$，若向该溶液中加入少量的含有乙酸根的盐（如 NaAc 或 NH_4Ac），由于平衡的移动，溶液中的 $[H^+]$ 会明显减小。

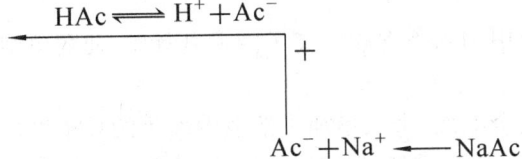

由于 NaAc 的电离，溶液中 Ac^- 浓度急剧增大，使 HAc 的电离平衡向左移动，溶液中的 $[H^+]$ 减小，HAc 的电离度也相应地减小。

像这样在弱电解质溶液中，加入同弱电解质具有相同离子的强电解质，使弱电解质的电离平衡向生成弱电解质分子的方向移动，弱电解质电离度减小，这种现象称为**同离子效应**。

例 1-6-4　在 $0.10\ mol\cdot L^{-1}$ HAc 溶液中，加入少量 NaAc 固体，使 NaAc 的浓度为 0.10 $mol\cdot L^{-1}$（不考虑体积的变化），比较加入 NaAc 固体前后 H^+ 浓度和 HAc 电离度的变化。

解 加 NaAc 固体前（忽略水的电离），由例 1-6-1 已求出

$$[H^+] = 1.33 \times 10^{-3} \text{ mol} \cdot L^{-1}$$

故

$$\alpha = \frac{[H^+]}{c} = \frac{1.33 \times 10^{-3} \text{ mol} \cdot L^{-1}}{0.10 \text{ mol} \cdot L^{-1}} = 1.3\%$$

加 NaAc 固体后（忽略水的电离），设平衡时溶液中 $[H^+]$ 为 x mol·L^{-1}，则有

$$HAc \rightleftharpoons H^+ + Ac^-$$

平衡浓度/(mol·L^{-1})　　　　$0.10-x$　　　x　　　　$0.10+x$

$$K_a^{\ominus} = \frac{x(0.10+x)}{0.10-x}$$

由于 HAc 本身的电离度 α 较小，又因加入 NaAc 后同离子（Ac^-）效应的存在，故 HAc 的电离度（α）更小，可取 $[Ac^-] = 0.10 + x \approx 0.10$，$[HAc] = 0.10 - x \approx 0.10$，得

$$K_a^{\ominus} = \frac{0.10 \, x}{0.10} = 1.76 \times 10^{-5}$$

即

$$[H^+] = 1.76 \times 10^{-5}$$

故

$$\alpha = \frac{[H^+]}{[HAc]} = \frac{1.76 \times 10^{-5}}{0.10} = 1.76 \times 10^{-4} = 0.0176\%$$

由计算可知，在乙酸溶液中加入少量乙酸钠后，乙酸的电离度减小了，用化学平衡移动原理可以加以理论上的解释，由于 HAc 溶液中存在下列电离平衡：

$$HAc \rightleftharpoons H^+ + Ac^-$$

NaAc 的加入使溶液中 Ac^- 浓度增大，上述 HAc 的电离平衡向左移动。Ac^- 浓度的增大，致使 H^+ 浓度减小，HAc 的电离度也随之减小。

由上例的计算可知，在一元弱酸及其盐的溶液中，计算 $[H^+]$ 的近似公式为

$$[H^+] = K_a \frac{c_{弱酸}}{c_{弱酸盐}} \tag{1-6-4}$$

式中：$c_{弱酸}$ 为弱酸的起始浓度；$c_{弱酸盐}$ 为弱酸盐的起始浓度。

同理可得，在弱碱及其盐的溶液中，OH^- 的浓度与弱碱及其盐的浓度均有关，其计算的近似公式为

$$[OH^-] = K_b \frac{c_{弱碱}}{c_{弱碱盐}} \tag{1-6-5}$$

式中：$c_{弱碱}$ 为弱碱的起始浓度；$c_{弱碱盐}$ 为弱碱盐的起始浓度。

　　*2. 盐效应

这种在弱电解质溶液中加入不含相同离子的强电解质，使弱电解质电离度增大的作用，称为盐效应。

这是由于强电解质完全电离，大大增加了溶液中离子的总浓度，H^+、Ac^- 被更多的异号离子 Cl^- 或 Na^+ 包围，对 H^+、Ac^- 重新结合成 HAc 分子有一定抑制作用，因此，HAc 电离度相应增大。

当然，同离子效应也包含盐效应。但同离子效应比盐效应要大得多，二者共存时，常常忽略盐效应，只考虑同离子效应。

同离子效应的实际应用就是缓冲溶液。

　　3. 缓冲溶液

缓冲溶液（buffer solution）是一种能对溶液的酸度起稳定（缓冲）作用的溶液。缓冲作用

是指能够抵抗少量外来酸碱或溶液中的化学反应产生的少量酸碱或将溶液稍加稀释而溶液自身的酸度不会发生显著变化的性质。最常使用的缓冲溶液是弱的共轭酸碱对组成的系统，是由一组浓度都较高的弱酸及其共轭碱或弱碱及其共轭酸构成，如 $HAc\text{-}Ac^-$，$NH_3\text{-}NH_4^+$。

（1）缓冲原理　以 $HAc(0.1\ mol\cdot L^{-1})\text{-}NaAc(0.1\ mol\cdot L^{-1})$ 为例。

若加入少量碱（OH^-），中和 H^+，平衡向右移动，这时 HAc 会释放出 H^+，维持平衡，溶液中 H^+ 浓度基本不会减小或减小的程度很小，所以溶液的 pH 值变化很小，基本保持稳定；若加入少量酸（H^+），会被 Ac^- 结合，平衡向左移动，消耗掉部分 Ac^-，但溶液中 H^+ 浓度基本不会增加或增加的程度很小，溶液的 pH 值变化很小，基本保持稳定。

$$HAc(aq)\Longrightarrow H^+(aq)+Ac^-(aq)$$
$$\qquad\text{大量}\qquad\qquad\qquad\text{大量}$$

由 HAc 和 NaAc 组成的缓冲溶液，储存了大量的 HAc 分子和大量的 Ac^-，HAc 分子用来抵御外加的少量碱，Ac^- 用来抵御外加的少量酸。

当然，若加入大量的强酸或强碱，溶液中抗酸成分或抗碱成分消耗将尽时，它就不再具有缓冲作用。所以缓冲溶液有一定的缓冲容量，并不具有无限的缓冲能力。

（2）缓冲溶液 pH 值的计算　以 $HAc\text{-}NaAc$ 缓冲系统为例：

设起始时 $[HAc]=c_a$，起始时 $[Ac^-]=c_b$，平衡时 $[H_3O^+]=x\ mol\cdot L^{-1}$，则

$$HAc+H_2O\Longrightarrow H_3O^++Ac^-$$

平衡浓度/（$mol\cdot L^{-1}$）　　　c_a-x　　　　x　　　c_b+x

$$K_a^\ominus=\frac{[H_3O^+][Ac^-]}{[HAc]}=\frac{x(c_b+x)}{c_a-x}$$

因为 $x\ll1$，而 $c_a\gg x$，$c_b\gg x$，所以 $c_a-x\approx c_a$，$c_b+x\approx c_b$。

故　$K_a^\ominus\approx\dfrac{x\cdot c_b}{c_a}$　　即　　　　　$[H_3O^+]=K_a^\ominus\dfrac{c_a}{c_b}$

或　　　　　　　　　　　　　$[H^+]=K_a^\ominus\dfrac{c_a}{c_b}$

$$pH=pK_a^\ominus-\lg\frac{c_{弱酸}}{c_{弱酸盐}} \qquad\qquad (1\text{-}6\text{-}6)$$

式（1-6-5）是计算弱酸及其共轭碱缓冲系统水溶液中 pH 值的近似公式。

同理可得，弱碱及其共轭酸组成的缓冲系统中 pH 值的计算式如下所示：

$$pH=14-pK_b^\ominus+\lg\frac{c_{弱碱}}{c_{弱碱盐}} \qquad\qquad (1\text{-}6\text{-}7)$$

例 1-6-5　用 $45\ mL\ 0.20\ mol\cdot L^{-1}$ HAc 溶液和 $45\ mL\ 0.20\ mol\cdot L^{-1}$ NaAc 溶液混合，配制缓冲溶液。已知 HAc 的 $K_a^\ominus=1.76\times10^{-5}$，求该溶液的 pH 值。

解　$45\ mL\ 0.20\ mol\cdot L^{-1}$ HAc 溶液和 $45\ mL\ 0.20\ mol\cdot L^{-1}$ NaAc 溶液混合后，浓度各减少一半，即

$$c_{HAc}=0.10\ mol\cdot L^{-1},\quad c_{NaAc}=0.10\ mol\cdot L^{-1}$$

$$pH=pK_a^\ominus-\lg\frac{c_{HAc}}{c_{NaAc}}=-\lg(1.76\times10^{-5})-\lg\frac{0.1}{0.1}=4.76$$

例 1-6-6　将 $10.00\ mL\ 0.4250\ mol\cdot L^{-1}$ $NH_3\cdot H_2O$ 溶液与 $10.00\ mL\ 0.2250\ mol\cdot L^{-1}$ HCl 溶液混合，试计算混合溶液的 pH 值。

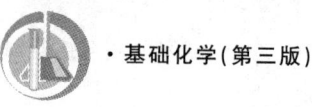

解 由附录 A-2 查得,NH_3 的 $K_b^{\ominus}=1.8\times10^{-5}$,则其共轭酸 NH_4^+ 的

$$K_a^{\ominus}=K_w^{\ominus}/K_b^{\ominus}=10^{-14}/1.8\times10^{-5}=5.6\times10^{-10}$$

混合反应后,NH_3 有剩余,则 NH_3 与生成的 NH_4^+ 构成 NH_4^+-NH_3 缓冲溶液

$$c_a = 0.2250\times10.00/(10.00+10.00) = 0.1125(mol\cdot L^{-1})$$

$$c_b = (0.4250-0.2250)\times10.00/(10.00+10.00) = 0.1000(mol\cdot L^{-1})$$

由式(1-6-4)得

$$[H^+]=K_a^{\ominus}\frac{c_a}{c_b}=5.6\times10^{-10}\times0.1125/0.1000=6.2\times10^{-10}(mol\cdot L^{-1})$$

$$pH=-lg(6.2\times10^{-10})=9.21$$

(3)缓冲溶液的缓冲能力和缓冲范围 缓冲溶液抵御少量酸碱的能力称为缓冲能力。缓冲溶液的缓冲能力有一定的限度。由式(1-6-6)可知,缓冲溶液的 pH 值主要取决于 $K_a^{\ominus}$ 的大小,同时也与共轭酸碱对的浓度比值 c_a/c_b 有关。对于同一种缓冲溶液而言,配制时通过适当调整 c_a 与 c_b 的比例,就可配制具有不同 pH 值的缓冲溶液。由式(1-6-6)可以看出,当缓冲系统中共轭酸碱对的浓度比为 1:1 时,缓冲溶液的 pH 值就等于其 $pK_a^{\ominus}$,此时缓冲能力最强,且共轭酸碱对的浓度越大,缓冲溶液的缓冲能力越强。实验表明,当 c_a/c_b 在 $1/10\sim10/1$ 之间时,其缓冲能力即可满足一般的实验要求,即 $pH=pK_a^{\ominus}\pm1$ 为缓冲溶液的有效缓冲范围,超出此范围则系统不再具有缓冲作用。显然,由不同共轭酸碱对组成的缓冲系统,其缓冲范围取决于它们弱酸的 $K_a^{\ominus}$。一些常用的缓冲溶液如表 1-6-4 所示。

表 1-6-4 常用的缓冲溶液及其配制方法

缓冲系统及其 $pK_a^{\ominus}$		pH 值	配制方法
共轭酸	共轭碱		
NH_2CH_2COOH-HCl $(2.35,pK_{a1}^{\ominus})$		2.3	取 NH_2CH_2COOH 150.0 g 溶于 500.0 mL 水中后,加浓盐酸 80.0 mL,用水稀释至 1 L
$^+NH_3CH_2COOH$	$^+NH_3CH_2COO^-$		
$KHC_8H_4O_4$-HCl $(2.95,pK_{a1}^{\ominus})$		2.9	取 $KHC_8H_4O_4$ 500.0 g 溶于 500.0 mL 水,加浓盐酸 80.0 mL,用水稀释至 1 L
$H_2C_8H_4O_4$	$HC_8H_4O_4^-$		
HAc-NaAc (4.74)		4.7	取无水 NaAc 83.0 g 溶于水中后,加 HAc 60.0 mL,用水稀释至 1 L
HAc	Ac^-		
$(CH_2)_6N_4$-HCl (5.15)		5.4	取六亚甲基四胺 40.0 g 溶于 200.0 mL 水中后,加浓盐酸 10.0 mL,稀释至 1 L
$(CH_2)_6N_4H^+$	$(CH_2)_6N_4$		
NH_3-NH_4Cl (9.25)		9.5	取 NH_4Cl 54.0 g 溶于水中后,加浓氨水 126.0 mL,用水稀释至 1 L
NH_4^+	NH_3		

缓冲溶液——人体的"秩序维护员"

五、盐的水解

酸的水溶液显酸性,碱的水溶液显碱性,由酸、碱反应生成的盐溶液却不一定是中性的。除了由强酸和强碱形成的盐的水溶液显中性外,大多数盐的水溶液都是非中性的。这是因为盐溶于水后,盐的某些离子与水电离出的 H^+ 或 OH^- 作用生成弱酸或弱碱,使水的电离平衡发生移动,改变了溶液中 H^+ 和 OH^- 的相对浓度,使溶液不再保持中性。这种由于盐的离子与水作用生成弱酸或弱碱的反应称为**盐的水解**(或水解反应)。

1. 水解反应与盐溶液的酸碱性

(1)弱酸强碱盐　　以 NaAc 为例,它是由弱酸 HAc 和强碱 NaOH 作用生成的盐。NaAc 在水中完全电离成 Na^+ 和 Ac^-。而水能部分地电离出 H^+ 和 OH^-,所以溶液中同时存在如下反应与平衡:

$$NaAc \longrightarrow Na^+ \quad + \quad Ac^-$$
$$+$$
$$H_2O \Longleftrightarrow OH^- \quad + \quad H^+$$
$$\Updownarrow$$
$$HAc$$

由于溶液中 H^+ 与 Ac^- 结合生成 HAc 分子,$[H^+]$ 不断减小,使 H_2O 的电离平衡向右移动,致使溶液中 $[OH^-] > [H^+]$,所以 NaAc 水溶液显碱性。

NaAc 水解的实质是

$$Ac^- + H_2O \Longleftrightarrow HAc + OH^-$$

(2)弱碱强酸盐　　以 NH_4Cl 为例。NH_4Cl 是强电解质,它所电离出的 NH_4^+ 与水电离出的 OH^- 结合生成弱电解质 $NH_3 \cdot H_2O$,降低了 OH^- 的浓度,使水的电离平衡向右移动,致使溶液中 $[H^+] > [OH^-]$ 而显酸性。

$$NH_4Cl \longrightarrow NH_4^+ \quad + \quad Cl^-$$
$$+$$
$$H_2O \Longleftrightarrow OH^- \quad + \quad H^+$$
$$\Updownarrow$$
$$NH_3 \cdot H_2O$$

NH_4Cl 水解的实质是

$$NH_4^+ + H_2O \Longleftrightarrow NH_3 \cdot H_2O + H^+$$

(3)弱酸弱碱盐　　以 NH_4Ac 为例。强电解质 NH_4Ac 所电离出的 NH_4^+ 和 Ac^- 分别与水电离出的 OH^- 和 H^+ 结合,生成弱电解质 $NH_3 \cdot H_2O$ 和 HAc,即溶液中同时存在如下反应与平衡:

$$NH_4Ac \longrightarrow NH_4^+ \quad + \quad Ac^-$$
$$+ \qquad\qquad +$$
$$H_2O \Longleftrightarrow OH^- \quad + \quad H^+$$
$$\Updownarrow \qquad\qquad \Updownarrow$$
$$NH_3 \cdot H_2O \qquad HAc$$

NH_4Ac 水解的实质是

$$NH_4^+ + Ac^- + H_2O \Longrightarrow NH_3 \cdot H_2O + HAc$$

这种盐的水解反应能同时生成两种弱电解质 $NH_3 \cdot H_2O$ 和 HAc,使平衡强烈向右移动,加速水解反应进行。溶液的酸碱性将取决于水解生成的两种弱电解质的相对强弱,也就是取决于它们的电离常数的大小。在 NH_4Ac 溶液中,由于 $K_{HAc} \approx K_{NH_3 \cdot H_2O}$,所以溶液显中性,pH=7。而 NH_4CN 溶液水解,对应的弱酸是 HCN,它是比 $NH_3 \cdot H_2O$ 更弱的电解质,这时溶液中 $[OH^-] > [H^+]$,溶液显碱性,pH>7。

弱酸弱碱盐在水解时,也会使水溶液 pH=7,但这与强酸强碱盐的溶液 pH=7 有本质的区别,前者是水解时由于弱酸弱碱的相对强弱一样使水解后的溶液 pH=7,而后者是根本不发生水解。

2. 水解常数和水解度

由于形成各种盐的酸和碱的强弱不同,盐的水解程度不同,酸或碱越弱,其盐的水解程度越大。盐的水解程度可以用水解常数来表示。例如,NaAc 的水解反应

$$Ac^- + H_2O \Longrightarrow HAc + OH^-$$

$$K = \frac{[HAc][OH^-]}{[Ac^-][H_2O]}$$

$$K[H_2O] = \frac{[HAc][OH^-]}{[Ac^-]}$$

由于在常温下 $[H_2O]$ 可以看成一个常数,所以用 K_h 来代替 K 和 $[H_2O]$ 的乘积,即 $K_h = K[H_2O]$,故

$$K_h = \frac{[HAc][OH^-]}{[Ac^-]}$$

K_h 称为**水解常数**。K_h 可以衡量盐的水解程度的大小,K_h 越大,盐的水解程度越大。

K_h 的大小与弱酸或弱碱的电离常数(K_a 或 K_b)相关。例如,NaAc 的水解平衡包括 H_2O 和 HAc 的电离平衡。

$$K_h = \frac{[HAc][OH^-][H^+]}{[Ac^-][H^+]} = \frac{K_w}{K_{HAc}}$$

写成公式为 $$K_h = \frac{K_w}{K_a} \quad 或 \quad K_h = \frac{K_w}{K_b} \tag{1-6-8}$$

K_w 是常数,K_a 或 K_b 越小,K_h 越大,也就是说形成盐的酸或碱越弱,水解趋势越大。

盐的水解程度,除了可用 K_h 表示外,还可以用水解度(h)来表示:

$$h = \frac{已水解的盐的浓度}{盐的原始浓度} \times 100\%$$

多元弱酸盐的水解过程比较复杂。它们的水解过程与多元弱酸的电离过程相似,也是分步进行的。以 Na_2CO_3 为例,其水解过程如下:

第一步水解: $$CO_3^{2-} + H_2O \Longrightarrow HCO_3^- + OH^-$$

$$K_{h(1)} = \frac{[HCO_3^-][OH^-]}{[CO_3^{2-}]} = \frac{K_w}{K_{i(2)}}$$

第二步水解: $$HCO_3^- + H_2O \Longrightarrow H_2CO_3 + OH^-$$

$$K_{h(2)} = \frac{[H_2CO_3][OH^-]}{[HCO_3^-]} = \frac{K_w}{K_{i(1)}}$$

上述两式中的 $K_{i(1)}$ 和 $K_{i(2)}$ 分别代表 H_2CO_3 的一级和二级电离常数。由于 $K_{i(1)} \gg K_{i(2)}$，所以 $K_{h(1)} \gg K_{h(2)}$。因此,分步水解都是以第一步为主。

3. 影响盐的水解的因素

盐水解程度的大小,除与盐的本性有关外,主要受温度、浓度、酸度的影响。水解反应是中和反应的逆反应,是吸热反应,因此,加热有利于水解的进行;稀释也能促进水解的进行;控制溶液的酸碱度则可以抑制或促进盐的水解。

在化工生产中,水解现象是经常发生的,有时需要防止水解的产生,有时要利用水解。

例如,在实验室配制 $SnCl_2$ 溶液时,为了防止水解反应,常用稀盐酸而不用蒸馏水配制。这是因为:

$$SnCl_2 + H_2O \Longleftrightarrow Sn(OH)Cl \downarrow (白) + HCl$$

加入 HCl 后由于同离子效应,平衡向左移动,能有效抑制 $SnCl_2$ 的水解。

在配制 Na_2S 溶液时,由于 Na_2S 能发生下列水解反应:

$$S^{2-} + H_2O \Longleftrightarrow HS^- + OH^-$$
$$HS^- + H_2O \Longleftrightarrow H_2S \uparrow + OH^-$$

而在水解过程中生成的 H_2S 逐渐挥发,使溶液失效。为防止水解发生,可加入少量的强碱,减弱水解反应,延长溶液的有效期。

总之,凡是对我们不利的水解反应,都要尽量地控制和防止。常用加酸、加碱的方法进行抑制。

本章小结

1. 知识思维导图

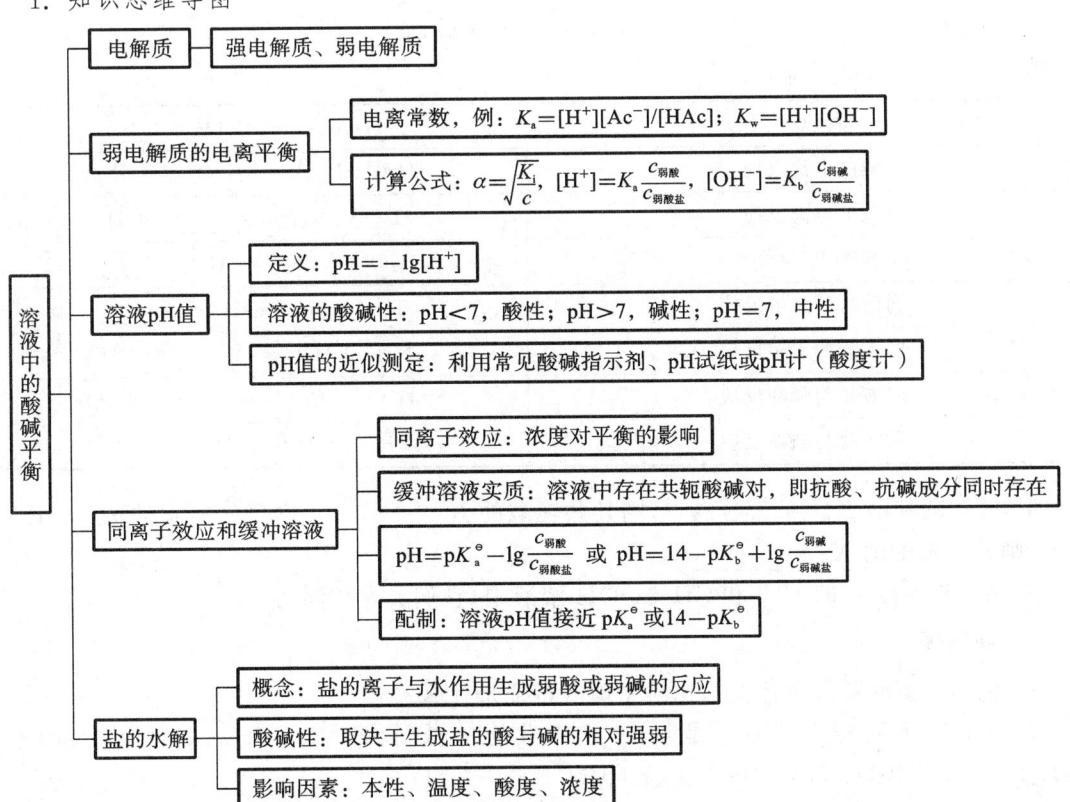

2. 学习方法概要

本章内容是化学平衡原理的具体应用,学习时应注意理论联系实际。首先明确电解质溶液、强电解质、弱电解质、同离子效应、水的离子积等概念,在此基础上掌握弱电解质电离常数与电离度,溶液的酸碱性与 pH 值的关系。通过学习溶液的酸碱性与 pH 值,缓冲溶液的选择与配制,明确其中的关系,并能将所学理论知识应用于所需溶液的配制、稀释、混合等实践操作中。在学习缓冲溶液与盐的水解时,着重抓住浓度对弱电解质电离平衡的影响,理解其中的必然联系。

综合测评

目标检测

一、填空题

1. 纯水是一种极弱电解质,它能电离出极少量的_____和_____。在 298 K 时,纯水电离出的 H^+ 和 OH^- 浓度均为_____,其离子浓度的乘积为_____,该乘积叫作_____。

2. 在常温下,若溶液中$[H^+]=[OH^-]$,则溶液呈_____性,pH _____;若溶液中$[H^+]<[OH^-]$,则溶液呈_____性,pH _____;若溶液中$[H^+]>[OH^-]$,则溶液呈_____性,pH _____。

3. 写出下列物质的共轭对象。

(1) Ac^- —_____   (5) NH_4^+ —_____

(2) H_2CO_3 —_____   (6) CO_3^{2-} —_____

(3) H_3PO_4 —_____   (7) PO_4^{3-} —_____

(4) H_2S —_____   (8) $C_2O_4^{2-}$ —_____

4. 完成下列酸碱反应式。

酸碱反应	$HA+B^- \rightleftharpoons HB+\underline{\hspace{1cm}}$
酸的电离反应	$HAc+H_2O \rightleftharpoons H_3O^+ + \underline{\hspace{1cm}}$
碱的电离反应	$H_2O+NH_3 \rightleftharpoons \underline{\hspace{1cm}} +OH^-$
酸碱中和反应	$H_3O^+ +OH^- \rightleftharpoons H_2O+\underline{\hspace{1cm}}$
弱酸盐的水解反应	$H_2O+Ac^- \rightleftharpoons HAc+\underline{\hspace{1cm}}$
弱碱盐的水解反应	$NH_4^+ +H_2O \rightleftharpoons \underline{\hspace{1cm}} +NH_3$
弱酸盐与强酸反应	$H_3O^+ +CN^- \rightleftharpoons \underline{\hspace{1cm}} +H_2O$
弱碱盐与强碱反应	$NH_4^+ +OH^- \rightleftharpoons H_2O+\underline{\hspace{1cm}}$

5. 已知吡啶的 $K_b^{\ominus}=1.7\times10^{-9}$,则其共轭酸的 $K_a^{\ominus}=$ _____,已知氨水的 $K_b^{\ominus}=1.8\times10^{-5}$,则其共轭酸的 $K_a^{\ominus}=$ _____。

6. 在 pH=4.00 的 HCl 和 CH_3COOH 溶液中,它们具有相同的_____。

二、问答题

1. 化学平衡的条件是什么?化学平衡的特征是什么?

2. 试判断下列物质是酸还是碱,并指出共轭酸碱对:H_2CO_3、HAc、H_3PO_4、Na_2CO_3、NaH_2PO_4、K_2HPO_4、$NaAc$、Na_3PO_4、$KHCO_3$。

3. 什么是缓冲溶液？举例说明其作用原理。

4. 什么是同离子效应和盐效应？它们对弱酸弱碱的电离平衡有何影响？

三、计算题

1. $0.2\ mol \cdot L^{-1}$ HCOOH（甲酸）溶液的电离度为 3.2%，计算甲酸的电离常数和该溶液中 H^+ 的浓度。

2. 计算下列溶液的 pH 值。

(1) $0.001\ mol \cdot L^{-1}$ 的 NaOH 溶液

(2) $0.02\ mol \cdot L^{-1}$ 的稀硫酸

(3) $0.01\ mol \cdot L^{-1}$ 的乙酸溶液（$K_a = 1.76 \times 10^{-5}$）

(4) $0.005\ mol \cdot L^{-1}$ 的氨水溶液（$K_b = 1.8 \times 10^{-5}$）

3. 将 $2\ mL\ 12\ mol \cdot L^{-1}$ 盐酸稀释至 $500\ mL$，计算：

(1) 稀释后溶液的 H^+ 浓度和 pH 值；

(2) 欲将 $100\ mL$ 上述稀释溶液中和至 $pH = 7$，需要加入多少克固体 NaOH？

4. 配制 $1000\ mL$ pH 值为 10 的缓冲溶液，其中 $NH_3 \cdot H_2O$ 的浓度为 $0.2\ mol \cdot L^{-1}$，需 NH_4Cl 晶体多少克？需 $6\ mol \cdot L^{-1}\ NH_3 \cdot H_2O$ 溶液多少毫升？简述配制的方法步骤。

第七章

溶液中的沉淀-溶解平衡

学习目标

1. 了解沉淀-溶解平衡原理；
2. 理解溶度积的意义，掌握其表达式的书写；
3. 掌握溶度积和难溶电解质溶解度之间的换算；
4. 掌握溶度积规则及其在沉淀的生成、溶解、分步沉淀中的运用；
5. 掌握沉淀-溶解平衡原理在工业生产中的应用。

第一节　沉淀-溶解平衡

一、沉淀-溶解平衡原理

电解质依据溶解度的大小可分为易溶电解质、可溶电解质、微溶电解质和难溶电解质，四者之间没有明显的界线，一般把溶解度小于 0.01 g/100 g H_2O 的电解质称为难溶电解质。在含有难溶电解质固体的饱和溶液中，存在电解质固体与由其溶解所生成离子之间的平衡。

例如：将难溶电解质 $BaSO_4$ 固体置于水中，有两个变化过程同时存在：与水接触的固体表面上 Ba^{2+} 与 SO_4^{2-} 受水分子的吸引和碰撞，逐渐离开固体表面扩散到水中，成为能自由运动的水合离子，这个过程称为溶解；同时，已溶的 Ba^{2+} 与 SO_4^{2-} 在溶液中相互碰撞，重新结合成 $BaSO_4$ 固体，这个过程称为沉淀或结晶。一定温度下，当溶解速率等于沉淀生成速率时，未溶解的固体和已溶解的离子之间建立了动态平衡，溶液中 Ba^{2+} 与 SO_4^{2-} 的浓度不再改变，这种平衡称为沉淀-溶解平衡，此时的溶液为饱和溶液。

$$BaSO_4(s) \underset{\text{沉淀}}{\overset{\text{溶解}}{\rightleftharpoons}} Ba^{2+}(aq) + SO_4^{2-}(aq)$$

$Ba^{2+}(aq)$、$SO_4^{2-}(aq)$ 均表示水合离子,溶解在水中的离子都是水合离子,为了书写简便,常简写为以下形式:

$$BaSO_4(s) \underset{沉淀}{\overset{溶解}{\rightleftharpoons}} Ba^{2+} + SO_4^{2-}$$

二、溶度积

根据化学平衡原理,$BaSO_4$ 沉淀-溶解平衡的标准平衡常数表达式如下:

$$K_{sp}^{\ominus}(BaSO_4) = [Ba]^{2+} \cdot [SO_4]^{2-}$$

$K_{sp}^{\ominus}$ 称为标准溶度积常数,简称溶度积,其大小反映了难溶物质的溶解能力。

对于一般难溶电解质 $A_m B_n$,其沉淀-溶解平衡的通式可表示为

$$A_m B_n(s) \rightleftharpoons m A^{n+} + n B^{m-}$$

溶度积可用通式表示如下:

$$K_{sp}^{\ominus} = [A^{n+}]^m \cdot [B^{m-}]^n \qquad\qquad (1\text{-}7\text{-}1)$$

式中,$K_{sp}^{\ominus}$ 为难溶电解质的溶度积;$[A^{n+}]$、$[B^{m-}]$ 分别是饱和溶液中 A^{n+} 和 B^{m-} 的相对浓度。

注:(1) $K_{sp}^{\ominus}$ 的大小只与反应温度有关,而与难溶电解质的质量无关;在一般情况下,温度对 $K_{sp}^{\ominus}$ 的影响不大,在实际应用中,常使用 298 K 时的 $K_{sp}^{\ominus}$ 值,常见难溶电解质的溶度积参见附录 B。

(2) 表达式中的浓度是平衡时离子的相对浓度,此时的溶液是饱和溶液。

[**想一想**] 已知 $K_{sp}^{\ominus}(CaSO_4) = 2.4 \times 10^{-5}$、$K_{sp}^{\ominus}(CaCO_3) = 2.8 \times 10^{-9}$,哪种沉淀的溶解度更大?已知 $K_{sp}^{\ominus}(AgCl) = 1.8 \times 10^{-10}$、$K_{sp}^{\ominus}(Ag_2CrO_4) = 1.1 \times 10^{-12}$,能说明氯化银的溶解度大于铬酸银吗?

三、溶度积与溶解度之间的换算

溶度积 $K_{sp}^{\ominus}$ 和溶解度(s)的大小都表示难溶电解质的溶解能力,两者可相互换算。$K_{sp}^{\ominus}$ 与溶解度(s)之间换算时要注意溶解度的单位是 $mol \cdot L^{-1}$,而从一些手册上查到的溶解度常以 $g/100\ g\ H_2O$ 表示,在计算时考虑到难溶电解质的溶解度很小,饱和溶液中溶质的质量很少,溶液很稀,溶液的密度可近似认为等于纯水的密度。

例 1-7-1 已知 AgCl 在 298 K 时的溶度积为 1.8×10^{-10},求在该温度下它的溶解度。

解 设 AgCl 的溶解度(s)为 $x\ mol \cdot L^{-1}$。在其饱和溶液中存在下列平衡:

$$AgCl(s) \rightleftharpoons Ag^+ + Cl^-$$

平衡时浓度/($mol \cdot L^{-1}$) $\qquad\qquad\qquad\quad x \qquad x$

$$K_{sp}^{\ominus}(AgCl) = [Ag^+] \cdot [Cl^-]$$

即

$$K_{sp}^{\ominus} = x^2$$

故

$$s = x = \sqrt{K_{sp}^{\ominus}} = \sqrt{1.8 \times 10^{-10}} = 1.34 \times 10^{-5}$$

所以,在该温度下 AgCl 溶解度为 $1.34 \times 10^{-5}\ mol \cdot L^{-1}$。

本题小结:

AB 型的难溶电解质的溶解度(s)与溶度积 $K_{sp}^{\ominus}$ 之间的关系式为

$$s = \sqrt{K_{sp}^{\ominus}} \tag{1-7-2}$$

例 1-7-2 已知 298 K 时 Ag_2CrO_4 在水中的溶解度为 6.5×10^{-5} mol·L^{-1}。求在此温度下它的 $K_{sp}^{\ominus}(Ag_2CrO_4)$。

解 在其饱和溶液中存在如下平衡:

$$Ag_2CrO_4(s) \Longrightarrow 2Ag^+(aq) + CrO_4^{2-}(aq)$$

平衡浓度/(mol·L^{-1}) $\qquad\qquad\qquad 2s \qquad\qquad s$

则 $K_{sp}^{\ominus}(Ag_2CrO_4) = [Ag^+]^2[CrO_4^{2-}] = (2s)^2 \cdot s = 4s^3 = 4 \times (6.5 \times 10^{-5})^3 = 1.1 \times 10^{-12}$

所以,在此温度下 Ag_2CrO_4 的 $K_{sp}^{\ominus}(Ag_2CrO_4)$ 为 1.1×10^{-12}。

本题小结:A_2B 型(AB_2 型)的难溶电解质其溶解度(s)与溶度积 $K_{sp}^{\ominus}$ 之间的关系为

$$K_{sp}^{\ominus} = 4s^3 \tag{1-7-3}$$

由上述两例还可以看出:AgCl 的 $K_{sp}^{\ominus}$ 虽比 Ag_2CrO_4 的 $K_{sp}^{\ominus}$ 大,但 AgCl 的溶解度反而比 Ag_2CrO_4 的溶解度要小。这是由于 AgCl 与 Ag_2CrO_4 的类型不同。

所以由 $K_{sp}^{\ominus}$ 可以比较同种类型难溶电解质的溶解度的大小;不同类型的难溶电解质不能用 $K_{sp}^{\ominus}$ 比较溶解度的大小,需换算为溶解度进行比较。

第二节　沉淀的生成与溶解

一、溶度积规则

难溶电解质的沉淀-溶解平衡是一个动态平衡,如果条件改变,平衡就会发生移动。通过条件改变(如控制离子的浓度),可以使平衡向着人们需要的方向转化。

例如,在 Na_2CO_3 溶液中,加入适量的 $CaCl_2$ 溶液后,有白色的 $CaCO_3$ 沉淀析出,且随着 $CaCl_2$ 加入量的增加,沉淀量也逐渐增多,其反应式为

$$Ca^{2+} + CO_3^{2-} \Longrightarrow CaCO_3(s)$$

如果在上述含有 $CaCO_3$ 沉淀的溶液中,逐滴加入盐酸,可以发现 $CaCO_3$ 又逐渐溶解,且有气体放出,这是因为体系中同时存在如下平衡:

$$CaCO_3(s) \Longrightarrow Ca^{2+} + CO_3^{2-}$$
$$+$$
$$2HCl \longrightarrow 2Cl^- + 2H^+$$
$$\Downarrow$$
$$H_2CO_3 \longrightarrow CO_2(g) + H_2O$$

根据化学平衡原理,沉淀的生成是由于溶液中 Ca^{2+} 浓度和 CO_3^{2-} 浓度的乘积大于 $CaCO_3$

的溶度积,即 $[Ca^{2+}][CO_3^{2-}] > K_{sp}^{\ominus}$,故平衡向生成 $CaCO_3$ 沉淀的方向移动。沉淀的溶解则是由于加入的 HCl 电离出的 H^+ 与溶液中的 CO_3^{2-} 结合生成弱电解质 H_2CO_3,而 H_2CO_3 又不稳定,分解为 CO_2 和 H_2O,致使溶液中 CO_3^{2-} 浓度降低,溶液中 Ca^{2+} 浓度和 CO_3^{2-} 浓度的乘积小于 $CaCO_3$ 的溶度积,即 $[Ca^{2+}][CO_3^{2-}] < K_{sp}^{\ominus}$,结果就破坏了 Ca^{2+}、CO_3^{2-} 与 $CaCO_3$ 沉淀之间的平衡,使平衡向 $CaCO_3$ 溶解的方向移动。

综上所述,对于任一难溶电解质 $A_m B_n$ 的沉淀-溶解平衡,可用下式表示:

$$A_m B_n(s) \Longrightarrow m A^{n+} + n B^{m-}$$

定义其离子积 Q 的表达式为

$$Q = [A^{n+}]^m \cdot [B^{m-}]^n$$

对于给定的难溶电解质来说,在一定的条件下沉淀能否生成或溶解,通过其离子积 Q 与溶度积 $K_{sp}^{\ominus}$ 进行比较,就可以判断沉淀的生成和溶解进行的方向,这称为**溶度积规则**。

(1) $Q > K_{sp}^{\ominus}$,溶液为过饱和溶液,沉淀从溶液中析出。

(2) $Q = K_{sp}^{\ominus}$,溶液为饱和溶液,并建立了固相与由其电离生成的水合离子的动态平衡。

(3) $Q < K_{sp}^{\ominus}$,溶液为不饱和溶液,无沉淀析出;若有沉淀存在,则沉淀将溶解。

二、溶度积规则的应用

利用生成沉淀使物质分离的方法在化学研究、化工生产及医学中具有重要意义。

1. 判断是否生成沉淀

根据溶度积规则,生成沉淀的条件是 $Q > K_{sp}^{\ominus}$。

例 1-7-3 将 $0.020\ mol \cdot L^{-1}$ 硫酸钠溶液与等体积同浓度的氯化钡溶液混合,是否有沉淀生成?

解 两种溶液等体积混合后,体积增大 1 倍,浓度各减小至原来的 $\dfrac{1}{2}$。

$$[SO_4^{2-}] = 0.020\ mol \cdot L^{-1} \times \frac{1}{2} = 0.010\ mol \cdot L^{-1}$$

$$[Ba^{2+}] = 0.020\ mol \cdot L^{-1} \times \frac{1}{2} = 0.010\ mol \cdot L^{-1}$$

由 $BaSO_4$ 的沉淀-溶解平衡反应式为

$$BaSO_4(s) \Longrightarrow Ba^{2+} + SO_4^{2-}$$

可知其离子积　　　$Q = [Ba^{2+}] \cdot [SO_4^{2-}] = 0.010 \times 0.010 = 1.0 \times 10^{-4}$

查表知　　　　　　$K_{sp}^{\ominus}(BaSO_4) = 1.1 \times 10^{-10}$

因为 $Q > K_{sp}^{\ominus}$,所以有 $BaSO_4$ 沉淀生成。

2. 判断沉淀的完全程度

要使沉淀完全,除了选择并加入适当过量的沉淀剂外,对于某些沉淀反应(如生成难溶弱酸盐和难溶氢氧化物等的沉淀反应),还必须控制溶液的酸度,才能确保沉淀完全。沉淀反应没有一种是绝对完全的,通常认为残留在溶液中的离子浓度小于 $1 \times 10^{-5} mol \cdot L^{-1}$ 时,该离子已被沉淀完全。

在化学试剂生产中,Fe^{3+} 的含量是衡量产品质量的重要指标之一。去除 Fe^{3+} 杂质的方法之一就是控制溶液的 pH 值,使 Fe^{3+} 生成 $Fe(OH)_3$ 沉淀。

例 1-7-4 若溶液中 Fe^{3+} 的浓度为 $0.1\ mol \cdot L^{-1}$,则开始形成 $Fe(OH)_3$ 沉淀的 pH 值是多少?沉淀完全($[Fe^{3+}] \leqslant 1.0 \times 10^{-5}\ mol \cdot L^{-1}$)的 pH 值为多少?已知 $K_{sp}^{\ominus} Fe(OH)_3 = 1.1 \times 10^{-36}$。

解
$$Fe(OH)_3(s) \Longrightarrow Fe^{3+} + 3OH^-$$

由于 $K_{sp}^{\ominus}(Fe(OH)_3) = [Fe^{3+}][OH^-]^3$,则开始沉淀所需 $[OH^-]$ 为

$$[OH^-] = \sqrt[3]{\frac{K_{sp}^{\ominus}(Fe(OH)_3)}{[Fe^{3+}]}} = \sqrt[3]{\frac{1.1 \times 10^{-36}}{0.1}}\ mol \cdot L^{-1} = 2.2 \times 10^{-12}\ mol \cdot L^{-1}$$

$$pOH = 11.66$$
$$pH = 2.34$$

设沉淀完全后,$[Fe^{3+}] \leqslant 1.0 \times 10^{-5}\ mol \cdot L^{-1}$,则

$$[OH^-] = \sqrt[3]{\frac{K_{sp}^{\ominus}(Fe(OH)_3)}{[Fe^{3+}]}} = \sqrt[3]{\frac{1.1 \times 10^{-36}}{1.0 \times 10^{-5}}}\ mol \cdot L^{-1} = 4.79 \times 10^{-11}\ mol \cdot L^{-1}$$

$$pOH = 11 - \lg 4.79 = 11 - 0.68 = 10.32$$
$$pH = 14 - 10.32 = 3.68$$

所以使 $0.1\ mol \cdot L^{-1}$ 的 Fe^{3+} 开始沉淀时的 pH 值是 2.34,沉淀完全时的 pH 值大于 3.68。

同理,各种不同溶度积的难溶性弱酸盐(如硫化物)开始沉淀和沉淀完全时的 pH 值也是不同的。调节溶液的 pH 值,可使溶液中某些金属离子沉淀为氢氧化物(或硫化物),某些金属离子仍留于溶液中,从而达到分离、提纯的目的。例如,对含有杂质 Fe^{3+} 的 $ZnSO_4$ 溶液,若单纯考虑除 Fe^{3+},则 pH 值越高,Fe^{3+} 被除去得越彻底,但实际 pH 值不能大于 5.7,否则 Zn^{2+} 会沉淀为 $Zn(OH)_2$,所以一般控制 pH 值在 3~4。

[应用示例] 检查蒸馏水中氯离子允许限量的方法:取水样 50 mL,加稀硝酸 5 滴及 $0.01\ mol \cdot L^{-1} AgNO_3$ 试液,放置半分钟,溶液若不发生混浊,则判定为合格。通过计算可知,蒸馏水中氯离子的允许限量:$[Cl^-] < 7.8 \times 10^{-8}\ mol \cdot L^{-1}$。

3. 分步沉淀

如果溶液中同时含有多种离子,当加入某种试剂时,它可能与溶液中的几种离子发生反应而产生沉淀;离子积 Q 首先达到溶度积 $K_{sp}^{\ominus}$ 的难溶电解质先析出沉淀,离子积 Q 后达到溶度积 $K_{sp}^{\ominus}$ 的就后析出沉淀。这种先后沉淀的现象,称为分步沉淀。利用分步沉淀可以达到分离离子的目的。

例如,若溶液中同时存在浓度均为 $0.01\ mol \cdot L^{-1}$ 的 Cl^-、Br^-、I^- 三种离子,在此溶液中逐滴加入 $0.01\ mol \cdot L^{-1}$ 的 $AgNO_3$ 溶液,哪种离子先沉淀出来?

AgCl 开始沉淀时需要 Ag^+ 的浓度为

$$[Ag^+] = \frac{K_{sp}^{\ominus}(AgCl)}{[Cl^-]} = \frac{1.8 \times 10^{-10}}{0.01} = 1.8 \times 10^{-8}\ mol \cdot L^{-1}$$

AgBr 开始沉淀时需要 Ag^+ 的浓度为

$$[Ag^+] = \frac{K_{sp}^{\ominus}(AgBr)}{[Br^-]} = \frac{5.4 \times 10^{-13}}{0.01} = 5.4 \times 10^{-11}\ mol \cdot L^{-1}$$

AgI 开始沉淀时需要 Ag^+ 的浓度为

$$[Ag^+] = \frac{K_{sp}^{\ominus}(AgI)}{[I^-]} = \frac{8.5 \times 10^{-17}}{0.01} = 8.5 \times 10^{-17} \text{ mol} \cdot L^{-1}$$

计算结果表明：沉淀 I^- 所需要的 Ag^+ 浓度比沉淀 Cl^-、Br^- 要小得多，当逐滴加入 $AgNO_3$ 溶液时，AgI 先开始沉淀；当 Ag^+ 浓度达到或超过 $5.4 \times 10^{-11} \text{ mol} \cdot L^{-1}$ 时，Br^- 才开始沉淀；当 Ag^+ 浓度达到或超过 $1.8 \times 10^{-8} \text{ mol} \cdot L^{-1}$ 时，Cl^- 才开始沉淀。

总之，当一种试剂能沉淀溶液中的几种离子时，生成沉淀所需试剂的离子浓度越小的越先出现沉淀；如果生成各沉淀所需试剂的离子的浓度相差较大，就能达到分步沉淀的目的。或者说，当溶液中同时存在多种离子时，离子积 Q 最先达到溶度积 $K_{sp}^{\ominus}$ 的难溶电解质，首先析出沉淀。

[应用示例] 在分析药物含量时，先把药物配成溶液，再加入适当的试剂和被测药物中某种离子生成沉淀，分离沉淀，通过一定的方法计算，就可以知道药物的含量。

4. 判断沉淀的溶解和转化

根据溶度积规则，要使沉淀溶解的条件是 $Q < K_{sp}^{\ominus}$，为了达到这个目的，有以下几种途径。

(1) 转化成弱电解质　利用酸、碱或某些盐(如 NH_4^+ 盐)与难溶电解质组分离子结合成弱电解质(如弱酸,弱碱或 H_2O)可以使该难溶电解质的沉淀溶解。

例如,固体 ZnS 可以溶于盐酸中,其反应过程如下：

$$ZnS(s) \Longrightarrow Zn^{2+} + S^{2-}$$
$$2HCl \Longrightarrow 2Cl^- + 2H^+$$
$$S^{2-} + 2H^+ \Longrightarrow H_2S$$

由上述反应可见,因 H^+ 与 S^{2-} 结合生成弱电解质,而使 $c_{S^{2-}}$ 降低,使 ZnS 沉淀-溶解平衡向溶解的方向移动,若加入足够量的盐酸,则 ZnS 会全部溶解。

(2) 生成难电离的配离子　在难溶电解质的溶液中加入一种配位剂,使难溶电解质的组分离子形成稳定的配离子,从而降低难溶电解质组分离子的浓度。例如,AgCl 溶于氨水：

$$AgCl(s) + 2NH_3 \Longrightarrow [Ag(NH_3)_2]^+ + Cl^- + 2H^+$$

由于生成了稳定的配离子 $[Ag(NH_3)_2]^+$,AgCl 沉淀溶解。

(3) 转化成另一种沉淀再行溶解　在含有沉淀的溶液中,加入适当的试剂,与某一离子结合,使沉淀转化为更难溶的物质,此过程称为沉淀的转化。

例如,$K_{sp}^{\ominus}(CaSO_4) = 7.1 \times 10^{-5} > K_{sp}^{\ominus}(CaCO_3) = 5.0 \times 10^{-9}$,为了除去附在锅炉内壁锅垢的主要成分 $CaSO_4$,可以借助 Na_2CO_3,通过沉淀转化使之转变成疏松且可溶于酸的 $CaCO_3$。达到除垢的目的。

$$
\begin{array}{c}
CaSO_4(s) \Longrightarrow Ca^{2+} + SO_4^{2-} \\
+ \\
Na_2CO_3 \longrightarrow CO_3^{2-} + 2Na^+ \\
\downarrow \\
CaCO_3 \downarrow
\end{array}
$$

沉淀的转化是 $K_{sp}^{\ominus}$ 较大的沉淀不断溶解,而 $K_{sp}^{\ominus}$ 较小的沉淀不断生成的过程。因此,对于相同类型的难溶电解质,可以直接利用溶度积比较沉淀的转化,由 $K_{sp}^{\ominus}$ 较大的转化为 $K_{sp}^{\ominus}$ 较小的沉淀,两种沉淀的 $K_{sp}^{\ominus}$(或溶解度)的差别越大,沉淀转化得越完全。

[应用示例]　临床上用 $BaSO_4$ 作光造影剂诊断胃肠道疾病的原理是射线不能透过钡原子,且 $BaSO_4$ 既难溶于水,又难溶于胃酸。

钡餐造影

5. 同离子效应

在已达沉淀-溶解平衡的系统中,加入含有相同离子的易溶强电解质而使沉淀的溶解度降低的效应,称为沉淀-溶解平衡中的同离子效应。

例 1-7-5　计算 AgCl 在 $0.10\ mol \cdot L^{-1}$ 的 NaCl 溶液中的溶解度。

解　考虑到 AgCl 基本上不水解,设 $s = x\ mol \cdot L^{-1}$。

$$AgCl \Longrightarrow Ag^+ + Cl^-$$

平衡浓度/$(mol \cdot L^{-1})$ 　　　　　　x　　　$x+0.10$

$$x(x+0.10) = K_{sp}^{\ominus}(AgCl)$$

因为 $K_{sp}^{\ominus}(AgCl) = 1.8 \times 10^{-10}$,值很小,$x$ 比 0.10 小得多,所以 $x+0.10 \approx 0.10$

故　　　　　　　　　　　$x = 1.8 \times 10^{-9}$

即　　　　　　　　　　　$s = 1.8 \times 10^{-9}\ mol \cdot L^{-1}$

6. 盐效应

实验证明,在难溶电解质的溶液中,若含有其他易溶的电解质(无共同离子时),其溶解度比在纯水中更大。如 $PbSO_4$ 在 KNO_3 溶液中的溶解度大于在纯水中的溶解度。而且 KNO_3 溶液浓度越大,$PbSO_4$ 溶解度越大。这种由于加入易溶的强电解质而使难溶电解质溶解度增大的效应称为盐效应。

产生盐效应的原因是由于易溶强电解质的存在,使溶液中阴、阳离子的浓度增加,离子间的相互吸引和相互牵制作用加强,妨碍了离子的自由运动,离子与沉淀表面碰撞次数减少,致使沉淀速率变小。破坏了原来的沉淀-溶解平衡,使平衡向溶解的方向移动。

在沉淀操作中存在同离子效应的同时也存在盐效应。因此必须注意所加沉淀剂不要过量太多,否则由于盐效应反而会使溶解度增大。表 1-7-1 列出了 $PbSO_4$ 在 Na_2SO_4 溶液中的溶解度。可以看出,当 Na_2SO_4 浓度由 0 增加到 $0.04\ mol \cdot L^{-1}$ 时,$PbSO_4$ 溶解度不断降低,此时,同离子效应起主导作用。但当 Na_2SO_4 浓度超过 $0.04\ mol \cdot L^{-1}$ 时,溶解度又有所增加,说明此时盐效应的作用已很明显。表 1-7-1 的数据也表明同离子效应对难溶电解质溶解度的影响大于盐效应。因此,在有同离子效应的计算中,忽略盐效应所引起的误差不大,对近似计算来说是允许的。

表 1-7-1　$PbSO_4$ 在 Na_2SO_4 溶液中的溶解度

$c_{Na_2SO_4}$ / $(mol \cdot L^{-1})$	0	0.001	0.01	0.02	0.04	0.10	0.20
s_{PbSO_4} / $(mol \cdot L^{-1})$	1.5×10^{-4}	2.4×10^{-5}	1.6×10^{-5}	1.4×10^{-5}	1.3×10^{-5}	1.5×10^{-5}	2.3×10^{-5}

本章小结

1. 知识思维导图

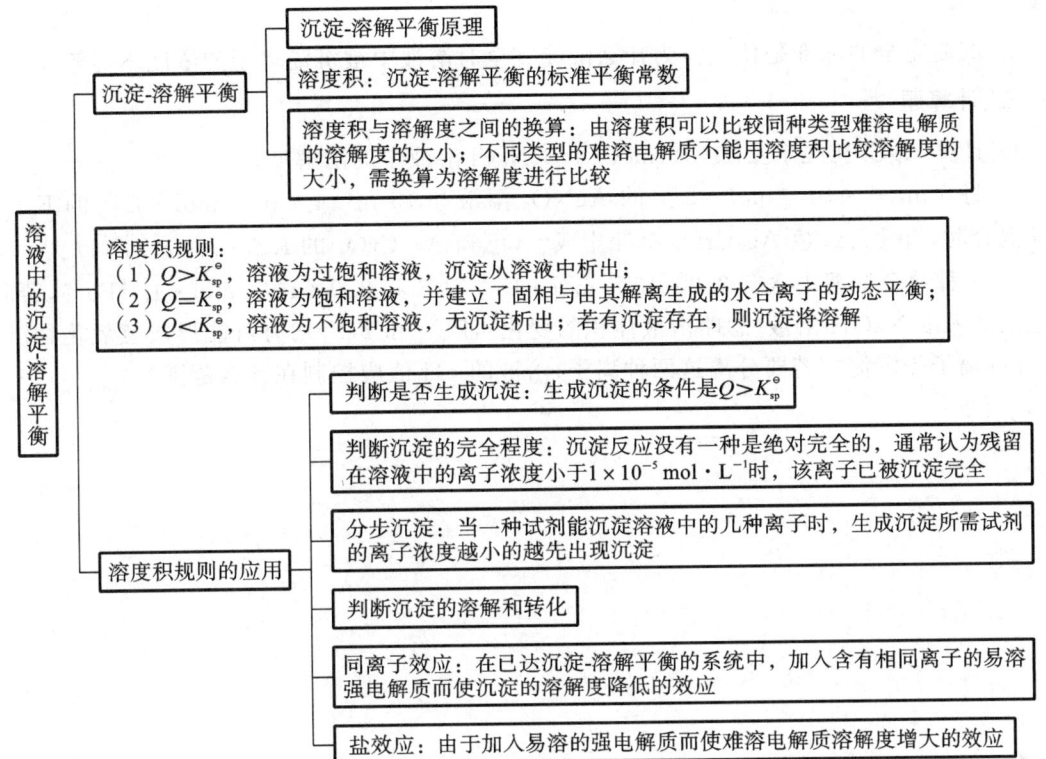

2. 学习方法概要

本章内容是化学平衡原理的具体应用,学习时注意理解沉淀-溶解平衡本质上就是一种化学平衡,溶度积就是难溶物沉淀-溶解平衡的标准平衡常数,溶度积规则本质上是化学平衡移动的计算;并注重理论和实际应用的结合。在解决具体问题时,把握好沉淀生成、沉淀溶解、沉淀完全等现象的条件,充分运用化学平衡的原理。

目标检测

一、填空题

1. 同离子效应使难溶电解质的溶解度_____。

2. 当沉淀反应达平衡时,向溶液中加入含有_____的试剂或溶液,使沉淀溶解度_____的现象称为同离子效应。

3. 已知 $BaSO_4$ 的 $K_{sp}^{\ominus}$ 为 1.1×10^{-10}。若将 10 mL 0.2 mol·L^{-1} 的 $BaCl_2$ 与 30 mL 0.2 mol·L^{-1} 的 Na_2SO_4 混合,沉淀反应完成后,溶液中[Ba^{2+}][SO_4^{2-}]=_____。

4. 沉淀生成的条件是 Q_____$K_{sp}^{\ominus}$;而沉淀溶解的条件是 Q_____$K_{sp}^{\ominus}$(大于,等于,小于)。

二、问答题

1. 写出下列难溶电解质的溶度积的表达式。

AgCl　　CaF$_2$　　Ag$_2$CrO$_4$　　PbS　　Mg(OH)$_2$

2. 在 ZnSO$_4$ 溶液中通入 H$_2$S,为了使 ZnS 沉淀完全,往往先在溶液中加入 NaAc,为什么?

3. 沉淀完全的标准是什么? 为什么沉淀完全时溶液中被沉淀离子的浓度不等于零?

三、计算题

1. 计算 AgCl 在纯水及 0.010 mol·L^{-1} NaCl 溶液中的溶解度。

2. 将 5 mL 1×10^{-5} mol·L^{-1} 的 AgNO$_3$ 溶液和 15 mL 4×10^{-5} mol·L^{-1} 的 K$_2$CrO$_4$ 溶液混合时,有无砖红色 Ag$_2$CrO$_4$ 沉淀生成?(已知 Ag$_2$CrO$_4$ 的 $K_{sp}^{\ominus}$=1.1×10^{-12})

3. 一种混合溶液中含有 3.0×10^{-2} mol·L^{-1} Pb^{2+} 和 2.0×10^{-2} mol·L^{-1} Fe^{3+},若向其中逐滴加入浓 NaOH 溶液(忽略溶液体积的变化),Pb^{2+} 和 Fe^{3+} 均有可能形成氢氧化物沉淀。问:哪种离子先沉淀? 若要分离这两种离子,溶液的 pH 值应控制在什么范围?

第八章

配 合 物

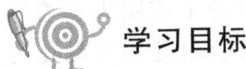学习目标

1. 熟悉配合物的组成及结构;
2. 掌握配合物化学式的书写方法与命名;
3. 掌握配位平衡及有关计算。

配位化合物简称配合物,旧称络合物,是一类组成比较复杂、品种繁多、用途极为广泛的化合物。配合物在湿法冶金、金属腐蚀、环境保护、化学分析以及医药、印染等工业中都有着十分重要的作用。对配合物的研究,涉及无机化学、有机化学、物质结构等学科的知识。

配合物不仅在化学领域中得到广泛的应用,并且对生命现象和医学也具有重要的意义。在生命活动过程中起十分重要的作用的微量元素——铁、铜、锌、锰、钴、铬、钼等,在体内与生物配体——氨基酸、蛋白质、核苷酸等,形成配合物;在植物生长中起光合作用的叶绿素,是一种含镁的配合物;人和动物血液中起着输送氧作用的血红蛋白,是一种含有亚铁的配合物;人体内各种酶(生物催化剂)几乎都含有以配合物形式存在的金属元素;有些药物本身就是配合物,维生素 B_{12} 是钴的配合物;而有些药物在体内可以形成配合物,从而起到预防或治疗疾病的作用,如二巯丙醇、酒石酸锑钾、胰岛素等。此外,在生化检验、环境监测以及药物分析等领域都要用到配合物的有关知识。

第一节 配合物的基本概念

一、配合物的定义

将过量的氨水加到 $CuSO_4$ 溶液中,再加入适量乙醇,便会析出深蓝色的结晶。再向含有这种结晶的水溶液中加入 NaOH 溶液,既无氨气产生,也无天蓝色 $Cu(OH)_2$ 沉淀生成,但加入 $BaCl_2$ 后可看到白色的 $BaSO_4$ 沉淀。这说明溶液中存在 SO_4^{2-},但检验不出游离的 Cu^{2+} 和

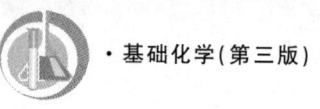

NH_3。经 X 射线分析,深蓝色结晶为$[Cu(NH_3)_4]SO_4 \cdot 2H_2O$,它在水溶液中全部电离为$[Cu(NH_3)_4]^{2+}$和$SO_4^{2-}$两个基本单元。常见的简单化合物(如 H_2O、NH_3、$CuSO_4$、KCl 等)是由共价键或离子键结合而成的,符合经典的化学价理论。而在 $[Cu(NH_3)_4]SO_4$ 的形成过程中,既没有电子的得失或氧化数的变化,也没有形成共用电子对的普通共价键。这类"分子化合物"的形成是不能用经典的化合物理论来说明的。再如:

$$HgI_2 + 2KI \Longrightarrow K_2[HgI_4]$$
$$AgCl + 2NH_3 \Longrightarrow [Ag(NH_3)_2]Cl$$

其中的$[Cu(NH_3)_4]^{2+}$、$[HgI_4]^{2-}$、$[Ag(NH_3)_2]^+$等复杂离子,既可以存在于晶体中,也可以存在于溶液中,它们在溶液中的电离度很小,又可以像一个简单离子一样参加化学反应。其共同特点是在其结构中都包含有由中心离子(或原子)和一定数目的中性分子或阴离子通过形成配位共价键,相结合而成的结构单元,此结构单元表现出新的特征。

配合物的定义如下:**配合物**是由中心离子(或原子)和一定数目的中性分子或阴离子通过形成配位共价键,相结合而形成的复杂结构单元(称配合单元)。凡是由配合单元组成的化合物称配合物。

另外还有一类有别于配合物的化合物,例如十二水硫酸铝钾$[KAl(SO_4)_2 \cdot 12H_2O]$,俗称明矾,是由硫酸钾和硫酸铝作用生成的。将其溶于水,便可发现在水溶液中明矾电离为简单的离子 K^+、Al^{3+}、SO_4^{2-},就好像 K_2SO_4 和 $Al_2(SO_4)_3$ 的混合水溶液一样。这样的化合物称为复盐。氯化钙与氨水生成的 $CaCl_2 \cdot 2NH_3$,在水溶液中也是以 Ca^{2+}、Cl^-、NH_3 形式存在,为区别于氨配合物,称为氨化合物。还要指出,在简单化合物和配合物之间常常不可能划一明显的界线,因为即使在明矾的水溶液中也存在少量的配离子$[Al(SO_4)_2]^-$。NH_4^+ 也可认为是H^+ 与 NH_3 分子生成的配离子。

二、配合物的组成

配合物一般由内界和外界两部分组成。结合紧密且能稳定存在的配离子部分(如$[Cu(NH_3)_4]^{2+}$、$[Cr(NH_3)_4Cl_2]^+$)称为**内界**,又称为配位个体;配合物的内界或配位个体由一个占据中心位置的金属离子(中心离子)或金属原子(中心原子)与一定数目的中性分子或阴离子(配体)以配位键结合而成。配体中与中心离子(或原子)直接相连的原子称为**配位原子**。配位个体是配合物的特征部分,书写化学式时,用方括号括起来。配位个体以外的其他离子,如$[Cu(NH_3)_4]SO_4$中的 SO_4^{2-},$Na_3[Fe(CN)_6]$中的 Na^+,它们距中心离子较远,构成配合物的**外界**,写在方括号的外面。外界与内界之间以离子键结合。也有些配合物只有内界,没有外界,如$[Co(NH_3)_3Cl_3]$。现以配合物$[Cu(NH_3)_4]SO_4$ 为例,其组成表示如下:

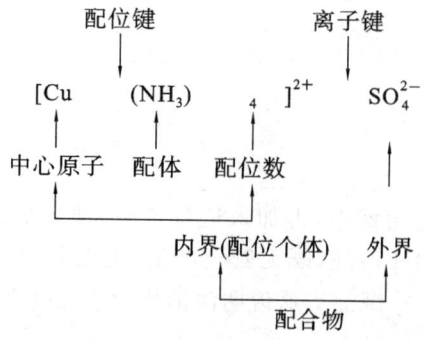

1. 中心离子(或原子)

中心离子(或原子)是配合物的核心部分，它位于配合物的中心，一般为带正电荷的金属离子或原子。中心离子(或原子)多为过渡元素的离子(或原子)，如 Cu^{2+}、Ag^+、Zn^{2+}、Fe^{2+}、Co^{2+} 等，而一些具有高氧化数的非金属元素，如 SiF_6^{2-} 中的 Si^{4+}、PF_6^- 中的 P^{5+} 等，也是较常见的中心离子(或原子)。还有少数配合物，如 $[Ni(CO)_4]$、$[Fe(CO)_5]$ 等，其"中心"或"形成体"不是离子而是中性原子。

2. 配体和配位原子

在配合物中，与中心离子(或原子)直接结合的阴离子或分子称为配位体，简称配体。配体可以是阴离子，如 X^-(卤素离子)、OH^-、SCN^-、CN^-、$RCOO^-$(羧酸根)、$C_2O_4^{2-}$、PO_4^{3-} 等，也可以是中性分子，如 NH_3、H_2O、CO、RCH_2OH(醇)、RCH_2NH_2(胺)、ROR(醚)等。配体中直接与中心离子(或原子)形成配位键的原子称为配位原子，如 F^-、NH_3、OH^-、H_2O 等配体中的 F、N、O 均是配位原子，其结构特点是外围电子层中有能提供给中心离子(或原子)的孤对电子。因此，配位原子主要是电负性较大的非金属元素，如 P、N、O、C、S 和卤原子等。

按配体中配位原子的多少，可将配体分为单齿配体和多齿配体两类。有一个配位原子同中心离子(或原子)相结合的配体，称为**单齿配体**，如 X^-(卤原子)、OH^-、SCN^-、CN^- 等。由单齿配体与中心离子(或原子)直接配位形成的配合物，称为单齿配合物。例如，$[Cu(NH_3)_4]SO_4$、$H_2[SiF_6]$、$[Ni(CO)_4]$。有些配体中有两个或两个以上配位原子同时与中心离子(或原子)相结合的配体，称为**多齿配体**，如 $C_2O_4^{2-}$、$NH_2—CH_2—CH_2—NH_2$(en) 均为双齿配体，乙二胺四乙酸(EDTA)为六齿配体。中心离子(或原子)与多齿配体形成的具有环状结构的配合物，称为**螯合物**。大多数螯合物具有五元环或六元环的稳定结构。

3. 配位数

在配合物中，直接与中心离子(或原子)形成配位键的配位原子的总数称为该中心离子(或原子)的配位数。中心离子(或原子)的配位数一般为 2、4、6、8，最常见的是 4 和 6。一些常见金属离子的配位数列于表 1-8-1。

表 1-8-1 常见金属离子的配位数

配位数	离 子
2	Ag^+，Cu^{2+}，Au^+
4	Zn^{2+}，Cu^{2+}，Hg^{2+}，Ni^{2+}，Co^{2+}，Pt^{2+}，Ba^{2+}
6	Fe^{2+}，Fe^{3+}，Co^{2+}，Co^{3+}，Cr^{3+}，Pt^{4+}，Al^{3+}，Ca^{2+}
8	Mo^{4+}，W^{4+}，Ca^{2+}，Ba^{2+}，Pb^{2+}

在计算中心离子(或原子)的配位数时，一般是先确定配合物的中心离子(或原子)和配体，接着找出配位原子的数目。如果配体是单齿的，配体的数目就是该中心离子(或原子)的配位数。例如，$[Pt(NH_3)_4]Cl_2$ 和 $[Pt(NH_3)_2Cl_2]$ 中的中心离子都是 Pt^{2+}，而前者的配体是 NH_3，后者是 NH_3 和 Cl^-，这些配体都是单齿的，因此它们的配位数都是 4。对于多齿配体，配位数的计算方法如下：

$$配位数 = \sum (配体数 \times 齿数)$$

如 $[CoCl_2(en)_2]^+$ 中的配体数是 4，Cl^- 为单齿配体，en 为双齿配体，因此 Co^{3+} 的配位数是 $2\times$

$1+2\times2=6$。

大多数中心离子(或原子)在不同的配合物中可以表现出不同的配位数。例如，$[Cu(CN)_2]$中 Cu^{2+} 的配位数是 2，而 $[Cu(NH_3)_4]^{2+}$ 中 Cu^{2+} 的配位数是 4。

中心离子的配位数一般取决于中心离子(或原子)和配体的性质(它们的电荷、半径和核外电子排布等)，以及形成配合物时的条件，特别是温度和浓度。一般来说，中心离子(或原子)的电荷越高，吸引配体的能力就越强，配位数越大，如 Pt^{2+} 形成 $[PtCl_4]^{2-}$，而 Pt^{4+} 形成 $[PtCl_6]^{2-}$，Cu^+ 和 Cu^{2+} 分别形成 $[Cu(NH_3)_2]^+$ 和 $[Cu(NH_3)_4]^{2+}$。配体的负电荷增加时，一方面增加了中心离子(或原子)与配体之间的引力，但另一方面又增加了配体彼此间的斥力，总的结果是配位数减小。例如，Zn^{2+} 可形成配离子 $[Zn(NH_3)_6]^{2+}$ 和 $[Zn(CN)_4]^{2-}$。中心离子(或原子)的半径越大，其周围可容纳的配体就越多，配位数就越大；配体的半径越小，配位数就越大。另外在形成配合物时，增大配体浓度，有利于形成高配位数的配合物；升高温度则常使配位数减小。这是因为热运动加剧时，中心离子(或原子)与配体间的配位键减弱。

三、配合物的化学式及命名

1. 配合物化学式的书写

书写配合物的化学式应遵循两条原则。

(1) 含配离子的配合物，其化学式阳离子写在前，阴离子写在后。

(2) 配离子化学式的书写，先写出中心离子(或原子)，再依次写出阴离子和中性配体；无机配体写在前，有机配体写在后，同类配体的次序，以配位原子元素符号的英文字母次序为准，将整个配位离子的化学式写在方括号内。

2. 配合物的命名

(1) 配离子的命名　配体数目-配体名称-"合"-中心离子(或原子)(氧化数)。

配体的数目用数字一、二、三……写在该种配体名称的前面。配离子中含有多种配体时，不同配体间用圆点隔开、顺序与化学式书写顺序相同，在最后一个配体名称之后缀以"合"字。中心离子(或原子)的氧化数写在括号内，用罗马数字标明。如：

$[Ag(NH_3)_2]^+$	二氨合银(Ⅰ)配离子
$[CoCl_2(NH_3)_3(H_2O)]^+$	二氯·三氨·一水合钴(Ⅲ)配离子

(2) 配合物的命名　配合物的命名方法基本遵循一般无机化合物的命名原则，配阳离子化合物，称为某化某或某酸某；配阴离子化合物，则在配离子与外界阳离子之间用"酸"字连接。例如，

$K_3[Fe(CN)_6]$	六氰合铁(Ⅲ)酸钾
$[PtCl(NH_3)_4(NO_2)]CO_3$	碳酸氯·硝基·四氨合铂(Ⅳ)
$NH_4[Cr(NH_3)_2(SCN)_4]$	四硫氰·二氨合铬(Ⅲ)酸铵
$[CoCl_2(NH_3)_3(H_2O)]Cl$	氯化二氯·三氨·一水合钴(Ⅲ)
$H[PtCl_3(NH_3)]$	三氯·一氨合铂(Ⅱ)酸
$[Ni(CO)_4]$	四羰基合镍(0)

有些常见配合物至今仍沿用习惯名称，如 $[Ag(NH_3)_2]^+$ 称银氨配离子，$K_4[Fe(CN)_6]$ 称黄血盐钾或亚铁氰化钾等。

四、螯合物

1. 螯合物的概念

螯合物又称内配合物,是由配合物的中心离子(或原子)和多齿配体键合而成的具有环状结构的配合物。"螯合"即成环的意思,犹如螃蟹的两个螯把中心离子(或原子)钳住,故称为螯合物。

如 Cu^{2+} 与两分子乙二胺形成两个五元环的螯合物 $[Cu(en)_2]^{2+}$。

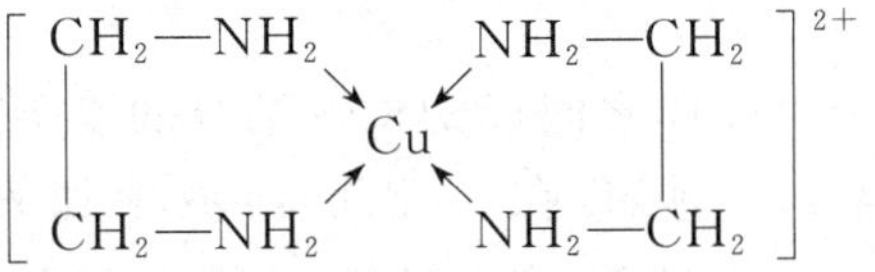

$$\begin{bmatrix} CH_2-NH_2 & NH_2-CH_2 \\ & Cu & \\ CH_2-NH_2 & NH_2-CH_2 \end{bmatrix}^{2+}$$

形成螯合物必须具备两个条件:一是螯合剂必须有两个或两个以上都能给出电子对的配位原子(主要是 N、O、S 等原子);二是每两个能给出电子对的配位原子,必须隔着两个或三个其他原子,因为只有这样,才可以形成稳定的五元环或六元环。例如,在氨基乙酸根离子($H_2N-CH_2-COO^-$)中,给出电子的羧氧和氨基氮之间,隔着两个碳原子,因此它可以形成稳定的具有五元环的化合物。四元环在螯合物中是不常见的,六元以上的环也是比较少见的。

2. 螯合剂

常用的螯合剂是氨羧螯合剂,其是一类以氨基二乙酸 $[HN(CH_2COOH)_2]$ 为配体的螯合剂,它以 N、O 为螯合原子,能与很多金属离子形成稳定的、组成一定的螯合物。

氨羧螯合剂很多,其中最常用的是乙二胺四乙酸,简称为 EDTA。结构为

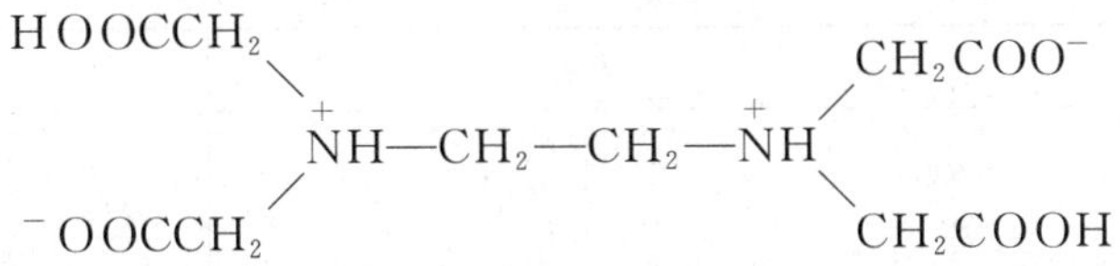

$$\begin{array}{ccc} HOOCH_2 & & CH_2COO^- \\ \overset{+}{NH}-CH_2-CH_2-\overset{+}{NH} & \\ {}^-OOCH_2 & & CH_2COOH \end{array}$$

EDTA 是四元酸,如果用 Y 表示它的酸根,则可以简写成 H_4Y。

EDTA 在水中的溶解度比较小,而其二钠盐在水中的溶解度比较大,因此在实际应用中常采用 EDTA 二钠盐,用 Na_2H_2Y 表示。除碱金属离子外,EDTA 几乎能与所有的金属离子形成稳定的金属螯合物,并且在一般情况下,不论金属离子是几价,金属离子都能与一个 EDTA 酸根(Y^{4-})形成可溶性的稳定螯合物。

3. 螯合物的稳定性

由于螯合环的存在,在相同配位数时,螯合物与单齿配体形成的配合物相比有特殊的稳定性,这种稳定性称为螯合效应。螯合物的稳定性与螯合环的大小、多少有关。在大多数螯合物中,五元环的螯合物最稳定,六元环次之。一种螯合剂与中心离子(或原子)形成的螯合环越多,配体脱离中心离子(或原子)的概率就越小,螯合物越稳定。

螯合物具有特殊稳定性,已很少能反映金属离子在未螯合前的性质。金属离子形成螯合物后,在颜色、氧化还原性、溶解度及晶形等性质上发生了巨大的变化。很多金属螯合物具有特征性的颜色,而且这些螯合物可以溶于有机溶剂中。利用这些特点,可以进行沉淀、萃取分离及比色定量等分析工作。

第二节 配合物在水溶液中的状况

一、配位平衡

1. 配合物的稳定常数

配离子是中心离子或原子与配体之间以配位键结合的复杂离子,一般情况下,它能够稳定存在,不易电离为简单离子。例如,在 $CuSO_4$ 溶液中加入过量氨水,可生成稳定的 $[Cu(NH_3)_4]^{2+}$,在此溶液中加入少量 $NaOH$ 溶液,并不出现天蓝色 $Cu(OH)_2$ 沉淀;但加入少量 Na_2S 溶液,有黑色的 CuS 沉淀生成。说明溶液中仍有少量的 Cu^{2+} 存在,即溶液中存在着配体、中心离子或原子及配离子之间的化学平衡:

$$Cu^{2+} + 4NH_3 \rightleftharpoons [Cu(NH_3)_4]^{2+}$$

根据化学平衡原理,平衡常数表达式为

$$K_{稳} = \frac{[[Cu(NH_3)_4]^{2+}]}{[Cu^{2+}][NH_3]^4} \tag{1-8-1}$$

$K_{稳}$ 称为配合物的稳定常数。通常情况下,稳定常数的大小表示配合物生成倾向的大小,同时也表明配合物稳定性的高低。$K_{稳}$ 越大,配离子越容易形成,配合物越稳定。不同的配合物,其稳定常数不同。表 1-8-2 列出一些常见配离子的稳定常数($lgK_{稳}$ 为稳定常数的对数值)。

表 1-8-2 一些常见配离子的稳定常数

配 离 子	$K_{稳}$	$lgK_{稳}$
$[Ag(NH_3)_2]^+$	1.6×10^7	7.20
$[Cu(NH_3)_2]^+$	7.3×10^{10}	10.86
$[Ag(CN)_2]^-$	1.3×10^{21}	21.11
$[Zn(NH_3)_4]^{2+}$	2.87×10^9	9.46
$[Cu(NH_3)_4]^{2+}$	2.1×10^{13}	13.32
$[HgI_4]^{2-}$	6.76×10^{29}	29.83
$[FeF_6]^{3-}$	2.04×10^{14}	14.31
$[Fe(CN)_6]^{3-}$	1.0×10^{42}	42
$[Co(NH_3)_6]^{3+}$	1.58×10^{35}	35.20

2. 配合物稳定常数的应用

(1) 比较同类型配合物的稳定性 配合物的稳定常数是标志配离子在水溶液中稳定性强弱的参数,可直接用于比较同种类型(中心离子(或原子)与配体数目之比相同)配离子稳定性的高低。例如:由于 $[FeF_6]^{3-}$ 和 $[Fe(CN)_6]^{3-}$ 的 $K_{稳}$ 分别为 2.04×10^{14} 和 1.0×10^{42},故 $[FeF_6]^{3-}$ 不如 $[Fe(CN)_6]^{3-}$ 稳定。但对于不同类型的配合物,不能简单地通过比较稳定常数的相对大小来判断稳定性的相对强弱。

（2）计算配合物溶液中有关离子浓度

例 1-8-1 将 $10\ mL\ 0.20\ mol \cdot L^{-1}\ AgNO_3$ 液与 $10\ mL\ 2.00\ mol \cdot L^{-1}\ NH_3 \cdot H_2O$ 溶液混合，计算溶液中 $[Ag^+]$。（$K_稳 = 1.6 \times 10^7$）

解 两种溶液混合后，Ag^+ 的浓度和 $NH_3 \cdot H_2O$ 的浓度分别变为原来的 $1/2$，由于 $NH_3 \cdot H_2O$ 过量，Ag^+ 可以定量地转化为 $[Ag(NH_3)_2]^+$。

$$Ag^+ \quad + \quad 2NH_3 \rightleftharpoons [Ag(NH_3)_2]^+$$

起始浓度$/(mol \cdot L^{-1})$　　0.10　　　　　1.00　　　　　0.00

平衡浓度$/(mol \cdot L^{-1})$　　x　　　$1.00-0.20+2x$　　$0.10-x$

　　　　　　　　　　　　　　　　　≈ 0.80　　　　≈ 0.10

$$K_稳 = \frac{[[Ag(NH_3)_2]^+]}{[Ag^+][NH_3]^2} = \frac{0.10}{x \times 0.80^2} = 1.6 \times 10^7$$

所以　　　　$[Ag^+] = x = \frac{0.10}{1.6 \times 10^7 \times 0.80^2}\ mol \cdot L^{-1} = 9.77 \times 10^{-9}\ mol \cdot L^{-1}$

（3）判断配离子与沉淀之间转化的可能性　　配离子与沉淀之间的转化，主要取决于配离子的稳定性和沉淀的溶解度或 $K_{sp}^{\ominus}$。配离子和沉淀都是向着更稳定的方向转化。

例 1-8-2 向 $[Ag(CN)_2]^-$ 和 CN^- 的平衡浓度均为 $0.10\ mol \cdot L^{-1}$ 的溶液中加入 NaCl(s)，能否产生 AgCl 沉淀？（$K_稳([Ag(CN)_2]^-) = 1.3 \times 10^{21}$，$K_{sp}^{\ominus}(AgCl) = 1.8 \times 10^{-10}$）

解 在溶液中存在下列配位平衡：

$$Ag^+ + 2CN^- \rightleftharpoons [Ag(CN)_2]^-$$

由平衡常数式得

$$[Ag^+] = \frac{[[Ag(CN)_2]^-]}{K_稳([Ag(CN)_2]^-)[CN^-]^2} = \frac{0.10}{1.3 \times 10^{21} \times 0.10^2}\ mol \cdot L^{-1} = 7.7 \times 10^{-21}\ mol \cdot L^{-1}$$

溶液中生成 AgCl 沉淀的条件是

$$[Ag^+][Cl^-] > K_{sp}^{\ominus}(AgCl) = 1.8 \times 10^{-10}$$

假定加入 NaCl(s) 后溶液体积无变化，若能生成 AgCl 沉淀，必有

$$[Cl^-] > \frac{1.8 \times 10^{-10}}{[Ag^+]} = \frac{1.8 \times 10^{-10}}{7.7 \times 10^{-21}}\ mol \cdot L^{-1} = 2.3 \times 10^{10}\ mol \cdot L^{-1}$$

显然，由于受溶解度的限制，加入 NaCl(s) 无法使溶液的 $[Cl^-] > 2.3 \times 10^{10}\ mol \cdot L^{-1}$，也就不可能产生 AgCl 沉淀。

二、配位平衡的移动

配位平衡与其他化学平衡一样，也是一种相对的、有条件的动态平衡，若改变平衡系统的条件，平衡就会移动。溶液的酸度、沉淀反应、氧化还原反应等对配位平衡均有一定的影响。

1. 溶液酸度的影响

在配合物中，很多配体均可以和溶液中的 H^+ 或 OH^- 建立起电离平衡，如 $[FeF_6]^{3-}$、$[Cu(NH_3)_4]^{2+}$ 中的 F^- 和 NH_3，改变溶液的酸度有可能使溶液中配体的浓度发生改变，从而使配位平衡发生不同程度的移动。通常酸度对配合物的稳定性的影响是比较大的。例如：在 $[Cu(NH_3)_4]^{2+}$ 配位平衡系统中，存在 NH_3、Cu^{2+} 和 $[Cu(NH_3)_4]^{2+}$ 之间的平衡，如果在铜氨配离子溶液中加入酸，则加入的 H^+ 与 NH_3 结合成比较稳定的 NH_4^+，溶液中的 NH_3 浓度变

小,平衡也向[Cu(NH$_3$)$_4$]$^{2+}$电离的方向移动,使深蓝色的[Cu(NH$_3$)$_4$]$^{2+}$发生电离,而溶液出现水合铜离子的蓝色,其反应式如下:

$$[Cu(NH_3)_4]^{2+} \rightleftharpoons Cu^{2+} + 4NH_3$$

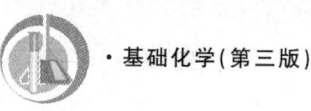

平衡移动方向

$$+$$
$$4H^+$$
$$\Updownarrow$$
$$4NH_4^+$$

这种因溶液酸度增大而导致配合物稳定性降低的现象称为**酸效应**。显然,在溶液酸度一定时,配体碱性越强,其酸效应越明显。

另一方面,配合物的中心离子(或原子)大多是过渡元素的离子(或原子),在水中可发生不同程度的水解作用,例如,Fe^{3+}在碱性介质中容易发生水解反应,溶液的碱性越强,水解程度越大(生成 Fe(OH)$_3$ 沉淀)。

$$[FeF_6]^{3-} \rightleftharpoons Fe^{3+} + 6F^-$$

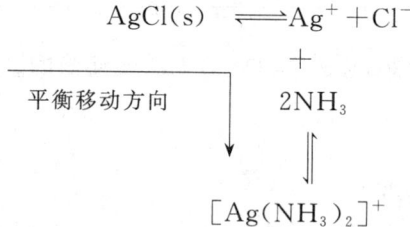

平衡移动方向

$$+$$
$$3OH^-$$
$$\Updownarrow$$
$$Fe(OH)_3 \downarrow$$

这种因金属离子与溶液中 OH$^-$ 结合而导致配合物稳定性降低的现象,称为**水解效应**。

可见,酸度对配位平衡的影响,既要考虑配体的酸效应,又要考虑金属离子的水解效应。在实际工作中,一般采取在不产生水解效应的前提下提高溶液 pH 值的办法,以保证配离子的稳定性。

2. 沉淀反应的影响

在配位平衡系统中,加入能和中心离子(或原子)生成沉淀的试剂,也可使配位平衡发生移动。例如,向含有氯化银沉淀的溶液中加入氨水时,沉淀即溶解,生成配合物[Ag(NH$_3$)$_2$]$^+$。

$$AgCl(s) \rightleftharpoons Ag^+ + Cl^-$$

平衡移动方向

$$+$$
$$2NH_3$$
$$\Updownarrow$$
$$[Ag(NH_3)_2]^+$$

上述溶液中再加入溴化钠溶液,又有淡黄色的 AgBr 沉淀生成,平衡关系为

$$[Ag(NH_3)_2]^+ \rightleftharpoons Ag^+ + 2NH_3$$

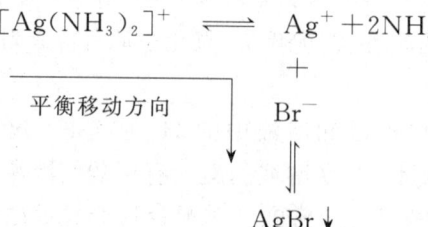

平衡移动方向

$$+$$
$$Br^-$$
$$\Updownarrow$$
$$AgBr \downarrow$$

在这样的系统中,Br$^-$ 和 Cl$^-$ 及 NH$_3$ 都在争夺 Ag$^+$,由于 AgBr 的溶解度小得多,所以最终产生 AgBr 沉淀。一般沉淀剂与金属离子生成沉淀的溶解度越小,越易使配离子电离而生

成沉淀。

3. 氧化还原反应的影响

配合物的形成使溶液中自由的金属离子浓度减小,由能斯特方程知,离子浓度的改变必然引起相关电对电极电势的变化,进而影响氧化还原反应。

(1) 配位反应的发生可以改变金属离子的氧化能力。例如:当 $PbO_2(Pb^{4+})$ 与盐酸反应时,其产物不是 $PbCl_4$,而是 $PbCl_2$ 和 Cl_2。

$$PbO_2 + 4HCl \Longrightarrow PbCl_2 + Cl_2 \uparrow + 2H_2O$$

但是当它形成 $[PbCl_6]^{2-}$ 后,Pb^{4+} 则相当稳定,其氧化能力很弱。

(2) 配位反应影响氧化还原反应的方向。例如,Fe^{3+} 可以把 I^- 氧化成 I_2。

$$2Fe^{3+} + 2I^- \Longrightarrow 2Fe^{2+} + I_2$$

当加入 F^- 后,由于生成 $[FeF_6]^{3-}$,Fe^{3+} 的浓度降低,上述反应的平衡向左移动,即 Fe^{3+} 在含有 F^- 的溶液中不能氧化 I^-。

4. 配合物的转化

在某一配位平衡系统中,加入能与该中心离子(或原子)形成另一种配离子的配体,则这个系统中就涉及两个配位反应的平衡移动问题。强的配位剂能使稳定性较小的配离子转化为稳定性较大的配离子。转化趋势的大小可根据两种配离子的 $K_稳$ 的大小来判断。在配体数相同的情况下,两种配合物的稳定常数相差越大,则转化越容易。

例如,在 $[Cu(NH_3)_4]^{2+}$ 溶液中加入 KCN,则有

$$[Cu(NH_3)_4]^{2+} \Longrightarrow Cu^{2+} + 4NH_3$$
$$+$$
$$4CN^- \Longrightarrow [Cu(CN)_4]^{2-}$$

总反应式为

$$[Cu(NH_3)_4]^{2+} + 4CN^- \Longrightarrow [Cu(CN)_4]^{2-} + 4NH_3$$

平衡时平衡常数 K 为

$$K = \frac{[[Cu(CN)_4]^{2-}][NH_3]^4[Cu^{2+}]}{[[Cu(NH_3)_4]^{2+}][CN^-]^4[Cu^{2+}]} = \frac{K_稳([Cu(CN)_4]^{2-})}{K_稳([Cu(NH_3)_4]^{2+})}$$

$$= \frac{2.0 \times 10^{27}}{2.1 \times 10^{13}} = 9.5 \times 10^{13}$$

平衡常数很大,说明 $[Cu(NH_3)_4]^{2+}$ 向 $[Cu(CN)_4]^{2-}$ 转化的趋势很大,即配位平衡向生成更稳定配离子的方向移动。

第三节 配合物的应用

由于配合物的独特性质和广泛用途,现在已形成化学的一门分支学科——配位化学。它与无机化学、分析化学、有机化学、物理化学密切相关,在生物化学、农业化学、药物化学及化学工程中都有广泛用途。

1. 在医学中的应用

生物体内的金属元素,特别是过渡元素,主要是通过形成配合物来完成生物化学功能的,

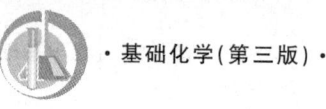

这些配合物在医学上有着重要的意义。

(1) O_2 的输送与 CO 中毒 人体内输送 O_2 和 CO_2 的血红蛋白(Hb)由亚铁血红蛋白和1个球蛋白构成,它们的5个配位原子占据了 Fe^{2+} 的5个配位位置。Fe^{2+} 的第6个配位位置由水分子占据,它能可逆地被 O_2 置换形成氧合血红蛋白($Hb \cdot O_2$)以保证体内对氧的需要。CO 中毒患者吸入的 CO 会迅速与血红蛋白结合成碳氧血红蛋白($Hb \cdot CO$),因其结合力要比氧与血红蛋白结合力大 $200 \sim 300$ 倍,使下述平衡向右移动:

$$Hb \cdot O_2 + CO \Longrightarrow Hb \cdot CO + O_2$$

因而使血红蛋白输送氧的功能减弱,从而使体内细胞的氧气供应减少,造成体内缺氧,最终因机体麻痹而导致死亡。临床上为抢救 CO 中毒患者,常采用高压氧疗法。高压的氧气可使溶于血液的氧气增多,从而促使上述可逆反应向左进行,达到治疗 CO 中毒的目的。

EDTA 对重金属中毒是一种有效的解毒剂。若人体因铅的化合物中毒,可以肌内注射 EDTA 溶液解毒,它使 Pb^{2+} 以配离子的形式进入溶液而从人体内排出。同样,由于 EDTA 能与 Hg^{2+} 等多种重金属离子形成可溶性的配合物,因而 EDTA 是汞等多种重金属中毒的解毒剂。EDTA 还可用于去除人体内金属元素的放射性同位素,特别是钚。

(2) 铂类抗癌药物 随着人们对金属配合物药理作用的认识进一步深入,新的高效、低毒、具有抗癌活性的金属配合物不断被合成出来。其中,包括某些有机铂类化合物、有机锡配合物、有机锗配合物、茂钛衍生物、多酸化合物等。

铂类抗癌药物在癌症化疗中有着重要地位,在目前铂类抗癌药物中,顺铂(CDDP)和卡铂(也称碳铂)的研究和临床应用最为广泛。铂类抗癌药物可用通式 $[Pt(II)A_2X_2]$ 表示,其中 A_2 为2个单齿氨(胺)配体或1个双齿胺配体,是药物的载体部分;X_2 为2个单齿阴离子或1个双齿阴离子配体,是反应活性基团或离去基团。在细胞中它们以 DNA 为作用靶,通过取代反应与 DNA 上鸟嘌呤的 N_7 原子形成加合物,抑制 DNA 的复制。但由于生物体内药物存在的介质环境并非单一物质,除水分子外,还含有大量的氯离子、蛋白质以及其他亲核性生物分子,所以铂类抗癌药物在进攻 DNA 靶前,就有可能发生水合、取代等多种反应。目前的研究初步确定铂类抗癌药物的抗癌作用机理分为4个步骤:跨膜运动、水合电离、靶向迁移、进攻 DNA。

20 世纪 80 年代以来,人们对有机锡及其配合物抗癌活性的研究产生了浓厚的兴趣,有机锡及其配合物成为继顺铂之后又一极为活跃的研究热点。1989 年,美国国家癌症研究所对2000 多种有机锡配合物进行了抗癌活性测定,结果表明,50% 的配合物具有抗 P388 白血病活性。现已发现许多有机锡配合物的体外抗癌活性已超过临床上使用的顺铂,一些研究结果获得了多项美国专利和欧洲专利。

2. 在分析检验中的应用

配合物在分析化学中占有重要地位。它可以用作显色剂、沉淀剂、萃取剂、滴定剂、掩蔽剂等。利用配合物的溶解度、颜色及稳定性等差异可以对元素进行分离和分析。如果水溶液中含有几种金属离子,其中一种能与有机配体形成稳定配合物,并可溶于有机溶剂,这样该金属离子就可以被萃取出来。还可以利用沉淀-配位反应分离某些离子,如在 Zn^{2+}、Al^{3+} 溶液中加入氨水,Al^{3+} 生成 $Al(OH)_3$ 沉淀,而 Zn^{2+} 生成可溶性配离子 $[Zn(NH_3)_4]^{2+}$,于是可使两者分离。许多金属离子与配体的反应具有很高的灵敏性和专属性,并且生成的配合物有特征的颜色,因此常用作鉴定某种离子的特征试剂。如在 Fe^{3+} 溶液中加入 KSCN 生成血红色 $[Fe(SCN)_x]^{3-x}$,由此可鉴定 Fe^{3+};Ni^{2+} 能与丁二酮肟生成螯合物沉淀,由此可鉴定 Ni^{2+}。在定量分析中,常利用金属离子与配体定量反应来测量某些组分的含量,在分光光度法中配合物常用作显色剂。

3. 在工农业中的应用

配合物在工业领域中的应用有其重要意义。在电镀工业上,常在电镀液中加入适当的配体,使其与金属离子生成较难还原的配离子,减小金属离子结晶的速率,以便得到光滑、均匀、致密的镀层。如镀锌时常用氨三乙酸-氯化铵电镀液。冶金工业中,在 CN^- 存在下 Au 可被氧化成 $[Au(CN)_2]^-$,溶于水。利用这个反应可将 Au 从矿石中浸取出来,再用锌粉使其还原为金。此外,配合物在环境治理、硬水软化等方面都有重要作用。

在农业方面,提倡土壤中多施农家肥,就是因为农家肥中的腐殖酸可与土壤中的难溶物 $AlPO_4$、$FePO_4$ 作用,生成金属螯合物,把 PO_4^{3-} 释放出来,变为可溶性磷,供农作物吸收。在动物体内,对微量元素的摄取和运转更离不开配合物,如补充微量元素锌时常服用葡萄糖酸锌,补充铜时常服用氨基酸铜。

知识拓展

生命系统对铁元素的争夺

尽管铁元素是地壳中丰度第四的元素,但生物体很难吸收足量的铁以满足自身的需要,如人体缺铁导致缺铁性贫血,植物缺铁导致枯叶病。生命系统之所以会缺铁主要是与生命诞生的演进过程有关:由于在漫长的地质年代中,地球环境发生改变,早期的生命可以在海洋中得到充分的铁(Ⅱ)(可溶于水),然而,由于大气中的氧气含量不断上升,大量的铁(Ⅱ)被氧化生成了难溶于水的铁(Ⅲ),存留于水中的铁(Ⅱ)不足以支持生命系统。微生物为了适应环境的变化,分泌出一种可以和铁配位的化学物质——含铁细胞(siderophore)或铁载体。铁载体可以与铁(Ⅲ)生成易溶于水的配合物——铁色素(ferrichrome)。铁载体的 6 个氧原子与 Fe^{3+} 形成配位键,生成非常稳定的配合物,其 $K_{稳}$ 大约为 10^{30}。铁载体甚至可以把玻璃中的铁提取出来,也可以很容易地从铁的氧化物中把铁(Ⅲ)溶解出来。铁色素是电中性的,这可以使它很容易通过细胞膜进入细胞。将铁色素的稀溶液加入细胞悬浮液中,1 h 后,铁色素就完全转移至细胞内。此时,铁(Ⅲ)会被酶催化反应还原为铁(Ⅱ),从铁色素中脱出(铁(Ⅱ)与铁载体形成的配合物的稳定性较低)。微生物借此可从周围的环境中获取自身所需要的铁。

人类可从食物中获取所需的铁并在小肠中吸收。转铁蛋白(transferrin)与铁结合并将其转运至人体各处组织中。一个正常成人体内大约有 4 g 铁,其中 75% 以血红蛋白的形式存在于血液中,其余大部分被转铁蛋白携带。

在血液中的细菌同样需要获得生长和繁殖所需的铁。细菌通过分泌铁载体入血,和血液中的转铁蛋白争夺铁。转铁蛋白和铁色素的稳定常数大致相同。毫无疑问,细菌能获得的铁越多,其生长和繁殖的速率越大,危害也越大。数年前,新西兰的医院定期给新生儿补铁,结果发现补铁的婴儿与未补铁的婴儿相比,细菌感染的概率增加了 8 倍。可以想象,血浆中超出正常需要量的铁使细菌得以生长和繁殖。

在美国,婴儿出生后的 1 年之内补铁被视为一个常规的医疗手段,这是由于母乳中几乎不含铁。但最新的研究成果表明,给新生儿补铁是不恰当的,也是不明智的。

随着细菌在血液中的不断增加,细菌必须合成新的铁载体以满足其需要。研究发现,当体温超过 37 ℃时,其合成速率减小;而当体温达到 40 ℃时,合成完全停止。这就提示我们:高热实际上是人体自身抵抗外来微生物入侵的一种自然的反应机理。

 本章小结

1. 知识思维导图

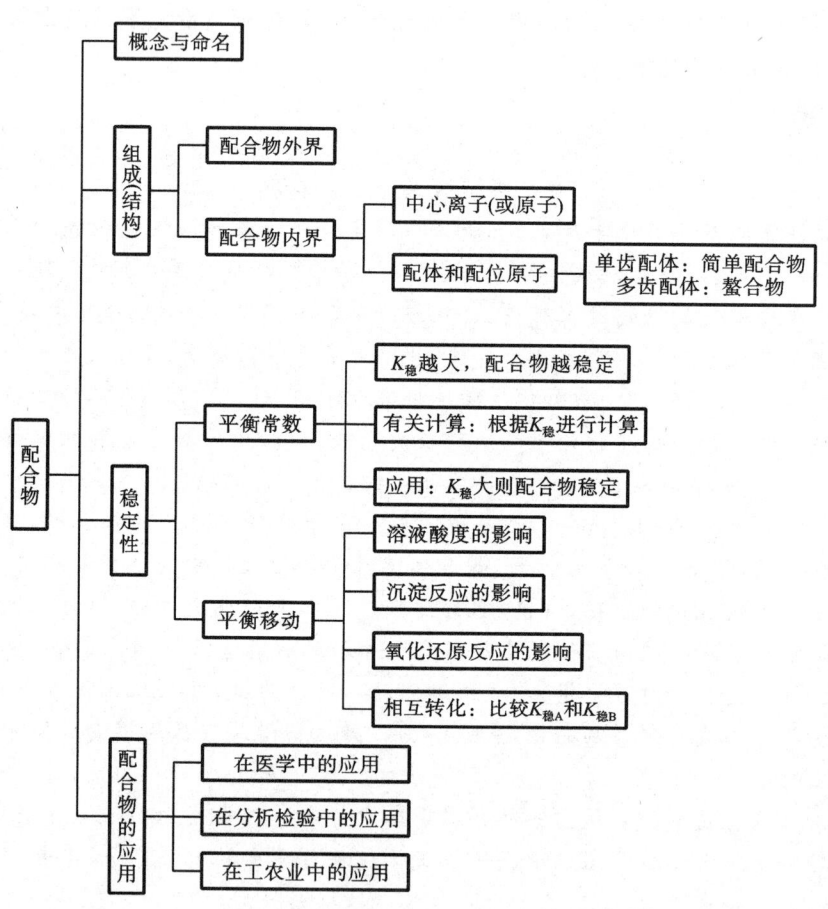

2. 学习方法概要

配合物虽然是一个独立单元,但与其他各章节也有密切联系。学习中首先要了解配合物的概念以及结构组成,进而理解其命名原则,在此基础上掌握该类化合物的特点。在学习其组成部分时,要注意区分内界和外界,其中前者更重要。弄清影响配合物稳定的因素及螯合物稳定的原因。配合物在溶液中的平衡是本章中的重点,其中,稳定常数的应用是关键。要正确理解溶液酸度、沉淀反应以及氧化还原反应对配位平衡的影响。

综合测评

目标检测

一、填空题

1. 中心离子(或原子)是配合物的_____，它位于配离子的_____。常见的中心离子(或原子)是_____元素的离子。

2. 氢氧化四氨合锌(Ⅱ)的化学式为_____，中心离子(或原子)是_____，配离子电荷是_____，配体是_____，配位原子是_____，配位数是_____。

3. 配合物在水溶液中全部电离成_____，而配离子在水溶液中_____电离，存在着_____平衡。在[$Ag(NH_3)_2$]$^+$水溶液中的电离平衡式为_____。

4. 在 $AgNO_3$ 溶液中加入 NaCl 溶液，产生_____(写化学式)沉淀，反应的离子方程式为_____。静置片刻，弃去上清液，在沉淀中加入过量氨水，沉淀溶解，生成了_____(写化学式)，反应的离子方程式为_____。

5. 当一种配离子转化为另一种配离子时，反应物中配离子的 $K_稳$ 越_____，产物中配离子的 $K_稳$ 越_____，那么这种转化越完全。

二、问答题

1. 写出下列难溶电解质的溶度积的表达式。
$AgCl$ 　 CaF_2 　 Ag_2CrO_4 　 PbS 　 $Mg(OH)_2$

2. 在 $ZnSO_4$ 溶液中通入 H_2S，为了使 ZnS 沉淀完全，往往先在溶液中加入 NaAc，为什么？

3. 沉淀完全的标准是什么？为什么沉淀完全时溶液中被沉淀离子的浓度不等于零？

4. 无水 $CrCl_3$ 和氨作用能形成两种配合物，组成相当于 $CrCl_3·6NH_3$ 及 $CrCl_3·5NH_3$。加入 $AgNO_3$ 溶液能从第一种配合物溶液中将几乎所有的氯沉淀为 AgCl，而从第二种配合物溶液中仅能沉淀出相当于组成中含氯量 2/3 的 AgCl，加入 NaOH 并加热时两种溶液都无氨。试从配合物的形式推算出它们的内界和外界，并指出配离子的电荷数、中心离子(或原子)的氧化数和配合物的名称。

5. 填写下列表格。

配合物	[$Cu(NH_3)_4$]SO_4	K_3[$Fe(CN)_6$]
形成体		
配体		
配离子		
配离子电荷		
外界		

第九章

氧化还原反应与电极电势

 **学习目标**

1. 了解氧化数、氧化还原反应及电对等概念;
2. 熟悉原电池的组成表示式,知道电极电势的产生机理、测定方法和计算;
3. 能用 Nernst 方程计算电极电势,并以此判断氧化剂、还原剂的相对强弱,判断氧化还原反应进行的方向与程度;
4. 了解电势法测定溶液 pH 值的基本原理和方法。

氧化还原反应是一类重要的化学反应,反应中伴随的能量效应,不仅在工农业生产、日常活动中具有重要意义,而且与生命活动紧密相关。生命现象中包含着许多电化学问题。氧化还原与其他化学或生化反应协同作用,构成生物生长、繁殖、新陈代谢等生命活动的物质基础。因此,学习氧化还原反应和电极电势的相关知识很有必要。

第一节　氧化还原反应与电对

一、氧化数

氧化还原反应的实质是反应物之间发生了电子转移或偏离。例如金属 Zn 与硫酸铜溶液的离子反应:

$$Zn + Cu^{2+}(aq) \!=\!\!=\! Zn^{2+}(aq) + Cu$$

反应中电子从 Zn 转移到 Cu^{2+}。又如氢气在氧气中的燃烧反应:

$$2H_2 + O_2 \!=\!\!=\! 2H_2O$$

由于氧的电负性大于氢,在水分子中氢、氧原子间的共用电子对会偏向氧原子的一方,尽管其中的氧原子和氢原子都没有完全获得或失去电子,这种反应同样属于氧化还原反应。

为了方便地描述氧化还原反应,表明元素所处的氧化状态,1970 年国际纯粹与应用化学联合会(IUPAC)给出了氧化数的定义:**氧化数**是某元素一个原子的表观电荷数,这种电荷数是假设把每一个化学键中的电子指定给电负性较大的原子而求得。

常常根据以下规则确定物质中元素原子的氧化数。

(1) 单质中原子的氧化数为零。如在白磷(P_4)中,P 氧化数为 0。

(2) 简单离子中原子的氧化数等于离子的电荷数。例如 K^+ 中 K 的氧化数为 +1。

(3) 氧的氧化数在大多数化合物中为 -2,但在过氧化物(如 H_2O_2、Na_2O_2)中为 -1,在超氧化物(如 KO_2)中为 $-1/2$。

(4) 氢的氧化数在大多数化合物中为 +1,但在金属氢化物(如 NaH、CaH_2)中为 -1。

(5) 氟在所有化合物中的氧化数均为 -1,其他卤原子的氧化数在二元化合物中为 -1,但在卤素的二元互化物中,原子序数小的卤原子的氧化数为 -1;在含氧化合物中按氧化物确定,如 ClO_2 中 Cl 的氧化数为 +4。

(6) 电中性的化合物中所有原子的氧化数的代数和为零。多原子离子中所有原子的氧化数的代数和等于离子的电荷数。

例 1-9-1 求 MnO_4^- 中 Mn 的氧化数和 Fe_3O_4 中 Fe 的氧化数。

解 设 MnO_4^- 中 Mn 的氧化数为 x,由于氧的氧化数为 -2,则

$$x + 4 \times (-2) = -1$$
$$x = +7$$

故 MnO_4^- 中 Mn 的氧化数为 +7。

设 Fe_3O_4 中 Fe 的氧化数为 y,由于氧的氧化数为 -2,则

$$3y + 4 \times (-2) = 0$$
$$y = +8/3$$

故 Fe_3O_4 中 Fe 的氧化数为 +8/3。

由例 1-9-1 可见,元素的氧化数可以是整数,也可以是分数(或小数)。

二、氧化还原反应

根据氧化数的概念,可以将氧化还原反应定义为:凡元素的氧化数有变化的反应称为氧化还原反应。元素氧化数升高的过程称为**氧化**,有元素氧化数升高的物质称为**还原剂**;元素氧化数降低的过程称为**还原**,有元素氧化数降低的物质称为**氧化剂**。

例如水煤气反应: $C + H_2O(g) = CO(g) + H_2(g)$

反应中,碳元素的氧化数由 0 升高到 +2,发生了氧化反应,C 是还原剂;H_2O 中氢元素的氧化数由 +1 降低到 0,发生了还原反应,H_2O 是氧化剂。

又如铁与稀盐酸反应的离子方程式为

$$Fe + 2H^+(aq) = Fe^{2+}(aq) + H_2(g)$$

反应中,Fe 失去 2 个电子生成了 Fe^{2+},铁的氧化数由 0 升高到 +2,Fe 被氧化;2 个氢离子得到 2 个电子生成了 H_2,氢的氧化数从 +1 降到 0,氢离子被还原。

在氧化还原反应中还有一些特殊情况,如在反应 $2KClO_3 = 2KCl + 3O_2$ 中,氧元素的氧化数由 -2 升高到 0,发生了氧化反应;氯元素的氧化数由 +5 降低到 -1,发生了还原反应,氧化剂、还原剂均是同一种化合物 $KClO_3$。这种氧化与还原过程发生在同一种化合物中的反应

称为自身氧化还原反应。而在反应 $Cl_2 + 2NaOH \Longrightarrow NaClO + NaCl + H_2O$ 中,氯元素的氧化数由 0 变为 +1 和 -1,即氧化还原反应发生在同一物质中的同一元素上,这类自身氧化还原反应又称为歧化反应。在本节的学习中,重点讨论在溶液中有电子转移的氧化还原反应。

三、氧化还原半反应和氧化还原电对

氧化还原反应可以根据电子的得与失,拆分为两个氧化还原半反应。例如:

$$Zn(s) + Cu^{2+}(aq) \Longrightarrow Cu(s) + Zn^{2+}(aq)$$

反应中 Zn 失去电子,生成 Zn^{2+},这个半反应称为氧化反应。

$$Zn(s) - 2e^- \longrightarrow Zn^{2+}(aq)$$

Cu^{2+} 得到电子,生成 Cu,这个半反应称为还原反应。

$$Cu^{2+}(aq) + 2e^- \longrightarrow Cu(s)$$

电子有得必有失,因此氧化反应和还原反应一定同时存在,且在反应过程中得失电子的数目相等。氧化、还原半反应可用通式写为

$$a\,Ox + ne^- \Longrightarrow g\,Red$$

式中:a、g 为半反应式中氧化型、还原型物质的化学计量数;n 为半反应中转移的电子数;Ox 为氧化型物质(反应中元素氧化数相对较高者);Red 为还原型物质(反应中元素氧化数相对较低者)。

通常,把同一反应中,某元素原子的氧化型物质及其对应的还原型物质,称为**氧化还原电对**,写成氧化型/还原型(或 Ox/Red)(如 Cu^{2+}/Cu,Zn^{2+}/Zn)。

电对中氧化型物质的氧化能力越强,对应的还原型物质还原能力越弱;氧化型物质的氧化能力越弱,对应的还原型物质的还原能力越强。如 MnO_4^-/Mn^{2+} 中,MnO_4^- 氧化能力强,是强氧化剂,而 Mn^{2+} 还原能力弱,是弱还原剂。又如在 Zn^{2+}/Zn 电对中,Zn 是强还原剂,Zn^{2+} 是弱氧化剂。

常见的氧化剂一般是活泼的非金属单质和一些含有高氧化数元素的化合物,如 X_2(X 代表 F、Cl、Br、I)、O_2、$(NH_4)_2S_2O_8$、KIO_3、$KMnO_4$、$K_2Cr_2O_7$、$NaBiO_3$、浓 H_2SO_4 及 Fe^{3+}、Ce^{4+} 等。常见的还原剂一般是活泼的金属单质和一些含有低氧化数元素的化合物,如 Na、Mg、CO、H_2S、X^- 及 Fe^{2+}、Sn^{2+} 等。处于中间氧化数的物质,如 H_2O_2、H_2SO_3 等,常常既有氧化性,又有还原性。

第二节　原　电　池

一、原电池的组成

氧化还原反应中电子的转移,可引起化学能的变化,这种化学能既可转化为热能,也可转化为电能。例如,若把 Zn 片置入 $CuSO_4$ 溶液中,可观察到蓝色 $CuSO_4$ 溶液逐渐变浅及铜在锌片上的沉积,并伴有溶液温度的升高。这是一个自发的氧化还原反应。

$$Zn(s) + CuSO_4(aq) = Cu(s) + ZnSO_4(aq)$$

Zn 和 Cu^{2+} 之间的电子转移是在 Zn 片和 $CuSO_4$ 溶液的界面上直接进行的,化学能转化为热能。

如果采用如图 1-9-1 所示的装置:一只烧杯中盛有 $ZnSO_4$ 溶液,在溶液中插入 Zn 片;另一只烧杯盛有 $CuSO_4$ 溶液,在溶液中插入 Cu 片。将两种溶液用盐桥连接,在 Cu 片和 Zn 片间用导线串联一个电流表,可以观察到电流表的指针偏转,说明有电流通过。这种能将化学能转化成电能的装置称为**原电池**,简称电池。

原电池由两个半电池组成,每个半电池包含一个氧化还原电对。在铜-锌原电池中两个电对分别为 Zn^{2+}/Zn、Cu^{2+}/Cu。半电池中总有一种固体作为导体,称为电极。有些电极既起导电作用,又参与氧化还原反应,

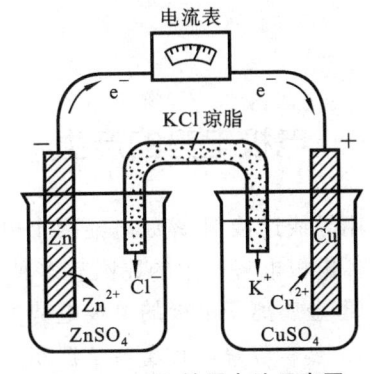

图 1-9-1　铜-锌原电池示意图

如铜-锌原电池中的锌片、铜片。还有些固体只起导电作用,而不与原电池系统中的物质发生反应,这种物质称为惰性电极,常用的有金属铂和石墨。如 Fe^{3+}/Fe^{2+}、Cl_2/Cl^- 等无固体电极的电对,需用惰性电极作导体。

半电池内发生的反应称为半电池反应或电极反应。在原电池中,给出电子的电极称为**负极**,发生氧化反应;接受电子的电极称为**正极**,发生还原反应。正、负极反应的加和,称为电池反应。

在铜-锌原电池中,锌极为负极,铜极为正极,电极反应和电池反应如下:

	锌极(一)反应	$Zn(s) - 2e^- \longrightarrow Zn^{2+}(aq)$	(氧化反应)
＋	铜极(＋)反应	$Cu^{2+}(aq) + 2e^- \longrightarrow Cu(s)$	(还原反应)
	电池反应	$Zn(s) + Cu^{2+}(aq) \longrightarrow Zn^{2+}(aq) + Cu(s)$	(氧化还原反应)

二、原电池的电池表示式

为方便科学有效地表示原电池,其装置可以用电池表示式或电池符号表示,如铜-锌原电池可表示为

$$(-)\ Zn(s)\ |\ Zn^{2+}(c_1)\ \|\ Cu^{2+}(c_2)\ |\ Cu(s)\ (+)$$

c_1、c_2 表示溶液浓度;s 表示固体,也可不注明。

书写电池表示式要注意以下几点规定。

(1) 以化学式表示电池中各物质的组成,溶液要标明浓度($mol \cdot L^{-1}$),气体物质应注明其分压(kPa)。如不写出,则气体分压为 101.3 kPa,溶液浓度为 1 $mol \cdot L^{-1}$。

(2) 一般把负极写在电池组成式的左边,正极写在右边。

(3) 以符号"|"表示不同物相之间的界面,用"‖"表示盐桥,同一相中的不同物质之间用","隔开。

(4) 如果半电池中无金属单质作为电极极板,需外加惰性金属(如铂)或石墨作为电子载体。

第三节 电 极 电 势

一、电极电势的产生

用导线连接铜-锌原电池两个电极,能检测出有电子(电流)流动,说明两电极间存在着电势差。电极电势产生的原因有多种,下面用德国化学家能斯特(Nernst)提出的双电层理论,说明金属-金属离子电极的电极电势产生机理。

1. 金属溶解与金属离子沉积

金属晶体由金属原子、离子和自由电子组成。当把金属插入含有该金属离子的盐溶液时,存在两种倾向:一方面,金属表面的金属离子(M^{n+})受到极性水分子的作用,有脱离金属表面进入溶液而将电子留在金属上(即金属溶解)的倾向;另一方面,溶液中的金属离子又有从金属表面获得电子而沉积到金属表面的倾向。金属越活泼、溶液中金属离子浓度越小,越利于金属溶解;金属越不活泼、溶液中金属离子浓度越大,越利于金属离子沉积。当金属溶解与金属离子沉积的速率相等时,就达成了动态平衡:

$$M(s) \Longleftrightarrow M^{n+}(aq) + ne^-$$

2. 双电层的形成

若金属溶解的趋势大于金属离子沉积的趋势,达到平衡时,金属极板表面会带有过剩的负电荷,受负电荷的静电吸引,溶液中水合的金属阳离子会较多地聚集在金属表面附近,形成一个正电荷层,于是在金属表面和溶液的界面处形成了带正、负电荷的双电层,其结构如图 1-9-2(a)所示。相反,如果金属离子沉积的倾向大于金属溶解的倾向,则平衡时,金属表面带正电,溶液带负电,其双电层结构如图 1-9-2(b)所示。一般把金属与其盐溶液之间形成双电层所产生的电势差称为金属的平衡电极电势,简称电极电势,并用 $\varphi_{Ox/Red}$ 表示,单位是伏特(V)。

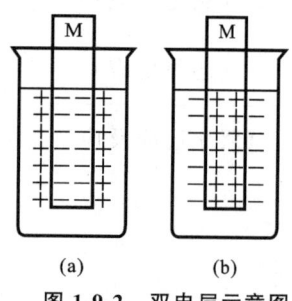

图 1-9-2 双电层示意图

(a) (b)

二、标准电极电势

电极电势的大小,反映电极的电对得失电子倾向的大小。电极电势应用很多,但遗憾的是电极电势的绝对值至今仍无法测量,实际应用中只能使用相对值,即选定某一特定电极作为参照标准,其他电极的电极电势大小通过与这个参照标准比较来确定。目前国际上选择标准氢电极(SHE)作为参照电极。

1. 标准氢电极

标准氢电极如图 1-9-3 所示。将铂片表面镀上一层多孔铂黑(Pt),放入氢离子浓度为 1 mol·L^{-1} 的溶液中,并不断通入分压为 101.3 kPa 的高纯氢气,这时溶液中的 H^+ 和 H_2 之间建立了以下平衡:

$$2H^+(aq) + 2e^- \rightleftharpoons H_2(g)$$

在标准状态,即氢气压强为 101.3 kPa,H^+ 浓度为 1 mol·L^{-1}(活度为 1)时,标准氢电极的电势被指定为零,即

$$\varphi_{SHE} = 0.0000 \text{ V}$$

并以此作为与其他电极电势进行比较的相对标准。

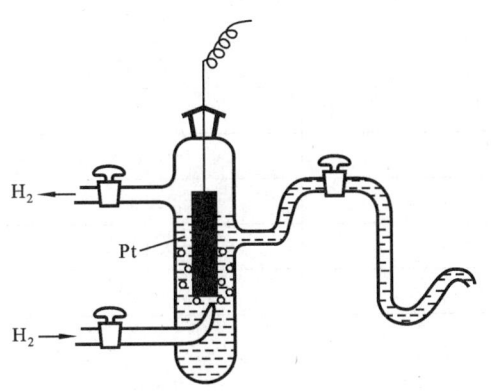

图 1-9-3 标准氢电极示意图

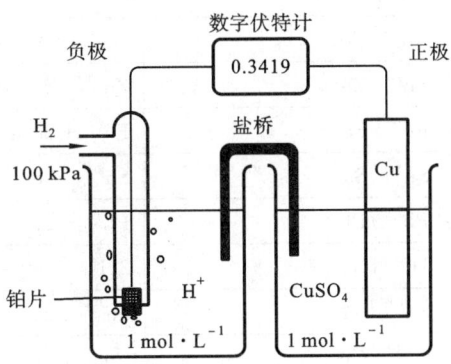

图 1-9-4 铜电极的标准电极
电势测定装置

2. 其他电极电势的测定

通常将温度为 298 K,组成电极的离子浓度为 1 mol·L^{-1},气体压强为 101.3 kPa 时的状态,称为电极的标准状态,此时的电极电势称为标准电极电势 $\varphi^{\ominus}$。电极电势或标准电极电势,可以通过实验来测定,例如铜电极的标准电极电势测定装置如图 1-9-4 所示。

电池组成式为

$$SHE \parallel Cu^{2+}(1 \text{ mol} \cdot L^{-1}) \mid Cu$$

电池的电动势就是两个电极的电极电势差,电池的电动势用 E 表示,单位是伏特(V)。

$$E = \varphi_{(+)} - \varphi_{(-)} \tag{1-9-1}$$

测定出电池的电动势,就可计算电极电势。上述电池的电动势 $E^{\ominus} = 0.3419$ V,此即 Cu^{2+}/Cu 电极的标准电极电势。

$$E^{\ominus} = \varphi_{(+)}^{\ominus} - \varphi_{(-)}^{\ominus}$$
$$= \varphi_{Cu^{2+}/Cu}^{\ominus} - \varphi_{H^+/H_2}^{\ominus}$$

所以
$$\varphi_{Cu^{2+}/Cu}^{\ominus} = E^{\ominus} - \varphi_{H^+/H_2}^{\ominus} = 0.3419 \text{ V}$$

用类似的方法,可测得其他氧化还原电对的标准电极电势。例如:

298 K 时,测得电池 $Zn \mid Zn^{2+}(1 \text{ mol} \cdot L^{-1}) \parallel SHE$ 的电动势 $E^{\ominus} = 0.7618$ V,锌电极为负极,则其标准电极电势 $\varphi_{Zn^{2+}/Zn}^{\ominus} = -0.7618$ V。

3. 标准电极电势表

电极的标准电极电势值,可采用上述方法测定。将各种氧化还原电对的标准电极电势按一定的方式汇集,就构成标准电极电势表。一些常用电极的电极反应及标准电极电势列入表 1-9-1 中。

表 1-9-1 一些常用电极的标准电极电势(298 K)

电　　极	电 极 反 应 式	$\varphi^{\ominus}/V$
Li^+/Li	$Li^+ + e^- \Longrightarrow Li$	-3.040
K^+/K	$K^+ + e^- \Longrightarrow K$	-2.931
Ca^{2+}/Ca	$Ca^{2+} + 2e^- \Longrightarrow Ca$	-2.868
Na^+/Na	$Na^+ + e^- \Longrightarrow Na$	-2.713
Mg^{2+}/Mg	$Mg^{2+} + 2e^- \Longrightarrow Mg$	-2.372
Zn^{2+}/Zn	$Zn^{2+} + 2e^- \Longrightarrow Zn$	-0.763
Fe^{2+}/Fe	$Fe^{2+} + 2e^- \Longrightarrow Fe$	-0.447
Sn^{2+}/Sn	$Sn^{2+} + 2e^- \Longrightarrow Sn$	-0.1375
Pb^{2+}/Pb	$Pb^{2+} + 2e^- \Longrightarrow Pb$	-0.1262
H^+/H_2	$2H^+ + 2e^- \Longrightarrow H_2$	0.0000
Sn^{4+}/Sn^{2+}	$Sn^{4+} + 2e^- \Longrightarrow Sn^{2+}$	0.151
Cu^{2+}/Cu	$Cu^{2+} + 2e^- \Longrightarrow Cu$	0.342
I_2/I^-	$I_2 + 2e^- \Longrightarrow 2I^-$	0.5355
O_2/H_2O_2	$O_2 + 2H^+ + 2e^- \Longrightarrow H_2O_2$	0.695
Fe^{3+}/Fe^{2+}	$Fe^{3+} + e^- \Longrightarrow Fe^{2+}$	0.771
Ag^+/Ag	$Ag^+ + e^- \Longrightarrow Ag$	0.7996
Br_2/Br^-	$Br_2 + 2e^- \Longrightarrow 2Br^-$	1.066
O_2/H_2O	$O_2 + 4H^+ + 4e^- \Longrightarrow 2H_2O$	1.229
MnO_2/Mn^{2+}	$MnO_2 + 4H^+ + 2e^- \Longrightarrow Mn^{2+} + 2H_2O$	1.230
$Cr_2O_7^{2-}/Cr^{3+}$	$Cr_2O_7^{2-} + 14H^+ + 6e^- \Longrightarrow 2Cr^{3+} + 7H_2O$	1.231
Cl_2/Cl^-	$Cl_2 + 2e^- \Longrightarrow 2Cl^-$	1.358
MnO_4^-/Mn^{2+}	$MnO_4^- + 8H^+ + 5e^- \Longrightarrow Mn^{2+} + 4H_2O$	1.507

使用标准电极电势表时应注意以下几点。

(1)电极反应均以还原反应的形式给出:$a\,Ox + ne^- \Longrightarrow g\,Red$。$\varphi^{\ominus}$不因电极反应写法而改变。如 $Cl_2 + 2e^- \Longrightarrow 2Cl^-$ 与 $2Cl^- - 2e^- \Longrightarrow Cl_2$ 的 $\varphi^{\ominus}_{Cl_2/Cl^-}$ 都是 1.358 V。

(2)$\varphi^{\ominus}$的大小反映的是标准状态下构成电对物质的氧化还原能力,与电极反应的化学计量数无关。如 $Fe^{3+} + e^- \Longrightarrow Fe^{2+}$ 与 $2Fe^{3+} + 2e^- \Longrightarrow 2Fe^{2+}$ 的 $\varphi^{\ominus}_{Fe^{3+}/Fe^{2+}}$ 都是 0.771 V。

(3)标准电极电势是电极在标准条件下的水溶液体系中的性质,不能用于非水溶液体系或高温下的固相反应。

三、影响电极电势的因素

标准电极电势是在标准状态下测定的,如果浓度或温度改变了,则电对的电极电势也会随之改变。影响电极电势的因素可用能斯特方程表示。

1. 能斯特方程

一般电极反应：$$a\,\mathrm{Ox} + n\,e^- \Longrightarrow g\,\mathrm{Red}$$

则非标准状态下的电极电势 $\varphi_{\mathrm{Ox/Red}}$ 可以通过以下的能斯特方程进行计算：

$$\varphi_{\mathrm{Ox/Red}} = \varphi^{\ominus}_{\mathrm{Ox/Red}} + \frac{RT}{nF}\ln\frac{c^a_{\mathrm{Ox}}}{c^g_{\mathrm{Red}}} \tag{1-9-2a}$$

式中：$\varphi^{\ominus}_{\mathrm{Ox/Red}}$ 为电对的标准电极电势；R 为摩尔气体常数，其值为 $8.314\ \mathrm{J \cdot mol^{-1} \cdot K^{-1}}$；$F$ 为法拉第常数，其值为 $96485\ \mathrm{C \cdot mol^{-1}}$；$T$ 为热力学温度；n 为电极反应中转移的电子数；c_{Ox}、c_{Red} 为半反应中氧化型、还原型物质的浓度。

当温度为 298 K 时，将各常数代入上式，则能斯特方程可改写为

$$\varphi_{\mathrm{Ox/Red}} = \varphi^{\ominus}_{\mathrm{Ox/Red}} + \frac{0.05916\ \mathrm{V}}{n}\lg\frac{c^a_{\mathrm{Ox}}}{c^g_{\mathrm{Red}}} \tag{1-9-2b}$$

上式表明，当温度一定时，半反应中氧化型与还原型物质的浓度发生变化，将导致电极电势发生改变。同一个电极（半）反应，其氧化型物质浓度（c_{Ox}）越大，或还原型物质浓度（c_{Red}）越小，$\varphi_{\mathrm{Ox/Red}}$ 越大；还原型物质浓度（c_{Red}）越大，或氧化型物质浓度（c_{Ox}）越小，$\varphi_{\mathrm{Ox/Red}}$ 越小。应用能斯特方程时需注意以下几点。

（1）计算前，应配平电极反应式。

（2）组成电对的物质中若有纯固体、纯液体（包括水），则不必代入方程中；若为气体，则用分压表示（气体分压代入公式时，应除以标准状态压强 101.3 kPa）。

（3）若电极反应中有 H^+、OH^- 等物质参加反应，H^+ 或 OH^- 的浓度也应写在能斯特方程中。

2. 影响电极电势的因素

从能斯特方程可以看出，影响电极电势高低的主要因素是标准电极电势、温度和电极反应中各物质的浓度。不仅氧化型与还原型物质的浓度，而且溶液中的酸度、沉淀反应、配离子的形成等均可引起电极反应中相关离子浓度的改变，都有可能改变 φ。

例 1-9-2 已知 $MnO_4^- + 8H^+ + 5e^- \Longrightarrow Mn^{2+} + 4H_2O$，$\varphi^{\ominus}_{MnO_4^-/Mn^{2+}} = 1.507\ \mathrm{V}$。

试计算：（1）$c_{H^+} = 1.0 \times 10^{-1}\ \mathrm{mol \cdot L^{-1}}$ 和（2）$c_{H^+} = 1.0 \times 10^{-7}\ \mathrm{mol \cdot L^{-1}}$ 时的 $\varphi_{MnO_4^-/Mn^{2+}}$ 值（设 $c_{MnO_4^-} = c_{Mn^{2+}} = 1.0\ \mathrm{mol \cdot L^{-1}}$，$T = 298\ \mathrm{K}$）。

解 由式（1-9-2b）得

$$\varphi_{MnO_4^-/Mn^{2+}} = \varphi^{\ominus}_{MnO_4^-/Mn^{2+}} + \frac{0.05916\ \mathrm{V}}{5}\lg\frac{c_{MnO_4^-}\,c^8_{H^+}}{c_{Mn^{2+}}}$$

（1）当 $c_{H^+} = 1.0 \times 10^{-1}\ \mathrm{mol \cdot L^{-1}}$ 时

$$\varphi_{MnO_4^-/Mn^{2+}} = \varphi^{\ominus}_{MnO_4^-/Mn^{2+}} + \frac{0.05916\ \mathrm{V}}{5}\lg\frac{c_{MnO_4^-}\,c^8_{H^+}}{c_{Mn^{2+}}}$$

$$= 1.507\ \mathrm{V} + \frac{0.05916\ \mathrm{V}}{5}\lg(1.0 \times 10^{-1})^8$$

$$= 1.507\ \mathrm{V} - 0.095\ \mathrm{V}$$

$$= 1.412\ \mathrm{V}$$

(2) 当 $c_{H^+}=1.0\times10^{-7}$ mol·L^{-1} 时

$$\varphi_{MnO_4^-/Mn^{2+}}=\varphi_{MnO_4^-/Mn^{2+}}^{\ominus}+\frac{0.05916\ V}{5}lg\frac{c_{MnO_4^-}c_{H^+}^8}{c_{Mn^{2+}}}$$

$$=1.507\ V+\frac{0.05916\ V}{5}lg(1.0\times10^{-7})^8$$

$$=1.507\ V-0.66\ V$$

$$=0.847\ V$$

由计算结果可知,$\varphi_{MnO_4^-/Mn^{2+}}$ 随 c_{H^+} 的降低明显减小,MnO_4^- 的氧化能力减弱。凡有 H^+ 参加的电极反应,pH 值对 φ 均有较大的影响,有时还能影响氧化还原的产物。例如,Na_2SO_3 与 $KMnO_4$ 在不同介质中的反应:

$$2MnO_4^-+5SO_3^{2-}+6H^+====2Mn^{2+}(肉色)+5SO_4^{2-}+3H_2O\quad(强酸性介质)$$

$$2MnO_4^-+3SO_3^{2-}+H_2O====2MnO_2\downarrow(棕色)+3SO_4^{2-}+2OH^-\quad(中性介质)$$

$$2MnO_4^-+SO_3^{2-}+2OH^-====2MnO_4^{2-}(绿色)+SO_4^{2-}+H_2O\quad(强碱性介质)$$

例 1-9-3 电极反应:

$$Cr_2O_7^{2-}+14H^++6e^-====2Cr^{3+}+7H_2O$$

$\varphi_{Cr_2O_7^{2-}/Cr^{3+}}^{\ominus}=1.231$ V,若 $Cr_2O_7^{2-}$ 和 Cr^{3+} 浓度均为 1 mol·L^{-1},求 298 K,pH=6 时的电极电势。

解
$$Cr_2O_7^{2-}+14H^++6e^-====2Cr^{3+}+7H_2O$$

$$c_{Cr_2O_7^{2-}}=c_{Cr^{3+}}=1\ mol·L^{-1}$$

$$pH=6,\quad c_{H^+}=1\times10^{-6}\ mol·L^{-1},\quad n=6$$

所以

$$\varphi_{Cr_2O_7^{2-}/Cr^{3+}}=\varphi_{Cr_2O_7^{2-}/Cr^{3+}}^{\ominus}+\frac{0.05916\ V}{n}lg\frac{c_{Cr_2O_7^{2-}}c_{H^+}^{14}}{c_{Cr^{3+}}^2}$$

$$=1.231\ V+\frac{0.05916\ V}{6}lg\frac{1\times(1\times10^{-6})^{14}}{1}$$

$$=0.403\ V$$

第四节　电极电势的应用

电极电势的数值反映了电对中氧化型和还原型物质得失电子的趋势或氧化还原能力的强弱,因此,电极电势有较广泛的应用。

一、比较氧化剂和还原剂的相对强弱

由电极电势的意义可知,电对的电极电势越高,则该电对中氧化型物质在水溶液中得电子的能力越强,是强氧化剂,其对应的还原型物质的还原能力就越弱,是弱还原剂;电极电势越低,电对中的还原型物质的还原能力越强,是强还原剂,其对应的氧化型物质的氧化能力越弱,是弱氧化剂。在标准状态下,可直接比较 $\varphi^{\ominus}_{Ox/Red}$,在非标准状态下,应根据能斯特方程计算出 $\varphi_{Ox/Red}$,然后做出判断。

在表 1-9-1 中,最强的氧化剂是 MnO_4^-,最弱的还原剂是 Mn^{2+};最强的还原剂是 Li,最弱的氧化剂是 Li^+。

例 1-9-4　在标准状态下,下列电对所涉及的物质中哪一个是最强的氧化剂? 哪一个是最强的还原剂? 各物质氧化能力、还原能力的强弱顺序如何?

$$Fe^{3+}/Fe^{2+}、MnO_4^-/Mn^{2+}、I_2/I^-、Cu^{2+}/Cu$$

解　查标准电极电势表

$$I_2+2e^- \rightleftharpoons 2I^- \qquad\qquad \varphi^{\ominus}_{I_2/I^-}=0.5355\ V$$

$$Fe^{3+}+e^- \rightleftharpoons Fe^{2+} \qquad\qquad \varphi^{\ominus}_{Fe^{3+}/Fe^{2+}}=0.771\ V$$

$$MnO_4^-+8H^++5e^- \rightleftharpoons Mn^{2+}+4H_2O \qquad\qquad \varphi^{\ominus}_{MnO_4^-/Mn^{2+}}=1.507\ V$$

$$Cl_2+2e^- \rightleftharpoons 2Cl^- \qquad\qquad \varphi^{\ominus}_{Cl_2/Cl^-}=1.358\ V$$

电对 MnO_4^-/Mn^{2+} 的 $\varphi^{\ominus}$ 最大,故 MnO_4^- 是最强的氧化剂;电对 I_2/I^- 的 $\varphi^{\ominus}$ 最小,故 I^- 是最强的还原剂。

氧化能力强弱顺序:　　　　　 $MnO_4^->Cl_2>Fe^{3+}>I_2$

还原能力强弱顺序:　　　　　 $I^->Fe^{2+}>Cl^->Mn^{2+}$

二、判断氧化还原反应进行的方向

一般来说,氧化还原反应,都可用如下通式表示:

$$(氧化型)_1+(还原型)_2 \rightleftharpoons (还原型)_1+(氧化型)_2$$

若将这个氧化还原反应放在电池中,根据负极发生氧化反应,正极发生还原反应,则电对 (氧化型)$_1$/(还原型)$_1$ 对应的电极应为正极,电对(氧化型)$_2$/(还原型)$_2$ 对应的电极应为负极。当 $E=\varphi_{(+)}-\varphi_{(-)}>0$(或 $\varphi_{(+)}>\varphi_{(-)}$)时,反应正向进行;$E<0$,反应逆向进行;$E=0$,反应处于平衡状态。

例 1-9-5　已知 $Fe^{3+}+e^- \rightleftharpoons Fe^{2+}$,$\varphi^{\ominus}_{Fe^{3+}/Fe^{2+}}=0.771\ V$;

$$Cr_2O_7^{2-}+14H^++6e^- \rightleftharpoons 2Cr^{3+}+7H_2O, \qquad \varphi^{\ominus}_{Cr_2O_7^{2-}/Cr^{3+}}=1.231\ V。$$

当 $c_{Fe^{3+}}=1.0\times10^{-3}\ mol\cdot L^{-1}$,$c_{Fe^{2+}}=1.0\ mol\cdot L^{-1}$,$Cr_2O_7^{2-}$ 和 Cr^{3+} 浓度均为 1 $mol\cdot L^{-1}$,pH=6 时,试问 $Cr_2O_7^{2-}+6Fe^{2+}+14H^+ \rightleftharpoons 2Cr^{3+}+6Fe^{3+}+7H_2O$ 反应向哪个方向进行? 并与标准状态下的反应方向进行比较。

解　(1)非标准状态下

$$\varphi_{Fe^{3+}/Fe^{2+}}=\varphi^{\ominus}_{Fe^{3+}/Fe^{2+}}+0.05916\ V\ \lg\frac{c_{Fe^{3+}}}{c_{Fe^{2+}}}$$

$$=\left(0.771+0.05916\ V\ \lg\frac{1.0\times10^{-3}}{1.0}\right)\ V=0.594\ V$$

同理可求得　　　　　　　 $\varphi_{Cr_2O_7^{2-}/Cr^{3+}}=0.403\ V$

$$E=\varphi_{Cr_2O_7^{2-}/Cr^{3+}}-\varphi_{Fe^{3+}/Fe^{2+}}=0.403\ V-0.594\ V=-0.19\ V<0$$

所以反应逆向进行。

（2）标准状态下

$$E^{\ominus}=\varphi^{\ominus}_{Cr_2O_7^{2-}/Cr^{3+}}-\varphi^{\ominus}_{Fe^{3+}/Fe^{2+}}=1.231\ V-0.771\ V=0.460\ V>0$$

所以标准状态下反应正向进行。

一般来说，当两个电对的 $\varphi^{\ominus}$ 相差较大时（$\Delta\varphi>0.4\ V$），可直接由标准电极电势来判断氧化还原反应的方向，一般浓度的变化不至于改变反应的方向；但若两个电对的 $\varphi^{\ominus}$ 相差较小时，则必须根据能斯特方程计算出有关的电极电势或电动势，才能正确判断反应的方向。

三、判断氧化还原反应进行的程度

任意一个化学反应完成的程度可以用平衡常数来衡量。氧化还原反应的平衡常数 $K^{\ominus}$ 与电池的标准电动势 $E^{\ominus}$ 的关系为

$$\lg K^{\ominus}=\frac{nFE^{\ominus}}{2.303RT} \tag{1-9-3a}$$

将 $T=298\ K$，$R=8.314\ J\cdot mol^{-1}\cdot K^{-1}$，$F=96485\ C\cdot mol^{-1}$ 代入，得

$$\lg K^{\ominus}=\frac{nE^{\ominus}}{0.05916\ V} \tag{1-9-3b}$$

式中：标准电动势 $E^{\ominus}=\varphi^{\ominus}_{(+)}-\varphi^{\ominus}_{(-)}=\varphi^{\ominus}_{氧化剂}-\varphi^{\ominus}_{还原剂}$；$n$ 是电池反应中所转移的电子的物质的量，单位为 mol。

由式（1-9-3b）可以看出，$E^{\ominus}$ 越大，平衡常数 $K^{\ominus}$ 亦越大，反应进行得越完全。对于 $n=1$ 的反应，$E^{\ominus}>0.4\ V$；$n=2$ 的反应，$E^{\ominus}>0.2\ V$ 时，均有 $K^{\ominus}>10^6$，可以认为反应已进行完全。

例 1-9-6 计算下列反应的平衡常数：

$$MnO_2+4H^+(aq)+2Cl^-(aq)\Longrightarrow Mn^{2+}(aq)+Cl_2(g)+2H_2O$$

解 由反应式，可知

$$n=2$$

$$\varphi^{\ominus}_{(+)}=\varphi^{\ominus}_{氧化剂}=\varphi^{\ominus}_{MnO_2/Mn^{2+}}=1.230\ V$$

$$\varphi^{\ominus}_{(-)}=\varphi^{\ominus}_{还原剂}=\varphi^{\ominus}_{Cl_2/Cl^-}=1.358\ V$$

所以

$$E^{\ominus}=\varphi^{\ominus}_{(+)}-\varphi^{\ominus}_{(-)}=1.230\ V-1.358\ V=-0.128\ V$$

代入 $\lg K^{\ominus}=\dfrac{nE^{\ominus}}{0.05916\ V}$，可以求得

$$K^{\ominus}=4.06\times10^{-5}$$

这是实验室制氯气的基本反应，反应平衡常数如此之小，故只有用 MnO_2 与浓盐酸反应，以提高 $[H^+]$ 及 $[Cl^-]$，降低 φ_{Cl_2/Cl^-}，才能制备出氯气。

四、电势法测定溶液的 pH 值

由能斯特方程可知，电极电势与组成电极的各物质的浓度有定量关系。在一定温度下，若已知物质的浓度，就可算出电极电势；反之，如果测出了电池的电动势或电极电势，也可求算出物质的浓度。电池由两个电极组成，若其中一个电极的电极电势是稳定而且已知的，则通过测

定电池的电动势,就可求出另一个电极的电极电势及相关离子的浓度,这就是电势分析法。

电势分析法有很多应用,测定溶液 pH 值是其应用之一。测定时要求有一个电极电势已知且稳定的电极,称为参比电极;还要有一个电极电势与 H^+ 的浓度(或活度)有关的电极,即指示电极。

1. 参比电极和指示电极

电势分析法测定溶液 pH 值常用甘汞电极作参比电极,玻璃电极作指示电极。

(1)甘汞电极　甘汞电极有多种,其中最常用的是饱和甘汞电极(SCE),其结构如图 1-9-5 所示。电极由两个玻璃套管构成,内管上部为 Hg,连接电极引线,中部为 $Hg\text{-}Hg_2Cl_2$ 的糊状物,下端用棉球塞紧,外管盛有饱和 KCl 溶液,下端用多孔陶瓷填塞。测定中,盛有饱和 KCl 溶液的外管还可起盐桥的作用。

甘汞电极的组成式:

$$Pt \mid Hg(l) \mid Hg_2Cl_2(s) \mid KCl(饱和)$$

电极反应式:

$$Hg_2Cl_2(s) + 2e^- \Longrightarrow 2Hg(l) + 2Cl^-$$

298 K 时,其电极电势 $\varphi_{SCE} = 0.2412\ V$。

饱和甘汞电极的优点是电极电势比较稳定,制备简单,使用方便,常作参比电极。

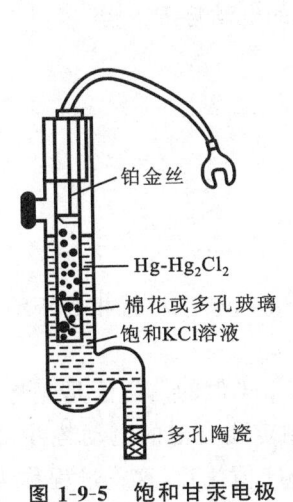

图 1-9-5　饱和甘汞电极

铂金丝
Hg-Hg₂Cl₂
棉花或多孔玻璃
饱和KCl溶液
多孔陶瓷

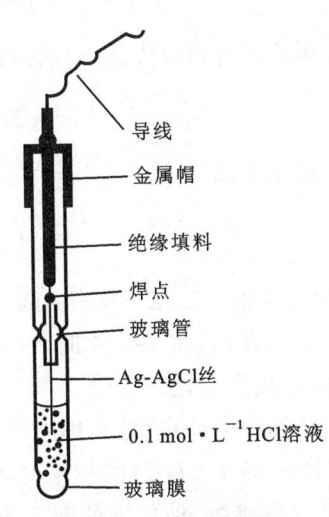

图 1-9-6　玻璃电极

导线
金属帽
绝缘填料
焊点
玻璃管
Ag-AgCl丝
0.1 mol·L⁻¹HCl溶液
玻璃膜

(2)玻璃电极　玻璃电极是测定溶液 pH 值使用最广泛的指示电极,其构造如图 1-9-6 所示,头部的球泡是由特种玻璃制成的玻璃膜,其厚度约为 0.2 mm。泡中装有 $0.1\ mol \cdot L^{-1}$ HCl 溶液和一根涂有氯化银的 Ag-AgCl 丝,称内参比电极,它的电极电势是定值。如将玻璃电极浸入待测溶液中,当玻璃膜内侧与外侧溶液中的 H^+ 浓度不等时,在玻璃膜两侧产生电势差,这种电势差称为膜电势。由于膜内 HCl 溶液的浓度固定,膜电势的数值只取决于膜外溶液的 pH 值。玻璃电极组成式可表示为

$$Ag \mid AgCl(s) \mid H^+(1\ mol \cdot L^{-1}) \mid 待测溶液$$

298 K 时,玻璃电极的电极电势与待测溶液的 pH 值的关系为

$$\varphi_G = \varphi_G^{\ominus} + 0.05916\ V\ lg a_{H^+} = \varphi_G^{\ominus} - 0.05916\ V\ pH \tag{1-9-4}$$

式中:$\varphi_G^{\ominus}$ 从理论上讲是个常数,但由于玻璃组成常不定,故不同的玻璃电极可能有不同的 $\varphi_G^{\ominus}$,即使同一玻璃电极,在使用过程中 $\varphi_G^{\ominus}$ 也会发生变化。

2. 电势法测定溶液 pH 值的方法

电势法测定溶液 pH 值，是用玻璃电极作指示电极，饱和甘汞电极作参比电极，同时插入待测液中，组成如下工作电池：

（—）Ag│AgCl(s)│HCl（0.1 mol·L⁻¹）│待测 pH 值溶液 ‖ KCl（饱和）│Hg₂Cl₂(s)│Hg(l)（+）

电池的电动势 E 与溶液 pH 值的关系：

$$E = \varphi_{SCE} - \varphi_G = \varphi_{SCE} - (\varphi_G^\ominus - 0.05916 \text{ V pH})$$

$$pH = \frac{E + \varphi_G^\ominus - \varphi_{SCE}}{0.05916 \text{ V}} \tag{1-9-5}$$

式中：$\varphi_G^\ominus$、φ_{SCE} 为已知常数。

由式(1-9-5)可知，只要测定电池的电动势 E，便可计算待测溶液的 pH 值。

在实际测量过程中，一般测量两次，以消去常数 $\varphi_G^\ominus$ 和 φ_{SCE} 的影响。即先测定

（—）玻璃电极│标准缓冲溶液(pH$_s$) ‖ 甘汞电极（+）

电池的电动势 E_s，得

$$pH_s = \frac{E_s + \varphi_G^\ominus - \varphi_{SCE}}{0.05916 \text{ V}}$$

再用待测溶液(pH$_x$)代替上述标准缓冲溶液，测得电池的电动势 E_x，得

$$pH_x = \frac{E_x + \varphi_G^\ominus - \varphi_{SCE}}{0.05916 \text{ V}}$$

由以上两式可得

$$pH_x = pH_s + \frac{E_x - E_s}{0.05916 \text{ V}} \tag{1-9-6}$$

式中：pH$_s$ 为已知值；E_x、E_s 为先后两次的测定值。

由式(1-9-6)可知，在 298 K 时，该电池的电动势每相差 0.05916 V，就相当于溶液中发生 1 个 pH 单位的酸度变化。

pH 计（又称酸度计）就是利用上述原理来测定待测溶液 pH 值的。方法是先将参比电极和指示电极插入确定 pH 值的标准缓冲溶液中组成电池，测定此电池的电动势并转换成 pH 值，通过调整仪器参数，使仪器的测定值与标准缓冲溶液的 pH 值一致，这一过程称为定位（也称 pH 值校正），再用待测溶液代替标准缓冲溶液在 pH 计（酸度计）上直接测量，仪表显示的 pH 值，即为待测溶液的 pH 值。

知识拓展

电化学在医学上的应用

生物体内存在的氧化还原体系，使应用电化学方法研究生命活动过程成为可能。根据膜电势变化的规律来研究生物体活动的情况，是生物电化学研究中的活跃领域。生物细胞膜是一种特殊的半透膜，膜两侧存在多种离子组成的电解质溶液，具有一定的电势差，称为生物膜电势。当刺激神经或肌肉收缩时，细胞膜电势会发生相应的变化。心电图就是测量心肌收缩与松弛时心肌膜电势相应变化，来诊断心脏是否

工作正常;脑电图、肌动电流图,对了解大脑神经活动、肌肉活动等都提供了直接有效的检测手段。

目前应用最广泛的生物电化学传感器,对分子(离子)的识别是利用特殊的膜电极进行的。根据生物材料的不同,膜电极分为酶电极、微生物电极、免疫电极和细胞电极等。

酶传感器是将对待测底物具有选择性响应的酶层,固定在离子选择电极表面上而制成的。待测底物在酶的催化作用下,可生成或消耗某些能被电极检测的催化产物。根据催化产物对电极电势的影响,可测得产物的浓度,从而计算出待测底物的含量。例如临床上血糖和尿糖的检查,测定葡萄糖用的酶传感器所基于的生物化学反应是

$$\text{葡萄糖}+\text{氧气} \xrightarrow{\text{葡萄糖氧化酶}} \text{葡萄糖酸}+\text{过氧化氢}$$

通过电极法测得过氧化氢的生成量或氧气的消耗量,就可计算体液中葡萄糖的含量。

21世纪人类基因组计划将促进医学、生物学等学科的发展。化学传感器与生物活性材料、物理传感器有机结合,不仅能提供感知酶、免疫、微生物、细胞、DNA、RNA、蛋白质、嗅觉、味觉和体液组分的传感器,也可能提供有感知血气、血压、血流量、脉搏等生理量的传感器,从而在临床诊断、药物和食品分析、分子生物学、生物芯片以及环境保护等研究中发挥重要作用。

本章小结

1. 知识思维导图

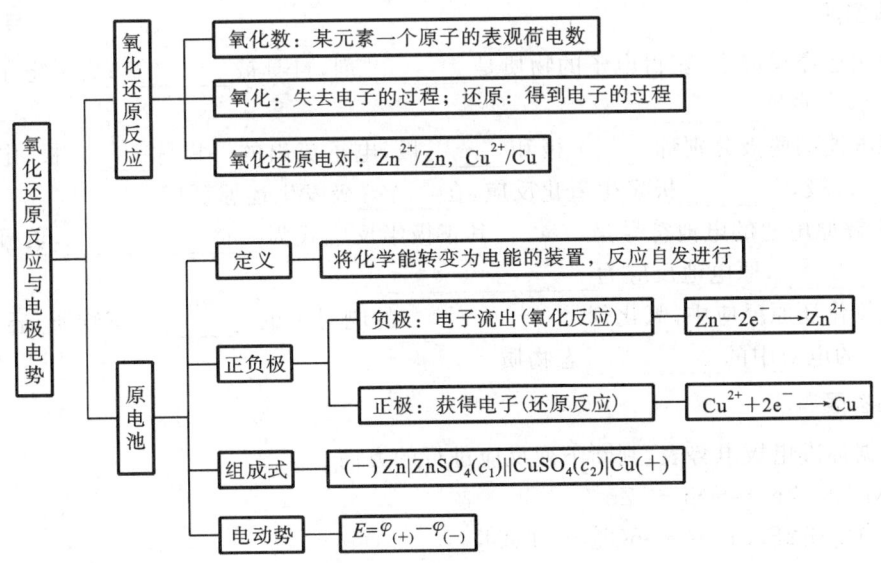

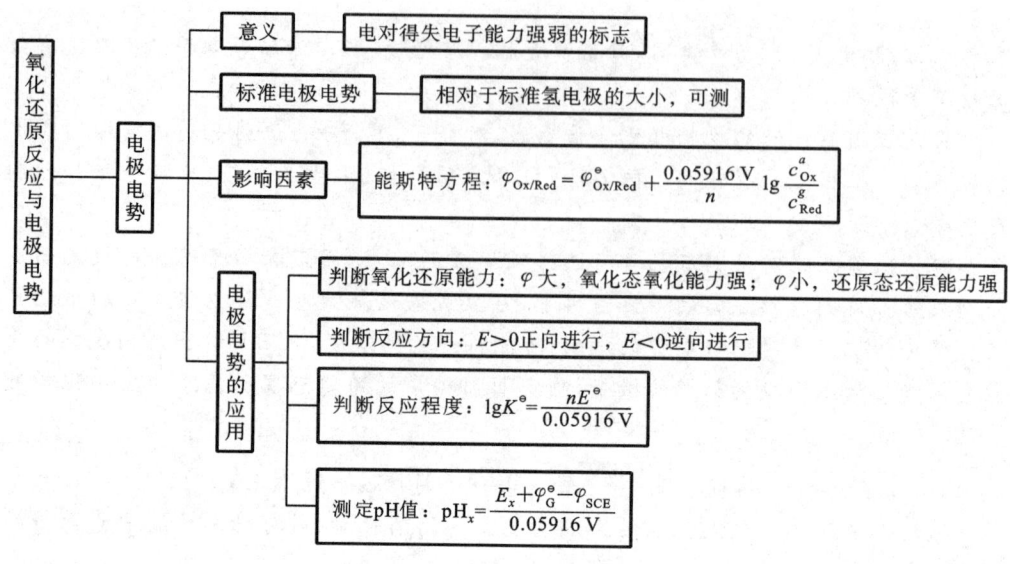

2. 学习方法概要

本章涉及的氧化还原反应及化学能与电能间的相互转化基础知识在生产和生活中有较多应用。学习时应通过氧化数的变化理解氧化还原反应及氧化还原过程，在此基础上理解原电池的概念、组成；通过电极反应及电势(位)高低判断正极与负极；从电对得失电子难易程度理解电极电势的高低，再从标准、比较的角度理解电极电势值的大小；记忆能斯特方程，从影响电极电势的因素、电极电势的高低与电对得失电子的难易的联系中理解、掌握用电极电势判断溶液中物质的氧化、还原能力的强弱，判断氧化还原反应的方向和限度；以应用为目的熟悉 pH计(酸度计)的组成、原理与使用方法。

 综 合 测 评

目标检测

一、填空题

1. 氧化还原反应中，获得电子的物质是_____剂，自身被_____；失去电子的物质是_____剂，自身被_____。

2. 原电池的两极分别称_____极和_____极，电子流出的一极称_____极，电子流入的一极称_____极，在_____极发生氧化反应，在_____极发生还原反应。

3. 铜-锌原电池的电池符号是_____，其正极半反应式为_____，负极半反应式为_____，原电池反应为_____。

4. 在氧化还原反应中，氧化剂是 $\varphi^{\ominus}$ _____ 的电对中的_____态物质，还原剂是 $\varphi^{\ominus}$ _____的电对中的_____态物质。

二、问答题

1. 根据标准电极电势表，判断下列反应进行的方向。

(1) $Ni^{2+} + Zn \rightleftharpoons Ni + Zn^{2+}$

(2) $SnCl_2 + 2FeCl_3 \rightleftharpoons SnCl_4 + 2FeCl_2$

2. 由下列氧化还原反应各组成一个原电池，写出各原电池的电极反应，并用符号表示各原电池。

(1) $Cu + 2AgNO_3 \Longrightarrow Cu(NO_3)_2 + 2Ag$

(2) $2FeCl_3 + Cu \Longrightarrow 2FeCl_2 + CuCl_2$

(3) $SnCl_2 + HgCl_2 \Longrightarrow SnCl_4 + Hg$

3. 将铁片和锌片分别浸入稀硫酸中,它们都被溶解,并放出氢气。如果将两种金属同时浸入稀硫酸中,两端用导线连接,这时有什么现象发生？是否两种金属都溶解了？氢气在哪一片金属上析出？试说明理由。

三、计算题

1. 计算在 $1.5\ mol \cdot L^{-1}$ HCl 介质中,当 $[Cr_2O_7^{2-}] = 0.10\ mol \cdot L^{-1}$, $[Cr^{3+}] = 0.020\ mol \cdot L^{-1}$ 时 $Cr_2O_7^{2-}/Cr^{3+}$ 电对的电极电势。

2. 在体系 $2H^+ + 2e^- \Longrightarrow H_2$ 中,若加入 NaAc 溶液将生成 HAc,当 $p_{H_2} = 101.3\ kPa$, $c_{Ac^-} = c_{HAc}$ 时,试计算 φ_{H^+/H_2}。

3. 反应 $MnO_2(s) + 4HCl \Longrightarrow MnCl_2 + Cl_2(g) + 2H_2O\ (l)$ 在标准状态下能否向右进行？若将 HCl 的浓度改为 $10.0\ mol \cdot L^{-1}$,判断此反应进行的方向。

第十章

物质结构基础

 **学习目标**

1. 了解原子结构特点及核外电子排布规律;

2. 熟悉元素周期表中周期、族、区的划分和元素性质的周期性变化,掌握结构与性质的基本关系;

3. 理解离子键、共价键形成的条件、过程及特性,熟悉分子间作用力的类型及其对物质物理性质的影响,具备根据物质结构分析其基本性质的能力。

物质结构的知识是学习和研究化学问题的基础,更是基础化学的重要组成部分。本章主要介绍原子核外电子运动的规律和元素周期律、分子结构、晶体结构等基本知识。

第一节　原子核外电子的运动与元素周期律

一、原子核外电子的运动状态

除核反应外,一般化学反应不会使原子核发生变化,只是改变核外电子的数目和运动状态。因此,了解原子核外电子的运动状态,是学习物质性质及其变化规律的前提。

1. 原子轨道和电子云

宏观物体的运动,如飞行的天体、发射出的导弹和奔驰的火车等,都具有确定的运动路线(或运动轨迹)。电子具有波粒二象性,有着和宏观物体不同的运动特点。例如,氢原子核外只有一个电子,该电子在原子核周围狭小的空间里高速运动着,没有确定的运动轨迹,不能用经典力学的方法来描述电子的运动规律。

近代化学常用量子力学的方法,通过研究电子在核外空间运动的概率分布来描述电子运动的规律性,并借用经典力学中"轨道"一词,把原子中电子在核外空间可能的运动状态(或区域)称为**原子轨道**。必须注意的是,原子轨道并不是电子运动的轨迹,仅仅代表电子的一种运动状态或运动范围。原子轨道的空间图像可以被形象地理解为电子运动的空间范围,简称原子轨道。原子轨道有大小、形状、空间伸展方向不同之分。常见原子轨道(s、p、d 轨道)的形状如图 1-10-1 所示。其中,"+""-"号不代表电荷的正、负,它指的是原子轨道的对称性。原子轨道的形状与正、负号在化学键的形成中有着特殊的意义。

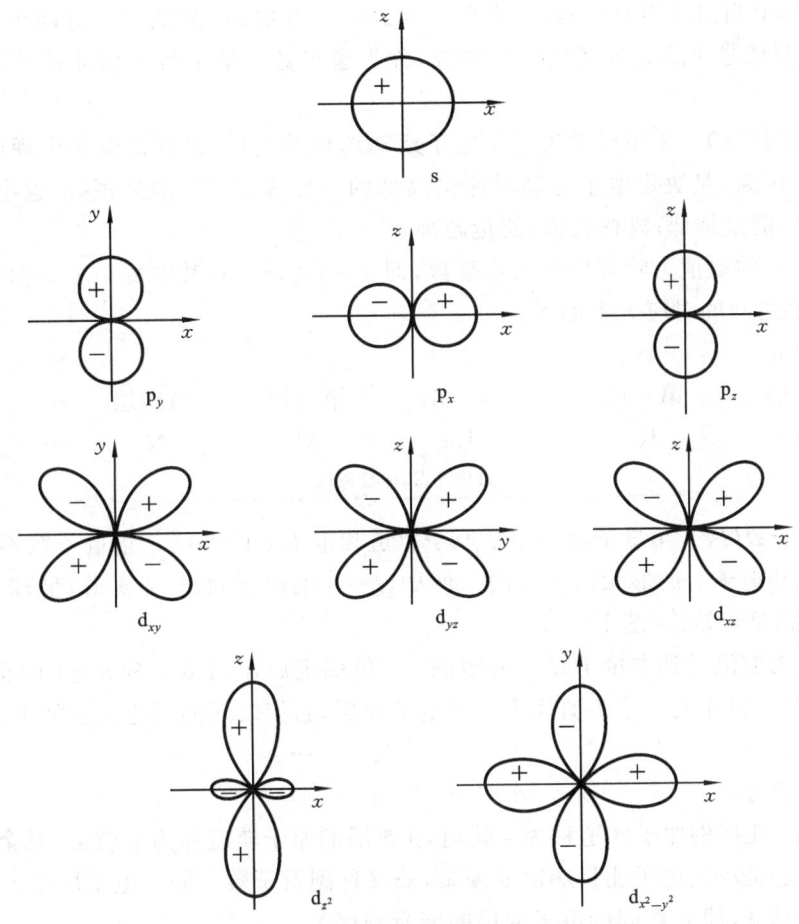

图 1-10-1 s、p、d 原子轨道角度分布图

电子在原子核外的运动状态还可以用电子云来描述。我们知道,质量很小、带负电荷的电子在原子核外很小的空间范围(约 10^{-10} m)内高速(约为 10^6 m · s^{-1})运动,电子在每一瞬间出现的位置是偶然的,而所有出现的位置重叠在一起,就好像在原子核的周围笼罩着一团带负电荷的云雾,人们形象地称之为**电子云**。例如,通常状况下氢原子的电子云如图 1-10-2 所示。电子云是用统计方法对核外电子运动规律所做的一种描述。电子云密度大的地方,表

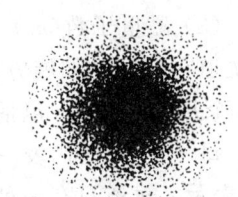

图 1-10-2 基态氢原子电子云示意图

明电子在核外空间单位体积内出现的概率大;密度小的地方,表明电子在核外空间单位体积内出现的概率小。化学上为了方便,通常用电子云的界面图表示原子中电子的运动分布情况。所谓界面图,是指电子在这个界面内出现的概率大于 95%,而在界面外出现的概率小于 5%。电子处于常见运动状态(习惯上称为处于常见原子轨道,即 s、p、d 轨道)时,其电子云形状、空间伸展方

向等与图 1-10-1 所示的相对应的原子轨道基本相似。只是略显"瘦"点,并无正、负号标示之分。

2. 四个量子数

电子在原子核外运动的特殊性,决定了要描述电子离核的远近、能量高低、电子云或原子轨道的形状及空间分布等运动状态,必须引进三个参数 n、l、m。它们分别表示核外电子离原子核的远近、运动状态(或轨道)的形状和方位等。实验和理论的进一步研究,还发现电子除了绕核运动之外,其自身还有自旋运动,需要引入另一个参数 m_s 来描述。这四个参数(n、l、m、m_s)在取值时只能是 1、2、3 等某些特定的数,称为**量子数**。量子数是描述核外电子运动状态的参数。

(1)主量子数(n) 主量子数决定了电子运动离核的远近,也就是电子出现概率最大的地方离核的平均距离,是决定电子运动时能量高低的主要因素。一般来说,n 越小,电子离核的平均距离越近,能量越低;离核越远,能量越高。

主量子数 n 的取值为除零以外的正整数,即 $n=1,2,3,\cdots$,其中每一个 n 值代表一个电子层,n 与电子层之间的对应关系如下:

主量子数 n	1	2	3	4	…
电 子 层	第一层	第二层	第三层	第四层	…
电子层符号	K	L	M	N	…

← 离核越近,能量越低

(2)角量子数(l) 角量子数决定了原子轨道和电子云的形状。角量子数不同的电子,原子轨道的形状和电子云的形状均不相同。例如,$l=0$ 的原子轨道(s 轨道)呈球形;$l=1$ 的原子轨道(p 轨道)呈哑铃形(图 1-10-1)。

角量子数的取值受到主量子数 n 的限制。n 值确定后,l 可取 0 到 $n-1$ 的正整数,即 $l=0,1,2,\cdots,n-1$。其中每一个 l 值代表一个电子亚层,它们之间的对应关系如下:

角量子数 l	0	1	2	3	4	…
电子亚层符号	s	p	d	f	g	…

习惯上把 s 亚层的原子轨道称为 s 轨道,p 亚层的原子轨道称为 p 轨道,其余类推。

角量子数还是决定电子能量的次要因素,故又称副量子数。同一电子层中 l 值越小,该电子亚层的能量越低,即 n 相同的电子亚层的能量顺序为

$$E_{ns}<E_{np}<E_{nd}<E_{nf}$$

(3)磁量子数(m) 磁量子数决定了原子轨道和电子云在空间的取向,即某种形状的原子轨道在空间的伸展方向。磁量子数 m 的取值受到角量子数 l 的限制。l 确定后,m 可取 $2l+1$ 个从 $-l$ 到 $+l$(包括零)的整数,即 $m=0,\pm1,\pm2,\cdots,\pm l$。

每一个 m 值代表一个具有某种空间取向的原子轨道。例如,$l=0$ 时,$m=0$,只有 1 个取值,表示 s 轨道只有一种空间伸展方向;$l=1$ 时,$m=0,\pm1$,有 3 个取值,即每一个电子层中,有 3 个 p 轨道,分别用 p_x、p_y、p_z 表示,它们的能量完全相同,故称为等价轨道或简并轨道;当 $l=2$ 时,$m=0,\pm1,\pm2$,d 轨道有 5 种空间伸展方向,d 亚层有 5 个等价轨道;同理,f 亚层有 7 个等价轨道。

一组三个量子数(n,l,m)可以描述原子核外的一个原子轨道。例如,量子数(1,0,0)表示 1s 轨道,量子数(2,1,0)表示 2p 轨道中的 p_x 轨道。

(4)自旋量子数(m_s) 自旋量子数决定了电子在空间的自旋运动状态。自旋量子数只能

取 $+\frac{1}{2}$ 或 $-\frac{1}{2}$ 两个数值,即电子只有两种自旋状态。每一个数值表示电子的一种自旋状态,常用向上的箭头"↑"或向下的箭头"↓"形象地表示,习惯上说成顺时针方向自旋或逆时针方向自旋。

一组四个量子数 (n,l,m,m_s) 可描述原子核外电子的一种运动状态。例如,量子数 $(3,2,0,-\frac{1}{2})$ 表示一个 3d 轨道上逆时针方向自旋的电子;原子核外第四电子层上 s 亚层的 4s 轨道内,以顺时针方向自旋为特征的电子的运动状态可用量子数 $(4,0,0,+\frac{1}{2})$ 来描述。

例 1-10-1 某一多电子原子,试问在其第三电子层中:

(1) 亚层数是多少?用符号表示各亚层。

(2) 各亚层上的轨道数是多少?该电子层上的轨道数是多少?

(3) 哪些是等价轨道?

解 原子的第三电子层的主量子数 $n=3$。

(1) 亚层数是由角量子数 l 的取值确定的。$n=3$ 时,l 的取值可为 0、1、2。所以第三电子层中有 3 个亚层,它们分别是 3s、3p、3d。

(2) 各亚层上的轨道数是由磁量子数 m 的取值确定的。

当 $n=3$,$l=0$ 时,$m=0$,即只有 1 个 3s 轨道。

当 $n=3$,$l=1$ 时,$m=0,\pm1$,即可有 3 个 3p 轨道:$3p_x$、$3p_y$、$3p_z$。

当 $n=3$,$l=2$ 时,$m=0,\pm1,\pm2$,即可有 5 个 3d 轨道:$3d_{z^2}$、$3d_{xz}$、$3d_{yz}$、$3d_{x^2-y^2}$、$3d_{xy}$。

由上可知,第三电子层中共有 9 个轨道。

(3) 等价轨道(或简并轨道)是能量相同的轨道,轨道能量主要取决于 n,其次是 l,所以 n、l 相同的轨道具有相同的能量。故等价轨道分别为 3 个 3p 和 5 个 3d 轨道。

二、原子核外电子的排布(组态)

原子核外存在多种可能的原子轨道,而核外电子总是在一定的原子轨道上"绕核"运动。在多电子原子中,电子如何分布在可能存在的原子轨道中,是值得探讨的问题之一。

1. 核外电子排布的一般规律

根据光谱实验结果和对元素周期律的分析,总结出核外电子排布所遵循的三个基本原理。

(1) 泡利不相容原理 美籍奥地利科学家泡利(E. Pauli)在 1925 年指出,同一个原子的同一轨道上最多只能容纳 2 个自旋方向相反的电子。

根据泡利不相容原理可知,在 s、p、d、f 亚层最多容纳的电子数分别为 2、6、10、14。每个电子层的轨道总数为 n^2,最多容纳的电子数为 $2n^2$,如 K 电子层最多容纳 2 个电子,L 电子层最多容纳 8 个电子。

(2) 能量最低原理 在不违背泡利不相容原理的前提下,核外电子总是尽可能分布到能量最低的轨道上,以保证整个原子体系处于能量最低、最稳定的状态,这一现象称为能量最低原理。按照这一原理,电子在占据原子轨道时,应该从能量低的轨道向能量高的轨道依次填充。

1939 年美国科学家鲍林(L. Pauling)根据光谱实验结果,总结出多电子原子中原子轨道能量相对高低的一般情况,并绘制成图,称为鲍林近似能级图,如图 1-10-3 所示。图中,每一个小圆圈表示一个原子轨道,其位置的高低按能量由低向高的顺序排列;实线方框内各原子轨道能量较接近,划为一个**能级组**,共有 7 个能级组。这种能级组的划分与元素周期表中,将元素划分为 7 个周期相一致。

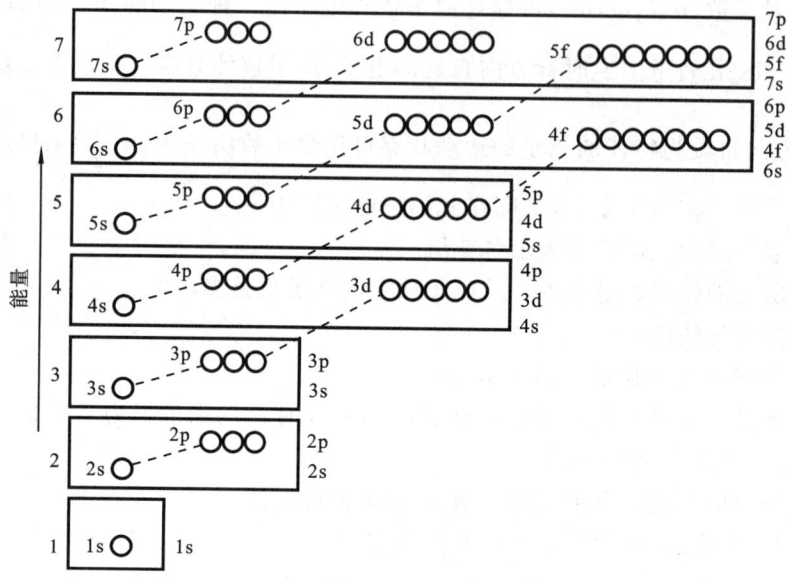

图 1-10-3 鲍林近似能级图

由图 1-10-3 可知,电子层能级的相对高低顺序为 K<L<M<N<…;同一电子层中,电子亚层能级的相对高低顺序为 $E_{ns}<E_{np}<E_{nd}<E_{nf}$;同一亚层内,等价轨道能级相同。但同一原子内,不同类型亚层之间出现了外层轨道能量反而比内层轨道能量低的现象,如 $E_{4s}<E_{3d}<E_{4p}$,$E_{6s}<E_{4f}<E_{5d}<E_{6p}$,这种现象称为**能级交错**。

按照能量最低原理,鲍林近似能级图中原子轨道的能量顺序就是原子核外电子填充的先后顺序。

(3) 洪特规则 德国物理学家洪特(F. Hund)于 1925 年总结出一个普遍规则:在同一个亚层的等价轨道上排布的电子将尽可能分占不同的轨道,并且自旋方向相同(即自旋状态相同,称为自旋平行)。例如,氮原子的 3 个 2p 轨道上共有 3 个电子,这 3 个电子的排列方式为 ↑ ↑ ↑,而不是 ↑↓ ↑ ___ 或 ↑ ↓ ↑。只有当等价轨道电子数多于轨道数时,电子才会成对,如氧原子的 2p 亚层上有 4 个电子,这 4 个电子的排列方式为 ↑↓ ↑ ↑。作为洪特规则的特例,当等价轨道上的电子处于全充满(p^6、d^{10}、f^{14})、半充满(p^3、d^5、f^7)或全空(p^0、d^0、f^0)状态时,原子结构比较稳定。例如,Cr 原子的第四能级组的 4s、3d 轨道上共有 6 个电子,它们的排列方式为 $3d^5 4s^1$,而不是 $3d^4 4s^2$。

根据以上三个基本原理,应用鲍林近似能级图,可以排列出各种元素原子的核外电子层结构,简称电子构型。例如:

$$_{16}S \quad 1s^2 2s^2 2p^6 3s^2 3p^4$$

在多电子原子中,由于能级交错,4s 轨道能级低于 3d 轨道,电子先填充 4s 轨道再填充 3d 轨道。但是,实验证明:原子失去电子时,首先失去处于最外层的 4s 电子,然后再失去 3d 电子。所以,进行电子排布时,一般先将电子按能级从低到高排入,然后将同电子层(主量子数相同)的电子写在一起。例如:

$$_{35}\text{Br} \quad 1s^2 2s^2 2p^6 3s^2 3p^6 3d^{10} 4s^2 4p^5$$

$$_{24}\text{Cr} \quad 1s^2 2s^2 2p^6 3s^2 3p^6 3d^5 4s^1$$

$$_{29}\text{Cu} \quad 1s^2 2s^2 2p^6 3s^2 3p^6 3d^{10} 4s^1$$

2. 原子电子构型的表示方法

（1）电子排布式　以上几个表示原子电子构型的式子称为电子排布式，这是最常用的一种表示核外电子排布的方法。它是把原子的元素符号及序数标出，将电子亚层按能量由低到高依次排列，并在亚层符号前用数字注明电子层数，右上角注明亚层所排列的电子数。例如：

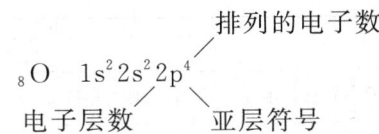

（2）价层电子结构式　由于元素的化学性质主要与其最高能级组的电子密切相关，化学上将最高能级组的原子轨道，如 Fe 的 3d、4s 轨道，Br 的 3d、4s、4p 轨道合称为价电子层或外围电子层。价电子层中的电子称为价层电子，它们的排列方式称为价层（或外围）电子构型。例如，元素的价层电子构型：S 为 $3s^2 3p^4$，Fe 为 $3d^6 4s^2$，Br 为 $4s^2 4p^5$。这些表示价层电子构型的式子称为价层电子结构式。价层电子构型反映出元素原子电子层结构的特征，元素周期表中只列出了各元素的价层电子构型。

（3）轨道表示式　在分析原子之间相互结合形成化学键的过程时，为了直观、形象地表示原子的电子构型，常常使用另一种表示方式——轨道表示式：用短线（或方框、圆圈）代表原子轨道，短线的下方注明轨道的符号，短线的上方用向上和向下箭头代表电子的自旋状态。例如，N 和 O 的轨道表示式分别为：

$$\text{N} \quad \underset{1s}{\uparrow\downarrow} \quad \underset{2s}{\uparrow\downarrow} \quad \underset{2p}{\uparrow \quad \uparrow \quad \uparrow}$$

$$\text{O} \quad \underset{1s}{\uparrow\downarrow} \quad \underset{2s}{\uparrow\downarrow} \quad \underset{2p}{\uparrow\downarrow \quad \uparrow \quad \uparrow}$$

在正常状态下，原子核外电子遵循核外电子排布的三大原理，分布在离核较近、能量较低的轨道上，体系处于相对稳定的状态，原子的这种状态称为**基态**。当外界因素的影响使基态原子中的电子获得能量，跃迁到能量较高的空轨道时，原子将处于**激发态**。一些原子在与其他原子结合成键的过程中，受其他原子的影响而处于激发态。

三、元素周期表及其应用

俄罗斯化学家门捷列夫（Mendeleev）在总结前人经验的基础上，经过长期的探索研究，于1869 年发现了一个非常重要的自然规律：元素的性质随着元素相对原子质量的增加而呈现周期性的变化，这一规律称为**元素周期律**。随着对原子结构研究的深入，人们认识到决定元素性质的主要因素不是相对原子质量，而是原子序数（等于原子核所带的电荷数——核电荷数）。元素周期律应该是随着原子序数的递增，元素的性质呈现周期性变化的规律。

根据元素周期律，门捷列夫等人先后设计出了各种类型的元素周期表，多达 170 余种。随着新元素的不断发现和人类对物质认识的深入，元素周期表不断得到补充、修正和发展。本书采用我国化学教学长期使用的、以瑞士化学家维尔纳(A. Werner)为代表提出的长元素周期表。

1. 元素周期表的结构

根据元素原子电子层结构的不同,把元素周期表中的元素所在位置分成 5 个区、7 个周期、16 个族(表 1-10-1)。

表 1-10-1　元素周期表中元素位置与分布

周期＼族	ⅠA	ⅡA	ⅢB	ⅣB	ⅤB	ⅥB	ⅦB	Ⅷ	ⅠB	ⅡB	ⅢA	ⅣA	ⅤA	ⅥA	ⅦA	0
1																
2																
3					d 区				ds 区							
4																
5	s 区												p 区			
6																
7																
镧系	f 区															
锕系																

(1) 区　根据原子中最后填入电子的亚层的不同,元素被分在 s、p、d、ds、f 五个区,见表 1-10-1。

s 区元素容易失去 1 个或 2 个价层电子形成+1 或+2 价离子,表现出典型的金属性,它们(氢除外)都是比较活泼的金属元素。p 区元素大多容易得到电子,表现出非金属性,大多是非金属元素。d 区和 ds 区元素合称为过渡元素,它们的电子层结构的差别主要在次外层的 d 轨道上,性质比较相似,都是金属元素,故又称为过渡金属元素。f 区元素包括镧系元素和锕系元素,统称为内过渡元素。

(2) 周期　元素周期表中的每一横排称为 1 个周期,共有 7 个周期。同一周期的元素具有相同的电子层数,从左到右,最外层电子的填充从 ns^1 开始到 np^6 结束。元素所在的周期序数等于元素原子的电子层数。

每一周期的元素种数不尽相同,1～6 周期包含的元素种数依次为 2、8、8、18、18、32;第 7 周期包含 32 种元素,最末一种为 118 号元素,是一种稀有气体元素。

(3) 族　元素周期表中,18 个纵行的元素构成 16 个族,包括 7 个主族(ⅠA～ⅦA)和 7 个副族(ⅠB～ⅦB),1 个第Ⅷ族(含三列)和 1 个零族(0 族)。同一族的元素具有相同或相似的价层电子构型,化学性质相似。

元素原子的内层轨道全充满,电子最后填充在 s 轨道或 p 轨道上的元素称为主族(A 族)元素,副族(B 族)元素则是指元素原子的电子最后填充在 d 轨道或 f 轨道上的元素。例如,$_{20}Ca$ 的价层电子构型为 $4s^2$,$_{35}Br$ 的价层电子构型为 $4s^24p^5$,均为主族元素;$_{23}V$ 的价层电子构型为 $3d^34s^2$,是副族元素。

综上所述,元素在元素周期表中的位置与其基态原子的电子层结构有着密切的关系,元素周期表实质上是各元素原子电子层结构周期性变化的反映。

2．元素周期表的应用

元素周期表是元素周期律的具体体现，反映了元素在结构与性质上的相互联系，具有极其丰富的内涵，是学习和研究化学及其相关学科的重要工具。

（1）获取元素的相关信息　元素周期表提供了每一种元素的原子序数、元素符号、元素名称、价层电子构型、相对原子质量等多种参数，如图1-10-4所示。

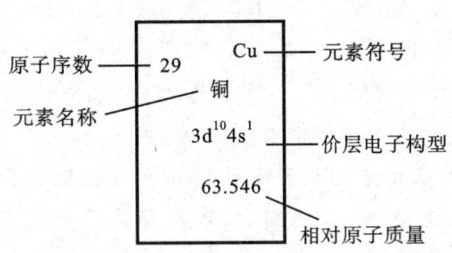

图1-10-4　元素周期表中元素各参数的位置

（2）确定元素的位置及其性质　元素的性质呈现出周期性的变化规律，在元素周期表中有充分体现。如同一周期的元素，从左到右电负性逐渐增大；同一主族元素，从上而下电负性逐渐减小。但是，由于副族元素原子电子结构比较复杂，电负性的递变过程出现许多例外。同一周期元素，从左到右，金属性逐渐减弱，非金属性逐渐增强；同一主族元素，从上到下，金属性逐渐增强，非金属性逐渐减弱。因此，根据原子的电子构型，可以确定元素在元素周期表中的位置及其主要性质；根据元素在元素周期表中的位置，可以推测原子的电子构型及主要性质。

例1-10-2　已知某元素的原子序数为24。试写出该元素原子的电子排布式、价层电子构型，并指出它在元素周期表中的位置，是什么元素。

解　该元素的原子序数为24，其原子核外有24个电子，电子排布式为

$$1s^2 2s^2 2p^6 3s^2 3p^6 3d^5 4s^1$$

价层电子构型为$3d^5 4s^1$。

由价层电子构型可以推知：该元素为位于元素周期表中第4周期ⅥB族的铬（Cr）元素，它是一种金属元素。

例1-10-3　某元素位于元素周期表第4周期ⅦA族，请写出该元素的电子排布式和原子序数，并指出这是什么元素。

解　根据元素在元素周期表中的位置推知：该元素为p区元素，原子核外有4个电子层，最外层有7个电子，价层电子构型为$4s^2 4p^5$。电子排布式为

$$1s^2 2s^2 2p^6 3s^2 3p^6 3d^{10} 4s^2 4p^5$$

由电子构型可知：该元素的原子核外有35个电子，原子序数为35，是溴（Br）元素。它是一种非金属元素，其电负性比氯（Cl）元素小，比硒（Se）元素大，非金属性比氯（Cl）元素弱，比硒（Se）元素强。

（3）在实际中的应用　根据结构决定性质、性质影响用途的规律，元素周期表中位置靠近的元素性质相似并具有类似的用途。元素周期表中位于右上方的非金属元素，如：氟（F）、氯（Cl）、硫（S）、磷（P）等，是制备农药的常用元素；半导体材料元素为元素周期表中位于金属和非金属接界处的元素，如硅（Si）、镓（Ga）、锗（Ge）、锡（Sn）等。这可以启发人们通过对元素周期表中一定区域元素的研究，寻找新材料和新物质。例如，ⅢB～ⅥB族的过渡元素，如钛

(Ti)、钽(Ta)、铬(Cr)、钼(Mo)、钨(W)等,具有耐高温、耐腐蚀等特点,是制作特种合金的优良材料;过渡元素对许多化学反应有良好的催化性能,可用于制备优良的催化剂。

知识拓展

人体必需元素在元素周期表中的位置

人体必需元素包括11种常量元素(O、C、H、N、Ca、P、S、K、Na、Cl、Mg)和18种微量元素(Fe、F、Zn、Cu、V、Sn、Se、Mn、I、Ni、Mo、Cr、Co、Br、As、Si、B、Sr),它们在元素周期表中的位置比较集中,好像形成几个"岛"。其中常量元素集中在元素周期表中前20号元素之内,有钠、钾、钙、镁4种金属元素。18种微量元素中有11种金属元素(大部分为过渡金属元素),7种非金属元素。

元素的生物效应与其在元素周期表中的位置也有密切关系。IA,IIA及IIIA~VIIA元素对生命体的作用,从上到下,从左到右,都是营养作用减弱,毒性增强。

	I A																	
1	H	II A											III A	IV A	V A	VI A	VII A	
2														B	C	N	O	F
3	Na	Mg	III B	IV B	V B	VI B	VII B		VIII B			I B	II B	Si	P	S	Cl	
4	K	Ca			V	Cr	Mn	Fe	Co	Ni	Cu	Zn			As	Se	Br	
5		Sr				Mo								Sn			I	

B 常量元素   B 微量元素

四、元素性质的周期性变化

原子序数为3~20的元素的核外电子排布及元素的性质(原子半径、电负性、电离能、金属性和非金属性等)列于表1-10-2中。由表可知:随着原子序数的递增,元素原子的结构和性质都依次递变,并在间隔一定数目的元素之后,又出现与前面元素性质相类似的元素,即呈现出周期性变化。

表 1-10-2　元素性质的周期性变化

原子序数	元素名称	元素符号	外层电子排布	原子半径/pm	电负性	第一电离能/(kJ·mol^{-1})	金属性和非金属性
3	锂	Li	$2s^1$	152	1.0	520	活泼金属元素
4	铍	Be	$2s^2$	111	1.5	899	
5	硼	B	$2s^2 2p^1$	88	2.0	801	
6	碳	C	$2s^2 2p^2$	77	2.5	1086	
7	氮	N	$2s^2 2p^3$	70	3.0	1402	
8	氧	O	$2s^2 2p^4$	66	3.5	1314	
9	氟	F	$2s^2 2p^5$	64	4.0	1631	活泼非金属元素
10	氖	Ne	$2s^2 2p^6$	160		2081	稀有气体元素

金属性由强变弱　非金属性由弱变强

续表

原子序数	元素名称	元素符号	外层电子排布	原子半径/pm	电负性	第一电离能/(kJ·mol⁻¹)	金属性和非金属性		
11	钠	Na	3s¹	186	0.9	496	活泼金属元素		
12	镁	Mg	Ar	3s²	160	1.2		金属性由强变弱	非金属性由弱变强
13	铝	Al	3s²3p¹	143	1.5	578			
14	硅	Si	3s²3p²	117	1.8	786			
15	磷	P	3s²3p³	110	2.1	1012			
16	硫	S	3s²3p⁴	104	2.5	1000			
17	氯	Cl	3s²3p⁵	99	3.0	1251	活泼非金属元素稀有气体元素		
18	氩	Ar	3s²3p⁶	191		1521			
19	钾	K	4s¹	227	0.8	419	活泼金属元素		
20	钙	Ca	4s²	197	1.0	590			

1. 核外电子排布的周期性变化

从 3 号元素锂(Li)到 10 号元素氖(Ne),有 2 个电子层,最外层电子排布由 $2s^1$ 到 $2s^2 2p^6$,即最外层电子数由 1 个递增到 8 个,逐步达到稳定结构。从 11 号元素钠(Na)到 18 号元素氩(Ar),增加 1 个电子层,最外层电子排布由 $3s^1$ 到 $3s^2 3p^6$,最外层电子数又从 1 个到 8 个,再次达到稳定结构。如果对 18 号以后的元素继续分析,将会得到同样的变化规律。所以,随着原子序数的递增,元素原子的核外电子排布呈现周期性的变化,并成为元素其他性质周期性变化的基础。

2. 原子半径的周期性变化

理论上原子半径是指原子核到最外电子层之间的距离。由于原子本身并没有明确的界面,故原子的准确半径无法确定。化学上规定以单质中相邻两个原子核之间距离的一半作为**原子半径**,单位为 $nm(10^{-9}\ m)$ 或 $pm(10^{-12}\ m)$。由于原子之间成键类型不同,原子半径也有所不同。通常将同种元素原子形成共价键时,相邻原子的核间距的一半称为**共价半径**(图 1-10-5(a)),例如氢分子(H_2)中两个氢原子核间距为 74 pm,则氢原子的半径为 37 pm;金属晶体中,两个相邻金属原子核间距的一半称为**金属半径**(图 1-10-5 (b)),例如把金属铜(Cu)中两个相邻铜原子核间距的一半(128 pm)定为铜的原子半径;由于稀有气体元素不易形成分子,分子间只能通过范德瓦耳斯力结合,其晶体中相邻分子核间距的一半称为**范德瓦耳斯半径**(图 1-10-5 (c)),例如氖(Ne)的范德瓦耳斯半径为 160 pm。范德瓦耳斯半径比其他原子半径大得多。

 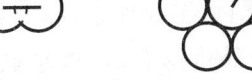 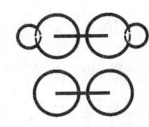

(a) 共价半径　　　(b) 金属半径　　　(c) 范德瓦耳斯半径

图 1-10-5　原子半径示意图

表 1-10-2 显示:除稀有气体元素以外,从 3 号元素锂(Li)到 9 号元素氟(F)、11 号元素钠(Na)到 17 号元素氯(Cl),原子半径分别由 152 pm 递减到 64 pm、186 pm 递减到 99 pm。这

是随着原子序数的递增,核电荷数增加,原子核对外层电子的吸引力增大的缘故。由氟(F)到钠(Na),由于增加了一个电子层,原子半径增大。19 号以后元素的原子半径将呈现同样的变化规律,即随着原子序数的递增,原子半径呈现周期性的变化。

3. 元素电负性和电离能的周期性变化

为了全面衡量不同元素原子在分子中对成键电子的吸引能力,1932 年鲍林首先提出了**元素电负性**的概念——分子中元素原子吸引电子的能力,并规定最活泼的非金属元素氟(F)的电负性为 4.0,计算出其他元素原子的相对电负性值。电负性可以综合衡量各种元素的金属性和非金属性。金属元素的电负性一般在 2.0 以下,非金属元素的电负性一般在 2.0 以上。电负性越大,元素原子越容易结合电子,元素的非金属性越强;电负性越小,元素原子越容易失去电子,元素的金属性越强。

基态的气态原子失去电子形成气态阳(正)离子所需要的能量,称为**电离能**。原子失去第一个电子所需的能量为第一电离能(I_1),失去第二个电子所需能量为第二电离能(I_2),以此类推。从阳离子中电离出电子远比中性分子困难,同一元素原子的各级电离能的大小顺序为:$I_1 < I_2 < I_3 < I_4$。电离能的大小反映了原子失去电子的难易程度。电离能越大,原子失去电子时需要吸收的能量越大,失去电子也就越困难;电离能越小,原子就越容易失去电子。

由表 1-10-2 可知:从 3 号元素到 9 号元素,随着原子序数的递增,原子半径逐渐减小,原子核对外层电子的吸引能力逐渐增强,元素电负性由 1.0(Li)递增到 4.0(F),第一电离能由 520 kJ·mol^{-1}(Li)逐渐增大到 1631 kJ·mol^{-1}(F)。同样,从 11 号元素到 18 号元素,元素的电负性从 0.9(Na)递增到 3.0(Cl),第一电离能从 496 kJ·mol^{-1}(Na)逐渐增大到 1521 kJ·mol^{-1}(Ar)。价电子层处于半充满、全充满状态时原子比较稳定,电离能有所增大。例如,s 轨道全充满的 Be、Mg 的电离能比 B、Al 高,p 轨道半充满的 N、P 的电离能高于 O、S。所以,电离能的周期性递增过程稍有起伏,如图 1-10-6 所示。

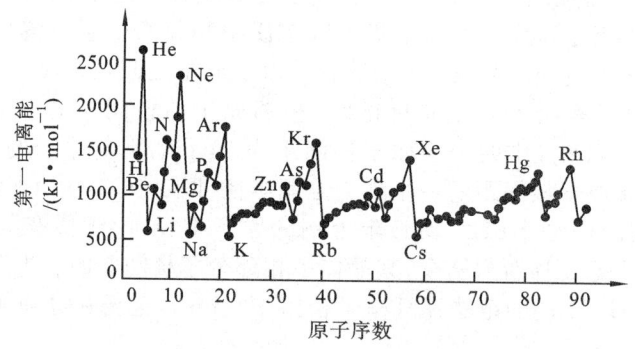

图 1-10-6 元素原子第一电离能的变化

4. 元素金属性和非金属性的周期性变化

元素的**金属性**是指元素原子失去电子成为阳离子的性质;而元素的**非金属性**则是指元素原子得到电子成为阴离子的性质。从表 1-10-2 还可以看出:从元素锂到元素氖、元素钠到元素氩,重复着由一种活泼的金属元素过渡到一种活泼的非金属元素,元素的金属性逐渐减弱,非金属性逐渐增强,最后是结构稳定的稀有气体元素,表现出元素金属性和非金属性的周期性递变规律。即元素周期表中同一周期元素从左到右,金属性逐渐减弱,非金属性逐渐增强;同一主族元素从上到下,金属性逐渐增强,非金属性逐渐减弱,如表 1-10-3 所示。

表 1-10-3　元素周期表中元素金属性和非金属性的递变规律

	I A							0
1	金属性逐渐增强	ⅡA	ⅢA	ⅣA	ⅤA	ⅥA	ⅦA	非金属性逐渐增强
2		非金属性逐渐增强 →						
3								
4								
5		← 金属性逐渐增强						
6								
7								

第二节　化学键和分子间作用力

　　自然界的物质,除稀有气体外,都是以原子(或离子)结合成分子(或晶体)的形式存在的。原子既然能够结合成分子,原子之间必然存在着相互作用,这种相互作用不仅存在于直接相邻的原子之间,而且存在于非直接相邻的原子之间。化学上把分子或晶体中直接相邻的原子之间主要的、强烈的相互作用力,称为**化学键**。

一、化学键

　　分子是决定物质化学性质,参与化学反应的基本单位,而分子内原子之间的结合方式及其空间构型(分子形状)是决定分子性质的内在因素。按元素原子间的相互作用的方式和强度不同,化学键又分为离子键、共价键、金属键三大类。

　　1. 离子键

　　(1) 离子键的形成　　根据稀有气体原子结构稳定的事实,德国化学家柯塞尔(W. Kossel)于 1916 年提出了离子键理论。当电负性小的活泼金属原子与电负性大的活泼非金属原子(如钠原子与氯原子)相遇时,为了达到稳定的电子构型(外层 8 个电子,若为 K 层,外层 2 个电子),金属原子将失去电子成为阳离子,非金属原子将得到金属原子的电子而成为阴离子,阴、阳离子之间靠静电作用结合在一起就形成了**离子键**。通过离子键结合形成的化合物称为**离子化合物**。典型离子化合物氯化钠的形成过程如图 1-10-7 所示。

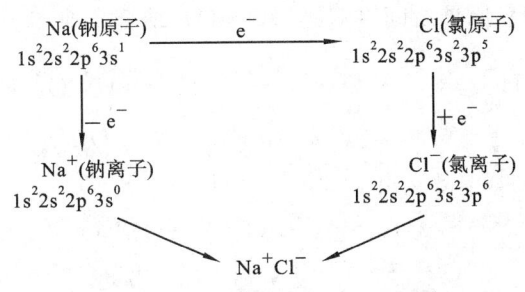

图 1-10-7　氯化钠的形成示意图

(2)**离子键的特点**　离子键的本质是静电作用,离子的正电荷或负电荷的分布呈球形对称,可以在空间任何方向吸引异性离子,只要空间允许并保持总的电荷平衡,每一个离子都可以吸引尽可能多的异性离子,所以离子键既无方向性又无饱和性,在固体离子化合物中每个离子周围总是尽可能多地排列着异性离子。因此,除气态外,氯化钠中没有单个 NaCl 分子存在,化学式 NaCl 只反映晶体中 Na^+ 和 Cl^- 的数量比。通常使用的氯化钠相对分子质量,也仅对于化学式而言。

2. 共价键

1916 年美国化学家路易斯(G. N. Lewis)首先提出了共价键的共用电子对理论,初步揭示了离子键和共价键的区别,但它解释不了共价键的许多特点。1927 年德国物理学家海特勒(W. Heitler)和伦敦(F. London)运用量子力学近似处理氢分子,使共价键的本质获得初步的解答。后来,鲍林等人使这一成果得到进一步发展,建立了现代价键理论,简称 VB 法,又称电子配对法。

(1)**共价键的形成**　以氯化氢(HCl)为例,分析 HCl 的成键过程。

H 的价层电子构型为 $1s^1$,Cl 为 $3s^2 3p^5$,两种原子都容易得到 1 个电子而形成稳定的电子层结构。当 H 原子与 Cl 原子相互靠近成键时,各提供外层的一个电子,在两个原子之间形成一对共用电子对,即

$$\text{H}\times + \ \cdot \ddot{\underset{\cdot\cdot}{\text{Cl}}} : \longrightarrow \text{H}\overset{\cdot\cdot}{\underset{\cdot\cdot}{\times}}\text{Cl}$$

$$\underset{1s}{\uparrow} \quad \underset{3p}{\downarrow} \qquad\qquad \underset{}{\uparrow\downarrow}$$

共用电子对在两个原子核周围运动,使两个原子都具有类似稀有气体原子(He 和 Ar)的稳定电子构型。这种原子间以共用电子对的方式结合而形成的化学键,称为**共价键**。

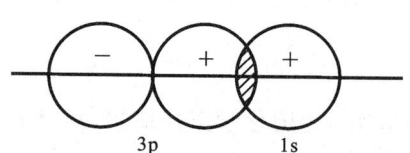

图 1-10-8　1s 轨道与 3p 轨道重叠示意图

现代价键理论认为,在 HCl 分子中,成键电子的 1s 轨道和 3p 轨道发生原子轨道的重叠,如图 1-10-8 所示。重叠区域出现的电子相当于同时处于两个原子轨道上,按照泡利不相容原理,它们的自旋方向应该相反。因此共价键由两个原子各提供一个自旋方向相反的未成对电子配对而成。

再如,O 原子的价层电子构型为 $2s^2 2p^4$,电子排布方式为 $\uparrow\downarrow$ $\uparrow\downarrow$ $\uparrow$ $\uparrow$,有两个未成对的 2p 电子。当两个自旋方向与之相反的 H 原子的电子分别与之配对时,就形成了两个 O—H 共价键。两个氧原子的未成对电子的自旋方向相反时,可以两两配对形成两个共价键,即形成共价双键,故氧气分子(O_2)中氧原子之间以双键 (O=O) 结合。即

$$\text{H}\times \quad + \quad \cdot \ddot{\text{O}} \cdot \quad + \quad \times \text{H} \longrightarrow \text{H} \overset{\cdot\cdot}{\underset{\cdot\cdot}{\times}}\text{O}\overset{\cdot}{\underset{\cdot}{\times}}\text{H}$$

$$\underset{1s}{\downarrow} \quad \underset{2p}{\uparrow} \ \underset{2p}{\uparrow} \quad \underset{1s}{\downarrow} \qquad \underset{}{\uparrow\downarrow} \ \underset{}{\uparrow\downarrow}$$

$$\text{O}\overset{\times}{\underset{\times}{}} \quad + \quad : \text{O} \longrightarrow \text{O}\overset{\times}{\underset{\times}{}} : \text{O}$$

$$\underset{2p}{\uparrow \ \uparrow} \qquad \underset{2p}{\downarrow \ \downarrow} \qquad \underset{}{\uparrow\downarrow \ \uparrow\downarrow}$$

氮原子(N)的价电子层有三个未成对电子,一个氮原子可与三个氢原子形成含有三个

N—H共价键的氨分子(NH_3)或两个氮原子通过共价三键（$N\equiv N$）结合形成氮气(N_2)分子。

如果两个原子在形成共价键时，共用电子对仅由成键原子的一方单独提供，这样形成的共价键称为配位共价键，简称**配位键**。例如，在氨分子(NH_3)中，N原子的价电子层还存在一对未参与成键的电子，称为孤对电子，NH_3与H^+结合形成NH_4^+，就是NH_3中N提供孤对电子与H^+形成配位键的结果，即

$$H_3N\colon \quad + \quad H^+ \quad \longrightarrow [H_3N\colon H]^+ \text{ 或 } [H_3N\rightarrow H]^+$$

孤对电子

为了表明形成配位键时电子对的提供方向，常使用箭头（→）表示配位键，箭头指向接受电子对的原子。显然，配位键的形成必须满足两个条件：①提供共用电子对的原子的价电子层有孤对电子；②接受共用电子对的原子的价电子层有空轨道。由配位键形成的一类化合物——配位化合物（配合物），它们有很多特殊的性质和重要用途。

（2）共价键的特性　根据现代价键理论，共价键具有与离子键不同的两个特性。

① 饱和性：原子的一个未成对电子与另一个原子的未成对电子配对成键后，就不能再与第三个原子的电子配对。例如，氢原子的电子与另一个氢原子的电子配对形成氢分子(H_2)后，不能再与第三个氢原子形成"H_3"分子。所以，原子能够形成的共价键的数目受原子中未成对电子数目的限制，这就决定了共价键具有饱和性。稀有气体原子没有未成对电子，原子间不能成键，常以单原子分子的形式存在。

② 方向性：在形成共价键时，成键电子的原子轨道重叠越多，成键电子在成键原子之间出现的概率越大，即成键原子之间电子云密度越大，对原子核吸引力越强，形成的共价键越牢固。所以，原子形成共价键时，在可能的范围内总是沿着使原子轨道最大重叠的方向成键，这就是原子轨道的**最大重叠原理**。同时，原子轨道有正、负值之分，只有同号（正号与正号、负号与负号）重叠原子轨道才能形成有效重叠。例如，氯化氢分子的形成过程中，氢原子的1s轨道与氯原子的3p轨道有多种重叠方式，在图1-10-9所示的四种重叠方式中，沿x轴重叠的（a）和（b）可以使轨道达到最大重叠，但只有（a）是有效重叠方式，才能形成稳定的氯化氢分子。图1-10-9(b)、图1-10-9(c)、图1-10-9(d)所示的轨道重叠均为无效重叠方式。

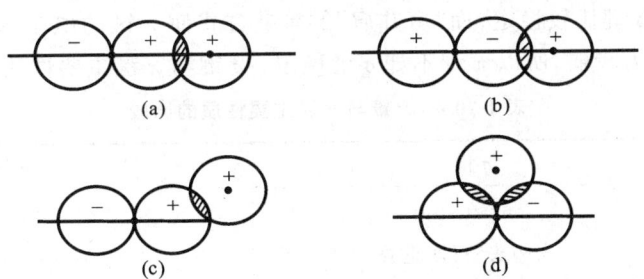

图1-10-9　氯化氢分子的成键示意图

由于p、d、f轨道都有一定的方向性，必须沿着一定的方向重叠才能有效地形成共价键，所以，原子轨道的方向性和最大重叠原理决定了共价键具有方向性。

（3）共价键的类型　按照是否有极性，共价键可分为极性（共价）键和非极性（共价）键两类。根据成键时原子轨道重叠方式，共价键可分为σ键和π键。根据成键原子间共用电子对数目的不同，共价键可分为单键、双键和三键。

① 极性键和非极性键：通常从成键原子的电负性差值估计键的极性大小。不同元素的原

子之间形成的共价键,如 H—Cl,由于 Cl 的电负性(3.0)大于 H 的电负性(2.1),Cl 吸引电子的能力大于 H,共用电子对偏向于 Cl 原子一方,即电子云密度大的区域偏向于 Cl 原子,使 Cl 原子带有部分负电荷(用 δ^- 表示),而 H 原子带有部分正电荷(用 δ^+ 表示):δ^+H—Clδ^-,键两端出现了"正极"和"负极",这样的共价键称为极性共价键,简称**极性键**。而由同种元素的原子之间形成的共价键,如 Cl—Cl,由于两者的电负性相同,双方吸引电子的能力一致,共用电子对均匀地出现在两个原子之间,即电子云密度大的区域恰好在两个原子核中央,这样的共价键称为非极性共价键,简称**非极性键**。

② σ 键和 π 键:按照原子轨道的最大重叠原理,H_2 中两个 H 原子的 1s 轨道、HCl 中 H 原子的 1s 轨道与 Cl 原子的 3p 轨道、Cl_2 中两个 Cl 原子的 3p 轨道的重叠方式分别如图 1-10-10(a)所示。其中,成键的原子轨道均沿着键轴(即两个原子核之间的连线)方向以"头碰头"方式正面重叠,这样形成的共价键称为 **σ 键**。当成键的原子轨道沿着键轴方向以"肩并肩"方式侧面重叠时,形成的共价键称为 **π 键**,如图 1-10-10(b)所示,这是共价键的另一种成键方式。

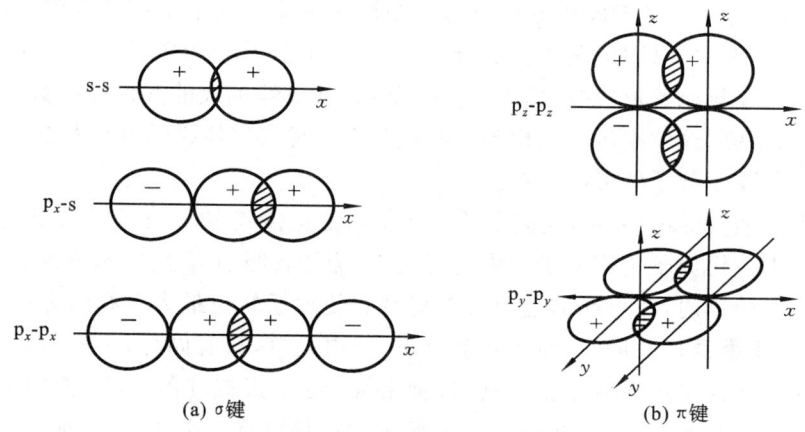

(a) σ键　　　　　　　　(b) π键

图 1-10-10　σ 键和 π 键重叠方式示意图

显然,"头碰头"的重叠方式满足原子轨道的最大重叠原理,成键的电子云密集在键轴处,对核的吸引力较大,σ 键比较稳定;而"肩并肩"的重叠方式使 π 键的电子云集中在键轴平面的上下方,对核的吸引力较弱,所以 π 键不如 σ 键稳定。σ 键与 π 键主要性质的比较见表 1-10-4。

表 1-10-4　σ 键与 π 键主要性质的比较

性　　质	σ 键	π 键
轨道组成	s-s、s-p、p-p	p-p、p-d
重叠方式	"头碰头"正面重叠	"肩并肩"侧面重叠
重叠部分	电子云密集于键轴上	电子云集中在键轴平面的上下方
存在方式	单独存在于所有的共价键中	与 σ 键共同存在于双键或三键中
键的性质	重叠程度大,键的稳定性高; 成键原子可以沿键轴自由旋转	重叠程度小,键的稳定性低; 不能自由旋转

③ 单键、双键和三键:如果成键原子间共用一对电子,形成的就是单键。例如,H_2、HCl、Cl_2 中形成的都是单键,化学上常用一根短线"—"表示一对共用电子对,这些分子可分别表示为 H—H、H—Cl、Cl—Cl。当成键原子间共用两对或三对电子时,便形成了双键或三键。

如 O_2 分子中形成的是双键（O=O），N_2 分子间形成的是三键（N≡N）。

单键均为 σ 键，双键由一个 σ 键和一个 π 键组成，而三键则由一个 σ 键和两个 π 键组成。

（4）共价键的键参数 化学上经常使用一些表征键的性质的物理量，如键能、键长、键角等定量地描述共价键的性质，这些物理量统称为**键参数**。利用共价键的键参数，可以判断共价分子的热稳定性和空间构型等性质。

① 键能：在 298 K 和 101.3 kPa 下，气体分子断裂 1 mol A—B 键所需的能量称为 A—B 键的**键能**，单位为 $kJ \cdot mol^{-1}$。例如，在 298 K 和 101.3 kPa 时，1 mol $H_2(g)$ 分解为 H(g) 时吸收 436 kJ 的能量，则 H—H 键的键能为 436 $kJ \cdot mol^{-1}$。常见共价键的键能见表 1-10-5。

表 1-10-5 常见共价键的键能和键长

共价键	键能/(kJ·mol⁻¹)	键长/pm	共价键	键能/(kJ·mol⁻¹)	键长/pm
H—H	436	74	B—H	293	123
C—C	356	154	C—H	416	109
C=C	598	134	C—F	485	127
C≡C	813	120	Si—H	323	152
N—N	160	146	N—H	391	101
N=N	418	125	P—H	322	143
N≡N	946	110	O—H	467	96
O—O	146	148	S—H	347	136
F—F	158	128	F—H	566	92
Cl—Cl	242	199	Cl—H	431	127
Br—Br	193	228	Br—H	366	141
I—I	151	267	I—H	299	161

一般来说，键能越大，化学键越牢固，由该化学键构成的分子就越稳定。例如，HX 分子中 H—X 键的键能大小顺序为 H—F＞H—Cl＞H—Br＞H—I，HI 最容易分解为 H_2 和 I_2，而 HF 最难分解，HX 的热稳定性顺序为 HF＞HCl＞HBr＞HI。

② 键长：共价分子中 A、B 两原子核间的平衡距离称为 A—B 键的**键长**。例如，H_2 分子中两个 H 原子核间的平衡距离为 74 pm，H—H 键的键长为 74 pm。键长数据可以通过电子衍射、X 射线衍射等技术测得。常见共价键的键长见表 1-10-5。

从表 1-10-5 中数据可知，共价键的键长越短，键能越大，键就越牢固。这是因为键长越短，核对成键电子吸引力越大。相同原子之间形成的键的键长为单键键长＞双键键长＞三键键长，如C—C(154 pm)＞C=C(134 pm)＞C≡C(120 pm)，键能为C—C＜C=C＜C≡C，但这并不表明键的稳定性C—C＜C=C＜C≡C，实际上 C=C 键的稳定性比 C—C 键差，这是因为 C=C 键中含有一个不稳定的 π 键。

③ 键角：多原子分子中，同一个原子所形成的共价键之间的夹角称为**键角**。例如，水分子中，O 原子的两个 O—H 键之间的夹角即键角为 104°45′；甲烷（CH_4）分子中，C 原子的 C—H 键的键角为 109°28′。键角的数据可以通过分子光谱或 X 射线衍射技术获得。

键长和键角是表征分子空间构型的主要参数。根据分子中键的键角和键长，可以推测分子的空间构型，进而推断它们的其他物理性质。例如，H_2O、NH_3、CH_4、CO_2 的键角和键长如

图 1-10-11 所示,可以推断出:H_2O 是 V 形分子,NH_3 为三角锥形分子,CH_4 的空间构型为四面体形,CO_2 的空间构型为直线形。

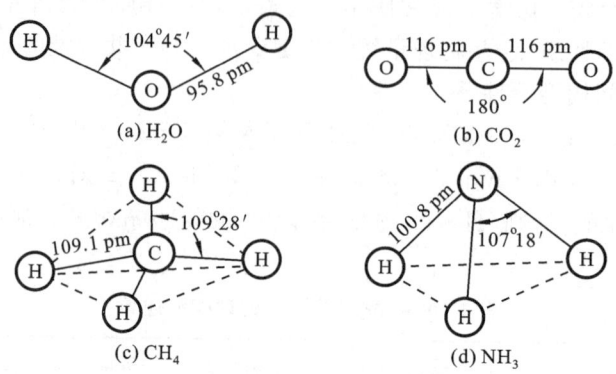

图 1-10-11   几种分子的空间构型

共价分子空间构型的解释,需要运用鲍林在价键理论基础上于 1931 年提出的杂化轨道理论(见模块三:有机化合物)。

3. 金属键和键型过渡

金属能导电,说明金属中有可以自由移动的电子,而金属的价层电子数少于 4,一般为 1~2 个,在金属晶体中,原子的配位数却达 8 或 12,显然,不可能形成 8 或 12 个普通的共价化学键。

金属的自由电子模型(也称改性共价键理论)认为,金属的电负性小,容易失去价层电子而形成阳离子。在金属晶格节点上排列的金属原子和阳离子是难以移动的,只能在其平衡位置振动,从金属原子上脱下的电子在整个晶体中运动,将整个晶体结合在一起。金属键可看作许多原子共用许多电子而形成的特殊共价键,只不过该共价键没有方向性,也没有饱和性。由于金属只有少数价层电子能用于成键,金属在形成晶体时,倾向于构成极为紧密的结构,使每个原子都有尽可能多的相邻原子(金属晶体一般具有高配位数和紧密堆积结构),这样,电子能级可以得到尽可能多的重叠,从而形成金属键。

原子之间尽可能多地成键,成键种类包括离子键、共价键和金属键。但一般的化学键很少单纯是三种键的一种,而是混合型。因为只有 100% 的共价键而无 100% 的离子键,故共价键成分总是存在的。由于元素的电负性差值在变,故其离子成分也在变,键型由 100% 的共价型转向离子型(离子键成分大于 50%)。金属原子之间形成的化学键称为金属键。在一个化合物中,不同原子间的化学键可能有很多种,如 $[Cu(NH_3)_4]SO_4$ 中就有离子键和共价键(配位键)。

二、分子间作用力

水有固态、液态、气态三种聚集状态,冰融化成水、水汽化成水蒸气需要从外界吸收能量,这表明分子间存在作用力。早在 1873 年,荷兰物理学家范德瓦耳斯(van der Waals)就指出了这种力的存在,所以通常把分子间作用力称为**范德瓦耳斯力**。范德瓦耳斯力是影响物质熔点、沸点、溶解度等物理性质的主要因素,其大小与分子的极性及变形性密切相关。

1. 分子的极性

根据正、负电荷中心是否重合,共价分子分为极性分子和非极性分子。正、负电荷中心不重合的分子是**极性分子**,如图 1-10-12(a)所示;正、负电荷中心重合的分子是**非极性分子**,如图 1-10-12(b)所示。

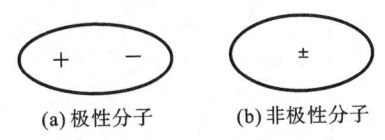

(a) 极性分子　　(b) 非极性分子

图 1-10-12　分子极性示意图

双原子分子中,两个相同原子构成的分子是非极性分子,两个不同原子构成的分子是极性分子,这与共价键的极性相一致。两个不同原子组成的分子中,电负性大的原子有更强的吸引电子能力,负电荷中心向电负性大的原子偏移,而正电荷中心向电负性小的原子偏移,正、负电荷中心不重合,故分子表现出极性。

多原子分子的极性不仅取决于键的极性,还与分子的空间构型有关。例如,CO_2 分子中,氧的电负性大于碳,$C=O$ 键为极性键,但由于 CO_2 的空间构型为直线形,如图 1-10-13(a)所示,两个 $C=O$ 键的极性抵消,分子的正、负电荷中心重合,为非极性分子;同样,正四面体的 CH_4、CCl_4 等分子均为非极性分子。而在 H_2O 分子中,$O—H$ 键为极性键,由于 H_2O 的空间构型为 V 形,如图 1-10-13(b)所示,负电荷中心偏向 O 的一端,正电荷中心靠近 H 的一端,正、负电荷中心不重合,为极性分子;同样,三角锥形的 NH_3、V 形的 H_2S 等分子为极性分子。

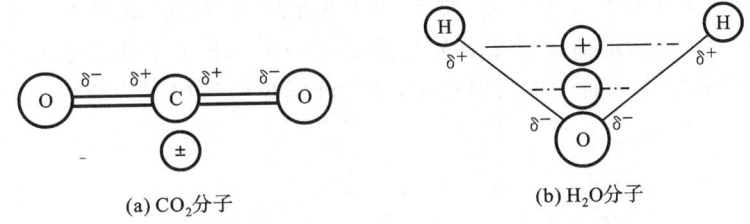

(a) CO_2 分子　　　　　(b) H_2O 分子

图 1-10-13　多原子分子的电荷分布示意图

2. 分子间作用力(范德瓦耳斯力)

分子间作用力一般有三种。

(1) 取向力　当两个极性分子相互接近时,因为同极相斥、异极相吸,分子将会发生相对转动,使异极尽可能处于相邻位置,导致分子按一定的方向排列,并相互吸引,这种靠极性分子永久偶极的取向而产生的分子间相互作用力称为**取向力**。取向力是只存在于极性分子之间的一种作用力。

(2) 诱导力　由于存在正极和负极,极性分子可以作为一个微电场,其他分子在该电场中因为极化而产生诱导偶极,使分子之间产生一种相互作用力,这种作用力称为**诱导力**。诱导力存在于极性分子与非极性分子、极性分子与极性分子之间。

(3) 色散力　任何一个分子中,由于电子的不断运动和原子核的不停振动,正、负电荷中心会在某一瞬间发生相对位移,出现瞬间偶极,这种由于瞬间偶极而产生的分子之间的作用力称为**色散力**。色散力存在于所有分子之间,且是一种最主要的力。

分子间作用力是存在于分子间的一种静电作用力,但这种作用力较小,一般是几到几十千焦每摩尔,比化学键能小 1~2 个数量级,并且都是短程作用,作用范围只有 300~500 pm。

分子间作用力越强,拉大分子间距离所需能量就越高,分子晶体的熔点、沸点就随之升高。例如,卤素单质 F_2、Cl_2、Br_2、I_2,常态下由气体(F_2、Cl_2)到液体(Br_2),再到固体(I_2),熔、沸点逐渐升高,这是因为它们的相对分子质量依次增大,色散力依次增强,固体熔化或液体汽化时需

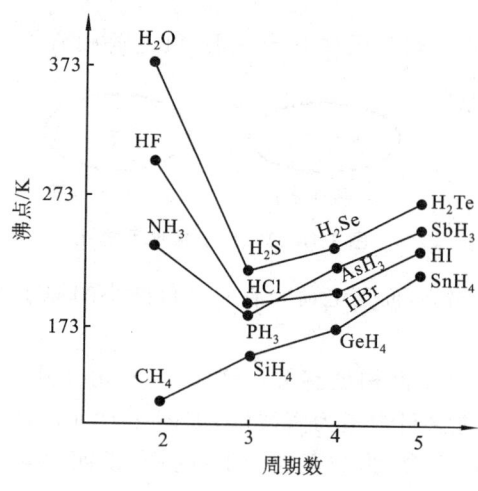

图 1-10-14 同族元素氢化物的沸点变化

要消耗更多能量。由经验得出溶解度的规律——**"相似相溶"**规则:溶质易溶于极性与之相似的溶剂中。这也和分子间作用力有关。如卤化氢、氨等易溶于水中,这是因为极性分子间有强的取向力,可以相互溶解。I_2 和 CCl_4 都是非极性分子,分子之间的色散力较大,I_2 易溶于 CCl_4 中;而 CCl_4 与 CCl_4 分子、H_2O 与 H_2O 分子的分子间作用力大于 CCl_4 和 H_2O 分子的分子间作用力,所以,CCl_4 很难溶解在 H_2O 中。但在同族元素的氢化物(如 HF、HCl、HBr、HI)中,随着相对分子质量增大,HF 却出现反常,其熔、沸点是同族氢化物中最高的(图 1-10-14)。与 HF 相似,H_2O、NH_3 的熔、沸点也是同族氢化物中最高的。这是因为 HF、H_2O、NH_3 分子间存在另一种更强的作用力——**氢键**。

3. 氢键

氢原子核外只有一个电子。当氢原子与电负性很大、半径较小的 F 原子形成 H—F 键时,共用电子对强烈地偏向 F 原子一方,使 H 原子几乎成为"裸露"的质子。这个半径很小、无内层电子、带有部分正电荷的氢原子很容易与附近另一个 HF 分子中含有孤对电子并带有部分负电荷的 F 原子充分靠近而产生吸引作用,这种静电吸引作用称为**氢键**,如图 1-10-15 中的虚线所示。

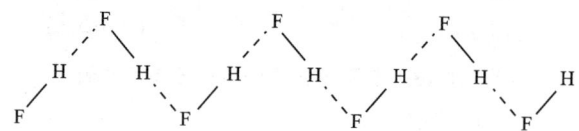

图 1-10-15 固体 HF 中氢键的结构

H 原子与电负性大、原子半径小的原子(通常为 F、O、N)结合时,就会产生氢键,可以用 X—H┄Y 表示(X、Y=F、O、N)。氢键分为分子间氢键和分子内氢键两种类型。

氢键的键能一般为 20~40 kJ·mol^{-1},介于化学键与分子间作用力之间,与分子间作用力的数量级相同,仅被认为是一种比较强的分子间作用力。但氢键具有饱和性和方向性:分子之间氢键 X—H┄Y 在一条直线上,以保持 X、Y 的最大分离,排斥力最小;每一个 X—H 中的 H 只能与一个 Y 原子形成氢键,否则因为斥力太大而变得不稳定。

氢键广泛存在于无机含氧酸及有机羧酸等有机化合物中,特别是存在于蛋白质的多肽链中。分子间氢键的存在,使物质在固体熔化或液体汽化时,除了需要克服分子间作用力外,还必须破坏氢键,所以需要多消耗能量,熔、沸点就会升高。HF、H_2O、NH_3 的熔、沸点反常升高,就是分子间存在氢键的缘故。当溶质与溶剂分子之间存在氢键时,溶质分子与溶剂分子间存在比较强的作用力,溶质在溶剂中的溶解度就会增大,所以氨极易溶解在水中,乙醇、甘油等可以与水混溶。通过氢键,简单分子可以缔合成复杂分子,例如水分子为 $(H_2O)_n$($n=2$,3,…),随着温度降低,缔合程度增大,分子间空隙增多,密度随之减小。例如,在低于 0 ℃时,全部水分子组成巨大的缔合分子——冰,冰的密度比水小。氢键在蛋白质的结构中具有非常重要的意义。

第三节　晶体类型

物质通常呈气态、液态、固态三种聚集状态,固体物质分为晶体和非晶体两大类。自然界中,大多数固体物质是晶体。晶体是由原子、离子或分子在空间按一定规律周期性地重复排列构成的固体。晶体的这种周期性排列的基本结构特征使它具有以下共同的性质:①具有规则的几何外形;②呈现各向异性,即许多物理性质如光学性质、导电性、热膨胀系数、机械强度等在晶体的不同方向上测定时,是各不相同的;③具有固定的熔点。

根据组成晶体的粒子的种类及粒子之间作用力的不同,晶体可分为离子晶体、分子晶体、原子晶体和金属晶体四种基本类型。

一、离子晶体

1. 组成结构

由阴、阳离子按一定比例组成的晶体称为离子晶体。离子晶体中阴、阳离子在空间排列上具有交替相间的结构特征,具有一定的几何外形,离子间的相互作用以库仑静电作用(离子键)为主。离子晶体整体上呈电中性,决定了晶体中各类阳离子带电量总和与阴离子带电量总和的绝对值相等,并导致晶体中阴、阳离子的组成比和电价比等结构因素间有重要的制约关系。例如 NaCl 是立方体晶体(图 1-10-16),Na^+ 与 Cl^- 相间排列,每个 Na^+ 同时吸引 6 个 Cl^-,每个 Cl^- 同时吸引 6 个 Na^+。不同的离子晶体,离子的排列方式可能不同,形成的晶体类型也不一定相同。离子晶体中不存在分子,通常根据阴、阳离子的数量比,用化学式表示该物质的组成,如 NaCl 表示氯化钠晶体中 Na^+ 与 Cl^- 个数比为 1∶1,$CaCl_2$ 表示氯化钙晶体中 Ca^{2+} 与 Cl^- 个数比为 1∶2。

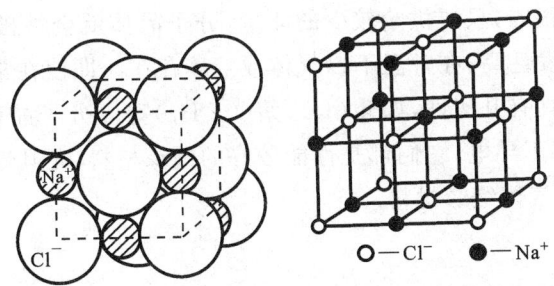

图 1-10-16　氯化钠晶体中 Na^+ 和 Cl^- 的排列示意图

常见的离子晶体有强碱($NaOH$、KOH)、活泼金属氧化物(Na_2O、MgO、Na_2O_2)、大多数盐($BeCl_2$、$AlCl_3$ 等除外)。

2. 基本特性

离子晶体是由阴、阳离子组成的,离子间的相互作用是较强烈的离子键。其结构特点:晶格上质点是阳离子和阴离子;晶格上质点间作用力是离子键,它比较牢固;晶体里只有阴、阳离子,没有分子。离子晶体的性质特点,一般主要有以下几个方面:①有较高的熔点和沸点,因为要使晶体熔化就要破坏离子键,离子键作用力较强,所以要加热到较高温度;②硬而脆;③多数离子晶体易溶于水;④离子晶体在固态时有离子,但不能自由移动,不能导电,溶于水或熔化时离子可自由移动而能导电。

二、分子晶体

1. 组成结构

分子间以分子间作用力结合的晶体称为分子晶体。组成分子晶体的粒子是分子。在分子晶体的晶格节点上排列的都是中性分子。虽然分子内部各原子以强的共价键相结合,但分子之间是以较弱的分子间作用力相结合的。以 CO_2 晶体(图 1-10-17)为例,它呈面心结构,CO_2 分子分别占据立方体的 8 个顶点和 6 个面的中心位置,分子内部以 C=O 共价键结合,而在晶体中 CO_2 分子间只存在色散力。另一些由极性键构成的极性分子(如固体氯化氢、氨、三氯化磷、冰等),晶体中分子间存在色散力、取向力、诱导力,有的还有氢键,所以它们的节点上的粒子间作用力大于相对分子质量相近的非极性分子之间的引力。分子晶体与离子晶体、原子晶体有所不同,它是以独立的分子出现的,因此,化学式也就是它的分子式。绝大多数共价化合物能形成分子晶体,只有很少的一部分共价化合物形成原子晶体。

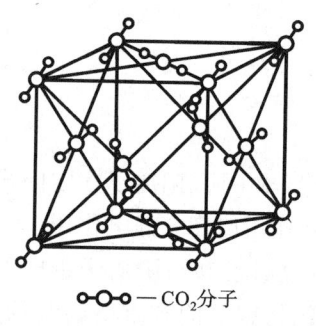

○━○━○ ━CO_2分子

图 1-10-17 CO_2 分子晶体

属于分子晶体的有非金属单质(如卤素单质、H_2、N_2、O_2)、非金属化合物(如 CO_2、H_2S、HCl、NH_3 等),以及绝大部分的有机化合物。在稀有气体的晶体中,虽然在晶格节点上是原子,但这些原子间并不存在化学键,所以称为单原子分子晶体。

2. 基本特性

由于分子之间引力很弱,只要供给较少的能量,分子晶体就会被破坏,所以分子晶体的硬度较小,熔点也较低,挥发性高,在常温下以气体或液体存在。即使在常温下呈固态的物质,其挥发性高,蒸气压高,常具有升华性,如碘(I_2)、萘($C_{10}H_8$)等。分子晶体的节点上是电中性分子,故固态和熔融态时都不导电,它们都是性能较好的绝缘材料,尤其键能大的非极性分子,如 SF_6 等,是工业上极好的气体绝缘材料。

三、原子晶体

相邻原子间以共价键结合而形成的空间网状结构的晶体称作原子晶体。常见的原子晶体有金刚石(C)、金刚砂(SiC)、石英(SiO_2)等。例如金刚石晶体,是一个以碳原子为中心,通过共价键连接四个碳原子,形成的正四面体结构, C—C 键键长、键能都相等,键角为 $109°28'$。原子晶体中,组成晶体的粒子是原子,原子间的相互作用力是共价键,而共价键结合牢固,故原子晶体的熔、沸点高,硬度大,不溶于一般的溶剂。多数原子晶体为绝缘体,有些(如硅、锗等)

是优良的半导体。原子晶体中不存在分子,故用化学式表示物质的组成。单质的化学式直接用元素符号表示;两种以上元素组成的原子晶体,按各原子数目的最简比写化学式。对不同的原子晶体,组成晶体的原子半径越小,共价键的键长越短,即共价键越牢固,晶体的熔、沸点越高,例如金刚石、金刚砂、硅晶体的熔、沸点依次降低。原子晶体的熔、沸点一般要比分子晶体和离子晶体的熔、沸点高。金刚石、SiO_2 的结构如图 1-10-18 所示。

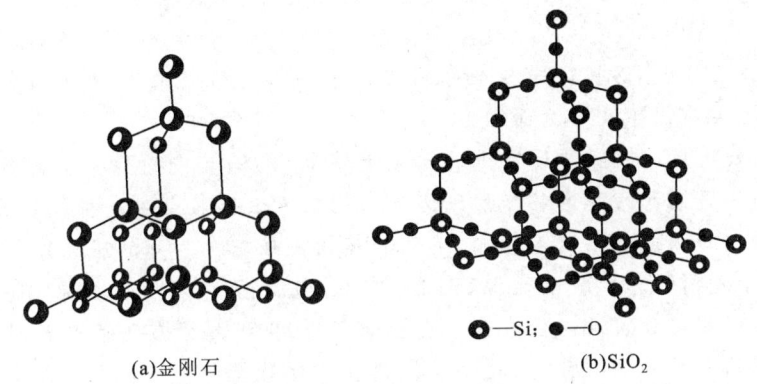

(a)金刚石　　　　　　　　　(b)SiO_2

●—Si; ●—O

图 1-10-18　金刚石、SiO_2 的结构

以上简要介绍了离子晶体、分子晶体、原子晶体的组成结构及基本特性,另外还有金属晶体、过渡型晶体等。构成晶体的质点及结合力不同,性质会有较大差异,见表 1-10-6。

表 1-10-6　各类晶体基本性质的比较

比较项目	离子晶体	原子晶体	分子晶体	金属晶体
晶格结点上的粒子	阴、阳离子	原子	非极性分子或极性分子	原子、阳离子
晶格结点的作用力	离子键	共价键	分子间作用力(有的还有氢键)	金属键
机械性能	强度较大、脆性大、机械加工性能差	硬度大、脆性大、机械加工性能差	质软、机械加工性能差	多数较硬、延展性好、机械加工性能好
热学性能	熔点较高、沸点高、导热性差	熔点低、沸点高、无挥发性、导热性差	熔点低、沸点低、挥发性高、导热性差	热的良导体,多数熔点高、沸点高,少数熔点低
电学性能	不导电,熔化后或溶于水后导电	多数是绝缘体、少数是半导体	绝缘体(极性物质溶于水后导电)	电的良导体
光学性能	透明、对光吸收少	多数不透明、对光产生折射	依组成分子的性质而异	多数不透明,有金属光泽,对光有高反射率
实例	Na_2O、$MgCl_2$、$CaSO_4$	金刚石、SiCBN	干冰(固体 CO_2)、冰、碘、蔗糖	Na、Al、黄铜

知识拓展

核技术在医学上的应用

提到原子,感觉似乎距离我们十分遥远和抽象,其实不然,整个世界,都是由不同元素的原子所构成的,原子与人体健康也密切相关。"核医学"这门新兴学科,是将原子科学应用于医学,将尖端的核技术和生命科学相结合的产物。核医学的诞生为临床医学、基础医学、预防医学等多个领域提供了崭新的研究手段,应用十分广泛。目前,其用途主要有以下几个方面。

(1)诊断疾病 核医学最突出的贡献是诊断疾病,其中同位素脏器显影法和放射免疫分析法是两种常用的临床诊断方法。同位素脏器显影法是将放射性同位素制成的药物通过口服或注射进入体内,不同的药物将分布在不同的脏器中,然后利用 γ 相机、单光子发射计算机断层显像(SPECT)仪、正电子发射断层显像(PET)仪等体外显像设备探测出放射性同位素药物发出的射线,根据其分布使脏器显影,从而检查和诊断疾病的一种方法。目前,同位素脏器显影法能检测脑、肝、胆、肺、肾、骨、甲状腺等人体组织器官。放射免疫分析法是利用高灵敏度的射线测量技术测定体液中各种微量物质的含量,从而检查出各种疾病的一种方法。放射免疫分析法灵敏度极高,含量为 $10^{-12} \sim 10^{-15}\ \mathrm{g \cdot mL^{-1}}$,甚至含量更低的样品都可用该方法检测。例如:原发性肝癌患者的血液中甲胎蛋白的含量会明显增加,因此,测定血液中甲胎蛋白的含量是诊断肝癌的重要方法。但是,即使原发性肝癌患者的血液中甲胎蛋白的含量会比正常人高 15 倍以上,也只能达到约 $10^{-7}\ \mathrm{g \cdot mL^{-1}}$,若使用常规检测方法将消耗大量血液。而利用放射免疫分析法只需少量的血液,即可测定出其中甲胎蛋白的含量,从而诊断肝癌。放射免疫分析法还可用于心肌梗死的早期诊断、怀孕的早期诊断、诊断畸胎等。

(2)治疗疾病 在治疗癌症的许多方法中,放射治疗是十分重要的方法之一,65%以上癌症患者通过该方法治疗。放射治疗是利用放射性核素发射出的 α、β、γ 射线具有杀死生物细胞的作用,而癌细胞对射线又尤其敏感,选择不同种类及剂量的放射性核素,用特殊的方法照射不同部位的肿瘤,杀灭或抑制癌细胞,并尽可能减少对正常细胞的损害。目前,放射性同位素治疗已是临床上十分重要的治疗手段。例如:利用碘-131 放出的 β 射线治疗甲亢、甲状腺癌;利用锶-90 治疗牛皮癣、毛细血管瘤等皮肤病。

(3)医药学研究 例如利用中子活化分析法研究孕妇对铁的代谢情况、贫血患者的红细胞寿命等。药物研制中,常借助同位素示踪技术研究药物的作用原理、疗效、副作用以及在人体内的吸收、分布、排泄规律。这一方法已成为药物研究筛选中不可或缺的手段。

除了上述三方面的主要应用,还可利用核电池作为心脏起搏器长时间供电,利用同位素示踪技术进行中医医理和药理的研究等。总之,核技术在医学上具有广泛而重要的应用,在基础医学、临床医学、预防医学的研究中都有很大贡献。

本章小结

1. 知识思维导图

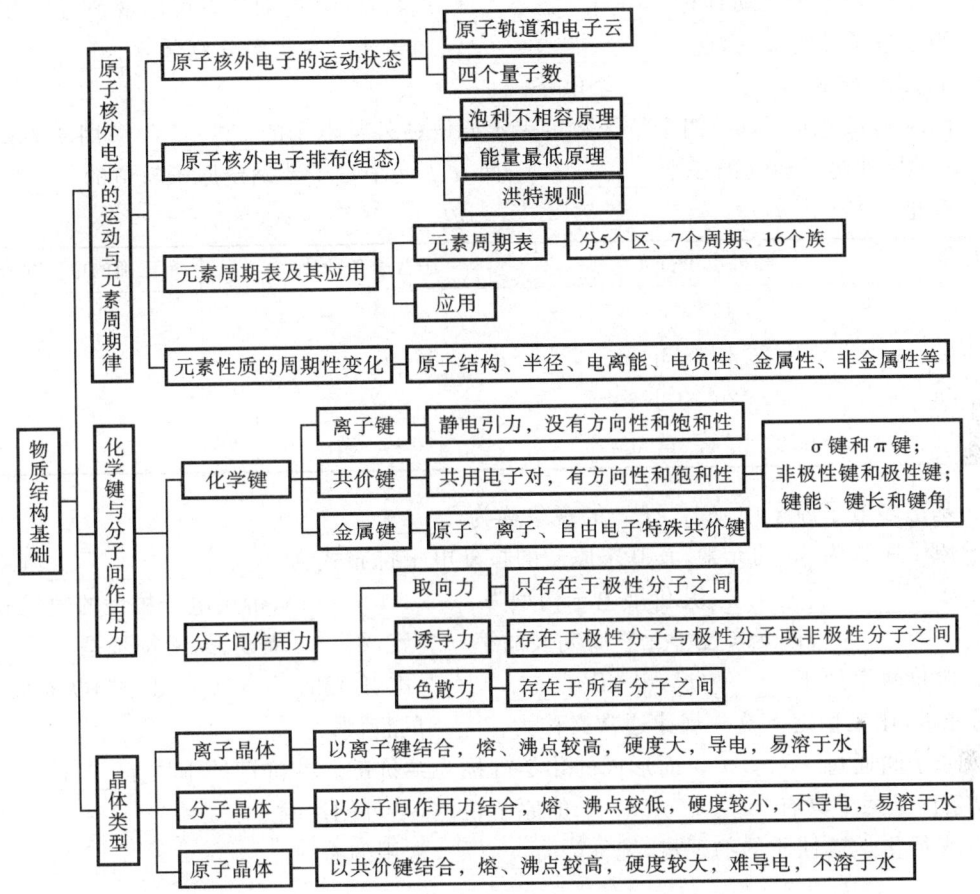

2. 学习方法概要

本章内容是化学的基础,其中物质结构的基本理论比较抽象,对刚刚接触大学化学课程的学习者有一定的难度。因此学习时要注意以下几个方面。第一,要明确电子等微观粒子运动的特点,正确理解原子轨道、电子云的含义;建立起四个量子数与电子运动的能量、轨道形状、轨道伸展方向及电子自旋之间的联系。第二,要明白多电子原子核外电子不是简单的"堆积",而是遵守"二原理、一规则"在核外分层排布的,即在不同的轨道上运动,这种分层排布或运动有一套表示方法。第三,元素周期表是化学知识、经验的总结,是一个工具,可以更方便地反映元素周期律;元素周期表将现知的 118 种元素划分为 5 个区、7 个周期、16 个族,从而可以更直观地表示元素之间性质的相似性和差异性;元素在元素周期表中的位置取决于其原子结构,元素周期表为化学研究带来了极大方便。第四,化学物质中原子、离子、分子之间均存在作用力,根据性质不同可分为离子键、共价键、金属键及分子间作用力(范德瓦耳斯力)等,结合力不同必然导致物理性质和化学性质的不同。

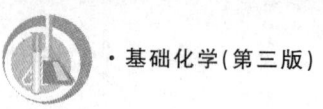

填空题

1. 原子核外电子运动具有＿＿＿＿＿、＿＿＿＿＿的特征,其运动状态可用量子力学来描述。

2. 当主量子数为3时,包含＿＿、＿＿、＿＿三个亚层,各亚层分别包含＿＿、＿＿、＿＿个轨道,最多能容纳＿＿、＿＿、＿＿个电子。

3. 同时用 n、l、m 和 m_s 四个量子数可表示原子核外某电子的＿＿＿＿＿；用 n、l、m 三个量子数表示核外电子运动的一个＿＿＿＿＿；而 n、l 两个量子数确定原子轨道的＿＿＿＿＿。

4. 改错。

原子	核外电子分布	违背哪条原则	正确的电子排布式
$_5$B	$1s^2 2s^3$		
$_{16}$S	$1s^2 2s^2 2p^6 3s^2 3p^2 3p^2$		
$_{25}$Mn	$1s^2 2s^2 2p^6 3s^2 3p^6 3d^7$		
$_{29}$Cu	$1s^2 2s^2 2p^6 3s^2 3p^6 3d^9 4s^2$		

5. 基态多电子原子中,$E_{3d} > E_{4s}$ 的现象称为＿＿＿＿＿＿＿。

6. 原子序数为35的元素,其基态原子的核外电子排布式为＿＿＿＿＿＿＿＿＿,用原子实表示为＿＿＿＿＿＿＿,其价层电子构型为＿＿＿＿＿＿＿,价层电子构型的轨道表示式为＿＿＿＿＿＿；该元素位于元素周期表的第＿＿族,第＿＿周期,元素符号是＿＿＿。

7. 等价轨道处于＿＿＿（p^6、d^{10}、f^{14}）、＿＿＿（p^3、d^5、f^7）和＿＿＿（p^0、d^0、f^0）状态时,具有较低的能量,比较稳定。这一规律通常又称为＿＿＿的特例。

8. 原子间通过＿＿＿＿＿而形成的化学键称为共价键。共价键的本质是＿＿＿＿＿,其形成条件是两个具有＿＿＿＿＿＿的原子轨道,尽可能达到＿＿＿＿＿。

9. 表征化学键性质的物理量,统称为＿＿＿＿＿,常用的有＿＿＿、＿＿＿、＿＿＿。

模块二
化学分析

第一章

分析化学概述

 **学习目标**

1. 了解分析化学的任务、作用及发展趋势；
2. 掌握分析方法的分类，以及选择正确的分析方法的要求；
3. 掌握试样分析的一般程序。

第一节 分析化学的任务和作用

分析化学是获取物质的化学信息，研究物质化学组成的分析方法及有关理论的一门科学。分析化学将化学与数学、物理学、计算机科学、生物学和医学结合起来，通过各种各样的方法和手段，得到分析数据，从中取得有关物质的组成、结构和性质的信息，从而揭示物质世界构成的真相。分析化学的任务是鉴定物质的化学组成（定性分析）、测定有关组分的相对含量（定量分析），以及确定物质的分子结构（结构分析）。

分析化学是化学领域的一个重要分支，它不仅对化学其他分支学科的发展起重要作用，而且在医药卫生、工业、农业、国防、资源开发等许多领域都起着非常重要的作用。分析化学是许多专业的一门重要的专业基础课，常要应用分析化学的理论、方法及技术来解决各门学科中的某些问题。例如，化学基本定律：质量守恒定律、定比定律、倍比定律的发现，原子论、分子论的创立，相对原子质量的测定、元素周期表的建立等，与化学有关的科学领域，如矿物学、地质学、海洋学、生物学、医药学、农业科学、天文学、考古学、环境科学、材料科学、生命科学等，临床医学中用于诊断和治疗的临床检验，营养成分分析，药物成分含量的测定，新药的药物分析，水中三氮（NH_3、HNO_2、HNO_3）的测定，水中有毒物质（Pb、Hg、HCN 等）的测定，食品、蔬菜等中维生素 C 的测定，农药残留量的检测，以及产品质量检测、三废处理等，都与分析化学有着密切的关系。

总之，现代分析化学不仅影响着人类物质文明和社会财富的创造，而且影响着解决有关人类生存（如生态环境等）和政治决策（如资源、能源开发等）的重大社会问题。

第二节　分析方法的分类

分析化学的内容十分丰富,按照不同的分类方法,可将分析方法归属于不同类别。按照分析任务(或目的)分类,分析方法可分为定性分析、定量分析和结构分析;按照分析对象分类,分析方法可分为无机分析和有机分析;按照原理分类,分析方法可分为化学分析与仪器分析;按照试样用量分类,分析方法可分为常量分析、半微量分析、微量分析和超微量分析等。

1. 定性分析、定量分析、结构分析

定性分析的任务是鉴定物质是由哪些元素、离子、基团或化合物组成的,定量分析的任务是测定试样中各组分的相对含量,结构分析的任务是确定物质的分子结构或晶体结构。

在实际工作中,首先必须了解物质的组成,然后根据测定的要求,选择恰当的定量分析方法确定该组分的相对含量。因此,定性分析与定量分析应该是统一的,相互补充的。对于新发现的化合物,还需要进行结构分析,确定物质的分子结构。对于复杂体系则需要先分离,然后进行定性分析及定量分析。

2. 无机分析与有机分析

无机分析的对象是无机化合物,由于组成无机化合物的元素多种多样,因此在无机分析中要求鉴定试样是由哪些元素、离子、原子团或化合物组成的,以及各组分的相对含量。这些内容分别属于无机定性分析和无机定量分析。

有机分析的对象是有机化合物,虽然组成有机化合物的元素并不多(主要为碳、氢、氧、氮、硫等),但化学结构很复杂,不仅需要鉴定元素组成,更重要的是进行官能团、空间结构等的分析。

两者分析对象不同,对分析的要求和使用的方法多有不同。针对不同的分析对象,还可以进一步分类,如环境分析、药物分析、生物分析等。

3. 化学分析与仪器分析

化学分析是以物质的化学反应为基础的分析方法。它历史悠久,是分析化学的基础,故又称经典分析方法,包括重量分析和滴定分析(容量分析)两大类。

重量分析和滴定分析主要用于常量组分(待测组分的质量分数在1%以上)的测定。化学分析使用的仪器、设备简单,常量组分分析结果准确度高,但对于微量和痕量($<0.01\%$)组分分析,灵敏度低、准确度不高。

仪器分析是以物质的物理或物理化学性质为基础,并借助于特定仪器来确定待测物质的组成、结构及含量的分析方法。它包括光学分析、电化学分析及色谱分析等。仪器分析的特点是操作简单、快速、灵敏、准确,所需试样量少等。该分析方法适用于微量、痕量成分分析,但对常量组分准确度低。

4. 常量分析、半微量分析、微量分析、超微量分析

根据试样用量的多少,可分为常量分析、半微量分析、微量分析和超微量分析等。分类如表 2-1-1 所示。

表 2-1-1 基于试样用量的分析方法分类

方法	试样质量/mg	试样体积/mL
常量分析	≥100	≥10
半微量分析	10～<100	1～<10
微量分析	0.1～<10	0.01～<1
超微量分析	<0.1	<0.01

5. 常量分析、微量分析、痕量分析和超痕量分析

根据被分析的组分在试样中的相对含量的高低,可分为常量($>1\%$)分析、微量(0.01%～1%)分析、痕量($<0.01\%$)分析和超痕量(约 0.0001%)分析等。

在无机定性分析中,多采用半微量分析方法;在化学定量分析中,一般采用常量分析法。进行微量分析及超微量分析时,多需要采用仪器分析方法。

6. 例行分析和仲裁分析

分析方法除以上分类外,还有例行分析和仲裁分析。一般分析实验室对日常生产流程中的产品质量指标进行检查控制的分析称为例行分析。例如,药厂及化工厂化验室的日常分析工作。不同企业部门间对产品质量和分析结果有争议时,请权威的分析测试部门(如一定级别的药检所或法定检验单位)进行裁判,以仲裁原分析结果是否正确的分析方法,称为仲裁分析。

7. 分析方法的选择

分析方法很多,特点不同,适用范围也不同,在实际工作中应正确选择。一般对分析方法的选择通常应考虑以下几方面。

(1) 测定的具体要求,待测组分及其含量范围,预测组分的性质。

(2) 获取共存组分的信息并考虑共存组分对测定的影响,拟定合适的分离富集方法,以提高分析方法的选择性。

(3) 对测定准确度、灵敏度的要求与对策。

(4) 现有条件、测定成本及完成测定的时间要求等。

第三节 试样分析的一般程序

试样分析的程序主要包括:取样、试样分解、定性鉴定、除杂去干扰、含量测定、计算与报告分析结果等步骤。

1. 取样

取样要科学、真实,取出的试样要有代表性和均匀性。在实际工作中,分析的对象往往是较大量的,且不均匀,而分析时所取的试样量一般不到 1 g,所以取样的基本原则应该是均匀、合理,否则无论后面的分析做得怎样认真、准确,所得结果也毫无意义。

对于气体试样,一般采用减压法、真空法、流入换气法等将气体试样直接导入适当的容器;

也可用适当的溶剂或固体吸附剂吸附富集气体。

对于液体试样,应在不同出水点、不同深度、不同位置,多点取样,混合均匀,以得到具有代表性的试样。

对于固体试样,一般采用多点取样(不同部位、不同深度),然后将各点取得的试样粉碎并混合均匀,再用四分法取样。所谓四分法,是将混合均匀的试样堆成圆锥形,将顶略微压平,通过中心分四等份,把任意对角两份弃去,留下的两份继续缩分,直到达到所需量为止,如图 2-1-1 所示。

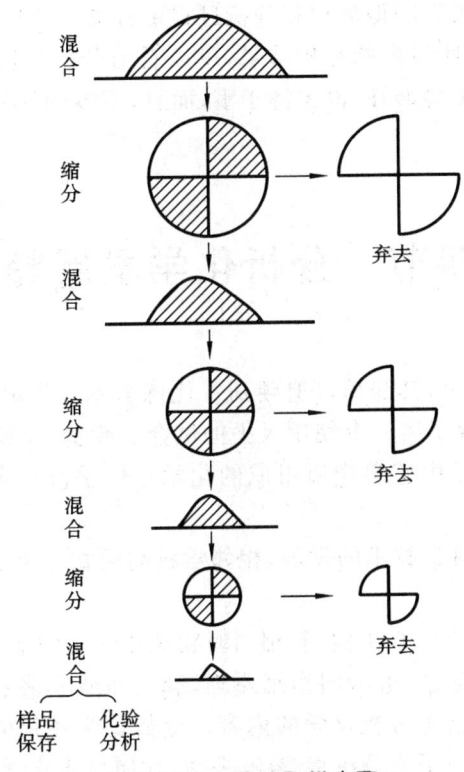

图 2-1-1 四分法取样步骤

固体取样量一般为 10~1000 g;液体试样一般是先将其混合均匀,然后从中部取样,取样量一般为 10~100 mL。

2. 试样分解

定性分析中,一般用湿法分析,通常要求将试样转入溶液中,然后进行测定。根据试样性质的不同,采用不同的溶解方法。最简便的是水溶法,也常采用酸溶法、碱溶法或熔融法。

在试样分解的过程中,应注意以下几点:①试样分解必须完全;②分解过程中待测组分不应损失;③不能从外部引入待测组分和干扰物质;④试样分解最好与分离干扰元素相结合。

3. 定性鉴定

根据试样组成的理化性质采用化学分析和仪器分析确定试样中的组分。主要任务是确定分析对象的化学组成,只有确定物质的组成后,才能选择适当的分析方法进行定量分析。如果只是为了检测某种离子或元素是否存在,为分别分析;如果需要经过一系列反应去除其他干扰离子、元素或要求了解有哪些其他离子、元素存在,为系统分析。

4. 除杂去干扰

在实际测定中,所遇到的试样往往存在许多干扰组分,应设法消除。掩蔽是一种较简单的办法。若没有合适的掩蔽方法,则需要进行分离。

5. 含量测定

根据分析对象的性质、含量与对分析结果准确度的要求,选用合适的测定方法。如常量组分多采用准确度较高的滴定分析或重量分析,微量及痕量组分多采用灵敏度较高的仪器分析。

6. 计算与报告分析结果

根据所取试样的质量,测定所得数据和分析过程中有关化学反应的计量关系,计算并报告试样中有关组分的含量。由所报告的分析结果,可以看出分析方法的准确性。如果这一步计算或报告不准确,前面几步做得再好,也无济于事,而且,不准确的计算和报告还可能造成重大损失。

第四节　分析化学发展趋势

分析化学有着悠久的历史,其起源可追溯到古代炼金术。当时人们依靠感官和双手进行分析与判断。到 16 世纪出现了第一个使用天平的试金实验室,才使分析化学开始具有科学内涵。19 世纪末,虽然分析化学由鉴定物质组成的化学定性手段与定量技术所组成,但还只能算是一门技术。

20 世纪以来,由于现代科学技术的发展,相邻学科间的相互渗透,使分析化学的发展经历了三次巨大变革。

第一次变革在 20 世纪 20～30 年代,利用当时物理化学中的溶液化学平衡理论,动力学理论,如沉淀的生成和共沉淀现象,指示剂作用原理,滴定曲线和终点误差,催化反应和诱导反应,缓冲作用原理,大大地丰富了分析化学的内容。分析化学还建立了溶液四大平衡理论,即酸碱平衡、氧化还原平衡、配位平衡及沉淀-溶解平衡,才使分析化学由一门技术发展成为一门科学。

第二次变革在第二次世界大战至 20 世纪 60 年代,物理学和电子学的发展促进了各种仪器分析方法的发展,改变了经典分析化学以化学分析为主的局面。原子能技术发展,半导体技术的兴起,要求分析化学能提供各种灵敏、准确而快速的分析方法,如半导体材料,有的要求纯度达 99.9999999％以上,在新形势推动下,分析化学得到了迅速发展。最显著的特点是各种仪器分析方法和分离技术的广泛应用。

第三次变革是由 20 世纪 70 年代末至 20 世纪末,随着生产和现代科学技术的发展,现代分析化学已不再限于测定物质的组成和含量,而是要对物质的形态(如价态、配位态、晶型等)、结构(空间分布)、微区、薄层、化学活性和生物活性等做出瞬时跟踪监测,实现无损分析、在线监测分析和过程控制等。

今后,分析化学将主要在生物、医学、药物、环境、能源、材料、安全等前沿领域,继续沿着高灵敏度(达分子级、原子级水平)、高选择性(复杂体系)、准确、快速、简便、经济、分析仪器自动化、数字化、计算机化和信息化的纵深方向发展,以解决更多、更新、更复杂的课题。在不断发展变化的大千世界中,分析化学将进一步发挥重要作用。

本章小结

1. 知识思维导图

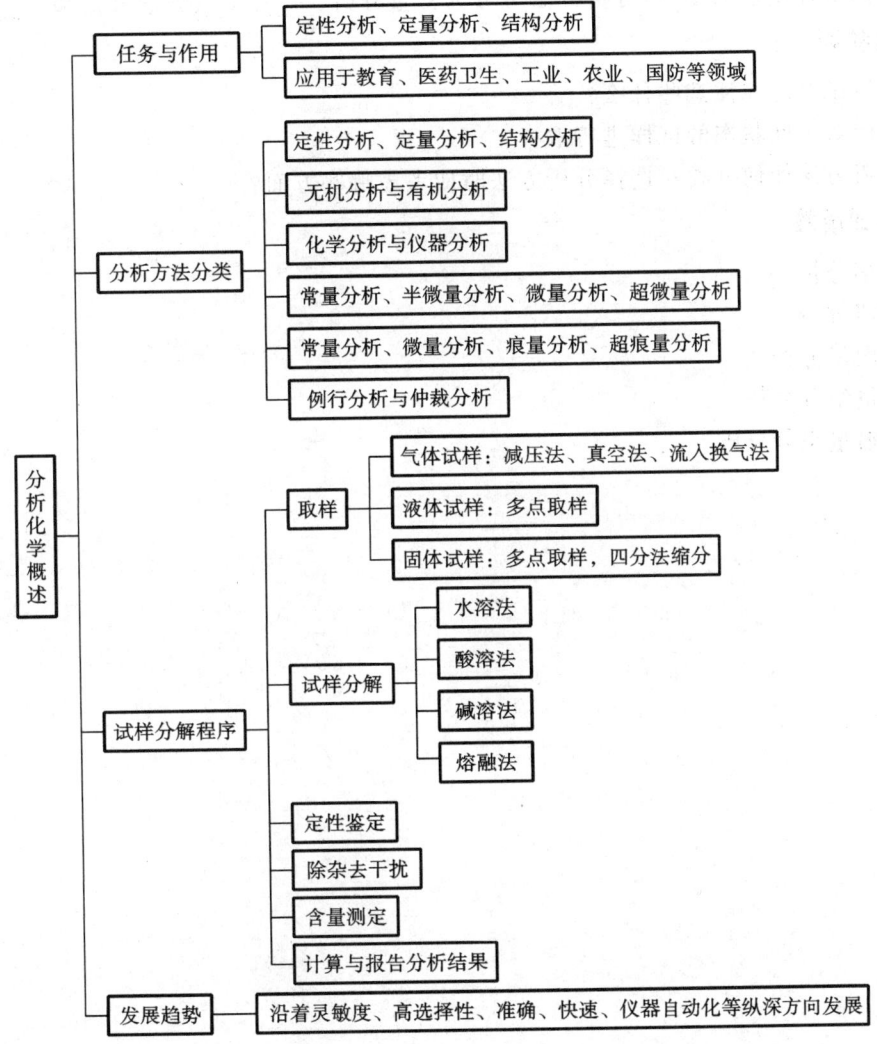

2. 学习方法概要

分析化学是化学领域的一个重要分支,主要对物质进行定性分析、定量分析及结构分析。在学习中,首先要掌握分析方法的分类,能够正确地选择合适的分析方法对物质进行分析;其次要掌握试样分解的一般程序,对不同状态的试样采用不同的取样方法,掌握试样分解时的注意事项。

综 合 测 评

一、填空题

1. 分析化学的任务是_____、_____和_____。

2. 试样分析的程序主要包括:取样、_____、定性鉴别、_____、_____及计算与报告分析结果等步骤。

3. 溶解试样的方法有水溶法、_____、_____、_____。

4. 取样时,固体试样与液体试样的取样量分别为_____和_____。

5. 根据试样用量的多少,分析方法可分为常量分析、_____、微量分析和_____。

二、问答题

1. 分解试样时应注意些什么?

2. 如何对不同状态的试样进行取样?

3. 分析方法如何分类?选择分析方法时应考虑哪些方面?

三、名词解释

1. 化学分析

2. 仪器分析

3. 半微量分析

4. 痕量组分分析

5. 超痕量组分分析

第二章

定量分析中的误差与有效数字

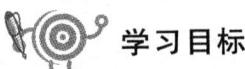 **学习目标**

1. 理解准确度和精密度、误差和偏差的概念,掌握绝对误差、相对误差、相对平均偏差、相对极差及相对标准偏差的计算方法;

2. 理解误差来源,掌握提高分析结果准确度的方法;

3. 理解有效数字的概念及其在定量分析中的重要意义,掌握有效数字的修约规则和运算规则。

第一节　准确度和精密度

一、准确度与误差

1. 准确度与误差概念

准确度(accuracy)是指测定值与真实值之间的接近程度,通常用误差的大小来表示准确度的高低。

误差(error)即分析结果与真实值之间的差值。

误差越小,测定值与真实值越接近,表明准确度越高;误差越大,则准确度越低。当测定结果大于真实值时,误差为正值,表示测定结果偏高;反之,误差为负值,表示测定结果偏低。

2. 误差表示方式

误差有两种表示方式:绝对误差和相对误差。

(1) 绝对误差(absolute error)　表示测定值(X)与真实值(T)之差。

$$绝对误差(E)=测定值(X)-真实值(T)$$

由于测定值可能大于真实值,也可能小于真实值,所以绝对误差可正可负,且单位与测定值相同,但是正负号与误差大小无关,仅代表误差方向。

真实值是客观存在的,但无法准确得知。在实际操作中,通常将采用标准方法并通过多次重复测定得出的算术平均值视作真实值。

(2)相对误差(relative error) 指绝对误差(E)在真实值(T)中所占的百分率。

$$相对误差(E_r) = \frac{E}{T} \times 100\%$$

相对误差也有正、负之分,但没有单位,用百分数表示数值。

例 2-2-1 若测定值为 47.30,真实值为 47.34,求绝对误差和相对误差。

解 绝对误差 $E = X - T = 47.30 - 47.34 = -0.04$

相对误差 $E_r = -0.04 \div 47.34 \times 100\% = -0.08\%$

例 2-2-2 若测定值为 70.35,真实值为 70.39,求绝对误差和相对误差。

解 绝对误差(E)$= X - T = 70.35 - 70.39 = -0.04$

相对误差(E_r)$= -0.04 \div 70.39 \times 100\% = -0.06\%$

从例 2-2-1、例 2-2-2 的计算结果可以看出,两次测定的绝对误差是相同的,但它们的相对误差不同。相对误差揭示了绝对误差占真实值的比例,从而更有效地评估不同测定结果的准确度。

对于多次测量的数值,计算误差时,可以将所有测定值的平均值代入误差公式进行计算。

绝对误差和相对误差在实际应用时,具体情况具体分析。为了直观展现仪器测量的精密度,采用绝对误差更为恰当。例如,分析天平的称量误差为 ± 0.0001 g,常量滴定管的读数误差则为 ± 0.01 mL,两者都是指绝对误差。

[练一练] 若测定某样品中氯离子含量,三次质量分数结果为 60.32%、60.87%、59.99%,真实值为 60.50%。请计算本次实验的绝对误差和相对误差。

二、精密度与偏差

在实际工作中,分析人员在同一条件下平行测定几次,如果几次分析结果的数值都比较接近,表示分析结果的精密度高。

精密度(precision):表示在相同条件下各次分析结果相互接近的程度。在分析化学中,有时用重复性(repeatability)或再现性(reproducibility)表示不同情况下分析结果的精密度。重复性表示同一分析人员在同一条件下所得分析结果的精密度。再现性表示不同分析人员或不同实验室之间在各自的条件下所得分析结果的精密度。

精密度大小用偏差表示,偏差越小说明精密度越高。偏差表示方式较多,主要有绝对偏差和相对偏差、算术平均偏差、标准偏差、相对标准偏差、极差等。

1. 绝对偏差与相对偏差

绝对偏差是指单项测定值(X)与平均值($\bar{x}$)的差值,常用符号 d 来表示:

$$绝对偏差 \, d = X - \bar{x}$$

相对偏差(d_r)指绝对偏差占平均值的百分率。

$$相对偏差 \, d_r = \frac{d}{\bar{x}} \times 100\%$$

绝对偏差和相对偏差都有正、负之分。当测定结果大于平均值时,偏差为正值;反之,偏差为负值。绝对偏差和相对偏差只能表示单一测定结果的精密度,不能反映多次测定结果的精密度,对多次测定结果的精密度常用算术平均偏差表示。

2. 算术平均偏差

算术平均偏差(average deviation),简称平均偏差,是指单项测定值(X)与平均值($\bar{x}$)的绝对偏差(偏差取绝对值)之和,再除以测定次数,常用符号 $\bar{d}$ 表示。

$$算术平均偏差(\bar{d}) = \frac{\sum_{i=1}^{n} |x_i - \bar{x}|}{n}$$

多次测定数据的相对平均偏差为

$$相对平均偏差 = \frac{\bar{d}}{\bar{x}} \times 100\%$$

例 2-2-3 计算下面这一组测量值的平均值、算术平均偏差和相对平均偏差。

$$15.51, \quad 15.50, \quad 15.46, \quad 15.49, \quad 15.51$$

解 平均值 $= (15.51 + 15.50 + 15.46 + 15.49 + 15.51)/5 = 15.49$

$$算术平均偏差(\bar{d}) = \frac{\sum_{i=1}^{n} |x_i - \bar{x}|}{n} = \frac{|0.02| + |0.01| + |-0.03| + |0| + |0.02|}{5}$$
$$= 0.02$$

$$相对平均偏差 = \frac{\bar{d}}{\bar{x}} \times 100\% = \frac{0.02}{15.49} \times 100\% = 0.13\%$$

3. 标准偏差

在数理统计中常用标准偏差(standard deviation)来衡量精密度。

一般测定次数有限,用样本标准偏差来衡量该组数据的分散程度,样本标准偏差数学表达式如下:

$$样本标准偏差(S) = \sqrt{\frac{\sum_{i=1}^{n} (x_i - \bar{x})^2}{n-1}}$$

标准偏差在平均值中所占的百分率称为相对标准偏差(coefficient of variation),也称变异系数或变动系数。其计算式如下:

$$相对标准偏差 = \frac{s}{\bar{x}} \times 100\%$$

用标准偏差表示精密度比用算术平均偏差表示要好。因为单次测定值的偏差经平方以后,较大的偏差就能显著地反映出来。所以,生产和科研的分析报告常用标准偏差表示精密度。

4. 极差

一般分析中,平行测定次数不多,常采用极差(R)来说明偏差的范围。

$$极差(R) = 测定最大值 - 测定最小值$$

相对极差是极差在平均值中所占的百分率。

$$相对极差 = \frac{极差}{平均值} \times 100\%$$

三、精密度与准确度的关系

精密度和准确度是两个不同的概念,它们互相之间有一定的关系。

例如,现有三组分析数据,每组有 4 个测定结果,如表 2-2-1 所示。若真实值为 0.31,分别求出三组数据的绝对误差、算术平均偏差,并分析三组数据精密度和准确度的关系。

表 2-2-1 三组测定结果

组序	测定值 1	测定值 2	测定值 3	测定值 4	平均值
第一组	0.20	0.20	0.18	0.17	0.19
第二组	0.40	0.30	0.25	0.23	0.30
第三组	0.36	0.35	0.34	0.33	0.34

计算如下。

第一组:绝对误差＝0.19－0.31(真实值)＝－0.12　　　算术平均偏差＝0.01
第二组:绝对误差＝0.30－0.31(真实值)＝－0.01　　　算术平均偏差＝0.06
第三组:绝对误差＝0.34－0.31(真实值)＝－0.03　　　算术平均偏差＝0.01
分析:

第一组测定结果,精密度很高,但是绝对误差大,准确度低。

第二组测定结果,精密度低,虽然平均值接近真实值,但随机误差较大。

第三组测定结果,精密度很高,绝对误差较小,准确度较高。

由此可见,要想准确度高,首先必须要求精密度高,但是精密度高时,准确度不一定高,因为可能在测定中存在系统误差。总之精密度是保证准确度的先决条件。

第二节　误差来源及消除办法

进行样品分析的目的是获取准确的分析结果,然而即使我们用最可靠的分析方法、精密的仪器,熟练细致地操作,所测得的数据也不可能和真实值完全一致。这说明误差是客观存在的。但是如果我们掌握了产生误差的基本规律,就可以将误差减小到允许的范围内。为此必须了解误差的性质、误差产生的原因以及消除误差的方法。

根据误差产生的原因和性质,我们将误差分为系统误差和偶然误差两大类。

一、系统误差

1. 系统误差的产生原因及分类

对于系统误差,它产生的原因有很多,通常是由一些固定的因素造成的。

(1)方法误差　由于分析方法的不完善而产生。例如,在重量分析中可能由沉淀的溶解或共沉淀现象导致;在滴定分析中,可能受到干扰离子的影响或指示剂选择不当而导致。方法误差有时不被人们察觉,对结果准确度影响较大,因此在选择分析方法时应特别注意。

（2）仪器误差　测量仪器本身不够精密或有缺陷造成的误差。如未经过校正的容量瓶、移液管、砝码;电子仪器噪声过大等。

（3）试剂误差　试剂或蒸馏水纯度不够造成的误差。

（4）操作误差　这通常源于分析工作者的操作不熟练、观察不敏锐或固有习惯的影响。例如操作者对颜色判断灵敏度不同,滴定终点时观察颜色总是偏深或者偏浅。

2. 系统误差的特点

不管是哪种原因造成的系统误差,它们都具有相同的四个特点:

（1）重复性　同一条件下重复测定,这个误差都会重复出现。

（2）单向性　比如由于砝码不准确而造成测量结果偏高,一旦使用这个砝码,那测量结果就会一直偏高,并且该砝码造成的误差大小是恒定不变的。

（3）恒定性　多次测定时,误差大小基本不变,对测定结果的影响比较恒定。

（4）可测性　系统误差是由于一些固定的因素造成的,所以系统误差的大小可以测定出来,并且可以消除。

3. 系统误差的消除

针对系统误差产生的原因,可以采用不同的方法消除系统误差。

（1）方法误差　可以采用对照实验加以消除。如选择一种标准方法或标准试样进行对照实验,计算校正值,对测定结果加以校正。

（2）试剂误差　可通过使用符合纯度要求的试剂,同时进行空白实验进行校正。空白实验除了不加被测试样外,其他实验步骤与试样测定步骤完全一样,所得结果称为空白值。

（3）仪器误差　可以通过校准仪器或更换符合要求的仪器来消除。在分析测定过程中,对于具有精确体积和质量的仪器,例如滴定管、移液管、容量瓶以及分析天平的砝码,均需进行校正,因为这些测量数据均直接参与分析结果的计算。

（4）操作误差　通过加强实验人员操作培训,克服其主观性影响来有效减小操作误差。

通过以上措施,是否一定可以消除系统误差?如何验证是否存在系统误差?是否存在系统误差,常常通过回收实验加以检查。

回收实验是在测定试样组分含量时加入已知准确量的待测组分,比如测得试样中某组分含量为 X_1,在试样中加入待测组分 X_2 后测定出该组分含量为 X_3。由回收实验所得数据可以计算出回收率。

$$回收率 = \frac{x_3 - x_1}{x_2} \times 100\%$$

由回收率的高低来判断有无系统误差存在。对常量组分回收率要求一般为 99% 以上。对于微量组分回收率要求在 95%～110% 之间。

二、偶然误差

偶然误差又称为随机误差。随机误差是由一些无法控制的不确定因素所引起的。如环境温度、湿度、电压、仪器性能、实验人员操作等的微小变化以及其他不确定因素所造成的误差。

这类误差时大时小,时正时负,难以找到具体的原因,更无法测量它的值。但从多次测量结果的误差来看,符合一定统计学的规律,即正态分布规律。多次测定,正负误差出现概率相等,可部分或全部互相抵消,大误差出现概率低,小误差出现概率高。

虽然偶然误差难以预测且无法完全消除,但增加平行测量的次数可以显著降低其影响。

值得注意的是,偶然误差和系统误差没有绝对界限,误差是普遍存在的,当人们对误差的成因尚不了解时,通常会将其视为偶然误差,并进行相应的统计处理。

三、过失误差

由于操作不正确、粗心大意造成的误差统称为过失误差。比如加错试剂、读数或记录错误、滴定时溶液损失等。因此,需注意将其与操作误差明确区分开来。对于因过失误差产生的数据,应予以舍弃,并重新进行实验。在分析测定中必须严格按照操作规程、认真进行操作,避免过失误差。

四、提高分析结果准确度的方法

为了提升分析结果的准确度,必须全面考虑分析工作中可能遇到的各种误差,并采取有效措施,将这些误差降至最小。

1. 消除系统误差

消除系统误差可以采取如前面所述的措施,即做空白实验来消除试剂误差,做对照实验消除方法误差。各种分析方法的准确度是不相同的。化学分析法对高含量组分的测定,能获得准确和较满意的结果,相对误差一般在千分之几。而对低含量组分的测定,化学分析法就达不到这个要求。仪器分析法,虽然误差较大,但是由于灵敏度高,可以测出低含量组分。在选择分析方法时,主要根据组分含量及对准确度的要求,在可能的条件下选择最佳的分析方法。

校正仪器:消除因仪器不准而产生的仪器误差。

2. 减小测量误差

即便天平和滴定管已经过校正,但在实际使用过程中,仍不可避免地会引入一定的误差。

如根据分析天平的每次称量读数误差 ± 0.1 mg,若要确保样品质量的相对误差不大于 0.1%,则至少应称取样品 0.2 g。

使用滴定管完成一次滴定,会引入 ± 0.02 mL 的绝对误差。为使测量的相对误差小于 0.1%,滴定剂的消耗体积至少为 20 mL。

3. 减小偶然误差

增加测定次数能有效减小偶然误差,一般而言,分析测定中建议进行 $3\sim 5$ 次测定,在无意外误差的情况下,通常能获得相当准确的结果。例如标准溶液的标定实验一般要求为 4 次。

第三节　有效数字及运算规则

一、有效数字

1. 有效数字的概念

为了取得准确的分析结果,不仅要准确进行测量,而且还要正确记录实验数据与计算。所谓正确记录是指正确保留数据的有效数字。因为有效数字不仅表示数值的大小,还反映测量的准确程度。所谓有效数字,就是实际能测得的数字,有效数字在组成上包括准确数字和不准确数字两部分,其中最后一位是不准确数字(亦称可疑数字或估读数字),其余为准确数字。

例如,使用分析天平称量某物体质量为 1.2508 g,其中前面的"1.250"为准确数字,最后一位"8"为可疑数字;滴定管读数 26.35 mL,前面的"26.3"为准确数字,最后一位"5"为可疑数字。

2. 有效数字的意义

有效数字不仅表明数量的大小,而且反映测量的准确度。有效数字保留的位数,应根据分析方法与仪器的准确度来决定,使测得的数值中只有最后一位是可疑的。

例如,在分析天平上称取样品 0.5000 g 时,这不仅表明样品的质量是 0.5000 g,还表示称量的误差在 ±0.0002 g 以内,这一误差范围符合国际标准组织规定的分析天平校准的最大允许误差。如将其质量记录成 0.50 g,则表示该样品是在台秤或百分之一天平上称量的,其称量误差为 ±0.02 g。

因此,记录数据的位数不能任意增加或减少。所谓有效数字就是保留最后一位可疑数字,其余数字均为准确数字。

3. 有效数字位数的确定

有效数字位数的算法,是从左边第一个非零数字开始数起至末位数,有几个数字就是几位有效数字。

例如,在分析天平上称量物质,得到如表 2-2-1 所示的质量。

表 2-2-1　物质的称量

物质	称量瓶	称量纸	氯化钠
质量/g	20.1430	0.0110	0.2010
有效数字位数	6	3	4

以上数据中,"0"在有效数字中有两种意义,一种是作为小数的定位数字,另一种是有效数字。

在有效数字的计算中,"0"的作用是不同的。位于非零数字之前的 0 不计入有效数字,而位于非零数字之后的 0 计入有效数字。

(1)在 20.1430 中,两个"0"均为有效数字,因此该数是 6 位有效数字。

(2)在 0.0110 中,前面两个"0"是定位用的,不是有效数字,末尾的"0"是有效数字,所以 0.0110 是 3 位有效数字。

(3)在 0.2010 中,小数点前面的一个"0"是定位用的,不是有效数字,而在数字中间的"0"和末尾的"0"是有效数字,所以该数是 4 位有效数字。

以"0"结尾的正整数,其有效数字位数不确定,例如 2500 这个数,不好确定有效数字是几位,可能是 4 位、3 位或者是 2 位,遇到这种情况,应根据实际有效数字位写成科学记数法:

4 位有效数字　　2.500×10^3

3 位有效数字　　2.50×10^3

2 位有效数字　　2.5×10^3

因此很大或者很小的数,常采用科学计数法表示。

在化学中,pH 等对数值的有效数字位数取决于小数部分的位数,整数部分仅用于定位。例如 pH=2.08,有效数字为两位,小数部分的"08"是有效数字。

4. 常用计量仪器有效数字记录要求

滴定管:25 mL、50 mL 滴定管最小刻度为 0.1 mL,在实际使用时可以再估读到 0.01 mL,因此 25 mL、50 mL 滴定管有效数字记录要准确到 0.01 mL。

移液管:使用 25 mL 移液管移液时,移液体积应记录为 25.00 mL;使用 5 mL 移液管移液时,移液体积应记录为 5.00 mL。

容量瓶:容量瓶的有效数字统一保留四位,如 1000 mL 容量瓶的容积记录为 1.000×10^3 mL,250 mL 容量瓶的容积记录为 250.0 mL,50 mL 容量瓶的容积则记录为 50.00 mL。

万分之一分析天平有效数字准确到 0.1 mg,百分之一天平记录到 0.01 g。

二、有效数字修约规则

1. 有效数字的修约

有效数字是分析过程中实际测量到的数值,有效数字的位数不仅表示数值大小,也反映了仪器的精密度。然而在分析测定过程中往往包括几个环节,由于各个测量环节使用的仪器准确度不同,记录数据的位数也不相同,在结果计算中,需要根据实际要求进行有效数字的修约。

在数据运算中,按照一定的规则减少有效数字位数,舍弃多余数字的过程称为有效数字的修约。根据数值修约规则(GB/T 8170—2008),有效数字修约采用"四舍六入五成双"的规则。

例如:将下列数字修约为三位有效数字(表 2-2-2)。

表 2-2-2　有效数字的修约

修约前	修约后
4.1349	4.13
4.1361	4.14
4.125	4.12
4.115	4.12
4.1251	4.13

(1)四舍:在拟舍弃的数字中,如果左边第一个尾数≤4,则舍去。如 4.1349 修约至三位

有效数字时,应舍去尾数"49",因为尾数左边第一位数字为 4,故直接舍去,修约结果为 4.13。

(2)六入:若拟舍去数字左边第一位≥6,则进位。如 4.1361,尾数第一位为"6",则进位,修约结果为 4.14。

(3)五成双:若拟舍去数字左边第一位为 5,且 5 后无数字或皆为零,则需观察 5 前的数字。若 5 前为偶数,则舍弃 5(舍五成双),如 4.125,"5"后无数,"5"前为偶数"2",则舍去 5,修约为 4.12,使最后一位为偶数。若 5 前为奇数,如 4.115,则 5 进位,修约为 4.12,确保有效数字最后一位为偶数。

(4)若拟舍弃尾数第一位为 5,且 5 后有不为零的数,则进位。如 4.1251,尾数第一位为"5",且 5 后有数,则直接进位,修约为 4.13。

2. 有效数字运算规则

在分析结果的计算中,每个测量值的误差都要传递到最终结果中。为了真实反映测定结果的准确度,必须按照运算规则进行计算。

(1)加减运算规则 在加减运算中,几个数相加或相减时,它们的和或差的有效数字保留,应以小数点后位数最少、绝对误差最大的数为基准进行修约计算。例如,

$$0.0121 \quad + \quad 25.64 \quad + \quad 1.05782$$

绝对误差 $\quad \pm 0.0001 \quad \pm 0.01 \quad \pm 0.00001$

以上三个数相加后第二位小数已属可疑,它决定了总和的绝对误差,因此上述数据之和应修约到小数点后第二位。按先修约后计算的原则,先将所有数据修约到小数点后两位,再进行计算。

$$0.0121 + 25.64 + 1.05782$$
$$= 0.01 \ + 25.64 + 1.06$$
$$= 26.71$$

(2)乘除运算规则 几个数字相乘或相除时,它们的积或商的有效数字保留应以有效数字位数最少,即相对误差最大的数为准进行修约计算。例如下列运算中,

$$0.0121 \times 25.64 \times 1.05782 = ?$$

0.0121 的相对误差最大,有三位有效数字,将其他数据修约为三位有效数字后,再进行乘法运算,结果保留三位有效数字,运算如下:

$$0.0121 \times 25.64 \times 1.05782$$
$$= 0.0121 \times 25.6 \times 1.06$$
$$= 0.328$$

3. 运算注意事项

(1)在运算过程中,为减小舍入误差,在计算过程中也可多保留一位有效数字,算出结果后,再修约至应有的有效数字位数。

(2)乘除法运算中,计算各数值有效数字位数时,当首位有效数字大于 8 时,有效数字位数可以多计 1 位。例如,数字 8.34 包含 3 位有效数字,在运算时可视情况暂时按 4 位有效数字处理。

(3)在进行乘方或开方运算时,结果保留的有效数字位数应与原数据保持一致。

(4)单位换算不改变有效数字位数。

(5)在混合运算中,以最后一步计算的规则保留有效数字。

(6)误差、偏差一般取 1~2 位有效数字。

（7）各种平衡常数一般保留 2～3 位有效数字。

（8）标准溶液浓度一般保留四位有效数字。

（9）测定物质含量时，若含量大于 10%，结果应保留四位有效数字；含量在 1%～10% 之间，保留三位有效数字；含量小于 1%，则保留两位有效数字。

本章小结

1. 知识思维导图

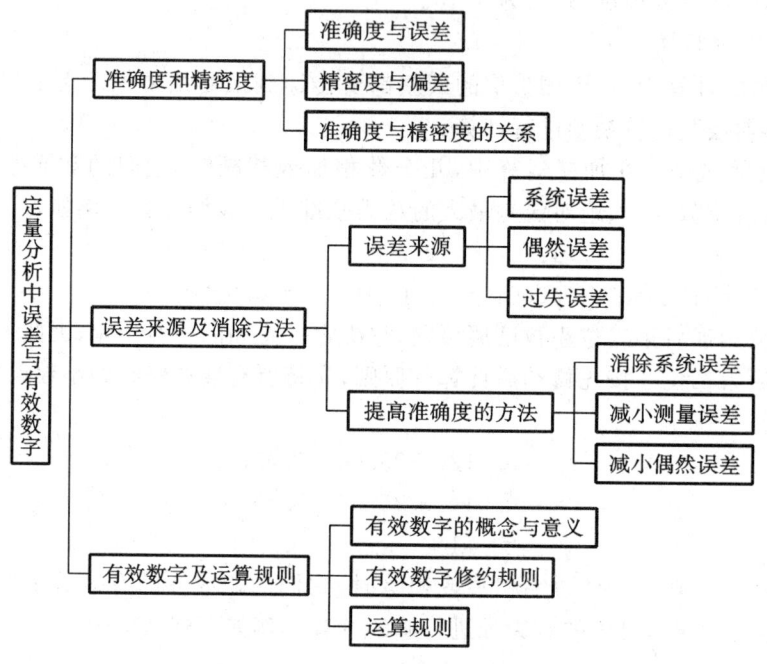

2. 学习方法概要

用对比法弄清准确度（与真实值的接近度，关联误差）与精密度（多次测量重复性，关联偏差）的关系，明确准确度需以精密度为基础，但精密度高未必准确度高。按类型掌握误差来源：系统误差（可测、单向，如仪器缺陷）、偶然误差（随机、不可测，如环境变化）、过失误差（操作错误），结合实验场景区分。提升准确度需从三方面着手：消除系统误差（校准仪器、做空白实验）、减小测量误差（选适配量具、规范操作）、减小偶然误差（多次测量取平均），并通过滴定、称量等实验强化实操。同时，分块掌握有效数字规则：明确概念（从首个非零数起算，反映精密度）、修约（四舍六入五成双）、运算（加减看小数位，乘除看位数），通过计算习题强化规范。

综　合　测　评

一、问答题

1. 什么是系统误差？什么是偶然误差？如何消除？

2. 指出下列情况中哪些是系统误差？应如何消除？

（1）天平砝码未校正；

（2）蒸馏水中有微量杂质；

（3）滴定时，不慎从锥形瓶中溅失少许试液；

（4）样品称量时吸湿。

3. 准确度和精密度有何不同？两者有何关系？在具体分析实验中如何应用？

二、计算题

1. 用氧化还原滴定法测得 $FeSO_4 \cdot 7H_2O$ 中铁的质量分数为 20.01%，20.03%，20.04%，20.05%。请计算：平均值；算术平均偏差；相对平均偏差；极差；相对极差。

2. 用沉淀滴定法测定纯 NaCl 中氯的质量分数，得到下列结果：59.82%，60.06%，60.46%，59.86%，60.24%。计算：平均值；算术平均偏差；相对平均偏差。

3. 有一化学试剂送给甲、乙两处进行分析，分析方案相同，实验室条件相同。所得分析结果如下。

甲处：40.15%，40.14%，40.16%。

乙处：40.02%，40.25%，40.18%。

试分别计算两处分析结果的精密度，用标准偏差和相对标准偏差计算。何处分析结果较准确？说明原因。

4. 分析天平的称样绝对误差为 ±0.0002 g，如要求测量时相对误差不超过 0.15%，样品至少应该称多少克？

5. 滴定分析的相对误差要求为小于 0.1%，10 mL 滴定管的读数绝对误差为 ±0.005 mL，滴定时所用液体体积至少为多少毫升？

6. 下列数值各有几位有效数字？

0.0720，36.080，8.4×10^{-5}，6.023×10^{23}，1000.00，1.0×10^3，pH = 5.20 时的 $[H^+]$。

7. 用有效数字表示下列计算结果，注意运算规则和修约规则。

（1）231.89＋4.5＋0.8244　　　（2）(31.00－0.05)×89.456

第三章

滴定分析法

 **学习目标**

1. 了解滴定分析法的基本理论、方法与分类；
2. 掌握酸碱滴定法的基本原理、滴定方式、操作条件和分析应用；
3. 掌握莫尔法、福尔哈德法的基本原理及主要应用；
4. 掌握常用的氧化还原滴定法的基本原理及实际应用；
5. 理解影响配位平衡的因素，掌握配位滴定的基本原理、滴定方式、操作条件和分析应用。

　　滴定分析法是用于测定化学物质常量组分的一种重要方法，具有操作简便、测定快速、仪器设备简单等特点，被广泛用于环境、医药、材料、能源和生命科学等领域。滴定分析法是化学分析中重要的一类方法，在生产过程控制、原料配比、成品质量检验，"三废"的综合利用、实现清洁生产，土壤普查、农作物营养诊断、农药残留量分析等方面发挥着重要作用。本章介绍四种常用的滴定分析法，即酸碱滴定法、沉淀滴定法、氧化还原滴定法和配位滴定法。

第一节　滴定分析法概述

一、滴定分析法的特点

　　滴定分析法是将一种已知准确浓度的试剂（溶液），滴加到一定量的待测物质的溶液中，到组分恰好完全反应为止，然后根据已知溶液的浓度和所消耗的体积，计算出待测组分的含量的化学分析法。

　　滴加到被测物质溶液中的已知准确浓度的溶液称为**标准溶液**，又称滴定剂。滴加标准溶液的操作过程称为**滴定**。滴加的标准溶液与待测组分恰好定量反应完全的这一点，称为**化学**

计量点。一般通过指示剂颜色的变化来判断化学计量点的到达，指示剂颜色变化而停止滴定的这一点称为**滴定终点**。实际分析操作中滴定终点与理论上的化学计量点常常不能恰好吻合，它们之间往往存在很小的差别，由此引起的误差称为**终点误差**。

滴定分析法通常用于测定常量组分，即被测组分的含量一般在 1% 以上，相对误差在 $\pm 0.2\%$ 以内。滴定分析法操作简便，测定快速，仪器设备简单，可适用于各种化学反应类型的测定，因而在生产和科研中具有重要的实用价值，是化学分析中很重要的一类方法。

二、滴定的方法与分类

1. 滴定的基本方法

（1）直接滴定法　用标准溶液直接滴定被测物质的溶液，称为直接滴定法。例如，用 HCl 标准溶液滴定待测 NaOH 溶液，用 $K_2Cr_2O_7$ 标准溶液滴定含 Fe^{2+} 的溶液等。此方法简便，准确度较高，分析结果计算简便，是滴定分析法中最常用和最基本的方法。

（2）返滴定法　当化学反应速率较小时，先在一定量的待测物溶液中加入过量的滴定剂，待反应完全后，再用另一种标准溶液返滴定剩余的滴定剂，这种滴定方式称为返滴定法，又称回滴定法。例如，用 EDTA 滴定剂滴定 Al^{3+} 时，因 Al^{3+} 与 EDTA 配位反应速率小，不能用直接滴定法，可于一定量的待测溶液中先加入过量的 EDTA 标准溶液并加热促使反应加速完成，溶液冷却后再用标准 Zn^{2+} 或 Cu^{2+} 溶液滴定剩余的 EDTA；又如对固体 $CaCO_3$ 的测定，可先加入过量 HCl 标准溶液，待反应完全后，用 NaOH 标准溶液返滴定剩余的 HCl。

（3）置换滴定法　对于被测物质和滴定剂之间不能按化学计量关系进行或伴有副反应发生时，可先加入适当的试剂与待测物反应，生成另一种可被滴定的物质，再用适当的滴定剂滴定"另一种物质"，此法称为置换滴定法。例如，$Na_2S_2O_3$ 不能直接滴定 $K_2Cr_2O_7$ 及其他强氧化剂，因为在酸性溶液中，强氧化剂可将 $S_2O_3^{2-}$ 氧化为 $S_4O_6^{2-}$ 及 SO_4^{2-} 等混合物，使反应无确定的化学计量关系。若在 $K_2Cr_2O_7$ 酸性溶液中加入过量 KI，$K_2Cr_2O_7$ 与 KI 定量反应析出 I_2 后，就可以用 $Na_2S_2O_3$ 标准溶液直接滴定 I_2，进而确定 $K_2Cr_2O_7$ 的含量。

（4）间接滴定法　对于不能与滴定剂直接发生化学反应的被测物质，可以通过间接反应使其转化为可被滴定的物质，再用滴定剂滴定所生成的物质，此法称为间接滴定法。例如，溶液中 Ca^{2+} 没有氧化还原性，但利用它与 $C_2O_4^{2-}$ 作用生成 CaC_2O_4 沉淀，过滤后，加入 H_2SO_4 使沉淀溶解，用 $KMnO_4$ 标准溶液滴定与 Ca^{2+} 结合的 $C_2O_4^{2-}$，从而可间接测定 Ca^{2+} 的含量。

2. 滴定分析法的分类

滴定分析法是以化学反应为基础的，根据化学反应类型不同，通常分为下列四类。

（1）酸碱滴定法　酸碱滴定法是以质子转移反应为基础的滴定分析法，又称中和滴定法。它可用来测定酸、碱以及能直接或间接与酸、碱发生反应的物质含量，其反应实质可表示为

$$H^+ + B^- \Longrightarrow HB$$

（2）沉淀滴定法　沉淀滴定法是以沉淀反应为基础的滴定分析法，常用于对 Ag^+、CN^-、SCN^- 及卤素离子等的测定。如银量法，其反应实质为

$$Ag^+ + X^- \Longrightarrow AgX \downarrow （X^- 表示 -1 价的卤素离子）$$

（3）氧化还原滴定法　氧化还原滴定法是以氧化还原反应为基础的滴定分析法，可用于

直接测定具有氧化性或还原性的物质或间接测定某些不具有氧化或还原性的物质。其反应实质表示为

$$Ox_1 + ne^- =\!=\!= Red_1$$

$$Red_2 - ne^- =\!=\!= Ox_2$$

$$Ox_1 + Red_2 =\!=\!= Red_1 + Ox_2$$

（4）配位滴定法　配位滴定法是以配位反应为基础的滴定分析法，可用于测定金属离子或配位剂。其反应实质可表示为

$$M^{2+} + Y^{4-} =\!=\!= MY^{2-}$$

式中：M^{2+} 表示二价金属离子；Y^{4-} 表示 EDTA 的阴离子。

三、滴定分析法的基本条件

适用于滴定分析法的化学反应必须具备下列条件。

（1）反应能定量完成　即滴定反应按确定的反应式进行，无副反应发生，反应完成的程度达到 99.9% 以上，这是滴定分析法定量计算的基础。

（2）反应能够迅速完成　对于化学反应速率小的反应，可通过加热或加入催化剂来加速反应的进行。

（3）有简便、合适可靠的确定终点的方法　有合适的指示剂可供选择。

四、基准物质和标准溶液

1. 基准物质

能用于直接配制或标定标准溶液的物质，称为基准物质。基准物质必须具备下列条件。

（1）物质必须具有足够的纯度。一般要求试剂纯度在 99.9% 以上，通常是基准试剂或优级纯物质。

（2）物质的试剂组成和化学式完全符合。若含有结晶水，其含量也应与化学式相符。

（3）试剂性质稳定。干燥时不分解，称量时不吸收水分和二氧化碳，不失去结晶水，不被空气所氧化等。

（4）物质最好具有较大的摩尔质量，可减少称量时的相对误差。

在滴定分析法中常用的基准物质列于表 2-3-1 中。

表 2-3-1　常用基准物质的干燥条件和应用

基准物质		干燥后的组成	干燥温度/℃	标定对象
名称	分子式			
碳酸氢钠	$NaHCO_3$	Na_2CO_3	270～300	酸
十水合碳酸钠	$Na_2CO_3 \cdot 10H_2O$	Na_2CO_3	270～300	酸
硼砂	$Na_2B_4O_7 \cdot 10H_2O$	$Na_2B_4O_7 \cdot 10H_2O$	放在装有 NaCl 和蔗糖饱和溶液的密闭容器中	酸
二水合草酸	$H_2C_2O_4 \cdot 2H_2O$	$H_2C_2O_4 \cdot 2H_2O$	室温空气干燥	$KMnO_4$

续表

基 准 物 质		干燥后的组成	干燥温度/℃	标 定 对 象
名称	分子式			
邻苯二甲酸氢钾	$KHC_8H_4O_4$	$KHC_8H_4O_4$	105～110	碱或 $HClO_4$
重铬酸钾	$K_2Cr_2O_7$	$K_2Cr_2O_7$	140～150	还原剂
溴酸钾	$KBrO_3$	$KBrO_3$	150	还原剂
碘酸钾	KIO_3	KIO_3	105	还原剂
三氧化二砷	As_2O_3	As_2O_3	室温干燥器中保存	氧化剂
草酸钠	$Na_2C_2O_4$	$Na_2C_2O_4$	110	$KMnO_4$
碳酸钙	$CaCO_3$	$CaCO_3$	110	EDTA
金属锌	Zn	Zn	室温干燥器中保存	EDTA
氧化锌	ZnO	ZnO	900～1000	EDTA
氯化钠	NaCl	NaCl	110	$AgNO_3$
对氨基苯磺酸	$C_6H_7O_3NS$	$C_6H_7O_3NS$	120	$NaNO_2$

2. 标准溶液

所谓标准溶液,是指已知准确浓度的溶液。

(1) 标准溶液的配制　配制标准溶液的方法一般有两种,即直接法和间接法。

① 直接法:准确称取一定量的基准物质,用蒸馏水溶解后定量转入容量瓶中定容,根据所称物质的质量和溶液的体积,计算出该标准溶液的准确浓度。直接法操作简便,一经配好即可使用。

② 间接法:不符合基准物质条件的试剂,如 HCl、H_2SO_4、NaOH、KOH、$KMnO_4$、$Na_2S_2O_3$ 等,不能直接配制成标准溶液。一般先将它们配制成近似所需浓度的溶液,再用基准物质或已知准确浓度的另一标准溶液来确定该标准溶液的准确浓度。用基准物质或已知准确浓度的溶液来确定所配制标准溶液准确浓度的操作过程称为**标定**。因此间接法又称为标定法,例如 HCl 易挥发且纯度不高,只能粗略配成近似浓度的溶液,然后以无水碳酸钠为基准物质,标定 HCl 标准溶液的准确浓度。

(2) 标准溶液浓度的表示方法　一般用物质的量浓度或滴定度来表示标准溶液浓度。滴定度是指与每毫升标准溶液相当的待测组分的质量(g),用 $T_{滴定剂/待测物}$ 表示,滴定度的单位通常为 $g \cdot mL^{-1}$。例如,1 mL H_2SO_4 标准溶液恰能与 0.0400 g 的 NaOH 反应完全,则 H_2SO_4 的滴定度 $T_{H_2SO_4/NaOH} = 0.0400 \ g \cdot mL^{-1}$。

滴定度是针对被测物质而言,将被测物质的质量与所用滴定剂的体积联系起来。使用滴定度的优点:只要将滴定时所消耗的标准溶液的体积乘以滴定度,就可以直接得到被测物质的质量。

在生产单位的例行分析中,使用滴定度比较方便,如滴定消耗标准溶液的体积为 $V(mL)$,则被测物质的质量为

$$m = TV$$

第二节　酸碱滴定法

酸碱滴定法是以质子传递反应为基础的滴定分析法。酸碱反应速率大,能按一定反应式定量进行,很多反应能满足定量分析的要求,而且目前已有较多的方法指示滴定终点,一般的酸、碱以及能和酸、碱直接或间接发生质子传递反应的物质,几乎都可以利用酸碱滴定法进行测定。因此,酸碱滴定法已成为广泛应用的测定方法之一。

一、滴定曲线与指示剂的选择

运用酸碱滴定法进行分析时,必须了解滴定过程中溶液 pH 值的变化规律,这样才能根据滴定突跃范围选择合适的指示剂,以准确地确定化学计量点。滴定过程中随着滴定剂不断加入被滴定溶液中,由于发生中和反应,溶液的 pH 值不断地发生变化。若用溶液的加入量为横坐标,对应的 pH 值为纵坐标,绘制关系曲线,这种曲线称为酸碱**滴定曲线**。

1. 强碱滴定强酸(或强酸滴定强碱)

现以 $0.1000\ mol \cdot L^{-1}$ NaOH 溶液滴定 20.00 mL $0.1000\ mol \cdot L^{-1}$ HCl 溶液为例,讨论强碱滴定强酸的滴定曲线和指示剂的选择。

滴定过程可分四个阶段。

(1) 滴定开始前　滴定前溶液的 pH 值由 HCl 溶液的初始浓度决定。因 HCl 是强酸,在水溶液中全部电离,故

$$[H^+] = 0.1000\ mol \cdot L^{-1}, \quad pH = 1.00$$

(2) 滴定开始至化学计量点前　随着 NaOH 溶液的加入,溶液中 H^+ 逐渐减少,溶液的 pH 值由剩余 HCl 溶液的浓度决定。例如:

当滴入 18.00 mL NaOH 溶液时,溶液中还剩下 2.00 mL HCl 未被中和,则

$$[H^+] = \frac{20.00 - 18.00}{20.00 + 18.00} \times 0.1000\ mol \cdot L^{-1} = 5.26 \times 10^{-3}\ mol \cdot L^{-1}, \quad pH = 2.28$$

当滴入 19.98 mL NaOH 溶液时,溶液中只剩下 0.02 mL HCl 未被中和,则

$$[H^+] = \frac{20.00 - 19.98}{20.00 + 19.98} \times 0.1000\ mol \cdot L^{-1} = 5.00 \times 10^{-5}\ mol \cdot L^{-1}, \quad pH = 4.30$$

(3) 化学计量点时　当滴入 20.00 mL NaOH 溶液时,溶液中 HCl 恰好被完全中和,此时溶液组成为 NaCl 水溶液,故

$$[H^+] = [OH^-] = 1.00 \times 10^{-7}\ mol \cdot L^{-1}, \quad pH = 7.0$$

(4) 化学计量点后　当滴入 20.02 mL NaOH 溶液时,溶液中 NaOH 标准溶液过量 0.02 mL,溶液的 pH 值由过量的 NaOH 溶液的浓度决定,故

$$[OH^-] = \frac{0.02 \times 0.1000}{20.00 + 20.02}\ mol \cdot L^{-1} = 5.00 \times 10^{-5}\ mol \cdot L^{-1}, \quad pH = 9.70$$

根据上述方法计算可得到各不同滴定点的 pH 值,将其计算结果列于表 2-3-2。

表 2-3-2 0.1000 mol·L^{-1} NaOH 溶液滴定 20.00 mL 0.1000 mol·L^{-1} HCl 溶液 pH 值的变化

加入 NaOH 量		剩余 HCl 溶液的体积/mL	过量 NaOH 溶液的体积/mL	pH 值
滴定分数/(%)	体积/mL			
0.00	0.00	20.00		1.00
90.00	18.00	2.00		2.28
99.00	19.80	0.20		3.30
99.80	19.96	0.04		4.00
99.90	19.98	0.02		4.30
100.0	20.00	0.00		7.00
100.1	20.02		0.02	9.70
100.2	20.04		0.04	10.00
101.0	20.20		0.20	10.70
110.0	22.00		2.00	11.70
200.0	40.00		20.00	12.50

　　若以滴加的 NaOH 溶液体积(mL)为横坐标,以 pH 值为纵坐标来绘制关系曲线,可得强碱滴定强酸的滴定曲线,如图 2-3-1 所示。

　　从表 2-3-2 和图 2-3-1 可见,在滴定开始时 pH 值变化较小,曲线比较平坦。这是因为溶液中存在着较多的 HCl,酸度较大,因此 pH 值升高十分缓慢。随着滴定的不断进行,溶液中 HCl 的量逐渐减少,pH 值的升高逐渐增快,尤其是当滴定接近化学计量点时,溶液中剩余的 HCl 已极少,pH 值升高极快。当滴入 19.98 mL NaOH 溶液(即剩余 0.02 mL HCl 溶液时),溶液 pH 值为 4.30,再继续滴入 1 滴(大约 0.04 mL)NaOH 溶液,即中和剩余的半滴 HCl 溶液后,NaOH 溶液仅过量 0.02 mL,而溶液的 pH 值由 4.30 迅速升高到 9.70,1 滴溶液就使溶液 pH 值增加 5 个多 pH 单位,溶液由酸

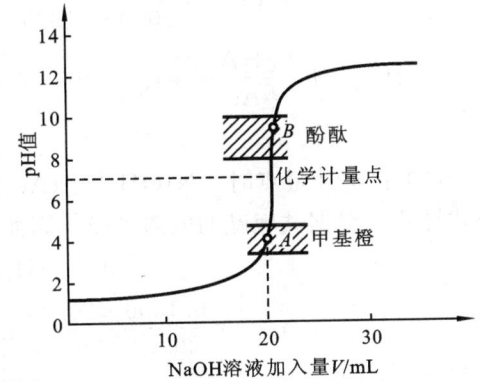

图 2-3-1 0.1000 mol·L^{-1} NaOH 溶液滴定 20.00 mL 0.1000 mol·L^{-1} HCl 溶液的滴定曲线

性变为碱性。如再加入 NaOH 溶液,所引起的 pH 值变化又越来越小,曲线趋于平坦。在化学计量点前后 0.1%,滴定曲线上出现了一段垂线,这称为滴定突跃。将化学计量点前后各 0.1%处对应的溶液 pH 值范围称为**滴定突跃范围**。指示剂的选择主要以滴定突跃范围为依据,凡在 pH 4.30~9.70 范围内变色的,均能作为此类滴定的指示剂,如选用甲基橙、甲基红、酚酞、溴百里酚蓝、苯酚红等。

　　在上例中,若以甲基橙作为指示剂(pH 3.1~4.4),由于人眼对于红色变为橙色不易察觉,应滴定至溶液呈黄色才能确保终点误差不超过 0.1%。因此甲基橙作指示剂时,一般用酸溶液来滴定碱,终点时溶液颜色由黄色变为黄色中略带红色。反之,若以 HCl 溶液滴定 NaOH 溶液,滴定曲线形状与图 2-3-1 相同,但位置相反,滴定突跃范围为 9.70~4.30。此时,甲基红和酚酞都可以作为指示剂。

　　滴定突跃范围的大小还与滴定溶液的浓度有关。溶液越浓,滴定突跃范围越大;溶液越稀,滴定突跃范围越小。因此指示剂的选择受到浓度的限制。例如当用 0.0100 mol·L^{-1}

NaOH 溶液滴定 0.0100 mol·L^{-1} HCl 溶液时,由于滴定突跃范围为 pH 5.30~8.30,甲基橙就不能作为该滴定的指示剂。

2. 强碱滴定弱酸

现以 0.1000 mol·L^{-1} NaOH 溶液滴定 20.00 mL 0.1000 mol·L^{-1} HAc 溶液为例,讨论强碱滴定弱酸的滴定曲线和指示剂的选择。

(1) 滴定开始前 溶液的 pH 值根据 HAc 电离平衡来计算(已知 HAc 的电离常数 pK_a=4.74):

$$[H^+]=\sqrt{c_{HAc}K_a}=\sqrt{0.1000\times1.76\times10^{-5}}\ mol\cdot L^{-1}=1.3\times10^{-3}\ mol\cdot L^{-1}, \quad pH=2.89$$

(2) 滴定开始至化学计量点前 这一阶段的 pH 值应根据 NaOH 与 HAc 反应生成的 NaAc 和未被中和的 HAc 组成的缓冲溶液进行计算。

当滴入 19.98 mL NaOH 溶液时,生成 19.98 mL NaAc 溶液,剩余 0.02 mL HAc 溶液。此时溶液中:

$$[HAc]=\frac{0.02\times0.1000}{20.00+19.98}\ mol\cdot L^{-1}=5.0\times10^{-5}\ mol\cdot L^{-1}$$

$$[Ac^-]=\frac{19.98\times0.1000}{20.00+19.98}\ mol\cdot L^{-1}=5.0\times10^{-2}\ mol\cdot L^{-1}$$

$$[H^+]=K_a\frac{[HAc]}{[Ac^-]}=1.8\times10^{-5}\times\frac{5.0\times10^{-5}}{5.0\times10^{-2}}\ mol\cdot L^{-1}=1.83\times10^{-8}\ mol\cdot L^{-1}$$

$$pH=7.74$$

(3) 化学计量点时 NaOH 与 HAc 全部中和生成 NaAc,溶液的 pH 值可由 NaAc 水解公式计算。根据共轭碱的电离平衡计算如下:

$$Ac^-+H_2O\Longleftrightarrow HAc+OH^-$$

$$c_{Ac^-}=\frac{0.1000\times20.00}{20.00+20.00}\ mol\cdot L^{-1}=5.00\times10^{-2}\ mol\cdot L^{-1}$$

$$[OH^-]=\sqrt{c_{Ac^-}K_b}=\sqrt{c_{Ac^-}\frac{K_w}{K_a}}=\sqrt{5.00\times10^{-2}\times\frac{1.0\times10^{-14}}{1.76\times10^{-5}}}\ mol\cdot L^{-1}$$

$$=5.3\times10^{-6}\ mol\cdot L^{-1}$$

$$pH=8.72$$

(4) 化学计量点后 此时根据过量的 NaOH 溶液计算溶液的 pH 值,设加入 20.02 mL NaOH 溶液时,溶液中 OH$^-$ 浓度为

$$[OH^-]=\frac{0.02\times0.1000}{20.00+20.02}\ mol\cdot L^{-1}=5.0\times10^{-5}\ mol\cdot L^{-1}$$

$$pH=9.70$$

因此,滴定突跃范围在 pH 7.74~9.70,属碱性范围。

根据上述方法逐一计算滴定过程中各点的 pH 值,将计算结果列于表 2-3-3 中。

表 2-3-3 0.1000 mol·L^{-1} NaOH 溶液滴定 20.00 mL 0.1000 mol·L^{-1} HAc 溶液 pH 值的变化

加入 NaOH 量		剩余 HAc 溶液的体积/mL	过量 NaOH 溶液的体积/mL	pH 值
滴定分数/(%)	体积/mL			
0.00	0.00	20.00		2.89

续表

加入 NaOH 量		剩余 HAc 溶液的 体积/mL	过量 NaOH 溶液的 体积/mL	pH 值
滴定分数/（%）	体积/mL			
90.00	18.00	2.00		5.70
99.00	19.80	0.20		6.74
99.80	19.96	0.04		7.50
99.90	19.98	0.02		7.74
100.0	20.00	0.00		8.72
100.1	20.02		0.02	9.70
100.2	20.04		0.04	10.00
101.0	20.20		0.20	10.70
110.0	22.00		2.00	11.70
200.0	40.00		20.00	12.50

根据计算结果绘制强碱滴定弱酸的滴定曲线，如图 2-3-2 所示。图中的虚线是强碱滴定强酸曲线的前半部分。

从表 2-3-3 和图 2-3-2 可以看出，由于 HAc 是弱酸，滴定开始前溶液中的 $[H^+]$ 较小，pH 值较高。化学计量点前，由于 NaAc 的不断生成，在溶液中形成了弱酸及其共轭碱的缓冲体系，pH 值增加较慢，使这一段曲线较为平坦。当滴定接近化学计量点时，由于溶液中剩余的 HAc 已很少，溶液的缓冲能力已逐渐减弱，于是随着 NaOH 溶液的不断加入，溶液的 pH 值增加变快，滴定突跃范围

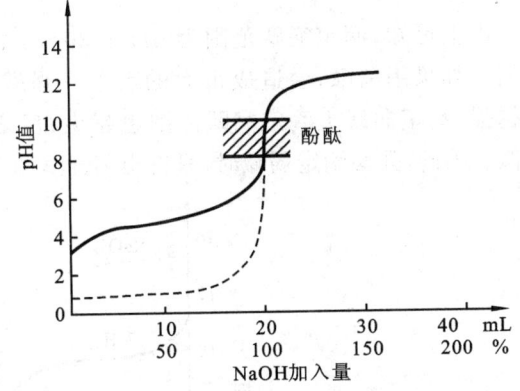

图 2-3-2 $0.1000 \text{ mol} \cdot \text{L}^{-1}$ NaOH 滴定 20.00 mL
$0.1000 \text{ mol} \cdot \text{L}^{-1}$ HAc 的滴定曲线

为 pH 7.74～9.70，处于碱性范围内。相对滴定 HCl 而言，滴定突跃范围较小，仅 1.96 个 pH 单位。这是由于化学计量点时溶液中存在着大量的 NaAc，它是弱酸强碱盐，在水中水解，使溶液呈碱性。

强碱滴定弱酸时，滴定突跃范围较小，指示剂的选择受到限制，应该选择在弱碱性范围变色的指示剂，如酚酞、溴百里酚蓝等。而在酸性范围变色的指示剂，如甲基橙、甲基红等则不再适用，否则将引起很大的终点误差。

需要注意的是，强碱滴定弱酸时的滴定突跃范围大小，取决于弱酸溶液的浓度 c 和它的电离常数 K_a 两个因素。通常，当 $cK_a \geqslant 10^{-8}$ 时，滴定突跃范围可超过 0.3 个 pH 单位，此时人眼可以辨别出指示剂颜色的变化，滴定就可以进行，终点误差也在允许的范围（±0.1%）内。因此，以 $cK_a \geqslant 10^{-8}$ 作为弱酸被强碱溶液目视准确滴定的判据。如果浓度 c 和 K_a 太小，突跃范围太小，用指示剂变色来确定终点困难，则不能直接滴定。

3. 强酸滴定弱碱

以 HCl 溶液滴定 NH_3 溶液为例。滴定反应为

$$NH_3 + H^+ \rightleftharpoons NH_4^+$$

这类滴定与用 NaOH 溶液滴定 HAc 溶液十分相似。随着 HCl 的滴入,溶液组成经历由 NH_3 到 NH_4^+-NH_3,再到 NH_4Cl 的变化过程,pH 值亦逐渐由高到低变化。仍可采用四个阶段的思路,将具体计算结果列于表 2-3-4,其滴定曲线如图 2-3-3 所示。

表 2-3-4 0.1000 mol·L⁻¹ HCl 溶液滴定 20.00 mL 0.1000 mol·L⁻¹ NH₃ 溶液 pH 值的变化

| 加入 HCl 量 | | 溶 液 组 成 | pH 值 |
滴定分数/(%)	体积/mL		
0.00	0.00	NH_3	11.13
90.00	18.00	$NH_4^+ + NH_3$	8.30
99.90	19.98	$NH_4^+ + NH_3$	6.3
100.0	20.00	NH_4^+	5.28
100.1	20.02	$H^+ + NH_4^+$	4.30
110.0	22.00	$H^+ + NH_4^+$	2.32
200.0	40.00	$H^+ + NH_4^+$	1.48

由上可知,滴定突跃范围为 pH 4.30～6.30,在弱酸性范围内,可选用甲基红、甲基橙为指示剂。如果用酚酞,会造成很大的误差。强酸滴定弱碱时,当碱的浓度一定时,K_b 越大即碱性越强,滴定曲线上滴定突跃范围也越大;反之,滴定突跃范围越小。与强碱滴定弱酸的情况相似。因此,强酸滴定弱碱时,只有当 $cK_b \geqslant 10^{-8}$ 时,此弱碱才能用标准酸溶液直接进行滴定。

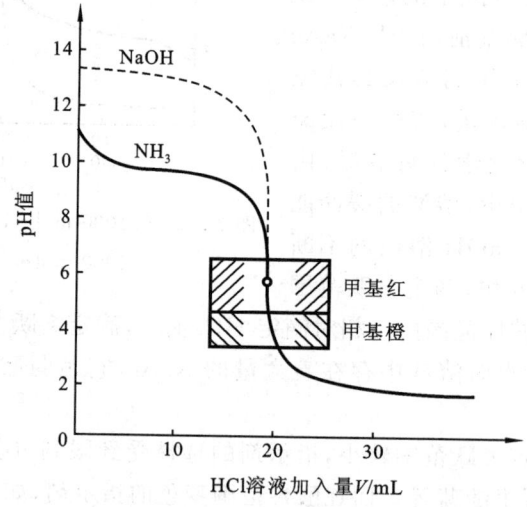

图 2-3-3 0.1000 mol·L⁻¹ HCl 溶液滴定 20.00 mL 0.1000 mol·L⁻¹ NH₃ 溶液的滴定曲线

酸碱滴定还可用于多元酸碱的滴定,其原理、方法步骤及要求可参阅《分析化学》等教材。

二、酸碱滴定法的应用

1. 标准溶液的配制和标定

酸碱滴定法中常用的标准溶液是由强酸和强碱配成的,使用最多的是 HCl 和 NaOH 溶液,浓度可在 0.01～1 mol·L⁻¹ 之间,最常用的浓度是 0.1000 mol·L⁻¹。

（1）HCl 标准溶液的配制和标定　滴定分析法中常用 HCl 溶液、硫酸溶液为滴定剂（标准溶液），应用最多的是 HCl 溶液，其价格低廉，易于得到。稀 HCl 溶液无氧化还原性，不会破坏指示剂，酸性强且稳定，因此用得较多。但市售盐酸中 HCl 含量不稳定，且常含有杂质，所以用间接法配制，再用基准物质标定，确定其准确浓度。常用标定 HCl 标准溶液的基准物质是无水碳酸钠或硼砂。

无水碳酸钠（Na_2CO_3）容易制得纯品，价格便宜，但有强吸湿性，因此使用前应在 $180\sim200\ ℃$ 下干燥 $2\sim3\ h$，保存于干燥器中。使用时称量要快，以免吸收空气中的水分而引入误差。

以无水碳酸钠为基准物质的标定反应为

$$Na_2CO_3 + 2HCl \Longrightarrow 2NaCl + H_2O + CO_2\uparrow$$

滴定时可采用甲基橙为指示剂，溶液颜色由黄色变为橙色时到达滴定终点。

硼砂（$Na_2B_4O_7 \cdot 10H_2O$）也容易制得纯品，不易吸水，比较稳定，摩尔质量较大，故由于称量而造成的误差较小。但当空气中相对湿度小于 39% 时，易失去结晶水，因此应把它保存在相对湿度为 60% 的恒湿容器中。

以硼砂为基准物质的标定反应为

$$Na_2B_4O_7 + 2HCl + 5H_2O \Longrightarrow 2NaCl + 4H_3BO_3$$

到达化学计量点时溶液 $pH = 5.27$，可用甲基红为指示剂，终点时变色明显。

（2）碱标准溶液的配制和标定　碱标准溶液通常是由 NaOH、KOH 来配制。实际应用以 NaOH 为主。固体 NaOH 具有很强的吸湿性，易吸收 CO_2 和水分，生成少量 Na_2CO_3 而影响其纯度。另外，KOH 中还可能含有少量的硅酸盐、硫酸盐和氯化物等杂质，因而不能直接配制成标准溶液，只能用间接法配制，再以基准物质标定其浓度。

标定 NaOH 标准溶液的基准物质有草酸、邻苯二甲酸氢钾和苯甲酸。最常用的是邻苯二甲酸氢钾。这种基准物质容易用重结晶法制得纯品，不含结晶水，不吸潮，容易保存，摩尔质量较大，称量误差较小，因而是一种良好的基准物质。

邻苯二甲酸氢钾（$KHC_8H_4O_4$）属有机弱酸盐，在水中呈酸性，因 $cK_{a2} \geqslant 10^{-8}$，故可用 NaOH 溶液滴定。标定反应如下：

设邻苯二甲酸氢钾溶液初始浓度为 $0.1000\ mol \cdot L^{-1}$，到达化学计量点时，体积增加一倍，浓度 $c = (0.1000/2)\ mol \cdot L^{-1} = 0.0500\ mol \cdot L^{-1}$。化学计量点时 pH 值应按下式计算：

$$[OH^-] = \sqrt{cK_{b1}} = \sqrt{\frac{cK_w}{K_{a2}}} = \sqrt{\frac{0.0500 \times 10^{-14}}{3.9 \times 10^{-6}}}\ mol \cdot L^{-1} = 1.3 \times 10^{-5}\ mol \cdot L^{-1}$$

$$pOH = 4.88, \quad pH = 9.12$$

此时溶液呈碱性，可选用酚酞或百里酚蓝为指示剂。

2. 滴定法的应用示例

酸碱滴定法能测定一般的酸、碱，以及能与酸碱直接或间接发生定量反应的各种物质，因此它是滴定分析法中应用最广的方法。

（1）总酸度和总碱度的测定　所谓总酸度，是指溶液中能与强碱反应的所有酸性物质（含强酸性物质和弱酸性物质）的浓度。所谓总碱度，是指溶液中能与强酸反应的所有碱性物质（含强碱性物质和弱碱性物质）的浓度。

总酸度的测定以酚酞为指示剂，用 NaOH 标准溶液滴定待测溶液，按下式计算溶液的总酸度：

$$总酸度（mmol \cdot L^{-1}）= \frac{c_{NaOH} \times V_{NaOH}}{V_{待}} \times 1000$$

式中：c_{NaOH} 是 NaOH 标准溶液的浓度，单位为 mol·L^{-1}；V_{NaOH} 是滴定中 NaOH 标准溶液的消耗体积，单位为 mL；$V_{待}$ 是待测溶液的体积，单位为 mL。

总碱度的测定以甲基橙为指示剂，用 HCl 标准溶液滴定待测溶液，用与总酸度相似的计算方法求出溶液的总碱度。

（2）混合碱的测定　　工业烧碱（NaOH）中含有 Na_2CO_3，纯碱 Na_2CO_3 中也含有 $NaHCO_3$，这两种工业品都称为混合碱。混合碱的分析常用双指示剂法。双指示剂法是利用两种指示剂进行连续滴定，根据两个终点所消耗的酸标准溶液的体积，计算各组分的含量。

① 烧碱中 NaOH 和 Na_2CO_3 含量的测定　　准确称取一定量试样，溶于水后以酚酞为指示剂，用 HCl 标准溶液滴定，至溶液由红色变为无色则到第一化学计量点，消耗 HCl 标准溶液的体积记为 V_1。此时 NaOH 全部被中和，而 Na_2CO_3 被中和一半。

$$NaOH + HCl = NaCl + H_2O$$
$$Na_2CO_3 + HCl = NaHCO_3 + NaCl$$

然后向溶液中加甲基橙指示剂，继续用 HCl 标准溶液滴定至溶液由黄色恰好变为橙色，到达第二化学计量点。溶液中 $NaHCO_3$ 被完全中和，所消耗 HCl 标准溶液的体积记为 V_2。显然，V_2 是 $NaHCO_3$ 所消耗 HCl 标准溶液的体积。

$$NaHCO_3 + HCl = NaCl + CO_2 + H_2O$$

因 Na_2CO_3 先被中和生成 $NaHCO_3$，继续用 HCl 滴定使 $NaHCO_3$ 又转化为 H_2CO_3，二者所需 HCl 量相等，故 $V_1 - V_2$ 为中和 NaOH 所消耗 HCl 标准溶液的体积，$2V_2$ 为滴定 Na_2CO_3 所需 HCl 标准溶液的体积。分析结果计算公式为

$$w_{Na_2CO_3} = \frac{\frac{1}{2}c_{HCl} \times 2V_2 \times M_{Na_2CO_3}}{m} \times 100\%$$

$$w_{NaOH} = \frac{c_{HCl} \times (V_1 - V_2) \times M_{NaOH}}{m} \times 100\%$$

② 纯碱中 Na_2CO_3 和 $NaHCO_3$ 含量的测定　　工业纯碱中常含有 $NaHCO_3$，此二组分的测定可参照上述 NaOH 和 Na_2CO_3 的测定方法。应注意，此时滴定 Na_2CO_3 所消耗的 HCl 标准溶液体积为 $2V_1$，而滴定 $NaHCO_3$ 所消耗的 HCl 标准溶液体积为 $V_2 - V_1$。分析结果计算式为

$$w_{Na_2CO_3} = \frac{\frac{1}{2}c_{HCl} \times 2V_1 \times M_{Na_2CO_3}}{m} \times 100\%$$

$$w_{NaHCO_3} = \frac{c_{HCl} \times (V_2 - V_1) \times M_{NaHCO_3}}{m} \times 100\%$$

（3）铵盐中氮的测定　　肥料、土壤及某些有机化合物常常需要测定其氮的含量，通常是将试样加以适当的处理，使各种含氮化合物都转换为氨态氮，然后进行测定。常用的方法有两种。

① 蒸馏法　　试样用浓硫酸消煮（消化）分解（有时还需要加入催化剂），使各种含氮化合物

都转换为 NH_4^+，加浓 NaOH 溶液，将 NH_4^+ 以 NH_3 的形式蒸馏出来，用 H_3BO_3 溶液将 NH_3 吸收，以甲基红和溴甲酚绿为混合指示剂，用硫酸标准溶液滴定 $B(OH)_4^-$ 近无色透明时为终点。H_3BO_3 的酸性极弱，它可以吸收 NH_3，但不影响滴定，不必定量加入。

$$NH_3 + H_3BO_3 = NH_4^+ + H_2BO_3^-$$

$$HCl + H_2BO_3^- = H_3BO_3 + Cl^-$$

② 甲醛法　利用甲醛与铵盐作用，生成等物质的量的酸（质子化的六亚甲基四胺和 H^+）：

$$4NH_4^+ + 6HCHO = (CH_2)_6N_4H^+ + 3H^+ + 6H_2O$$

通常采用酚酞作指示剂，用 NaOH 标准溶液滴定。如果试样中含有游离酸，则需事先以甲基红为指示剂，用 NaOH 进行中和除去。

（4）硅酸盐中 SiO_2 含量的测定　矿石、岩石、水泥、玻璃、陶瓷等都是硅酸盐，试样中 SiO_2 的含量常用重量分析法测定，准确度较高，但太费时。目前生产上的控制分析常采用氟硅酸钾容量法，它是一种酸碱滴定法。

硅酸盐试样一般难溶于酸，可用 KOH 或 NaOH 熔融，使之转化为可溶性硅酸盐，如 K_2SiO_3，并在钾盐存在下与 HF 作用（或在强酸性溶液中加 KF），形成微溶的氟硅酸钾 K_2SiF_6，反应式如下：

$$K_2SiO_3 + 6HF = K_2SiF_6 \downarrow + 3H_2O$$

由于沉淀的溶解度较大，利用同离子效应，常加入固体 KCl 以降低其溶解度。将沉淀物过滤，用 KCl-乙醇溶液洗涤沉淀，并以 NaOH 溶液中和游离酸，然后加入沸水，使 K_2SiF_6 水解释放出 HF：

$$K_2SiF_6 + 3H_2O = 2KF + H_2SiO_3 + 4HF$$

水解生成的 HF 可用碱标准溶液滴定，从而计算出试样中 SiO_2 的含量。

由于整个反应过程中有 HF 参与和生成，而 HF 腐蚀玻璃容器，且对人体健康有害，操作必须在塑料容器中进行，在整个分析过程中应注意安全。

例 2-3-1　称取混合碱试样 1.179 g，溶解后用酚酞作指示剂，用 HCl 标准溶液滴定时，消耗 $0.3000 \text{ mol} \cdot \text{L}^{-1}$ HCl 标准溶液 48.16 mL。再加甲基橙作指示剂，又用 HCl 标准溶液滴定，又消耗了 HCl 标准溶液 24.04 mL。判断混合碱的组分，并计算试样中各组分的质量分数。

解　设 V_1 是以酚酞为指示剂时消耗 HCl 标准溶液的体积，V_2 为再加甲基橙为指示剂时消耗 HCl 标准溶液的体积，在同一溶液中：

只含 NaOH 时，$V_1 > 0$，$V_2 = 0$；

只含 $NaHCO_3$ 时，$V_1 = 0$，$V_2 > 0$；

只含 Na_2CO_3 时，$V_1 = V_2$；

含 NaOH 和 Na_2CO_3 时，$V_1 > V_2$；

含 Na_2CO_3 和 $NaHCO_3$ 时，$V_1 < V_2$。

现 $V_1 > V_2$，说明碱液是 NaOH 和 Na_2CO_3 的混合物，它们的质量分数可计算如下。

酚酞作指示剂时，滴定到第一化学计量点，此时发生下列反应：

$$Na_2CO_3 + HCl = NaCl + NaHCO_3$$

$$NaOH + HCl = NaCl + H_2O$$

再加甲基橙作指示剂，滴定到第二化学计量点，发生下面反应：

$$NaHCO_3 + HCl = NaCl + H_2O + CO_2 \uparrow$$

$$w_{Na_2CO_3} = \frac{\frac{1}{2}c_{HCl} \times 2V_2 \times M_{Na_2CO_3}}{m} \times 100\%$$

$$= \frac{\frac{1}{2} \times 0.3000 \times 2 \times 24.04 \times 10^{-3} \times 106}{1.179} \times 100\%$$

$$= 64.84\%$$

$$w_{NaOH} = \frac{c_{HCl} \times (V_1 - V_2) \times M_{NaOH}}{m} \times 100\%$$

$$= \frac{0.3000 \times (48.16 - 24.04) \times 10^{-3} \times 40}{1.179} \times 100\% = 24.55\%$$

第三节　沉淀滴定法

沉淀滴定法是以沉淀反应为基础的一类滴定分析法。虽然许多化学反应能生成沉淀,但符合沉淀滴定法要求,适用于沉淀滴定法的沉淀反应并不多。适用于沉淀滴定法的沉淀反应必须满足以下几点要求。

(1) 生成的沉淀具有恒定的组成,而且溶解度要小。

(2) 具有确定的化学计量关系,并且迅速、定量地进行。

(3) 沉淀的吸附现象不影响滴定结果及终点判断。

(4) 能够用适当的指示剂或其他方法确定滴定终点。

目前应用最多的是生成难溶银盐的反应。例如:

$$Ag^+ + X^- \Longrightarrow AgX \quad (X=Cl、Br、I)$$
$$Ag^+ + SCN^- \Longrightarrow AgSCN$$

这种利用生成难溶银盐反应的测定方法称为银量法。银量法可以测定 Cl^-、Br^-、I^-、Ag^+、CN^-、SCN^- 等离子的含量,主要用于化学工业、环境检测、水质分析、农药检验以及冶金工业。银量法按照指示滴定终点的方法不同分为三种:莫尔法、福尔哈德法和法扬斯法。本书主要介绍前两种方法。

一、莫尔法

莫尔法是 1856 年由莫尔创立的,是以 K_2CrO_4 为指示剂,在中性或弱碱性溶液中用 $AgNO_3$ 标准溶液直接滴定 Cl^- 或 Br^- 等离子的一种银量法。

下面以测定 Cl^- 为例来说明莫尔法的测定原理。根据分步沉淀的原理,由于 AgCl 的溶解度(1.34×10^{-5} mol·L^{-1})小于 Ag_2CrO_4 的溶解度(6.5×10^{-5} mol·L^{-1}),因此在含有 Cl^- 和 CrO_4^{2-} 的溶液中,用 $AgNO_3$ 标准溶液进行滴定,AgCl 首先沉淀出来,当滴定到化学计量点附近时,随着 $AgNO_3$ 的不断加入,溶液中 Cl^- 浓度越来越小,Ag^+ 浓度增加,当 AgCl 定量沉淀后，稍过量的 Ag^+ 与 CrO_4^{2-} 反应生成砖红色的 Ag_2CrO_4 沉淀，以此指示滴定终点。其反应式为

$$Ag^+ + Cl^- \Longrightarrow AgCl\downarrow（白色）$$

$$2Ag^+ + CrO_4^{2-} \Longrightarrow Ag_2CrO_4\downarrow（砖红色）$$

应用莫尔法，必须注意下列滴定条件。

（1）要严格控制 K_2CrO_4 指示剂的用量。如果 K_2CrO_4 指示剂的浓度过高或过低，Ag_2CrO_4 沉淀析出就会提前或滞后。

已知 AgCl 和 Ag_2CrO_4 的溶度积：

$$[Ag^+][Cl^-] = 1.8 \times 10^{-10}$$

$$[Ag^+]^2[CrO_4^{2-}] = 1.1 \times 10^{-12}$$

当滴定达到化学计量点时，Ag^+ 与 Cl^- 的物质的量恰好相等，即在 AgCl 的饱和溶液中，$[Ag^+] = [Cl^-]$，则

$$[Ag^+] = [Cl^-] = \sqrt{1.8 \times 10^{-10}} \text{ mol} \cdot L^{-1} = 1.34 \times 10^{-5} \text{ mol} \cdot L^{-1}$$

此时，要求刚好析出 Ag_2CrO_4 沉淀以指示终点。因 $[Ag^+]^2[CrO_4^{2-}] = K_{sp}^{\ominus}(Ag_2CrO_4) = 1.1 \times 10^{-12}$，将 $[Ag^+]$ 代入此式，有

$$[CrO_4^{2-}] = \frac{K_{sp}^{\ominus}(Ag_2CrO_4)}{[Ag^+]^2} = \frac{1.1 \times 10^{-12}}{1.8 \times 10^{-10}} \text{ mol} \cdot L^{-1} = 6.1 \times 10^{-3} \text{ mol} \cdot L^{-1}$$

以上计算说明在滴定到达化学计量点时，刚好生成 Ag_2CrO_4 沉淀所需 K_2CrO_4 的浓度是 6.1×10^{-3} mol $\cdot L^{-1}$，由于 K_2CrO_4 溶液浓度较高时黄色较深，观察黄色背景下的砖红色 Ag_2CrO_4 沉淀将比较困难，影响终点判断，所以指示剂浓度还是略低一些为好。

（2）滴定应当在中性或弱碱性介质中进行，因为在酸性溶液中 CrO_4^{2-} 转化为 $Cr_2O_7^{2-}$，使 CrO_4^{2-} 浓度降低，影响 Ag_2CrO_4 沉淀的形成，使指示剂的灵敏度降低。

$$2H^+ + 2CrO_4^{2-} \Longrightarrow 2HCrO_4^- \Longrightarrow Cr_2O_7^{2-} + H_2O$$

如果溶液的碱性太强，将析出褐色的 Ag_2O 沉淀，影响终点的判断。

$$2Ag^+ + 2OH^- \Longrightarrow 2AgOH\downarrow \Longrightarrow Ag_2O\downarrow + H_2O$$

因此，莫尔法适合的酸性条件是 pH 6.5～10.5。若试液为强酸性或强碱性，可先用酚酞作指示剂以稀 NaOH 或稀 H_2SO_4 调节至酚酞红色刚好褪去，然后滴定。

当溶液中有铵盐存在时，pH 值较高，易形成 NH_3，使 Ag^+ 与 NH_3 形成 $[Ag(NH_3)_2]^+$ 而多消耗 $AgNO_3$ 标准溶液，滴定时，溶液酸度控制在 6.5～7.2 为宜。

（3）在试液中若存在能与 CrO_4^{2-} 生成沉淀的阳离子（如 Ba^{2+}、Hg^{2+}、Pb^{2+} 等），能与 Ag^+ 生成沉淀的阴离子（如 PO_4^{3-}、AsO_4^{3-}、S^{2-}、CO_3^{2-}、$C_2O_4^{2-}$ 等），在中性或弱碱性溶液中能发生水解的离子（如 Fe^{3+}、Al^{3+}、Bi^{3+}、Sn^{4+} 等），都会干扰测定，应预先分离。

（4）大量有色离子（如 Cu^{2+}、Ni^{2+}、Co^{2+} 等）存在，也会影响滴定终点的观察。

（5）莫尔法可用于测定 Cl^- 或 Br^-，滴定中应剧烈振荡溶液，以减少 AgCl 和 AgBr 对 Cl^- 和 Br^- 的吸附，以期获得正确的滴定终点。因为 AgI、AgSCN 的吸附作用更为强烈，滴定到终点时有部分 I^- 或 SCN^- 被吸附，将引起较大的负误差，因此莫尔法不适用于 I^- 和 SCN^- 的测定。

二、福尔哈德法

福尔哈德法是福尔哈德 1898 年创立的。它是以铁铵矾$[NH_4Fe(SO_4)_2 \cdot 12H_2O]$作为指示剂,在酸性介质中,用 KSCN 或 NH_4SCN 作为标准溶液滴定的一种银量法。根据滴定方式不同,福尔哈德法分为直接滴定法和间接滴定法。

1. 直接滴定法

在含有 Ag^+ 的稀 HNO_3 溶液中加入铁铵矾指示剂,用 NH_4SCN 标准溶液直接滴定。在滴定过程中,先析出白色的 AgSCN 沉淀,滴定至化学计量点时,微过量的 SCN^- 就能与 Fe^{3+} 生成红色$[FeSCN]^{2+}$,指示滴定终点到达。其反应为

$$Ag^+ + SCN^- \rightleftharpoons AgSCN \downarrow (白色)$$
$$Fe^{3+} + SCN^- \rightleftharpoons [FeSCN]^{2+} (红色)$$

由于滴定过程中生成的 AgSCN 能吸附溶液中的 Ag^+,所以在滴定时必须剧烈振荡,避免指示剂过早显色,减小测定误差。直接滴定法的溶液中$[H^+]$一般控制在 $0.1 \sim 1 \; mol \cdot L^{-1}$。若酸性太弱,$Fe^{3+}$ 将水解,生成棕红色的 $Fe(OH)_3$ 或者$[Fe(H_2O)_5(OH)]^{2+}$,影响终点的观察。此法可用来直接测定 Ag^+,效果优于莫尔法。

2. 返滴定法

在含有卤素离子的硝酸溶液中,加入一定量的 $AgNO_3$ 标准溶液,以铁铵矾为指示剂,用 NH_4SCN 标准溶液回滴过量的 $AgNO_3$。例如 Cl^- 的测定,其反应如下:

$$Ag^+ + Cl^- \rightleftharpoons AgCl \downarrow (白色)$$
$$Ag^+ + SCN^- \rightleftharpoons AgSCN \downarrow (白色)$$
$$Fe^{3+} + SCN^- \rightleftharpoons [FeSCN]^{2+} (红色)$$

当过量一滴 SCN^- 溶液时,Fe^{3+} 便与 SCN^- 反应生成红色的$[FeSCN]^{2+}$,指示终点。由于 AgSCN 的溶解度小于 AgCl,加入过量 SCN^- 时,会将 AgCl 沉淀转化为 AgSCN 沉淀,使分析结果产生较大误差。

$$AgCl + SCN^- \rightleftharpoons AgSCN + Cl^-$$

如果剧烈摇动溶液,反应将不断向右进行,直至达到平衡。显然,到达终点时,已多消耗了一部分 NHSCN 标准溶液,造成较大误差。为了避免上述误差,通常采用以下两种措施之一:

(1) 当加入一定量过量的 $AgNO_3$ 标准溶液之后,立即将溶液煮沸使 AgCl 凝聚,以减少 AgCl 沉淀对 Ag^+ 的吸附。滤去沉淀,并用稀 HNO_3 充分洗涤沉淀,然后用 NHSCN 标准溶液返滴滤液中的过量 Ag^+。

(2) 在滴入 NHSCN 标准溶液前,先加 $1 \sim 2 \; mL$ 硝基苯并且不断摇动,使 AgCl 沉淀进入硝基苯层被包覆保护起来,不与滴定溶液接触,从而避免发生 AgCl 沉淀转化为 AgSCN 沉淀的反应。

本法测定 Br^- 和 I^- 时,不会发生上述沉淀转化反应。但在测定 I^- 时,应先加 $AgNO_3$ 溶液再加指示剂,以避免发生如下反应:

$$2Fe^{3+} + 2I^- = 2Fe^{2+} + I_2$$

福尔哈德法应在$[H^+]$大于 $0.3 \; mol \cdot L^{-1}$ 的溶液中进行。因为指示剂中的 Fe^{3+} 在 pH>2 的溶液中将发生水解反应,甚至产生沉淀而影响测定结果。Fe^{3+} 的浓度一般控制在 0.015

$mol \cdot L^{-1}$ 左右。

福尔哈德法滴定是在 HNO_3 介质中进行的,有些弱酸阴离子(如 PO_4^{3-}、AsO_4^{3-}、$C_2O_4^{2-}$ 等)不会干扰卤素离子的测定,因此福尔哈德法选择性较高。

第四节　氧化还原滴定法与配位滴定法简介

一、氧化还原滴定法

氧化还原滴定法是以氧化还原反应为基础的滴定分析法,是分析化学中重要的定量分析方法之一,主要优点是准确度高,适用于常量分析;操作相对简便,部分方法无须额外添加指示剂;广泛应用于化学、化工、医药、环境、食品等领域,可以直接或间接测定许多无机物和有机化合物。其方法原理是将已知浓度的氧化剂或还原剂标准溶液(滴定剂)滴加到待测溶液中,直至反应定量完成(达到化学计量点),通过消耗标准溶液的体积计算待测物含量。

根据所用滴定剂的不同,氧化还原滴定法可分为以下常见类型(表 2-3-5)。

表 2-3-5　氧化还原滴定法的分类

方法	滴定剂	应用场景
高锰酸钾法	$KMnO_4$(强氧化剂)	测定 Fe^{2+}、$C_2O_4^{2-}$、H_2O_2、有机化合物等
重铬酸钾法	$K_2Cr_2O_7$(强氧化剂)	测定 Fe^{2+}、有机化合物(如化学需氧量 COD)等
碘量法	I_2(氧化剂)或 $Na_2S_2O_3$(还原剂)	测定 Cu^{2+}、ClO^-、溶解氧(DO)、维生素 C 等
铈量法	$Ce(SO_4)_2$(氧化剂)	测定 Fe^{2+}、As^{3+}、Sb^{3+} 等
溴酸钾法	$KBrO_3$(氧化剂)	测定苯酚、亚硝酸盐等

氧化还原滴定法的主要不足之处,一是反应机理复杂,需严格控制条件(如酸度、温度);二是部分滴定剂(如 $KMnO_4$)稳定性较差,需定期标定;三是干扰因素较多,需预处理样品。

因此,用于滴定的氧化还原反应要满足以下条件:

(1)反应完全程度高。氧化还原反应的平衡常数(K)需足够大(一般要求 $\lg K \geqslant 6$),以保证反应定量进行。

(2)化学反应速率较大。部分氧化还原反应速率较小,需通过加热、催化(如 Mn^{2+} 催化 $KMnO_4$ 反应)或调节酸度增大化学反应速率。

(3)控制滴定条件。氧化还原反应比较复杂,必须控制好滴定反应条件才能确保反应定量完成。一是控制酸度以保持氧化剂的氧化性(如 $KMnO_4$ 在强酸性条件下氧化性最强),防止还原剂稳定性下降(如预防 $Na_2S_2O_3$ 分解),或避免副反应发生(如碱性介质使 I_2 发生歧化反应)。二是控制温度,如草酸钠标定高锰酸钾需要升高温度增大化学反应速率,碘量法中需控制在室温下滴定以防止 I_2 挥发)。三是排除干扰物质,即需排除溶液中其他还原性或氧化性物质的干扰。

(4)滴定终点便于判断,即有适合各滴定分析法的指示剂。

1. 氧化还原滴定指示剂

能在氧化还原滴定化学计量点附近,使溶液颜色发生改变,指示滴定终点到达的一类物质称作氧化还原滴定指示剂。一些重要的氧化还原指示剂见表 2-3-6。

表 2-3-6　一些重要的氧化还原指示剂的条件电极电势及颜色变化

指 示 剂	$\varphi_{In}^{\ominus'}/V$ ([H^+]=1 mol·L^{-1})	颜色变化	
		氧化态	还原态
亚甲基蓝	0.36	蓝色	无色
二苯胺	0.76	紫色	无色
二苯胺磺酸钠	0.84	红紫色	无色
邻苯氨基苯甲酸	0.89	红紫色	无色
邻二氮杂菲-亚铁	1.06	浅蓝色	红色

氧化还原滴定指示剂分为以下三种类型。

(1)氧化还原指示剂　本身具有氧化还原性而且其氧化型和还原型具有不同颜色的一类复杂有机化合物称作氧化还原指示剂。例如,用 $K_2Cr_2O_7$ 溶液滴定 Fe^{2+},常用二苯胺磺酸钠作指示剂。二苯胺磺酸钠的还原型为无色,氧化型为紫红色。故滴定达到化学计量点时,再滴入稍过量的 $K_2Cr_2O_7$ 溶液就能使二苯胺磺酸钠由还原型转化为氧化型,溶液显示紫红色,指示滴定终点。

(2)自身指示剂　在氧化还原滴定中,有些标准溶液或被滴定物质本身有颜色,若反应后变成浅色甚至无色物质,则在滴定过程中,不必另加指示剂,它们本身的颜色变化起着指示剂的作用,称作自身指示剂。例如,用 $KMnO_4$ 作标准溶液滴定 Fe^{2+} 溶液时,由于 MnO_4^- 本身显红色,其还原产物 Mn^{2+} 在稀溶液中近乎无色。所以当滴定达到化学计量点时,只要 MnO_4^- 稍微过量就可使溶液显示粉红色,从而指示滴定终点到达。化学计量点后 MnO_4^- 过量 2×10^{-6} mol·L^{-1} 时,就可以看到溶液呈粉红色。2,6-二氯酚靛酚在测定维生素 C 中也作为自身指示剂。

(3)专属指示剂　指示剂本身不具有氧化还原性,但能与氧化剂或还原剂反应,产生特殊颜色来确定滴定终点的指示剂称为专属指示剂。例如,可溶性淀粉遇碘生成蓝色吸附化合物(I_2 的浓度可以小至 2×10^{-5} mol·L^{-1})。此反应非常灵敏,反应速率也较大,借助此蓝色的出现和消失来判断滴定终点的到达。又如,以 Fe^{3+} 滴定 Sn^{2+} 时,以 KSCN 为指示剂,当溶液中出现血红色,即 SCN^- 与 Fe^{3+} 配位时,即为滴定终点。

2. 常用的氧化还原滴定法

(1)高锰酸钾法　高锰酸钾法是利用高锰酸钾($KMnO_4$)标准溶液进行滴定的氧化还原滴定法。

由于 $KMnO_4$ 在强酸性溶液中有很强的氧化能力,同时生成无色的 Mn^{2+},便于观察滴定终点,因此一般在强酸性条件下使用。在强碱性条件下 $KMnO_4$ 与有机化合物反应的化学反应速率比在酸性条件下更大,所以用高锰酸钾法测定有机化合物含量时,多在强碱性溶液中进行。

高锰酸钾法的优点是 $KMnO_4$ 的氧化能力强,可以直接或间接测定多种无机化合物和有机化合物,因此应用范围广;MnO_4^- 本身有颜色,所以用它滴定无色或浅色物质的溶液时,一般不需另加指示剂,使用方便。该法的主要缺点是试剂常含有少量杂质,因而溶液不够稳定;又由于 $KMnO_4$ 的氧化能力强,可以和很多还原性物质发生作用,所以干扰也较严重,滴定的选择性差。高锰酸钾法应用示例如下。

① H_2O_2 的测定:在酸性溶液中,H_2O_2 可用 $KMnO_4$ 标准溶液直接进行滴定,其反应式如下:

$$5H_2O_2 + 2MnO_4^- + 6H^+ \Longrightarrow 2Mn^{2+} + 8H_2O + 5O_2 \uparrow$$

当溶液呈现淡粉红色并保持半分钟不褪色,即为终点。

开始时滴定速率应特别小,当第一滴 $KMnO_4$ 颜色消失后再继续滴定,随着起催化作用的 Mn^{2+} 的生成,化学反应速率增大,这时滴定速率也增大。由于 H_2O_2 本身受热易分解,故反应不可以加热。工业用 H_2O_2 中常含有有机化合物,会与 $KMnO_4$ 反应而干扰测定,此时最好采用碘量法测定。

② 钙的测定:高锰酸钾法测定钙,是在一定条件下使 Ca^{2+} 与 $C_2O_4^{2-}$ 完全反应生成草酸钙沉淀,经过过滤洗涤后,将 CaC_2O_4 沉淀溶于热的稀硫酸溶液中,最后用 $KMnO_4$ 标准溶液滴定 $H_2C_2O_4$,根据所消耗 $KMnO_4$ 的量间接求得钙的含量。其反应式如下:

$$Ca^{2+} + C_2O_4^{2-} \Longrightarrow CaC_2O_4 \downarrow$$

$$CaC_2O_4 + 2H^+ \Longrightarrow Ca^{2+} + H_2C_2O_4$$

$$5H_2C_2O_4 + 2MnO_4^- + 6H^+ \Longrightarrow 2Mn^{2+} + 10CO_2 + 8H_2O$$

Ba^{2+}、Zn^{2+}、Cd^{2+}、Th^{4+} 等都能与 $C_2O_4^{2-}$ 定量地生成草酸盐沉淀,因此,都可用高锰酸钾法间接测定。

③ 有机化合物的测定:在强碱性溶液中,过量的 $KMnO_4$ 能定量地氧化某些有机化合物。例如 $KMnO_4$ 与甲酸的反应式如下:

$$HCOO^- + 2MnO_4^- + 3OH^- \Longrightarrow CO_3^{2-} + 2MnO_4^{2-} + 2H_2O$$

待反应完成后,将溶液酸化,用还原剂标准溶液滴定溶液中所有的高价锰,使之还原为 $Mn(\text{II})$,计算出消耗的还原剂的物质的量。用同样方法,测出反应前一定量碱性 $KMnO_4$ 溶液相当于还原剂的物质的量,根据二者之差即可计算出甲酸的含量。

(2)**重铬酸钾法** 重铬酸钾法是利用 $K_2Cr_2O_7$ 作为标准溶液进行滴定的氧化还原滴定法。

$K_2Cr_2O_7$ 也是一种较强的氧化剂,虽然 $K_2Cr_2O_7$ 在酸性溶液中的氧化能力比 $KMnO_4$ 低,应用不及高锰酸钾法广泛。但是重铬酸钾法与高锰酸钾法相比有其独特的优点:①$K_2Cr_2O_7$ 容易提纯,在 150 ℃ 下烘干后可作为基准物质,能用直接法配制标准溶液;②$K_2Cr_2O_7$ 标准溶液非常稳定,可长期保存;③$K_2Cr_2O_7$ 的氧化能力没有 $KMnO_4$ 强,可在 HCl 介质中进行滴定,不受 Cl^- 还原作用影响。

(3)**碘量法** 碘量法是利用 I_2 的氧化性和 I^- 的还原性测定物质含量的氧化还原滴定法。其基本反应式为

$$I_2 + 2e^- \Longrightarrow 2I^-, \quad \varphi^\ominus = 0.54 \text{ V}$$

I_2 是一种较弱的氧化剂,能与较强的还原剂作用;而 I^- 是一种中等强度的还原剂,能与许多氧化剂作用。故碘量法可分为直接碘量法和间接碘量法两种。

① 直接碘量法:利用 I_2 标准溶液直接滴定一些还原性较强的物质的方法,如 S^{2-}、SO_3^{2-}、Sn^{2+}、$S_2O_3^{2-}$ 等。

滴定时用淀粉作指示剂,在 I^- 的存在下,稍过量的 I_2 能使溶液由无色变为浅蓝色,非常明显,其反应式为

$$淀粉(无色)+I_2 \longrightarrow 淀粉\text{-}I_2 吸附化合物(蓝色)$$

应该指出的是,直接碘量法只能在微酸性或中性溶液中进行,不能在碱性溶液中进行。

② 间接碘量法(又称滴定碘法):利用 I^- 的还原性,使之与一些电位比 $\varphi_{I_2/I^-}^{\ominus}$ 高的氧化性物质反应,产生等量的 I_2,再用 $Na_2S_2O_3$ 标准溶液来滴定析出的 I_2,从而间接地测定氧化性物质的一种方法。如在酸性溶液中,$K_2Cr_2O_7$ 与过量的 KI 作用,析出 I_2,用 $Na_2S_2O_3$ 标准溶液滴定。

$$Cr_2O_7^{2-}+6I^-+14H^+ =\!\!= 2Cr^{3+}+3I_2+7H_2O$$

$$I_2+2S_2O_3^{2-} =\!\!= 2I^-+S_4O_6^{2-}$$

利用这种方法可以测定很多氧化性物质,如 Cu^{2+}、H_2O_2、$Cr_2O_7^{2-}$、MnO_4^-、IO_3^- 等,因此间接碘量法的应用范围相当广泛。

间接碘量法可用淀粉作为指示剂,溶液由蓝色刚好变为无色即为滴定终点。

二、配位滴定法

配位滴定法是以形成稳定配合物的配位反应为基础进行的滴定分析法。用于配位滴定法的配位反应应具备如下条件。

(1) 能定量进行完全,即形成的配合物要相当稳定。

(2) 在一定的反应条件下,配位数必须有确定值(只形成一种配位数的配合物)。

(3) 配位反应速率要大。

(4) 能用比较简便的方法确定滴定终点。

虽然能够生成配合物的配位反应很多,但能完全符合滴定条件的并不多。目前,与金属离子的配位反应能比较好地满足上述条件的一类有机配位剂——氨羧配位剂广泛应用于配位滴定中。

氨羧配位剂是一种含有氨基乙酸[$—N(CH_2COOH)_2$]基团的有机化合物,其分子中含有氨基氮和羧基氧两种配位能力很强的配位原子,可以和许多金属离子形成稳定的配合物。其中应用最广泛的是乙二胺四乙酸及其二钠盐,简称 EDTA,用 EDTA 标准溶液可以滴定几十种金属离子。这里主要讨论以 EDTA 为配位剂的配位滴定法。

1. 乙二胺四乙酸(EDTA)的性质及配合物

乙二胺四乙酸常用 H_4Y 表示其分子式,其结构见模块一第八章。

由于乙二胺四乙酸在水中的溶解度非常小,因此通常使用它的二钠盐,即乙二胺四乙酸二钠盐,含两分子结晶水,简写为 $Na_2H_2Y \cdot 2H_2O$,其相对分子质量为 372.24,通常配制成 $0.01\sim0.1\ mol \cdot L^{-1}$ 标准溶液用于滴定分析法。

EDTA 和其他多元酸类似,在水溶液中可以 H_6Y^{2+}、H_5Y^+、H_4Y、H_3Y^-、H_2Y^{2-}、HY^{3-}、Y^{4-} 7 种形式存在,在不同的酸度下,各种形式的浓度不同,而且配位能力也不同。

EDTA 的结构中有 4 个羧基(—COOH)和 2 个氨基(—NH$_2$),而氮、氧原子又都具有孤对电子,能与金属离子形成配位键,为六基配体。在元素周期表中,绝大多数金属离子能与 EDTA 形成稳定配合物,其配位反应具有以下特点。

(1) EDTA 与金属离子配位时,形成有 5 个五元环的螯合物。具有这类环状结构的螯合物都很稳定,配位反应完全。EDTA-Co(Ⅲ)的立体结构如图 2-3-4 所示。

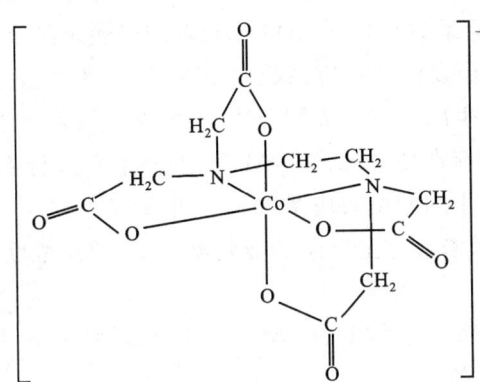

图 2-3-4　EDTA-Co(Ⅲ)的立体结构

(2) EDTA 与不同价态的金属离子生成配合物时,一般情况下配位比为 1∶1,计量关系简单。

(3) 生成的配合物易溶于水,滴定反应能在水溶液中进行,而且与无色金属离子形成无色配合物,与有色金属形成颜色更深的配合物。

(4) 配位反应速率大,大多数金属离子和 EDTA 形成配合物的反应瞬间即可完成,只有极少数金属离子如 Cr^{3+}、Fe^{3+}、Al^{3+} 在室温下反应较慢,但可加热促使反应迅速进行。

(5) EDTA 与金属离子的配位能力随溶液 pH 值的增大而增强。

这些特点说明 EDTA 与金属离子的配位反应能符合滴定分析法的要求。

2. 影响配位平衡的因素

在 EDTA 滴定中,被测金属离子 M 与 EDTA 配位,生成配合物 MY 的反应称为主反应。同时反应物 M、Y 及反应产物 MY 也有可能与溶液中其他组分发生副反应,从而使配合物 MY 的稳定性受到影响,其平衡关系如下:

$$\begin{array}{ccccccc}
& M & & & Y & & MY \\
OH^- \nearrow & \nwarrow L & + & H^+ \nearrow & \nwarrow N & \Longrightarrow & H^+ \nearrow \quad \nwarrow OH^- \qquad 主反应 \\
MOH & ML & & HY & NY & & MHY \qquad MOHY \qquad 副反应 \\
\vdots & \vdots & & \vdots & & & \\
M(OH)_n & ML_n & & H_6Y & & & \\
\end{array}$$

水解效应　配位效应　酸效应　干扰离子 副反应　　混合配位效应

这些副反应的发生都将影响主反应,反应物 M 或 Y 发生副反应不利于主反应的进行,而 MY 发生副反应则有利于主反应的进行。在众多的副反应中,对配位滴定影响最大的就是溶液的酸度。

（1）EDTA 的酸效应及酸效应系数　由于 H^+ 存在,使配体 Y 参加主反应能力降低的现象称为**酸效应**。酸效应的大小用酸效应系数 $\alpha_{Y(H)}$ 来衡量。它表示未参与配位反应的 EDTA 的各种存在形式的总浓度与能参与配位反应 Y 的平衡浓度之比:

$$\alpha_{Y(H)} = \frac{[Y]_{总}}{[Y]}$$

$\alpha_{Y(H)}$ 取决于溶液的酸度,溶液酸度越大,$\alpha_{Y(H)}$ 越大,则配体的有效浓度[Y]越小,配位剂的配位能力越弱。因此,酸效应系数是判断 EDTA 能否准确滴定某金属离子的重要参数。

（2）金属离子的配位效应及配位效应系数　当 M 与 Y 发生反应时,若滴定体系中存在其他的配位剂 L,且 L 与 M 发生副反应形成配合物,会影响金属离子 M 与 Y 之间主反应进行的程度。这种由于其他配位剂存在使金属离子 M 和配位剂 Y 进行主反应能力降低的现象,称为配位效应。配位效应的大小用配位效应系数 $\alpha_{M(L)}$ 来衡量。

配位效应系数 $\alpha_{M(L)}$ 表示未参与主反应的金属离子 M 的总浓度 $[M]_{总}$ 与游离金属离子浓度的比值,即

$$\alpha_{M(L)} = \frac{[M]_{总}}{[M]} = \frac{[M] + [ML] + [ML_2] + \cdots + [ML_n]}{[M]}$$
$$= 1 + [L]\beta_1 + [L]^2\beta_2 + [L]^3\beta_3 + \cdots + [L]^n\beta_n$$

上式表明,$\alpha_{M(L)}$ 是其他配位剂 L 平衡浓度[L]的函数,$\alpha_{M(L)}$ 越大,即金属离子 M 与其他配位剂 L 发生的副反应越严重,配位效应越强。当 $\alpha_{M(L)} = 1$ 时,表示金属离子 M 未与 L 发生配位效应。

3. 配位滴定的基本原理

（1）滴定曲线　与酸碱滴定情况相似,配位滴定时,在金属离子的溶液中,随着配位滴定剂的加入,金属离子不断发生配位反应,它的浓度也随之减小。在化学计量点附近,溶液中金属离子浓度发生突变。可将配位滴定过程中金属离子的浓度(以 pM 值表示)随滴定剂加入量不同而变化的规律绘制成滴定曲线。图 2-3-5 为 EDTA 滴定 Ca^{2+} 的滴定曲线。

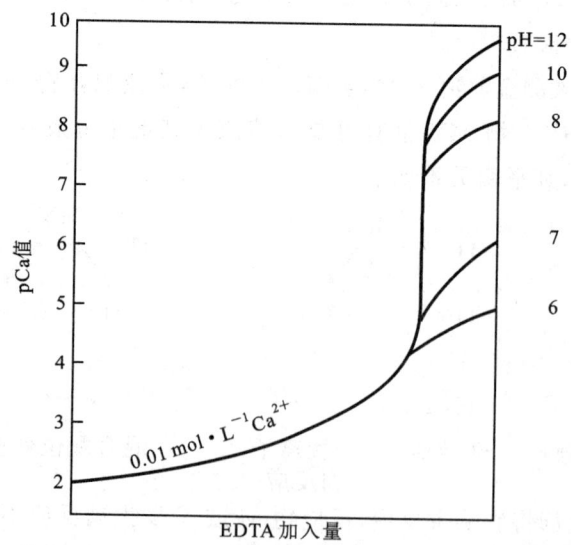

图 2-3-5　$0.01 \text{ mol} \cdot L^{-1}$ EDTA 滴定 $0.01 \text{ mol} \cdot L^{-1} Ca^{2+}$ 的滴定曲线

从图中可以看出,用 EDTA 滴定时,在化学计量点前一段曲线的位置,随着 EDTA 的滴入,Ca^{2+} 的浓度不断减小,后一段受 EDTA 的酸效应的影响,pCa 值随 pH 值不同而不同。如果滴定的金属离子易与其他配体配合或容易水解,则滴定曲线同时受酸效应和配位效应的影响。

配位滴定中,滴定突跃范围的大小主要取决于配合物的稳定常数 K_{MY} 和金属离子的起始浓度。配合物的稳定常数越大,滴定突跃范围就越大;当 K_{MY} 一定时,金属离子的起始浓度越大,滴定突跃范围就越大。

(2) 金属离子能被准确滴定的条件 一种金属离子能否被准确滴定取决于滴定突跃范围的大小,而滴定突跃范围的大小取决于 K_{MY} 和金属离子的起始浓度 c_M,只有当 $c_M K_{MY}$ 足够大时,才能有明显的突跃,才能进行准确滴定。在配位滴定中,要求目测终点与化学计量点二者 pM 值的差值 ΔpM 为 ±0.2 pM 单位。实验证明,只有满足 $c_M K_{MY} \geqslant 10^6$ 时,滴定才有明显的突跃,使滴定终点误差在 0.1% 以内。因此把 $c_M K_{MY} \geqslant 10^6$ 称为金属离子能否进行准确配位滴定的条件。在配位滴定中,被测金属离子的浓度一般为 10^{-2} mol·L^{-1} 左右,即 $c_M = 0.01$ mol·L^{-1}。这时若 $K_{MY} \geqslant 10^8$,金属离子就可被准确滴定。

4. 金属指示剂

在配位滴定中,可用多种方法指示终点,使用最广泛的是金属指示剂。

(1) 金属指示剂的作用原理 配位滴定中的金属指示剂是一种可与金属离子生成配合物的有机染料。通常利用金属指示剂自身颜色与其形成的配合物具有不同的颜色,来指示配位滴定终点。

滴定前,溶液中只有被测定的金属离子,当加入指示剂(以 In 表示)后,指示剂和少量金属离子生成配合物,显示配合物的颜色,而绝大部分金属离子还处于游离状态。

$$M + In(甲色) \Longleftrightarrow MIn(乙色)$$

随着滴定剂 EDTA 的加入,游离金属离子逐渐发生配位反应而不断减少。当游离金属离子几乎完全配位后,继续滴加 EDTA 时,溶液中已无游离的金属离子与之配位。由于 $K_{MY} > K_{MIn}$,已与指示剂配位的金属离子被 EDTA 夺取出来,释放出指示剂,使指示剂游离出来,溶液呈现出指示剂自身的颜色。

$$MIn(乙色) + Y \Longleftrightarrow MY + In(甲色)$$

所以终点时,溶液由指示剂与金属离子所形成的配合物的颜色,变为游离的指示剂的颜色。

(2) 金属指示剂应具备的条件 金属指示剂大多是有机染料,在配位滴定中的金属指示剂必须具备下列条件。

① 在滴定的 pH 值范围内,指示剂本身的颜色与它和金属离子形成配合物的颜色有明显的差别。

② 金属离子与指示剂形成有色配合物的显色反应要灵敏,在金属离子浓度很小时,仍能呈现明显的颜色。

③ 指示剂与金属离子生成配合物要有适当的稳定性。

此外,指示剂与金属离子形成的配合物应易溶于水,如果生成胶体溶液或沉淀,则会使变色不明显。金属指示剂应比较稳定,便于储藏和使用。

5. EDTA 标准溶液的配制和标定

（1）EDTA 标准溶液的配制　由于乙二胺四乙酸难溶于水,通常采用它的二钠盐(也称EDTA)来配制标准溶液。乙二胺四乙酸的二钠盐经提纯后可作为基准物质,直接配制标准溶液。但提纯方法较复杂,故通常仍采用间接法配制。

（2）EDTA 标准溶液的标定　标定 EDTA 的基准物质通常有 ZnO、$CaCO_3$、$MgSO_4 \cdot 7H_2O$ 等化合物及 Zn、Cu 等纯金属,通常选用其中与被测组分相同的物质作为基准物质,以使滴定条件相同,减小误差。

实验室常以锌或 ZnO 为基准物质标定 EDTA,先配成标准溶液,再取一定量来标定。

标定时,可以在 $pH = 10$ 的 NH_3-NH_4Cl 缓冲溶液中,以铬黑 T（EBT）为指示剂,用EDTA 标准溶液直接滴定至溶液由红色变为蓝色,即为终点。也可以在 $pH\ 5 \sim 6$ 时,以$(CH_2)_6N_4$ 为缓冲溶液,二甲酚橙为指示剂直接滴定,终点时,溶液由紫红色变为亮黄色。由锌或氧化锌的量可知 EDTA 标准溶液的准确浓度。

6. 配位滴定方式及应用

在配位滴定中,可采用不同的滴定方式,以扩大配位滴定的应用范围,同时提高滴定的选择性。

（1）直接滴定法　这是配位滴定中最基本的方法,只要金属离子与 EDTA 的配位反应能满足滴定要求,并能有合适的指示剂,就可以用 EDTA 标准溶液直接滴定。

[**应用示例**]——水中硬度的测定

水的硬度是指水中除碱金属以外的全部金属离子的浓度的总和。由于 Ca^{2+}、Mg^{2+} 含量远比其他金属离子高,所以通常以水中 Ca^{2+}、Mg^{2+} 总量表示水的硬度。测定水的总硬度,通常是测定水中 Ca^{2+}、Mg^{2+} 的总量。水中钙盐含量用硬度表示为钙硬度,镁盐含量用硬度表示为镁硬度。

① 总硬度测定　以 NH_3-NH_4Cl 缓冲溶液控制水试样的 pH 值为 10,以铬黑 T 为指示剂,这时水中 Mg^{2+} 与指示剂生成红色配合物。

$$Mg^{2+} + HIn^{2-} \Longrightarrow MgIn^- + H^+$$

用 EDTA 滴定时,由于 $\lg K_{CaY} > \lg K_{MgY}$,EDTA 首先和溶液中 Ca^{2+} 配位,然后与 Mg^{2+} 配位,到达化学计量点时,由于 $\lg K_{MgY} > \lg K_{MgIn}$,稍过量的 EDTA 夺取 $MgIn^-$ 中的 Mg^{2+},使指示剂释放出来,显指示剂的纯蓝色,从而指示滴定终点。反应式如下:

$$MgIn^- + H_2Y^{2-} \Longrightarrow MgY^{2-} + HIn^{2-} + H^+$$

测定水中 Ca^{2+}、Mg^{2+} 含量时,Mg^{2+} 与 EDTA 定量配位之前 Ca^{2+} 已先与 EDTA 定量配位完全,因此可选用对 Mg^{2+} 较灵敏的指示剂来指示终点。

② 钙硬度的测定　用 NaOH 调节水试样的 pH 值为 12.5,使 Mg^{2+} 形成 $Mg(OH)_2$ 沉淀,以钙指示剂确定终点,用 EDTA 标准溶液滴定,终点时溶液由红色变为蓝色。

水硬度的计算公式如下。

水的总硬度(以每升水中含 $CaCO_3$ 的质量(mg)表示):

$$\rho_{CaCO_3}(mg \cdot L^{-1}) = \frac{c_{EDTA} \cdot V_1 \cdot M_{CaCO_3}}{V_{水}} \times 1000$$

钙硬度：

$$\rho_{CaCO_3}(mg \cdot L^{-1}) = \frac{c_{EDTA} \cdot V_2 \cdot M_{CaCO_3}}{V_{水}} \times 1000$$

式中：V_1 为测定总硬度时所消耗的 EDTA 的体积，单位为 mL；V_2 为测定钙硬度时所消耗的 EDTA 的体积，单位为 mL；$V_{水}$ 为水样的体积，单位为 mL；c_{EDTA} 为 EDTA 的浓度，单位为 mol·L^{-1}；M_{CaCO_3} 为 $CaCO_3$ 的摩尔质量，单位为 g·mol^{-1}；1000 为质量换算系数，单位为 mg·g^{-1}。

（2）返滴定法　如果存在待测离子与 EDTA 的配位速率较小，在滴定条件下待测离子发生副反应，采用直接滴定法时缺乏符合要求的指示剂，待测离子对指示剂有封闭作用等情况，通常采用返滴定法进行测定。

[应用示例]——镍盐含量的测定

Ni^{2+} 与 EDTA 的配位反应进行缓慢，不能用直接滴定法进行测定。一般先在 Ni^{2+} 溶液中加入过量的 EDTA 标准溶液，调节 pH 值，加热煮沸，使 Ni^{2+} 与 EDTA 完全配位，剩余的 EDTA 再用 $CuSO_4$ 标准溶液返滴定。

（3）置换滴定法　利用置换反应，从配合物中置换出一定物质的量的金属离子或 EDTA，然后用标准溶液进行滴定。置换滴定法的方式灵活多样，不仅能扩大配位滴定的应用范围，同时还可以提高配位滴定的选择性。

[应用示例]——铝盐含量的测定

Al^{3+} 与 EDTA 的配位反应进行缓慢，且对指示剂有封闭作用，不能用直接滴定法进行测定。测定时，首先调节 Al^{3+} 试液的 pH 值，加入过量的 EDTA 标准溶液，加热煮沸，使 Al^{3+} 与 EDTA 完全配位，将剩余的 EDTA 用锌标准溶液中和。然后加入一种选择性较高的配位剂（通常用 NH_4F），加热煮沸，将 AlY^- 中的 Y^{4-} 定量置换出来，再以锌标准溶液滴定置换出来的 EDTA，即可测出铝盐的含量。

知识拓展

仪器分析法

仪器分析是指采用比较复杂或特殊的仪器设备，通过测量物质的某些物理或物理化学性质的参数及其变化来获取物质的化学组成、成分含量及化学结构等信息的一类方法。仪器分析与化学分析是分析化学的两种分析方法。

仪器分析的特点如下。①灵敏度高：大多数仪器分析适用于微量分析、痕量分析。②取样量少：化学分析试样常在 $10^{-4} \sim 10^{-1}$ g；仪器分析试样常在 $10^{-8} \sim 10^{-2}$ g。③在低浓度下的分析准确度较高：含量在 $10^{-9}\% \sim 10^{-5}\%$ 范围内的杂质测定，相对误差低达 $1\% \sim 10\%$。④快速：例如，发射光谱分析法在 1 min 内可同时测定水中 48 种元素。⑤可进行无损分析：有时可在不破坏试样的情况下进行测定，有时还能进行表面或微区分析，或试样回收。⑥能进行多信息或特殊功能的分析：有时可同时进行定性及定量分析，有时可同时测定材料的组分比和原子的价态。⑦专一性强：例如，用单晶 X 衍射仪可专测晶体结构；用离子选择电极可测指定离子的浓度等。⑧便于遥测、遥控、自动化：可做即时、在线分析以控制生产过程。⑨操作较简便：省去了繁多的化学操作过程，随着自动化、程序化程度的提高，操作将更趋于简化。⑩仪器设备较复杂，价格较昂贵。

 **本章小结**

1. 知识思维导图

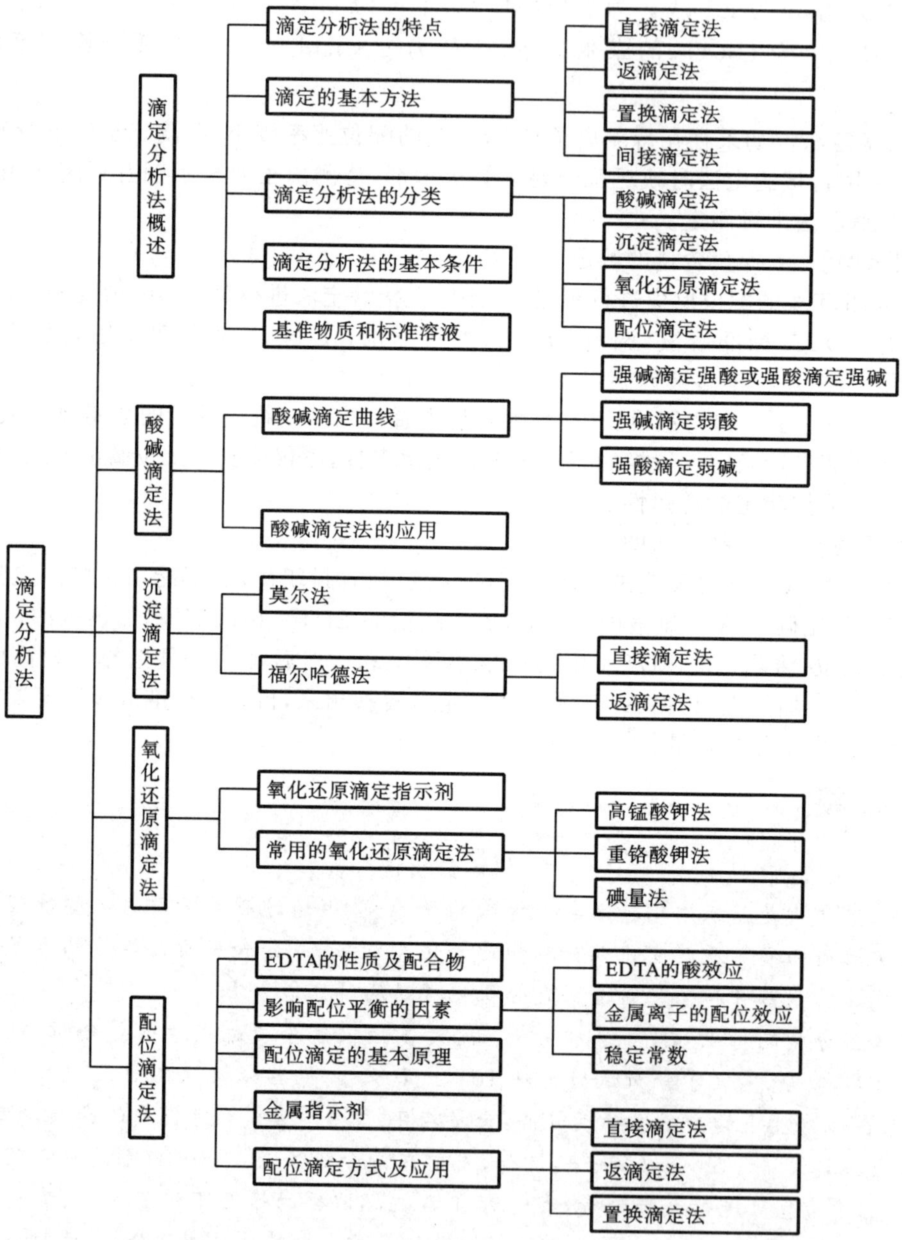

滴定分析法
- 滴定分析法概述
  - 滴定分析法的特点
  - 滴定的基本方法
    - 直接滴定法
    - 返滴定法
    - 置换滴定法
    - 间接滴定法
  - 滴定分析法的分类
    - 酸碱滴定法
    - 沉淀滴定法
    - 氧化还原滴定法
    - 配位滴定法
  - 滴定分析法的基本条件
  - 基准物质和标准溶液
- 酸碱滴定法
  - 酸碱滴定曲线
    - 强碱滴定强酸或强酸滴定强碱
    - 强碱滴定弱酸
    - 强酸滴定弱碱
  - 酸碱滴定法的应用
- 沉淀滴定法
  - 莫尔法
  - 福尔哈德法
    - 直接滴定法
    - 返滴定法
- 氧化还原滴定法
  - 氧化还原滴定指示剂
  - 常用的氧化还原滴定法
    - 高锰酸钾法
    - 重铬酸钾法
    - 碘量法
- 配位滴定法
  - EDTA的性质及配合物
  - 影响配位平衡的因素
    - EDTA的酸效应
    - 金属离子的配位效应
    - 稳定常数
  - 配位滴定的基本原理
  - 金属指示剂
  - 配位滴定方式及应用
    - 直接滴定法
    - 返滴定法
    - 置换滴定法

2. 学习方法概要

　　滴定分析法是化学检验的一种基本方法,应用广泛。学习中首先明确滴定分析的特点、方式、方法及基本要求,在此基础上掌握不同滴定分析法的基本原理、操作条件和应用。通过滴定曲线的学习,建立滴定突跃范围与指示剂选择的联系。在学习酸碱滴定时,重点学习强酸滴定强碱,掌握酸碱滴定的原理及实际应用,如混合碱含量的测定等。对于氧化还原滴定的学习,重点掌握几种常见的氧化还原滴定法的原理、反应条件及指示剂。在沉淀滴定的学习中,掌握三种滴定方法的反应原理、所用的指示剂及其应用范围。对于配位滴定法,弄明白为何常选择 EDTA 作为配位滴定剂,并以应用为重点。

综合测评

目标检测

一、填空题

1. 滴定分析法根据反应类型不同,可分为_____法、_____法、_____法与_____法四种。

2. 先用_____标准溶液与被测组分反应,反应完全后再以另一标准溶液滴定_____,由_____用量之差求出被测组分含量的方法称作返滴定法。

3. 某弱酸指示剂的 $K_{HIn}=1.5\times10^{-6}$,该指示剂的变色范围为_____。

4. 用 HCl 标准溶液滴定混合碱溶液,滴定至酚酞指示剂变色,用去 V_1(mL),再继续滴定至甲基橙指示剂变色,用去 V_2(mL)。若 $V_1>V_2$,则试样中含_____;若 $V_1<V_2$,则试样中含_____;若 $V_1=V_2$,则试样中含_____。

5. 莫尔法滴定时的酸度必须适当,在酸性溶液中_____沉淀溶解,强碱性溶液中则生成沉淀。

6. 福尔哈德法中的直接法是在含有_____的酸性溶液中,以_____为指示剂,用_____作滴定剂的分析方法。

7. 氧化还原滴定指示剂包括_____、_____和_____三种类型。

8. 碘量法使用_____作指示剂。滴定终点时直接碘量法溶液由_____色变为_____色;间接碘量法溶液由_____色变为_____色。在间接碘量法中,指示剂应在_____时加入。

9. 氨羧配位剂是指含有_____基团的有机配位剂,在氨羧配位剂中应用最广泛的是_____或它的二钠盐,简称_____。

10. 测定水中总硬度,试液 pH 值应控制在_____,控制的方法是加入_____。

二、问答题

1. 什么是滴定分析法？适合滴定分析法的化学反应应满足哪些要求？

2. 何为滴定突跃范围？影响滴定突跃范围的因素有哪些？

3. 简述莫尔法的指示剂作用原理。

4. 常用的氧化还原滴定法有哪些？各滴定分析法的特点是什么？

5. 什么是配位滴定法？适用于配位滴定法的配位反应应具备哪些条件？

三、计算题

1. 称取铁矿石试样 0.1562 g,试样溶解后,经预处理使铁呈 Fe^{2+} 状态,用 0.01214 mol·L^{-1} $K_2Cr_2O_7$ 标准溶液滴定,消耗 $K_2Cr_2O_7$ 标准溶液 20.32 mL,则试样中 Fe 的质量分数为多少？若用 Fe_2O_3 表示,其质量分数又为多少？

2. 分析不纯的碳酸钙($CaCO_3$,其中不含干扰物质),称取试样 0.3000 g,加入浓度为 0.2500 mol·L^{-1} 的 HCl 标准溶液 25.00 mL,煮沸除去 CO_2,用 0.2012 mol·L^{-1} NaOH 标准溶液返滴过量的 HCl 标准溶液,消耗 NaOH 标准溶液 5.84 mL,试计算试样中 $CaCO_3$ 的质

量分数。

3. 称取混合碱试样 0.6800 g,以酚酞为指示剂,用 0.2000 mol·L^{-1} HCl 标准溶液滴定至终点,消耗 HCl 标准溶液 $V_1 = 26.80$ mL,然后加入甲基橙指示剂滴定至终点,消耗 HCl 标准溶液 $V_2 = 23.00$ mL,判断混合碱的组分,并计算试样中各组分的质量分数。

4. 称取含有 NaCl 和 NaBr 的试样 0.6000 g,溶解后用 AgNO$_3$ 溶液处理,获得干燥的 AgCl 和 AgBr 沉淀 0.4482 g;另称取相同质量的试样一份,用 0.1084 mol·L^{-1} AgNO$_3$ 标准溶液滴定至终点,用去 26.48 mL,试计算试样中 NaCl 和 NaBr 各自的质量分数。

5. 用纯 CaCO$_3$ 标定 EDTA 溶液。称取 0.105 g 纯 CaCO$_3$,溶解后用容量瓶配成 100.0 mL 溶液,吸取 25.00 mL,在 pH = 12 时,用钙指示剂指示终点,用待标定的 EDTA 溶液滴定,用去 24.50 mL。试计算:①EDTA 溶液的物质的量浓度;②该 EDTA 溶液对 ZnO 和 Fe$_2$O$_3$ 的滴定度。

模块三
有机化合物

第一章

有机化学基础知识

 **学习目标**

1. 了解有机化学和有机化合物的含义、分类及特征；
2. 熟悉有机化合物的结构理论、反应类型等；
3. 掌握杂化轨道基本理论和碳原子成键特征。

有机化合物是人类赖以生存的重要基础物质，广泛存在于现代生活的各个方面。可以毫不夸张地说，有机化学家为人类社会的发展创造了一个新的"自然界"。因此，学习有机化学对提高科学素养及专业能力都有着十分重要的意义。

第一节　有机化合物和有机化学

一、基本概念

通常将自然界的物质分为无机化合物和有机化合物两大类。长期以来，人们将从无生命的矿物中得到的物质称为无机化合物；从有生命的动植物中得到的物质称为有机化合物。人们曾错误地认为有机化合物是具有生命的物质，只能借助于有生命的动植物体得到，有机化合物可以转变为无机化合物，但无机化合物不可能转变为有机化合物，这就是所谓的"生命力学说"。直到 1828 年，德国科学家维勒(F. Wöhler，1800—1882 年)在实验室中用典型的无机化合物氰酸钾与氯化铵合成了公认的有机化合物——尿素，这一学说才开始动摇。随后，科学家又合成了乙酸、油脂以及各种结构十分复杂的有机化合物，使人们认识到有机化合物与无机化合物之间并无绝对的界限，也不存在本质上的区别。它们虽然在组成、结构和性质等方面存在差异，但遵循着基本相同的物理和化学变化规律，在一定条件下是可以相互转化的。

随着科学的发展，人们又发现构成有机化合物的主要元素是碳，并且绝大多数有机化合物除含碳外,还含有氢,有的还含有氧、氮、硫、磷和卤素等元素。通常把碳氢化合物及其衍生物称为**有机化合物**。但一氧化碳、二氧化碳、碳酸盐及金属氰化物等含碳化合物,由于其组成和性质与无机化合物相似,一般归为无机化合物的范畴。

有机化学是研究有机化合物的组成、结构、性质及应用的一门学科。有机化学就在我们身边,无论从事与化学领域有关的哪一项工作,都必须具备有机化学的基础知识。只有掌握好有机化学的基础知识、基本理论和基本技能,才能为后续课程的学习打下良好的基础。

碳循环、碳达峰
和碳中和

二、有机化合物的特性

有机化合物的主要元素是碳。碳原子的特殊结构使得有机化合物与无机化合物的性质存在明显的差异。一般而言,有机化合物具有以下特点。

(1) 对热不稳定,易燃烧。除少数有机化合物外,绝大多数有机化合物含有碳、氢两种元素,因此容易燃烧,如甲烷、乙醇、汽油、木柴等。而大部分无机化合物则不能燃烧,这一性质的差异可初步用来区分有机化合物与无机化合物。

(2) 熔、沸点低。有机化合物一般为共价化合物,通常以微弱的分子间作用力相结合,因此,常温、常压下多数以气体、液体或低熔点的固体形式存在。大多数有机化合物的熔点较低,一般不超过 400 ℃,沸点也较低,如尿素的熔点为 132.7 ℃。而无机化合物的熔、沸点较高,如氯化钠的熔点为 801 ℃,沸点为 1413 ℃。

(3) 难溶于水,易溶于有机溶剂,是非电解质。有机化合物通常以弱极性键或非极性键相结合,根据"相似相溶"原理,绝大多数有机化合物难溶于水,易溶于乙醚、丙酮、苯等非极性溶剂。

有机化合物一般是非电解质,即使在熔融状态下也以分子形式存在而不导电,而多数无机化合物是电解质,在溶液中或熔融状态下以离子形式存在而具有导电性。

(4) 化学反应速率小,产率低,产物复杂。无机化合物间的反应往往是离子反应,化学反应速率较大;而有机化合物的反应主要在分子间进行,受分子结构和反应机理的影响,化学反应速率较小,有些反应需要几十小时甚至几十天才能完成。由于有机分子结构比较复杂,反应时,往往不局限于分子的某一特定部位,因此,主要反应发生的过程中伴随着一些副反应而导致产率低、产物复杂,最终得到的是混合物,常常需进一步分离、提纯。

(5) 同分异构现象普遍。分子式相同而结构不同的现象称为同分异构现象。这种情况在有机化合物中非常普遍。这也是组成有机化合物的元素较少,但有机化合物种类繁多的主要原因之一。例如,分子式为 C_2H_6O 的物质就有可能是乙醇和甲醚两个性质不同的化合物,它们互称同分异构体。

第二节　有机化合物的结构

"结构决定性质,性质反映结构",有机化合物的性质与其结构密切相关,相互依存。理解有机化合物的结构特点,对学习有机化学有着十分重要的意义,是学好有机化学的基础。

一、碳原子的结构

1. 碳原子的成键方式

有机化合物的基本构架由碳原子组成,因此,有机化合物的结构特点取决于碳原子的结构。

碳的核外电子排布式为 $1s^2 2s^2 2p^2$,最外层有 4 个电子。根据原子结构理论,碳与其他原子成键时,不易得失电子,而以共用电子对的形式与其他原子相结合。因此,碳原子主要以共价键的方式与其他原子相结合,表现为 4 价。

例如,最简单的有机化合物——甲烷,就是由碳原子最外层的 4 个电子分别与 4 个氢原子形成 4 个共价键,其结构可表达如下:

$$
\begin{array}{cc}
\quad\ \ H & \quad\ \ H \\
\ \ \overset{\bullet\times}{} & \quad\ \ | \\
H\overset{\bullet}{\times}C\overset{\bullet}{\times}H & \ H-C-H \\
\ \ \overset{\bullet\times}{} & \quad\ \ | \\
\quad\ \ H & \quad\ \ H
\end{array}
$$

电子式   结构式

在有机化合物中,碳与氢之间、碳与碳之间均以共价键结合,且两个碳原子之间可共用一对、两对或三对电子构成单键、双键或三键,如:

$$
\begin{array}{ccc}
\ |\ \ |\ \\
-C-C- \qquad C=C \qquad -C\equiv C-
\end{array}
$$

单键   双键   三键

2. 杂化轨道理论

按照价键理论,只有自旋方向相反的两个电子才能相互配对成键。处于基态的碳原子最外层只有 2 个未成对电子,理论上只能形成两个共价键。事实上碳总是以 4 价成键,而且四个价键都是等同的。为解决这一矛盾,1931 年,鲍林(L. Pauling,1901—1994 年)提出了**杂化轨道理论**。

杂化轨道理论认为:碳原子在成键时通过吸收能量,其核外电子排布由基态转变为激发态,然后能量相近的原子轨道重新组合成新的轨道,这个过程称为杂化,形成的新轨道称为**杂化轨道**。杂化轨道的数目等于参与杂化的原子轨道数目。杂化可以改变电子云的形状和伸展方向,使碳原子在成键时电子云得到最大程度的重叠,同时成键电子云之间的斥力较小,形成的共价键更稳定。也就是说,由杂化轨道形成的分子更稳定。

有机化合物中碳原子的杂化方式有以下三种。

(1)sp^3 杂化 处于基态的碳原子最外层只有 2 个未成对电子,经由外界吸收能量后形成激发态则有 4 个未成对电子。当碳与其他原子成键时,可由激发态中的 1 个 2s 轨道与 3 个 2p 轨道进行杂化,形成 4 个完全相同的新轨道,称为 sp^3 杂化轨道,这一过程称为 **sp^3 杂化**。

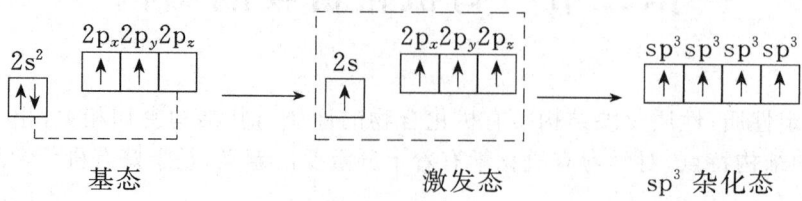

s 电子云是球形的,p 电子云是哑铃形的,两者组合后形成的 sp³ 杂化轨道的形状是一头大、一头小,更有利于重叠成键。每个 sp³ 杂化轨道中有 $\frac{1}{4}$ s 轨道和 $\frac{3}{4}$ p 轨道的成分,4 个 sp³ 杂化轨道以碳原子为中心形成正四面体,4 个轨道分别指向正四面体的 4 个顶点,杂化轨道之间的夹角为 109°28′(图 3-1-1)。如烷烃分子中的碳原子都是以 sp³ 杂化后与氢原子或碳原子形成共价键的。

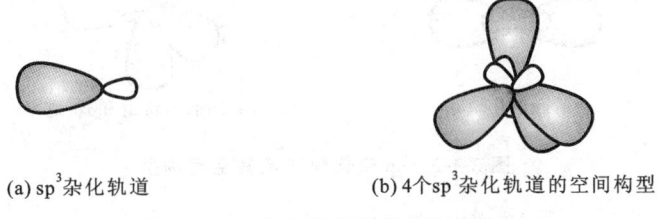

(a) sp³ 杂化轨道   (b) 4 个 sp³ 杂化轨道的空间构型

图 3-1-1 sp³ 杂化轨道及其空间构型

(2) sp² 杂化 形成双键时,由激发态的 1 个 2s 轨道与 2 个 2p 轨道发生杂化,形成 3 个能量相等、形状相同的新轨道,称为 sp² 杂化轨道,这一过程称为 **sp² 杂化**。

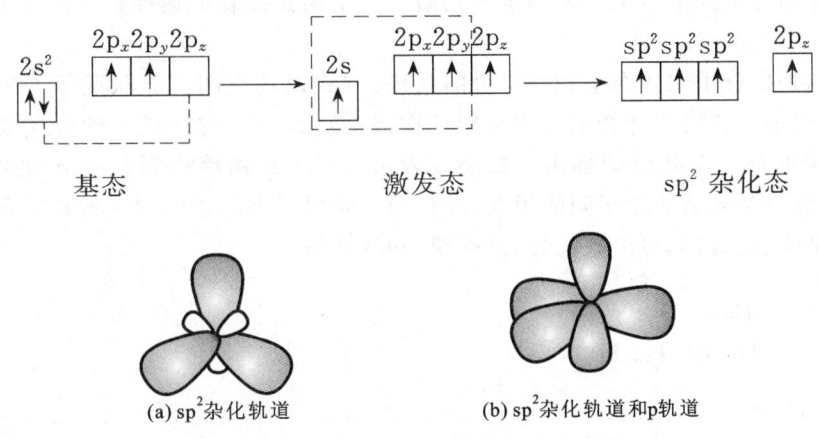

(a) sp² 杂化轨道   (b) sp² 杂化轨道和 p 轨道

图 3-1-2 sp² 杂化轨道及其空间构型

每个 sp² 杂化轨道含有 $\frac{1}{3}$ s 轨道和 $\frac{2}{3}$ p 轨道的成分,它们对称地分布于碳原子所在的平面上,形成平面正三角形,杂化轨道之间的夹角为 120°,剩下的未参与杂化的 1 个 2p 轨道垂直于 sp² 杂化轨道的平面(图 3-1-2)。如烯烃中分子与双键碳原子就是以 sp² 形式杂化后与其他原子成键的。

(3) sp 杂化 形成三键时,由激发态的 1 个 2s 轨道与 1 个 2p 轨道发生杂化,形成 2 个能量相等、形状相同的新轨道,称为 sp 杂化轨道,这一过程称为 **sp 杂化**。

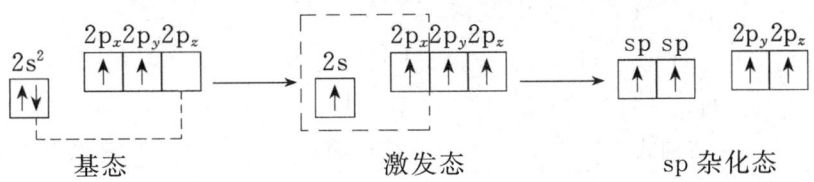

基态   激发态   sp 杂化态

每个 sp 杂化轨道含有 $\frac{1}{2}$s 轨道和 $\frac{1}{2}$p 轨道的成分,两个杂化轨道的对称轴在同一直线上,杂化轨道之间的夹角为 $180°$,未参与杂化的 2 个 p 轨道则彼此正交并与杂化轨道间相互垂直(图 3-1-3)。如炔烃分子中与三键碳原子就是以 sp 形式杂化后与其他原子成键的。

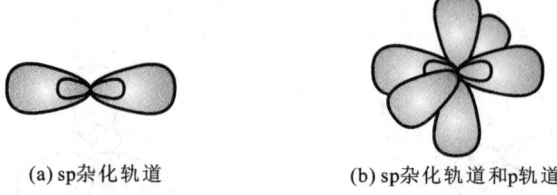

(a) sp 杂化轨道   (b) sp 杂化轨道和 p 轨道

图 3-1-3   sp 杂化轨道及其空间构型

二、有机化合物结构的表示方法

由于有机化合物中普遍存在同分异构现象,即同一个分子式可能代表的是几种不同的物质,因此,不能用分子式来表示一种确定的物质。用结构式来表示某种有机化合物的组成更为科学。

分子结构是指分子中各原子相互结合的次序、方式以及空间排布状况等。它包括分子的构造、构型和构象。有机化合物的结构可用结构式、结构简式、键线式三种形式来表示。**结构式**是将分子中的每一个共价键都用一根短线表示出来。**结构简式**则是在结构式的基础上简化,不再写出碳与氢或其他原子间的短线,并将同一碳原子上的相同原子或基团合并表达。**键线式**则更为简练、直观,只写出碳的骨架(碳架)和其他基团。

例如,丁烷 C_4H_{10}:

结构式   结构简式   键线式

$CH_3CH_2CH_2CH_3$

环己烷 C_6H_{12}:

结构式   结构简式   键线式

CH_2

CH_2 CH_2

CH_2 CH_2

CH_2

第三节 有机化合物的分类

有机化合物数目众多,种类繁杂,为了便于学习和研究,将有机化合物按结构特征进行分类。一种是以碳的骨架(碳架)结构不同分类,另一种是以官能团不同来分类。

1. 按碳架分类

$$有机化合物\begin{cases}链状化合物\\碳环化合物\begin{cases}脂环化合物\\芳香化合物\end{cases}\\杂环化合物\end{cases}$$

(1)链状化合物 这类化合物中碳架可形成一条或长或短的链,有的长链上还带有支链。由于这类化合物最初是在脂肪中发现的,所以又称脂肪族化合物。根据碳原子成键方式不同,链状化合物又可以分为饱和化合物和不饱和化合物。例如:

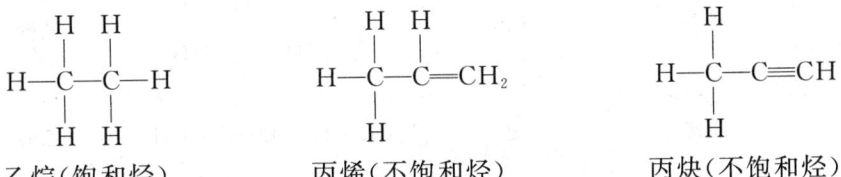

乙烷(饱和烃) 丙烯(不饱和烃) 丙炔(不饱和烃)

(2)碳环化合物 这类化合物分子中含有完全由碳原子构成的环。根据碳环的结构特点,又分为两类。

① 脂环化合物 这类化合物在结构上可视为由链状化合物首尾碳原子互相连接而成环状的化合物,由于其性质与脂肪化合物相似,因此称脂环化合物。例如:

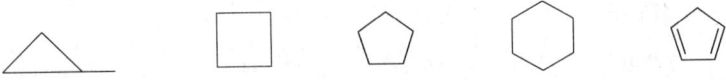

甲基环丙烷 环丁烷 环戊烷 环己烷 1,3-环戊二烯

② 芳香化合物 这类化合物分子中至少含有一个苯环(芳环),性质上与链状化合物和脂环化合物不同。例如:

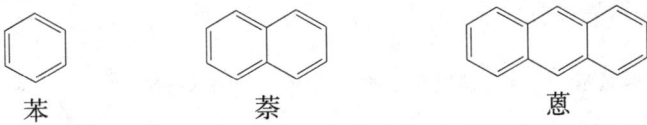

苯 萘 蒽

(3)杂环化合物 这类化合物分子中的环是由碳原子、氢原子和其他元素的原子(如 O、S、N 等)组成的。环上除碳原子、氢原子以外的其他原子称为杂原子,这类化合物称为杂环化合物。例如:

呋喃 噻吩 吡啶

2. 按官能团分类

决定化合物主要化学性质的原子或基团称为**官能团**。官能团是有机化合物分子中较活泼

的部位,官能团相同的化合物性质相似。为了便于学习和研究,常根据不同的官能团对有机化合物进行分类。常见官能团及有机化合物类别见表 3-1-1。

表 3-1-1　常见官能团及有机化合物类别

官能团结构	名　称	类　别	化合物举例	
$\diagup C=C \diagdown$	碳碳双键	烯烃	$CH_2=CH_2$	乙烯
$-C\equiv C-$	碳碳三键	炔烃	$HC\equiv CH$	乙炔
$-OH$	羟基	醇	CH_3OH	甲醇
		酚	苯酚结构	苯酚
$\diagup C=O$	羰基	醛	$CH_3-\overset{O}{\overset{\|}{C}}-H$	乙醛
		酮	$CH_3-\overset{O}{\overset{\|}{C}}-CH_3$	丙酮
$-\overset{O}{\overset{\|}{C}}-OH$	羧基	羧酸	$CH_3-\overset{O}{\overset{\|}{C}}-OH$	乙酸
$-\overset{\|}{C}-O-\overset{\|}{C}-$	醚键	醚	$CH_3CH_2-O-CH_2CH_3$	乙醚
$-NH_2$	氨基	胺	CH_3-NH_2	甲胺
$-NO_2$	硝基	硝基化合物	硝基苯结构$-NO_2$	硝基苯
$-X$	卤原子	卤代烃	CH_3Cl	一氯甲烷
$-SH$	巯基	硫醇	C_2H_5SH	乙硫醇
$-SO_3H$	磺酸基	磺酸	苯磺酸结构$-SO_3H$	苯磺酸
$-C\equiv N$	氰基	腈	$CH_3C\equiv N$	乙腈
$-N=N-$	偶氮基	偶氮化合物	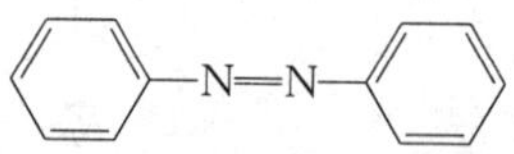 偶氮苯结构$-N=N-$	偶氮苯

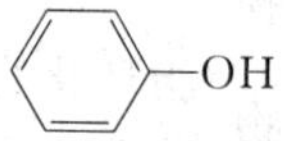

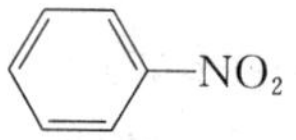

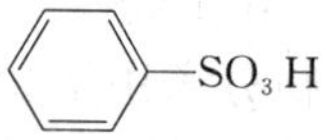

本书主要是以官能团分类为基础来讨论各类有机化合物的。因此,掌握有机化合物的分类方法并熟记各类官能团的结构特征是系统学好有机化学的前提。

第四节　有机反应的类型

大多数有机化合物为共价化合物,有机反应的实质就是旧键的断裂和新键的生成。根据共价键的断裂方式或反应前后有机化合物结构的变化,有机反应又有两种分类方法。

1. 按反应历程分类

反应历程是对某个化学反应逐步变化过程的详细描述,它有助于理解复杂的有机反应。共价键的断裂有均裂和异裂两种方式,有机反应可分为自由基反应和离子型反应两大类型。

(1)自由基反应 共价键断裂后,成键原子共用电子对由两原子各保留 1 个,这种断裂方式称为均裂。

$$A \overset{|}{\underset{|}{}} B \xrightarrow{均裂} A \cdot + B \cdot$$
自由基(或游离基)

由均裂生成带有未成对电子的原子或基团称为自由基(或游离基),它非常活泼,作为活性中间体,生成后迅速发生反应。通过共价键的均裂而发生的反应称为自由基反应(或游离基反应)。自由基反应通常在非极性溶剂或气相中进行,且需要光照、高温或以过氧化物为催化剂来引发反应。

(2)离子型反应 共价键断裂后,共用电子对只归属某一原子,从而产生阴、阳离子,这种断裂方式称为异裂。

$$C \overset{\cdot}{\underset{\cdot}{}} A \xrightarrow{异裂} C^+ + : A^- \qquad 或 \qquad C \overset{\cdot}{\underset{\cdot}{}} A \xrightarrow{异裂} : C^- + A^+$$
碳正离子 碳负离子

由异裂所产生的碳正离子或碳负离子也是活性中间体,它们的生成对反应至关重要。通过共价键的异裂而发生的反应称为离子型反应。离子型反应往往需要酸、碱作催化剂或在极性溶剂中进行。

2. 按反应形式分类

根据反应前后有机化合物的组成和结构变化,有机反应又可分为以下几类。

(1)取代反应 取代反应是有机化合物中的原子或基团被其他原子或基团所取代的反应。例如:

$$CH_4 + Cl_2 \xrightarrow{光} CH_3Cl + HCl$$

(2)加成反应 加成反应是含有不饱和键的化合物,与一种单质或化合物作用,一个 π 键断裂,形成两个全新的 σ 键,从而形成饱和化合物的反应。例如:

$$CH_2 = CH_2 + HCl \longrightarrow CH_3CH_2Cl$$

(3)消除反应 消除反应是从一个有机化合物分子中消去一个小分子(如 HX、H_2O 等),生成不饱和烃的反应。例如:

$$CH_3CH_2Cl \xrightarrow[C_2H_5OH]{NaOH} CH_2 = CH_2 + HCl$$

(4)聚合反应 聚合反应是在催化剂作用下,由低分子化合物相互结合,生成高分子的反应。例如:

$$nCH_2 = CH_2 \xrightarrow{催化剂} \begin{bmatrix} CH_2 - CH_2 \end{bmatrix}_n$$

(5)重排反应 重排反应是由于自身的稳定性较差,在常温、常压下或在其他外界因素的影响下,分子中的某些原子或基团发生转移的反应。例如:

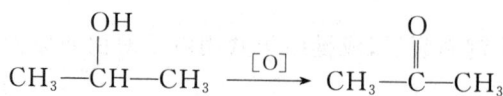

**有机化学与
绿色化学**

（6）氧化反应 在分子中加氧或去氢的反应称为氧化反应。例如：

$$CH_3-\overset{\underset{|}{OH}}{CH}-CH_3 \xrightarrow{[O]} CH_3-\overset{\underset{}{O}}{C}-CH_3$$

本章小结

1. 知识思维导图

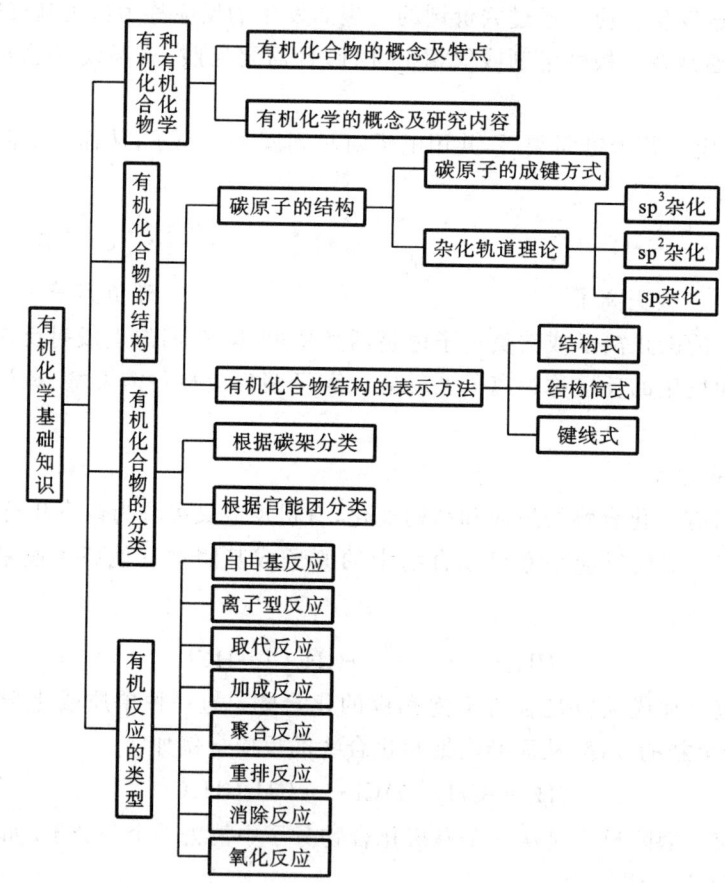

2. 学习方法概要

学习有机化学和有机化合物时,要注意其发展性和研究内容的特殊性。学习有机化学的结构理论时,要紧紧围绕碳原子的结构,弄清碳原子与其他原子的连接方式,理解碳原子的杂化类型及意义,掌握共价键的断裂方式及化学反应的类型。学习有机化合物分子中的电子效应时,弄清诱导效应与共轭效应之间的异同,掌握其本质特征及实际应用。学习有机化合物的分类时,了解有机化合物既可以按照碳架来分类,又可以按照官能团来分类,本书主要是按照官能团分类进行编排的。

目标检测

综合测评

一、填空题

1. 指出下列化合物的官能团。

(1) CH_3COOH _____ (2) $CH_3CH_2NH_2$ _____ (3) $CH_3OCH_2CH_3$ _____

(4) CH_3CHO _____ (5) C_2H_4 _____ (6) $H_3C-\overset{\overset{O}{\|}}{C}-CH_3$ _____

2. 有机化学这一术语最先是_____年_____国化学家_____提出的。

3. 目前通用的有机化学定义是_____年_____国化学家_____提出的。

4. 有机化合物最基础的结构理论是_____。

二、问答题

1. 有机化合物种类繁多、数目庞大的原因是什么？

2. 有机化合物有哪些特点？

第二章

脂 肪 烃

 学习目标

1. 掌握烷烃、烯烃、炔烃及二烯烃的命名和化学性质;
2. 掌握烷烃、烯烃和炔烃的物理性质及其变化规律;
3. 了解甲烷、乙烯和乙炔的结构特点;
4. 了解甲烷、乙烯和乙炔的来源及其在化学工业中的应用;
5. 能用习惯命名法和系统命名法进行简单有机化合物的命名;
6. 能根据开链烃的名称写出结构式;
7. 能用化学方法鉴别烷烃、烯烃和炔烃。

烃是最简单的有机化合物,只含有碳和氢两种元素,故又称碳氢化合物。分子中碳原子相连成链状的烃,叫做开链烃,也称脂肪烃。开链烃根据分子中碳原子之间的结合方式不同,又可分为饱和烃和不饱和烃。

第一节　烷　　烃

分子中碳原子之间以单键相连,其余价键都与氢结合的开链烃称为饱和烃,简称烷烃,其通式为 C_nH_{2n+2}。最简单的烷烃是甲烷。

一、烷烃的命名

烷烃的命名方法有普通命名法和系统命名法。

[练一练]　下列化合物,哪些是烷烃?
C_6H_{14}、C_5H_{10}、$C_{11}H_{24}$、C_6H_6、$C_{20}H_{44}$、$C_{15}H_{28}$。

1. 普通命名法

普通命名法又称为习惯命名法。

　　习惯命名法只用于一些结构简单的烷烃:10 个及 10 个以内碳原子的烷烃依次用甲、乙、丙、丁、戊、己、庚、辛、壬、癸来表示;10 个以上碳原子的烷烃则用中文数字表示。异构体之间,用汉字词头表示:"正"表示直链烷烃;"异"表示从链端起第二个碳原子上带有一个甲基支链的烷烃;"新"表示从链端起第二个碳原子上带有两个甲基支链的烷烃。例如 C_5H_{12} 的 3 个同分异构体:

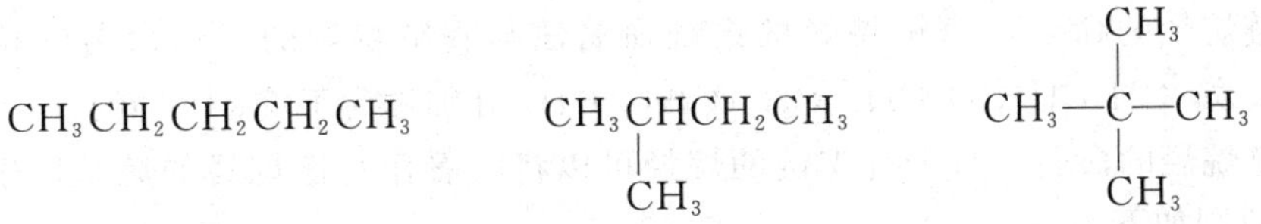

$$CH_3CH_2CH_2CH_2CH_3 \qquad CH_3CHCH_2CH_3 \qquad CH_3-\underset{\underset{CH_3}{|}}{\overset{\overset{CH_3}{|}}{C}}-CH_3$$
$$\qquad\qquad\qquad\qquad\qquad \underset{CH_3}{|}$$

　　　　　正戊烷 　　　　　　　　异戊烷 　　　　　　　　新戊烷

2. 烷基的名称

　　烷烃分子中去掉一个氢原子后余下的基团称为烷基,通常用 R— 表示。

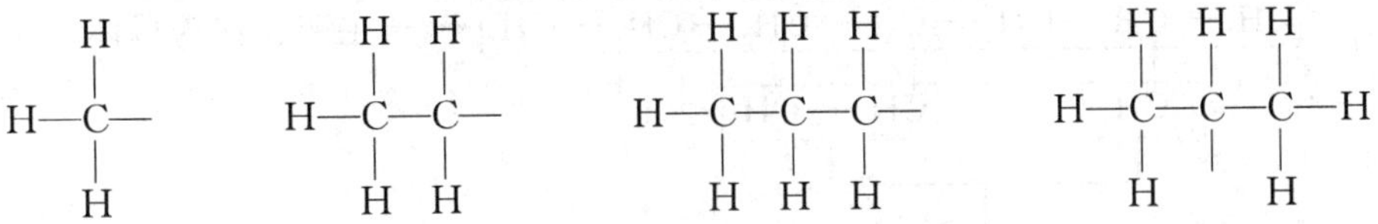

　　　甲基 　　　　　　乙基 　　　　　　(正)丙基 　　　　　　异丙基

烷基的通式为 C_nH_{2n+1}—,常见的烷基见表 3-2-1。

表 3-2-1 常见烷基的构造和名称

烷基	名称	来源	备注
H_3C—	甲基	甲烷去掉一个氢原子	
CH_3CH_2— 或 C_2H_5—	乙基	乙烷去掉一个氢原子	
$CH_3CH_2CH_2$—	(正)丙基	丙烷去掉一个伯氢原子	
CH_3-CH- 或 $(CH_3)_2CH-$ $\quad\underset{CH_3}{\mid}$	异丙基	丙烷去掉一个仲氢原子	同碳原子数的烷基构造从简单到复杂
$CH_3CH_2CH_2CH_2$—	正丁基	丁烷去掉一个伯氢原子	
$CH_3-CH-CH_2-$ $\quad\underset{CH_3}{\mid}$ 或 $(CH_3)_2CHCH_2-$	异丁基	异丁烷去掉一个伯氢原子	
$CH_3-CH-CH-$ $\qquad\underset{CH_3}{\mid}$ 或 $CH_3CH_2CH(CH_3)-$	仲丁基	丁烷去掉一个仲氢原子	
$CH_3-\underset{CH_3}{\overset{CH_3}{C}}-$ 或 $(CH_3)_3C-$	叔丁基	异丁烷去掉一个叔氢原子	

3. 系统命名法

　　系统命名法是一种普遍适用的命名方法。它是采用国际上通用的 IUPAC(国际纯粹与应用化学联合会)命名原则,结合我国的文字特点制定出来的命名方法。我国常用的是 1980 年

制定的《有机化学命名原则 1980》(CCS1980)。随着 IUPAC 对命名的不断更新,中国化学会有机化合物命名审定委员会也对命名规则进行了修订,并于 2017 年 12 月 20 日正式发布了《有机化合物命名原则 2017》(CCS2017)。鉴于目前尚处于两种规则并行阶段,本书仅对 CCS2017 新规做介绍。当两种命名都标出时,分别在两种名称前加"CCS2017"和"CCS1980"予以标明。

(1) 直链烷烃的命名　直链烷烃的系统命名法与直链烷烃的习惯命名法相似,只是把"正"字去掉。如:$CH_3CH_2CH_2CH_3$、$CH_3(CH_2)_9CH_3$ 分别称为丁烷、十一烷。

(2) 支链烷烃的命名　对于有支链的烷烃可以将其看作直链烷烃的烷基衍生物来命名。命名步骤及原则如下。

① 选主链,确定母体:选择含碳原子数最多的碳链为主链,将支链当成取代基;若有等长的碳链可选择,选择连有较多取代基的碳链为主链,依据主链中碳原子数称某烷。例如:

$$
\begin{array}{c}
\fbox{$CH_3{-}CH{-}CH_2{-}CH{-}CH_2{-}CH_2{-}CH_3$} \longleftarrow \text{主链,作为母体}\\
\fbox{CH_3}\qquad\fbox{$CH_2{-}CH_3$}
\end{array}
$$

支链,作为取代基

上式主链中含有 7 个碳原子,母体名称为"庚烷"。

② 给主链碳原子编号,确定取代基位次:从靠近支链的一端开始,依次用阿拉伯数字给主链碳原子编号,当两端与支链等距离时,应从靠近结构较简单的取代基的一端开始编号。例如:

$$
\overset{5}{C}H_3\overset{4}{C}H_2\overset{3}{C}H_2\overset{2}{C}H\overset{1}{C}H_3 \qquad \overset{7}{C}H_3\overset{6}{C}H_2\overset{5}{C}H\overset{4}{C}H\overset{3}{C}H_2\overset{2}{C}H\overset{1}{C}H_2CH_3
$$

2-甲基戊烷　　　　　3-甲基-5-乙基庚烷

$$
\overset{1}{C}H_3\overset{2}{C}H\overset{3}{C}H_2\overset{4}{C}H\overset{5}{C}H\overset{6}{C}H_2\overset{7}{C}H_2\overset{8}{C}H_3
$$

2,4,5-三甲基辛烷

当两端与支链等距离,且两支链结构相同时,应遵循取代基位次之和最小原则。

$$
\begin{array}{ccccccc}
1 & 2 & 3 & 4 & 5 & 6 \\
\hline
6 & 5 & 4 & 3 & 2 & 1
\end{array}
$$

左 $\overset{6}{C}H_3{-}\overset{5}{C}H{-}\overset{4}{C}H_2{-}\overset{3}{C}H{-}\overset{2}{C}H{-}\overset{1}{C}H_3$ 右

上例中碳链两端第二个碳原子上都有支链,若从右向左编号,第二个支链的位次为 3,但若从左向右编号,则第二个支链的位次为 4。显然,从右向左编号符合最低序列规则。

③ 写出全称:把取代基名称写在烷烃母体名称前,在取代基名称之前用阿拉伯数字标明它的位置。在阿拉伯数字与取代基名称之间用短线隔开。有不同取代基时,应将结构简单的

写在前,复杂的写在后;若取代基相同,则合并一起写;位次之间用逗号隔开,取代基的数目用二、三、四等写在取代基名称之前。

在立体化学的次序规则中,将常见的烷基按下列次序排列(符号">"表示"优先于"):

$$(CH_3)_3C— \quad > \quad CH_3CH_2\underset{\underset{CH_3}{|}}{CH}— \quad > \quad CH_3\underset{\underset{CH_3}{|}}{CH}— \quad > \quad CH_3\underset{\underset{CH_3}{|}}{CH}CH_2—$$

$$>CH_3CH_2CH_2CH_2—>CH_3CH_2CH_2—>CH_3CH_2—>CH_3—$$

例如:

$$\overset{7}{CH_3}\overset{6}{CH}\overset{5}{CH_2}—\overset{4}{CH}—\overset{3}{CH}—\overset{2}{CH}\overset{1}{CH_3}$$

带有 CH₃ 支链(在6、3位),CH₃CH₂CH₂ 支链(4位)

2,3,6-三甲基-4-丙基庚烷

若分子中含有不同支链,按 CCS1980 规则,是根据立体化学次序规则,将取代基由小到大依次排序。但新修订的 CCS2017 规则是按照 IUPAC 命名原则,按其英文名称的字母顺序排列次序。例如:

$$\overset{7}{CH_3}\overset{6}{CH_2}\overset{5}{CH_2}\overset{4}{CH}\overset{3}{CH_2}\overset{2}{CH}\overset{1}{CH_2}CH_3$$

CCS2017:5-乙基-3-甲基庚烷

CCS1980:3-甲基-5-乙基庚烷

上例中由于乙基的英文名首写字母 E 排在甲基的英文名首写字母 M 之前,所以按 CCS2017 规则应称为 5-乙基-3-甲基庚烷,但若按 CCS1980 规则,甲基<乙基,则应称为 3-甲基-5-乙基庚烷。

常见的烃基英文名缩写如下:

甲基:Me	异丁基:i-Bu
乙基:Et	仲丁基:sec-Bu
丙基:Pr	叔丁基:t-Bu
丁基:Bu	烷基:R
异丙基:i-Pr	苯基:Ph
正丁基:n-Bu	芳基:Ar

二、烷烃的结构

1. 烷烃的分子结构

烷烃分子中的碳原子都是以 sp^3 杂化状态参与成键的(这样的碳原子称为饱和碳原子)。每个碳原子的 4 个 sp^3 杂化轨道与相邻碳原子的 sp^3 轨道或氢原子的 $1s$ 轨道形成 C—C σ键和 C—H σ键。这 4 个 σ键在空间中呈四面体。烷烃分子内键 H—C—H 的键角约为 $109°28'$。

碳的价键分布呈四面体,而且碳碳单键可以自由旋转,所以 3 个碳原子以上烷烃分子中的碳链不是直线形,而是以锯齿形或其他可能的形式存在。所谓的"直链"烷烃是指分子中无支链的烷烃。

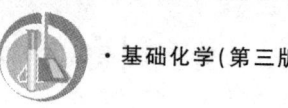

甲烷分子中碳原子的成键能够很好地反映饱和碳原子的成键特征。

无论是 C—C σ 键还是 C—H σ 键,其成键电子云集中于两成键原子核之间,受成键原子核的束缚力较大,不易与外界试剂作用,决定了烷烃具有较稳定的化学性质。σ 键电子云的分布具有对称轴,其成键的两个原子可以相对旋转而不影响电子云的分布,不破坏 σ 键。

2. 烷烃的同分异构现象

比较烷烃的分子组成可以发现,每相邻两个烷烃都相差一个"CH_2"基团。这种结构相似、在分子组成上相差一个或若干个"CH_2"基团的一系列化合物,称为同系列,同系列中的物质互称同系物。所有烷烃属于一个同系列。同系列中相邻的两个化合物在组成上的差别,称为系列差。烷烃的系列差是"CH_2"。

烷烃同系列中,甲烷、乙烷和丙烷都只有一种结构。但从丁烷开始,情况发生了变化。分子里的碳原子可以形成直链,也可形成支链,这种现象叫做碳链异构。由于碳链异构,丁烷就有了两种同分异构体,分别是正丁烷和异丁烷。

像这种分子式相同,而结构不同的化合物,互称同分异构体。产生同分异构体的现象叫做同分异构现象。

随着烷烃分子中碳原子数的增多,碳链异构更复杂,同分异构体的数目也就更多。如戊烷(C_5H_{12})有 3 种同分异构体,已烷(C_6H_{14})有 5 种同分异构体,庚烷(C_7H_{16})有 9 种同分异构体,而癸烷($C_{10}H_{22}$)有 75 种同分异构体。

[练一练] 写出庚烷的同分异构体,并用系统命名法分别命名。

三、烷烃的性质及应用

1. 烷烃的物理性质

有机化合物的物理性质,通常是指物态、熔点、沸点、溶解度、折射率、相对密度等。纯物质的物理性质在一定条件下都有固定的数值,常把这些物理数值称为物理常数。通过对这些物理常数的测定,常常可以鉴定有机化合物及其纯度。表 3-2-2 列出了一些直链烷烃的物理常数,从中可以看出,烷烃同系列的物理常数随相对分子质量的变化而有规律地变化。

表 3-2-2　一些直链烷烃的物理常数

名称	物态	熔点/℃	沸点/℃	相对密度 d_4^{20}	折射率 n_D^{20}
甲烷	气体	−18	−162	—	—
乙烷		−172	−88.5	—	—
丙烷		−187	−42	—	—
丁烷		−138	0	—	—
戊烷	液体	−130	36	0.626	1.3575
已烷		−95	69	0.659	1.3751
庚烷		−90.5	98	0.684	1.3878
辛烷		−57	126	0.703	1.3974
壬烷		−54	151	0.718	1.4054
癸烷		−30	174	0.730	1.4102

续表

名称	物态	熔点/℃	沸点/℃	相对密度 d_4^{20}	折射率 n_D^{20}
十一烷		−26	196	0.740	1.4172
十二烷		−10	216	0.749	1.4216
十三烷		−6	234	0.757	1.4256
十四烷	液体	−5.5	252	0.764	1.4290
十五烷		10	266	0.769	1.4315
十六烷		18	280	0.775	1.4345
十七烷		22	292	—	—
十八烷	固体	28	308	—	—
十九烷		32	320	—	—
二十烷		36	—	—	—

在同碳原子数的烷烃异构体中，直链异构体的沸点最高，含支链越多的异构体沸点越低。这是因为支链增多时，空间位阻增大，分子间距离增大，范德瓦耳斯力减小，从而使沸点降低。

2. 烷烃的化学性质及应用

烷烃是饱和烃，原子之间以比较牢固的 σ 键相连，C—Hσ 键的极性小，在常温下化学性质稳定，不与强酸、强碱、强氧化剂、强还原剂反应，因此，常将烷烃作为溶剂。但这种稳定性是相对的，在一定条件下烷烃也显示出一定的活性。

（1）烷烃的卤代　有机化合物分子中的原子或基团被其他原子或基团所取代的反应，称为**取代反应**。烷烃分子中氢原子被卤原子取代的反应，称为**卤代反应**。

在高温或光照条件下，烷烃分子中的氢原子被卤原子取代，生成烃的衍生物和卤化氢。X_2 反应活性为 $F_2 > Cl_2 > Br_2 > I_2$，其中氟代反应太剧烈，难以控制，而碘代反应太慢，难以进行，常见的是氯代反应和溴代反应。

烷烃的卤代反应一般难以停留在一卤取代阶段，通常得到各卤代烃的混合物。如甲烷的氯代反应如下：

$$CH_4 + Cl_2 \xrightarrow[\text{或}h\nu,25\,℃]{400\,℃} CH_3Cl + CH_2Cl_2 + CHCl_3 + CCl_4 + HCl$$

若要得到其中的某一产物，可以通过控制甲烷和氯的物质的量的比来实现。如当反应在 $400 \sim 450\,℃$，$n(CH_4) : n(Cl_2) = 10 : 1$ 时，主要产物为 CH_3Cl；而当 $n(CH_4) : n(Cl_2) = 0.263 : 1$ 时，主要产物为 CCl_4。

*碳、氢原子的类型

烷烃分子中只与一个碳原子相连的碳为伯碳原子或一级碳原子，用 1°C 表示；只与两个碳原子相连的碳为仲碳原子，又称为二级碳原子，用 2°C 表示；与三个碳原子相连的碳为叔碳原子，又称三级碳原子，用 3°C 表示；与四个碳原子相连的碳为季碳原子，又称四级碳原子，用 4°C 表示。与伯、仲、叔碳原子相连接的氢原子，分别称为伯、仲、叔氢原子。如

$$
\begin{array}{cccccc}
 & & & \overset{1°}{CH_3} & \overset{1°}{CH_3} & \\
 & & & | & | & \\
\overset{1°}{CH_3} - \overset{2°}{CH_2} - & \overset{3°}{CH} - & \overset{4°}{C} - & \overset{1°}{CH_3} & & \\
 & & & | & & \\
 & & & \overset{1°}{CH_3} & &
\end{array}
$$

　　烷烃分子中各类氢原子与卤素单质反应的活性不同,实验证明伯氢、仲氢、叔氢的反应活性依次增强。

　　[应用示例]　烃的卤代反应是制备卤代烃的方法之一,在工业上具有重要的应用价值。例如:

$$CH_3CH_2CH_3 \xrightarrow[h\nu,25\ ℃]{Cl_2} \begin{array}{l} CH_3CH_2CH_2Cl + CH_3\overset{\displaystyle Cl}{\underset{\displaystyle |}{C}}HCH_3 \\ \text{1-氯丙烷}(45\%)\ \ \text{2-氯丙烷}(55\%) \end{array}$$

$$CH_3CH_2CH_3 \xrightarrow[h\nu,25\ ℃]{Br_2} \begin{array}{l} CH_3CH_2CH_2Br + CH_3CHCH_3 \\ \text{1-溴丙烷}(3\%) \qquad\qquad | \\ \qquad\qquad\qquad\qquad\qquad\quad Br \\ \qquad\qquad \text{2-溴丙烷}(97\%) \end{array}$$

$$CH_3-\overset{\displaystyle CH_3}{\underset{\displaystyle |}{C}}H-CH_3 \xrightarrow[h\nu,25\ ℃]{Cl_2} CH_3-\overset{\displaystyle CH_3}{\underset{\displaystyle |}{C}}H-CH_2Cl \ + \ CH_3-\overset{\displaystyle CH_3}{\underset{\displaystyle |}{\underset{\displaystyle CH_3}{C}}}-Cl$$

2-甲基-1-氯丙烷(64%)　　　　2-甲基-2-氯丙烷(36%)

$$\xrightarrow[h\nu,25\ ℃]{Br_2} CH_3-\overset{\displaystyle CH_3}{\underset{\displaystyle |}{C}}H-CH_2Br \ + \ CH_3-\overset{\displaystyle CH_3}{\underset{\displaystyle |}{\underset{\displaystyle CH_3}{C}}}-Br$$

2-甲基-1-溴丙烷(1%)　　　　2-甲基-2-溴丙烷(99%)

＊ 卤代反应机理

　　反应机理又称反应历程。它是指由反应物到产物所经历的过程,是建立在实验基础上的一种假说。研究反应机理能使我们认清反应的本质,把握反应规律,从而有效地为生产实践服务。

　　烷烃的卤代反应属于自由基取代反应。自由基取代反应是通过共价键的均裂生成自由基而进行的链反应。它包括链引发、链增长、链终止 3 个阶段。

$$\text{链引发:} X_2 \xrightarrow{h\nu} 2X\cdot$$

$$\text{链增长:} \begin{cases} RH+X\cdot \longrightarrow R\cdot +HX \\ R\cdot +X_2 \longrightarrow RX+X\cdot \end{cases}$$

$$\vdots$$

$$\text{链终止:} \begin{cases} X\cdot +X\cdot \longrightarrow X_2 \\ X\cdot +R\cdot \longrightarrow RX \\ R\cdot +R\cdot \longrightarrow R-R \end{cases}$$

如甲烷的氯代反应机理如下:

链引发——氯分子吸收能量均裂得到氯自由基,从而引发反应。

$$Cl\overset{\centerdot}{\underset{\centerdot}{}}Cl \xrightarrow{h\nu} 2Cl\cdot$$

链增长——每步反应均在消耗一个自由基的同时产生一个新的自由基,氯自由基主要与甲烷分子碰撞生成甲基自由基,而氯自由基自相结合的概率很小;同样因大量氯分子存在,生成的甲基自由基自相结合的概率很小,甲基自由基主要与氯分子作用生成一氯甲烷。当一氯甲烷达到一定浓度时,氯自由基也可以和生成的一氯甲烷作用生成一氯甲烷自由基,它又可与氯分子作用,逐步生成二氯甲烷、三氯甲烷和四氯甲烷。

$$1 \begin{cases} Cl\cdot + H\!:\!CH_3 \longrightarrow HCl+ \quad\cdot CH_3 \\ \qquad\qquad\qquad\qquad\quad 甲基自由基 \\ \cdot CH_3 + Cl\!:\!Cl \longrightarrow CH_3Cl + Cl\cdot \end{cases} \quad 2 \begin{cases} Cl\cdot + H\!:\!CH_2Cl \longrightarrow \quad\cdot CH_2Cl \quad + HCl \\ \qquad\qquad\qquad\qquad\qquad 一氯甲基自由基 \\ \cdot CH_2Cl + Cl\!:\!Cl \longrightarrow CH_2Cl_2 + Cl\cdot \end{cases}$$

$$3 \begin{cases} Cl\cdot + H\!:\!CHCl_2 \longrightarrow \quad\cdot CHCl_2 \quad + HCl \\ \qquad\qquad\qquad\qquad\quad 二氯甲基自由基 \\ \cdot CHCl_2 + Cl\!:\!Cl \longrightarrow CHCl_3 + Cl\cdot \end{cases} \quad 4 \begin{cases} Cl\cdot + H\!:\!CCl_3 \longrightarrow \quad\cdot CCl_3 \quad + HCl \\ \qquad\qquad\qquad\qquad\quad 三氯甲基自由基 \\ \cdot CCl_3 + Cl\!:\!Cl \longrightarrow CCl_4 + Cl\cdot \end{cases}$$

链终止——自由基之间相互结合生成化合物。当甲烷和氯的量减少时,各自由基相遇的概率也随之增加,它们相互作用的结果最终使反应链终止。

$$Cl\cdot + Cl\cdot \longrightarrow Cl_2 \qquad \cdot CH_3 + \cdot CH_3 \longrightarrow CH_3CH_3 \qquad Cl\cdot + \cdot CH_3 \longrightarrow CH_3Cl$$

自由基的稳定性次序为

$$(CH_3)_3C\cdot > (CH_3)_2CH\cdot > CH_3CH_2\cdot > CH_3\cdot$$

(2) 氧化反应　在有机化学中,通常把加氧或脱氢的反应统称为**氧化反应**。

在室温下,烷烃一般不与氧化剂反应,与空气中的氧也不起反应。但烷烃在空气中可以燃烧,这可以看作强烈的氧化反应。反应生成二氧化碳和水,并放出大量的热。因此,有些烷烃如汽油、柴油、天然气等是工业上重要的燃料。

在适当的条件下,烷烃可被氧化生成醇、酮和羧酸等含氧化合物。其中有些反应在工业上已得到应用。

[应用示例]　例如石蜡(主要成分是 20～40 个碳原子的高级烷烃的混合物)在少量锰盐(如乙酸锰)作催化剂的条件下,可氧化生成高级脂肪酸的混合物,其中 12～18 个碳原子的脂肪酸可代替天然油脂制取肥皂,从而节约大量食用油脂。

$$RCH_2CH_2R' + O_2 \xrightarrow{\text{锰盐}} RCOOH + R'COOH + 其他羧酸$$

(3) 异构化反应　化合物由一种异构体转变成另一种异构体的反应,称为**异构化反应**。直链烷烃和支链少的烷烃在适当的条件下,可异构化为支链多的烷烃。如正丁烷在三溴化铝及溴化氢的存在下,在 27 ℃ 时发生异构化,达到平衡后,有 80% 的异丁烷生成。

$$\underset{20\%}{CH_3CH_2CH_2CH_3} \underset{27\,℃}{\overset{AlBr_3,\,HBr}{\rightleftharpoons}} \underset{80\%}{CH_3\overset{\displaystyle CH_3}{\overset{|}{C}}HCH_3}$$

[应用示例]　利用直链烷烃异构化为带支链的烷烃可以提高汽油的质量,因此烷烃的异构化反应在石油工业中占有重要的地位。工业上,在 90～150 ℃、1～2 MPa 的条件下,用 AlCl_3 和 HCl 作催化剂,可使正丁烷异构化为异丁烷。最终转化率可达 90%。

$$CH_3CH_2CH_2CH_3 \underset{1\sim2\,MPa,\,90\sim150\,℃}{\overset{AlCl_3,\,HCl}{\rightleftharpoons}} CH_3\overset{\displaystyle CH_3}{\overset{|}{C}}HCH_3$$

*(4) 裂化反应　烷烃在高温及隔绝空气的条件下进行的分解反应称为**裂化反应**。例如:

$$CH_3CH_2CH_3 \xrightarrow{460\,℃} \begin{cases} CH_3CH\!=\!CH_2 + H_2 \\ CH_2\!=\!CH_2 + CH_4 \end{cases}$$

$$CH_3CH_2CH_2CH_3 \xrightarrow{500\ ℃} \begin{cases} CH_3CH=CH_2 + CH_4 \\ CH_2=CH_2 + CH_3-CH_3 \\ CH_3CH_2CH=CH_2 + H_2 \end{cases}$$

裂化反应是复杂的过程,其产物是许多化合物的混合物。而且烷烃分子中所含碳原子数越多,产物越复杂,反应条件不同,产物也不同。但从反应本质看,是 C—C 键和 C—H 键断裂分解的反应。

在石油炼制过程中,通过分馏得到的汽油只占原油的 10%～20%,且质量不好,炼油工业中为提高汽油的产量和质量,一般采用裂化的方法,使原油中含碳原子数较多的烷烃断裂成含碳原子数较少的汽油组分(含 6～9 个碳原子)。裂化分为热裂化(一般在 5 MPa,500～600 ℃下进行)和催化裂化(一般在常压,450～500 ℃下进行,用硅酸铝作催化剂)两种,现在工业中一般采用催化裂化。

将石油馏分在更高温度(大于 700 ℃)下进行深度裂化,以制得更多的低级烯烃的过程称为裂解。从化学的观点看,裂化和裂解的含义是相同的。但在石油工业中,这两个名词含义却不同。裂解的目的是获得低级烯烃等化工原料,而裂化的目的是提高油品的质量和产量。

由催化裂化得到的汽油已占汽油总产量的 80%,而且质量较好。

四、烷烃的天然来源

烷烃的天然来源主要是石油和天然气。

1. 石油

石油的成分非常复杂,但主要成分是烃(烷烃、环烷烃和芳香烃),其组分因产地而异。从油田中采出来的原油需进行加工处理。首先把溶解在石油中的气体烃分离出来,然后根据不同需要,按一定沸点范围,把石油分馏成若干馏分,各馏分中包含的烃基本上是不同的。石油分馏产品的组成和用途如表 3-2-3 所示。

表 3-2-3　石油分馏产品的组成和用途

名称	主要成分的碳原子数/个	沸点范围/℃	用途
石油气	1～4	30 以下	化工原料、燃料
石油醚	5～6	30～60	溶剂
汽油	7～9	60～200	内燃机燃料、溶剂
航空煤油	10～15	160～245	喷气式飞机燃料油
煤油	11～16	175～310	燃料、工业洗涤油
柴油	15～19	250～400	柴油机燃料
润滑油	16～20	300 以上	机械润滑剂
凡士林	20～24	350 以上	制药、防锈涂料
石蜡	20～30	350 以上	制皂、蜡烛、蜡纸、脂肪酸
沥青			防锈绝缘材料、铺路及建筑材料

2. 天然气

天然气是蕴藏在地层内的可燃气体,其主要成分是低相对分子质量的烷烃(甲烷、乙烷等)。它们除可作燃料外,也是重要的化工原料,可用于合成许多化工产品如炭黑、乙炔、甲醇、氨、尿素等。煤层空隙中存有甲烷,当矿井内甲烷含量在 $5.5\%\sim14\%$ 时,遇明火会引起爆炸。在油井中,除有石油外,还有一种称为油田气的气体随石油逸出,它也是天然气,其主要成分也是低级烷烃(甲烷、乙烷、丙烷、丁烷和戊烷)。沼气池中的植物发酵后会分解生成甲烷,所以甲烷又称沼气。

第二节　烯　烃

分子中含有碳碳双键的开链不饱和烃,称为烯烃。碳碳双键(C=C)是烯烃的官能团。仅含有一个碳碳双键的烯烃为单烯烃,含有两个碳碳双键的烯烃称二烯烃,单烯烃的通式为 C_nH_{2n},二烯烃的通式为 C_nH_{2n-2}。官能团碳原子都是以 sp^2 杂化状态参与成键的(这样的碳原子称为不饱和碳原子)。

一、烯烃的命名

烯烃分子中去掉一个氢原子剩下的基团叫烯基。简单的烯基如下:

$$CH_2{=}CH{-} \qquad CH_3{-}CH{=}CH{-} \qquad CH_2{=}CH{-}CH_2{-}$$

乙烯基　　　　　丙烯基　　　　　烯丙基

烯烃通常用衍生命名法和系统命名法来命名。只有个别烯烃才具有习惯名称,如:

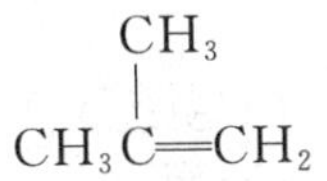

$$CH_3\overset{\overset{\displaystyle CH_3}{|}}{C}{=}CH_2 \qquad 异丁烯$$

1. 衍生命名法

衍生命名法是以乙烯为母体,将其他烯烃看作乙烯的烷基取代基来命名的。例如:

$$CH_3{-}CH{=}CH_2 \qquad CH_3{-}\overset{\overset{\displaystyle CH_3}{|}}{C}{=}CH_2 \qquad CH_3{-}CH{=}CHCH_2{-}CH_3$$

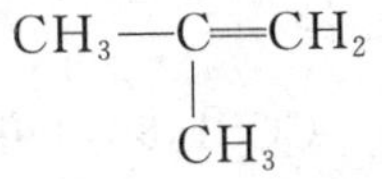

甲基乙烯　　　　不对称二甲基乙烯　　　对称甲基乙基乙烯

2. 系统命名法

因烯烃中有官能团——碳碳双键,在命名时需将双键位置标记清楚。与直链烷烃的命名相似,根据分子中官能团的不同命名为烯、二烯等。如:

$$CH_2{=}CH{-}CH_2{-}CH_3 \qquad CH_3{-}CH{=}CH{-}CH_3$$

1-丁烯　　　　　　2-丁烯

十一个及以上碳原子数的烯烃,在"烯"字前面加一个"碳"字。例如:

$$CH_3{-}CH_2{=}CH{-}(CH_2)_8{-}CH_3 \qquad 2-十二碳烯$$

(1)带支链的烯烃的命名　选择含有双键的最长碳链作为主链,根据主链碳原子数目命名为某烯。从靠近双键的一端进行编号;支链作为取代基,官能团的位置以双键碳原子编号较小的序号来表示,写在烯烃母体名称前面,取代基的位置、数目、名称表示的原则和烷烃相似。例如:

$$\overset{1}{(CH_3)_2}\overset{2}{CH}=\overset{3}{C}(CH_3)\overset{4}{CH_2}\overset{5}{CH_3}$$

2,3-二甲基-2-戊烯

$$\overset{1}{CH_3}\overset{2}{CH_2}\overset{3}{C}=\overset{4}{CH}\overset{5}{CH_2}\overset{6}{CH}\overset{7}{CH_3}$$
（带有 CH_2CH_3 和 CH_3 支链）

6-甲基-3-乙基-3-庚烯

根据 CCS2017 新规,按照最低位次组规则,从靠近支链的一端给主链碳原子编号,若主链两端位次组相同,则从双键位次低的一端开始编号。再按照取代基位次、相同取代基数目、取代基名称、主链碳原子数目、双链位次、母体名称的顺序写出烯烃名称。

例如：

$$\overset{5}{CH_3}-\overset{4}{CH}=\overset{3}{C}-\overset{2}{CH}-\overset{1}{CH_3}$$
（2位带 CH_3，3位带 CH_2CH_3）

3-乙基-2-甲基戊-3-烯

（2）二烯烃的命名　选择含有两个双键官能团在内的最长碳链为主链,编号使两个官能团的位次之和最小,其他和单烯烃相似。例如：

$$H_2C=CHCH=CCH_3$$
（带 CH_3）

4-甲基-1,3-戊二烯

$$CH_2=CHCH_2C=CH_2$$
（带 CH_2CH_3）

2-乙基-1,4-戊二烯

根据 CCS2017 新规,选择最长碳链作为主链,给主链编号时,按最低位次组规则,而非双键位次,命名时也需将主链碳原子数目写在双键位次之前。

例如：

$$CH_2=CH-CH=CH_2$$

CCS1980:1,3-丁二烯
CCS2017:丁-1,3-二烯

$$CH_2=C-CH=CH_2$$
（带 CH_3）

CCS1980:2-甲基-1,3-丁二烯（异戊二烯）
CCS2017:2-甲基丁-1,3-二烯

$$CH_2=CH-CH_2-C=CH_2$$
（带 CH_3）

CCS1980:2-甲基-1,4-戊二烯
CCS2017:2-甲基戊-1,4-二烯

$$CH_2=CH-CH=CH-CH_3$$
（带 CH_3）

CCS1980:4-甲基-1,3-戊二烯
CCS2017:2-甲基戊-2,4-二烯

3. 顺反异构体的命名

（1）顺反异构体　当乙烯分子中每个碳原子上的一个氢原子分别被另外的原子或基团（如甲基）取代后,就可以得到两种在空间上排列不同的异构体。例如：

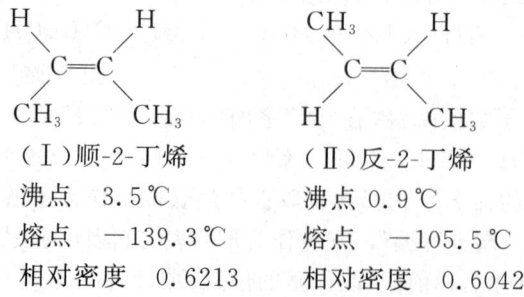

（Ⅰ）顺-2-丁烯

沸点　3.5 ℃

熔点　−139.3 ℃

相对密度　0.6213

（Ⅱ）反-2-丁烯

沸点　0.9 ℃

熔点　−105.5 ℃

相对密度　0.6042

这种异构现象是由双键碳原子不能自由旋转所产生的。因为双键不能转动,两种结构不能重合,(Ⅰ)和(Ⅱ)是两种不同的化合物,它们具有不同的性质。像这种由于分子中各原子或原子团在空间的排列方式即构型不同产生的异构体称为顺反异构体。顺反异构体属于立体异构中的构型异构。并不是所有的烯烃都有这种异构现象,只有烯烃的双键碳均连有两个不同的原子或基团(如 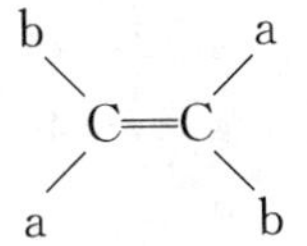)时,才有这种异构现象。

(2) 顺反异构体的命名　当双键碳上所连的相同基团或原子在双键同一侧时为顺式,否则为反式。例如两个甲基在同侧的 2-丁烯(Ⅰ),称顺-2-丁烯,两个甲基在异侧的 2-丁烯(Ⅱ),称反-2-丁烯。再如:

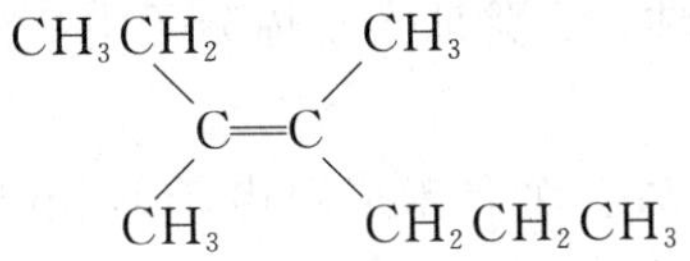

反-3,4-二甲基-3-庚烯 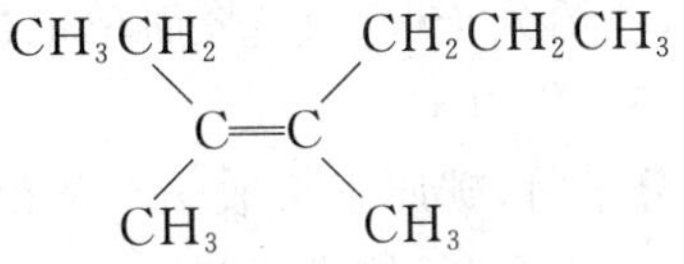　　　　　顺-3,4-二甲基-3-庚烯

对于没有相同基团或原子的顺反异构体(如 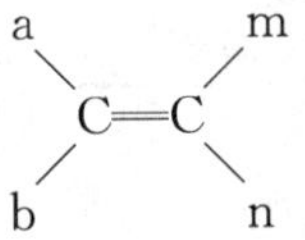)的命名,可用 Z/E 命名法命名。Z/E 命名法适用于所有顺反异构体。首先将常见原子按原子序数的大小排序,原子序数大的排在前面,原子序数小的排在后面;同位素则按相对原子质量大小次序排列。如常见原子的优先次序如下:

$$I > Br > Cl > S > P > F > O > N > C > D > H$$

根据此次序来分别比较每一个双键碳原子上所连接的两个原子或基团,在次序中排在前者称为"较优基团"。如果两个双键碳原子的"较优基团"在双键的同侧,为 Z 型;在相反两侧的为 E 型。例如:

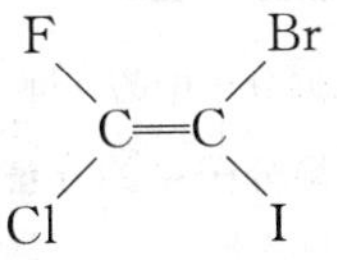

(Z)1-氟-1-氯-2-溴-2-碘乙烯

如果与双键碳原子相连接的不是单个原子,而是一个多原子基团,在排序时,只比较与双键碳原子直接连接的原子;若第一个原子相同,则比较第二个原子;第二个原子亦相同,则比较第三个原子,以此类推。烷基的优先次序如下:

$$-C(CH_3)_3 > -CH(CH_3)_2 > -CH_2CH_3 > -CH_3$$

对于重键,可以看作单键的重复,再进行比较,下列基团的先后次序如下:

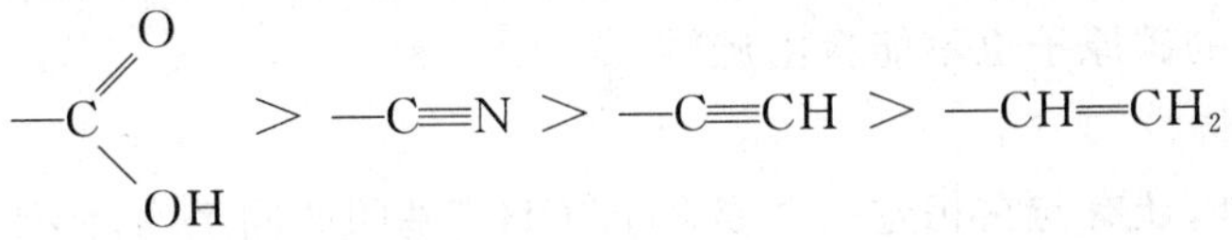

$$-C\overset{O}{\underset{OH}{}} > -C\equiv N > -C\equiv CH > -CH=CH_2$$

例如：

（*Z*）2,4-二甲基-3-己烯

（*E*）3-甲基-2-戊烯
顺-3-甲基-2-戊烯

（*Z*）2,3,4-三甲基-3-己烯
顺-2,3,4-三甲基-3-己烯

二、烯烃的结构

1. 单烯烃中的双键碳原子

单烯烃中，乙烯分子（C_2H_4）最简单也最具代表性。实验证实乙烯分子中 6 个原子在同一平面上。

形成乙烯分子时，碳原子采取 sp^2 杂化，但激发后 3 个含未成对电子的 2p 轨道中只有 2 个参与了杂化，另 1 个 2p 轨道垂直于 sp^2 杂化轨道平面。

成键时，2 个碳原子各用 1 个 sp^2 杂化轨道"头碰头"重叠形成 σ 键，1 个 2p 轨道"肩并肩"重叠形成 π 键；其余杂化轨道均与氢原子形成 σ 键，见图 3-2-1(a)、图 3-2-1(b)。

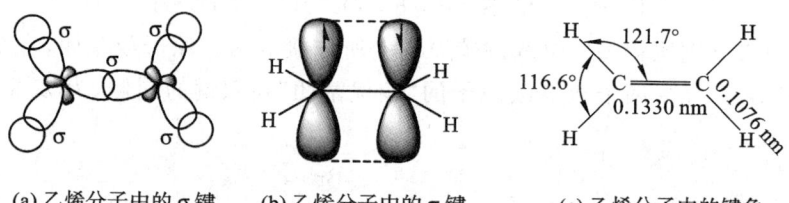

(a)乙烯分子中的 σ 键 (b)乙烯分子中的 π 键 (c)乙烯分子中的键角

图 3-2-1 乙烯分子中的 σ 键、π 键及键角

由于 3 个 sp^2 轨道的对称轴在同一平面，彼此之间的夹角为 120°，未参与杂化的 p 轨道的对称轴垂直于由 3 个 sp^2 轨道对称轴所决定的平面，所以乙烯分子中的 6 个原子在同一平面上。但由于各原子间的成键电子云密度不同，乙烯分子中各原子间的键角偏离 120°，见图 3-2-1(c)。

由于 π 键是由成键原子轨道以"肩并肩"方式侧面重叠成键，它的重叠程度小于 σ 键。而且 π 电子云对称地分布在分子平面的上方和下方，受双键碳原子核束缚力较小，流动性较大，在外界试剂的作用下，易发生变形、极化、断裂、表现出较为活泼的化学性质。π 键不能自由旋转，因此以双键相连的碳原子也不能自由旋转。

2. 烯烃的分子结构

烯烃中除乙烯外，还有与它相差一个或多个"CH_2"基团的同系物，例如：

$$CH_3—CH=CH_2 \qquad\qquad 丙烯$$

$$CH_3—CH_2—CH=CH_2 \qquad\qquad 丁烯$$

$$CH_3—CH_2—CH_2—CH=CH_2 \qquad\qquad 戊烯$$

3. 烯烃的同分异构现象

从丁烯开始，就有了同分异构现象。例如，丁烯有三种同分异构体。在烯烃分子中，不仅有碳链异构、位置异构，还有顺反异构，因而烯烃的异构体比烷烃多。

[练一练] 写出己烯的同分异构体，并用系统命名法分别给予命名。

三、烯烃的性质

1. 烯烃的物理性质

在常温下，乙烯、丙烯和丁烯是气体，从戊烯开始是液体，高级烯烃是固体。与烷烃相似，烯烃的沸点和相对密度也是随相对分子质量的增加而增加的；熔点变化的规律性较差，但从总的趋势来看也是如此。相对密度都小于1；同样难溶于水，能溶于有机溶剂。一些烯烃的物理常数如表3-2-4所示。

表 3-2-4 一些烯烃的物理常数

名称	结构简式	熔点/℃	沸点/℃	相对密度 d_4^{20}
乙烯	$CH_2=CH_2$	−169.5	−103.7	0.570（在沸点时）
丙烯	$CH_3CH=CH_2$	−185.2	−47.7	0.610（在沸点时）
1-丁烯	$CH_3CH_2CH=CH_2$	−130	−6.4	0.625（在沸点时）
顺-2-丁烯	 $\begin{array}{c}CH_3\quad\ CH_3\\ \diagdown\ \ \diagup\\ C=C\\ \diagup\ \ \diagdown\\ H\qquad\ H\end{array}$	−139.3	3.5	0.6213
反-2-丁烯	 $\begin{array}{c}H\qquad\ CH_3\\ \diagdown\ \ \diagup\\ C=C\\ \diagup\ \ \diagdown\\ CH_3\quad\ H\end{array}$	−105.5	0.9	0.6042
2-甲基-1-丙烯	$(CH_3)_2C=CH_2$	−140.8	−6.9	0.631
1-戊烯	$CH_3CH_2CH_2CH=CH_2$	−166.2	30.1	0.641
1-己烯	$CH_3(CH_2)_3CH=CH_2$	−139	63.5	0.673
1-庚烯	$CH_3(CH_2)_4CH=CH_2$	−119	93.6	0.697
1-十八碳烯	$CH_3(CH_2)_{15}CH=CH_2$	17.5	179	0.791

2. 烯烃的化学性质及应用

在烯烃分子中，由于碳碳双键的π键比σ键容易断裂，因此，碳碳双键能发生多种反应。另外，受碳碳双键的影响，与双键碳原子直接相连的碳原子比较活泼而易发生某些反应。与双键碳原子直接相连的碳原子为α-碳原子（α-碳），α-碳上的氢原子称α-氢原子（α-氢）。受碳碳双键的影响,α-氢有较强的活性,较易发生反应。

综上所述,烯烃发生反应的主要位置是

$$R{-}CH_2{-}CH{=}CH_2$$

①双键上的反应,如加成、氧化、聚合等
②α-碳上的反应,如取代、氧化等

（1）加成反应　在一定条件下,烯烃与某试剂作用,双键中的 π 键断裂,试剂中的 2 个原子或基团加到不饱和碳原子上,生成饱和化合物,这种反应称为加成反应。加成反应是不饱和烃的特征反应之一,利用它可以合成许多重要的化合物,在理论上和实践上都具有重要的价值。

从形式上看,烯烃的加成反应可用下式表示：

$$\diagdown C{=}C \diagup + X{-}Y \longrightarrow \diagdown\begin{matrix}C{-}C\\|\ \ |\\X\ Y\end{matrix}\diagup$$

① 催化氢化：在催化剂铂(Pt)、钯(Pd)、镍(Ni)等金属催化下,烯烃可与氢气发生加成反应,得到饱和烃。通常催化剂 Pt 和 Pd 被吸附在惰性材料活性炭上使用,催化剂 Ni 则是由镍铝合金经碱处理得到的,具有较大表面积的海绵状金属镍,称为雷尼镍(Raney-Ni)。

$$H_3C{-}CH{=}CH_2 + H_2 \xrightarrow{Pt/C} H_3C{-}CH_2{-}CH_3$$

[应用示例]　粗汽油中常混有少量烯烃,烯烃容易被氧化,生成高沸点杂质,影响汽油质量。可通过催化加氢使烯烃变成烷烃,从而提高汽油质量。由于烯烃的催化加氢可定量进行,故在有机分析中可通过加氢的体积对烯烃做定量分析。液态油脂的结构中含有双键,容易变质,可通过催化加氢等将液态油脂变为固态油脂,便于保存和运输。

② 亲电加成：烯烃分子中双键碳原子间 π 键电子云受成键原子核的束缚力较小,有较大的流动性,容易受到带正电荷或带部分正电荷的离子或分子的进攻而发生反应。带正电荷或带部分正电荷的离子或分子具有亲电性,这类物质称亲电试剂。由亲电试剂首先进攻而引起的加成反应称为亲电加成反应。烯烃能与许多不同的亲电试剂进行亲电加成反应。

a. 与卤素单质加成：烯烃与卤素单质发生加成反应,生成二卤代物。例如：

$$CH_3{-}CH{=}CH_2 + Br_2 \xrightarrow{CCl_4} CH_3{-}\underset{Br}{\underset{|}{CH}}{-}\underset{Br}{\underset{|}{CH_2}}$$

红棕色　　　　1,2-二溴丙烷(无色)

与相同烯烃发生加成反应时卤素单质的活性顺序如下：

$$F_2 > Cl_2 > Br_2 > I_2$$

[应用示例]　烯烃与溴的加成常用于烯烃的定性检验。烯烃遇到红棕色的溴的四氯化碳溶液时,红棕色很快变浅或消失。也可用这种方法检查汽油、煤油中是否含有烯烃等不饱和烃。

氯与烯烃作用,一旦反应开始就比较猛烈,故通常采用既加入催化剂,又加入溶剂稀释的办法,以使反应顺利进行。例如工业上制备 1,2-二氯乙烷,是在无水情况下,用 1,2-二氯乙烷作溶剂,于 40 ℃左右,用 $FeCl_3$ 作催化剂,使乙烯与氯进行加成反应而得。

$$CH_2{=}CH_2 + Cl_2 \xrightarrow[40℃,约0.2\ MPa]{FeCl_3} \begin{array}{c} CH_2{-}CH_2 \\ | \qquad | \\ Cl \qquad Cl \end{array}$$

b. 与卤化氢加成:双键碳原子上的取代基不同的烯烃称为不对称烯烃。乙烯及其他对称烯烃与卤化氢加成时,得到的一卤代物只有一种产物。

$$CH_2{=}CH_2 + HX \longrightarrow \begin{array}{c} CH_3{-}CH_2 \\ | \\ X \end{array}$$

卤化氢的反应活性次序:$HI > HBr > HCl$。

不对称烯烃与 HX 加成得到两种加成产物。

$$CH_3CH_2CH{=}CH_2 + HBr \xrightarrow{乙酸} \begin{array}{c} CH_3CH_2CHCH_3 \\ | \\ Br \\ (80\%) \end{array} + \underset{(20\%)}{CH_3CH_2CH_2CH_2Br}$$

俄国化学家马尔科夫尼科夫依据大量实验总结得到:不对称烯烃与卤化氢等极性试剂发生加成反应时,试剂中的氢原子或带正电荷的部分主要加到含氢较多的双键碳原子上,而卤原子或带负电荷的部分则加到含氢较少的双键碳原子上。此经验规律称马尔科夫尼科夫规则,简称马氏规则。

当有过氧化物,如 H_2O_2、$R{-}O{-}O{-}R$ 等存在时,HBr 与不对称烯烃加成时,按反马氏规则进行。

$$CH_3CH{=}CH_2 + HBr \begin{array}{c} \xrightarrow{有过氧化物} CH_3CH_2CH_2Br \\ \\ \xrightarrow{无过氧化物} \begin{array}{c} CH_3CHCH_3 \\ | \\ Br \end{array} \end{array}$$

c. 与硫酸加成:烯烃与冷的浓硫酸反应,生成硫酸氢烷基酯,产物能溶于浓 H_2SO_4。在受热的情况下产物易水解得醇。不对称烯烃与硫酸加成时,反应产物符合马氏规则。例如:

$$CH_3{-}CH{=}CH_2 + HOSO_2OH \longrightarrow \begin{array}{c} CH_3{-}CH{-}CH_3 \\ | \\ OSO_2OH \end{array} \xrightarrow[\triangle]{H_2O} \begin{array}{c} CH_3{-}CH{-}CH_3 \\ | \\ OH \end{array}$$

[**应用示例**] 工业上利用这个反应从石油裂化气中制备醇。浓 H_2SO_4 与烯烃的加成产物能溶解在浓硫酸中,在石油工业中可以利用这一性质来脱除油品(烷烃)中的烯烃,以提高油品的质量。

d. 与水加成:在酸催化下,烯烃与水加成生成醇。不对称烯烃与水加成时符合马氏规则。此为工业上合成低级醇的方法,称为烯烃的直接水合法。

$$CH_2{=}CH_2 + H_2O \xrightarrow[300℃,7.09×10^6\ Pa]{H_3PO_4,硅藻土} CH_3CH_2OH$$

$$\begin{array}{c} CH_3{-}C{=}CH_2 \\ | \\ CH_3 \end{array} + H_2O \xrightarrow[150℃,2×10^6\ Pa]{H_3PO_4} \begin{array}{c} CH_3 \\ | \\ CH_3{-}C{-}OH \\ | \\ CH_3 \end{array}$$

e. 与次卤酸加成:次氯酸和次溴酸与烯烃加成,生成的产物是卤代醇。次卤酸与不对称烯烃加成时符合马氏规则。

$$H_2C{=}CH_2+HOCl \longrightarrow CH_2(OH)CH_2Cl$$

$$CH_3CH{=}CH_2+\overset{\delta-}{HO}{-}\overset{\delta+}{X} \longrightarrow CH_3CH(OH)CH_2Cl$$

在实际反应中,并不是先制备次卤酸,再发生加成反应,而是烯烃和卤素单质(Cl_2 或 Br_2)在水溶液中直接进行反应。例如:

$$CH_2{=}CH_2+Cl_2+H_2O \xrightarrow{50\sim60\,℃} CH_2(OH)CH_2Cl+HCl$$

＊亲电加成反应机理

烯烃的亲电加成反应分两步进行。如乙烯与 HBr 的加成反应:第一步,HBr 分子受到反应体系中极性物质的影响,极性共价键的极化加剧,同样烯烃中的双键受反应体系中极性物质的影响,电子云也发生了极化;带微正电荷的氢原子进攻双键上电子云密度大的碳原子,HBr 分子共价键发生断裂,带正电荷的氢离子与双键的一对 π 电子结合,形成一个碳正离子中间体。第二步,碳正离子与溴负离子结合:

$$\overset{\delta+}{CH_2}{=}\overset{\delta-}{CH_2}+\overset{\delta+}{H}\overset{\delta-}{Br} \xrightarrow[\text{慢}]{\text{第一步}} \overset{+}{CH_2}{-}CH_3+Br^-$$

$$\overset{+}{CH_2}{-}CH_3+Br^- \xrightarrow[\text{快}]{\text{第二步}} CH_2Br{-}CH_3$$

上述两步反应,第一步是关键,反应较慢,是决定反应速率的一步,而碳正离子一经形成,则立即与溴负离子结合,所以第二步反应非常快。

＊马氏规则的解释

不对称烯烃与极性试剂加成时,定速步骤中生成的碳正离子越稳定,其对应的产物越容易生成。根据物理学知识:一个带电体系的稳定性取决于所带电荷的分布情况,电荷越分散,体系越稳定。甲基是供电子基,当甲基与碳正离子相连时,甲基的电子云向缺电的碳正离子方移动,使碳正离子正电荷分散,稳定性提高。碳正离子所连的甲基越多,碳正离子的正电荷越分散,其稳定性越高,因此不同碳正离子的稳定次序如下:

$$CH_3{-}\overset{CH_3}{\underset{CH_3}{\overset{|}{\underset{|}{C^+}}}} > CH_3{-}\overset{CH_3}{\underset{H}{\overset{|}{\underset{|}{C^+}}}} > CH_3{-}\overset{H}{\underset{H}{\overset{|}{\underset{|}{C^+}}}} > H{-}\overset{H}{\underset{H}{\overset{|}{\underset{|}{C^+}}}}$$

叔碳正离子　　仲碳正离子　　伯碳正离子　甲基正离子

在丙烯与卤化氢进行加成反应的第一步中,产生的碳正离子可能有两种:

$$CH_3{-}CH{=}CH_2+HX \longrightarrow \begin{cases} \xrightarrow{H^+} CH_3{-}\overset{+}{CH}{-}CH_3 & \text{仲碳正离子} \\ \xrightarrow{H^+} CH_3{-}CH_2{-}\overset{+}{CH_2} & \text{伯碳正离子} \end{cases}$$

前者生成仲碳正离子,后者生成伯碳正离子,仲碳正离子比伯碳正离子稳定,所以反应产物主要是 2-卤丙烷。

(2)氧化反应。

① 催化氧化:工业上用银或氧化银为催化剂,乙烯被空气中的氧直接氧化,双键中的 π 键

断裂,生成环氧乙烷。

$$2CH_2\!=\!CH_2 + O_2 \xrightarrow[250\,℃]{Ag} 2CH_2\!-\!CH_2$$
$$\underset{O}{}$$

若在氯化钯-氯化铜水溶液中,用空气或氧气氧化烯烃,则生成相应的醛或酮。例如:

$$CH_2\!=\!CH_2 + \frac{1}{2}O_2 \xrightarrow[200\sim300\,℃,1\sim2\,MPa]{PdCl_2\text{-}CuCl_2} CH_3CHO$$

$$CH_3CH\!=\!CH_2 + \frac{1}{2}O_2 \xrightarrow[120\,℃]{PdCl_2\text{-}CuCl_2} CH_3\!-\!\overset{O}{\underset{\|}{C}}\!-\!CH_3$$

上述方法是目前工业上生产环氧乙烷和乙醛的主要方法,丙烯氧化制备丙酮也已被工业上采用。

② 高锰酸钾氧化:烯烃与高锰酸钾的碱性冷溶液发生氧化反应时,双键中的 π 键断裂,生成邻二醇,同时高锰酸钾被还原成二氧化锰。

$$R'\!-\!CH\!=\!CH\!-\!R + KMnO_4 \xrightarrow[冷、稀]{NaOH,H_2O} R'\!-\!\underset{OH}{\underset{|}{C}H}\!-\!\underset{OH}{\underset{|}{C}H}\!-\!R + MnO_2\!\downarrow$$

过量的高锰酸钾或高锰酸钾的酸性溶液氧化烯烃,则烯烃的双键完全断裂,氧化产物为有机酸或酮。因烯烃结构不同,所得产物也不同。

$$R\!-\!CH\!=\!CH_2 \xrightarrow[H^+,\triangle]{KMnO_4} R\!-\!\overset{O}{\underset{\|}{C}}\!-\!OH + \underset{H}{\overset{H}{C}}\!=\!O \xrightarrow{[O]} \underset{HO}{\overset{HO}{C}}\!=\!O \longrightarrow CO_2 + H_2O$$

$$R\!-\!CH\!=\!CH\!-\!R' \xrightarrow[H^+,\triangle]{KMnO_4} R\!-\!\overset{O}{\underset{\|}{C}}\!-\!OH + R'\!-\!\overset{O}{\underset{\|}{C}}\!-\!OH$$

$$R\!-\!CH\!=\!\underset{R''}{\overset{R'}{C}} \xrightarrow[H^+,\triangle]{KMnO_4} R\!-\!\overset{O}{\underset{\|}{C}}\!-\!OH + R'\!-\!\overset{O}{\underset{\|}{C}}\!-\!R''$$

$$\underset{R'}{\overset{R}{C}}\!=\!\underset{R'''}{\overset{R''}{C}} \xrightarrow[H^+,\triangle]{KMnO_4} R\!-\!\overset{O}{\underset{\|}{C}}\!-\!R' + R'\!-\!\overset{O}{\underset{\|}{C}}\!-\!R''$$

[应用示例] a.利用不同结构的烯烃可以制备有机酸、酮。

b.可以利用高锰酸钾紫色褪去定性鉴别不饱和脂肪烃。

c.根据反应产物的结构来推测不饱和烃的结构。

例如:某烯烃经酸性高锰酸钾溶液氧化后,生成$(CH_3)_2CHCOCH_3$ 和 CH_3COOH,据此可推知该烯烃的结构为 $(CH_3)_2CH\!-\!\underset{CH_3}{\underset{|}{C}}\!=\!CH\!-\!CH_3$。

③ 臭氧氧化:烯烃与臭氧作用生成臭氧化物,臭氧化物在还原剂(如锌粉)与水存在下发生分解,生成醛或酮。例如:

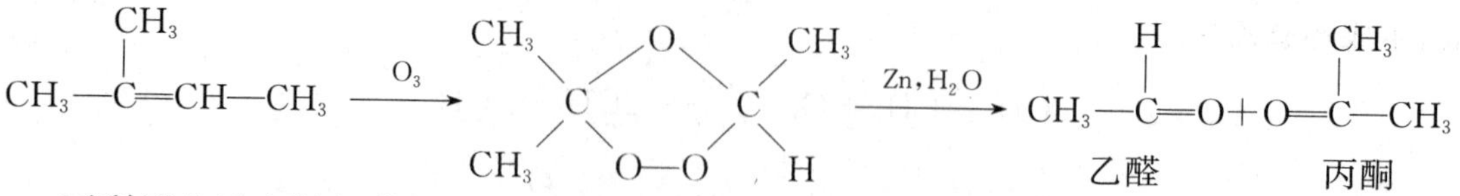

$$CH_3-C=CH-CH_3 \xrightarrow{O_3} \cdots \xrightarrow{Zn,H_2O} CH_3-C=O + O=C-CH_3$$

乙醛 丙酮

可利用此反应制备醛和酮或根据产物的结构推测原烯烃的结构。

（3）聚合反应　在一定条件下，烯烃分子中的 π 键断裂，进行自身加成反应，由低相对分子质量的化合物转变为高相对分子质量的化合物，这种反应称为加成聚合反应或加聚反应。例如：

$$n\,CH_2=CH_2 \xrightarrow[60\sim70\,℃]{TiCl_4-Al(C_2H_5)_3} \left[CH_2-CH_2 \right]_n$$

聚乙烯

（4）α-氢的反应　受碳碳双键的影响，α-氢有较强的活性，易发生卤代反应和氧化反应。

① 卤代反应：烯烃中的 α-氢在一定的条件下可被卤原子取代。如丙烯与氯气在光照或者加热的条件下生成 3-氯-1-丙烯：

$$CH_3-CH=CH_2 + Cl_2 \xrightarrow{500\,℃} \underset{Cl}{CH_2-CH=CH_2} + HCl$$

② 氧化反应：在一定条件下 α-氢可被氧化。例如丙烯以附着于硅胶及氧化铝载体上的氧化亚铜为催化剂，在约 350 ℃ 和 0.25 MPa 的条件下，用空气氧化则得丙烯醛。

$$CH_3CH=CH_2 + O_2 \xrightarrow[350\,℃,0.25\,MPa]{Cu_2O} CH_2=CH-CHO + H_2O$$

若丙烯在较高温度和压力下进行氧化，则生成丙烯酸：

$$CH_3CH=CH_2 + O_2 \xrightarrow[400\,℃,0.7\sim1.4\,MPa]{MoO_3} CH_2=CH-COOH$$

工业上利用此法生产丙烯酸。

四、低级烯烃的天然来源

乙烯是最重要的基本有机化工原料。据统计大约有机试剂产量的 2/5 是以乙烯为原料制得的。乙烯的产量被认为是衡量一个国家石油化工发展水平的标志。

乙烯、丙烯等低级烯烃主要来源于石油裂解气和炼厂气。

石油的某一馏分在高温（>750 ℃）下裂解，生成低级烃的气体混合物，称为石油裂解气。其主要成分有氢和 4 个碳原子以下的烷烃和烯烃，经分离得到乙烯和丙烯。

炼厂气是在石油炼制过程中产生的大量气体，其主要成分有氢和 4 个碳原子以下的烷烃、烯烃和少量其他气体。

五、重要的烯烃及应用

随着石油化工的发展，乙烯、丙烯和异丁烯的来源非常丰富，且都是石油化工主要的基础原料，利用它们可以合成许多重要的化工产品。图 3-2-2 按反应分类，简要介绍了乙烯的应用。

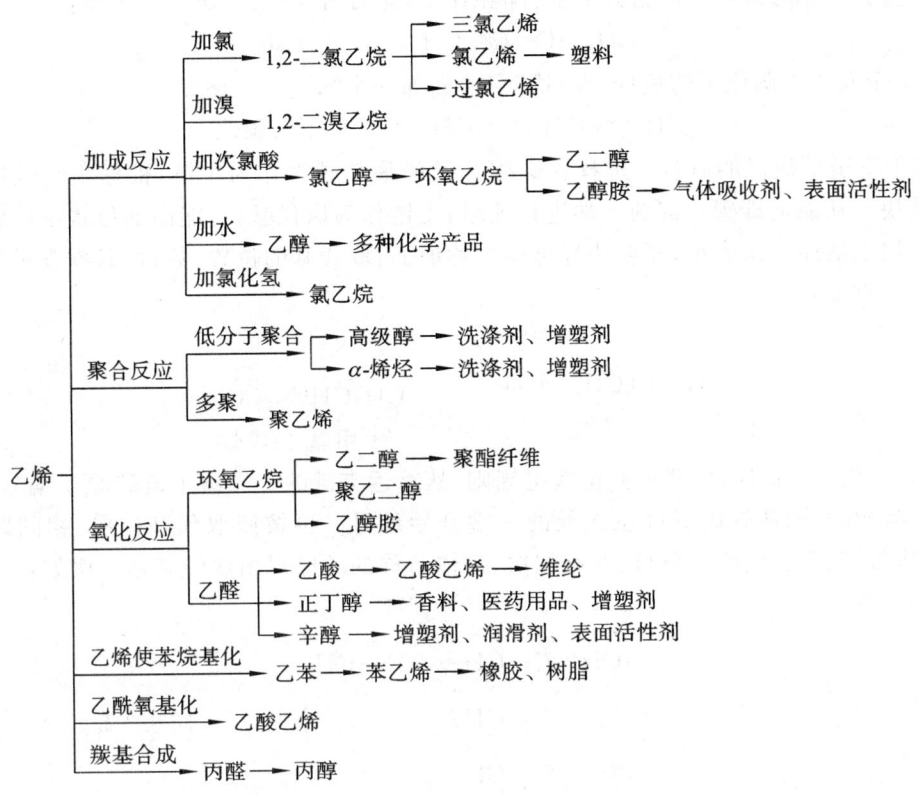

图 3-2-2 乙烯的应用

第三节 炔 烃

分子中含有碳碳三键的开链不饱和烃称为炔烃。碳碳三键(C≡C)是炔烃的官能团。炔烃的通式为 C_nH_{2n-2}。炔烃中除乙炔之外,还有与它相差一个或多个"CH_2"基团的同系物。

一、炔烃的命名

炔烃分子中去掉一个氢原子剩下的基团称为炔基。简单的炔基有乙炔基 CH≡C—。

1. 衍生命名法

衍生命名法是以乙炔作为母体,将其他炔烃看作乙炔的烷基取代基来命名。例如:

$$CH_2=CH-C≡CH \qquad CH_3CH_2-C≡C-CH_3$$

乙烯基乙炔   甲基乙基乙炔

$$CH_3CH-C≡CH$$
$$|$$
$$CH_3$$

异丙基乙炔

2. 系统命名法

因炔烃的官能团是碳碳三键,在命名时需将碳碳三键的位置标记清楚。

（1）直链炔烃的命名　根据分子中官能团的不同命名为炔、二炔等。例如：

$$CH_3—C≡C—CH_3 \qquad 2\text{-丁炔}$$

含 11 个及以上碳原子的炔烃，在"炔"字前面加一个"碳"字。例如：

$$CH_3C≡C(CH_2)_9CH_3 \qquad 2\text{-十三碳炔}$$

（2）带支链的炔烃的命名　选择含碳碳三键的最长碳链作为主链，根据主链碳原子数目命名为某炔。从靠近碳碳三键的一端进行编号；支链作为取代基，官能团的位置以碳碳三键碳原子编号较小的序号来表示，写在炔烃母体名称前面，取代基的位置、数目、名称表示的原则和烷烃相似。例如：

$$CH≡C(CH_2)_3CH_3$$
1-己炔

$$\overset{5}{CH_3}\overset{4}{CH}\overset{3}{C}≡\overset{2}{C}\overset{1}{CH_3}$$
$$\underset{}{\overset{CH_3}{|}}$$
4-甲基-2-戊炔

根据 CCS2017 新规，按照最低位次组规则，从靠近支链的一端给主链碳原子编号，若主链两端位次组相同，则从碳碳三键位次低的一端开始编号。再按照取代基位次、相同取代基数目、取代基名称、主链碳原子数目、双链位次、母体名称的顺序写出炔烃名称。例如：

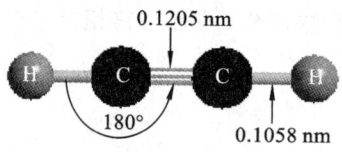

$$\overset{5}{CH}≡\overset{4}{C}—\overset{3}{CH}—\overset{2}{CH}—\overset{1}{CH_3}$$

3-乙基-4-甲基戊-2-炔

二、炔烃的结构

1. 炔烃的分子结构

三键碳原子以 sp 杂化方式参与成键，乙炔分子中的碳原子最具代表性。实验测得乙炔（CH≡CH）分子是直线形结构，键角及键长如图 3-2-3 所示。

0.1205 nm

180°

0.1058 nm

图 3-2-3　乙炔分子的直线形结构

在乙炔分子中，碳原子的一个 sp 杂化轨道与另一个碳原子的 sp 杂化轨道彼此沿着轨道的对称轴"头对头"重叠形成 C—Cσ 键，另一个 sp 杂化轨道与氢的 s 轨道形成 C—Hσ 键。三键碳原子都有两个未参与杂化的 p 轨道，而且这两个 p 轨道的对称轴相互垂直，并且都垂直于 sp 轨道对称轴所在的直线。两个三键碳原子的两对相互平行的 p 轨道从侧面"肩并肩"地重叠，形成两个互相垂直的 π 键，π 电子云位于 σ 键轴的上下和前后部位，π 电子云以成键碳原子核连线为对称轴的圆柱体分布如图 3-2-4 所示。

三键碳原子的成键方式决定了炔烃也有比较活泼的化学性质。

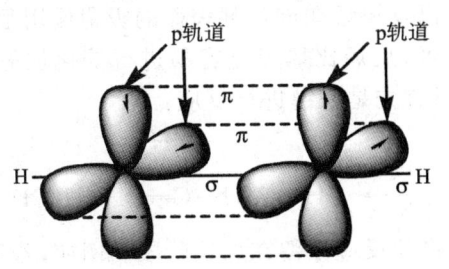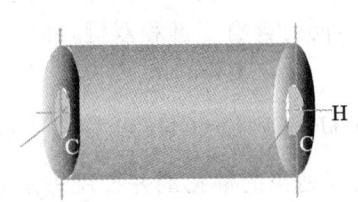

图 3-2-4　乙炔分子中 σ 键、π 键的形成及 π 电子云的分布

2. 炔烃的同分异构现象

炔烃的同分异构现象和烯烃相似，包括碳链异构和位置异构，但三键碳原子上不可能连有 2 个支链，因此炔烃没有顺反异构。所以炔烃的异构体没有含有相同碳原子数的烯烃多。

三、炔烃的性质

1. 炔烃的物理性质

炔烃的物理性质与烷烃及烯烃相似，乙炔、丙炔和丁炔是气体，戊炔以上是液体，高级炔烃是固体。一些炔烃的物理常数如表 3-2-5 所示。

表 3-2-5　一些炔烃的物理常数

名称	结构简式	熔点/℃	沸点/℃	相对密度 d_4^{20}
乙炔	CH≡CH	−81.8	−83.4	0.618（在沸点时）
丙炔	CH$_3$C≡CH	−101.5	−23.3	0.671（在沸点时）
1-丁炔	CH$_3$CH$_2$C≡CH	−122.5	8.5	0.668（在沸点时）
1-戊炔	CH$_3$CH$_2$CH$_2$C≡CH	−98	39.7	0.695
2-戊炔	CH$_3$CH$_2$C≡CCH$_3$	−101	55.5	0.7127（17.2 ℃）
1-己炔	CH$_3$(CH$_2$)$_3$C≡CH	−124	71.4	0.719
1-庚炔	CH$_3$(CH$_2$)$_4$C≡CH	−80.9	99.8	0.733
1-十八碳炔	CH$_3$(CH$_2$)$_{15}$C≡CH	22.5	180（15 mmHg）	0.8696（0 ℃）

2. 炔烃的化学性质及应用

由于炔烃也含有不饱和键，因此炔烃具有与烯烃相似的化学性质。炔烃进行化学反应的主要部位如下所示：

R—C≡C—H　①三键上的反应，如加成反应、氧化反应、聚合反应等
　　 ↑　↑　　②炔氢的反应
　　 ①　②

（1）加成反应　炔烃与烯烃相似，也能进行亲电加成反应。碳碳三键中因有两个 π 键，一般可与两分子试剂进行加成。

① 催化加氢：炔烃可与一分子或两分子氢进行加成反应，生成相应的烯烃和烷烃：

$$CH≡CH + H_2 \xrightarrow{\text{Raney-Ni}} CH_2=CH_2 \xrightarrow[\text{Raney-Ni}]{H_2} H_3C—CH_3$$

由于炔烃相比烯烃具有更高的不饱和性,以及炔烃在催化剂表面的吸附作用很强,它的吸附阻止了烯烃在催化剂表面的吸附,故总的来说,炔烃比烯烃更容易进行催化加氢。例如,在同一分子中,同时含有三键和双键,催化加氢时首先是三键进行反应:

$$CH\equiv C-\underset{\underset{CH_3}{|}}{C}-CHCH_2CH_3 + H_2 \xrightarrow[\text{喹啉}]{Pd-CaCO_3} CH_2=CH-\underset{\underset{CH_3}{|}}{C}-CHCH_2CH_3$$

因此选择适当的催化剂并控制一定条件,可使反应停留在烯烃阶段。例如,若采用林德拉(Lindlar)催化剂(将金属钯沉积在碳酸钙上,再用乙酸铅处理制得),炔烃加氢可停留在烯烃阶段:

$$H_3C-C\equiv C-CH_3 + H_2 \xrightarrow[\text{Pb(CH_3COO)}_2]{Pd-CaCO_3} \underset{\overset{|}{H}}{\overset{H_3C}{}}C=C\underset{\overset{|}{H}}{\overset{CH_3}{}}$$

[应用示例] 工业上常利用加氢的方法将炔烃转变成烯烃。如以石油为原料裂解制乙烯、丙烯时,同时有少量乙炔生成。乙炔的存在,会妨碍乙烯的进一步利用,可利用加氢的方法将乙炔转化为乙烯。

② 加卤素单质:乙炔和氯、溴的加成反应虽不如乙烯容易,但氯与乙炔作用,一旦反应开始就很猛烈,在过量氯存在下最后生成 1,1,2,2-四氯乙烷,而不易停留在中间阶段。

$$CH\equiv CH + Cl_2 \longrightarrow \underset{\overset{|}{Cl}}{CH}=\underset{\overset{|}{Cl}}{CH} \xrightarrow{Cl_2} CH_2CH-CHCl_2$$

为使乙炔和氯能够顺利进行反应,通常采用既加入催化剂又加入溶剂稀释的办法。

[应用示例] 工业上制备四氯乙烷是在三氯化铁的催化作用下,于 80～85 ℃,在四氯乙烷溶剂中由乙炔和氯来制备:

$$CH\equiv CH + 2Cl_2 \xrightarrow[80\sim85℃]{FeCl_3} Cl_2CH-CHCl_2$$

炔烃与溴的四氯化碳溶液的作用在室温下即可进行,溶液的红棕色迅速褪色,此反应可用于检验炔烃。

③ 加卤化氢:炔烃与 HX 作用,在一定的条件下可以停留在一分子加成阶段。不对称炔烃与极性试剂加成遵循马氏规则,有过氧化物存在时炔烃与溴化氢加成遵循反马氏规则。

$$CH_3(CH_2)_3C\equiv CH \xrightarrow{HBr} \begin{array}{l} CH_3(CH_2)_3CBr=CH_2 \xrightarrow{HBr} CH_3(CH_2)_3CBr_2CH_3 \\[2ex] CH_3(CH_2)_3CH=CHBr \xrightarrow[\text{过氧化物}]{HBr} CH_3(CH_2)_3CH_2CHBr_2 \end{array}$$

过氧化物

[应用示例] 乙炔与一分子氯化氢作用生成氯乙烯,这是工业上生产氯乙烯的方法之一:

$$CH\equiv CH + HCl \xrightarrow[150\sim160℃]{HgCl_2,\text{活性炭}} CH_2=CH-Cl$$

④ 加水:炔烃与水加成得到烯醇,烯醇不稳定,经重排得到醛、酮,这是工业上制备醛、酮的一种方法。

$$CH\equiv CH + H_2O \xrightarrow[H_2SO_4]{HgSO_4} CH_2=\underset{\overset{|}{OH}}{CH} \xrightarrow{\text{重排}} CH_3-\underset{\overset{\|}{O}}{C}-H$$

乙醛

（2）氧化反应　炔烃与高锰酸钾反应的氧化产物比烯烃简单，三键断裂，氧化产物为对应的羧酸。连接炔氢的三键碳被氧化成二氧化碳和水。

$$3RC\equiv CH + 8KMnO_4 + KOH \longrightarrow 3RCOOK + 8MnO_2\downarrow + 3K_2CO_3 + 2H_2O$$

[应用示例]　此反应可用作炔烃的定性分析。另外产物羧酸较易鉴定，通过对羧酸的鉴定，可以确定炔烃的结构，故也是测定炔烃结构的方法之一。

（3）聚合反应　乙炔与乙烯相似，也能发生聚合反应。当所用催化剂和条件不同时，产物也不同。例如将乙炔通入含有少量盐酸的氯化亚铜-氯化铵的水溶液中，则发生双分子聚合，生成乙烯基乙炔：

$$CH\equiv CH + CH\equiv CH \xrightarrow[85\sim95℃]{Cu_2Cl_2\text{-}NH_4Cl} CH_2=CHC\equiv CH$$
$$\text{乙烯基乙炔}$$

乙烯基乙炔是合成氯丁橡胶的单体 2-氯-1,3-丁二烯的重要原料。

在齐格勒-纳塔（Ziegler-Natta）催化剂（如烷基铝和四氯化钛等）的作用下，乙炔可聚合成线型高分子聚乙炔。

$$n CH\equiv CH \xrightarrow{(CH_3CH_2)_3Al\text{-}TiCl_4} {\color{black}\text{—}}\!\!\left[CH=CH\right]_n$$
$$\text{聚乙炔}$$

聚乙炔分子具有单、双键交替结构，有较好的导电性，若在其中掺杂 I_2、Br_2 或 BF_3 等，其导电率可达到金属水平，因此称为"合成金属"。线性高相对分子质量的聚乙炔是结晶性高聚物半导体。目前正在研究利用聚乙炔作为太阳能电池、电极和半导体材料等。

（4）炔烃的活泼氢反应　炔烃分子中与三键碳原子直接相连的氢原子称为炔氢，性质比较活泼，具有一定的微弱酸性。炔氢可以被某些金属原子取代，生成金属炔化物。如：

$$HC\equiv CH + NaNH_2 \xrightarrow{液氨} HC\equiv CNa + NH_3\uparrow$$
$$R\!-\!C\equiv CH + NaNH_2 \xrightarrow{液氨} R\!-\!C\equiv CNa + NH_3\uparrow$$

[应用示例]　利用碱金属炔化物和伯卤烷反应，可以合成高级炔烃。这是有机合成中增长碳链的方法之一。例如：

$$HC\equiv CNa + BrCH_2CH_2CH_3 \xrightarrow{液氨} HC\equiv CCH_2CH_2CH_3 + NaBr$$

炔氢的微弱酸性使它能被某些金属离子取代，生成金属炔化物。用此法可鉴定炔烃中是否含有炔氢。例如：

$$CH\equiv CH + 2Ag(NH_3)_2NO_3 \longrightarrow AgC\equiv CAg\downarrow + 2NH_4NO_3 + 2NH_3$$
$$\text{乙炔银（白色）}$$

$$CH\equiv CH + 2Cu(NH_3)_2Cl \longrightarrow CuC\equiv CCu\downarrow + 2NH_4Cl + 2NH_3$$
$$\text{乙炔亚铜（棕红色）}$$

$$CH_3CH_2C\equiv CH + Ag(NH_3)_2NO_3 \longrightarrow CH_3CH_2C\equiv CAg\downarrow + NH_4NO_3 + NH_3$$
$$\text{丁炔银（白色）}$$

重金属炔化物在湿润时比较稳定，在干燥的情况下，受热或受撞击易爆炸，实验完毕后将生成的重金属化合物加浓盐酸使其分解，以免发生危险。

$$AgC\equiv CAg + 2HNO_3 \longrightarrow CH\equiv CH + 2AgNO_3$$

也可利用炔化物的这些性质，萃取贵重金属，例如可利用 3-甲基-1-丁炔萃取银。

四、重要的炔烃及应用

1. 乙炔的制法

目前工业上制造乙炔的方法,主要有以下几种。

(1)碳化钙法　此法是将焦炭和石灰按一定比例放入电弧高温炉中熔融,得到碳化钙(俗称电石),后者用水分解,则得到乙炔:

$$CaO+3C \xrightarrow{2500\sim3000\,℃} CaC_2+CO$$

$$CaC_2+2H_2O \longrightarrow CH\equiv CH+Ca(OH)_2$$

此法的优点是制得的乙炔纯度高,精制简单。缺点是耗电量大(生产 1 kg 乙炔的电力消耗量约为 10 kW·h)。

(2)由天然气制取　天然气的主要成分是甲烷。将甲烷的一部分用氧燃烧,以其产生的高温将剩余的甲烷裂解,则得到乙炔。同时副产氢。

$$2CH_4 \xrightarrow[0.1\sim0.6\ MPa]{1400\sim1500\,℃} CH\equiv CH+3H_2$$

此法的优点是原料便宜,且可得到合成氨的原料——氢。

(3)由石油烃类裂解兼产乙烯和乙炔　此法原料易得,是一种具有发展前途的方法。

2. 乙炔的应用

乙炔在氧气中燃烧,其火焰温度高达 3000～4000 ℃,广泛用于焊接和切割金属材料。乙炔作为化工原料的主要用途列于图 3-2-5 中。

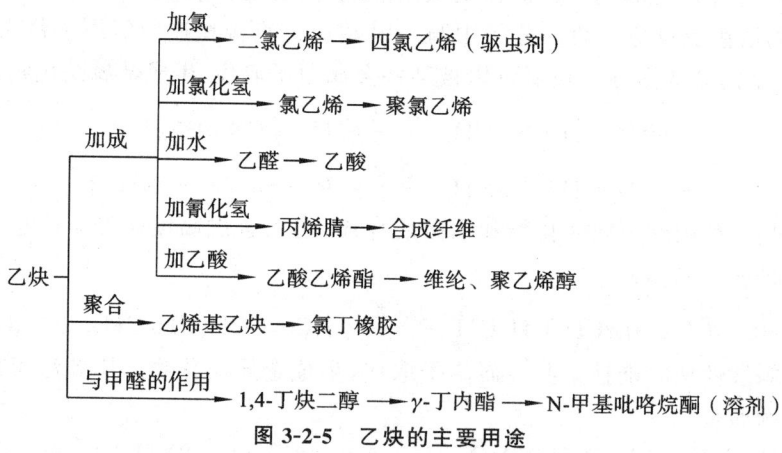

图 3-2-5　乙炔的主要用途

[想一想]　如何鉴别烷烃、烯烃及含有炔氢的炔烃?

第四节　共轭二烯烃

一、共轭二烯烃的不饱和碳原子

分子中两个双键被一个单键隔开的二烯烃称为共轭二烯烃。共轭二烯烃中,1,3-丁二烯最简单也最具代表性。实验测得1,3-丁二烯分子内所有的原子共平面,分子内键角、键长如图3-2-6所示。

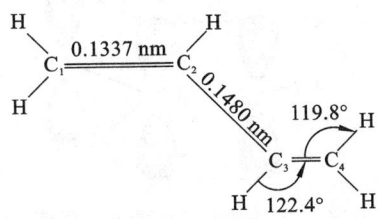

图 3-2-6　1,3-丁二烯的键长、键角

1,3-丁二烯中 C_1 与 C_2 之间的键长(0.1337 nm)比乙烯中碳碳双键的键长(0.1330 nm)稍长;C_2 与 C_3 之间的键长(0.1480 nm)比乙烷中碳碳单键的键长(0.1540 nm)稍短,这种现象称为键长的平均化。

在 1,3-丁二烯分子中,4 个碳原子都是 sp^2 杂化状态,每个碳原子以 sp^2 杂化轨道分别与氢原子的 1s 轨道或相邻碳原子的 sp^2 杂化轨道彼此沿着轨道的对称轴"头对头"重叠形成 σ键,这样共有 9 个 σ 键。这 9 个 σ 键的键轴处在同一平面上,所以分子内的所有原子共平面。每个碳原子上均有一个未参与杂化的 p 轨道,其对称轴平行,且垂直于 σ 键所在的平面,如图3-2-7所示。

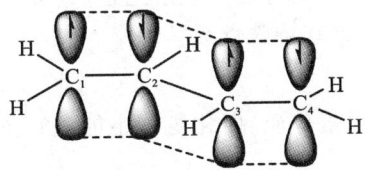

图 3-2-7　1,3-丁二烯分子中 p 轨道的重叠

4 个 p 轨道彼此侧面重叠形成 π 键,这样的 π 键与单烯烃中的 π 键不同,单烯烃 π 键的两个电子局限于两个碳原子之间运动,称为定域 π 键。在 1,3-丁二烯分子中 π 键的 4 个电子的运动范围不再局限于 C_1、C_2 和 C_3、C_4 之间,而是运动于 4 个碳原子的核外,即电子发生了离域化,形成了离域 π 键。离域 π 键也叫大 π 键或共轭 π 键,如图 3-2-8 所示,可以表示为 π_4^4。

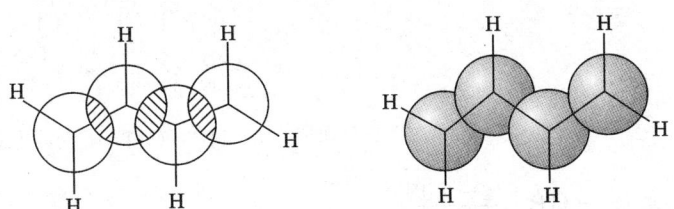

图 3-2-8　1,3-丁二烯分子中共轭 π 键的形成

离域 π 键的形成,使电子云密度趋于平均化,导致键长趋于平均化。这同时也使得体系能量降低,稳定性增加,这一效应称为共轭效应。含有离域 π 键的体系称为共轭体系,单双键交替排列的共轭体系称为 π-π 共轭体系,由 π 电子离域产生的共轭效应为 π-π 共轭效应。除此以外常见的还有 p-π 共轭体系。

共轭效应产生的条件:共轭体系内原子共平面;体系内每个原子均有一个 p 轨道,且对称轴相互平行。

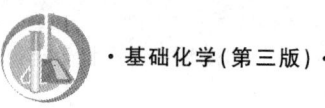

例如:氯乙烯分子(CH_2=CH—Cl)存在一个π_3^4的p-π共轭体系,如图3-2-9所示。

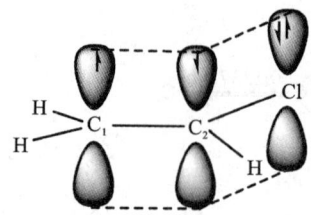

图3-2-9 氯乙烯分子中的 p-π 共轭 π 键

当共轭体系中的任何一个原子受到极性物质影响时,都会发生π电子云的偏移,离域π电子所受影响可以从体系的一端传递到另一端,产生交替极化现象,不受共轭体系长度的限制和影响。例如:

$$A^+ \cdots\cdots\longrightarrow \overset{\delta-}{CH_2}=\overset{\delta+}{CH}-\overset{\delta-}{CH}=\overset{\delta+}{CH}-\overset{\delta-}{CH}=\overset{\delta+}{CH_2}$$

这种结构特征决定了共轭烯烃的特殊性质。

二、共轭二烯烃的化学性质

在二烯烃分子中,由于碳碳双键的存在,其化学性质与烯烃有许多相似之处。但对于共轭二烯烃,由于其结构的特殊性,而有其特殊性质。

1. 1,4-加成反应

与烯烃相似,共轭二烯烃与卤素单质、卤化氢等也能进行加成反应。但由于其结构的特殊性,加成产物通常有两种。例如:

$$\overset{4}{CH_2}=\overset{3}{CH}-\overset{2}{CH}=\overset{1}{CH_2}+Cl_2$$

≤25℃ →
$$\overset{\quad Cl\ Cl}{CH_2=CHCHCH_2} + \overset{\quad\ Cl}{CH_2CH}=\overset{\quad\ Cl}{CHCH_2}$$
(60%)　　　　　(40%)

≤200℃ →
$$\underset{Cl\ Cl}{CH_2=CHCHCH_2} + \underset{Cl\qquad\quad Cl}{CH_2CH=CHCH_2}$$
(30%)　　　　　(70%)

$$\overset{1}{CH_2}=\overset{2}{CH}-\overset{3}{CH}=\overset{4}{CH_2}+HBr \xrightarrow{-80℃}$$

1,2-加成 →
$$\underset{\qquad\quad Br}{CH_3-CH-CH=CH_2}$$　3-溴-1-丁烯
(20%)

1,4-加成 →
$$\underset{\qquad\qquad\quad Br}{CH_3-CH=CH-CH_2}$$　1-溴-2-丁烯
(80%)

这两种不同的加成产物,是由于加成方式不同造成的。为了加以区别,氢原子和溴原子分别加到C_1、C_2上的加成方式,叫1,2-加成;而氢原子和溴原子分别加到C_1、C_4上的加成方式,叫1,4-加成。

通常,共轭二烯烃在低温下或非极性溶剂中,有利于1,2-加成;升高温度或在极性溶剂中,有利于1,4-加成。

2. 双烯合成

共轭二烯烃与具有不饱和键的化合物能进行 1,4-加成生成六元环状化合物,这一类型的反应叫双烯合成,也称狄尔斯-阿德尔(Diels-Alder)反应。这是共轭二烯烃的另一特征反应。最简单的例子是 1,3-丁二烯与乙烯的加成反应:

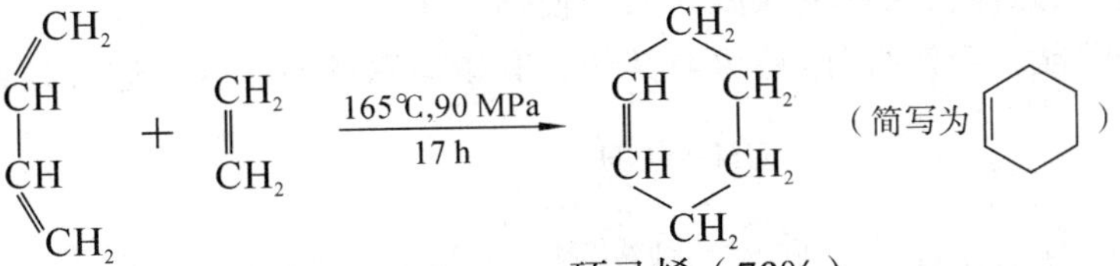

环己烯（78%）

在反应中,共轭二烯烃称为双烯体,含有不饱和键的化合物称为亲双烯体,所得产物也叫加合物。当亲双烯体中连有—COOH、—CHO、—CN 等吸电子基时,有利于反应的进行。例如:

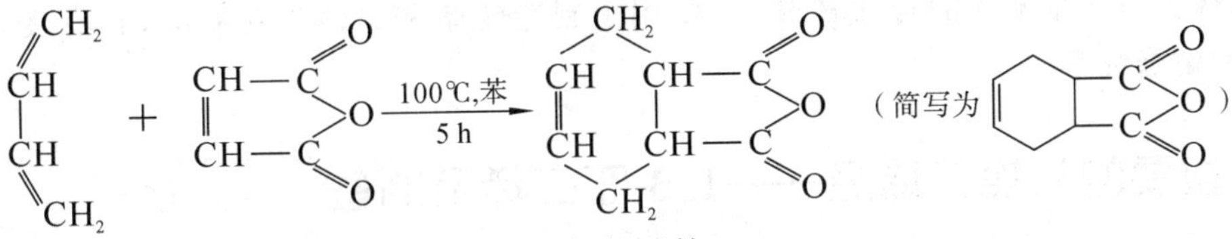

顺丁烯二酸酐　　　　白色固体,100%

[**应用示例**] 双烯合成无论在理论上还是实践中都占有很重要的地位。如共轭二烯烃与顺丁烯二酸酐的反应是定量进行的,且生成了白色固体,常用于鉴定共轭二烯烃;它们的加合物是制造杀虫剂"克菌丹"的中间体,克菌丹的结构式是 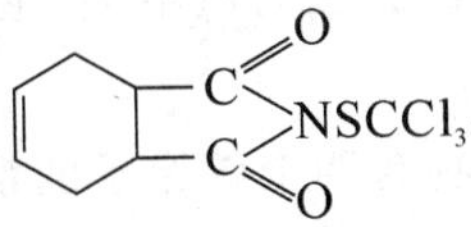 。

通过双烯合成反应可以将链状化合物转变为环状化合物,这是有机合成环状化合物的重要方法。

3. 聚合反应

共轭二烯烃在进行聚合反应时,与加成反应相似,既可以在 C1、C2 之间,也可以在 C1、C4 之间进行。而后一反应是用 1,3-丁二烯和异戊二烯制造合成橡胶的基础。例如在齐格勒-纳塔催化剂(如四氯化钛-三烷基铝等)的作用下,可以使 1,3-丁二烯或异戊二烯基本都按 1,4-加成方式聚合而成顺式产物顺-1,4-聚丁二烯(顺丁橡胶)或顺-1,4-聚异戊二烯(异戊橡胶)。

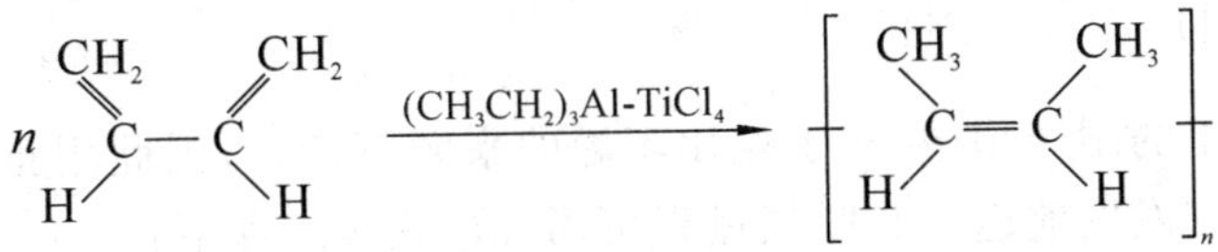

顺-1,4-聚丁二烯

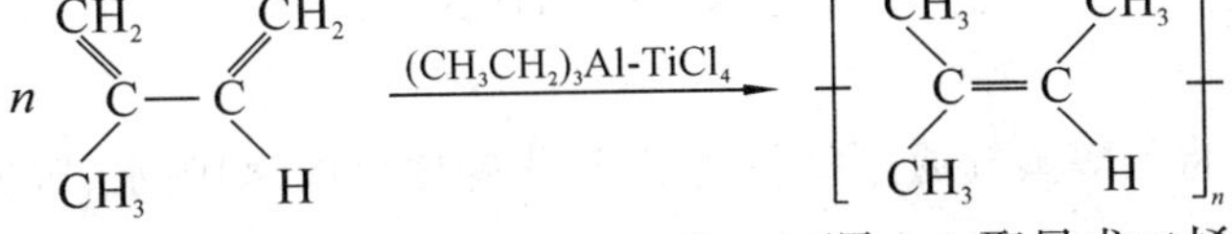

顺-1,4-聚异戊二烯

[应用示例] 顺丁橡胶由于结构排列有规律,具有耐磨、耐低温、耐老化、弹性好等优良性能,可以代替天然橡胶使用,主要用于制造轮胎、运输袋和胶管。

异戊橡胶的结构和性质与天然橡胶相似,称为合成天然橡胶。天然橡胶的结构相当于顺-1,4-聚异戊二烯,它主要来自橡树,其性能难以满足某些实际应用要求,合成橡胶能弥补天然橡胶的不足,代替天然橡胶在各种橡胶制品中使用。

共轭二烯烃除能自身聚合外,还可与其他含有碳碳双键的化合物进行共聚合。例如:

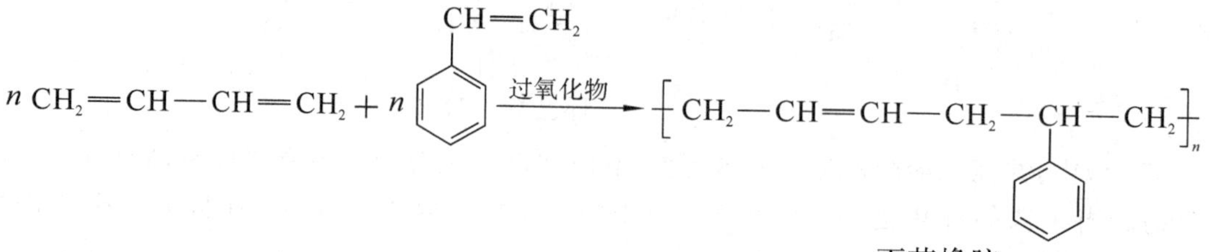

$$n\,CH_2{=}CH{-}CH{=}CH_2 + n\,\underset{\text{苯乙烯}}{C_6H_5CH{=}CH_2} \xrightarrow{\text{过氧化物}} \Big[CH_2{-}CH{=}CH{-}CH_2{-}CH{-}CH_2\Big]_n$$

丁苯橡胶

丁苯橡胶是产量最大的合成橡胶,主要用于制造轮胎和其他工业制品,具有良好的耐老化、耐热和耐磨性等。

三、重要的共轭二烯烃——1,3-丁二烯及制备

由于 1,3-丁二烯在有机化合物的生产中占有十分重要的地位,人们对于其合成方法进行了广泛的研究。到目前为止,已有 200 种以上的反应可生成 1,3-丁二烯,但目前工业上用于直接生产 1,3-丁二烯的方法为数不多,主要有以下几种。

1. 丁烯脱氢法

石油加工副产物含四个碳原子的馏分中,含有一定量的 1-丁烯、顺-2-丁烯和反-2-丁烯,经分馏和用硫酸吸收分别除去异丁烷和异丁烯后进行脱氢,可得 1,3-丁二烯。

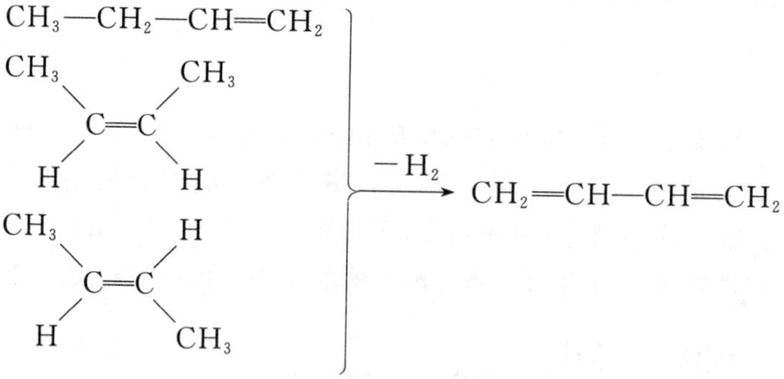

$$\left.\begin{array}{l} CH_3{-}CH_2{-}CH{=}CH_2 \\[4pt] \underset{顺-2-丁烯}{C{=}C} \\[4pt] \underset{反-2-丁烯}{C{=}C} \end{array}\right\} \xrightarrow{-H_2} CH_2{=}CH{-}CH{=}CH_2$$

另外,在石油加工的副产物中,正丁烷比丁烯的来源更广泛,因此用正丁烷脱氢制 1,3-丁二烯,从长远来看更有发展前途。其脱氢过程可用反应式表示如下:

$$CH_3{-}CH_2{-}CH_2{-}CH_3 \xrightarrow{-H_2} \left.\begin{array}{l} CH_3{-}CH_2{-}CH{=}CH_2 \\[4pt] CH_3{-}CH{=}CH{-}CH_3 \end{array}\right\} \xrightarrow{-H_2} CH_2{=}CH{-}CH{=}CH_2$$

2. 由乙醇制备

在 360～370℃,将乙醇蒸气通过氧化镁-二氧化硅催化剂,则脱水、脱氢生成 1,3-丁二烯。

$$2CH_3CH_2OH \xrightarrow[360\sim370℃]{MgO{-}SiO_2} CH_2{=}CH{-}CH{=}CH_2$$

此反应比较复杂,且副产物较多,产率一般为 55%～72%。

3. 由含 4 个碳原子的馏分萃取

含 4 个碳原子的馏分中含有一定量的 1,3-丁二烯,可采用乙酸铜氨法和萃取蒸馏法,将 1,3-丁二烯提取出来。

乙酸铜氨法是在 −10～−5℃ 和一定压力下,将液化的含 4 个碳原子的馏分与乙酸铜氨溶液混合,则含 4 个碳原子的馏分中的 1,3-丁二烯与乙酸铜氨生成配合物,而溶于乙酸铜氨溶液中。分出此溶液,加热至 55～60℃,即分解出 1,3-丁二烯。1,3-丁二烯产率在 98% 以上,纯度为 98.5%～99.5%。

萃取蒸馏法是将某一溶剂如 N-甲基吡咯烷酮、N,N-二甲基甲酰胺等加入 C_4 馏分中,然后利用各成分挥发性不同,用蒸馏法将各成分分开。

以上几种方法是目前各国工业上所采用的生产方法。

可燃冰

本章小结

1. 知识思维导图

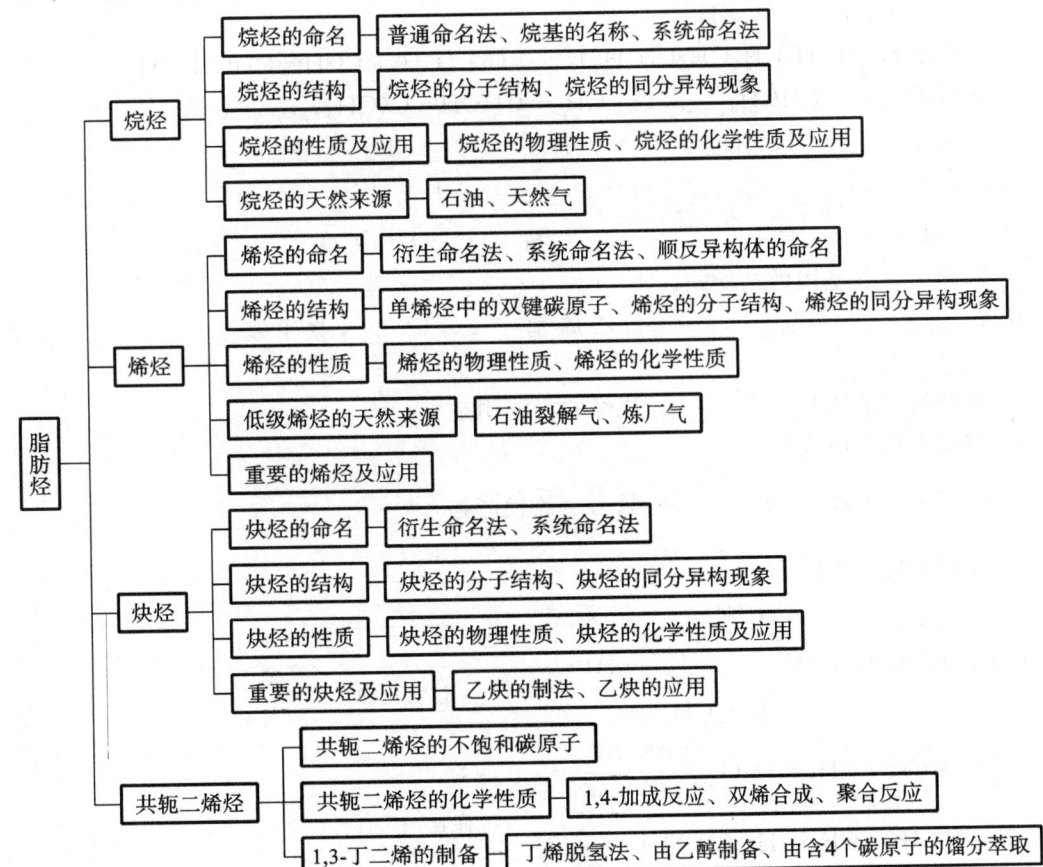

2. 学习方法概要

学习脂肪烃的结构理论时,要紧紧围绕碳原子的结构,弄清碳原子与其他原子的连接方式,理解碳原子的杂化类型及意义,掌握共价键的断裂方式及化学反应的类型。学习脂肪烃的命名规则时,了解普通命名法和系统命名法,并掌握系统命名法的命名规则。系统命名法是有机化合物命名的基本方法,命名步骤为"确定主链→编号→写出脂肪烃名称"。

 综 合 测 评

一、填空题

1. 用系统命名法或习惯命名法命名下列化合物(如有顺反异构体,写出其构型式,并用 Z/E 命名法命名)。

(1) $H_3C-CH_2-CH-CH-CH_2-CH_3$, 上方 $CH(CH_3)_2$, 下方 $CH(CH_3)_2$

(2) H_3C , H_3C $CH-C$, CH_3 , CH_3 , CH_3

(3) $H_3C-CH-CH_2-C-H$, 上 CH_3 , 下 C_2H_5 , CH_3

(4) $(CH_3)_2CHCH(C_2H_5)(CH_2)_6C(CH_3)_3$

(5) $(CH_3)_2CHCH_2CH_2CH_2C(CH_3)_3$

(6) $(CH_3)_3CCH=CHCH_2CH_3$

(7) $(C_2H_5)_2C=CHCH_3$

(8) $CH_2=CHCH=C(CH_3)_2$

(9) H_3C , CH_2CH_3 $C=C$, H , CH_3

(10) H_3C , CH_3 $C=C$, H , $CH(CH_3)_2$

2. 写出下列各基团的结构式。

甲基_____,乙基_____,乙烯基_____,叔丁基_____,丙烯基_____。

3. 烯烃的官能团是_____,炔烃的官能团是_____。

4. 完成下列反应式。

(1) $CH_3CH_2CH_3 + Cl_2 \xrightarrow[25℃]{漫射光}$ (只写一氯代产物)

(2) $CH_3CH=CH_2 + Cl_2 \xrightarrow{500℃}$

(3) $CH_3CH_2CH=C$, 上 CH_3 , 下 CH_2CH_3 $+HBr \xrightarrow{过氧化物}$

(4) $CH_3CH=CH_2 + H_2O \xrightarrow[300℃,4MPa]{H_3PO_4,硅藻土}$

(5) $CH_3CH=CH_2 + HOSO_2OH \longrightarrow \xrightarrow[\triangle]{H_2O}$

(6) $CH_3CH\equiv CH \xrightarrow[液氨]{NaNH_2} \xrightarrow{CH_3CH_2Br}$

(7) $nCH_3CH=CH_2 \xrightarrow[60\sim75℃]{(CH_3CH_2)_3Al-TiCl_4}$

(8) $CH_2\!=\!CH\!-\!CH\!=\!CH_2 + CH_2\!=\!\underset{\underset{CH_3}{|}}{C}\!-\!COOH \xrightarrow[12\ h]{150\,℃}$

(9) $CH\!\equiv\!CH + CH\!\equiv\!CH \xrightarrow[85\sim95\,℃]{Cu_2Cl_2\text{-}NH_4Cl}$

(10) $CH_3\!-\!CH_2\!-\!C\!\equiv\!CH + H_2 \xrightarrow{\text{林德拉催化剂}}$

5. 经高锰酸钾酸性溶液氧化后生成下列产物的烯烃的结构简式分别是 _____、_____、_____、_____。

(1) CO_2 和 H_2O　　(2) CH_3COOH、CO_2 和 H_2O

(3) $CH_3\!-\!\overset{\overset{O}{\|}}{C}\!-\!CH_3$　　(4) $(CH_3)_2CHCCH_3$ 和 CH_3COOH
（第(4)中 CCH_3 上方有 $\overset{O}{\|}$）

6. 等物质的量的乙烷、丙烯、丁炔完全燃烧,消耗氧气的物质的量由多到少的顺序为 _____。

二、问答题

1. 用简单的化学方法区别下列两组化合物。

(1) 乙烷、乙烯及乙炔　　(2) 1-戊炔和 2-戊炔

2. 聚丙烯生产中常用己烷或庚烷作溶剂,但要求溶剂中不能含有不饱和烃。如何检验溶剂中有无烯烃杂质? 若有杂质,应用何种简便方法除去?

3. 以丙烯与 HBr 的反应为例,说明什么是加成反应和马氏规则。

4. 如何用简便的方法把乙烯中混有的少量乙炔除去?

三、综合题

1. 用所给原料合成化合物(无机试剂任选)。

(1) 以丙烯为原料,合成 1,2,3-三氯丙烷

(2) 由丙炔合成 2-己炔

2. 某烯烃的分子式为 C_6H_{12},能使溴水褪色;能溶于浓硫酸中,催化加氢得正己烷;用过量的酸性 $KMnO_4$ 溶液氧化,得到两种不同的有机酸。试推出该化合物的结构简式。

3. 某化合物的相对分子质量为 82,每摩尔该化合物可吸收 2 mol H_2。它与硝酸银的氨溶液反应生成沉淀。当它吸收 1 mol H_2 时,产物为 3,3-二甲基-1-丁烯。写出该化合物的结构简式及各步反应式。

4. 某烃和等物质的量的 Br_2 反应生成 2,5-二溴-3-己烯。该烃被酸性 $KMnO_4$ 溶液氧化后的产物经分析为乙酸和乙二酸($HOOC\!-\!COOH$)。试写出该烃的结构简式及各步反应式。

第三章

芳　香　烃

 **学习目标**

1. 掌握苯分子的结构；
2. 熟悉芳香烃的分类；
3. 掌握单环芳香烃的命名、性质及其应用；
4. 掌握单环芳香烃苯环上取代反应的定位规则及其在有机合成中的应用；
5. 了解芳香烃的来源，了解苯、甲苯、二甲苯等重要芳香烃；
6. 了解化学实验和化工生产中使用芳香烃的安全环保措施。

⬡ 与 ⬡ 虽都是环状碳氢化合物，但性质相差很大。⬡ 的性质与脂肪烃相似，属于脂环烃，而 ⬡ 具有难加成、易取代的性质，属于芳香烃。

拓展：苯的发现

第一节　芳香烃的分类、结构和命名

一、芳香烃的分类

芳香族化合物通常指苯及其衍生物，如 ⬡、◯◯、⬡—CHO、

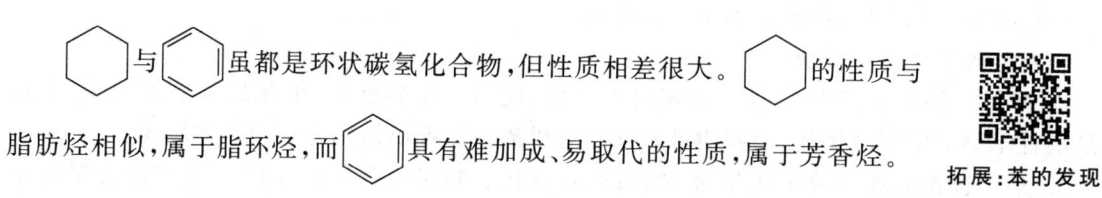

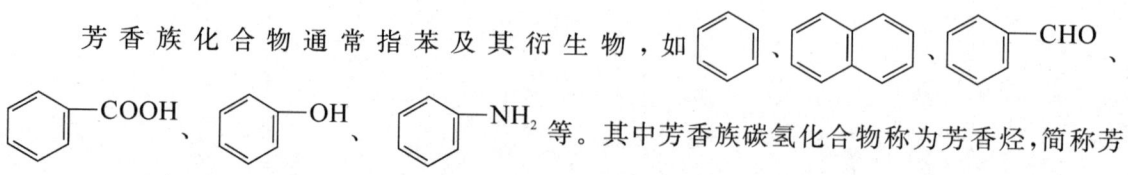

⬡—COOH、⬡—OH、⬡—NH₂ 等。其中芳香族碳氢化合物称为芳香烃，简称芳

烃。芳香烃可根据其结构的不同分为三类:单环芳香烃、多环芳香烃、稠环芳香烃。

(1)单环芳香烃:分子中含有一个苯环的芳香烃,称为单环芳香烃。单环芳香烃包括苯及其同系物。例如:

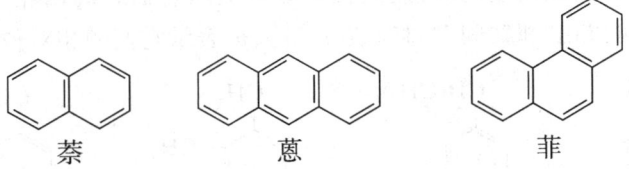

苯　　　　甲苯　　　　间二甲苯

(2)多环芳香烃:分子中含有两个或两个以上独立苯环的芳香烃,称为多环芳香烃。例如:

联苯　　　　　　　三苯甲烷

(3)稠环芳香烃:分子中含有由两个或多个苯环彼此间通过共用两个相邻碳原子稠合而成的芳香烃,称为稠环芳香烃。例如:

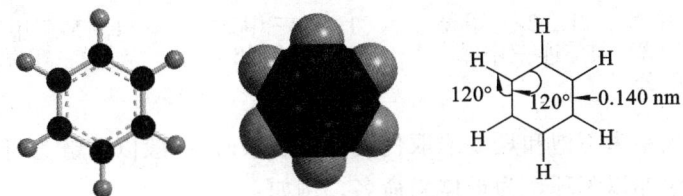

萘　　　　　　蒽　　　　　　菲

苯分子是结构最简单、最具代表性的芳香烃。

二、苯分子的结构

苯分子的组成为 C_6H_6,实验证明苯分子内 6 个碳原子构成平面正六边形,碳碳键的键长都是 0.140 nm,它比正常的碳碳单键的键长(0.154 nm)要短,而比正常碳碳双键的键长(0.133 nm)要长;苯分子中的键角都是 120°,如图 3-3-1 所示。

图 3-3-1　苯分子的结构及其键长和键角

杂化轨道理论认为,苯分子内 6 个碳原子均以 sp^2 杂化的方式与其相邻的碳原子或氢原子成键。

每个碳原子上各有一个未参与杂化的 p 轨道,它们的对称轴相互平行,并且都垂直于碳原子和氢原子所在的平面,彼此之间以"肩并肩"的方式重叠形成一个离域闭合的 π_6^6 大 π 键。π

电子对称地分布在碳原子所在平面的上方和下方,分子内原子之间相互影响,使大 π 键的电子高度离域,电子云密度分布完全平均化,苯分子能量降低,苯环相当稳定,如图 3-3-2 所示。

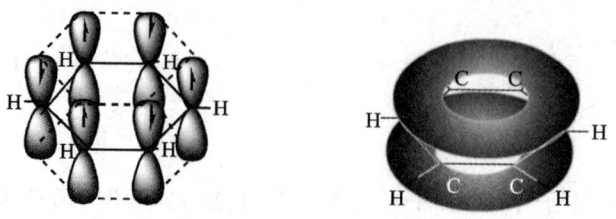

图 3-3-2　苯分子中的共轭大 π 键、π 电子示意

目前尚未有确切体现苯分子结构特征的结构式,常用 ⬡(凯库勒式)或 ⌬ 来表示。

三、芳香烃的命名

1. 单环芳香烃的命名

单环芳香烃的命名是以苯环为母体、烷基为取代基,称作某烷基苯。"基"字可省略。当苯环上连有两个或两个以上取代基时,可用阿拉伯数字表示它们之间的相对位置。苯环上只连接两个取代基时,也可以用"邻""间""对",或 o-、m-、p-表示它们的相对位置。例如:

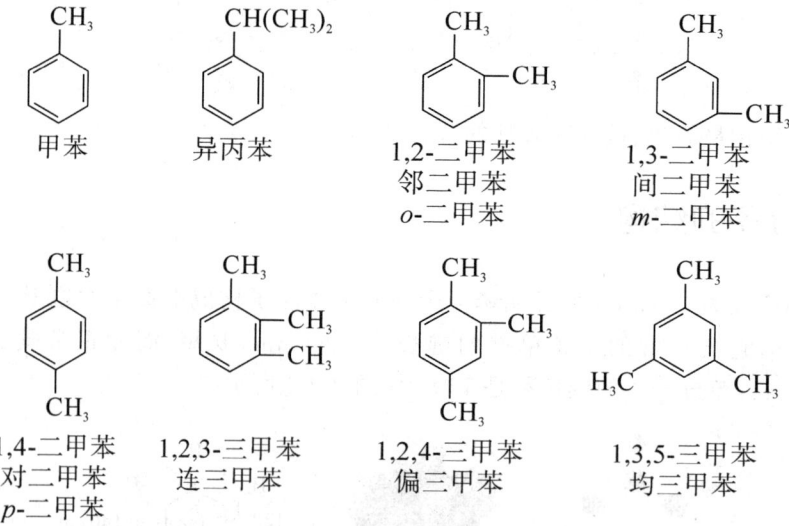

当苯环上的取代基为不饱和烃基或取代基比较复杂时,一般以侧链为母体,将苯环作为取代基来命名。但有时亦以苯环作为母体来命名。例如:

| 2-甲基-3-苯基戊烷 | 苯乙烯 | 苯乙炔 | 对二乙烯基苯 |

在芳香化合物中,从环上去掉一个或几个氢原子后剩下的基团称为芳基,习惯上将去掉一个氢原子后的芳基用 Ar—表示。苯分子中去掉一个氢原子后所剩下的基团 C_6H_5—为苯基,也可用 Ph—表示。甲苯的甲基上去掉一个氢原子后所剩下的基团 $C_6H_5CH_2$—称为苯甲基或苄基。

[练一练] 写出四甲(基)苯的构造异构体并命名。

2．芳香烃衍生物的命名

苯环上的氢原子被其他原子或基团取代后生成的化合物称为芳香烃衍生物,芳香烃衍生物的命名通常有下列几种情况。

(1) 苯环上连有作取代基的基团 当取代基为—NO_2(硝基)、—X(卤原子)和结构简单的烷基时,一般以苯为母体。例如:

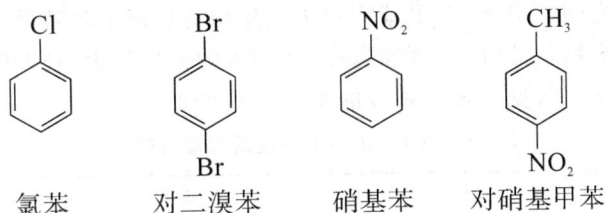

氯苯　　　对二溴苯　　　硝基苯　　　对硝基甲苯

(2) 苯环上连有作母体的基团 当取代基为—NH_2(氨基)、—OH(羟基)、—CHO(醛基)、—COOH(羧基)、—SO_3H(磺酸基)等时,苯环为取代基,分别称为苯胺、苯酚、苯甲醛、苯甲酸、苯磺酸等。

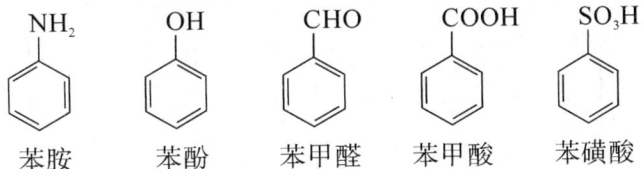

苯胺　　　苯酚　　　苯甲醛　　　苯甲酸　　　苯磺酸

(3) 苯环上连有多个取代基 当苯环上连有两个或两个以上不同的取代基时,需要按照取代基的优先次序来确定母体,常见取代基优先次序如下:

—SO_3H＞—COOH＞—CN＞—CHO＞—$COCH_3$＞—OH＞—NH_2＞—OR＞—C_6H_5＞—R＞—X＞—NO_2

通常排在前面的基团优于排在后面的基团,优先的基团可与苯一起作为母体。与苯一起作为母体的优先基团命名时编为1号,再按最低系列原则将苯环其他碳原子依次编号。例如:

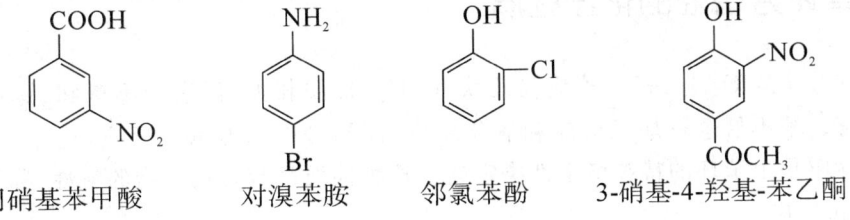

间硝基苯甲酸　　　对溴苯胺　　　邻氯苯酚　　　3-硝基-4-羟基-苯乙酮

[练一练] 命名下列化合物。

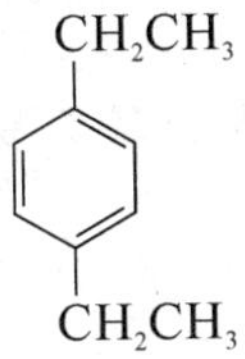

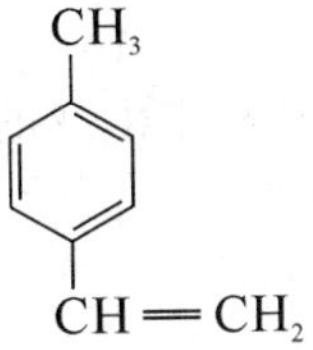

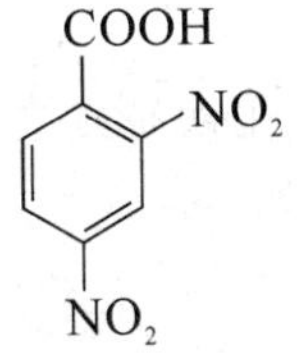

第二节　单环芳香烃的性质

一、单环芳香烃的物理性质

苯及其同系物多数是无色液体，不溶于水，可溶于汽油、乙醇和乙醚等有机溶剂中，相对密度一般在 0.86～0.9 之间。甲苯、二甲苯等对某些涂料有较好的溶解性，可用作涂料工业的稀释剂。苯及其同系物有特殊的气味，蒸气有毒，其中苯的毒性较大，长期吸入它们的蒸气，能损坏造血器官及神经系统。常见单环芳香烃的物理常数见表 3-3-1。

表 3-3-1　单环芳香烃的物理常数

名称	熔点/℃	沸点/℃	相对密度 d_4^{20}
苯	5.5	80.1	0.879
甲苯	−95	110.6	0.867
邻二甲苯	−25.2	144.4	0.880
间二甲苯	−47.9	139.1	0.864
对二甲苯	13.2	138.4	0.861
连三甲苯	−25.5	176.1	0.894
偏三甲苯	−43.9	169.2	0.876
均三甲苯	−44.7	164.6	0.865
乙苯	−95	136.1	0.867
正丙苯	−99.6	159.3	0.862
异丙苯	−96	152.4	0.862

二、单环芳香烃的化学性质

拓展：单元反应

从苯的分子式 C_6H_6 来看，苯应与乙炔（C_2H_2）性质相似，但它的不饱和性并不显著。苯不易进行加成反应和氧化反应，而易进行亲电取代反应，这些特殊的性质是由苯环的特殊稳定性决定的。这种性质是芳香化合物的特性，称为芳香性。

1. 取代反应

单环芳香烃的取代反应是单环芳香烃很重要的一类反应，在理论上和实际应用中都具有重要价值。

（1）卤代反应　在铁粉或三卤化铁作为催化剂的条件下，苯比较容易与卤素单质发生反应，生成卤代苯。例如：

$$\text{苯} + Cl_2 \xrightarrow[55\sim60\ ℃]{FeCl_3} \text{苯—Cl} + HCl$$

$$\text{苯} + Br_2 \xrightarrow[55\sim60\ ℃]{FeBr_3} \text{苯—Br} + HBr$$

这是工业上和实验室制备氯苯和溴苯的方法之一。

卤代反应对于卤素单质来说，其活泼次序：氟(F_2)＞氯(Cl_2)＞溴(Br_2)＞碘(I_2)。

温度升高，氯苯和溴苯可以继续卤代，主要产物是邻位和对位二卤代苯。例如：

$$2\ \text{苯—Br} + Br_2 \xrightarrow[90\ ℃]{FeBr_3} \text{邻二溴苯} + \text{对二溴苯}$$

烷基苯比苯更容易进行卤代反应，主要生成邻位和对位产物。例如：

$$\text{甲苯} + Cl_2 \xrightarrow{Fe粉或FeCl_3} \text{邻氯甲苯} + \text{对氯甲苯}$$

（2）硝化反应　苯环上的氢原子被硝基取代的反应称为硝化反应。常用的硝化剂是浓硝酸和浓硫酸的混合物，俗称混酸。例如：

$$\text{苯} + HNO_3 \xrightarrow[50\sim60\ ℃]{H_2SO_4} \text{苯—NO}_2 + H_2O$$

拓展：硝化工艺与重点危险化工工艺

硝基苯不容易继续硝化，要在更高的温度并用发烟 HNO_3 和浓 H_2SO_4 的混合物作为硝化剂，才能生成二硝基苯，且主要生成间位取代物：

$$\text{硝基苯} \xrightarrow[100\ ℃]{HNO_3(发烟),浓H_2SO_4} \text{间二硝基苯} + H_2O$$

这是间二硝基苯的制法。

烷基苯比苯容易硝化，硝化的主要产物是邻位和对位取代物。例如甲苯与混酸在 30 ℃即可进行反应，且主要生成邻硝基甲苯和对硝基甲苯。

$$\text{甲苯} \xrightarrow[30\ ℃]{HNO_3,H_2SO_4} \text{邻硝基甲苯} + \text{对硝基甲苯} + H_2O$$

（3）磺化反应　苯及其同系物在加热的条件下与浓 H_2SO_4 发生反应，苯环上的氢原子被

磺酸基(—SO₃H)取代生成苯磺酸,称为磺化反应。例如:

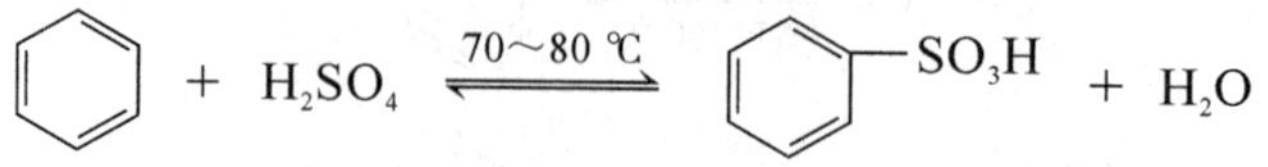

$$\text{苯} + H_2SO_4 \underset{}{\overset{70\sim80\ ℃}{\rightleftharpoons}} \text{苯—}SO_3H + H_2O$$

若用发烟硫酸($H_2SO_4 \cdot nSO_3$),苯在室温下即可反应。苯磺酸比苯更难磺化,须采用发烟硫酸并在较高温度下进行,主要生成间苯二磺酸。

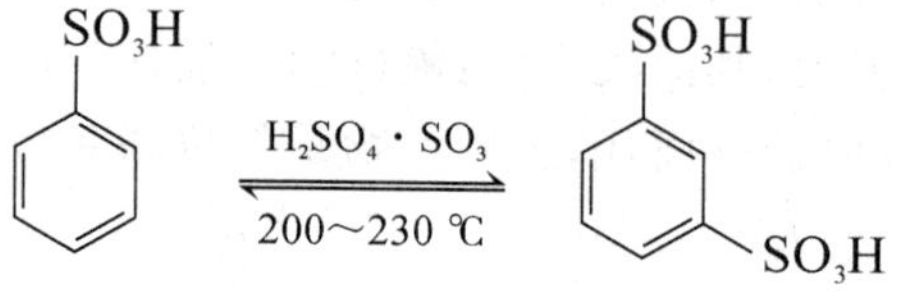

$$\text{苯磺酸} \underset{200\sim230\ ℃}{\overset{H_2SO_4 \cdot SO_3}{\rightleftharpoons}} \text{间苯二磺酸}$$

与卤代反应和硝化反应不同,苯环上的磺化反应是一个可逆反应。由于磺化反应的可逆性,芳磺酸在一定条件下可水解成原来的芳香族化合物。例如,苯磺酸在加压条件下,温度升至 150~200 ℃ 或在过热的气流中加热,则水解生成苯。

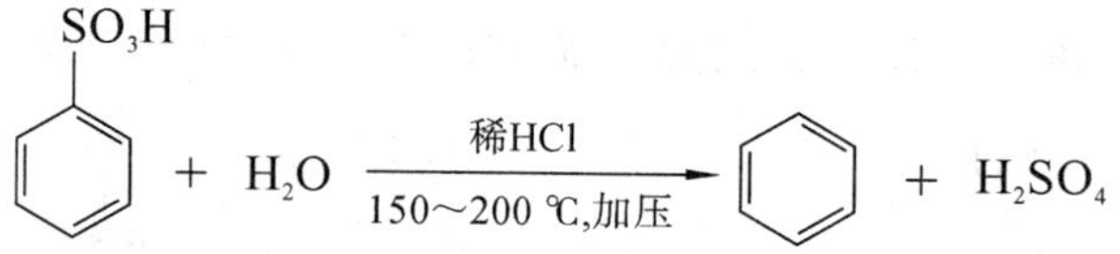

$$\text{苯磺酸} + H_2O \xrightarrow[150\sim200\ ℃,加压]{稀HCl} \text{苯} + H_2SO_4$$

这一性质已被应用于有机化合物的合成及分离上。

烷基苯比苯更易于磺化,主要得到邻、对位产物。随磺化时温度的不同,其邻、对位异构体的比例不同。低温生成较多的邻位异构体,而高温则生成较多的对位异构体。如甲苯的磺化,其邻位取代的比例随温度的升高而下降:

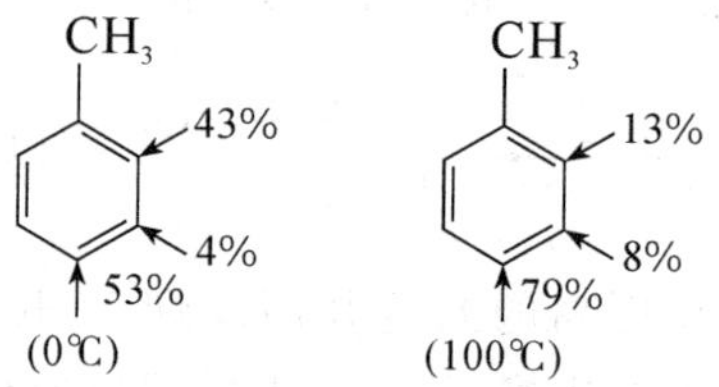

这种现象的发生可归因于"空间障碍"。在高温时,由于基团的振动加强,而这种影响较为显著,邻位取代就格外受到限制,因此磺酸基进入空间障碍小的对位,这种现象也称为邻位效应。

[应用示例] (Ⅰ)在分子中引入一个极性大的磺酸基,可以改善有机化合物的水溶性。苯不溶于水而苯磺酸易溶于水。染料及多数助剂分子极性小甚至无极性,在这些分子中引入极性基团,可改善其水溶性,有利于改善应用这些化合物的工艺环境及达到其他的工艺目的。

(Ⅱ)磺酸基有较强的酸性,可以改变有机化合物的酸碱性。

(Ⅲ)还可以利用磺化反应的逆反应在有机合成中起到占位作用,以得到所需的化合物。如由甲苯制取邻氯甲苯,若用甲苯直接氯代,则得到难以分离的邻氯甲苯和对氯甲苯的混合物;若甲苯先磺化再氯化,产物经水解即可得到高产率的邻氯甲苯。

(4) 傅瑞德尔-克拉夫茨(Friedel-Crafts)反应 在无水三氯化铝等路易斯酸的催化作用下,芳香烃分子中芳环上的氢原子被烷基或酰基取代的反应称为傅瑞德尔-克拉夫茨(Friedel-Crafts)反应,简称傅-克反应,又称烷基化反应和酰基化反应。

① 烷基化反应:在上述催化剂的作用下,苯与卤代烷、烯烃或醇等烷基化试剂作用,苯环

上的氢原子被烷基取代生成烷基苯。例如：

$$\text{（苯）} + CH_3Cl \xrightarrow{\text{无水AlCl}_3} \text{（甲苯）}CH_3 + HCl$$

拓展：绿色催化剂

如引入的烷基含有 3 个或 3 个以上碳原子时，常常发生重排，生成重排产物。例如：

$$\text{（苯）} + CH_3CH=CH_2 \xrightarrow[\text{痕量HCl}]{\text{无水AlCl}_3} \text{（苯）}CH(CH_3)_2$$

$$\text{（苯）} + CH_3CH_2CH_2Cl \xrightarrow{\text{无水AlCl}_3} \text{（苯）}CH(CH_3)_2 + \text{（苯）}CH_2CH_2CH_3$$
$$\qquad\qquad\qquad\qquad\qquad\qquad\quad 70\% \qquad\qquad\qquad 30\%$$

发生烷基化反应时，常常伴随多烷基化反应。为了使一烷基苯成为主要产物，制备时，苯要过量。烷基化反应在工业生产上有重要的意义。

[应用示例] （Ⅰ）十二烷基苯磺酸钠是合成洗涤剂即洗衣粉中的主要成分。制备过程如下：

$$C_{12}H_{25}Cl + \text{（苯）} \xrightarrow{\text{无水AlCl}_3} \text{（苯）}C_{12}H_{25} \xrightarrow[40\sim50\ ℃]{\text{发烟H}_2\text{SO}_4} \text{（苯）}C_{12}H_{25}SO_3H \xrightarrow{\text{NaOH}} C_{12}H_{25}\text{（苯）}SO_3Na$$

（Ⅱ）由苯和乙烯合成乙苯是工业上制备乙苯的方法之一：

$$\text{（苯）} + CH_2=CH_2 \xrightarrow[\text{或H}_3\text{PO}_4,230\sim325\ ℃,4\sim6.5\ \text{MPa}]{\text{AlCl}_3、C_2H_5Cl、HCl,95\ ℃} \text{（苯）}CH_2—CH_3$$

② 酰基化反应：在无水三氯化铝作用下，苯与酰卤或酸酐（酰基化试剂）作用，苯环上的氢原子被酰基取代生成芳酮。例如：

$$\text{（苯）} + CH_3—\overset{O}{\underset{\|}{C}}—Cl \xrightarrow{\text{无水AlCl}_3} \text{（苯）}\overset{O}{\underset{\|}{C}}—CH_3 + HCl$$

$$\text{（苯）} + CH_3—\overset{O}{\underset{\|}{C}}—O—\overset{O}{\underset{\|}{C}}—CH_3 \xrightarrow{\text{无水AlCl}_3} \text{（苯）}\overset{O}{\underset{\|}{C}}—CH_3 + CH_3COOH$$

与烷基化反应相比，酰基化反应既不发生异构化，也不生成多元取代物。

当苯环上连有强的吸电子基（$—NO_2$、$—SO_3H$、$—\overset{O}{\underset{\|}{C}}—R$、$—CN$ 等基团）时，一般不发生傅-克反应。因此，硝基苯常用作傅-克反应的溶剂。

[应用示例] （Ⅰ）制备正丙苯：

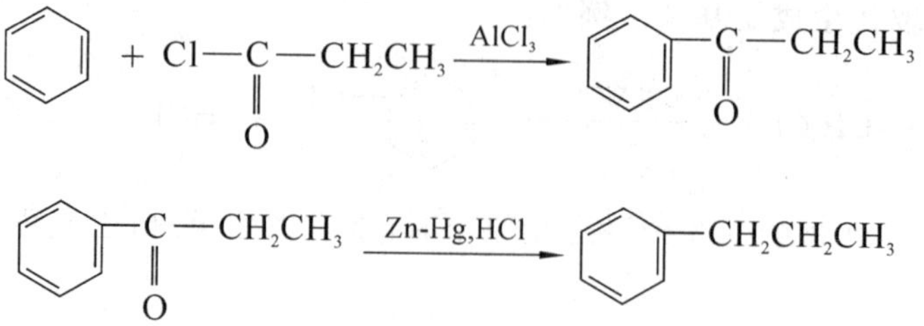

（Ⅱ）制备二苯甲酮：

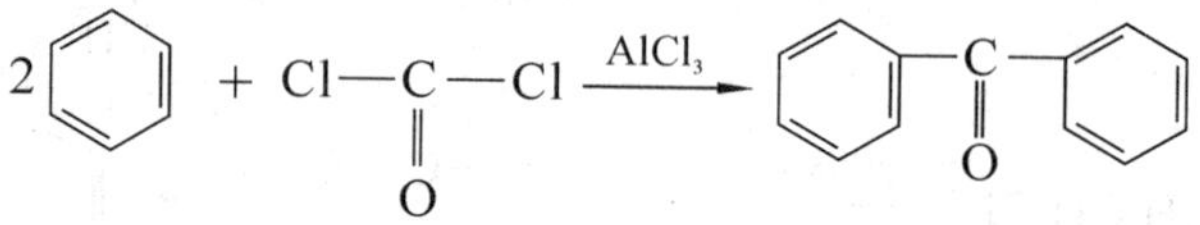

（5）氯甲基化反应　在无水氯化锌的存在下,芳香烃与甲醛及氯化氢作用,芳环上的氢原子被氯甲基（—CH₂Cl）取代,此反应称为氯甲基化反应。在实际操作中,可用三聚甲醛代替甲醛。例如,将三聚甲醛、无水氯化锌和苯制成悬浮液,再将氯化氢通入此悬浮液中,即生成苯氯甲烷。

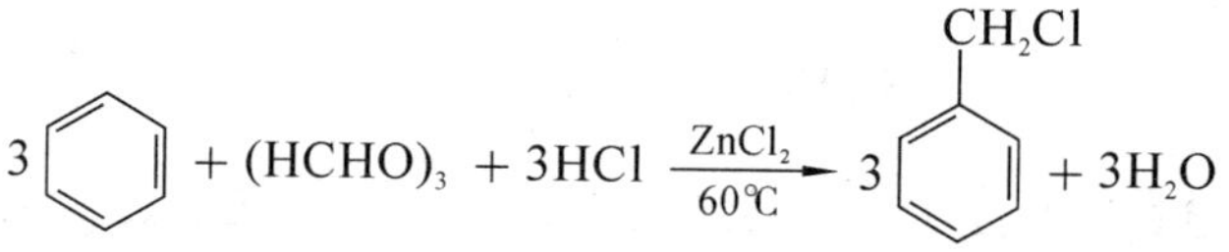

[应用示例]

（Ⅰ）以对二甲苯和偏三甲苯为原料,经氯甲基化反应,再进行氧化反应可制得合成聚酰亚胺树脂的重要原料——均苯四甲酸二酐。

（Ⅱ）由于 —CH₂Cl 可以顺利地转变为 —CH₃、—CH₂OH、—CH₂CN、—CH₂CHO、—CH₂COOH 等,因此可以通过氯甲基化反应,在苯环上引入这些基团。

*（6）苯环上取代反应的机理　苯环上的取代反应是离子型反应。由于苯环上电子云密度较大,与苯环发生取代反应的试剂都是亲电试剂,因此苯环上的取代反应是亲电取代反应。亲电取代反应是分三步进行的。首先是亲电试剂在催化剂的作用下离解成亲电性的阳离子（用 E⁺ 表示）：

$$\text{亲电试剂} \xrightarrow{\text{催化剂}} E^+$$

然后是亲电性的 E⁺ 进攻苯环生成活性中间体：

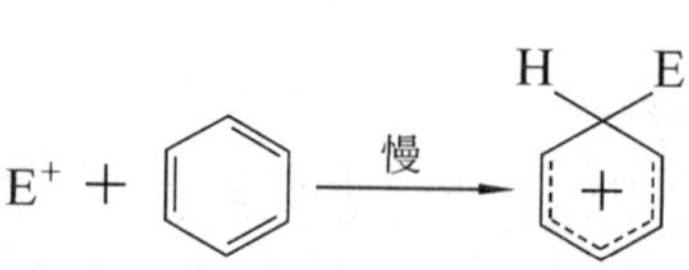

这一步反应比较慢。

生成的活性中间体迅速脱去 H⁺（质子）,转变成取代产物：

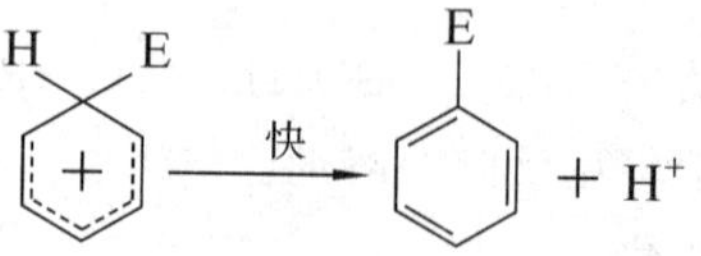

这一步反应比较快。

[练一练] 写出苯与下列试剂作用的反应式。

(1) Cl_2(催化剂:$FeCl_3$);　　　　(2)混酸;　　　　　　(3)浓硫酸;

(4) 丙烯(催化剂:无水 $AlCl_3$); 　(5)丙酸酐($CH_3CH_2CO)_2O$(催化剂:无水 $AlCl_3$)。

2. 加成反应

苯环非常稳定,加成反应比较难发生,但在一定的条件下,可以发生加成反应。例如:

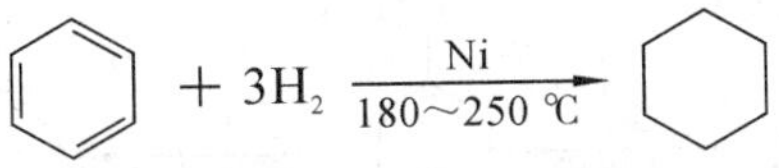

拓展:环己烷的
工业生产

$$\text{苯} + 3H_2 \xrightarrow[180\sim250\ ℃]{Ni} \text{环己烷}$$

在催化剂的存在下,苯环加氢生成环己烷,这是工业上生产环己烷的方法。

也可利用此反应将苯的衍生物加氢,使之转变成环己烷的衍生物,如苯酚和苯胺经加氢后

分别转变成环己醇(⬡—OH)和环己胺(⬡—NH₂)。

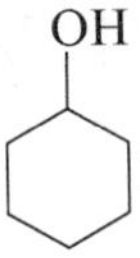

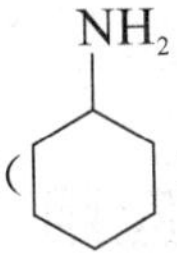

3. 氧化反应

苯环稳定,不易被氧化,但在高温、催化剂存在下也可被氧化。例如,苯在高温和五氧化二钒的催化作用下,被空气氧化,苯环破裂而生成顺丁烯二酸酐:

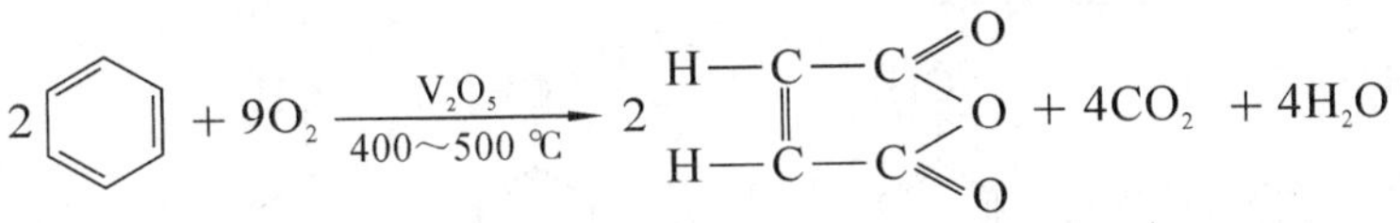

$$2\ \text{苯} + 9O_2 \xrightarrow[400\sim500\ ℃]{V_2O_5} 2\ \text{顺丁烯二酸酐} + 4CO_2 + 4H_2O$$

这是工业上制备顺丁烯二酸酐的方法之一。

4. 侧链上的反应

(1)氧化反应　在酸性 $KMnO_4$ 等氧化剂的作用下,侧链含有 α-氢时,不论侧链长短,均被氧化成羧基。例如:

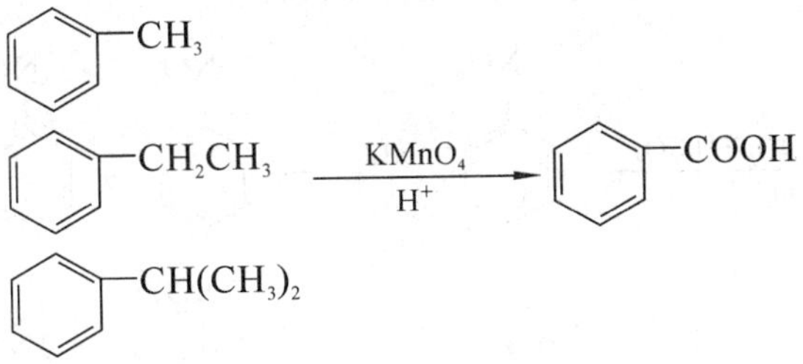

$$\text{（甲苯/乙苯/异丙苯）} \xrightarrow[H^+]{KMnO_4} \text{苯甲酸（—COOH）}$$

[应用示例]　（Ⅰ）对二苯甲酸的制备:

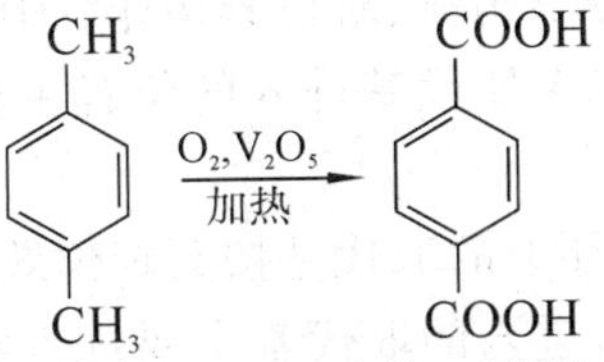

$$\text{对二甲苯} \xrightarrow[\text{加热}]{O_2,V_2O_5} \text{对苯二甲酸}$$

对苯二甲酸

（Ⅱ）邻苯二甲酸酐的制备：

$$\text{（邻二甲苯）} + 3O_2 \xrightarrow[480\,℃]{V_2O_5} \text{（邻苯二甲酸酐）} + 3H_2O$$

（2）卤代反应 苯环侧链上连有 α-氢时，在光照的作用下与卤素单质发生反应，α-氢被卤原子取代。

$$\text{CH}_3 \xrightarrow[h\nu\text{或光照}]{\text{Cl}_2} \text{CH}_2\text{Cl} \xrightarrow[h\nu\text{或光照}]{\text{Cl}_2} \text{CHCl}_2 \xrightarrow[h\nu\text{或光照}]{\text{Cl}_2} \text{CCl}_3$$

$$\text{CH}_2\text{CH}_3 + \text{Cl}_2 \xrightarrow{h\nu} \text{CHClCH}_3$$

三、苯环上取代反应的定位规则及应用

1. 两类定位基

烷基苯的取代反应，无论是硝化还是磺化或其他取代反应，不仅比苯容易进行，而且取代基主要进入烷基的邻位和对位。例如：

$$\text{CH}_3 \xrightarrow[30\,℃]{\text{HNO}_3,\text{H}_2\text{SO}_4} \text{（邻）} + \text{（对）} + \text{（间）} + H_2O$$

邻 58%　　　　对 38%　　间 4%

而硝基苯的进一步硝化和苯磺酸的进一步磺化，不仅比苯难以进行，而且新进入的硝基或磺酸基分别主要进入苯环上原有取代基的间位。例如：

$$\text{NO}_2 \xrightarrow[100\,℃]{\text{HNO}_3\text{(发烟)},\text{浓}\text{H}_2\text{SO}_4} \text{（邻）} + \text{（对）} + \text{（间）} + H_2O$$

6.4%　　　　0.3%　　93.3%

当苯环上已有一个取代基，再引入第二个取代基时，按照结构式中可能进入的不同位置应有三种异构体，即邻位异构体、间位异构体、对位异构体。但以上事实说明，这三个不同的位置被取代的机会并不是均等的。第二个取代基进入的位置主要由苯环上原有的取代基决定，而与新进入的基团关系较小。

根据许多实验结果，可以把苯环上的取代基按其定位效应分为两类。

第一类为邻、对位定位基：使新进入的取代基主要进入它的邻位和对位，同时使苯环活化（卤原子除外）。例如：

定位基	$-O^-$	$-N(CH_3)_2$	$-NH_2$	$-OH$	$-OCH_3$	$-NHCOCH_3$
名称	氧负离子	二甲氨基	氨基	羟基	甲氧基	乙酰氨基
定位基	$-CH_3$	$-OCOCH_3$	$-Cl$	$-Br$	$-I$	$-C_6H_5$
名称	甲基	乙酰氧基	氯原子	溴原子	碘原子	苯基

第二类为间位定位基:使新进入的取代基主要进入它的间位,同时使苯环钝化。例如:

定位基	$-\overset{+}{N}(CH_3)_3$	$-NO_2$	$-CN$	$-SO_3H$	$-CHO$
名称	三甲铵基	硝基	氰基	磺酸基	醛基或甲酰基
定位基	$-COCH_3$	$-COOH$	$-COOCH_3$	$-CONH_2$	$-\overset{+}{N}H_3$
名称	乙酰基	羧基	甲氧羰基或甲酯基	氨基甲酰基	铵基

上述两类定位基的定位能力是不同的,其强弱大致按上述次序排列。强的第一类定位基,指示新进入的取代基较多地进入它的邻、对位;强的第二类定位基,指示新进入的取代基较多地进入它的间位;定位效应不强的定位基,指示新进入的取代基进入它的邻、对位与间位的量相差不大。

2. 二元取代苯的定位规则

苯环上已有两个取代基,再引入第三个取代基时,有以下两种情况。

(1) 原取代基为同类的,第三个取代基进入的位置由定位能力强的原取代基决定。例如:

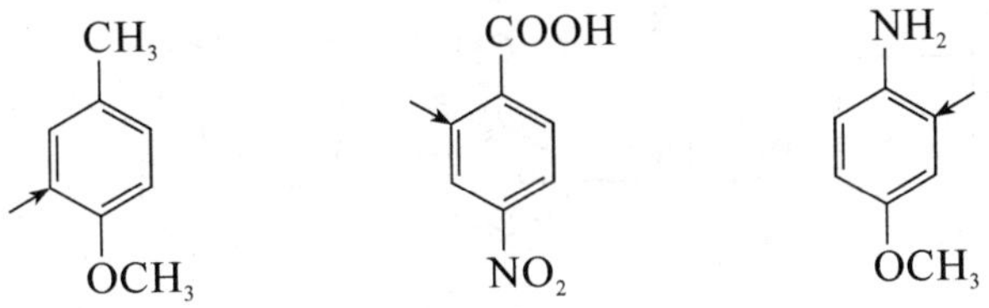

定位基强弱:$-OCH_3 > -CH_3$　$-NO_2 > -COOH$　$-NH_2 > -OCH_3$

(2) 原取代基为不同类的,取决于邻、对位定位基。例如:

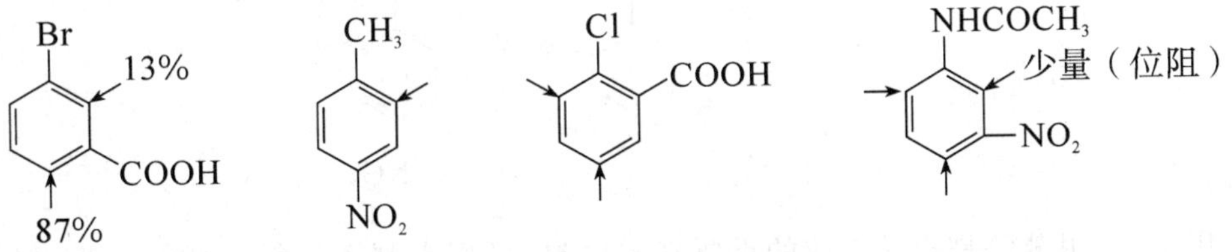

[练一练]　用箭头标出下列化合物进行硝化反应时硝基进入苯环的位置。

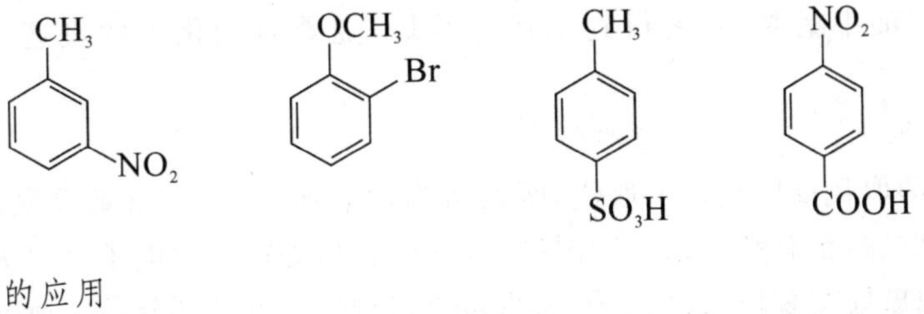

3. 定位规则的应用

在生产实践和科学实验中,应用定位规则可以预测反应的主要产物,得到较高产率和容易分离的有机化合物。

[应用示例]

（Ⅰ）由苯合成间硝基溴苯,利用定位规则分析得出应由苯先硝化再溴代,否则得到的为邻硝基溴苯和对硝基溴苯,分析过程示意如下：

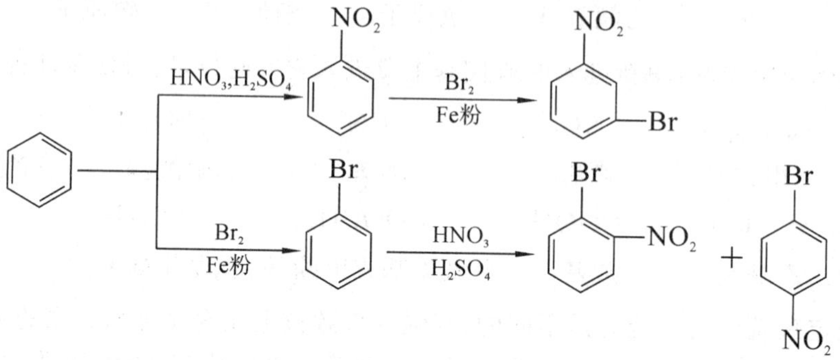

$$\text{苯} \xrightarrow{HNO_3,H_2SO_4} \text{硝基苯} \xrightarrow[\text{Fe粉}]{Br_2} \text{间硝基溴苯}$$

$$\text{苯} \xrightarrow[\text{Fe粉}]{Br_2} \text{溴苯} \xrightarrow{HNO_3 \atop H_2SO_4} \text{邻溴硝基苯} + \text{对溴硝基苯}$$

（Ⅱ）由甲苯合成间硝基苯甲酸。根据定位规则得出合成路线为由甲苯先氧化再硝化,否则得到邻硝基苯甲酸和对硝基苯甲酸。分析过程示意如下：

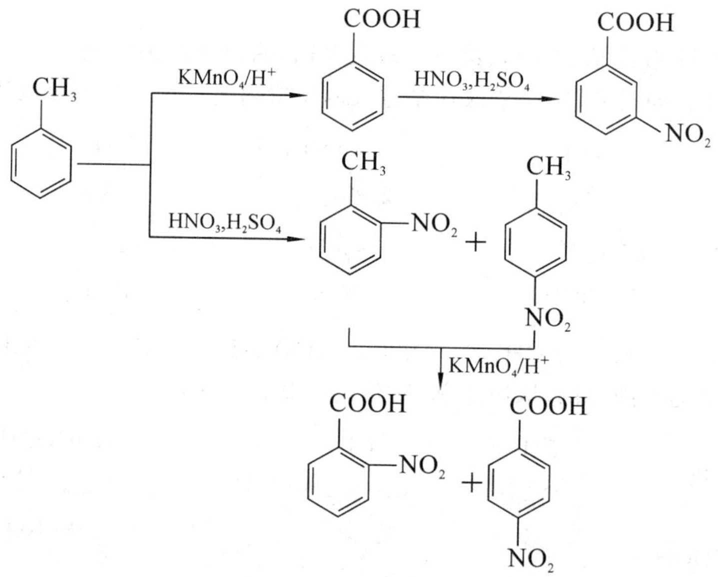

$$\text{甲苯} \xrightarrow{KMnO_4/H^+} \text{苯甲酸} \xrightarrow{HNO_3,H_2SO_4} \text{间硝基苯甲酸}$$

$$\text{甲苯} \xrightarrow{HNO_3,H_2SO_4} \text{邻硝基甲苯} + \text{对硝基甲苯} \xrightarrow{KMnO_4/H^+} \text{邻硝基苯甲酸} + \text{对硝基苯甲酸}$$

苯、甲苯、二甲苯等是化学工业的重要基本原料,可用来制备染料、塑料、医药用品、农药、炸药、合成纤维、合成橡胶、合成洗涤剂等。尤其是苯,用途广泛,用量也非常大。过去工业上从焦炉气、煤焦油中提取、分馏得到单环芳香烃,随着石油化工的飞速发展,目前以石油为主要来源。

*4. 苯环上取代反应定位规则的解释

由于苯环上的取代反应是亲电取代,所以当苯环上连有烷基、氨基等供电子基时,能使苯环上电子云密度增加,更有利于亲电试剂进攻,反应容易进行。供电子基对 π 电子云的极化作用,使苯环上出现极性交替现象:供电子基的邻位和对位上带有部分负电荷,电子云密度较大;而其间位上则带有部分正电荷,电子云密度较小。因此再取代时,反应主要发生在供电子基的邻位和对位。以甲苯为例表示如下：

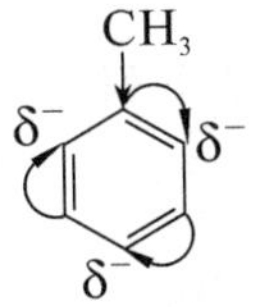

当苯环上连有硝基、羧基等吸电子基时,能使苯环上电子云密度降低,不利于亲电试剂的进攻,反应较难进行。同样由于出现极性交替现象,吸电子基的邻位和对位带有部分正电荷,电子云密度较低;而间位则带有部分负电荷,相对来说电子云密度较高。因此再取代时,反应主要发生在间位。以硝基苯为例表示如下:

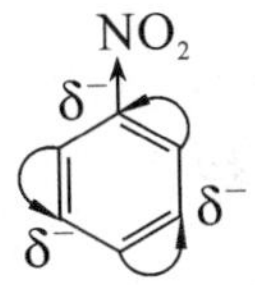

第三节 芳香烃的来源

一、煤的干馏

煤在炼焦炉中隔绝空气加热到 1000~1300 ℃,分解为焦炉气、煤焦油和焦炭的过程,称为煤的干馏。将焦炉气经重油吸收后进行蒸馏,得到苯、甲苯、二甲苯等。煤焦油是黑色黏稠状的油状物,其中含有许多芳香烃,如苯、甲苯、二甲苯、异丙苯、联苯等。煤焦油所含芳香烃如表3-3-2 所示。煤焦油的分离主要采取分馏法。

表 3-3-2 煤焦油的分馏产品

馏分	沸点范围/℃	含量/(%)	主要成分	馏分	沸点范围/℃	含量/(%)	主要成分
轻油	<180	1~2	苯、甲苯、二甲苯	蒽油	270~360	15~20	蒽、菲
中油	180~230	10~12	萘、苯酚、甲苯酚、吡啶	沥青	>360	40~50	沥青、游离碳
重油	230~270	10~15	萘、甲苯酚、喹啉				

二、石油的芳构化

随着有机化学工业的发展,从煤焦油中分离出的芳香烃数量已不能满足工业需要,从而发展了以石油中的烷烃和环烷烃为原料转变为芳香烃的方法,这种转变过程称为石油的芳构化。

通过石油制取芳香烃的原料是直馏汽油,主要成分是烷烃和环烷烃。在一定的温度和压力下,以铂为催化剂,使烷烃和环烷烃的分子结构发生环化和异构化反应而转化为芳香烃,称为铂重整。其结果使芳香烃的含量从 2% 增加到 25%~60%。铂重整还可用于生产高辛烷值汽油。

芳香烃的重整过程是复杂的,主要包括下列化学反应。

(1) 环烷烃脱氢生成芳香烃。

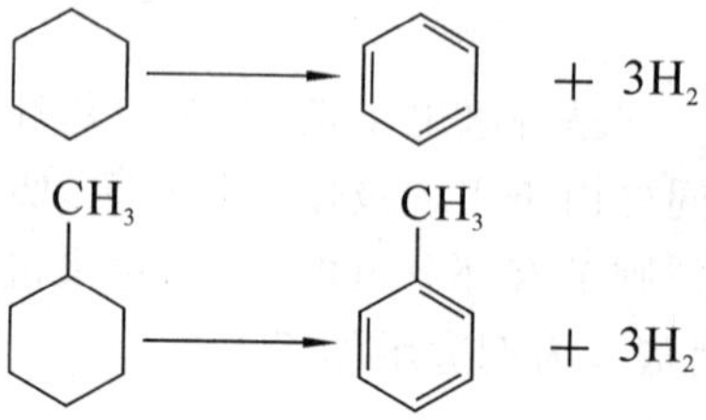

甲基环己烷

(2) 环烷烃的异构化及脱氢生成芳香烃。

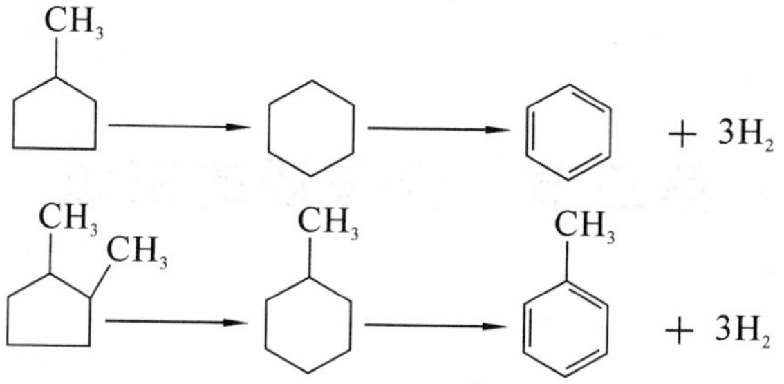

(3) 烷烃的芳构化。

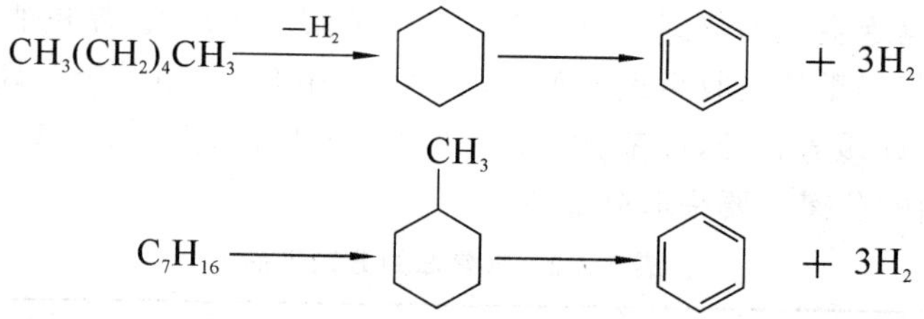

从以上反应可以看出,直链烷烃、环烷烃和芳香烃之间在一定的条件下可以互相转化。

石油馏分在重整过程中,不仅发生芳构化反应,得到苯、甲苯、二甲苯等,还有烷烃的裂解和不饱和烃的加氢等,所得到的产物是芳香烃和非芳香烃的混合物,称为重整汽油,其中主要含有苯、甲苯和二甲苯等。

* 第四节 重要芳香烃——苯、甲苯、二甲苯的应用

随着石油化工的发展,芳香烃中苯、甲苯、二甲苯、萘的需要量显著增多,与乙烯、丙烯、丁烯和乙炔一起,已成为重要的有机原料,称为石油化学工业的八大原料,简称"三烯、三苯、一炔、一萘"。现将苯、甲苯、二甲苯的主要用途列于图 3-3-3 至图 3-3-5。

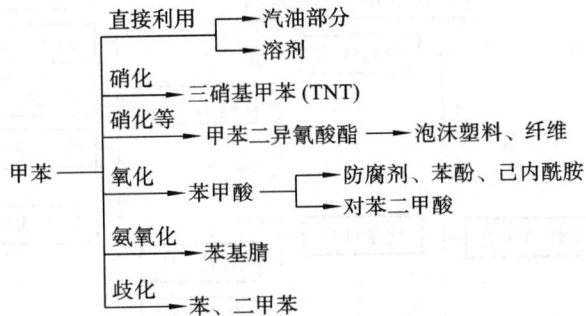

图 3-3-3　苯的主要用途

图 3-3-4　甲苯的主要用途

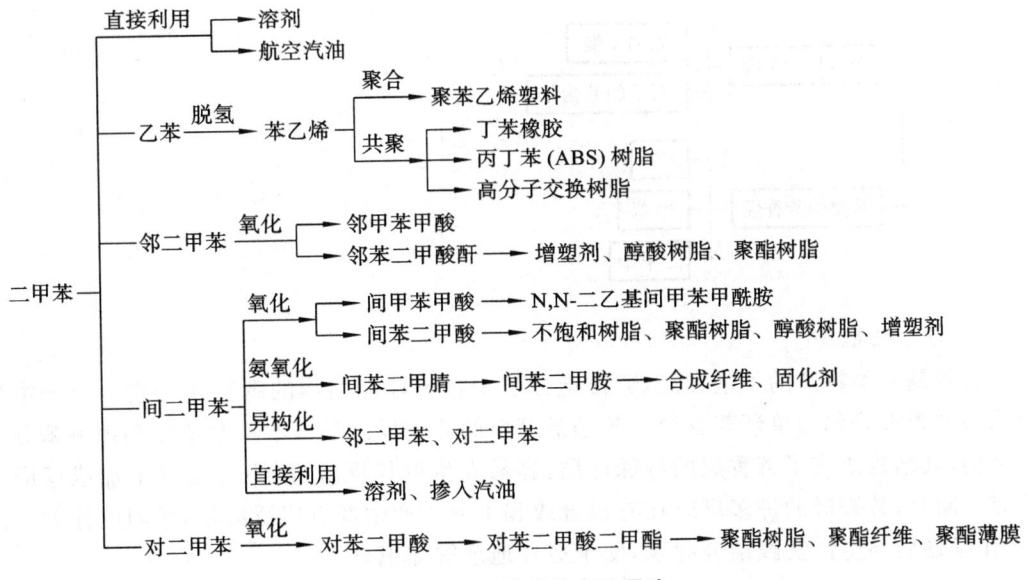

图 3-3-5　二甲苯的主要用途

 **本章小结**

1. 知识思维导图

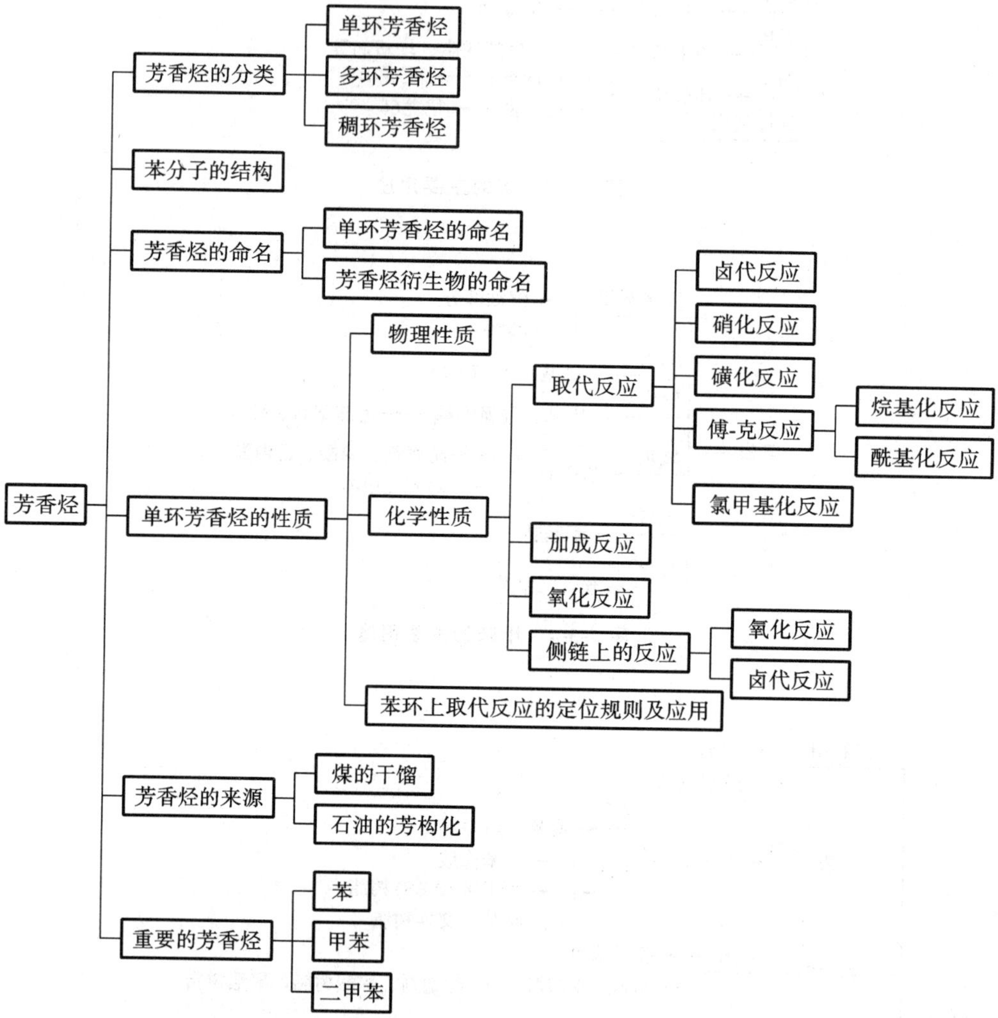

```
                           ┌─ 单环芳香烃
            芳香烃的分类 ────┼─ 多环芳香烃
                           └─ 稠环芳香烃

            苯分子的结构

                           ┌─ 单环芳香烃的命名
            芳香烃的命名 ────┤
                           └─ 芳香烃衍生物的命名
                                                              ┌─ 卤代反应
                           ┌─ 物理性质                        ├─ 硝化反应
                           │                      ┌─ 取代反应 ─┼─ 磺化反应
                           │                      │            ├─ 傅-克反应 ─┬─ 烷基化反应
                           │                      │            │             └─ 酰基化反应
 芳香烃 ── 单环芳香烃的性质 ──┤                      │            └─ 氯甲基化反应
                           │          ┌─ 化学性质 ─┼─ 加成反应
                           │          │            ├─ 氧化反应
                           └─ 化学性质 ┤            └─ 侧链上的反应 ─┬─ 氧化反应
                                                                    └─ 卤代反应
                              苯环上取代反应的定位规则及应用

                           ┌─ 煤的干馏
            芳香烃的来源 ────┤
                           └─ 石油的芳构化

                           ┌─ 苯
            重要的芳香烃 ────┼─ 甲苯
                           └─ 二甲苯
```

2. 学习方法概要

　　芳香烃是一类特殊的不饱和烃,通常指分子中含有苯环结构的碳氢化合物。分子中只有一个苯环的芳香烃称为单环芳香烃。苯是最简单的芳香烃。学习本章时要深刻理解苯分子的特殊结构,其结构决定了芳香烃的特殊性质:容易发生取代反应,而不容易发生加成反应和氧化反应。同时,芳香烃的许多反应在有机合成和工业生产中都有广泛应用,学习时注意关注实例,将化学性质与生产实践结合起来,便于更好地理解知识点。

目标检测

一、填空题

1. 命名下列化合物。

(1)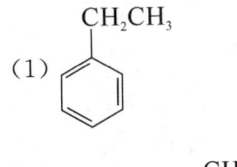

(2) 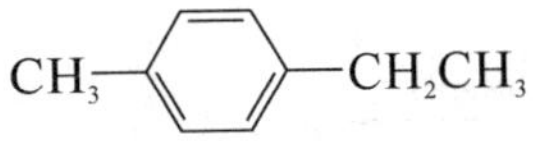 CH₃—〈苯〉—CH₂CH₃

(3) 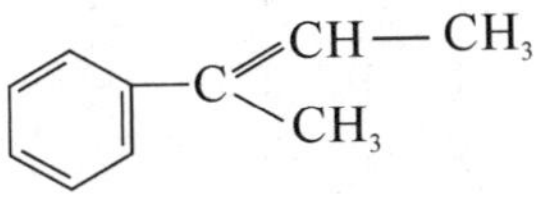 〈苯〉—CH=C(CH₃)CH₃ 带 CH₃

(4) 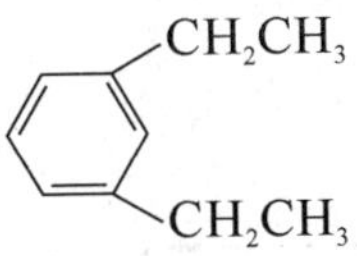 〈苯〉带 CH₂CH₃ 和 CH₂CH₃

2. 把下列化合物的结构式填在横线上面。

(1) 3-丙基邻二甲苯 _____

(2) 连三甲苯 _____

(3) 二苯甲烷 _____

(4) 3-苯基己烷 _____

(5) 氯化苄 _____

(6) 苯乙烯 _____

(7) 对硝基氯苯 _____

(8) 2,4-二甲基苯乙炔 _____

(9) 2-氯苯乙烯 _____

3. 硝基是 _____ 定位基。烷氧基是 _____ 定位基。

4. 标记出下列化合物进行一元硝化时硝基进入苯环的位置。

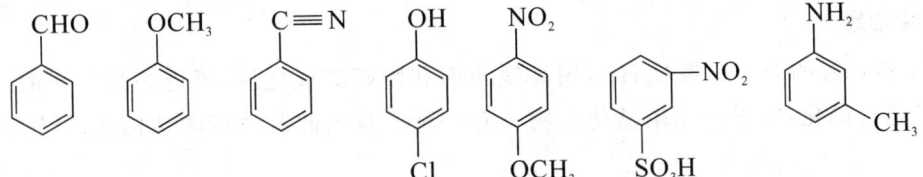

5. 完成下列反应式。

(1)  甲苯 $\xrightarrow{HNO_3+H_2SO_4}$ （　　　　　　　　　　）

(2) 苯 $+ CH_3CH_2—Br \xrightarrow{AlCl_3}$ （　　　　　　　　　　）

(3) 甲苯 $\xrightarrow{Cl_2,光照}$ （　　　　　） $\xrightarrow[AlCl_3]{苯}$ （　　　　）

(4) 苯—C₂H₅ $+ 3H_2 \xrightarrow{Pd}$ （　　　　　　　　　　）

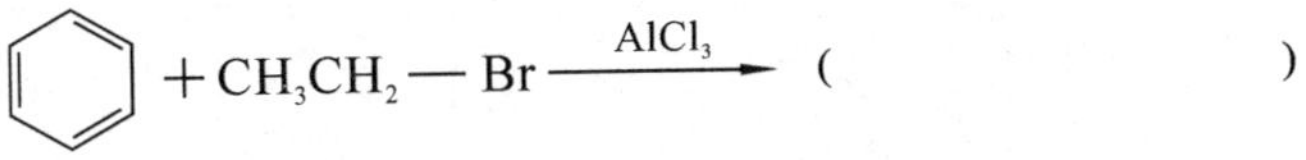

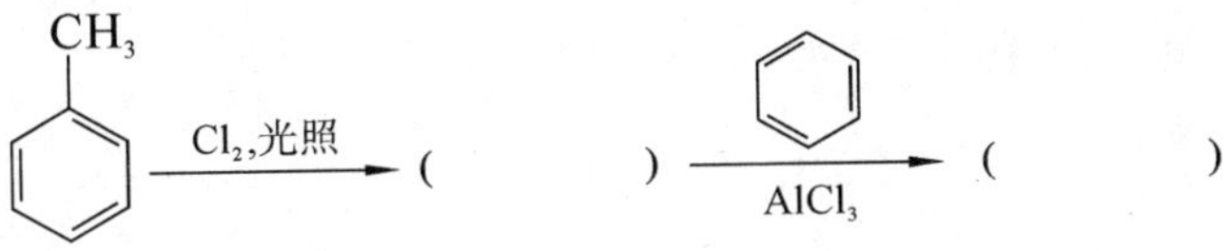

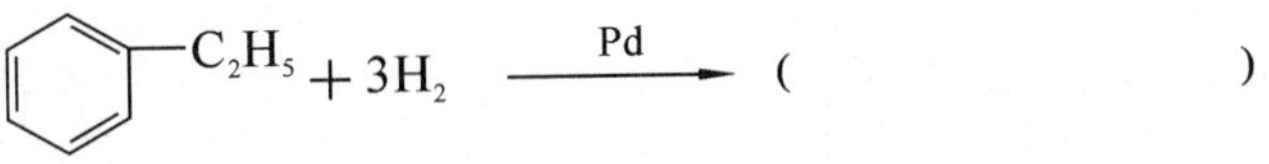

(5)

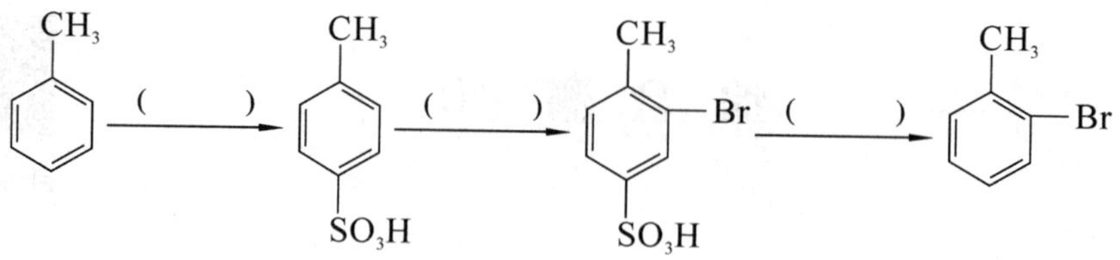

(6)

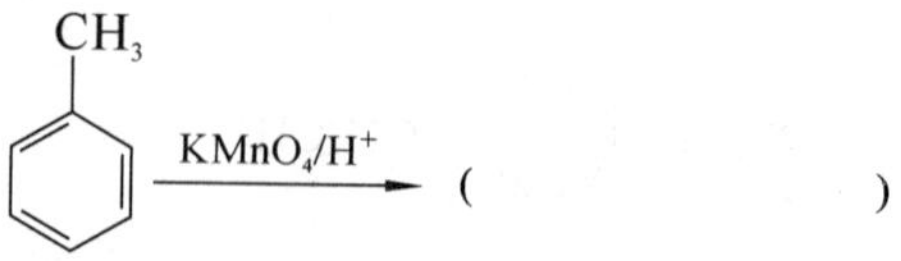

(7)

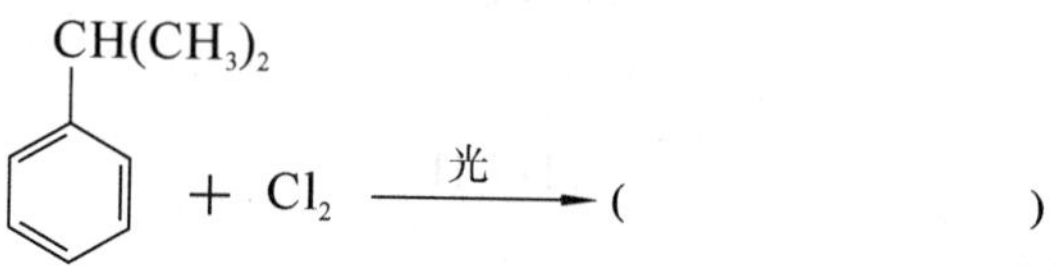

(8)

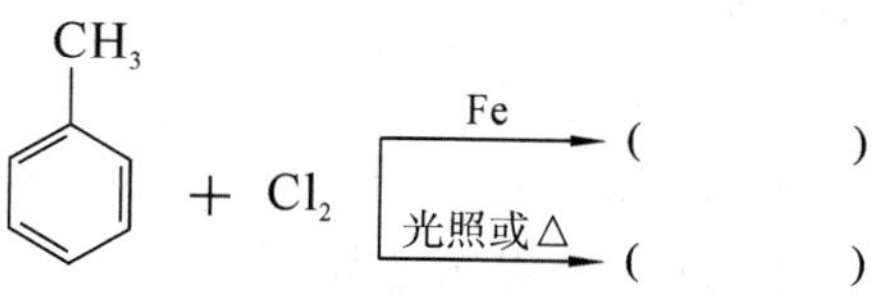

二、问答题

1. 什么是芳香性？

2. 如何用简单的化学方法区别乙苯、苯乙烯和苯乙炔？

三、综合题

1. 某芳香烃的分子式为 C_8H_{10}，用高锰酸钾和浓硫酸氧化后，可得一种二元酸。将原来的芳香烃进行硝化，所得一元硝基化合物只有一种。写出此芳香烃的结构式，并写出有关反应式。

2. 以甲苯及其他必要的试剂合成下列物质。

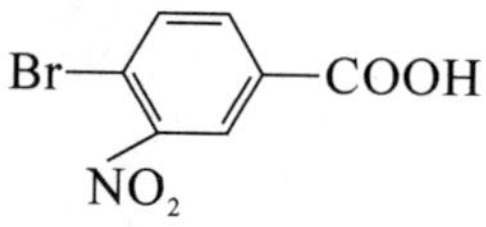

第四章

卤 代 烃

 **学习目标**

1. 了解卤代烃的结构特点——知道碳卤键是极性较强的共价键($\overset{\delta^+}{C}$—$\overset{\delta^-}{X}$)；
2. 能用习惯命名法和系统命名法进行卤代烃的命名；
3. 熟悉卤代烃的物理性质及其递变规律；
4. 掌握卤代烃的取代反应和消除反应发生的条件和主要产物，并会书写反应式；
5. 掌握札依采夫规则，并学会应用规则推断消除反应的主要产物；
6. 会鉴别伯、仲、叔卤代烃；
7. 初步具备分析卤代烃在有机合成和生产生活中的应用的能力。

卤代烃是烃分子中的氢原子被卤原子取代后生成的产物，常用通式 R—X 表示，其中卤原子(F、Cl、Br、I)是卤代烃的官能团。卤代烃中以氯代烃和溴代烃较常见。烃分子中引入卤原子后，相对分子质量增大很多，所以卤代烃的熔点、沸点和密度比对应的烃要高；由于卤原子的电负性比碳原子大，碳卤键成为极性较强的共价键($\overset{\delta^+}{C}$—$\overset{\delta^-}{X}$)，容易断裂而发生取代反应和消除反应。

一、卤代烃的分类

根据烃基结构的不同，卤代烃可分为卤代脂肪烃(包括卤代烷烃、卤代烯烃、卤代炔烃等)、卤代脂环烃、卤代芳香等。根据卤代烃分子中所含卤原子数目不同，卤代烃可分为一元卤代烃、多元卤代烃。一元卤代烷根据分子中与卤原子直接相连的碳原子的不同类型分为：①伯卤代烷，亦称一级卤代烷(1°卤代烷)，通式为 R—CH_2—X；②仲卤代烷，亦称二级卤代烷(2°卤代烷)，通式为 R_2CH—X；③叔卤代烷，亦称三级卤代烷(3°卤代烷)，通式为 R_3C—X。

二、卤代烃的命名

1. 习惯命名法

结构比较简单的卤代烃,可以根据与卤原子及相连的烃基名称来命名,称某烃基卤。例如:

$$CH_3Cl \qquad CH_3-CH-CH_3 \qquad CH_3-CH-CH_2-CH_3$$
$$\qquad\qquad\qquad\ \ |\qquad\qquad\qquad\qquad\quad |$$
$$\qquad\qquad\qquad\ \ Cl\qquad\qquad\qquad\qquad\quad Cl$$

甲基氯　　　　　异丙基氯　　　　　　　仲丁基氯

$$\qquad\qquad CH_3$$
$$\qquad\qquad\ |$$
$$CH_3-CH-CH_2-Br \qquad CH_3-CH=CH-Br \qquad \text{⬡}-CH_2-Br$$

异丁基溴　　　　　　　丙烯基溴　　　　　　苄基溴

2. 系统命名法

(1) 卤代烷烃的系统命名法　选择连有卤原子的最长碳链作为主链,根据主链中碳原子的数目称为某烷;支链和卤原子作为取代基;命名原则与脂肪烃相同。例如:

$$\qquad\qquad\qquad\qquad Cl$$
$$\qquad\qquad\qquad\qquad\ |$$
$$CH_3-CH_2-CH-CH_2-C-CH_2-CH_3 \qquad\qquad CH_3CH_2CHCH_2CHCH_2CH_3$$
$$\qquad\qquad\ |\qquad\qquad\ |\qquad\qquad\qquad\qquad\qquad\ |\qquad\quad |$$
$$\qquad\qquad\ CH_3\qquad\ CH_3\qquad\qquad\qquad\qquad\ CH_3\quad Cl$$

3,5-二甲基-3-氯庚烷　　　　　　　　　3-甲基-5-氯庚烷

$$\qquad\qquad CH_3$$
$$\qquad\qquad\ |$$
$$CH_2-C-CH_2-CH_2-CH_2-Cl \qquad\qquad CH_2CH_2CHCH_2CH_2CH_3$$
$$\ |\qquad\ |\qquad\qquad\qquad\qquad\qquad\qquad\quad |\qquad\ |$$
$$\ Cl\quad CH_3\qquad\qquad\qquad\qquad\qquad\qquad Br\quad C_2H_5$$

2,2-二甲基-1,5-二氯戊烷　　　　　　　3-乙基-1-溴己烷

$$\qquad\qquad\qquad CH_3\qquad\qquad\ F$$
$$\qquad\qquad\qquad\ |\qquad\qquad\quad |$$
$$CH_3CHCH_2CHCHCH_2CHCH_3$$
$$\qquad\ |\qquad\qquad\ |$$
$$\qquad\ Cl\qquad\qquad Br$$

5-甲基-2-氟-7-氯-4-溴辛烷

(2) 卤代烯烃和卤代炔烃的命名　选择含有不饱和键和卤原子在内的最长碳链为主链,卤原子为取代基,按烯烃的命名原则来命名。例如:

$$CH_2-CH=CH_2 \qquad CH\equiv CCH_2CHCHCH_3 \qquad ClCH_2-HC=C-CH-CH=CH_2$$
$$\ |\qquad\qquad\qquad\qquad\qquad\qquad\ |\qquad\qquad\qquad\qquad\qquad\quad |\quad\ |$$
$$\ Br\qquad\qquad\qquad\qquad\qquad\qquad Cl\qquad\qquad\qquad\qquad\qquad Br\ CH_3$$

3-溴-1-丙烯　　　　　4-甲基-5-氯-1-己炔　　　　3-甲基-6-氯-4-溴-1,4-己二烯

(中间结构上方有 CH_3)

(3) 卤代芳烃的命名

①卤原子连在芳环上的卤代芳烃以芳烃(芳香烃)为母体,卤原子为取代基命名。例如:

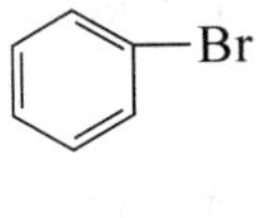

溴苯 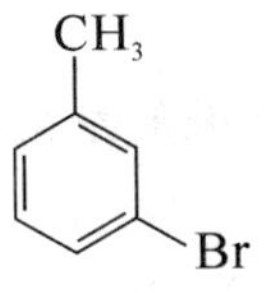　　　　间溴甲苯（3-溴甲苯） 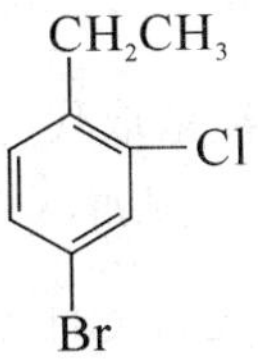　　　2-氯-4-溴乙苯

②卤原子连在侧链上，则以脂肪烃为母体，芳基和卤原子为取代基命名。例如：

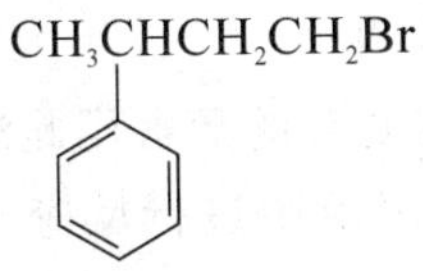

$CH_3CHCH_2CH_2Br$　　$CH_3CH_2CHCH_2CHCHCH_3$　　CH_2Cl

3-苯基-1-溴丁烷 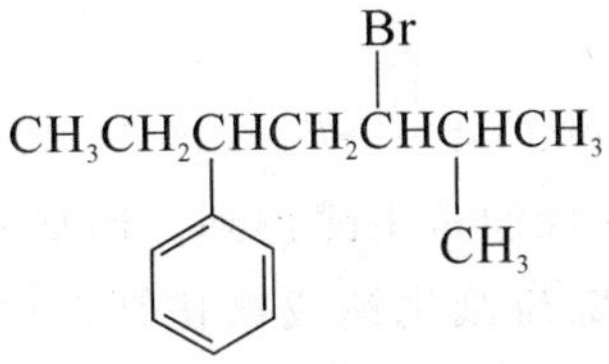　　2-甲基-5-苯基-3-溴庚烷 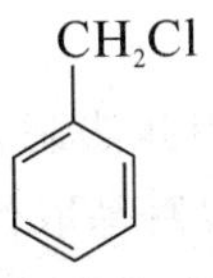　　苯（基）氯甲烷或苄基氯

三、卤代烷烃的物理性质

常温常压下只有少数低级卤代烷烃是气体，如氯甲烷、氯乙烷、溴甲烷等。一般的卤代烷烃为液体，15 个碳原子以上的卤代烷烃是固体。纯净的卤代烷烃为无色。碘代烷烃因易分解产生游离碘，所以久置后逐渐变成红棕色。一卤代烷有令人不愉快的气味，其蒸气有毒，尤其是含氯或碘的化合物可通过皮肤吸收，使用时要注意安全。

卤代烷烃的沸点随着分子中碳原子数的增加而升高。具有相同碳原子数的卤代烷烃中，碘代烷烃、溴代烷烃、氯代烷烃的沸点依次降低。在卤代烷烃异构体中，支链越多，沸点越低。

一氯代烷的相对密度小于 1，一溴代烷和一碘代烷的相对密度大于 1；在同系列中，卤代烷烃的相对密度随分子中碳原子数的增加而下降。卤代烷烃不溶于水而易溶于醇、醚、烃等有机溶剂。表 3-4-1 列出了常见卤代烷烃的物理常数。

表 3-4-1　常见卤代烷烃的物理常数

名称	沸点/℃	相对密度 d_4^{20}	名称	沸点/℃	相对密度 d_4^{20}
氯甲烷	−24	0.920	碘乙烷	72.3	1.933
氯乙烷	12.2	0.910	1-碘丙烷	102.4	1.747
1-氯丙烷	46.6	0.892	二氯甲烷	40	1.336
溴甲烷	3.5	1.732	三氯甲烷	61.2	1.489
溴乙烷	38.4	1.430	四氯化碳	76.8	1.595
1-溴丙烷	71.0	1.351	1,2-二氯乙烷	83.5	1.257
碘甲烷	42.5	2.279	1,2-二溴乙烷	131	2.170

四、卤代烷烃的化学性质

在卤代烷烃分子中，卤原子是它的官能团，其电负性比碳原子大，强极性的碳卤键决定了卤代烷烃可与多种试剂发生化学反应。

1. 取代反应

(1) 卤原子被羟基取代　卤代烷烃与强碱的水溶液共热,卤原子被羟基取代,生成醇,此反应也称水解反应。例如:

$$CH_3CH_2CH_2CH_2Cl + H_2O \xrightarrow{NaOH} CH_3CH_2CH_2CH_2OH + HCl$$

卤代烷烃的水解反应是可逆反应,且进行得很慢。为了加速反应和使反应进行完全,通常在稀的氢氧化钠或氢氧化钾水溶液进行。例如,工业上利用一氯戊烷的碱性水解来制备混合戊醇,作为工业用溶剂。

$$C_5H_{11}Cl + NaOH \xrightarrow{H_2O} C_5H_{11}OH + NaCl$$

一般的醇不用此法制备,因为卤代烃通常由醇得到。但某些复杂的醇常用此法制备。

(2) 卤原子被氰基取代　伯卤代烷与氰化钠或氰化钾在醇溶液中进行反应,卤原子被氰基取代生成腈。例如:

$$CH_3CH_2CH_2CH_2Br + NaCN \longrightarrow CH_3CH_2CH_2CH_2CN + NaBr$$

$$Br(CH_2)_3Br + 2NaCN \xrightarrow[\triangle]{水} NC(CH_2)_3CN + 2NaBr$$
$$\text{1,5-戊二腈}$$

此反应主要适用于伯卤代烷。伯卤代烷转变为腈后,分子中增加了一个碳原子,这是有机合成中增长碳链的方法之一。

(3) 卤原子被氨基取代　伯卤代烷与过量的氨反应生成伯胺,卤原子被氨基取代。此反应称为氨解。例如:

$$CH_3CH_2CH_2CH_2Br + 2NH_3(过量) \longrightarrow CH_3CH_2CH_2CH_2NH_2 + NH_4Br$$

$$ClCH_2CH_2Cl + 4NH_3 \xrightarrow[115\sim120\ ℃,5\ h]{封闭容器} H_2NCH_2CH_2NH_2 + 2NH_4Cl$$
$$\text{乙二胺}$$

所用卤代烷烃通常是指伯卤代烷。卤代烷烃与氨进行反应时,氨要过量,以减少生成的胺进一步与卤代烷烃反应:

$$RX + RNH_2 \longrightarrow R_2NH + HX$$

(4) 卤原子被烷氧基取代　伯卤代烷与醇钠在相应的醇中反应,卤原子被烷氧基取代生成醚。此反应称为醇解。例如:

$$CH_3CH_2CH_2CH_2{-}Br + CH_3CH_2ONa \longrightarrow CH_3CH_2CH_2CH_2{-}O{-}CH_2CH_3 + NaBr$$
$$\text{乙(基)正丁(基)醚}$$

此反应是制备醚的一种常用方法,称为威廉穆森(Williamson)合成法。反应中所用卤代烷烃通常是指伯卤代烷。

(5) 与硝酸银的反应　卤代烷烃与硝酸银的醇溶液共热时生成硝酸酯和卤化银沉淀。

$$RX + AgNO_3 \longrightarrow R{-}ONO_2 + AgX \downarrow$$

不同结构的卤代烷烃与硝酸银醇溶液作用,显示出不同的活性。烃基相同时,反应速率:$RI > RBr > RCl$;卤原子相同时,反应速率:叔卤代烷 > 仲卤代烷 > 伯卤代烷。如在室温下叔氯代烷立刻产生氯化银沉淀,仲氯代烷反应片刻后出现沉淀,而伯氯代烷在室温下一般不产生沉淀,加热后才有沉淀生成。该反应常用于定性分析,鉴别不同类型的卤代烷烃。

2.消除反应

卤代烷烃与强碱（KOH 或 NaOH）的醇溶液共热，分子中 β-碳原子上的氢原子和卤原子脱去一分子卤化氢而生成烯烃。这种从分子中脱去简单分子（如水、卤化氢、氨），生成不饱和烃的反应称为消除反应。例如：

$$CH_3CH_2CH_2CH_2-Br+KOH \longrightarrow CH_3CH_2CH=CH_2+KBr+H_2O$$

若仲卤代烷、叔卤代烷与强碱的醇溶液共热，如两个 β-碳原子上都有氢原子，反应就有两种产物：

$$CH_3-\underset{H}{CH}-\underset{Br}{CH}-\underset{H}{CH_2} \xrightarrow{\text{浓 KOH 的乙醇溶液}} \underset{19\%}{CH_3CH_2CH=CH_2} + \underset{81\%}{CH_3CH=CHCH_3}$$

$$CH_3CH_2-\underset{\underset{Br}{|}}{\overset{\overset{CH_3}{|}}{C}}-CH_3 \xrightarrow{\text{浓 KOH 的乙醇溶液}} \underset{29\%}{CH_3CH_2\overset{\overset{CH_3}{|}}{C}=CH_2} + \underset{71\%}{CH_3CH=\overset{\overset{CH_3}{|}}{C}CH_3}$$

从大量的实验事实中概括出的经验规律：仲卤代烷、叔卤代烷在脱去卤化氢时，含氢原子较少的 β-碳原子上的氢原子与卤原子脱去，生成双键上带烃基较多的烯烃，这个规则也叫札依采夫（Saytzeff）规则。

3. 格氏试剂的生成

在室温下，卤代烷烃在干醚（不含乙醇和水的乙醚称为无水乙醚，简称干醚）中与金属镁作用，生成有机镁化合物，称为格利雅（Grignard）试剂，简称格氏试剂。一般用 RMgX（烷基卤化镁）表示。

格利雅与
格氏试剂

$$RX+Mg \xrightarrow{\text{干醚}} R-Mg-X$$

与镁反应时，卤代烷烃的活性顺序：RI＞RBr＞RCl。其中碘代烷烃太贵，而氯代烷烃的活性较小，实验中一般用溴代烷烃来制备格氏试剂。

格氏试剂溶解于乙醚中。应用时不需要把它从乙醚溶液中分离出来，而是直接使用其醚溶液。

格氏试剂与水、醇等多种含活泼氢的试剂作用，生成相应的烷烃。

$$RMgX \begin{cases} \xrightarrow{HOH} R-H+Mg\diagdown_{X}^{OH} \\ \xrightarrow{R'OH} R-H+Mg\diagdown_{X}^{OR'} \\ \xrightarrow{HX} R-H+MgX_2 \\ \xrightarrow{HC\equiv CR'} R-H+Mg\diagdown_{X}^{C\equiv CR'} \\ \xrightarrow{HNH_2} R-H+Mg\diagdown_{X}^{NH_2} \end{cases}$$

因此，制备格氏试剂所用乙醚必须无水、无乙醇。在空气中，格氏试剂能慢慢吸收氧气而变质：

$$RMgX \xrightarrow{O_2} ROMgX \xrightarrow{H^+/H_2O} ROH$$

格氏试剂还能与多种化合物进行反应,在有机合成中具有较广泛的用途。这将在以后的学习任务中介绍。

4. 卤代烷烃的制备

(1)烷烃直接卤化　在光或热的作用下,烷烃与卤素单质发生卤化反应生成卤代烷烃,如甲烷的氯代。此反应只适用于制备少数卤代烷烃。

(2)由醇制备　醇与氢卤酸或氯化氢反应,生成一卤代烷,这是工业上和实验室中制备一卤代烷广泛采用的方法。例如:

$$CH_3CH_2CH_2CH_2CH_2OH + HCl \xrightarrow[\text{回流,4 h}]{\text{浓 } H_2SO_4 \text{, } ZnCl_2} CH_3CH_2CH_2CH_2CH_2Cl + H_2O$$

$$(CH_3)_2CHOH + HBr \xrightarrow[\text{回流,4 h}]{\text{浓 } H_2SO_4} (CH_3)_2CHBr + H_2O$$

上式中氢卤酸可用卤化钠与浓硫酸代替。

(3)由烯烃制备　烯烃与卤化氢发生加成反应生成一卤代烷,工业上利用此反应生产氯乙烷等个别卤代烷烃。另外,烯烃与卤素单质作用是工业上和实验室制备连二卤代物的常用方法。例如:

$$CH_2=CH_2 + Cl_2 \xrightarrow[-40\ ℃]{FeCl_3} \underset{\underset{Cl}{|}}{CH_2} - \underset{\underset{Cl}{|}}{CH_2}$$

*5. 卤代烷烃亲核取代反应历程

在卤代烷烃的取代反应中,卤原子被负离子如 OH^-、CN^-、RO^- 或具有未共用电子对的基团所取代。这些离子或基团都具有较大的电子云密度,总是首先进攻卤代烷烃中带有部分正电荷的 α-碳,具有亲核性。因此把产生这些负离子或基团的分子如 $NaOH$、$NaOR$、NH_3 等称为亲核试剂。由亲核试剂进攻而引起的取代反应称为亲核取代反应,以 S_N 表示。亲核取代反应历程有两种。

(1)单分子亲核取代反应(S_N1)历程　以叔丁基溴与 $NaOH$ 水溶液作用为例说明。

实验证明,叔丁基溴与 $NaOH$ 水溶液作用时,其水解反应速率只与叔丁基溴的浓度有关,与亲核试剂 OH^- 的浓度无关。即

$$CH_3 - \underset{\underset{CH_3}{|}}{\overset{\overset{CH_3}{|}}{C}} - Br + OH^- \longrightarrow CH_3 - \underset{\underset{CH_3}{|}}{\overset{\overset{CH_3}{|}}{C}} - OH + Br^-$$

$$v = kc((CH_3)_3CBr)$$

式中:v 表示反应速率;k 表示反应速率常数。

此反应的历程为分步进行。

第一步:$(CH_3)_3C-Br \longrightarrow (CH_3)_3C^+ + Br^-$　　　　　　　慢

第二步:$(CH_3)_3C^+ + OH^- \longrightarrow (CH_3)_3C-OH$　　　　　　快

上述反应历程的第一步比较慢,是叔丁基溴水解的定速步骤,第二步反应非常快,因此反应速率只与叔丁基溴的浓度有关,与亲核试剂 OH^- 的浓度无关。把反应速率只与一种物质浓度有关的反应称为单分子亲核取代反应,常简写为 S_N1。

卤代烷烃的 α-碳上连的烃基越多,形成的碳正离子的电荷越容易有效分散,生成的碳正离子越稳定,反应越易进行。所以不同结构的卤代烃发生 S_N1 反应时,活泼顺序:叔卤代烷＞

仲卤代烷＞伯卤代烷。

（2）双分子亲核取代反应（S_N2）历程　以溴甲烷与氢氧化钠水溶液的反应为例说明。

实验表明，溴甲烷与氢氧化钠水溶液反应时，其反应速率方程式如下：

$$CH_3—Br + OH^- \longrightarrow CH_3—OH + Br^-$$
$$v = kc(CH_3Br)c(OH^-)$$

反应速率与溴甲烷浓度和 OH^- 浓度都有关，这类反应称为双分子亲核取代反应，用 S_N2 表示。

在反应中，OH^- 从溴原子背面沿着 C—Br 键轴线进攻带有部分正电荷的碳原子，碳氧键慢慢形成，碳溴键慢慢变弱。在某一时刻，碳氧键尚未完全形成，碳溴键也未完全断裂的状态称为"过渡态"。过渡态时，体系的能量最高，不稳定。但过渡态只是无数个状态中的一个，所以不能分离出来。随着反应的进行，碳氧键形成，碳溴键彻底断裂。

溴甲烷碱性水解反应历程表示如下：

$$HO^- + \underset{H}{\overset{H}{H}}{>}C—Br \longrightarrow HO\cdots\overset{\delta^-}{\underset{H}{\overset{H\ \ H}{C}}}\cdots\overset{\delta^-}{Br} \longrightarrow HO—C{<}\overset{H}{\underset{H}{H}} + Br^-$$

过渡态

S_N2 反应的特点：旧键的断裂和新键的形成同时进行，反应一步完成。反应速率与卤代烷烃、进攻试剂碱两种物质的浓度有关。从反应开始到反应结束，溴甲烷分子中三个氢原子从原来都指向左边而翻转为都指向右边，就像大风中被吹翻的雨伞一样，构型发生了翻转，也称为瓦尔登转化。α-碳上连的基团体积越小，反应越易进行。因此，不同结构的卤代烷烃发生 S_N2 反应的活性：卤代甲烷＞伯卤代烷＞仲卤代烷＞叔卤代烷。

卤代烷烃发生亲核取代反应时，S_N1 和 S_N2 同时进行，相互竞争。一般伯卤代烷主要按 S_N2 历程反应，叔卤代烷主要按 S_N1 历程反应，仲卤代烷 S_N1 和 S_N2 历程同时进行；极性溶剂有利于按 S_N1 历程进行反应，强亲核试剂有利于按 S_N2 历程反应。

五、卤代烯烃与卤代芳烃

1. 卤原子的位置对其活性的影响

根据分子中卤原子与不饱和键的相对位置可以把卤代烯烃、卤代芳烃分为以下三类。

（1）乙烯型和苯基型卤代烃　如卤代烃 $CH_2{=}CH—X$ 、〔苯环〕—X 中卤原子直接连在不饱和碳原子上，分别为乙烯型卤代烃和苯基型卤代烃。这类卤代烃分子中存在 p-π 共轭效应，这样就增强了这类分子中卤原子和相邻碳原子的结合能力，使得卤原子很难离去。所以一般条件下难以发生亲核取代反应。如在一般条件下，不与 $NaOH$、$NaOR$、$NaCN$、NH_3 反应，只有在强烈的条件下才能发生反应。例如：

$$〔苯环〕—Cl + 2NaOH \xrightarrow[350\sim370\ ℃,\ 20\ MPa]{Cu} 〔苯环〕—ONa + NaCl + H_2O$$

$$〔苯环〕—Cl + 2NH_3 \xrightarrow[200\ ℃]{Cu_2O} 〔苯环〕—NH_2 + NH_4Cl$$

另外,它们在干醚中也很难与金属镁反应生成格氏试剂,需在四氢呋喃或乙二醇二甲醚等溶剂中,在较强烈条件下才能生成格氏试剂。

$$\text{⟨⟩—Cl} + \text{Mg} \xrightarrow{\text{四氢呋喃}} \text{⟨⟩—MgCl}$$

$$CH_2{=}CH{-}Br + Mg \xrightarrow{\text{四氢呋喃}} CH_2{=}CH{-}MgBr$$

乙烯基卤和卤代苯与 $AgNO_3$ 的醇溶液难以发生反应。

(2)烯丙基型卤代烃和苄基型卤代烃 如卤代烃 $CH_2{=}CH{-}CH_2{-}X$、⟨⟩—$CH_2{-}X$ 中卤原子与不饱和碳原子之间相隔一个饱和碳原子,分别为烯丙基型卤代烃和苄基型卤代烃。这类卤代烃的特点是卤原子的活性较大。例如,烯丙基氯在进行亲核取代反应时比正丙基氯快79倍。

(3)隔离型卤代烃 卤原子与不饱和碳原子之间相隔两个或两个以上的饱和碳原子。例如:$CH_2{=}CH{-}CH_2{-}CH_2{-}X$ 和 ⟨⟩—$CH_2{-}CH_2{-}CH_2{-}X$。在这种卤代烃分子中,卤原子与双键相距较远,影响不显著,其活性与卤代烷烃相似。

2. 卤原子活性的比较

通过以上分析,卤原子的活性次序如下:

烯丙(苄)基型卤代烃＞隔离型卤代烃＞乙烯(苯)基型卤代烃

实验也可证明这一点。取适量的 3-氯-1-丙烯、4-氯-1-丁烯、氯苯分别溶于适量的乙醇溶剂中,各加入一定量的硝酸银的醇溶液,充分振荡,数十分钟后再加热,观察到的实验现象:3-氯-1-丙烯在室温下立即生成氯化银沉淀,4-氯-1-丁烯在室温下不生成沉淀,受热后有沉淀生成;氯苯即使加热也无沉淀生成。

3. 重要的卤代烯烃

(1)氯乙烯 氯乙烯为无色液体,有麻醉作用,沸点为 $-13\ ℃$。

①制法 乙炔与氯化氢在氯化汞存在下进行反应可得到氯乙烯。

$$HC{\equiv}CH + HCl \xrightarrow[150\sim160\ ℃]{HgCl_2} CH_2{=}CH{-}Cl$$

氯乙烯也可通过 1,2-二氯乙烷与 KOH 醇溶液作用脱掉氯化氢来制取。

$$\begin{matrix} CH_2{-}CH_2 \\ | \qquad | \\ Cl \qquad Cl \end{matrix} \xrightarrow{OH^-/\text{醇}} CH_2{=}CH{-}Cl + HCl$$

② 重要用途 氯乙烯在过氧化物存在下可聚合成高聚物,称为聚氯乙烯(polyvinyl chloride),简称 PVC。

$$nCH_2{=}CH{-}Cl \xrightarrow{\text{过氧化物}} \begin{matrix} {\leftarrow}CH_2{-}CH{\rightarrow}_n \\ | \\ Cl \end{matrix}$$

氯乙烯也可和其他不饱和化合物共聚,生成高聚物。这些高聚物在工业上及日常生活中具有广泛的用途。

(2)3-氯-1-丙烯(烯丙基氯)

①制法 丙烯在高温下与氯作用进行 α-氢的取代反应,是工业上制取 3-氯-1-丙烯的主要

方法。

$$CH_2{=}CH{-}CH_3 \ + \ Cl_2 \ \xrightarrow{500\ ℃} \ CH_2{=}CH{-}CH_2{-}Cl \ + \ HCl$$

② 重要用途 3-氯-1-丙烯的沸点是 45 ℃,由于它具有两个官能团,而且氯原子又容易被取代,所以它在有机合成上应用很广泛。在工业上,它是合成烯丙醇、甘油和环氧氯丙烷等化工中间体的主要原料。

六、卤代烃的应用领域

(1) 灭火剂与冷冻剂:如四氯化碳可作为灭火剂,氟利昂可作为冷冻剂。
(2) 曾用的麻醉剂与杀虫剂:如氯仿曾用作麻醉剂,六氯环己烷曾用作杀虫剂(现已禁用)。
(3) 高分子工业原料:如氯乙烯、四氟乙烯等用于生产高分子材料。
(4) 溶剂与萃取剂:卤代烃因其良好的溶解性,常用作溶剂和萃取剂。
(5) 医药与农药中间体:卤代烃是合成某些医药用品和农药的重要中间体。
(6) 染料与颜料:卤代烃在染料和颜料的合成中发挥着重要作用。

 本章小结

1. 知识思维导图

卤代烃	卤代烃的定义	卤代烃是指烃分子中的氢原子被卤原子取代后生成的化合物

卤代烃的命名与分类
- 命名
  - 习惯命名法:结构比较简单的卤代烃,称某烃基卤
  - 系统命名法:与脂肪烃命名规则类似
- 分类:根据不同分类方法进行分类
  - 根据烃基结构的不同划分:卤代脂肪烃、卤代脂环烃、卤代芳香烃等
  - 根据卤代烃分子中所含卤原子数目划分:一元卤代烃、多元卤代烃
  - 一元卤代烷烃根据分子中与卤原子直接相连的碳原子的不同类型分为:伯卤代烷、仲卤代烷、叔卤代烷

卤代烷烃的物理性质——随碳原子的数目呈规律性变化

卤代烷烃的化学性质
- 取代反应
  - 卤原子被羟基取代成醇
  - 卤原子被氰基取代成腈
  - 卤原子被氨基取代成胺
  - 卤原子被烷氧基取代成醚
  - 卤代烷烃与硝酸银的醇溶液共热时生成硝酸酯和卤化银沉淀
- 消除反应
  - 卤代烷烃与强碱(KOH或NaOH)的醇溶液共热,生成不饱和烃,遵循札依采夫(Saytzeff)规则
- 与金属反应
  - 卤代烷烃在干醚中与金属镁作用,生成有机镁化合物,称为格氏试剂。一般用RMgX(烷基卤化镁)表示

2.学习方法概要

卤代烃是烃的衍生物,首先,需要明确卤代烃的定义,即烃分子中的氢原子被卤原子取代后生成的化合物。掌握卤代烃的官能团、表示方法以及通式。掌握卤代烃按烃基结构以及卤原子的数目进行的分类。卤代烃的命名与烃相似,将卤原子作为取代基进行命名。通过学习和练习,能够熟练地对卤代烃进行分类和命名。卤代烃的化学性质是学习的重点,主要包括取代反应(包括水解反应)和消除反应。通过理论学习,理解卤代烃在反应中化学键的断裂和形成过程,以及反应条件对反应类型的影响。同时,掌握卤代烃中卤原子的检验方法,包括水解反应和消除反应后的检验。通过联系实际应用,加深对卤代烃性质的理解和应用能力的培养。在学习过程中,多做相关练习题,巩固所学知识,以便及时调整学习策略和方法。通过不断练习和总结,提高学习效率和成绩,为后续的有机化学学习打下坚实的基础。

综 合 测 评

目标检测

一、填空题

1. 写出下列化合物的结构简式。

(1) 叔丁基溴_____

(2) 苄基氯_____

(3) 4-苯基-3-溴-1-丁烯_____

(4) 3-溴丙烯_____

(5) 烯丙基溴_____

(6) 对氯苄基氯_____

(7) 2,3,6-三氯乙苯_____

2. 命名下列化合物。

(1) $CH_3CH_2CHClCH_2CH(CH_3)_2$

(2) $CHCl_2CH=CHCH_2CH(CH_3)CH_2CH_3$

(3)

(4) $CH_3CH_2C\equiv CCH_2CHBrCH_3$

3. 单分子亲核取代反应分_____步进行,双分子亲核取代反应分_____步进行。

4. 碘代烷烃因易分解产生游离_____,所以久置后逐渐变成红棕色。

5. 完成下列反应。

(1) $CH_3Cl+2NH_3 \longrightarrow$

(2) $CH_3CH_2CH_2CH_2CH_2ONa+CH_3CH_2CH_2CH_2CH_2Cl \xrightarrow{\triangle}$

(3) $CH_3(CH_2)_6CH_2Cl+NaCN \xrightarrow[\triangle]{H_2O}$

(4) $(CH_3)_2CHBr+AgNO_3 \longrightarrow$

(5) $CH_3C=CHCH_2Cl \xrightarrow[H_2O]{NaOH}$
　　　|
　　　Cl

(6) $CH_3CH_2CH_2Br \xrightarrow[(C_2H_5)_2O]{Mg}$　　　$\xrightarrow{HC\equiv CCH_3}$

(7) $CH_3(CH_2)_4CH_2Br \xrightarrow[(C_2H_5)_2O]{Mg}$　　　$\xrightarrow{D_2O}$

(8) 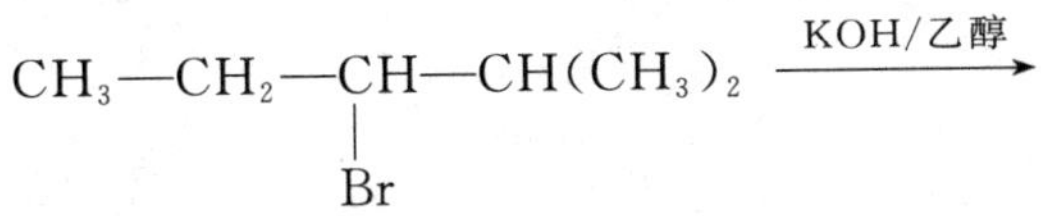 $CH_3—CH_2—\underset{\underset{Br}{|}}{CH}—CH(CH_3)_2 \xrightarrow{KOH/乙醇}$

二、问答题

1. 用简单的化学方法鉴别下列各组物质。

(1) 3-溴丙烯、2-溴丙烷和 2-溴丙烯

(2) 对氯甲苯和苯氯甲烷

(3) 1-氯戊烷、1-溴丁烷和 1-碘丙烷

(4) 异丁基溴和叔丁基溴

(5) 对溴甲苯、苄基溴和 1-苯基-3-氯丙烷

2. 由指定原料合成下列各化合物。

(1) 由丙烯合成烯丙醇(CH_2=$CHCH_2OH$)

(2) 以乙烯为原料合成氯乙烯

(3) 以丙烯为原料合成 2,2-二溴丙烷

(4) 以 1,3-丁二烯为原料合成己二腈

(5) 以苯为原料合成 $\overset{\underset{Cl}{|}}{\underset{}{C_6H_5—CH—CH_3}}$

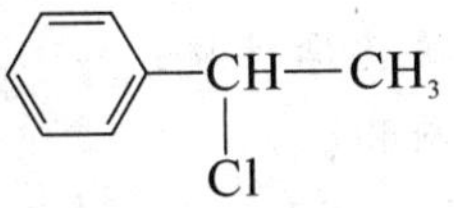

三、综合题

某卤代烷烃 C_4H_9Br(A),与氢氧化钾的醇溶液作用,生成 C_4H_8(B),B 经氧化得具有三个碳原子的羧酸 C、二氧化碳和水,使 B 与溴化氢作用,则得 A 的异构体 D,写出 A、B、C、D 的结构简式。

第五章

醇、酚、醚

学习目标

1. 熟悉醇、酚、醚的分类；
2. 掌握醇、酚、醚的结构特点、命名和主要化学性质；
3. 了解常见醇、酚、醚在生产、生活上的应用。

醇、酚、醚的分子组成中除了含有碳、氢元素外，还含有氧元素，属于烃的含氧衍生物。其通式分别为 R—OH、Ar—OH、R—O—R′(R—O—Ar 或 Ar—O—Ar′)。

第一节　醇

水分子中去掉一个氢原子所剩下的基团称为羟基(—OH)。脂肪烃、脂环烃或芳香烃侧链上的氢原子被羟基取代而生成的化合物称为**醇**。例如：

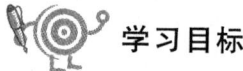

$CH_3—CH_2—OH$

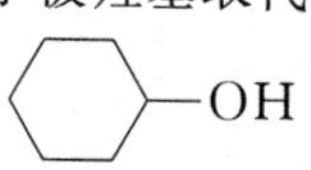

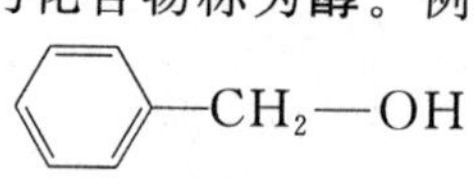

醇分子中的羟基又称**醇羟基**，醇的主要化学特征是由醇羟基引起的，故醇羟基是醇的官能团。

一、醇的分类和命名

1. 醇的分类

醇的分类一般有以下三种方法。

(1) 根据醇羟基所连的烃基的种类不同，醇可分为脂肪醇、脂环醇和芳香醇。脂肪醇又可分为饱和醇和不饱和醇。

醇羟基与烷基相连接的醇称为**饱和醇**。例如：

$$CH_3—CH_2—CH_2—OH$$

醇羟基与不饱和烃基相连接的醇称为**不饱和醇**。例如：

$$CH_2\!=\!CH\!-\!CH_2\!-\!OH$$

醇羟基与脂环烃基相连接的醇称为**脂环醇**。例如：

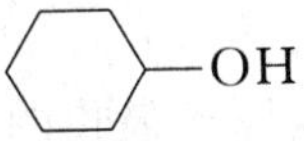

醇羟基与芳香烃侧链上的碳原子相连接的醇称为**芳香醇**。例如：

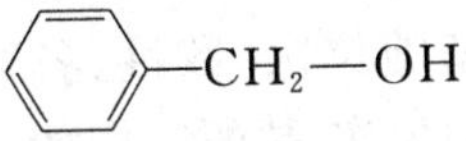

（2）根据与醇羟基所连的碳原子类型不同，醇可分为伯醇、仲醇和叔醇。

醇羟基与伯碳原子相连接的醇称为**伯醇**。其通式为

$$R\!-\!CH_2\!-\!OH$$

醇羟基与仲碳原子相连接的醇称为**仲醇**。其通式为

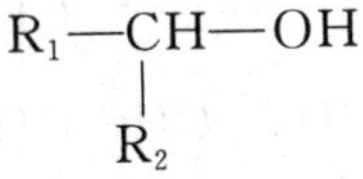

$$\begin{array}{c} R_1\!-\!CH\!-\!OH \\ | \\ R_2 \end{array}$$

醇羟基与叔碳原子相连接的醇称为**叔醇**。其通式为

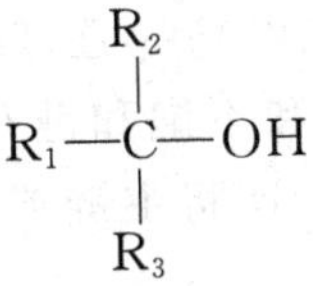

$$\begin{array}{c} R_2 \\ | \\ R_1\!-\!C\!-\!OH \\ | \\ R_3 \end{array}$$

通式中 R_1、R_2、R_3 可以相同，也可以不同。

（3）根据分子中所含醇羟基的数目，醇可分为一元醇、二元醇和多元醇。

分子中只含一个醇羟基的醇称为**一元醇**。例如：

$$CH_3\!-\!CH_2\!-\!CH_2\!-\!OH$$

分子中含有两个醇羟基的醇称为**二元醇**。例如：

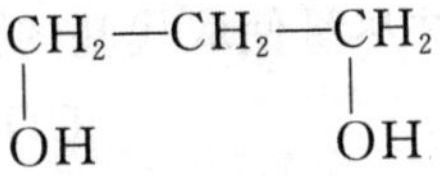

$$\begin{array}{ccc} CH_2\!-\!CH_2\!-\!CH_2 \\ | \qquad\qquad | \\ OH \qquad\quad OH \end{array}$$

分子中含有三个或三个以上醇羟基的醇称为**多元醇**。例如：

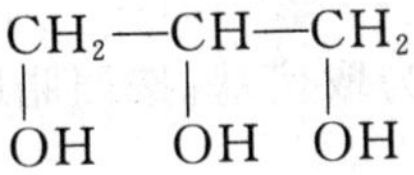

$$\begin{array}{ccc} CH_2\!-\!CH\!-\!CH_2 \\ | \quad\; | \quad\; | \\ OH \;\; OH \;\; OH \end{array}$$

2. 醇的命名

结构简单的醇采用普通命名法。命名时可根据与羟基相连的烃基的普通名称来命名，称为某（基）醇，"基"字一般可以省去。例如：

$$CH_3\!-\!CH_2\!-\!OH$$
乙醇

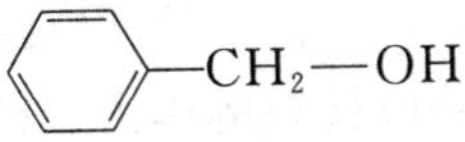

苄醇

$$CH_3\!-\!CH_2\!-\!CH_2\!-\!OH$$
正丙醇

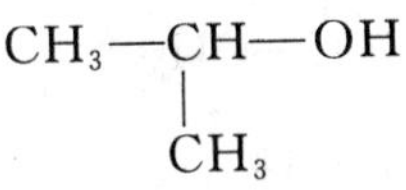

$$\begin{array}{c} CH_3\!-\!CH\!-\!OH \\ | \\ CH_3 \end{array}$$
异丙醇

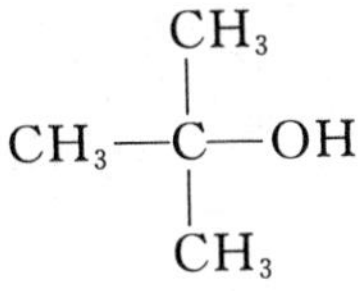

$$\begin{array}{c} CH_3 \\ | \\ CH_3\!-\!C\!-\!OH \\ | \\ CH_3 \end{array}$$
叔丁醇

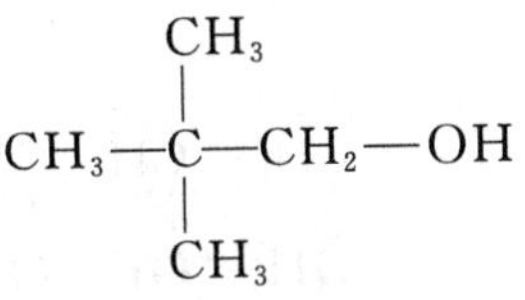

$$\begin{array}{c} CH_3 \\ | \\ CH_3\!-\!C\!-\!CH_2\!-\!OH \\ | \\ CH_3 \end{array}$$
新戊醇

结构复杂的醇采用系统命名法。

(1)饱和一元醇 烃基为直链的醇,根据碳原子数目称为某醇。例如:

$$CH_3—OH \qquad\qquad CH_3—CH_2—CH_2—OH$$

甲醇 丙醇

烃基带有支链的醇,选择连有羟基碳原子最长的碳链为主链,根据主链碳原子的数目称为某醇;从靠近羟基一端开始,用阿拉伯数字依次将主链碳原子编号;命名时,将羟基的位次写在某醇之前,中间用短线隔开;将取代基的位次、数目、名称写在主链名称的前面。基本格式如下:取代基的位次-数目及名称-羟基的位次-某醇。例如:

$$CH_3—CH—CH_2—CH_2—OH$$
$$|$$
$$CH_3$$

3-甲基丁醇

$$CH_3—CH—CH_2—CH—CH_3$$
$$\qquad|\qquad\qquad|$$
$$\quad CH_3\qquad\quad OH$$

4-甲基-2-戊醇

$$\qquad\qquad\qquad\qquad CH_2—CH_3$$
$$\qquad\qquad\qquad\qquad\quad|$$
$$CH_3—CH—CH_2—CH—CH—CH_2—CH_3$$
$$\qquad|\qquad\qquad\qquad|$$
$$\quad CH_3\qquad\quad OH\qquad CH_2—CH_3$$

2,6-二甲基-5-乙基-4-辛醇

(2)不饱和一元醇 选择连有羟基和不饱和键在内的最长碳链为主链,根据主链碳原子数目称为某烯醇;从靠近羟基一端开始依次将主链碳原子编号。例如:

$$CH_3—CH—CH=CH_2$$
$$\qquad|$$
$$\quad OH$$

3-丁烯-2-醇

$$\qquad\qquad\qquad\qquad\qquad CH_2—CH_3$$
$$\qquad\qquad\qquad\qquad\qquad\quad|$$
$$CH_3—CH—CH—CH_2—C=CH—CH_3$$
$$\qquad|\quad\ \ |$$
$$\quad CH_3\ OH$$

2-甲基-5-乙基-5-庚烯-3-醇

(3)脂环醇 在脂环烃基的名称后加上"醇"("基"字去掉)。若有取代基,则从连接羟基的碳原子开始给环上的碳原子编号,并尽量使取代基的位次最小。例如:

环己醇

$$CH_3—$$ 〔环戊基〕 $$—OH$$

3-甲基环戊醇

(4)芳香醇 将芳香环(芳环)作为取代基,按照脂肪醇的命名方法命名。例如:

苯甲醇

$$\qquad\qquad CH_3$$
$$\qquad\qquad|$$
苯基$$—CH—CH_2—CH—CH_3$$
$$\qquad\qquad\qquad\qquad|$$
$$\qquad\qquad\qquad\quad OH$$

4-苯基-2-戊醇

(5)多元醇 选择带羟基尽可能多的最长碳链作为主链,羟基的数目写在"醇"字的前面。例如:

$$CH_2—CH—CH_2$$
$$|\qquad|\qquad|$$
$$OH\quad OH\ \ OH$$

丙三醇

$$\qquad\qquad CH_3\ CH_3$$
$$\qquad\qquad|\qquad|$$
$$CH_3—C—C—CH_3$$
$$\qquad|\quad\ |$$
$$\quad OH\ OH$$

2,3-二甲基-2,3-丁二醇

此外,常根据醇的来源使用其俗名,如木醇、酒精、甘油等。

二、醇的性质

1. 物理性质

含 4 个或 4 个以下碳原子的直链饱和一元醇,为有酒味的无色透明液体;含 5~11 个碳原子的醇为具有难闻气味的油状液体;含 12 个或 12 个以上碳原子的醇在室温下为无臭无味的蜡状固体。

低级醇分子间能形成氢键使分子缔合,因而其沸点比相应的烷烃高得多。随着碳链的增长,烃基的增大,阻碍氢键的形成,其沸点与相应烷烃沸点差距越来越小。碳原子数目相同的醇,所含支链越多,沸点则越低。

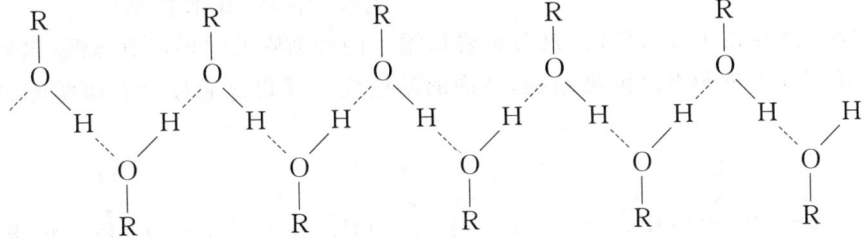

甲醇、乙醇、丙醇能与水任意混溶,从正丁醇起在水中的溶解度显著降低,到癸醇以上则几乎不溶于水。

低级醇还能和一些无机盐如氯化钙、氯化镁等形成结晶醇,如 $CaCl_2 \cdot 4CH_3OH$、$MgCl_2 \cdot 6CH_3OH$、$CaCl_2 \cdot 4C_2H_5OH$ 等。因此,不能用无水氯化钙作为醇的干燥剂。结晶醇不溶于有机溶剂而溶于水,可利用这一性质将醇与其他有机化合物分开。

2. 化学性质

醇的官能团是羟基(—OH),氧原子的电负性较大,C—O 键和 O—H 键都比较活泼,多数反应都发生在这两个部位。另外,由于诱导效应,与羟基邻近的碳原子上的氢(α-氢、β-氢)也参与某些反应。醇的基本反应部位如下:

$$
\begin{array}{c}
\qquad \beta | \quad \alpha | \quad \vdots \\
\text{④分子内脱水} \dashleftarrow -- \text{—C—C—O—H} \quad \text{——→①酸性,还原性,分子间脱水} \\
\qquad | \quad | \qquad \text{——→②碱性,亲核性} \\
\qquad H \quad H \\
\text{⑤氧化或脱氢} \dashleftarrow ----- \quad \text{——→③羟基被取代,脱水(分子间、分子内)}
\end{array}
$$

(1) 与活泼金属反应　醇与水相似,可以同某些活泼金属(Na、K、Mg、Al 等)反应,羟基中的氢原子被取代生成醇的金属化合物和氢气,并放出热量。

饱和一元醇的反应通式为

$$2R—OH + 2Na \longrightarrow 2R—ONa + H_2\uparrow$$

醇　　　　　　　　醇钠

例如:
$$2CH_3CH_2OH + 2Na \longrightarrow 2CH_3CH_2ONa + H_2\uparrow$$

乙醇　　　　　　　　乙醇钠

此反应比金属钠与水反应缓和得多,放出的热也不足以使氢气燃烧。故常利用醇与钠的反应处理残余的金属钠,而不发生燃烧和爆炸。

结构不同的醇,反应活性不同。一般规律:甲醇＞伯醇＞仲醇＞叔醇。

生成的醇钠是白色固体,能溶于醇,遇水分解生成氢氧化钠和醇。

$$R—ONa + H_2O \longrightarrow R—OH + NaOH$$

(2)与无机含氧酸反应   醇与无机含氧酸(如亚硝酸、硝酸、磷酸等)反应,醇的碳氧键断裂,羟基被无机酸的阴离子取代而生成无机酸酯。例如:

$$(CH_3)_2CHCH_2CH_2OH + HONO \longrightarrow (CH_3)_2CHCH_2CH_2ONO + H_2O$$

异戊醇   亚硝酸   亚硝酸异戊酯
（治疗心绞痛药物）

$$\begin{array}{c} CH_2OH \\ | \\ CHOH \\ | \\ CH_2OH \end{array} + 3HONO_2 \xrightarrow[\text{10 ℃}]{\text{浓 } H_2SO_4} \begin{array}{c} CH_2ONO_2 \\ | \\ CHONO_2 \\ | \\ CH_2ONO_2 \end{array} + 3H_2O$$

三硝酸甘油酯(硝酸甘油)

磷酸酯广泛存在于有机体内,具有重要作用。例如细胞的重要成分核酸、磷脂和供能物质三磷酸腺苷(ATP)中都有磷酸酯结构,体内的某些代谢过程是通过具有磷酸酯结构的中间体完成的。

磷酸一酯   磷酸二酯   磷酸三酯

(3)与氢卤酸的反应   醇与氢卤酸的反应,可看作醇的羟基被卤原子取代生成卤代烃的过程。

反应通式: $R—OH + HX \rightleftharpoons R—X + H_2O$ (X=Cl,Br,I)

这类反应的化学反应速率与氢卤酸的种类及醇的结构均有关系。不同氢卤酸的反应活性顺序为

$$HI > HBr > HCl$$

不同结构醇的反应活性顺序:烯丙式醇>叔醇>仲醇>伯醇。

HCl 的活性较弱,与醇反应必须有氯化锌存在。氯化锌和浓盐酸的混合液称为**卢卡斯试剂**。6 个碳原子以下的醇可溶于卢卡斯试剂,而反应生成的氯代烃不溶于卢卡斯试剂,使溶液出现混浊现象。室温下,叔醇与卢卡斯试剂反应最快,仲醇次之,伯醇最慢。所以,可由此区分 6 个碳原子以下的伯醇、仲醇和叔醇。

$$CH_3-\overset{\overset{\displaystyle CH_3}{|}}{\underset{\underset{\displaystyle CH_3}{|}}{C}}-OH + HCl \xrightarrow[\text{室温}]{ZnCl_2} CH_3-\overset{\overset{\displaystyle CH_3}{|}}{\underset{\underset{\displaystyle CH_3}{|}}{C}}-Cl + H_2O \qquad 立即混浊$$

$$CH_3CH_2\overset{\underset{\displaystyle |}{}}{\underset{\underset{\displaystyle OH}{}}{C}}HCH_3 + HCl \xrightarrow[\text{室温}]{ZnCl_2} CH_3CH_2\overset{}{\underset{\underset{\displaystyle Cl}{|}}{C}}HCH_3 + H_2O \qquad 5\sim10\ min\ 混浊$$

$$CH_3CH_2CH_2CH_2OH + HCl \xrightarrow[\text{室温}]{ZnCl_2} CH_3CH_2CH_2CH_2Cl + H_2O \qquad 数小时无混浊$$

(4)**氧化反应**   有机化合物分子得到氧或失去氢的反应称为**氧化反应**;反之,失去氧或得

到氢的反应称为**还原反应**。由于羟基的影响,伯醇、仲醇分子中烃基 α-碳上的氢原子较活泼,容易发生氧化反应。

① 加氧氧化:常用的氧化剂有 $KMnO_4$、$K_2Cr_2O_7$。伯醇氧化生成醛,醛可以继续被氧化生成羧酸:

$$R-CH_2-OH \xrightarrow{[O]} R-CHO \xrightarrow{[O]} R-COOH$$
$$\text{伯醇} \qquad\qquad \text{醛} \qquad\qquad \text{羧酸}$$

例如:

$$CH_3-CH_2-OH \xrightarrow{[O]} CH_3-CHO \xrightarrow{[O]} CH_3-COOH$$
$$\text{乙醇} \qquad\qquad \text{乙醛} \qquad\qquad \text{乙酸}$$

用于检测司机是否酒后驾车的呼吸分析仪就是根据此原理设计的。在 100 mL 血液中如含有超过 80 mg 乙醇,呼出的气体所含的乙醇可使橙红色重铬酸钾变为绿色硫酸铬。

仲醇氧化生成酮,酮一般不易再被氧化:

$$\underset{\text{仲醇}}{R_1-\overset{\overset{\displaystyle OH}{|}}{C}H-R_2} \xrightarrow{[O]} \underset{\text{酮}}{R_1-\overset{\overset{\displaystyle O}{\|}}{C}-R_2}$$

例如:

$$\underset{\text{2-丙醇}}{CH_3-\overset{\overset{\displaystyle OH}{|}}{C}H-CH_3} \xrightarrow{[O]} \underset{\text{丙酮}}{CH_3-\overset{\overset{\displaystyle O}{\|}}{C}-CH_3}$$

② 脱氢氧化:在催化剂(铂、镍等)的作用下,伯醇和仲醇能发生脱氢氧化反应生成醛和酮。

$$\underset{\text{伯醇}}{R-\overset{\overset{\displaystyle H}{|}}{\underset{\underset{\displaystyle H}{|}}{C}}-O-H} \xrightarrow[-2H]{Pt} \underset{\text{醛}}{R-\overset{\overset{\displaystyle H}{|}}{C}=O}$$

$$\underset{\text{仲醇}}{R_1-\overset{\overset{\displaystyle R_2}{|}}{\underset{\underset{\displaystyle H}{|}}{C}}-O-H} \xrightarrow[-2H]{Pt} \underset{\text{酮}}{R_1-\overset{\overset{\displaystyle R_2}{|}}{C}=O}$$

叔醇分子中连有羟基的碳原子上没有氢原子,所以在同样条件下不易被氧化。

(5)**脱水反应** 醇在催化剂(如硫酸、氧化铝等)作用下受热可发生脱水反应,其脱水方式因反应温度不同而异。一般规律:在较高温度下主要发生分子内脱水生成烯烃;在稍低温度下发生分子间脱水生成醚。分子内脱水的例子如下。

$$\underset{\text{乙醇}}{\overset{CH_2-CH_2}{\underset{\boxed{H \quad\ OH}}{}}} \xrightarrow[\text{或 } Al_2O_3, 260\ ℃]{H_2SO_4, 170\ ℃} \underset{\text{乙烯}}{CH_2=CH_2} + H_2O$$

醇的分子内脱水反应属于消除反应。应注意,在仲醇和叔醇中,会有 2 个或 3 个 β-碳原子,分子内脱水的方式则不止一种。实验表明,脱水后主要生成双键碳原子上烃基较多的烯烃,即**札依采夫(Saytzeff)规则**。例如:

$$CH_3CH_2CHCH_3 \xrightarrow[100\ ℃]{60\%H_2SO_4} CH_3CH=CHCH_3 + CH_3CH_2CH=CH_2$$
$$\underset{\text{(主要产物)}}{} \quad \underset{\text{(次要产物)}}{}$$

(OH)

不同结构的醇发生分子内脱水反应的活性顺序:叔醇 > 仲醇 > 伯醇。分子间脱水的例子如下。

$$CH_3CH_2\boxed{OH + H}O—CH_2CH_3 \xrightarrow[\text{或 Al}_2O_3,260\ ℃]{H_2SO_4,140\ ℃} CH_3CH_2—O—CH_2CH_3 + H_2O$$
$$\underset{\text{乙醚}}{}$$

醇分子去掉羟基上的氢原子后剩下的基团(R—O—)称为**烃氧基**。例如:

$$CH_3O— \qquad\qquad CH_3CH_2O—$$
$$\text{甲氧基} \qquad\qquad\quad \text{乙氧基}$$

醇的分子间脱水反应是取代反应。

从乙醇脱水反应的两种方式可以看出,在有机化学反应中,反应条件对产物有很大的影响,条件不同,产物往往不同。

三、重要的醇及应用

1. 甲醇

甲醇的结构简式为 CH_3OH,因为最初从木材干馏得到,故又称木醇或木精。甲醇为无色、透明、易燃液体,能与水以任意比例混溶,有酒的气味。甲醇对人体有剧毒,主要经呼吸道和胃肠吸收,也可通过皮肤部分吸收。工业上可由 CO 和 H_2 在高温、高压下经催化反应制取。工业乙醇中甲醇含量很高。甲醇不与水形成恒沸混合物。

甲醇除用作抗冻剂、溶剂外,也是重要的化工原料。以甲醇为原料可以生产 100 多种产品,如甲醛、甲酸、甲酰胺、乐果、长效磺胺、维生素 B_6 等。

2. 乙醇

乙醇的结构简式为 CH_3CH_2OH,是饮用酒的主要成分,俗称酒精。乙醇是无色透明、易挥发、易燃的液体,能与水以任意比例混溶。

乙醇的用途很广,是一种重要的化工原料,大量用于合成乙醚、乙胺、氯乙烷、酯类等,也是一种优良的有机溶剂。

乙醇的体积分数大于 99.5% 的乙醇溶液称为无水乙醇,主要作为化学试剂。95% 乙醇为药用乙醇,医药上主要用于配制碘酒、浸制药酒、配制消毒乙醇和擦浴乙醇等。75% 乙醇溶液杀菌能力最强,称为消毒乙醇,是临床上常用的消毒剂。25%～50% 乙醇溶液称为擦浴乙醇,临床上用来给高热患者擦浴,帮助患者降低体温。

3. 苯甲醇

苯甲醇的结构式为 〔苯环〕—CH_2OH,是最简单的芳香醇,又称苄醇。苯甲醇为无色液体,

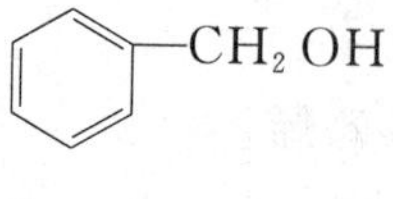

能溶于水,易溶于乙醇、乙醚等有机溶剂。

苯甲醇多用于香料工业中,作为香料的溶剂和定香剂。由于苯甲醇有微弱的麻醉作用和防腐作用,也常作为注射剂中的镇痛、防腐剂。

含有苯甲醇的注射用水称为无痛水。目前医疗上使用的青霉素注射用水就是含 2% 苯甲醇的灭菌溶液,可减轻药物注射时产生的疼痛。

4. 丙三醇

丙三醇的结构式为 $\begin{array}{ccc}CH_2-CH-CH_2\\ |\quad\ \ |\quad\ \ |\\ OH\ \ OH\ \ OH\end{array}$,俗称甘油,是无色黏稠液体,稍带甜味,能与水、乙醇以任意比例混溶,富有吸湿性。

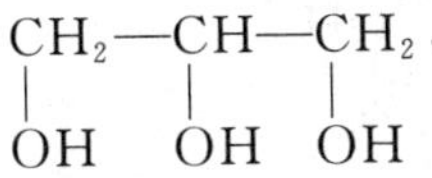

甘油在化妆品、印刷、烟草工业和食品行业中可作为润湿剂,在药剂上可用作助溶剂、赋形剂和润滑剂。50%甘油水溶液是治疗便秘的开塞露。较稀的甘油水溶液有护肤作用。硝酸甘油具有扩张小静脉和冠状动脉的作用,临床上用于治疗心绞痛和心肌梗死。

甘油分子中由于相邻羟基的相互影响,显示出微弱的酸性,可与新配制的氢氧化铜反应,生成深蓝色的甘油铜溶液。

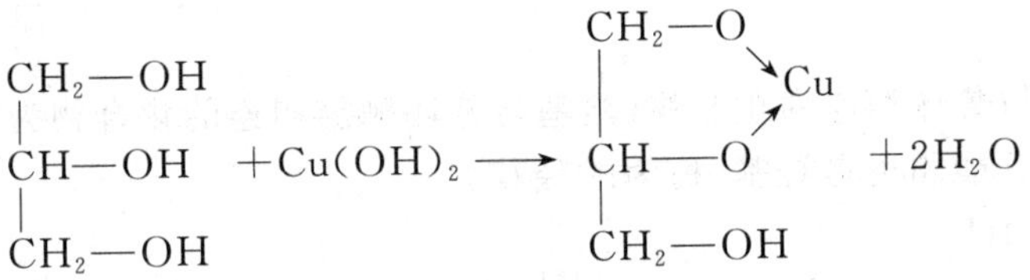

$$\begin{array}{c}CH_2-OH\\ |\\ CH-OH\\ |\\ CH_2-OH\end{array} +Cu(OH)_2 \longrightarrow \begin{array}{c}CH_2-O\\ |\quad\quad\ \ \searrow\\ CH-O\rightarrow Cu\\ |\\ CH_2-OH\end{array} +2H_2O$$

甘油铜(深蓝色)

5. 己六醇

己六醇的结构式为

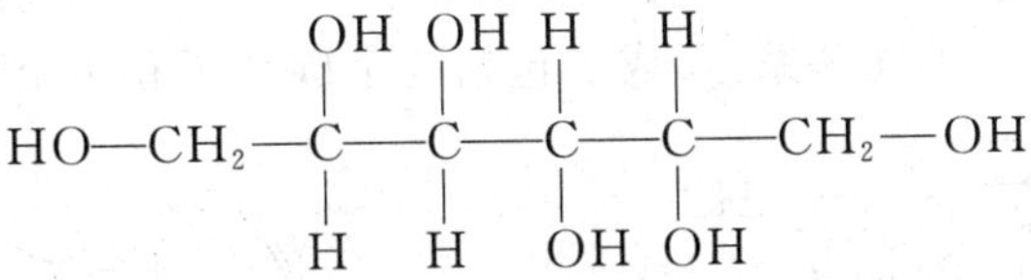

$$HO-CH_2-\overset{\overset{\displaystyle OH}{|}}{\underset{\underset{\displaystyle H}{|}}{C}}-\overset{\overset{\displaystyle OH}{|}}{\underset{\underset{\displaystyle H}{|}}{C}}-\overset{\overset{\displaystyle H}{|}}{\underset{\underset{\displaystyle OH}{|}}{C}}-\overset{\overset{\displaystyle H}{|}}{\underset{\underset{\displaystyle OH}{|}}{C}}-CH_2-OH$$

己六醇又名甘露醇,为白色结晶状粉末,有甜味,易溶于水。甘露醇临床上用作利尿剂或脱水剂,可用于治疗脑水肿。

6. 环己六醇

环己六醇的结构式为

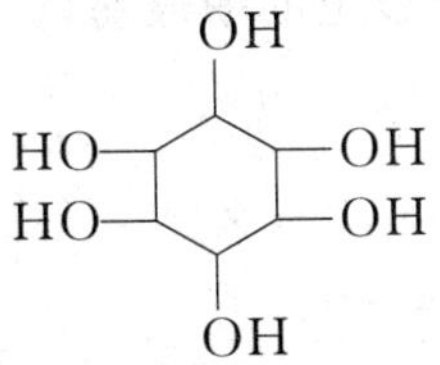

环己六醇又名肌醇,是白色结晶状粉末,无臭、味甜,易溶于水。该物质能促进肝和其他组织中的脂肪代谢,临床上用作肝脏疾病的辅助治疗剂,常用于治疗脂肪肝和动脉硬化。

肌醇的六磷酸酯广泛存在于植物中,称为植酸或植物精。植酸主要用作医药原料和食品添加剂,工业上也用作涂料、防锈剂等。

第二节　酚

芳香烃分子中苯环上的氢原子被羟基取代后生成的化合物称为**酚**。例如：

苯酚　　　　1,2,3-苯三酚　　　　4-甲基苯酚　　　　α-萘酚

一、酚的结构、分类和命名

1. 酚的结构

酚是羟基直接与芳环相连的化合物(羟基与芳环侧链相连的化合物为芳香醇)。酚的通式为 Ar—OH。酚的官能团也是羟基,称为酚羟基。

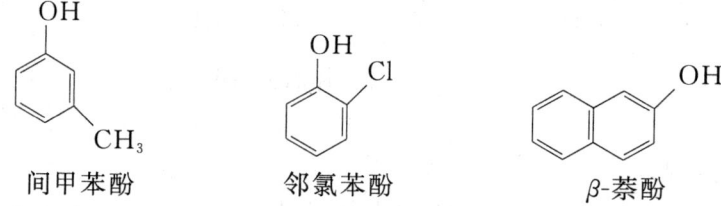

间甲苯酚　　　　邻氯苯酚　　　　β-萘酚

酚的结构中存在着 p-π 共轭体系,形成了包括 6 个碳原子和 1 个氧原子的大 π 键:

2. 酚的分类

酚的分类方法一般有如下两种。

(1) 根据分子中所含酚羟基的数目,酚可分为一元酚(只含有一个酚羟基)、二元酚(含有两个酚羟基)、多元酚(含有三个及三个以上的酚羟基)。例如:

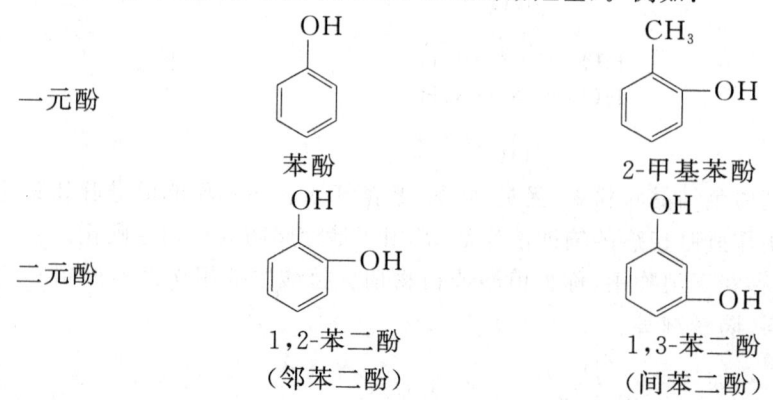

一元酚　　　　苯酚　　　　2-甲基苯酚

二元酚　　　　1,2-苯二酚　　　　1,3-苯二酚
　　　　　　　(邻苯二酚)　　　　(间苯二酚)

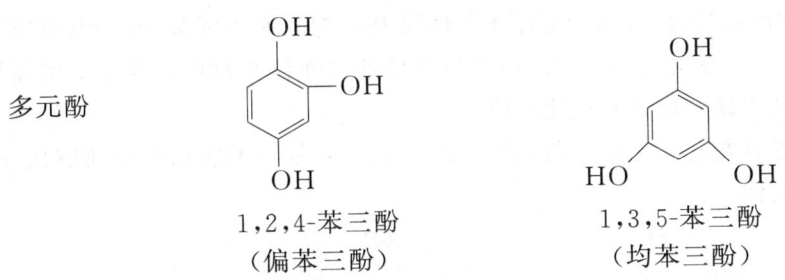

多元酚

1,2,4-苯三酚
（偏苯三酚）

1,3,5-苯三酚
（均苯三酚）

（2）根据酚羟基所连芳环的不同,酚可分为苯酚、萘酚、蒽酚等。例如:

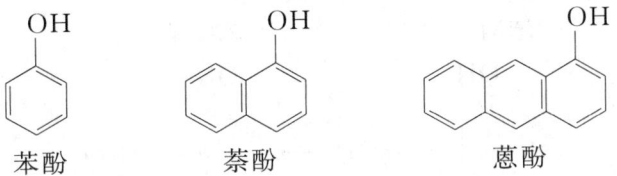

苯酚　　　　　萘酚　　　　　蒽酚

3. 酚的命名

酚的命名一般是在"酚"字前面加上芳环的名称作母体;若芳环上有取代基,则将取代基的位次、数目、名称写在母体名称前面;若有多个酚羟基,要用汉字在"酚"字前面写出酚羟基的数目并在母体名称前标出位次。位次的确定是从酚羟基所连的碳原子开始为芳环编号,并采取取代基次序和最小原则。也可用邻、间、对、连、均、偏等汉字表示。例如:

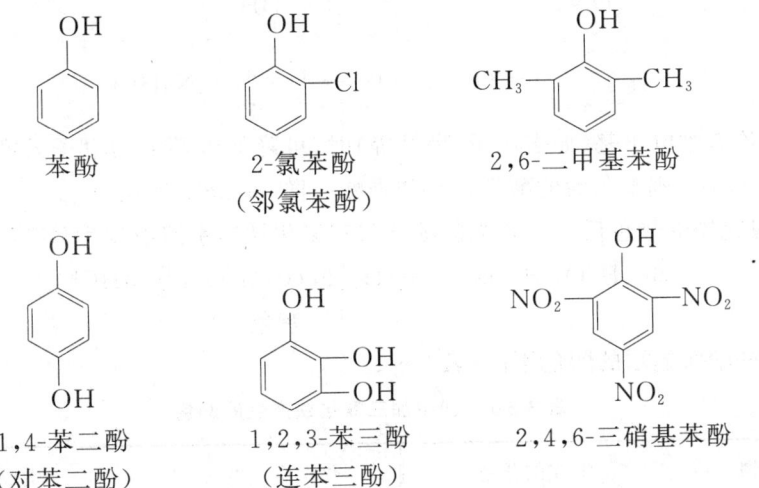

苯酚　　　　　2-氯苯酚　　　　　2,6-二甲基苯酚
　　　　　　　（邻氯苯酚）

1,4-苯二酚　　　1,2,3-苯三酚　　　2,4,6-三硝基苯酚
（对苯二酚）　　（连苯三酚）

二、酚的性质

1. 物理性质

除少数烷基酚外,多数酚为固体,具有毒性。酚是无色物质,当把盛有酚的瓶盖打开几次后会发现酚变成了有色物质。这是因为酚在空气中易被氧化,产生杂质。例如苯酚是无色针状结晶,但与空气接触后,就会被氧化成粉红色、红色或暗红色。

由于酚能形成分子间氢键,所以沸点高。酚能溶于乙醇、乙醚及苯等有机溶剂,在水中的溶解度不大,但随着酚中羟基的增多,水溶性增强。

2. 化学性质

由于酚羟基和苯环间存在着 p-π 共轭,使得整个分子中电子云发生平均化,氧的电子向苯

环转移,增加了 O—H 键的极性,酚羟基的氢原子较醇羟基中的氢原子活泼,易于电离成氢离子,同时由于苯环上的电子云密度相对增大,特别是酚羟基的邻位和对位碳原子上增加得较多,增强了反应活性,有利于亲电取代与氧化反应。

(1)弱酸性　酚的结构决定了它具有弱酸性。酚羟基上的氢不但能被碱金属取代,还能和氢氧化钠作用生成酚的钠盐。

$$2\ \text{苯酚} + 2Na \longrightarrow 2\ \text{苯酚钠} + H_2 \uparrow$$

$$\text{（苯酚）OH} + NaOH \longrightarrow \text{（苯酚钠）ONa} + H_2O$$

酚不能使湿润的蓝色石蕊试纸变红色,这说明其酸性比碳酸弱。苯酚的 pK_a 为 10,碳酸的 pK_a 为 6.4。

由此可知,苯酚的酸性很弱,只能和强碱成盐,不能和 $NaHCO_3$ 作用。若在苯酚钠溶液中通入二氧化碳,则苯酚又游离出来,可利用酚的这一特性对其进行分离提纯。

$$\text{（ONa）} + CO_2 + H_2O \longrightarrow \text{（OH）} + NaHCO_3$$

当苯环上连有吸电子基(如卤原子、硝基等)时,可降低苯环上的电子云密度,使酚的酸性增强。例如 2,4,6-三硝基苯酚的酸性几乎和强酸一样,其 pK_a 为 0.80。

(2)与三氯化铁的显色反应　多数的酚能与三氯化铁的水溶液发生显色反应。例如:

$$6C_6H_5OH + FeCl_3 \longrightarrow H_3[Fe(C_6H_5O)_6] + 3HCl$$
$$\text{紫色}$$

结构不同的酚所显示的颜色不同(表 3-5-1)。

表 3-5-1　酚中加三氯化铁产生的颜色

化　合　物	生成的颜色	化　合　物	生成的颜色
苯　酚	紫色	间苯二酚	紫色
邻甲苯酚	蓝色	对苯二酚	暗绿色(结晶)
间甲苯酚	蓝色	1,2,3-苯三酚	淡棕红色
对甲苯酚	蓝色	1,3,5-苯三酚	紫色(沉淀)
邻苯二酚	绿色	α-萘酚	紫色(沉淀)

常用这些颜色反应来鉴别酚的存在及不同的酚。

酚之所以能与氯化铁溶液发生显色反应,是因为酚含有烯醇式结构,具有这种结构的有机化合物与三氯化铁作用能产生带颜色的配离子。

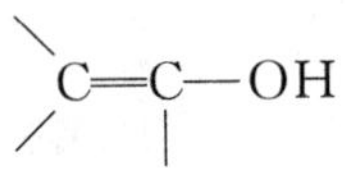

$$\begin{array}{c} \diagdown \\ \diagup C = C - OH \\ \diagup \end{array}$$

烯醇式结构

（3）芳环的亲电取代反应　由于酚羟基是强的邻、对位定位基，使芳环活化，所以苯酚比苯更容易发生亲电取代反应。

① 卤代反应　在苯酚饱和溶液中滴加溴水，立即有白色沉淀生成。

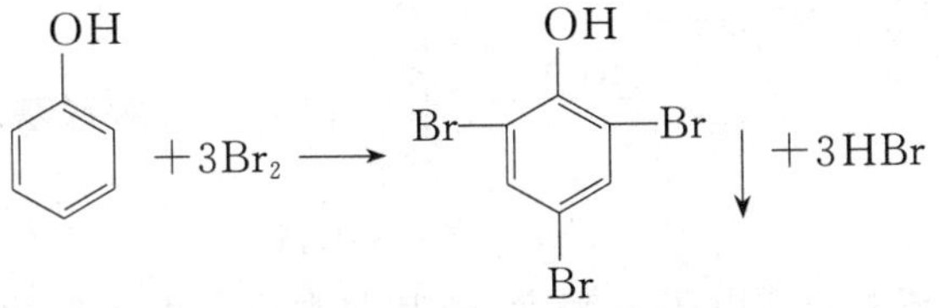

$$\text{(苯酚)} + 3Br_2 \longrightarrow \text{(2,4,6-三溴苯酚)} \quad \downarrow + 3HBr$$

2,4,6-三溴苯酚

这一反应很灵敏，极稀的苯酚溶液就能产生明显的沉淀现象。因此，该反应可用于苯酚的鉴别或定量分析。

若要得到一溴苯酚，反应要在 CS_2 或 CCl_4 非极性的条件下进行。

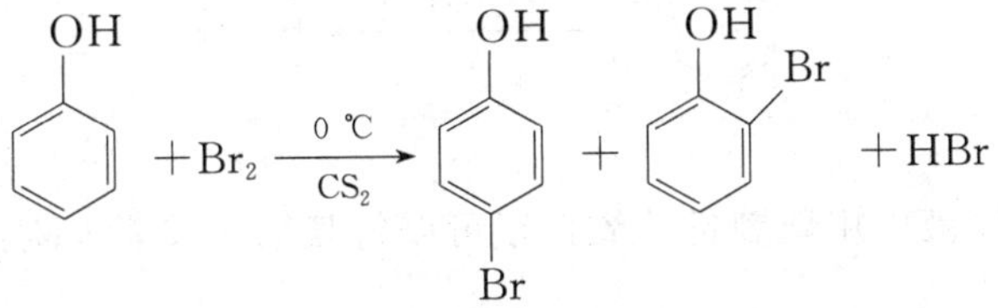

$$\text{(苯酚)} + Br_2 \xrightarrow[CS_2]{0\ ℃} \text{(对溴苯酚)} + \text{(邻溴苯酚)} + HBr$$

② 硝化反应　苯酚在常温下与稀硝酸即可发生硝化反应，产物是邻硝基苯酚和对硝基苯酚。

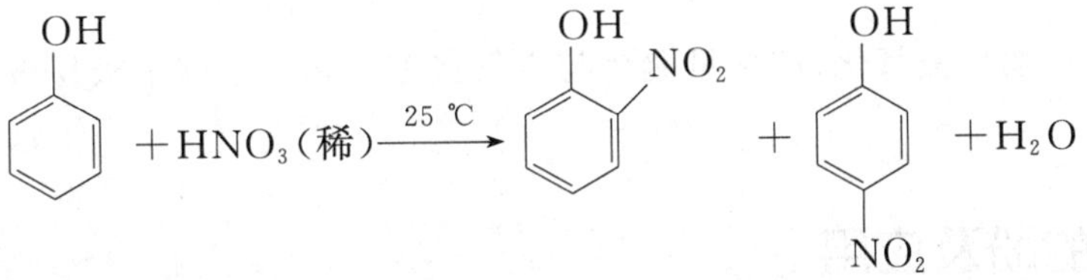

$$\text{(苯酚)} + HNO_3(稀) \xrightarrow{25\ ℃} \text{(邻硝基苯酚)} + \text{(对硝基苯酚)} + H_2O$$

邻硝基苯酚和对硝基苯酚这两种异构体可用水蒸气蒸馏的方法分离。邻硝基苯酚能形成分子内氢键，对硝基苯酚则能形成分子间氢键。在水溶液中，前者不能与水形成氢键，后者可与水形成氢键。这种差异使得两者的沸点相差较大。当进行水蒸气蒸馏时，挥发性较大的邻硝基苯酚可随水蒸气一起蒸出，从而将两者分离。

苯酚与浓硝酸反应则生成 2,4,6-三硝基苯酚。

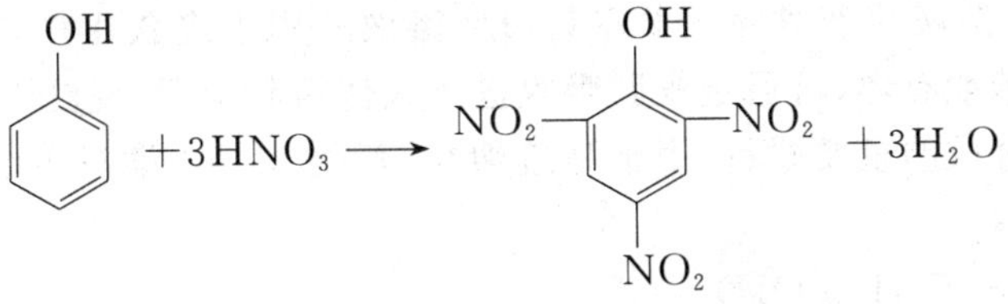

$$\text{(苯酚)} + 3HNO_3 \longrightarrow \text{(2,4,6-三硝基苯酚)} + 3H_2O$$

2,4,6-三硝基苯酚

2,4,6-三硝基苯酚俗称苦味酸。苦味酸的酸性比一般羧酸的酸性还强。苦味酸及其盐都极易爆炸，可用于制造炸药和染料。

③ 磺化反应　酚在室温下即可与浓硫酸反应，主要产物是邻羟基苯磺酸；在 100 ℃下反

应时,主要产物是对羟基苯磺酸。

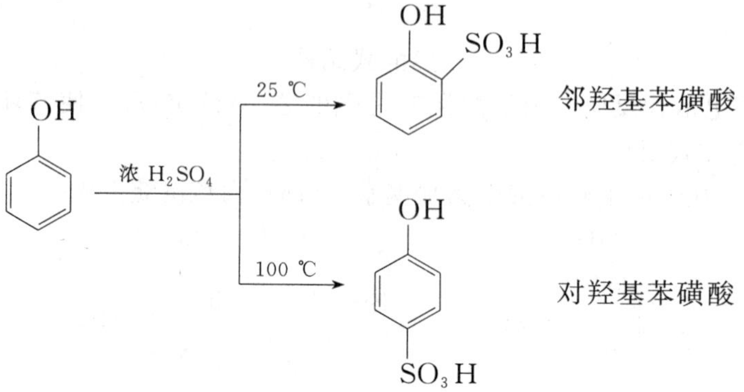

邻羟基苯磺酸

对羟基苯磺酸

(4) 氧化反应 酚环上的高电子云密度,使其非常容易发生氧化反应。酚与强氧化剂作用时,随着反应条件的不同,产物不同,并且较复杂。苯酚在硫酸的作用下可被重铬酸钾氧化生成醌:

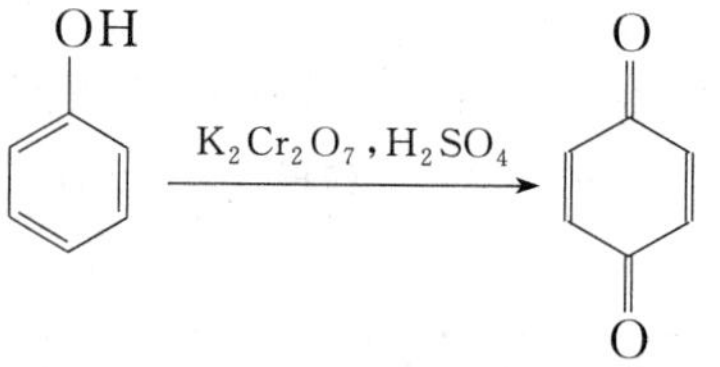

邻苯二酚在乙醚溶液中用新制备的氧化银可以将其氧化成邻苯醌:

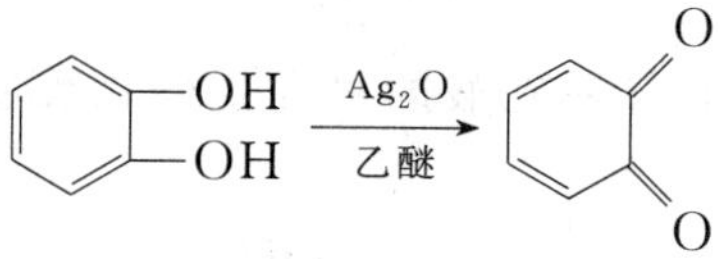

含酚羟基的药物易被氧化,应尽量避免与空气接触。如肾上腺素极易被空气氧化而变色,应避光保存。

三、重要的酚及应用

1. 苯酚(C_6H_5OH)

苯酚是最简单的酚,最初是从煤焦油中发现的,俗称石炭酸。它是无色结晶,有特殊气味,熔点为 43 ℃,沸点为 182 ℃,微溶于水,25 ℃时 100 g 水中可溶解 6.7 g,在 68 ℃以上则可完全溶解。苯酚易溶于乙醇、乙醚、苯等有机溶剂。苯酚能使蛋白质凝固,有杀菌能力,曾用作消毒剂,它的 3%～5% 溶液用于消毒手术器具,1% 溶液外用于皮肤止痒,但苯酚浓溶液对皮肤具有腐蚀性。由于苯酚有毒,可通过皮肤吸收进入人体引起中毒,现已不用作消毒剂。

苯酚还是有机合成的重要原料,用于制造塑料、药物、农药、染料等。苯酚易被氧化,故应避光存放于棕色瓶内。

2. 甲苯酚($CH_3—C_6H_4—OH$)

甲苯酚简称甲酚,因来源于煤焦油,故俗称煤酚,有邻、间、对三种异构体。这三种物质的沸点接近(分别为 191 ℃、202.2 ℃、201.8 ℃),难以分离,通常使用的是它们的混合体,杀菌能力比苯酚强。因甲酚难溶于水,故利用酚的弱酸性配成肥皂水溶液。医药上常用的消毒剂来苏水(Lysol),就是含 47%～53% 三种甲酚混合物的甲酚皂溶液。

3. 苯二酚（HO—C_6H_4—OH）

苯二酚有邻、间、对三种异构体，为无色结晶。邻苯二酚和间苯二酚易溶于水，对苯二酚在水中的溶解度较小。

邻苯二酚常以结合态存在于自然界中，最初是在干馏原儿茶酚时得到，故俗称儿茶酚。它的一个重要衍生物是肾上腺素，既有氨基又有酚羟基，显两性，既溶于酸也溶于碱，微溶于水及乙醇，难溶于乙醚、氯仿等，在中性、碱性条件下不稳定。其盐酸盐有加速心脏搏动、收缩血管、增加血压、放大瞳孔的作用；邻苯二酚还有使肝糖分解、增加血糖含量以及使支气管平滑肌松弛的作用。邻苯二酚一般用于支气管哮喘、过敏性休克及其他过敏性疾病的治疗。

间苯二酚又称雷琐辛，具有抗细菌和真菌的作用，但抗菌强度仅为苯酚的 1/3。间苯二酚刺激性小，可用于治疗皮肤病，如湿疹和癣症等。间苯二酚还可用于合成染料、酚醛树脂、胶黏剂、药物等。

对苯二酚俗称氢醌，由于它具有还原性，可用作显影剂、抗氧化剂、阻聚剂。

4. 维生素 E

维生素 E 是一种结构复杂的酚，它具有苯并吡喃环的基本结构，在 C_1 上连一个甲基，在 C_1、C_5、C_6、C_7 上可能连有不同的复杂烃基，因此，它有多种异构体。自然界中存在着四种类型的异构体，即 α-异构体、β-异构体、γ-异构体、δ-异构体。

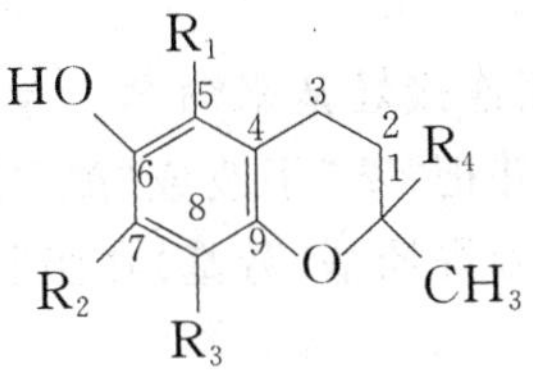

维生素E

维生素 E 的主要作用是治疗不育症和习惯性流产，因此，维生素 E 俗称生育酚。维生素 E 是一种脂溶性维生素，是人体所必需的营养素和不可缺少的生物活性物质之一，在保证机体健康、预防疾病方面起着重要作用。科学证明维生素 E 在抗氧化和延缓衰老方面有一定作用，常将它作为抗衰老的药物，在医药、食品及化妆品中广泛应用。

第三节 醚

水分子中的两个氢原子被烃基取代后得到的产物称为**醚**。其通式可用 R—O—R′（R—O—Ar 或 Ar—O—Ar′）表示。R 可以是饱和烃基、不饱和烃基、脂环烃基和芳香烃基（芳基）。例如：

CH_3—O—CH_3
甲醚

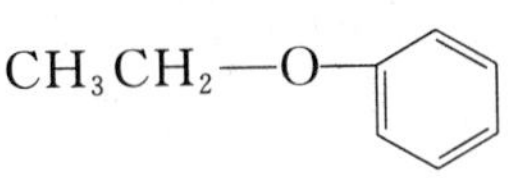

CH_3CH_2—O—〇
苯乙醚

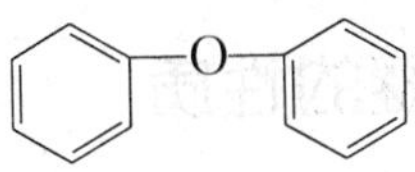

二苯醚

醚中的 —C—O—C— 结构称为醚键，是醚的官能团。

一、醚的分类和命名

1. 醚的分类

一般根据醚的结构中氧原子所连的两个烃基是否相同,醚可分成单醚、混醚及环醚。

单醚是两个烃基相同的醚。例如:

$$CH_3CH_2—O—CH_2CH_3$$

乙醚

混醚是两个烃基不同的醚。例如:

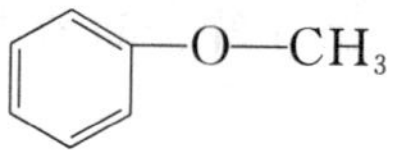

苯甲醚

环醚是碳链两端与氧原子连接起来形成环状结构的化合物。例如:

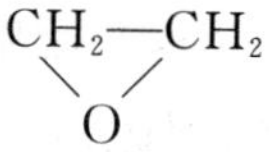

$$\begin{array}{c} CH_2—CH_2 \\ \diagdown\quad\diagup \\ O \end{array}$$

环氧乙烷

2. 醚的命名

结构简单的醚,根据与氧原子相连接烃基来命名。单醚的名称是在烃基的名称前加"二"字(烃基是烷基时,"二"字可省略),并把"基"字改成"醚"字;混醚的名称是在"醚"字前面加烃基名称,较小烃基在较大烃基之前,芳香烃基(芳基)在脂肪烃基之前("基"字可省略)。例如:

$$C_2H_5—O—C_2H_5 \qquad C_6H_5—O—C_6H_5$$

乙醚 二苯醚

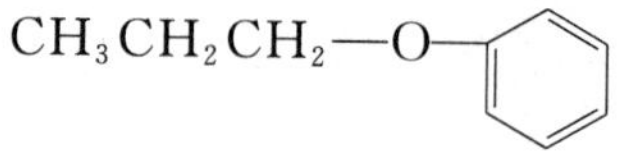

苯丙醚

结构复杂的醚常采用系统命名法命名。将醚分子中简单的烃基和醚键组合成烃氧基作为取代基。例如:

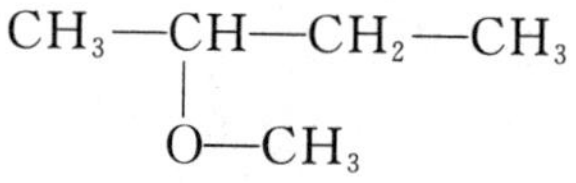

$$\begin{array}{c} CH_3—CH—CH_2—CH_3 \\ | \\ O—CH_3 \end{array}$$

2-甲氧基丁烷

$$\begin{array}{c} CH_3—O—CH_2—CH—CH_3 \\ \qquad\qquad\qquad | \\ \qquad\qquad\qquad OH \end{array}$$

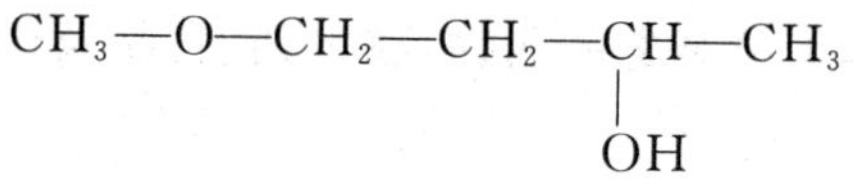

4-甲氧基-2-丁醇

环醚一般称为环氧某烃。例如:

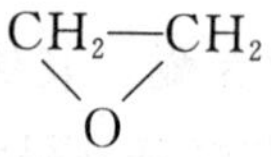

$$\begin{array}{c} CH_2—CH_2 \\ \diagdown\quad\diagup \\ O \end{array}$$

环氧乙烷

$$\begin{array}{c} CH_2—CH_2 \\ | \qquad\quad | \\ CH_2 \quad CH_2 \\ \diagdown\quad\diagup \\ O \end{array}$$

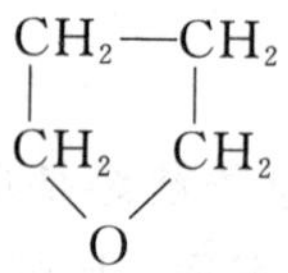

1,4-环氧丁烷

二、醚的性质

1. 物理性质

除甲醚和甲乙醚是气体外,大多数醚在室温下为无色液体,有特殊气味,比水轻。由于醚分子中没有与氧原子相连的氢原子,不能形成分子间氢键,因此醚的沸点比相对分子质量相近的醇低。低级醚能与水形成氢键,因而在水中有一定的溶解度。醚易溶于有机溶剂,本身又能溶解很多有机化合物,是优良的有机溶剂。

2. 化学性质

（1）生成镁盐　醚分子中的氧原子上带有孤对电子,能接受质子,但接受质子的能力很弱,只能与浓的强无机酸（如浓 HCl、浓 H_2SO_4 等）作用,形成类似盐结构的化合物,称为镁盐。

$$R_1-O-R_2 + HCl \longrightarrow \left[R_1 - \overset{H}{\underset{}{O}} - R_2 \right]^+ Cl^-$$

$$R_1-O-R_2 + H_2SO_4 \longrightarrow \left[R_1 - \overset{H}{\underset{}{O}} - R_2 \right]^+ HSO_4^-$$

醚的镁盐是强酸弱碱盐,仅在浓酸中稳定,遇水分解成原来的醚。利用醚的这一特性,可将醚与烷烃及卤代烃分离。

（2）生成过氧化物　有 α-氢的醚若长期与空气接触,能被空气中的氧氧化生成过氧化物。例如:

$$CH_3-CH_2-O-CH_2-CH_3 \xrightarrow{O_2} CH_3-CH_2-O-\underset{\underset{O-O-H}{|}}{CH}-CH_3$$

过氧化物不稳定,受热时容易分解而发生爆炸。所以醚应尽量避免露置在空气中。储存过久的醚在使用前,特别是在蒸馏以前,应当检查是否有过氧化物存在。常用的检查方法是用淀粉-碘化钾试纸,若试纸显蓝色,表明有过氧化物存在。向醚中加入硫酸亚铁或亚硫酸钠等还原剂,可除去过氧化物。

为了防止过氧化物的生成,醚常放在棕色试剂瓶中避光保存。

（3）醚键的断裂　在浓氢卤酸且加热条件下,醚键可发生断裂,生成卤代烃和醇（或酚）。例如:

$$\underset{\text{醚}}{CH_3CH_2OCH_3} + \underset{\text{氢卤酸}}{HI} \longrightarrow \underset{\text{卤代烃}}{CH_3I} + \underset{\text{醇}}{CH_3CH_2OH}$$

$$\underset{\text{醚}}{\underset{}{\bigcirc\!\!\!\!-OCH_3}} + \underset{\text{氢卤酸}}{HI} \longrightarrow \underset{\text{卤代烃}}{CH_3I} + \underset{\text{酚}}{\bigcirc\!\!\!\!-OH}$$

三、重要的醚及应用

1. 乙醚

乙醚（$CH_3CH_2OCH_2CH_3$）是用途最广的一种醚,室温下为无色透明液体,有特殊气味,沸点为 $34.5\ ℃$,极易挥发,又极易着火,使用时要特别小心,注意通风,避开明火。

乙醚微溶于水,能溶解许多有机化合物,且本身化学性质稳定,是常用的有机溶剂。医药上常用乙醚作溶剂,提取中草药中某些脂溶性有效成分。乙醚有麻醉作用,纯净的乙醚在临床上曾长期作为吸入性全身麻醉剂。由于乙醚可引起恶心、呕吐等副作用,它现已被更安全高效的新型麻醉剂替代。

2. 安氟醚

安氟醚（$CHFClCF_2-O-CHF_2$）的药名为恩氟烷,是一种有果香味的无色液体,有挥发性,不燃不爆,性质稳定,是目前医院较为常用的吸入性麻醉剂。

3. 异氟醚

异氟醚（CF_3CHCl—O—CHF_2）是安氟醚的同分异构体，是一种略带刺激性醚样臭味的无色液体，性质稳定，是目前医院较为常用的吸入性麻醉剂。

4. 环氧乙烷

环氧乙烷是最简单的环醚，为无色有毒气体，沸点为 13.5 ℃，一般储存于钢瓶中。环氧乙烷能溶于水、乙醇、乙醚等溶剂。它的化学性质很活泼，可作为多种工业的原料，也是一种高效消毒剂，广泛用于物品及器械消毒。由于它易燃、易爆、有毒，故在使用时应特别注意安全。

知识拓展

维生素 E ——具有延缓衰老作用的物质

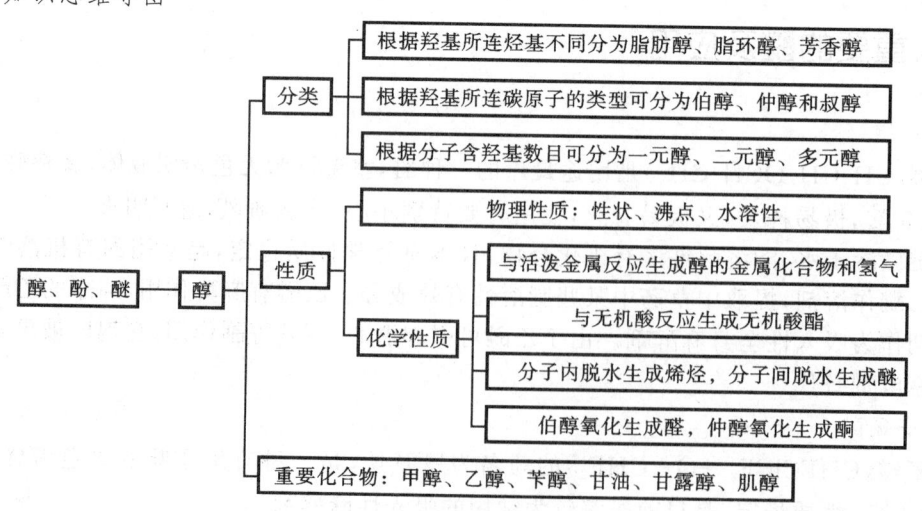

1922 年科学家发现了维生素 E，1938 年首次人工合成。维生素 E 是一组化学结构近似的酚类化合物。因其与动物的生殖功能有关，其中有四种称为生育酚，分别加上 α、β、γ、δ 来相互区别。α-生育酚是天然存在形式中最常见、生物活性最高的一种。

1945 年提出了第一个有关维生素 E 的抗氧化性理论。随后的研究发现维生素 E 定位于细胞膜，作为抗氧化剂，可以阻断细胞膜中过氧化物的生成，维持细胞膜的完整性，是体内抗氧化机理的第一道防线。也有研究证实，维生素 E 能减慢动物成熟后蛋白质分解代谢的速率，具有延缓衰老的作用。

维生素 E 含量丰富的食品有植物油、麦胚、坚果等。

 本章小结

1. 知识思维导图

```
                  ┌─ 根据羟基所连烃基不同分为脂肪醇、脂环醇、芳香醇
         ┌─ 分类 ─┼─ 根据羟基所连碳原子的类型可分为伯醇、仲醇和叔醇
         │        └─ 根据分子含羟基数目可分为一元醇、二元醇、多元醇
         │
         │        ┌─ 物理性质：性状、沸点、水溶性
醇、酚、醚 ─ 醇 ─┼─ 性质 ─┤              ┌─ 与活泼金属反应生成醇的金属化合物和氢气
         │        │       │              ├─ 与无机酸反应生成无机酸酯
         │        └─ 化学性质 ─┤              ├─ 分子内脱水生成烯烃，分子间脱水生成醚
         │                     └─ 伯醇氧化生成醛，仲醇氧化生成酮
         │
         └─ 重要化合物：甲醇、乙醇、苄醇、甘油、甘露醇、肌醇
```

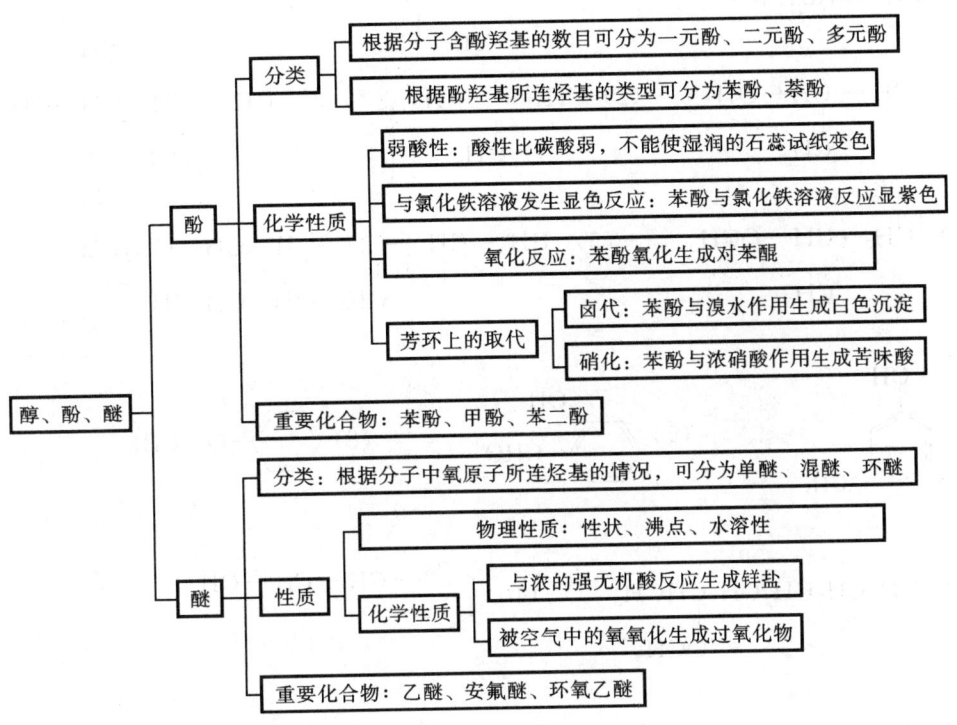

2. 学习方法概要

　　醇、酚、醚的学习要紧紧围绕其结构进行,首先要从结构入手,找出这三类有机化合物在结构上的相同点与差异,在此基础上明确醇、酚、醚的概念及分类。如羟基与脂肪烃基、脂环烃基或芳香烃基(芳基)侧链的碳原子相连的有机化合物为醇,羟基与芳香烃基(芳基)直接相连的有机化合物为酚,两个烃基通过氧原子相连的有机化合物为醚;伯醇的羟基所连碳原子上有两个氢原子,仲醇的羟基所连碳原子上有一个氢原子,叔醇的羟基所连碳原子上没有氢原子。理解结构决定性质,学会根据有机化合物的命名原则对有机化合物进行命名;醇、酚、醚的化学性质应从结构上去分析、记忆,注意反应条件对产物的影响,如羟基所连碳原子上有氢原子的醇能被氧化,否则难被氧化;醇在高温下发生分子内脱水,低温下发生分子间脱水。根据醇、酚、醚的性质理解其应用。

目标检测

一、填空题

1. 写出下列化合物的结构简式。

丙三醇＿＿＿＿＿＿＿＿,叔丁醇＿＿＿＿＿＿＿＿,仲丁醇＿＿＿＿＿＿＿＿,

2-丁烯-1-醇＿＿＿＿＿＿＿＿,2,2-二甲基-3-戊炔-1-醇＿＿＿＿＿＿＿＿,甲醚＿＿＿＿＿＿＿＿,

异丙基醚＿＿＿＿＿＿＿＿,苯甲醚＿＿＿＿＿＿＿＿,甲乙醚＿＿＿＿＿＿＿＿,

石炭酸＿＿＿＿＿＿＿＿,苦味酸＿＿＿＿＿＿＿＿,均苯三酚＿＿＿＿＿＿＿＿,

间甲苯酚＿＿＿＿＿＿＿＿,α-萘酚＿＿＿＿＿＿＿＿。

2. 命名下列化合物

(1) $CH_3-CH-OH$
  $\quad\quad\quad\;|$
  $\quad\quad\quad CH_3$

(2) $CH_3-\overset{\displaystyle CH_3}{\underset{\displaystyle CH_3}{\overset{|}{\underset{|}{C}}}}-OH$

(3) $CH_3-\overset{\displaystyle CH_3}{\overset{|}{CH}}-\underset{\displaystyle OH}{\underset{|}{CH}}-CH_3$

(4) $CH_3-\underset{\displaystyle CH_3}{\underset{|}{CH}}-OCH_3$

(5) $CH_3-CH_2-\underset{\displaystyle CH_3}{\underset{|}{CH}}-\underset{\displaystyle OH}{\underset{|}{CH}}-\underset{\displaystyle CH_2CH_3}{\underset{|}{CH}}-CH_2CH_3$

(6) 苯环, OH, CH₃ (间位)

(7) 苯环, OH, CHO (邻位)

(8) 苯环, $O-CH_3$

(9) $CH_3CH_2CH_2CH_2\underset{\displaystyle OCH_3}{\underset{|}{CH}}CH_3$

(10) 苯环 $-CH_2-CH_2-OH$

二、问答题

1. 蒸馏乙醚之前,为什么要用湿润的淀粉-碘化钾试纸检验是否含有过氧化物?若有,该如何除去?

2. 低级直链饱和一元醇为无色透明、有酒精(乙醇)气味的液体,含 3 个及 3 个以下碳原子的低级醇能与水混溶。从丁醇开始,醇在水中的溶解度相应减小;高级醇甚至不溶于水,而能溶于石油醚等烃类溶剂,为什么?

3. 简述如何用化学方法区别下列化合物。

(1) 1-溴丁烷、正丁醇、正丁醚

(2) 1-丁醇、2-甲基-2-丁醇、2-丁醇

(3) 苯甲醚、邻甲苯酚、苯甲醇

(4) 苯甲醚、甲苯、对甲苯酚

4. 如何检验环己醇中是否含有少量的苯酚?若有,该如何分离?

三、完成下列反应式

1. 写出 2-丁醇与下列试剂反应的反应式。

(1) $NaBr$、H_2SO_4 (2) 金属钠 (3) $K_2Cr_2O_7$-H_2SO_4 (4) 浓 $H_2SO_4/\triangle$

2. 写出甲丙醚与下列试剂反应的化学方程式。

(1) 浓硫酸 (2) HI

3. 写出苯酚与下列试剂反应的化学方程式。

(1) 5%NaOH 溶液 (2) 稀硝酸 (3) $K_2Cr_2O_7$-H_2SO_4 (4) 溴水

四、综合题

1. 某物质 A 的分子式为 $C_5H_{12}O$,与钠反应放出氢气。它经氧化后的产物是 B,分子式为

$C_5H_{10}O$，B 不与钠作用放出氢气。A 在 170 ℃下与浓硫酸作用主要产物为 C。C 经 $K_2Cr_2O_7$-H_2SO_4 处理得到丙酮和乙酸。写出 A、B、C 的结构简式及题中有关反应式。

2. 有一化合物，分子式为 $C_6H_{14}O$，不与金属钠作用，和过量的浓氢碘酸共热时，生成一种结构的碘代烷，试推测化合物可能的结构。

第六章

醛、酮

 学习目标

1. 熟悉醛、酮的结构、分类和命名；
2. 了解醛、酮的物理性质；
3. 掌握醛、酮的化学性质及其应用；
4. 学会鉴定醛、酮的方法。

醛和酮分子中都含有相同的官能团——羰基（ $\diagdown$ C=O ），统称为羰基化合物。羰基是碳原子和氧原子通过双键结合在一起的极性键。羰基碳原子上连有两个烃基的化合物为酮，连有一个或两个氢原子的为醛，此时则把羰基与氢原子合并称为醛基，即 $-\overset{\displaystyle O}{\underset{\displaystyle}{C}}-H$ （或—CHO），醛基总是位于碳链的一端。醛和酮的通式分别为

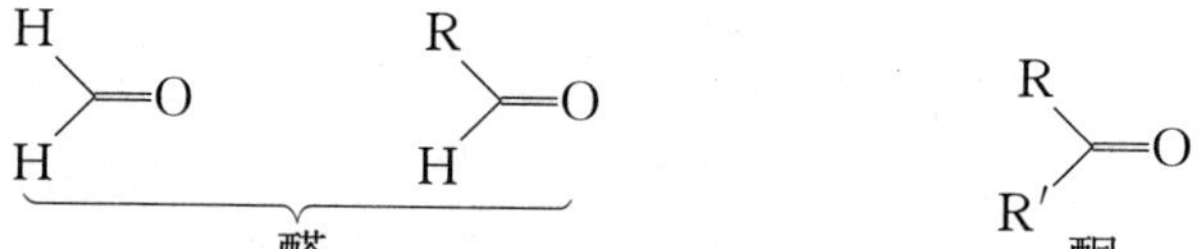

$$\underbrace{\overset{H}{\underset{H}{>}}C=O \qquad \overset{R}{\underset{H}{>}}C=O}_{醛} \qquad \overset{R}{\underset{R'}{>}}C=O$$
醛　　　　　　　　　　　　酮

醛和酮的结构相似，化学性质也有很多相似的地方。醛、酮是重要的有机化合物，许多醛、酮是重要的工业原料，如甲醛聚合成的聚甲醛，能用于国防、交通、化工、运输、纺织等行业，有些是香料或重要的药物。

第一节　醛和酮的分类和命名

一、醛、酮的分类

醛、酮的分类方法一般有以下三种。

（1）根据羰基所连烃基的不同,醛、酮可分为脂肪醛、酮,脂环醛、酮和芳香醛、酮。例如:

$$CH_3CH_2CHO$$
脂肪醛

$$CH_3-\overset{O}{\overset{\|}{C}}-CH_3$$
脂肪酮

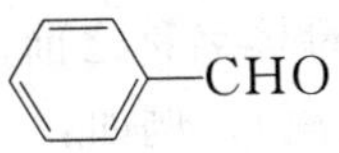

苯—CHO
芳香醛

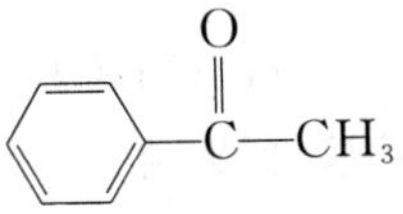

$$\overset{O}{\overset{\|}{C}}-CH_3$$ （苯基）
芳香酮

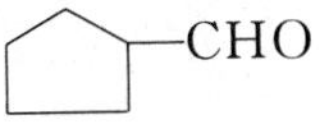

环戊基—CHO
脂环醛

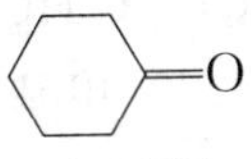

环己基=O
脂环酮

（2）根据烃基中是否含有不饱和键,可以分为饱和醛、酮和不饱和醛、酮。例如:

$$CH_3CH_2CHO$$
饱和醛

$$CH_3-\overset{O}{\overset{\|}{C}}-CH_2CH_3$$
饱和酮

$$CH_2=CHCHO$$
不饱和醛

$$CH_2=CH-\overset{O}{\overset{\|}{C}}-CH_3$$
不饱和酮

（3）根据分子中所含羰基的数目,可以分为一元醛、酮和多元醛、酮。例如:

$$HCHO$$
一元醛

$$CH_3-\overset{O}{\overset{\|}{C}}-CH_3$$
一元酮

$$OHC-CHO$$
多元醛

$$CH_3-\overset{O}{\overset{\|}{C}}-CH_2-\overset{O}{\overset{\|}{C}}-CH_3$$
多元酮

酮还可以根据羰基碳原子两端所连的烃基是否相同分为单酮和混酮。例如:

$$CH_3-\overset{O}{\overset{\|}{C}}-CH_3$$
单酮

$$CH_3-\overset{O}{\overset{\|}{C}}-CH_2CH_3$$
混酮

二、醛、酮的命名

简单的醛、酮常用普通命名法。醛的普通命名与醇的相似,可在烃基的名称后面加一个"醛"字,称为某醛,有异构体的用"正""异""新"等字来区分。酮的普通命名是在羰基所连两个烃基名称后加上"酮"字,简单烃基放在前面,复杂烃基放在后面,"基"字可以省略。如有芳基,则将芳基写在前面。例如:

$$CH_3CH_2CH_2CH_2CHO$$
正戊醛

$$CH_3\overset{CH_3}{\overset{\|}{C}H}CH_2CHO$$
异戊醛

$$CH_3\overset{CH_3}{\underset{CH_3}{\overset{\|}{C}}}CHO$$
新戊醛

$$CH_3-\overset{O}{\overset{\|}{C}}-CH_2CH_3$$
甲乙酮

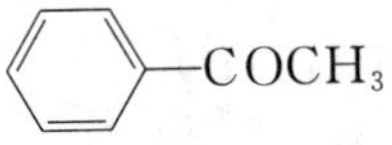

苯—COCH_3
苯甲酮

复杂醛、酮的命名采用系统命名法。

（1）脂肪醛、酮　选择包含羰基的最长碳链为主链,根据主链所含碳原子的数目称为某醛或某酮。主链碳原子的编号从靠近羰基的一端开始,醛基总是位于链端,编号为 1,命名时不必标明它的位次。酮除丙酮、丁酮和苯乙酮外,其他酮分子中的羰基必须标明位次,取代基的位次和名称放在母体名称之前。基本格式如下:取代基的位次-数目及名称-羰基的位次(醛基不必标明)-某醛(酮)。例如:

$$\overset{CH_3}{\underset{4\quad 3|\quad 2\quad 1}{CH_3\ C\ HCH_2\ CHO}}$$
3-甲基丁醛

$$\overset{O\quad\quad CH_3}{\underset{1\quad 2\|\quad 3\quad 4|\quad 5}{CH_3-C-CH_2\ C\ HCH_3}}$$
4-甲基-2-戊酮

碳原子的编号有时也用希腊字母 $\alpha,\beta,\gamma,\cdots$ 来表示,α 是指靠近羰基的碳原子,其次是 β、γ 等,若有两个 α 碳原子,可以用 α、α' 表示。例如:

$$\overset{CH_3}{\underset{\gamma\quad \beta|\quad \alpha}{CH_3\ C\ HCH_2\ CHO}}$$
β-甲基丁醛

$$\overset{O\quad\quad CH_3}{\underset{\alpha'\quad \|\quad \alpha\quad \beta|}{CH_3-C-CH_2\ C\ HCH_3}}$$
β-甲基-2-戊酮

(2)芳香醛、酮　芳香醛、酮命名时,常以脂肪醛或脂肪酮为母体,把芳香烃基(芳基)作为取代基。例如:

1-苯基-1-丙酮

(3)脂环醛、酮　脂环醛的命名与芳香醛的命名一致。脂环酮的命名是根据构成碳环原子的总数命名为环某酮。若环上有取代基,编号时使羰基位次最小。例如:

环戊基甲醛　　　　　　2-甲基环己酮

(4)不饱和醛、酮　选择同时含有不饱和键及羰基在内的最长碳链为主链,编号从靠近羰基的一端开始,称为某烯醛或某烯酮,同时要标明不饱和键和酮羰基的位次。例如:

$$\overset{CH_2CH_3}{\underset{}{CH_2=CCH_2COCH_3}}$$
4-乙基-4-戊烯-2-酮

$$\boxed{}-CH=CHCHO$$
3-苯基-2-丙烯醛

$$\overset{CH_3}{\underset{7\quad 6\quad 5\quad 4\quad 3|\quad 2\quad 1}{CH_2=CHCH_2CH_2CHCH_2CHO}}$$
3-甲基-6-庚烯醛

$$\overset{O\quad\quad CH_3}{\underset{1\quad 2\|\quad 3\quad 4|\quad 5\quad 6\quad 7}{CH_3-C-CH_2CHCH_2C\equiv CH}}$$
4-甲基-6-庚炔-2-酮

另外,醛和酮的命名有时也可根据其来源或性质采用俗名。例如:

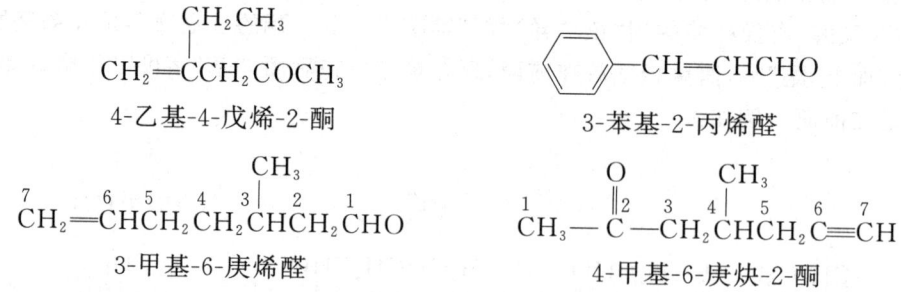

$CH_3CH=CHCHO$
巴豆醛
(2-丁烯醛)

$\boxed{}-CH=CHCHO$
肉桂醛
(3-苯基丙烯醛)

水杨醛
(邻羟基苯甲醛)

第二节 醛、酮的性质

一、物理性质

常温下,除甲醛是气体外,分子中含 12 个以下碳原子的脂肪醛、酮均为无色液体,高级脂肪醛、脂肪酮和芳香酮多为固体。

低级醛具有刺激性臭味,而某些高级醛、酮则有香味。如香草醛具有香草气味,环十五酮有麝香的香味,可用于化妆品及食品香精等。

醛、酮分子中的羰基氧能与水分子中的氢形成分子间氢键,因此低级醛、酮易溶于水,含 5 个以上碳原子的醛、酮难溶于水,醛、酮易溶于有机溶剂。醛、酮分子间不能形成氢键,它们的沸点比相对分子质量相近的醇低。但由于羰基是极性基团,增加了分子间引力,故沸点比相应的烷烃高。

二、化学性质

醛、酮的化学性质主要是由羰基决定的。在羰基中,由于氧原子的电负性比碳原子大,使 π 电子云发生偏移,形成一个极性不饱和键,氧原子带部分负电荷,羰基碳原子带少量的正电荷(图 3-6-1),故羰基比较活泼。

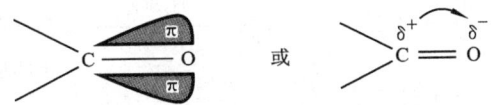

图 3-6-1 羰基电子云分布示意图

醛、酮分子中羰基结构的共同特点,使两类化合物具有相似的化学性质,例如,都能发生亲核加成反应、还原反应、α-氢的反应等。但由于醛的羰基碳原子上至少连有一个氢原子,而酮的羰基碳原子上连有两个烃基,因此,醛和酮的化学性质也有差异。在一般反应中,醛比酮具有更高的反应活性,某些醛能发生的反应,酮则不能发生(图 3-6-2)。

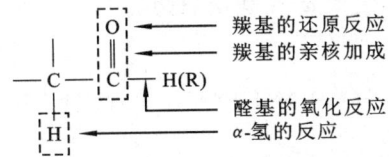

图 3-6-2 醛、酮发生化学反应的主要部位

(一) 醛、酮的相似性质

1. 羰基上的加成反应

羰基上的加成反应为亲核加成反应,可用通式表示为

$$\underset{(R')H}{\overset{R}{\diagdown}}\overset{\delta^+}{C}=\overset{\delta^-}{O} + \overset{\delta^+}{H}\vdots\overset{\delta^-}{Nu} \rightleftharpoons (R')H-\underset{OH}{\overset{R}{\underset{|}{\overset{|}{C}}}}-Nu$$

$$亲核试剂$$

$$(Nu^- : =CN^-, HSO_3^-, R^-, OR^-, NHY^-)$$

不同的醛、酮进行亲核加成反应的活性不同,其活性次序如下:

$$HCHO > RCHO > ArCHO > CH_3COCH_3 > CH_3COR > RCOR$$

(1) 与氢氰酸加成　醛、脂肪族甲基酮和分子中少于 8 个碳原子的环酮都能与氢氰酸发生加成反应,生成 α-羟基腈(或 α-氰醇)。

$$\underset{(CH_3)H}{\overset{R}{\diagdown}}C=O + HCN \rightleftharpoons (CH_3)H-\underset{OH}{\overset{R}{\underset{|}{\overset{|}{C}}}}-CN$$

$$(酮)或醛 \qquad\qquad α-羟基腈(α-氰醇)$$

α-羟基腈经水解反应可以得到比原来醛、酮多一个碳原子的羟基酸。该反应在有机合成中常用来增长碳链。

$$CH_3CHO \xrightarrow{HCN} CH_3-\underset{OH}{\overset{H}{\underset{|}{\overset{|}{C}}}}-CN \xrightarrow{H_3O^+} CH_3-\underset{OH}{\overset{H}{\underset{|}{\overset{|}{C}}}}-COOH$$

丙酮与 HCN 作用生成 α-羟基腈,在硫酸存在下与甲醇作用,生成 α-甲基丙烯酸甲酯,它是合成有机玻璃的单体。反应过程如下:

$$CH_3COCH_3 \xrightarrow{HCN} CH_3-\underset{OH}{\overset{CH_3}{\underset{|}{\overset{|}{C}}}}-CN \xrightarrow[CH_3OH,\triangle]{H_2SO_4} CH_2=\overset{CH_3}{\underset{|}{C}}COOCH_3$$

$$α-甲基丙烯酸甲酯$$

$$nCH_2=\overset{CH_3}{\underset{|}{C}}COOCH_3 \xrightarrow{聚合} \begin{bmatrix} CH_2-\overset{CH_3}{\underset{|}{\underset{COOCH_3}{\overset{|}{C}}}} \end{bmatrix}_n$$

$$有机玻璃$$

(2) 与亚硫酸氢钠加成　醛、脂肪族甲基酮和分子中少于 8 个碳原子的环酮都能与饱和亚硫酸氢钠溶液发生加成反应,生成 α-羟基磺酸钠。

$$\underset{(CH_3)H}{\overset{R}{\diagdown}}C=O + NaHSO_3 \rightleftharpoons (CH_3)H-\underset{SO_3Na}{\overset{R}{\underset{|}{\overset{|}{C}}}}-OH\downarrow$$

$$α-羟基磺酸钠$$

α-羟基磺酸钠不溶于亚硫酸氢钠的饱和溶液,以白色沉淀的形式析出,利用此性质可以鉴别醛、酮。α-羟基磺酸钠遇稀酸或稀碱又可以分解生成原来的醛、酮。因此,利用此性质可以从混合物中分离提纯醛或甲基酮。

$$(CH_3)H\text{—}\overset{R}{\underset{SO_3Na}{\overset{|}{C}}}\text{—}OH + HCl \longrightarrow R\text{—}\overset{O}{\overset{\|}{C}}\text{—}H(CH_3) + SO_2\uparrow + NaCl + H_2O$$

$$(CH_3)H\text{—}\overset{R}{\underset{SO_3Na}{\overset{|}{C}}}\text{—}OH + Na_2CO_3 \longrightarrow R\text{—}\overset{O}{\overset{\|}{C}}\text{—}H(CH_3) + CO_2\uparrow + Na_2SO_3 + H_2O$$

此反应加成产物与氰化钠作用可生成羟基腈,避免使用挥发性的剧毒物 HCN,是合成羟基腈的好方法。

$$PhCHO \xrightarrow[H_2O]{NaHSO_3} PhCH\overset{OH}{\underset{}{|}}SO_3Na \xrightarrow[H_2O]{NaCN} PhCH\overset{OH}{\underset{}{|}}CN \xrightarrow[回流]{HCl} PhCH\overset{OH}{\underset{}{|}}COOH$$

（3）与醇加成　在干燥 HCl 催化下,醛能与醇加成,生成半缩醛。半缩醛不稳定,很难分离出来,可以与另一分子醇进一步缩合,生成缩醛。

$$\overset{R}{\underset{(R'')H}{\overset{|}{C}}}=O \underset{R'OH}{\overset{干燥\ HCl}{\rightleftharpoons}} \left[\overset{R\quad OH}{\underset{(R'')H\quad OR'}{C}}\right] \underset{R'OH}{\overset{干燥\ HCl}{\rightleftharpoons}} \left[\overset{R\quad OR'}{\underset{(R'')H\quad OR'}{C}}\right]$$

半缩醛　　　　　　　　　缩醛

与醛相比,酮形成半缩酮和缩酮要困难些,在干燥 HCl 催化下,酮与过量的二元醇（如乙二醇）缩合,生成环状缩酮。

$$\overset{R}{\underset{R'}{C}}=O + \overset{HO\text{—}CH_2}{\underset{HO\text{—}CH_2}{|}} \xrightarrow{干燥\ HCl} \overset{R\quad O\text{—}CH_2}{\underset{R'\quad O\text{—}CH_2}{C}} + H_2O$$

（4）与格氏试剂加成　格氏试剂非常容易与醛、酮进行加成反应,加成产物不必分离,经水解后生成相应的醇,是制备醇的重要方法之一。

$$\overset{|}{\underset{|}{C}}=O + RMgX \xrightarrow{无水乙醚} \overset{|}{\underset{R}{\overset{OMgX}{\underset{|}{C}}}} \xrightarrow[H^+]{H_2O} \overset{|}{\underset{R}{\overset{OH}{\underset{|}{C}}}}$$

甲醛与格氏试剂作用可得伯醇,其他醛与格氏试剂作用可得仲醇,酮与格氏试剂作用则得到叔醇。

$$HCHO + RMgX \xrightarrow{无水乙醚} RCH_2OMgX \xrightarrow[H^+]{H_2O} RCH_2OH \quad （伯醇）$$

$$R'CHO + RMgX \xrightarrow{无水乙醚} R'\overset{R}{\underset{}{CHOMgX}} \xrightarrow[H^+]{H_2O} R'\overset{R}{\underset{}{CHOH}} \quad （仲醇）$$

$$R'COR'' + RMgX \xrightarrow{无水乙醚} R'\overset{R''}{\underset{R}{COMgX}} \xrightarrow[H^+]{H_2O} R'\overset{R''}{\underset{R}{COH}} \quad （叔醇）$$

（5）与氨的衍生物加成　醛、酮与氨的衍生物如伯胺、羟胺、肼、苯肼、氨基脲等发生加成反应,首先生成不稳定的加成产物,随即从分子内消去一分子水,生成相应的含碳氮双键的化合物。例如:

$$
\begin{array}{c}
CH_3 \\
\diagdown \\
C=O + H_2N-CH_3 \longrightarrow \\
\diagup \\
CH_3
\end{array}
\quad
\begin{array}{c}
CH_3 \\
\diagdown \\
C-NCH_3 \xrightarrow{-H_2O} \\
\diagup\;| \\
CH_3\;\boxed{OH\,H}
\end{array}
\quad
\begin{array}{c}
CH_3 \\
\diagdown \\
C=N-CH_3 \\
\diagup \\
CH_3
\end{array}
$$

伯胺　　　　　　　　　　　　　　　　　　　　希夫碱

$$
\begin{array}{c}
R' \\
\diagdown \\
C=O + H_2N-OH \longrightarrow \\
\diagup \\
R
\end{array}
\quad
\begin{array}{c}
R' \\
\diagdown \\
C-NOH \xrightarrow{-H_2O} \\
\diagup\;| \\
R\;\boxed{OH\,H}
\end{array}
\quad
\begin{array}{c}
R' \\
\diagdown \\
C=N-OH \\
\diagup \\
R
\end{array}
$$

羟胺　　　　　　　　　　　　　　　　　　　　　肟

$$
\begin{array}{c}
R' \\
\diagdown \\
C=O + H_2N-NH-C_6H_5 \longrightarrow \\
\diagup \\
R
\end{array}
\quad
\begin{array}{c}
R' \\
\diagdown \\
C-N-NH-C_6H_5 \xrightarrow{-H_2O} \\
\diagup\;| \\
R\;\boxed{OH\,H}
\end{array}
\quad
\begin{array}{c}
R' \\
\diagdown \\
C=N-NH-C_6H_5 \\
\diagup \\
R
\end{array}
$$

苯肼　　　　　　　　　　　　　　　　　　　　　苯腙

可用通式表示如下:

$$
\begin{array}{c}
\diagdown \\
C=O + H_2N-Y \longrightarrow \\
\diagup
\end{array}
\quad
\begin{array}{c}
\diagdown \\
C-NY \xrightarrow{-H_2O} \\
\diagup\;| \\
\boxed{OH\,H}
\end{array}
\quad
\begin{array}{c}
\diagdown \\
C=N-Y \\
\diagup
\end{array}
$$

一些常见氨的衍生物及其与醛、酮反应产物的结构及名称见表 3-6-1。

表 3-6-1　氨的衍生物与醛、酮反应的产物

氨的衍生物		与醛、酮反应的产物	
名　称	结　构　式	名　称	结　构　式
伯胺	H_2N-R	希夫碱	$R-\underset{\overset{\|}{H(R')}}{C}=N-R$
羟胺	H_2N-OH	肟	$R-\underset{\overset{\|}{H(R')}}{C}=N-OH$
肼	H_2N-NH_2	腙	$R-\underset{\overset{\|}{H(R')}}{C}=N-NH_2$
苯肼	$H_2N-NH-C_6H_5$	苯腙	$R-\underset{\overset{\|}{H(R')}}{C}=N-NH-C_6H_5$
2,4-二硝基苯肼	$H_2N-NH-C_6H_3(NO_2)_2$	2,4-二硝基苯腙	$R-\underset{\overset{\|}{H(R')}}{C}=N-NH-C_6H_3(NO_2)_2$
氨基脲	$H_2N-NH-\underset{\overset{\|\|}{O}}{C}-NH_2$	缩氨脲	$R-\underset{\overset{\|}{H(R')}}{C}=N-NH-\underset{\overset{\|\|}{O}}{C}-NH_2$

肟、苯腙及缩氨脲大多数是白色固体,具有固定的外形和熔点。测定其熔点就可以知道它是由哪一种醛或酮生成的,因此常用来鉴别醛、酮。肟、腙等在稀酸作用下,可水解得到原来的醛、酮,可利用这些反应来分离和精制醛、酮。

2. α-氢的反应

在醛、酮分子中,α-碳是指与羰基碳原子直接相连的碳原子,与α-碳上连接的氢原子为α-氢(α-H)。受羰基吸电子诱导效应的影响,α-碳上 C—H 键的极性增强,反应活性增强,氢原子较易离去,容易发生反应。

(1)卤代与卤仿反应 在酸或碱催化下,醛、酮分子中的α-氢很容易被卤原子所取代,生成α-卤代醛、酮。在酸催化下,容易控制在一元取代阶段。例如:

$$\text{C}_6\text{H}_5\text{-C(=O)-CH}_3 + \text{Br}_2 \xrightarrow[0\,℃]{\text{乙醚}} \text{C}_6\text{H}_5\text{-C(=O)-CH}_2\text{Br}$$

在碱的催化下,化学反应速率很大,若醛、酮分子中有多个α-氢,一般较难停留在一元取代阶段,常常生成α-三卤代物。α-三卤代物在碱性溶液中不稳定,碳碳键断裂,最终产物为三卤甲烷(俗称卤仿)和羧酸盐,所以该反应又称为卤仿反应。反应通式为

$$\text{(H)RCCH}_3 + 3\text{NaOX} \longrightarrow \text{(H)RCCX}_3 + 3\text{NaOH}$$

$$\text{(H)RCCX}_3 \xrightarrow{\text{NaOH}} \text{(H)RCONa} + \text{CHX}_3$$

从反应可以看出,只有 CH_3CO—结构才可以发生卤仿反应,而具有 $\text{CH}_3\text{CH(OH)}$—结构的醇能被次卤酸氧化为 CH_3CO—结构的醛或酮,所以乙醛、α-甲基酮和具有 $\text{CH}_3\text{CH(OH)}$—结构的醇都能发生卤仿反应。当卤素是碘时,称为碘仿反应,反应产生的碘仿为黄色晶体,水溶性极小,且有特殊气味,该反应常常被用来鉴别有机化合物中是否具有 CH_3CO—结构或 $\text{CH}_3\text{CH(OH)}$—结构。

$$\text{CH}_3\text{CH}_2\text{OH} \xrightarrow{\text{NaIO}} \text{CH}_3\text{CHO} \xrightarrow{3\text{NaIO}} \text{HCOONa} + \text{CHI}_3 \downarrow$$

(2)羟醛缩合反应 在稀碱作用下,两分子含α-氢的醛相互作用,生成β-羟基醛(醇醛),这个反应称为羟醛缩合反应。例如:

$$\text{CH}_3\text{-CH=O} + \text{H-CH}_2\text{CHO} \xrightarrow{\text{稀碱}} \text{CH}_3\text{-CH(OH)-CH}_2\text{CHO}$$

β-羟基丁醛

β-羟基醛在稍微受热或酸的作用下,即发生分子内脱水,生成 α,β-不饱和醛。总的结果是两个醛分子间脱去一分子水。

$$\text{CH}_3\text{-CH(OH)-CHCHO} \xrightarrow[\triangle]{-\text{H}_2\text{O}} \text{CH}_3\text{CH=CHCHO}$$

β-羟基丁醛   2-丁烯醛

羟醛缩合反应中,必须至少有一种醛具有α-氢。当两种不同的醛都含有α-氢进行羟醛缩合反应时,生成四种不同的β-羟基醛的混合物,没有实际应用价值。如果只有一种醛含有α-

氢进行羟醛缩合反应,可得到产率较好的一种产物。例如:

$$\text{C}_6\text{H}_5\text{—CHO} + \text{CH}_3\text{CHO} \xrightarrow[10\ ℃]{\text{稀碱}} \text{C}_6\text{H}_5\text{—CH=CHCHO}$$

含有 α-氢的酮也能发生类似的反应,生成 β-羟基酮,脱水后生成 α,β-不饱和酮。例如:

$$\text{CH}_3\text{—}\overset{\text{O}}{\overset{\|}{\text{C}}}\text{—CH}_3 + \text{CH}_2\text{—}\overset{\text{O}}{\overset{\|}{\text{C}}}\text{—CH}_3 \overset{\text{稀碱}}{\rightleftharpoons} \text{CH}_3\text{—}\overset{\text{CH}_3}{\underset{\text{OH}}{\overset{|}{\text{C}}}}\text{—CH}_2\text{—}\overset{\text{O}}{\overset{\|}{\text{C}}}\text{—CH}_3$$

4-甲基-4-羟基-2-戊酮

$$\text{CH}_3\text{—}\overset{\text{CH}_3}{\underset{\text{OH}}{\overset{|}{\text{C}}}}\text{—CH}_2\text{—}\overset{\text{O}}{\overset{\|}{\text{C}}}\text{—CH}_3 \xrightarrow[\triangle]{-\text{H}_2\text{O}} \text{CH}_3\text{—}\overset{\text{CH}_3}{\overset{|}{\text{C}}}\text{=CH—}\overset{\text{O}}{\overset{\|}{\text{C}}}\text{—CH}_3$$

4-甲基-3-戊烯-2-酮

酮分子中由于羰基碳原子受诱导效应和空间效应的影响,使酮缩合反应比较困难,反应只能得到少量的 β-羟基酮。

3. 还原反应

醛和酮都可以被还原,用不同的试剂进行还原可以得到不同的产物。

(1) 羰基被还原成醇羟基　醛、酮在 Ni、Pt、Pd 等金属催化剂作用下,可被 H_2 还原成醇。例如:

$$\underset{醛}{\text{RCHO}} + \text{H}_2 \xrightarrow{\text{Ni}} \underset{伯醇}{\text{RCH}_2\text{OH}}$$

$$\underset{酮}{\text{R—}\overset{\text{O}}{\overset{\|}{\text{C}}}\text{—R}'} + \text{H}_2 \xrightarrow{\text{Ni}} \underset{仲醇}{\text{R—}\overset{\text{OH}}{\overset{|}{\text{C}}\text{H}}\text{—R}'}$$

这种催化加氢方法产率高,但催化剂价格昂贵。若醛、酮分子中含有不饱和键(碳碳双键或碳碳三键等)时,不饱和基团也同时被还原。例如:

$$\text{CH}_3\text{CH=CHCHO} + \text{H}_2 \xrightarrow{\text{Ni}} \text{CH}_3\text{CH}_2\text{CH}_2\text{CH}_2\text{OH}$$

如果用选择性高的金属氢化物,如硼氢化钠(NaBH_4)、氢化铝锂(LiAlH_4),则只有羰基被还原,而碳碳双键等不饱和键一般不被还原。因此,把不饱和醛、酮还原成不饱和醇时常用金属氢化物作为还原剂。例如:

$$\text{CH}_3\text{CH=CHCHO} \xrightarrow[(2)\text{H}_2\text{O},\text{H}^+]{(1)\text{LiAlH}_4,无水乙醚} \text{CH}_3\text{CH=CHCH}_2\text{OH}$$

$$\text{C}_6\text{H}_5\text{—CH=CHCH}_2\text{—}\overset{\text{O}}{\overset{\|}{\text{C}}}\text{—CH}_3 \xrightarrow[\text{C}_2\text{H}_5\text{OH}]{\text{NaBH}_4} \text{C}_6\text{H}_5\text{—CH=CHCH}_2\overset{\text{OH}}{\overset{|}{\text{C}}\text{H}}\text{CH}_3$$

(2) 羰基被还原成亚甲基　羰基还原成亚甲基有以下两种方法。

① 将醛或芳香酮与锌汞齐和浓盐酸一起加热回流,羰基被还原为亚甲基。这种特殊的反应称为克莱门森(Clemmensen)反应。

$$\overset{O}{\underset{|}{-C-}} \xrightarrow[\triangle]{Zn-Hg,HCl} -CH_2-$$

$$\overset{O}{\underset{||}{C_6H_5-C-}}CH_2CH_3 \xrightarrow[\triangle]{Zn-Hg,HCl} C_6H_5-CH_2CH_2CH_3$$

② 将饱和醛或酮与肼反应生成腙,在强酸或碱存在的条件下,其又被还原为亚甲基。

$$\overset{}{>}C=O \xrightarrow[加成,脱水]{NH_2NH_2} \overset{}{>}C=N-NH_2 \xrightarrow[加成,加压]{KOH 或 C_2H_5ONa} \overset{}{>}CH_2 +N_2\uparrow$$

此反应是基希纳和沃尔夫发现的,称为沃尔夫-基希纳反应。

我国化学家黄鸣龙在 1946 年对此反应进行了改进,将醛、酮与氢氧化钠、肼的水溶液在高沸点溶剂(如缩乙二醇($HOCH_2CH_2)_2O$)中一起加热,羰基先与肼作用生成腙,腙在碱性条件下加热失去氮,结果是羰基被还原为亚甲基。

$$C_6H_5-\overset{O}{\underset{||}{C}}-CH_2CH_3 \xrightarrow[(HOCH_2CH_2)_2O,\triangle]{NH_2NH_2,NaOH} C_6H_5-CH_2CH_2CH_3 +N_2\uparrow$$

此反应称为沃尔夫-基希纳-黄鸣龙反应。

克莱门森还原法和沃尔夫-基希纳-黄鸣龙还原法都可将醛、酮的羰基还原成亚甲基,是在苯环上间接引入直链烷基的较好方法。

(二) 醛的特殊性

由于在醛分子中,羰基碳原子上连有氢原子,使醛表现出某些特殊的化学性质。

1. 氧化反应

(1) 与托伦试剂反应 托伦试剂为硝酸银的氨溶液,有效成分为银氨配离子,它能把醛氧化成羧酸,同时银离子被还原为单质银,附着在器壁上形成光亮的银镜。这个反应称为银镜反应。

$$RCHO+2Ag(NH_3)_2OH \longrightarrow RCOONH_4+3NH_3+H_2O+2Ag\downarrow$$

酮不发生上述反应,常利用银镜反应来鉴别醛和酮。

(2) 与费林试剂反应 费林试剂是一种混合溶液,由硫酸铜溶液与氢氧化钠的酒石酸溶液等体积混合而成。氧化剂为二价铜离子,与醛反应时,二价铜离子被还原成砖红色的氧化亚铜沉淀。甲醛则会有铜镜生成。

$$RCHO+2Cu(OH)_2+NaOH \longrightarrow RCOONa+3H_2O+Cu_2O\downarrow$$

酮和芳香醛都不能发生上述反应,可用费林试剂鉴别脂肪醛和酮、脂肪醛与芳香醛及甲醛与其他醛。

2. 歧化反应

不含 α-氢的醛,在浓碱作用下可以发生分子间的氧化还原反应,一分子醛被氧化为酸,另一分子醛被还原为醇,这种反应称为歧化反应,也称坎尼扎罗反应。

$$2HCHO \xrightarrow[\triangle]{浓碱} HCOONa+CH_3OH$$

如果是两种不同的醛且均不含有 α-氢,则在浓碱作用下,发生分子间的氧化还原反应,生成四种不同产物的混合物,没有太大的实用价值。

如果甲醛与其他无 α-氢的醛发生歧化反应,则甲醛被氧化,而另外一种醛被还原,该反应有一定的实用价值。

$$HCHO + \text{〈benzene〉}-CHO \xrightarrow[\triangle]{\text{浓碱}} HCOONa + \text{〈benzene〉}-CH_2OH$$

3. 显色反应

在品红的水溶液中通入二氧化硫,此时溶液呈无色,这种无色溶液称为希夫试剂。醛(除甲醛外)与希夫试剂作用均生成紫红色溶液,加入硫酸后紫红色可消失。

三、重要的醛、酮及应用

1. 甲醛(HCHO)

甲醛又称蚁醛,沸点为−21 ℃,在常温下为无色气体,具有特殊臭味,对眼、鼻和喉部的黏膜有强烈的刺激作用。甲醛易燃,易溶于水,在100 g水中可溶解65 g(20 ℃)。体积分数为40%的甲醛水溶液俗称福尔马林,可用于外科器械、手套、污染物等的消毒,也可用于动物标本及尸体的防腐。农业上用福尔马林来拌种,以防止稻瘟病。

甲醛是结构上比较特殊的醛。羰基直接连接两个氢原子,因此它表现出特殊的化学活性。甲醛和氨作用生成一个结构复杂的化合物——六亚甲基四胺,商品名叫乌洛托品。

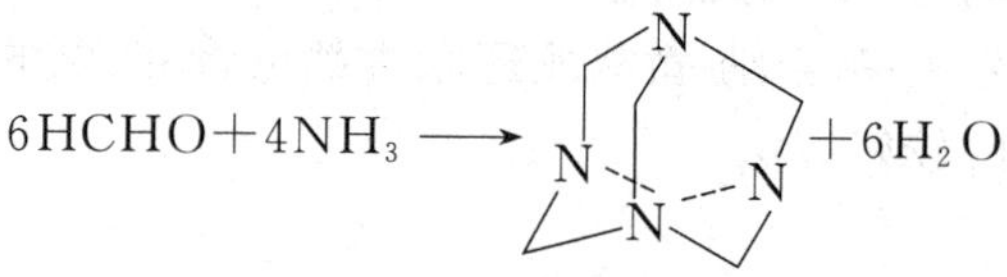

$$6HCHO + 4NH_3 \longrightarrow \text{〈六亚甲基四胺结构式〉} + 6H_2O$$

六亚甲基四胺是无色晶体,熔点为263 ℃,易溶于水,有甜味,燃烧时产生炽热的火焰。乌洛托品在医药上用作利尿剂和尿道消毒剂。内服乌洛托品片剂后,在泌尿系统的酸性环境中能分解出甲醛和氨而呈现杀菌作用,临床上主要用于对于磺胺和抗生素疗效不好的尿路感染,如大肠杆菌所致的肾盂肾炎、膀胱炎、尿道炎等。乌洛托品在尿中排泄迅速,可长期服用,没有毒性,而且细菌对乌洛托品不产生抗药性。

甲醛是重要的有机合成原料,在工业上有广泛用途。甲醛大量用于制造酚醛树脂、脲醛树脂、聚甲醛塑料等。工业上甲醛由甲醇直接氧化制得。

$$2CH_3OH + O_2 \xrightarrow[600\ ℃]{\text{Cu 或 Ag}} 2HCHO + 2H_2O$$

2. 乙醛(CH₃CHO)

乙醛是无色、有刺激气味的液体,沸点为20.8 ℃,可溶于水、乙醇及乙醚中。在少量硫酸和干燥HCl存在下乙醛聚合成环状的多聚乙醛。三聚乙醛是有香味的液体,沸点为124 ℃,在硫酸存在下解聚成乙醛,所以使乙醛形成三聚乙醛是储存乙醛的最方便的方法。乙醛是有机合成的重要原料,可用来合成乙酸、丁醇、季戊四醇等产品。

乙醛中的三个 α-氢可被氯原子取代生成三氯乙醛(CCl₃CHO),它易与水结合生成水合三氯乙醛,简称水合氯醛。水合氯醛是无色晶体,有刺激性气味,味略苦,易溶于水、乙醚及乙醇。其10%的水溶液在临床上作为长效的催眠药,可用于失眠、烦躁不安及惊厥的治疗。它使用安全,不易引起蓄积中毒,但对胃有一定的刺激性。

3. 苯甲醛(〈benzene〉-CHO)

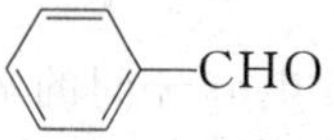

苯甲醛是无色、具有苦杏仁气味的油状液体,沸点为79.1 ℃,有毒,难溶于水,易溶于乙醇、乙醚等有机溶剂。自然界中苯甲醛以糖苷的形式存在于苦杏仁、桃、李的果核中。

苯甲醛是芳香醛的典型代表,除具有一般醛的性质外,还能发生歧化反应、安息香缩合反应。苯甲醛是合成染料和香料的原料。

苯甲醛是重要的化工原料,工业上常用甲苯氧化或由二氯甲苯水解制备。

4. 丙酮($CH_3—CO—CH_3$)

丙酮在常温下是无色液体,沸点为 56.1 ℃,具有令人愉快的香味,易溶于水、乙醇、乙醚等。丙酮是一种优良的溶剂,广泛地用于油漆、合成纤维等工业。丙酮还是合成环氧树脂、有机玻璃等的原料。工业上通过异丙苯氧化法同时获得丙酮和苯酚。

糖尿病患者,由于新陈代谢紊乱,体内常有过量丙酮产生,从尿中排出。尿中是否含有丙酮可用碘仿反应检验。临床上,常用亚硝酰铁氰化钠($Na_2Fe(CN)_5NO$)溶液的显色反应来检验。在尿液中滴加亚硝酰铁氰化钠和碱性溶液,如果溶液显鲜红色,则说明有丙酮存在。

5. 环己酮（ ⬡=O ）

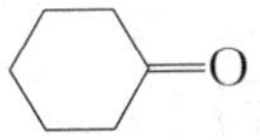

环己酮为一种无色油状液体,气味与丙酮相似,沸点为 155 ℃,微溶于水,易溶于乙醇和乙醚,本身是一种常用的有机溶剂。环己酮的蒸气与空气能形成具有爆炸性的混合气体,使用时要注意安全。

环己酮在催化剂存在下氧化能生成己二酸。环己酮肟在酸作用下重排生成己内酰胺。己二酸和己内酰胺分别为制尼龙 66 和尼龙 6 的原料。环己酮在工业上用作有机合成原料和溶剂,例如它可以溶解硝酸纤维素、涂料、油漆等。

6. 樟脑（ ◺=O ）

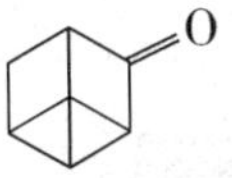

樟脑是一类脂环酮类化合物,学名为 2-莰酮。樟脑是无色半透明晶体,具有穿透性的特异芳香,味略苦而辛,有清凉感,熔点为 176~177 ℃,易升华,不溶于水,能溶于醇等。樟脑是我国特产,台湾地区的产量约占世界总产量的 70%,居世界第一位,其他如福建、广东、江西等地区也有出产。樟脑在医学上用途很广,如用作呼吸循环兴奋药的樟脑油注射剂(10%樟脑的植物油溶液)和樟脑磺酸钠注射剂(10%樟脑磺酸钠的水溶液);用作治疗冻疮、局部炎症的樟脑醑(10%樟脑乙醇溶液);成药清凉油、十滴水和消炎镇痛膏等均含有樟脑。樟脑也可用于驱虫防蛀。

知识拓展

醛和酮的应用

醛、酮在人类的生产、生活中扮演着十分重要的角色,它们是化学工业中常用的重要原料。以甲醛为原料,可以制备聚甲醛树脂、脲醛树脂、酚醛树脂等;以环己酮为原料可以合成锦纶;应用丙酮可以合成有机玻璃等。

醛、酮在医药上应用广泛。甲醛与氨合成的四氮金刚烷(乌洛托品)在医药上可用作利尿剂;40%甲醛水溶液称为福尔马林,在医药上用作消毒剂;脂环酮类化合物——樟脑被用于注射,如樟脑油注射剂、樟脑磺酸钠注射剂等;此外,清凉油、消炎镇痛膏中均含有樟脑。

醛、酮在香料中也占有一定的地位。含 7~16 个碳原子的脂肪醛和一些芳香醛具有特殊的香气,可用于化妆品和食品香精。甲基壬乙醛具有橘子-琥珀香,丁二酮具有奶油香气,3-甲氧基-4-羟基苯甲醛有香夹兰豆的香气,麝香酮常用作贵重香料里的定香剂,苯甲醛也常用于制备香料。

 **本章小结**

1. 知识思维导图

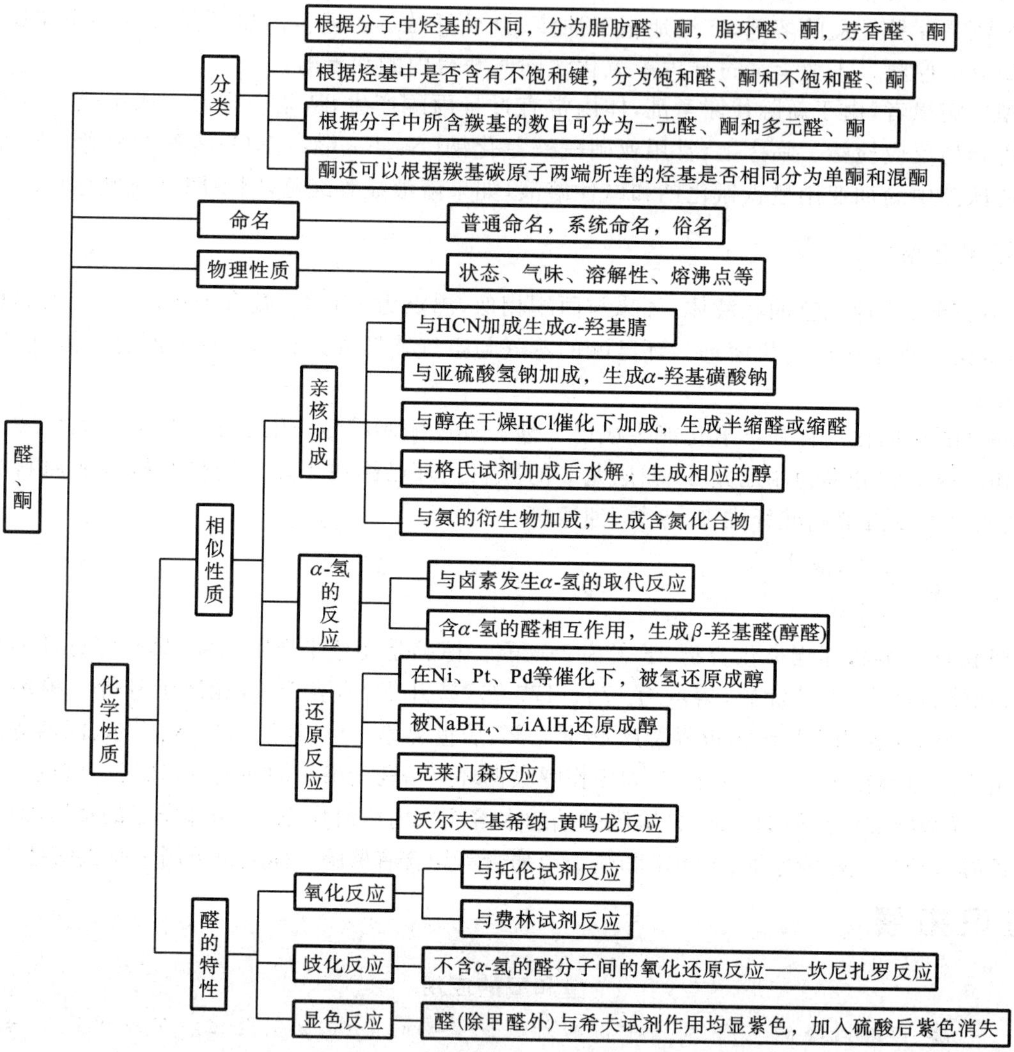

分类
- 根据分子中烃基的不同，分为脂肪醛、酮，脂环醛、酮，芳香醛、酮
- 根据烃基中是否含有不饱和键，分为饱和醛、酮和不饱和醛、酮
- 根据分子中所含羰基的数目可分为一元醛、酮和多元醛、酮
- 酮还可以根据羰基碳原子两端所连的烃基是否相同分为单酮和混酮

命名
- 普通命名，系统命名，俗名

物理性质
- 状态、气味、溶解性、熔沸点等

醛、酮 — 化学性质

相似性质

亲核加成
- 与HCN加成生成α-羟基腈
- 与亚硫酸氢钠加成，生成α-羟基磺酸钠
- 与醇在干燥HCl催化下加成，生成半缩醛或缩醛
- 与格氏试剂加成后水解，生成相应的醇
- 与氨的衍生物加成，生成含氮化合物

α-氢的反应
- 与卤素发生α-氢的取代反应
- 含α-氢的醛相互作用，生成β-羟基醛(醇醛)

还原反应
- 在Ni、Pt、Pd等催化下，被氢还原成醇
- 被NaBH₄、LiAlH₄还原成醇
- 克莱门森反应
- 沃尔夫-基希纳-黄鸣龙反应

醛的特性

氧化反应
- 与托伦试剂反应
- 与费林试剂反应

歧化反应
- 不含α-氢的醛分子间的氧化还原反应——坎尼扎罗反应

显色反应
- 醛(除甲醛外)与希夫试剂作用均显紫色，加入硫酸后紫色消失

2. 学习方法概要

学习本章醛、酮的相关知识时，首先要弄清什么是醛、酮，并能分辨出是哪一种类型的醛、酮。其次学习醛、酮的系统命名法时，要注意与烃及其衍生物之间的联系与区别。醛、酮的化学性质及其应用是重点，学习要紧密结合醛、酮的结构，运用结构决定性质、性质决定用途的辩证观点，深入分析醛、酮的结构，推断出醛、酮可能具有的化学性质，并根据醛、酮结构上的差别，找出醛、酮化学性质的差异及相同化学性质的不同反应活性，把醛、酮的一些应用渗透到醛、酮性质的学习过程中，既能激发学习兴趣，又能加深记忆。

目标检测

综合测评

一、填空题

醛的官能团是_____,最简单的醛是_____,酮的官能团是_____,最简单的酮是_____。

二、命名下列化合物

1. 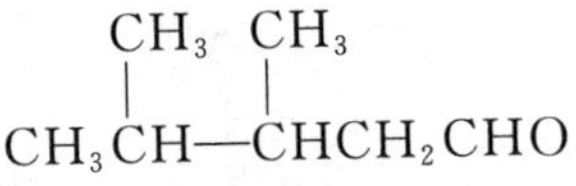 $\underset{\text{CH}_3}{\text{CH}_3\text{CH}}$—$\underset{\text{CH}_3}{\text{CHCH}_2\text{CHO}}$

2. CH₃—⬡—CHO

3. $\underset{\text{CH}_3}{\text{CH}_3\text{CH}}$CH₂—$\overset{\text{O}}{\text{C}}$—CH₂CH₃

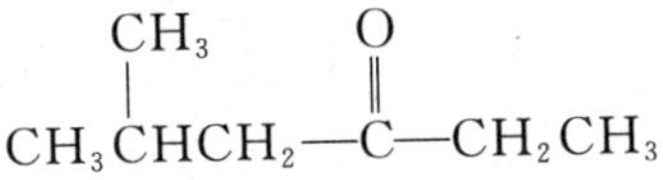

4. ⬡—$\underset{\text{CH}_3}{\text{CH}}$—$\overset{\text{O}}{\text{C}}$—CH₃

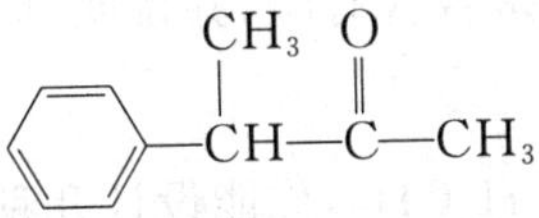

5. CH₃CH=CHCHO

6. 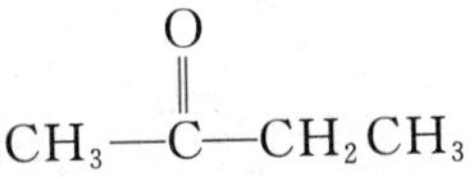 CH₃—$\overset{\text{O}}{\text{C}}$—CH₂CH₃

三、写出下列化合物的结构式

1. 乙醛　　　　　　2. 苯乙酮　　　　　　3. 肉桂酸

4. 3-甲基丁醛　　　5. 2-戊酮　　　　　　6. α-甲基-3-戊酮

四、用化学方法鉴别下列化合物

1. 丙醛、丙酮　　　　　　　　　2. 戊醛、2-戊酮、3-戊酮

3. 乙醛、乙醇、乙醚　　　　　　4. 苯酚、苯乙酮

五、完成下列反应式

1. CH₃CHO $\xrightarrow{\text{[O]}}$

2. 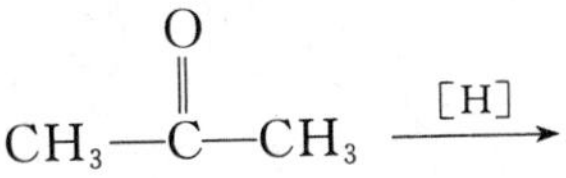 CH₃—$\overset{\text{O}}{\text{C}}$—CH₃ $\xrightarrow{\text{[H]}}$

3. 2HCHO $\xrightarrow{\text{浓 NaOH}}$

4. 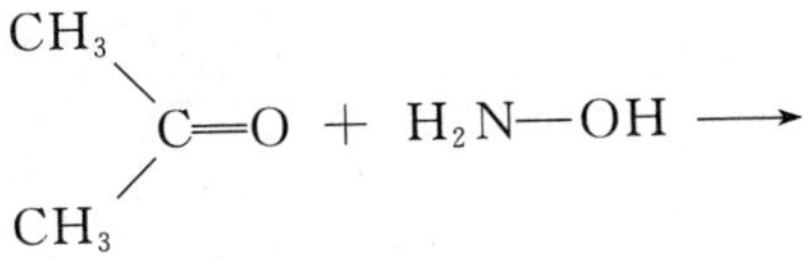 $\underset{\text{CH}_3}{\overset{\text{CH}_3}{\text{C}}}$=O + H₂N—OH $\longrightarrow$

5. 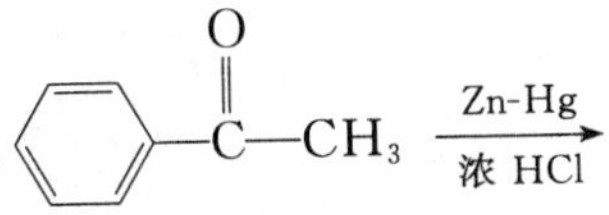 ⬡—$\overset{\text{O}}{\text{C}}$—CH₃ $\xrightarrow[\text{浓 HCl}]{\text{Zn-Hg}}$

6. 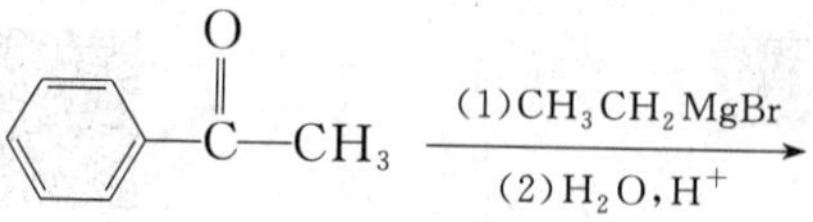 $\underset{\text{(苯基)}}{\overset{\overset{\displaystyle O}{\parallel}}{\text{C}}}-CH_3 \xrightarrow[\text{(2)}H_2O,H^+]{\text{(1)}CH_3CH_2MgBr}$

7.  $Br-\underset{}{\text{(苯基)}}-CHO + HCN \longrightarrow$

六、综合题

1. 用指定原料合成指定产物,其他试剂可任选。

(1) 从 2-戊酮制备正丁酸。

(2) 从正丁醇制备正戊酸。

2. 推断题。

某化合物 A($C_7H_{16}O$)被氧化后的产物能与苯肼作用生成苯腙,A 用浓硫酸加热脱水得 B。B 经酸性高锰酸钾氧化后生成两种产物:一种产物能发生碘仿反应;另一种产物为正丁酸。写出 A 的结构简式。

3. 设计题。

(1)设计一种简便的方法,帮助某工厂分析其排出的废水中是否含有醛,并说明其理由。

(2) 利用格氏试剂和羰基化合物合成 $CH_3CH_2-\underset{\underset{\displaystyle OH}{|}}{\overset{\overset{\displaystyle CH_3}{|}}{C}}-CH_2CH_2CH_3$,你能设计几种格氏试剂和羰基化合物? 试写出全部反应式。

第七章

羧酸及其衍生物

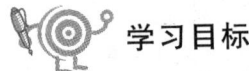
学习目标

1. 了解羧酸的结构、分类,熟悉几种羧酸的应用;
2. 掌握羧酸的命名和主要化学性质;
3. 熟悉取代酸的结构及性质;
4. 掌握羧酸衍生物的种类及性质。

羧酸或有机酸是一类含有羧基(—COOH)的化合物,广泛存在于动植物体中。除甲酸外,均可看作烃分子中的氢原子被羧基取代而生成的化合物。通式为 R(H)COOH,羧基(—COOH)是羧酸的官能团。羧酸广泛存在于自然界中,并与人类生活关系密切。例如,水果中含有柠檬酸、苹果酸,食醋是含有 3.5%~9%乙酸的水溶液;多种草本植物中含有草酸的钙盐、钾盐;肥皂是高级脂肪酸的钠盐。

第一节　羧　　酸

一、羧酸的分类和命名

1. 羧酸的分类

羧酸的分类通常有两种方法。

(1)根据与羧基相连烃基的不同,羧酸可分为脂肪酸、脂环酸和芳香酸。脂肪酸又可分为饱和脂肪酸和不饱和脂肪酸。例如:

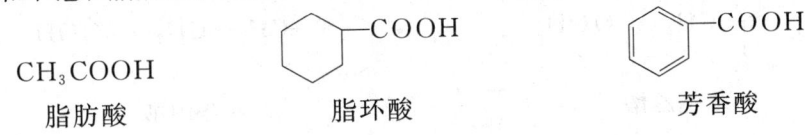

CH_3COOH		
脂肪酸	脂环酸	芳香酸

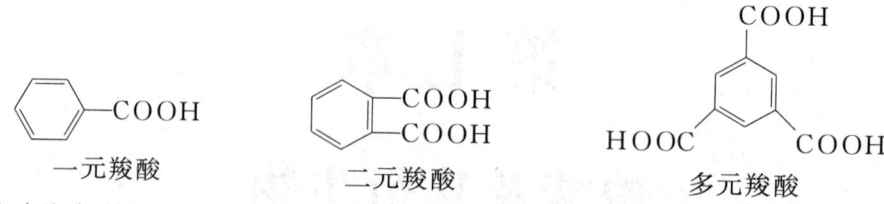

$$CH_3-(CH_2)_{14}-COOH$$
饱和脂肪酸

$$CH_3CH=CHCH_2COOH$$
不饱和脂肪酸

（2）根据羧基的数目不同，羧酸可分为一元羧酸、二元羧酸和多元羧酸。例如：

一元羧酸 $\qquad$ 二元羧酸 $\qquad$ 多元羧酸

2. 羧酸的命名

（1）饱和脂肪酸　饱和脂肪酸的命名与醛、酮的命名相似。即选择含有羧基的最长碳链为主链，从羧基开始给主链碳原子编号，然后按照取代基的位次、数目名称及母体的碳原子个数称某酸。例如：

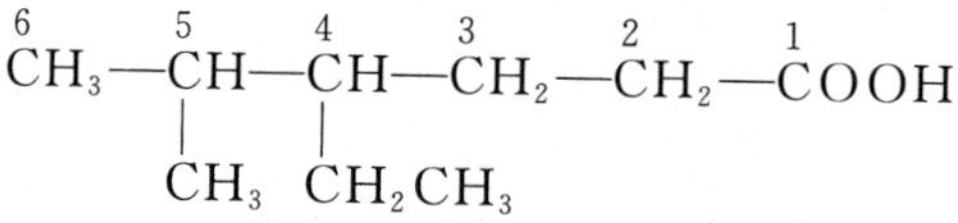

$$\overset{6}{CH_3}-\overset{5}{CH}-\overset{4}{CH}-\overset{3}{CH_2}-\overset{2}{CH_2}-\overset{1}{COOH}$$
$$\quad\;\; | \quad\;\; |$$
$$\quad\;\; CH_3 \;\; CH_2CH_3$$

5-甲基-4-乙基己酸

$$\overset{6}{CH_3}-\overset{5}{CH}-\overset{4}{CH}-\overset{3}{CH_2}-\overset{2}{CH}-CH_2-CH_3$$
$$\quad\;\; | \quad\;\; | \qquad\qquad |$$
$$\quad\;\; CH_3 \;\; CH_2CH_3 \qquad \underset{1}{COOH}$$

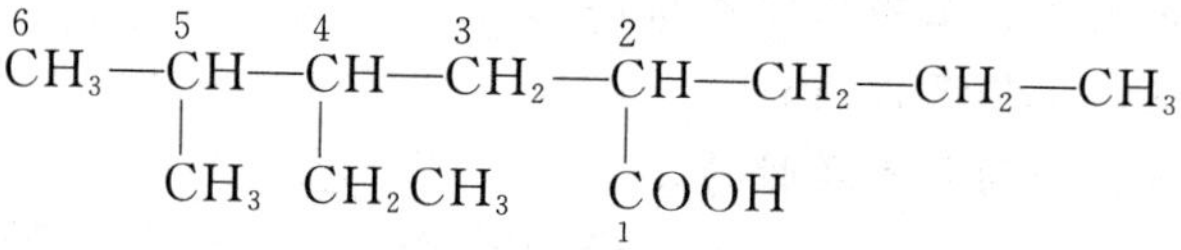

5-甲基-4-乙基-2-丙基己酸

（2）不饱和脂肪酸　不饱和脂肪酸命名时，选择含有羧基和不饱和键在内的最长碳链为主链，称为烯酸（或炔酸），并把不饱和键的位次写在"某烯酸"之前。如果主链上碳原子数目大于 10，母体称为"碳烯酸"。例如：

$$H_2C=CH-COOH$$
丙烯酸

$$H_3C-CH=CH-COOH$$
2-丁烯酸

$$CH_3(CH_2)_7CH=CH(CH_2)_7COOH$$
9-十八碳烯酸

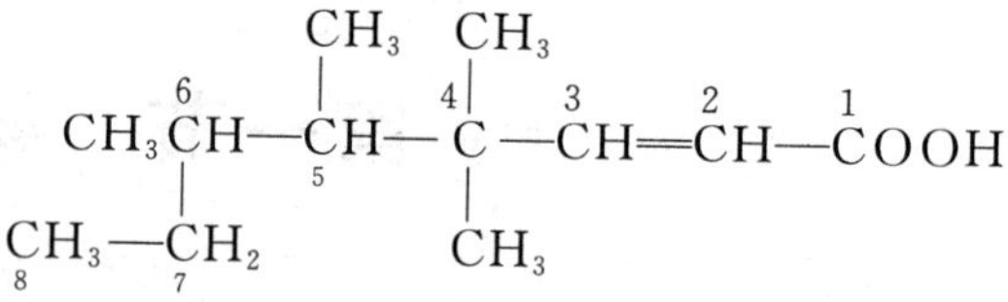

4,4,5,6-四甲基-2-辛烯酸

（3）脂环酸和芳香酸　它们的命名与脂肪酸的命名相同，通常将脂环烃基与芳香烃基（芳基）作为取代基来命名。例如：

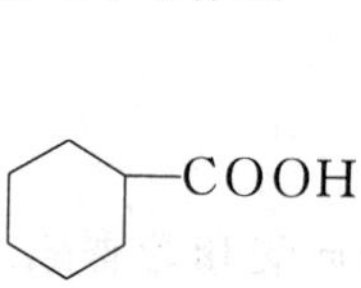

环己基甲酸

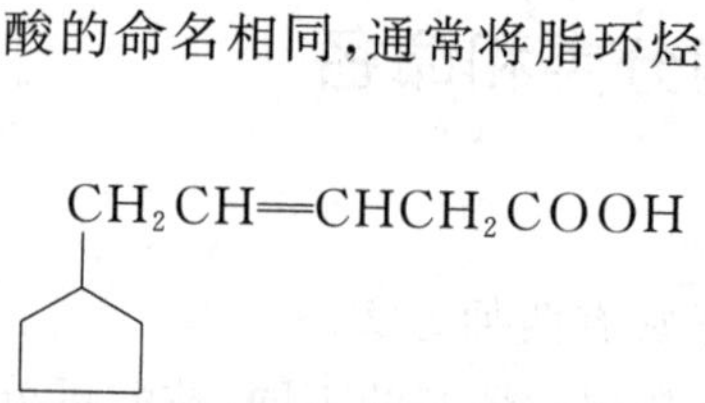

5-环戊基-3-戊烯酸

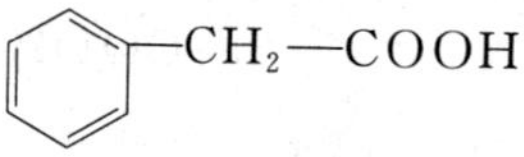

苯基乙酸

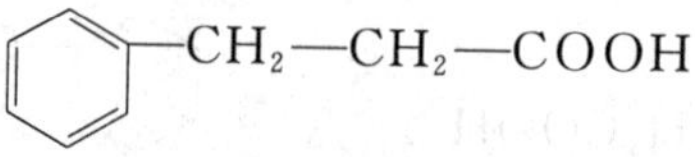

3-苯基丙酸

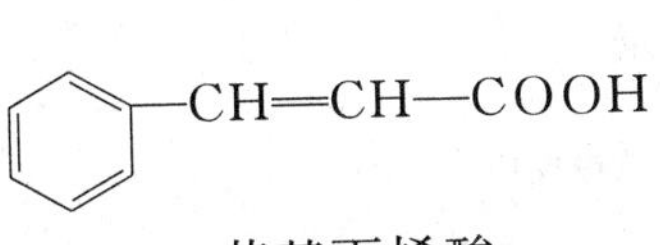

$$\text{苯环}-CH=CH-COOH$$
$$\text{苯环}-CH_2-C=CH-COOH \quad (带\ CH_3\ 支链)$$

3-苯基丙烯酸 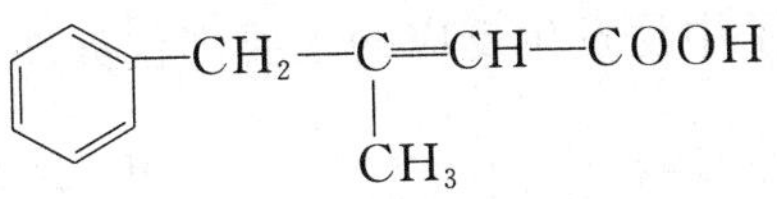   3-甲基-4-苯基-2-丁烯酸

（4）多元羧酸　选择含有两个羧基的最长碳链为主链,称为"某二酸",其余的侧链作为取代基,写在主链名称前面。例如：

HOOC—COOH $HOOC-CH_2-CH_2-COOH$ $H_3C-\text{苯环}(COOH)_2$

乙二酸   丁二酸   4-甲基-1,2-苯二甲酸

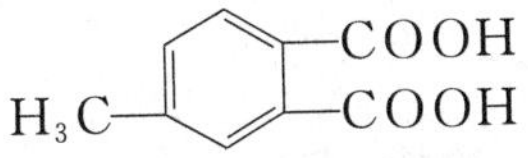

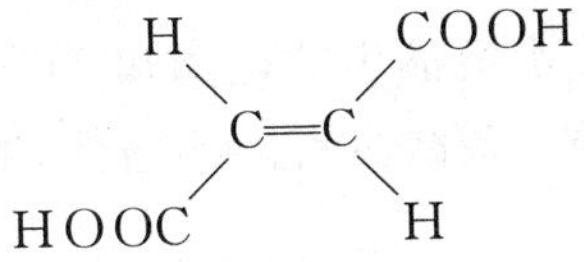

反-丁烯二酸 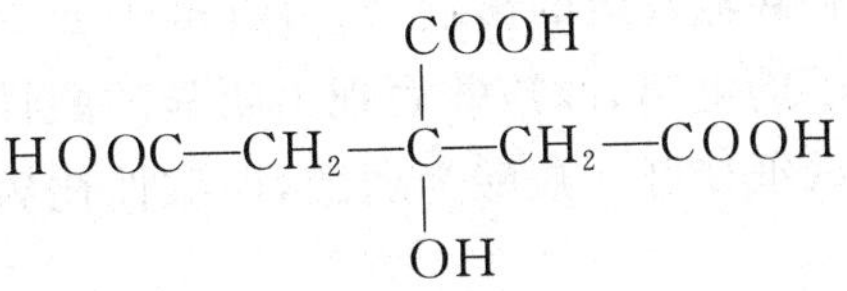   3-羟基-3-羧基戊二酸

$$HOOC-CH_2-\underset{OH}{\overset{COOH}{\underset{|}{\overset{|}{C}}}}-CH_2-COOH$$

有些羧酸还可根据来源和性质采用俗名命名。例如甲酸俗称蚁酸,乙二酸俗称草酸,3-苯丙烯酸俗称肉桂酸,3-羟基-3-羧基戊二酸俗称柠檬酸等。

二、羧酸的性质

（一）物理性质

甲酸、乙酸、丙酸是具有刺激性气味的液体,含有 4~9 个碳原子的脂肪酸是具有腐败臭味的油状液体,含有 10 个及 10 个以上碳原子的脂肪酸是蜡状固体。脂肪二元羧酸和芳香酸为结晶状固体。

羧酸分子中羧基间能形成两个氢键,相对分子质量相近的羧酸的沸点较醇的沸点高。例如甲酸与乙醇的相对分子质量相近,甲酸的沸点为 100.5 ℃,乙醇的沸点为 78.5 ℃。另外,羧基与水分子之间可形成氢键,使得低级羧酸能与水以任意比例混溶。但随着烃基增大,羧酸的溶解度明显降低,6 个碳原子以上的羧酸就难溶于水,而易溶于有机溶剂。

（二）化学性质

羧酸的官能团是羧基（—COOH）,它由两部分组成,一部分是羰基（碳氧双键 $-\overset{O}{\overset{\|}{C}}-$ ）,另一部分是羟基（—OH）,结构如下。

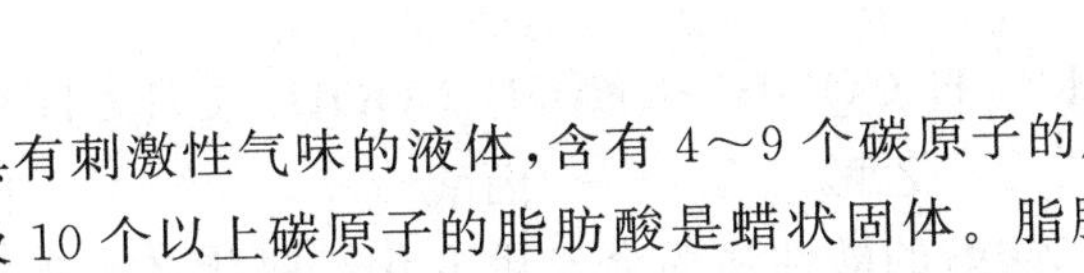

$$-\overset{O}{\overset{\|}{C}}-OH \qquad -\overset{O}{\overset{\|}{C}}-O-H \qquad -\overset{O}{\overset{\|}{C}}\overset{\ominus}{\underset{\cdots}{\cdots}}O$$

由于羧基碳原子采取 sp^2 杂化,羟基氧的 p 电子与碳氧双键发生 p-π 共轭,使氧原子的电子云密度减小,O—H 键的极性增大,易于电离出 H^+ 而呈酸性。当羧基电离出 H^+ 后,羧酸根中的 p-π 共轭更完全,两个碳氧键完全相同,形成三原子四电子的大 π 键。负电荷不再集中于一个氧原子上,而是分散于羧酸根中,即分散于两个氧原子和一个碳原子上,结构更加稳定。

羧酸分子中易发生反应的主要部位如图 3-7-1 所示。

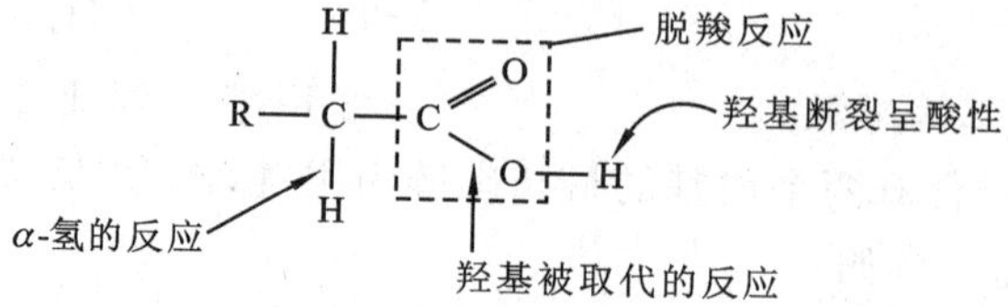

图 3-7-1　羧酸的结构与反应活性部位

1. 酸性

由于 p-π 共轭效应的影响,氧氢键电子云更偏向氧原子,增强了 O—H 键的极性,有利于羧基中氢原子的电离,故羧酸表现出明显的酸性。羧酸在水溶液中能电离出 H^+ 而呈酸性,能使蓝色石蕊试纸变红。羧酸为弱酸,但酸性比碳酸和酚强。羧酸具有酸的通性,能与碱中和生成盐和水。

$$RCOOH + NaOH \Longrightarrow RCOONa + H_2O$$

$$RCOOH + NaHCO_3 \Longrightarrow RCOONa + CO_2\uparrow + H_2O$$

物质的酸性是其在水溶液中电离出 H^+ 的体现,酸性与结构密切相关。例如,羧酸的酸性强于酚、醇等。一些物质的酸性强弱次序:

$$RCOOH > ArOH > H_2O > ROH > HC\equiv CR > NH_3 > RH$$

另外,羧酸的酸性还受与羧基相连的烷基及烷基上取代基的性质影响,烷基不同羧酸的酸性强弱也不同。例如,

$$HCOOH > CH_3COOH > CH_3CH_2COOH > CH_3CH_2CH_2COOH$$

　　甲酸　　　　　乙酸　　　　　　丙酸　　　　　　　丁酸

烃基上有取代基时,羧酸的酸性强弱会发生变化。取代基为吸电子基时,羧酸酸性增强;取代基为供电子基时,羧酸的酸性则会减弱。例如:

$$CH_3CH_2CHClCOOH > CH_3CHClCH_2COOH > CH_2ClCH_2CH_2COOH > CH_3CH_2CH_2COOH$$

　　α-氯代丁酸　　　　　β-氯代丁酸　　　　　　γ-氯代丁酸　　　　　丁酸

烃基上取代基相同,但位置不同或数目不同对羧酸的酸性都会有影响。例如:

$$Cl_3CCOOH > Cl_2CHCOOH > ClCH_2COOH > CH_3COOH$$

　　三氯乙酸　　　二氯乙酸　　　氯乙酸　　　乙酸

2. 羧基中羟基的取代反应

羧酸分子中去掉羧基中的羟基后剩余的部分称为酰基（ $R{-}\overset{\displaystyle O}{\overset{\|}{C}}{-}$ ）。羧酸分子中羧基上的羟基在一定条件下可以被取代,生成酰卤、酯、酸酐、酰胺等衍生物。

（1）酰氯的生成　羧酸与 PCl_3、PCl_5、$SOCl_2$ 等反应生成酰氯。但羧酸不能与 HCl 反应生成酰氯。

$$R{-}\overset{\displaystyle O}{\overset{\|}{C}}{-}OH + PCl_3 + 2H_2O \longrightarrow R{-}\overset{\displaystyle O}{\overset{\|}{C}}{-}Cl + H_3PO_3 + 2HCl$$

$$R{-}\overset{\displaystyle O}{\overset{\|}{C}}{-}OH + PCl_5 \longrightarrow R{-}\overset{\displaystyle O}{\overset{\|}{C}}{-}Cl + POCl_3 + HCl$$

$$R-\overset{\overset{\displaystyle O}{\|}}{C}-OH + SOCl_2 \longrightarrow R-\overset{\overset{\displaystyle O}{\|}}{C}-Cl + SO_2 + HCl$$

酰氯是很活泼的酰基化试剂，广泛用于药物合成中。

（2）酯的生成　酸与醇作用生成酯的反应称为酯化反应。酯化反应是可逆反应，为了提高产率，可以增加某种反应物的浓度或及时将产物酯蒸出。反应一般较慢，需用浓硫酸等强酸作催化剂。

$$R-\overset{\overset{\displaystyle O}{\|}}{C}-OH + HO-R_1 \underset{\triangle}{\overset{\text{浓 } H_2SO_4}{\rightleftharpoons}} R-\overset{\overset{\displaystyle O}{\|}}{C}-O-R_1 + H_2O$$

$$H_3C-\overset{\overset{\displaystyle O}{\|}}{C}-OH + HO-CH_2CH_3 \underset{\triangle}{\overset{\text{浓 } H_2SO_4}{\rightleftharpoons}} H_3C-\overset{\overset{\displaystyle O}{\|}}{C}-O-CH_2CH_3 + H_2O$$

（3）酸酐的生成　除甲酸外，两分子羧酸在 P_2O_5、乙酸酐等脱水剂作用下，羧基间脱去 1 分子 H_2O 生成酸酐。例如：

$$R-\overset{\overset{\displaystyle O}{\|}}{C}-OH + HO-\overset{\overset{\displaystyle O}{\|}}{C}-R \underset{\triangle}{\overset{P_2O_5}{\longrightarrow}} R-\overset{\overset{\displaystyle O}{\|}}{C}-O-\overset{\overset{\displaystyle O}{\|}}{C}-R + H_2O$$

二元羧酸不需要脱水剂，加热即可发生分子内脱水，一般生成五元环或六元环的酸酐。例如：

（4）酰胺的生成　羧酸与氨反应生成铵盐，铵盐加热后分子内脱水即得酰胺。例如：

$$R-\overset{\overset{\displaystyle O}{\|}}{C}-OH + NH_3 \rightleftharpoons R-\overset{\overset{\displaystyle O}{\|}}{C}-ONH_4 \overset{\triangle}{\rightleftharpoons} R-\overset{\overset{\displaystyle O}{\|}}{C}-NH_2 + H_2O$$

$$H_3C-\overset{\overset{\displaystyle O}{\|}}{C}-OH + NH_3 \rightleftharpoons H_3C-\overset{\overset{\displaystyle O}{\|}}{C}-ONH_4 \overset{150\ ℃}{\rightleftharpoons} H_3C-\overset{\overset{\displaystyle O}{\|}}{C}-NH_2 + H_2O$$

酰胺是一类重要化合物，许多药物分子中含有酰胺的结构。例如，临床上最常用的青霉素与头孢菌素，以及新发展的头孢霉素类、甲砜霉素类等都属于 β-内酰胺类抗生素。

3. 脱羧反应

羧酸分子失去羧基，放出二氧化碳的反应，称为**脱羧反应**。羧酸分子中的羧基较为稳定，一般情况下，不易发生脱羧反应，但在特殊情况下，脱羧反应可顺利进行。脂肪一元羧酸不能直接加热脱羧，羧酸盐或羧酸 α-碳上连有强的吸电子基时，脱羧反应较易发生。例如：

$$CH_3COONa + NaOH \underset{\triangle}{\overset{CaO}{\longrightarrow}} CH_4 + Na_2CO_3$$

$$CCl_3COOH \overset{100\sim150\ ℃}{\longrightarrow} CHCl_3 + CO_2$$

4. α-氢的取代反应

羧酸中的 α-氢也能发生卤代反应,但没有醛、酮中的 α-氢活泼,反应需要红磷为催化剂。

$$H_3C-\overset{\overset{O}{\|}}{C}-OH + Cl_2 \xrightarrow{\text{红磷}} CH_2Cl-\overset{\overset{O}{\|}}{C}-OH + HCl$$

5. 还原反应

羧基较难被还原,只有用较强的还原剂氢化铝锂才能将羧酸还原为醇。反应物中如果有双键,不受影响,氢化铝锂价格较贵,一般适合实验室使用。

$$H_3C-CH=CH-CH_2-\overset{\overset{O}{\|}}{C}-OH \xrightarrow{LiAlH_4} H_3C-CH=CH-CH_2-CH_2-OH$$

6. 二元羧酸的特有反应

二元羧酸能发生羧基所具有的一切反应。但某些反应取决于两个羧基间的距离。例如,二元羧酸受热后,由于两个羧基位置不同,而发生不同的作用,有的发生失水反应,有的发生脱羧反应,有的失水、脱羧反应同时进行。

(1) 乙二酸或丙二酸等低级二元羧酸受热时,脱去一个羧基,生成一元羧酸。

$$\begin{array}{c} COOH \\ | \\ COOH \end{array} \xrightarrow{\triangle} HCOOH + CO_2$$

$$\begin{array}{c} COOH \\ | \\ CH_2 \\ | \\ COOH \end{array} \xrightarrow{\triangle} CH_3COOH + CO_2$$

(2) 丁二酸或戊二酸加热至熔点以上不发生脱羧反应,而发生分子内失水生成环状酸酐(内酐)。例如

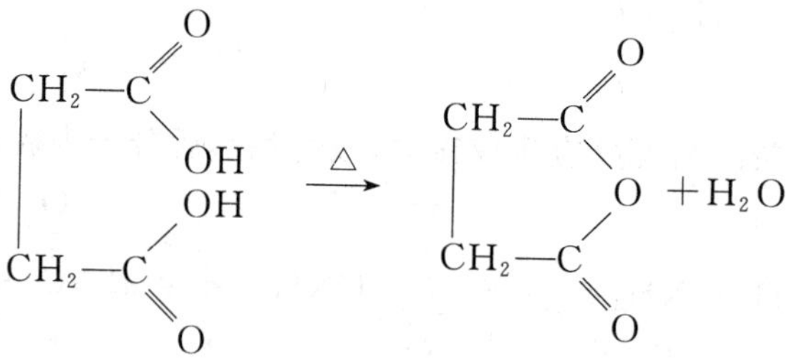

丁二酸酐(琥珀酸酐)

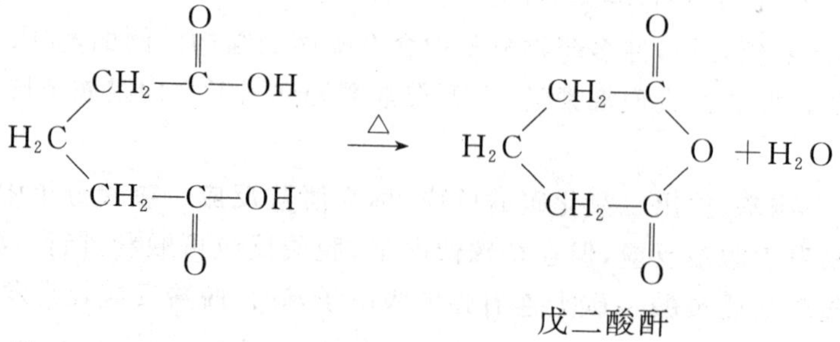

戊二酸酐

邻苯二甲酸加热时也生成环酐:

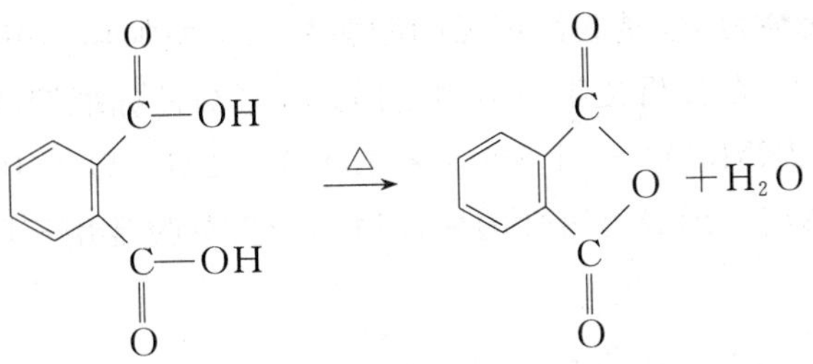

邻苯二甲酸酐

（3）己二酸和庚二酸与氢氧化钡受热后则同时发生失水和脱羧，生成环酮。

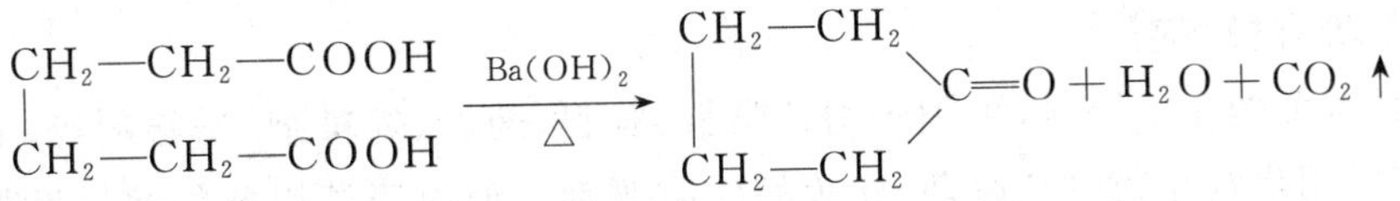

环戊酮

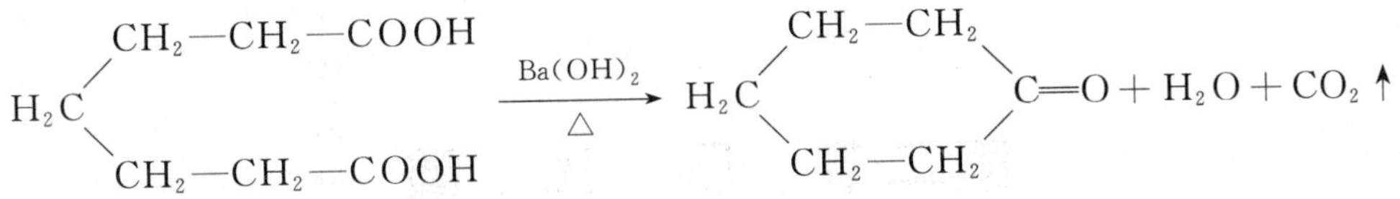

环己酮

庚二酸以上的二元羧酸，在高温时发生分子间脱水作用，不形成大于六元的环酮，而形成高分子的酸酐。

三、重要的羧酸及应用

1. 甲酸（HCOOH）

甲酸俗称蚁酸，为无色有强烈刺激性气味的液体，沸点为 100.8 ℃，能与水、乙醇、乙醚混溶。甲酸的酸性较强，具有刺激性。它存在于红蚂蚁体液和蜂毒中。

甲酸的结构较特殊，分子中有醛基，具有还原性，可以被费林试剂、托伦试剂等弱氧化剂氧化，也可以使高锰酸钾溶液褪色，可用这些性质鉴别甲酸。

工业上甲酸用作还原剂、橡胶凝结剂、媒染剂，也可用于制造染料、合成甲酸酯。甲酸在医药工业上也有广泛的用途，常用作消毒或防腐剂。

2. 乙酸（CH_3COOH）

乙酸俗称醋酸，是食醋的主要成分。常温时为无色有刺激性气味的液体，沸点为 118 ℃，熔点为 16.6 ℃。温度低于熔点时，无水乙酸凝固成固体，俗称冰乙酸。乙酸可与水、乙醇、乙醚等以任意比例混溶。

乙酸是人类最早食用的有机酸，用于调味的食醋中含乙酸 3.5%～9%。医药上乙酸可作为消毒、防腐剂使用，如用于烫伤或灼伤的创面洗涤，还可用于预防感冒、消肿治癣等。

3. 乙二酸（HOOC—COOH）

乙二酸俗称草酸，为无色晶体，通常含有 2 个结晶水，熔点为 101.5 ℃。加热至 100 ℃可失去结晶水而得到无水草酸，无水草酸的熔点为 198.5 ℃。草酸易溶于水和乙醇，不溶于乙醚。自然界中草酸广泛存在于植物体中，如菠菜就因含有草酸而呈涩味。

草酸的酸性比一元酸强,也是酸性最强的脂肪酸。草酸加热易发生脱羧反应生成二氧化碳,同时它还具有还原性,在分析化学中常用于标定高锰酸钾标准溶液的浓度。

$$5H_2C_2O_4+2KMnO_4+3H_2SO_4 \Longrightarrow K_2SO_4+2MnSO_4+10CO_2+8H_2O$$

草酸可与多种金属离子形成可溶性的配合物,因此,草酸常用于除去铁锈,还可用于提取稀土金属。

4. 苯甲酸(⟨⟩—COOH)

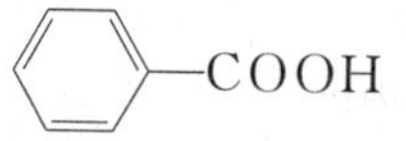

苯甲酸俗称安息香酸,为无色晶体,熔点为 122.4 ℃,100 ℃时可升华,微溶于水,溶于乙醇、乙醚、氯仿等有机溶剂。

苯甲酸是重要的化工原料,可用于制备染料、香料、药物、媒染剂、增塑剂等。苯甲酸具有抑菌能力,广泛用作食品、饮料、医药、化妆品的防腐剂。但由于苯甲酸的溶解度低,常用苯甲酸钠。

第二节　取　代　酸

羧酸分子中烃基上的氢原子被其他原子或基团取代后的化合物称为取代羧酸,简称**取代酸**。常见的取代酸有羟基酸、羰基酸、氨基酸、卤代酸等,它们在有机合成或生物体的代谢中都具有重要的作用。本节介绍羟基酸和羰基酸。

一、羟基酸

1. 羟基酸的命名

分子中同时含有羟基(—OH)和羧基(—COOH)的化合物,称为**羟基酸**。羟基酸主要包括醇酸和酚酸两类。羟基连在烃基上的为醇酸,也称为脂肪羟基酸;羟基连在芳环上的为酚酸。根据羟基位置不同,又可分为 α-羟基酸、β-羟基酸等。羟基酸的命名与一般羧酸相同,将羧酸作为母体,羟基作为取代基。也有一些羟基酸常用俗名。例如:

$$
\begin{array}{ccc}
H_3C-\underset{\underset{OH}{|}}{CH}-COOH & \underset{\underset{OH}{|}}{CH_2}-CH_2-COOH & HOOC-CH_2-\underset{\underset{OH}{|}}{CH}-COOH \\
\end{array}
$$

2-羟基丙酸　　　　3-羟基丙酸　　　　　羟基丁二酸
α-羟基丙酸　　　　β-羟基丙酸　　　　　　(苹果酸)
（乳酸）

$$
HOOC-\underset{\underset{OH}{|}}{CH}-\underset{\underset{OH}{|}}{CH}-COOH \qquad HOOC-CH_2-\overset{\overset{COOH}{|}}{\underset{\underset{OH}{|}}{C}}-CH_2-COOH
$$

二羟基丁二酸　　　　　　3-羟基-3-羧基戊二酸
（酒石酸）　　　　　　　　　（柠檬酸）

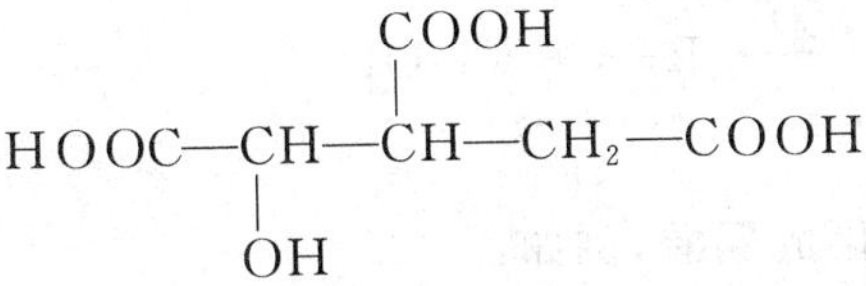

$$\underset{\substack{\\ \text{OH}}}{\text{HOOC—CH—CH—CH}_2\text{—COOH}}\overset{\substack{\text{COOH}\\}}{}$$

2-羟基-3-羧基戊二酸
（异柠檬酸）

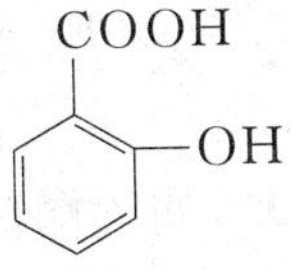

2-羟基苯甲酸
（水杨酸）

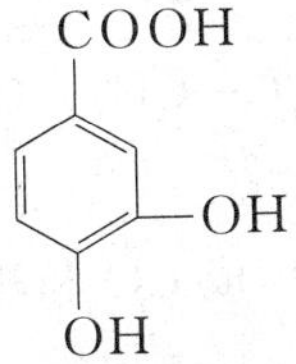

3,4-二羟基苯甲酸
（原儿茶酸）

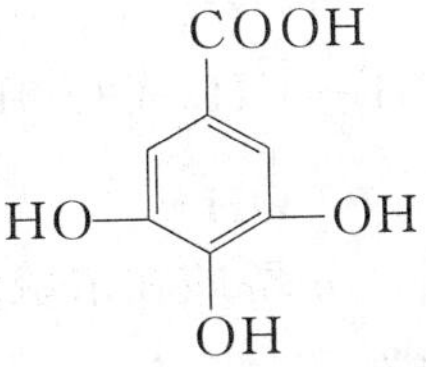

3,4,5-三羟基苯甲酸
（没食子酸）

2. 羟基酸的性质

（1）酸性　由于羟基的诱导效应,羟基酸的酸性有所增强,但随着羟基与羧基距离增大,羟基对酸性的影响逐渐减小。例如：

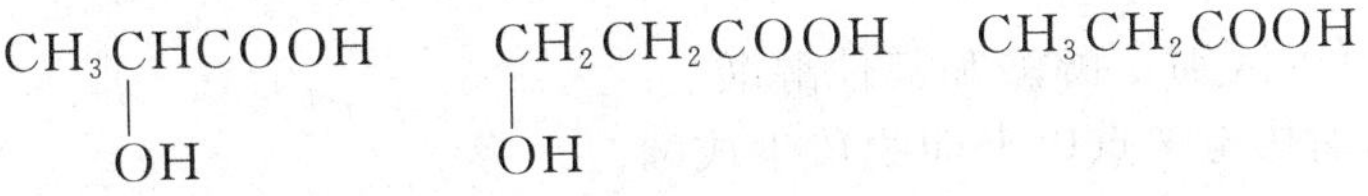

$$\underset{\substack{\\ \text{OH}}}{\text{CH}_3\text{CHCOOH}}\qquad\underset{\substack{\\ \text{OH}}}{\text{CH}_2\text{CH}_2\text{COOH}}\qquad\text{CH}_3\text{CH}_2\text{COOH}$$

pK_a　　　3.87　　　　　　　4.51　　　　　　　4.88

在酚酸中,羟基与芳环间既存在吸电子的诱导效应,又存在供电子的共轭效应,羟基与羧基相对位置不同,对酸性的影响也不同。例如：

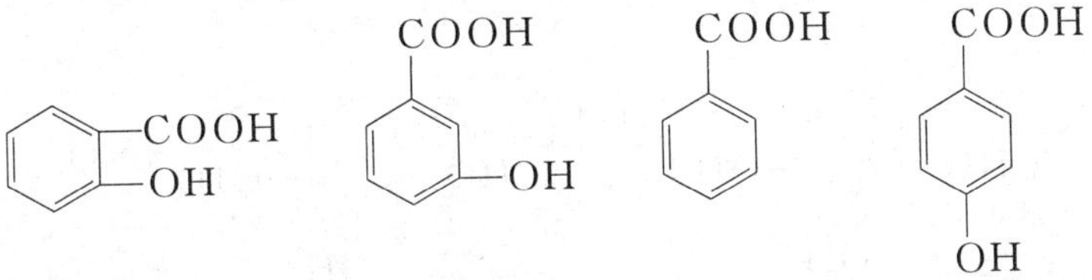

pK_a　　　3.00　　　　　　　4.12　　　　　　　4.17　　　　　　　4.54

（2）脱水反应　醇酸加热发生脱水反应,随着羟基的位置不同,脱水产物不同。α-醇酸加热时,两分子间交叉脱水生成六元环的交酯。

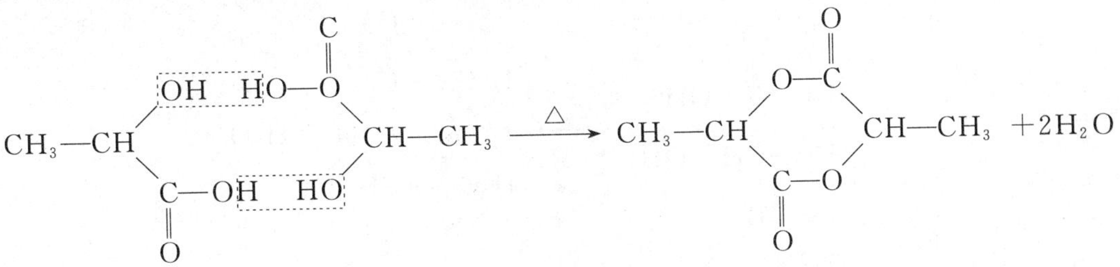

β-醇酸加热时,分子内脱水生成 α,β-不饱和酸。

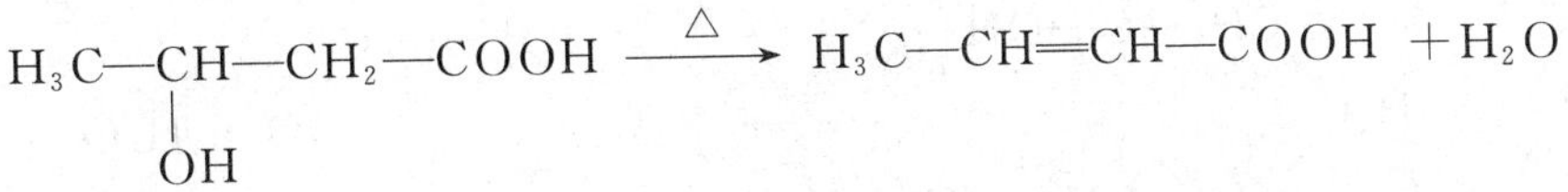

$$\underset{\substack{\\ \text{OH}}}{\text{H}_3\text{C—CH—CH}_2\text{—COOH}}\xrightarrow{\triangle}\text{H}_3\text{C—CH=CH—COOH}+\text{H}_2\text{O}$$

（3）α-醇酸的氧化　α-醇酸比醇易被氧化,托伦试剂就能将其氧化成酮酸,而且生成的酮酸可进一步被氧化。

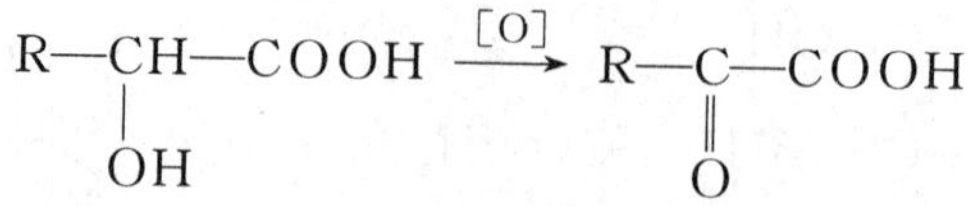

$$R-\underset{\underset{OH}{|}}{CH}-COOH \xrightarrow{[O]} R-\underset{\underset{O}{\|}}{C}-COOH$$

α-醇酸在生物体中可在酶的催化下被氧化成酮酸,例如:

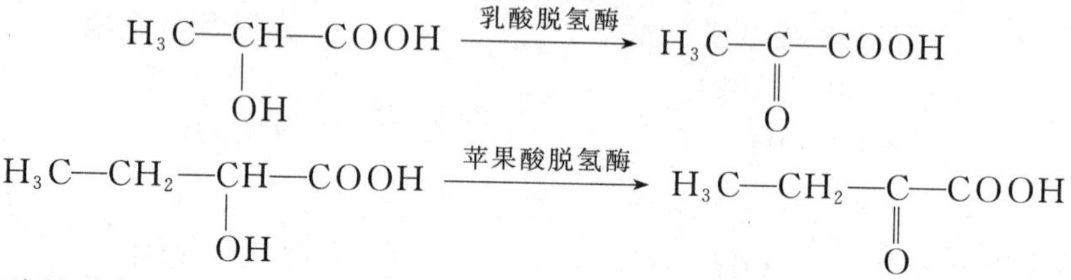

$$H_3C-\underset{\underset{OH}{|}}{CH}-COOH \xrightarrow{\text{乳酸脱氢酶}} H_3C-\underset{\underset{O}{\|}}{C}-COOH$$

$$H_3C-CH_2-\underset{\underset{OH}{|}}{CH}-COOH \xrightarrow{\text{苹果酸脱氢酶}} H_3C-CH_2-\underset{\underset{O}{\|}}{C}-COOH$$

（4）α-醇酸的分解　α-醇酸在浓硫酸存在下加热分解生成 CO 和醛或酮,在稀硫酸中加热分解同时生成醛与甲酸。

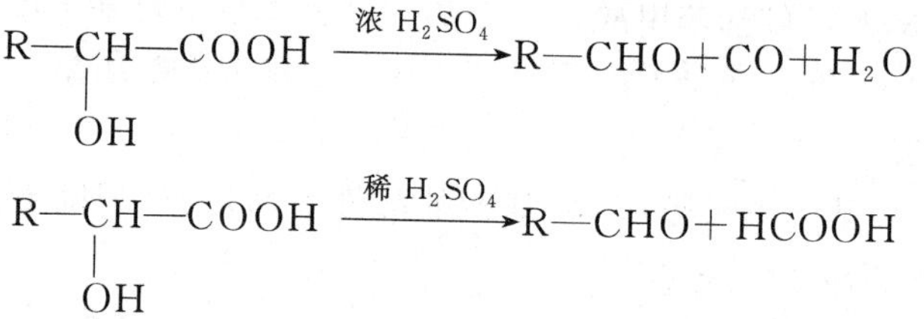

$$R-\underset{\underset{OH}{|}}{CH}-COOH \xrightarrow{\text{浓 } H_2SO_4} R-CHO+CO+H_2O$$

$$R-\underset{\underset{OH}{|}}{CH}-COOH \xrightarrow{\text{稀 } H_2SO_4} R-CHO+HCOOH$$

利用此性质可以区别 α-醇酸和其他醇酸。

酚酸不稳定,加热至熔点以上即脱羧生成酚。

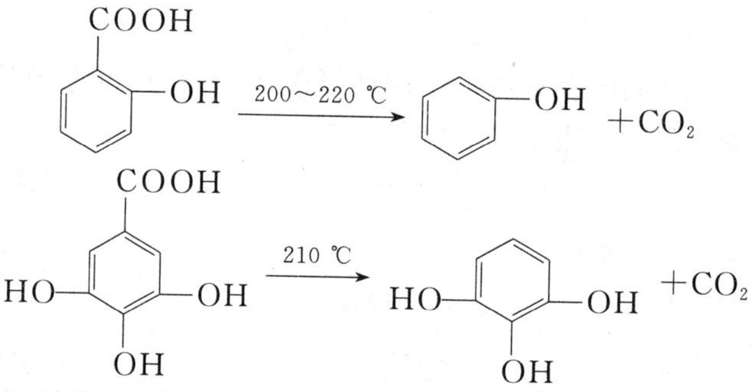

γ-醇酸和 δ-醇酸在加热时,分子内脱水生成内酯。γ-醇酸不稳定,室温时即脱水生成内酯。因此,γ-醇酸很难稳定存在,只有变成盐才是稳定的。δ-醇酸生成内酯较难,因为生成的内酯遇水容易水解。

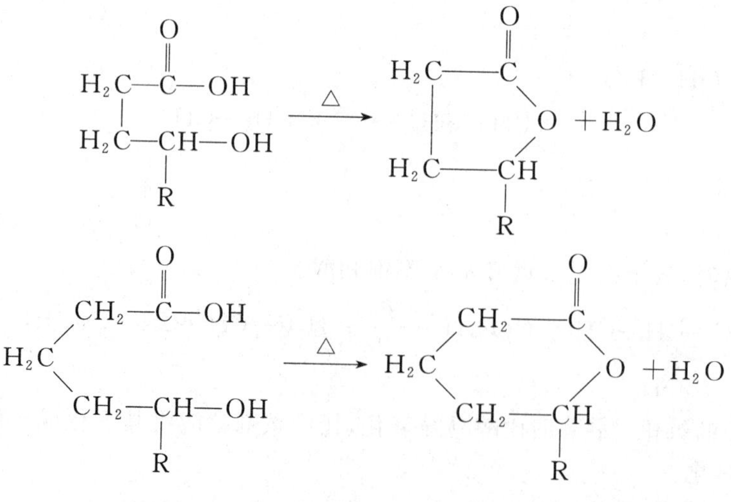

内酯具有酯的性质,在中性溶液中稳定,在酸或碱性溶液中易水解。γ-羟基丁酸内酯在碱性条件下水解生成 γ-羟基丁酸钠。γ-羟基丁酸钠具有麻醉作用,它不影响基础代谢和呼吸,而且术后苏醒快,适用于呼吸道及肾功能不全者的麻醉。

内酯在天然产物及药物中广泛存在,如维生素 C 和山道年等分子中含有内酯环。这些药物中的内酯环如果水解,其药效就会降低或丧失。

二、羰基酸

分子中含有羰基的羧酸称为羰基酸,它包括酮酸和醛酸。酮酸是一类在生物体内具有重要作用的有机酸,在氨基酸新陈代谢和维持氧化还原状态的过程中起到中心作用。

(一) 羰基酸的命名

羰基酸命名时,选择含有羧基和羰基的最长碳链为主链,称为某酮酸或某醛酸,羰基有位置异构时要标明羰基的位置。酮酸也可看作羧酸的酰基衍生物,俗称"某酰某酸"。例如:

$$HOC\!-\!COOH \qquad HOC\!-\!CH_2\!-\!COOH \qquad H_3C\!-\!\overset{\overset{\displaystyle O}{\|}}{C}\!-\!COOH \qquad H_3C\!-\!CH_2\!-\!\overset{\overset{\displaystyle O}{\|}}{C}\!-\!COOH$$

乙醛酸 　　　　丙醛酸 　　　　　　丙酮酸 　　　　　　2-丁酮酸
　　　　　　　　　　　　　　　　　　　　　　　　　　　　α-丁酮酸

$$HOOC\!-\!CH_2\!-\!CH_2\!-\!\overset{\overset{\displaystyle O}{\|}}{C}\!-\!COOH \qquad\qquad H_3C\!-\!\overset{\overset{\displaystyle O}{\|}}{C}\!-\!CH_2\!-\!COOH$$

2-酮戊二酸 　　　　　　　　　　　　3-丁酮酸
α-酮戊二酸 　　　　　　　　　　　β-丁酮酸
草酰丙酸 　　　　　　　　　　　　乙酰乙酸

(二) 羰基酸的性质

醛酸或酮酸除具有羧酸的通性外,还具有醛或酮的性质,如与氢或亚硫酸氢钠加成、与羟胺反应生成肟等。由于两种官能团的相互影响,酮酸又有一些特殊的性质。酮酸中羰基的位置不同,化学性质也不同。

1. α-酮酸的性质

(1)氧化反应　　醛酸以及 α-酮酸都能被托伦试剂等弱氧化剂氧化,发生银镜反应。例如:

$$R\!-\!\overset{\overset{\displaystyle O}{\|}}{C}\!-\!COOH + [Ag(NH_3)_2]^+ \xrightarrow{\triangle} R\!-\!COONH_4 + Ag\!\downarrow + NH_4HCO_3$$

$$H_3C\!-\!\overset{\overset{\displaystyle O}{\|}}{C}\!-\!COOH + [Ag(NH_3)_2]^+ \xrightarrow{\triangle} H_3C\!-\!COONH_4 + Ag\!\downarrow + NH_4HCO_3$$

(2)脱羧和脱羰反应　　在 α-酮酸分子中,羰基与羧基直接相连,由于二者都具有较强的吸电子能力,使羰基碳和羧基碳原子之间的电子云密度降低,碳碳键极易断裂,在一定条件下可发生脱羧和脱羰反应。例如,α-酮酸与稀硫酸或浓硫酸共热可以脱羧生成醛或脱去 CO 生成少一个碳原子的酸。

$$H_3C-\overset{\overset{\displaystyle O}{\|}}{C}-COOH \xrightarrow[\triangle]{稀\ H_2SO_4} H_3C-CHO+CO_2$$

$$H_3C-\overset{\overset{\displaystyle O}{\|}}{C}-COOH \xrightarrow[\triangle]{浓\ H_2SO_4} H_3C-COOH+CO$$

2. β-酮酸的性质

在 β-酮酸分子中,由于羰基和羧基的吸电子诱导效应的影响,α-位的亚甲基碳原子电子云密度降低,可使亚甲基与相邻两个碳原子间的键容易断裂,在不同的反应条件下,能发生酮式和酸式分解反应。

(1)酮式分解　β-酮酸不稳定,高于室温即脱去羧基生成酮的反应,称为酮式分解。例如:

$$R-\overset{\overset{\displaystyle O}{\|}}{C}-CH_2-COOH \xrightarrow{\triangle} R-\overset{\overset{\displaystyle O}{\|}}{C}-CH_3 + CO_2$$

$$H_3C-\overset{\overset{\displaystyle O}{\|}}{C}-CH_2-COOH \xrightarrow{\triangle} H_3C-\overset{\overset{\displaystyle O}{\|}}{C}-CH_3 + CO_2$$

(2)酸式分解　β-酮酸与浓碱溶液共热时,α-、β-碳原子间的共价键断裂,生成两分子羧酸盐的反应,称为 β-酮酸的酸式分解。例如:

$$R-\overset{\overset{\displaystyle O}{\|}}{C}-CH_2-COOH \xrightarrow{40\%NaOH} R-COONa + H_3C-COONa$$

三、酮式和烯醇式互变异构

1. 克莱森酯缩合反应

两分子羧酸酯在强碱的催化下,失去一分子醇而缩合为一分子 β-羰基羧酸酯的反应,称为**克莱森酯缩合反应**。例如,在醇钠的催化作用下,两分子乙酸乙酯脱去一分子乙醇生成乙酰乙酸乙酯。

$$2CH_3COOC_2H_5 \xrightarrow{乙醇钠} CH_3COCH_2COOC_2H_5 + C_2H_5OH$$
$$\qquad 乙酸乙酯 \qquad\qquad\qquad 乙酰乙酸乙酯$$

这类缩合反应,参与反应的两个酯分子不必相同,但其中一个必须在酰基的 α-碳上连有至少一个氢原子。简单地说,克莱森酯缩合反应是一个酯分子的酰基对另一酯分子的酰基 α-碳进行的酰化反应。

2. 酮式烯醇式互变异构现象

乙酰乙酸乙酯是 β-酮酸-乙酰乙酸的酯,同时具有酮和羧酸酯的基本性质,能与 HCN,$NaHSO_3$、羟胺及苯肼反应,可用稀 NaOH 水解为乙酰乙酸和乙醇。此外,乙酰乙酸乙酯还能使溴溶液褪色,与金属钠作用放出氢气,与 $FeCl_3$ 作用呈紫红色。这些性质表明乙酰乙酸乙酯还应具有烯醇式结构。实验表明,在室温下乙酰乙酸乙酯通常是由酮式和烯醇式两种异构体共同组成的混合物,它们之间在不断地相互转变,并以一定比例呈动态平衡。即

$$\underset{\text{酮式92.5\%}}{H_3C-\overset{O}{\overset{\|}{C}}-CH_2-\overset{O}{\overset{\|}{C}}-O-CH_2CH_3} \rightleftharpoons \underset{\text{烯醇式7.5\%}}{H_3C-\overset{OH}{\overset{|}{C}}=CH-\overset{O}{\overset{\|}{C}}-O-CH_2CH_3}$$

像这样两种异构体共处于平衡体系中,可以相互逆转的现象称为互变异构现象,两种异构体称为互变异构体。

一般含有较活泼 α-氢的结构会有互变异构现象,如糖也有互变异构现象。具有互变异构现象的化合物较活泼,在有机合成上有广泛的用途。如乙酰乙酸乙酯可用于合成酮、酸、二元酸、二元酮等。例如:

$$\underset{\underset{R}{|}}{CH_3-\overset{O}{\overset{\|}{C}}-CH-COOC_2H_5} \xrightarrow[\text{②}H^+/\triangle]{\text{①稀 NaOH}} CH_3-\overset{O}{\overset{\|}{C}}-CH_2R \quad \text{(酮式分解)}$$

$$\underset{\underset{R}{|}}{CH_3-\overset{O}{\overset{\|}{C}}-CH-COOC_2H_5} \xrightarrow[\text{②}H^+/\triangle]{\text{①浓 NaOH}} CH_3COOH+RCH_2COOH \quad \text{(酸式分解)}$$

$$\underset{\underset{R}{|}}{CH_3-\overset{O}{\overset{\|}{C}}-CH-COOC_2H_5} \xrightarrow[\text{②}H^+/\triangle]{\text{①稀 NaOH}} CH_3-\overset{O}{\overset{\|}{C}}-CH_2-\overset{O}{\overset{\|}{C}}-R$$

四、重要的酮酸和羟基酸

1. 乳酸

乳酸($\underset{\underset{OH}{|}}{CH_3-CH-COOH}$)因最初来自酸牛奶而得名,为无色黏稠液体,有较强的吸湿性,溶于水、乙醇、乙醚,不溶于氯仿。乳酸具有 α-醇酸的化学性质。

许多水果中含有乳酸,在人体中作为葡萄糖的氧化产物存在于血液和肌肉中。人剧烈运动时,肌肉产生大量乳酸,会感到肌肉酸胀。经休息后乳酸可转变成糖或丙酮酸,肌肉酸胀感消失。

乳酸广泛用于食品、饮料及医药工业中。如乳酸用作食品、饮料中的酸味剂,乳酸钙用作补钙剂,乳酸亚铁用作补铁剂,乳酸钠用作酸中毒解毒剂。

2. 苹果酸

苹果酸($\underset{\underset{OH}{|}}{HOOC-CH-CH_2-COOH}$)又名羟基丁二酸,因最初来自苹果而得名。在未成熟的果实内,如山楂、杨梅、葡萄、番茄中都含有苹果酸。自然界中的苹果酸为左旋体(L-苹果酸),针状晶体,熔点为 100 ℃,易溶于水和乙醇,微溶于乙醚。

苹果酸广泛用于食品、医药工业和日用化工中。如 L-苹果酸中含有天然的润肤成分,能够很容易地溶解黏结在干燥鳞片状的死细胞之间的"胶黏物",从而可以清除皮肤表面皱纹,使

皮肤变得嫩白、光洁而有弹性,因此在化妆品配方中备受青睐;L-苹果酸可以配制多种香精、香料,用于多种日用化工产品,如牙膏、洗发香波等;与柠檬酸相比,L-苹果酸酸味柔和别致,因此国外将其用于替代柠檬酸作为新型洗涤助剂,用于合成高档特种洗涤剂。

3. 柠檬酸

柠檬酸($HOOC-CH_2-\underset{\underset{COOH}{|}}{\overset{\overset{OH}{|}}{C}}-CH_2-COOH$)又称枸橼酸,最初来源于柠檬,且柑橘等水

果中含量也较多。柠檬酸为无色晶体,带有一分子结晶水的柠檬酸熔点为 $100\ ℃$,不含结晶水的柠檬酸熔点为 $153\ ℃$,易溶于水、乙醇和乙醚中,酸味较强,常用来配制汽水和酸性饮料。

在医药上柠檬酸钠有防止血液凝固和利尿的作用,柠檬酸镁是温和的泻药,柠檬酸铁铵用于补血剂。柠檬酸具有加快角质更新的作用,常用于乳液、乳霜、洗发水、美白用品、抗衰老用品等的制造中。

4. 酒石酸

酒石酸($HOOC-\underset{\underset{OH}{|}}{CH}-\underset{\underset{OH}{|}}{CH}-COOH$)存在于多种果汁中,尤以葡萄中含量最多。自然

界中的酒石酸为无色晶体,熔点为 $170\ ℃$,易溶于水。酒石酸可作为酸味剂,酒石酸锑钾用于治疗血吸虫病,酒石酸钾钠用于配制费林试剂。酒石酸与柠檬酸类似,可用于食品工业,如制造饮料。酒石酸和单宁合用,可作为酸性染料的媒染剂。酒石酸能与多种金属离子配位,可作金属表面的清洗剂和抛光剂。

5. 水杨酸

水杨酸(

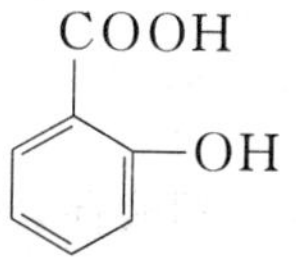

COOH
OH

)也称柳酸,存在于柳树及水杨树的树皮中,无色针状晶体,熔点为

$159\ ℃$,易升华,易溶于乙醇、乙醚、氯仿和沸水中,微溶于冷水。水杨酸的酸性比苯甲酸强,具有酸和酚的性质。

水杨酸具有杀菌防腐、解热镇痛和抗风湿作用,常用于抗风湿和真菌所致皮肤病的外用药。水杨酸钠可作防腐剂和口腔清洁剂。水杨酸的衍生物乙酰水杨酸和对氨基水杨酸是常用的药物。

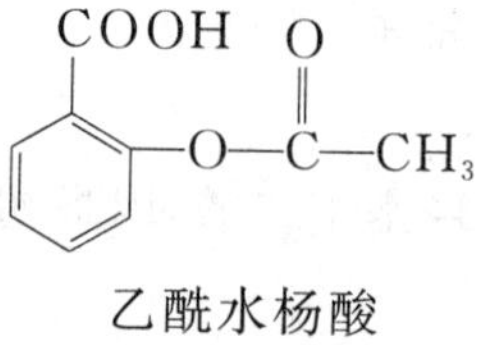

乙酰水杨酸
阿司匹林

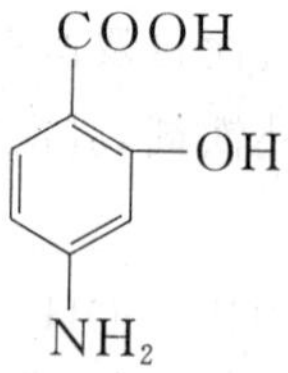

对氨基水杨酸
PAS

乙酰水杨酸具有解热、镇痛、消炎、抗风湿及抗血小板凝聚作用,是常用的解热镇痛药。对氨基水杨酸(PAS)是抗结核药物,与链霉素或异烟肼合用可增强疗效。

知识拓展

柠檬酸的应用

最初柠檬酸是从柠檬中提取而来的。除了柠檬，这种酸还广泛存在于柚子、柑橘等水果中，在动物组织和乳汁中也有。柠檬酸为固体，为半透明结晶或白色颗粒，尝起来具有强酸味，味道柔和爽口，入口即达到最高酸感，但味道持续时间不长。

柠檬酸是世界上用量最大的酸味剂，是我国目前食品中最常用的酸味剂。但如果只使用柠檬酸（除柠檬汁外）一种酸味剂，食品口感显得比较单薄，这是由于柠檬酸的刺激性较强，酸味消失快，回味性差，所以常与其他酸味剂如苹果酸、酒石酸同用，以使食品味道浑厚丰满。

柠檬酸在食品中除作为酸味剂外，还可以改善食品的风味。柠檬酸的酸味可以掩蔽或减少某些不希望的异味，对香味有增强的效果，未加柠檬酸的糖果和果汁等食品味道平淡，加入适量的柠檬酸可使食品的风味显著改善，使食品更加适口。

柠檬酸可以用来调整酸味，使其达到适当的标准来稳定食品的质量。柠檬酸还可以和其他酸味剂共同使用来模拟天然水果、蔬菜的酸味。在糖果中使用柠檬酸可提高糖的水果味，提供适度的酸味，防止糖分结晶及各种成分的氧化。柠檬酸在果冻、果酱中可改善风味、防腐和促进蔗糖转化，防止蔗糖结晶析出而影响口感。

柠檬酸还能抑制细菌增殖，增强抗氧化作用，能够延缓油脂酸败。柠檬酸能保护油炸食品用油和油炸食品，防止其被氧化，如在油炸花生米中或各种植物油如芥末油、菜籽油中加入一定量的柠檬酸，能有效防止变质。未经过加热杀菌的食品，加入一定量的柠檬酸，可起防腐作用而延长储存期。

柠檬酸主要可用于制作饮料，用量占柠檬酸总耗量的 $75\%\sim80\%$。柠檬酸能使饮料产生特定的风味，并且通过刺激产生唾液，从而加强饮料的解渴效果。在一般清凉饮料中添加 $0.01\%\sim0.3\%$ 的柠檬酸，细菌便难以生长，可起到防腐作用。柠檬酸的含量通常为在液体饮料中 $0.25\%\sim0.4\%$，固体饮料中 $5.0\%\sim15\%$。

柠檬酸应用在蔬菜、水果原料及罐头中，可调节酸度，使其尽可能保持原味，并且有一定防腐作用；应用在面制品中，与小苏打同时使用，可降低面制品的碱度，改善口味；对焙烤食品有膨松和发酵的作用。

第三节　羧酸衍生物

一、羧酸衍生物的分类和命名

1. 羧酸衍生物的分类

羧酸分子中的羟基被其他原子或原子团取代后生成的化合物，称为**羧酸衍生物**。其分子中的羟基被卤原子、酰氧基、烷氧基、氨基取代后生成的化合物，分别称为酰卤、酸酐、酯和酰胺。羧酸衍生物通常指的就是这四类有机化合物。

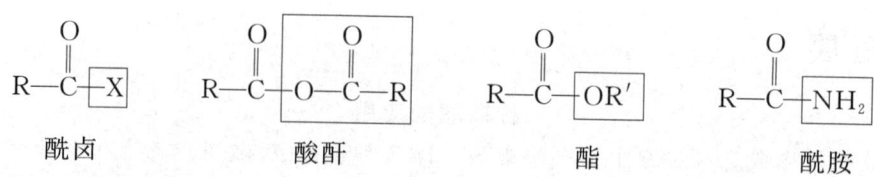

酰卤　　　　酸酐　　　　酯　　　　酰胺

2. 羧酸衍生物的命名

（1）酰卤和酰胺的命名　羧酸分子中去掉羟基后剩余的基团称为酰基,由某酸形成的酰基叫某酰基。酰卤和酰胺的命名根据酰基名称而来,称为某酰卤或某酰胺。例如:

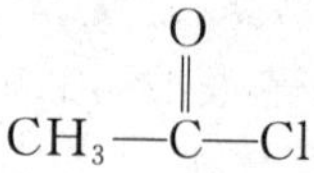

$$CH_3-\overset{\overset{\displaystyle O}{\|}}{C}-Cl \qquad CH_3-\overset{\overset{\displaystyle O}{\|}}{C}-NH_2 \qquad CH_3-\overset{\overset{\displaystyle O}{\|}}{C}-NHCH_3$$

乙酰氯 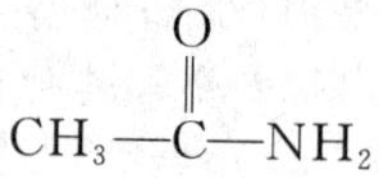　　　　　　乙酰胺 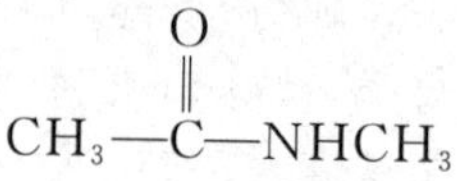　　　　　　N-甲基乙酰胺

（2）酸酐的命名　酸酐是根据相应的酸来命名的,有时可将"酸"字省略。酸酐中含有两个相同或不同的酰基时,分别称为单酐或混酐。混酐的命名与醚相似。某酸所形成的酸酐叫"某酸酐"。例如:

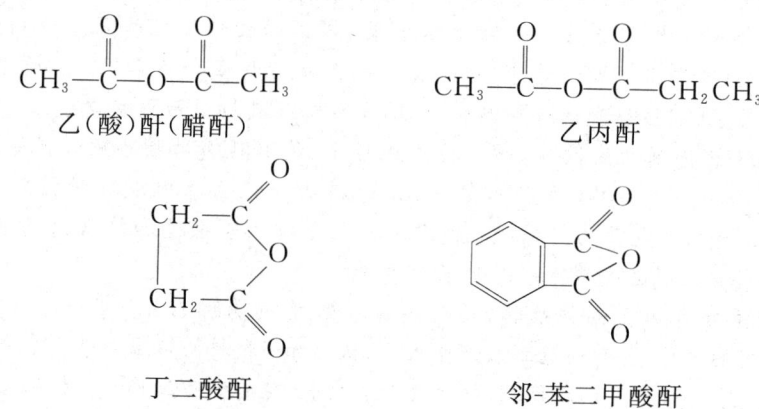

乙（酸）酐（醋酐）　　　　　　　　乙丙酐

丁二酸酐　　　　　　　　　邻-苯二甲酸酐

（3）酯的命名　酯根据相应的羧酸和醇,称为"某"酸"某"酯。例如:

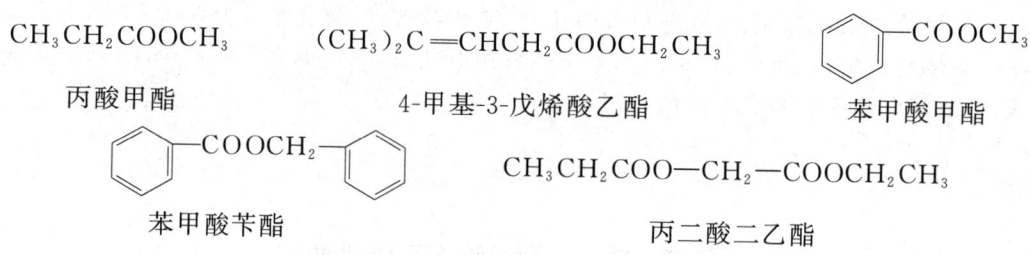

$$CH_3CH_2COOCH_3$$

丙酸甲酯

$$(CH_3)_2C=CHCH_2COOCH_2CH_3$$

4-甲基-3-戊烯酸乙酯

苯甲酸甲酯

苯甲酸苄酯

$$CH_3CH_2COO-CH_2-COOCH_2CH_3$$

丙二酸二乙酯

二、羧酸衍生物的性质

（一）物理性质

甲酰氯不存在。低级酰氯是具有强烈刺激性气味的液体,高级酰氯是白色固体。酰氯的沸点低于原来的羧酸,是因为酰氯不能通过氢键缔合。酰氯不溶于水,低级酰氯遇水容易分解,如乙酰氯在空气中即与空气中的水作用而分解。

甲酸酐不存在,低级酸酐是具有刺激性气味的无色液体,壬酸酐以上的酸酐为无色无味的固体。酸酐难溶于水而易溶于乙醚、氯仿和苯等有机溶剂。

低级酯是具有水果香味的无色液体，许多花果的香味就是由酯所引起的(如乙酸异戊酯有香蕉气味，苯甲酸甲酯有茉莉花香味等)。高级酯为蜡状固体。酯的相对密度比水小，难溶于水，易溶于乙醇、乙醚等有机溶剂。

除甲酰胺、N-烷基取代酰胺是液体外，其余酰胺都是固体。低级酰胺溶于水，随着相对分子质量的增大，在水中的溶解度降低。

(二) 化学性质

羧酸衍生物都含有羰基($>C=O$)，和醛、酮相似，它们也能够与亲核试剂(如水、醇、氨等)发生反应，由一种羧酸衍生物转变为另一种羧酸衍生物，或通过水解转变为原来的羧酸。

1. 羧酸衍生物的水解反应

酰卤、酸酐、酯和酰胺四种羧酸衍生物都可以和水反应，生成相应的羧酸。

RCOCl
RCOOOCR₁
RCOOR₁
RCONH₂
H₂O
立即反应
△
H⁺或OH⁻
△
H⁺或OH⁻
长时间回流
RCOOH＋HCl
RCOOH＋R₁COOH
RCOOH＋R₁OH
RCOOH＋NH₃↑

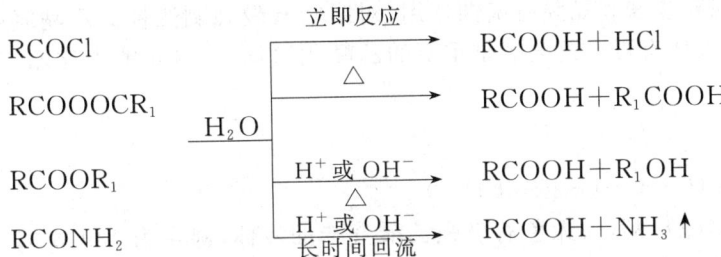

酰氯遇冷水即能发生剧烈的放热反应；酸酐必须与热水作用；酯的水解在没有催化剂存在时进行得很慢；而酰胺的水解常常要在酸或碱的催化下，经长时间的回流才得以完成。因此，羧酸衍生物的水解反应的活性次序为酰氯＞酸酐＞酯＞酰胺。

2. 羧酸衍生物的醇解反应

酰氯、酸酐、酯和酰胺与醇作用，生成相应的酯。

RCOCl
RCOOOCR₁
RCOOR₁
RCONH₂
HO—R₂
△
H⁺或OH⁻
△
H⁺或OH⁻
RCOOR₂＋HCl
RCOOR₂＋ R₁COOH
RCOOR₂＋R₁OH
RCOOR₂＋NH₃↑

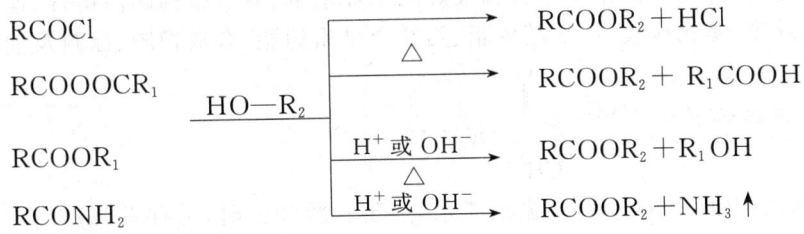

3. 羧酸衍生物的氨解反应

酰氯、酸酐和酯都能顺利地与氨作用，生成相应的酰胺。

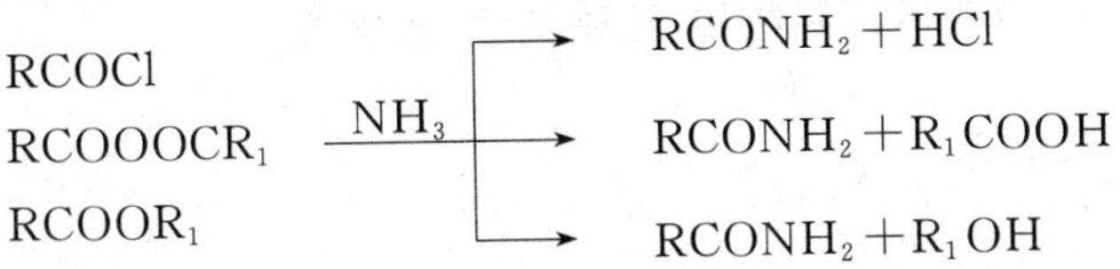

RCOCl
RCOOOCR₁
RCOOR₁
NH₃
RCONH₂＋HCl
RCONH₂＋R₁COOH
RCONH₂＋R₁OH

4. 羧酸衍生物的还原反应

酰卤、酸酐、酯和酰胺都比羧酸容易还原，其中以酯的还原最容易。酰卤、酸酐在强还原剂(如氢化铝锂)作用下，还原生成相应的伯醇。酯被还原时，可使用多种还原剂，生成两种伯醇。

酰胺被还原生成相应的伯胺。

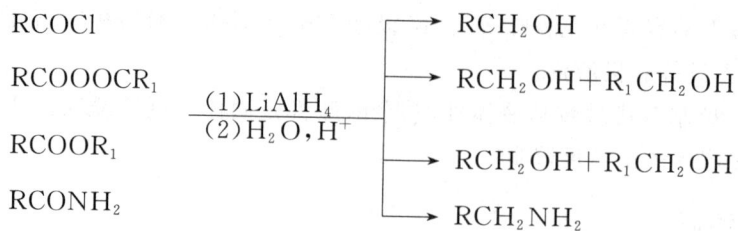

三、重要的羧酸衍生物

1. 乙酰氯（CH_3COCl）

乙酰氯为无色有刺激性气味的液体，沸点为 51 ℃，在空气中因水解生成 HCl 而冒白烟，能和苯、丙酮、三氯甲烷、乙醚、乙酸、石油醚等混溶。其化学性质活泼，能和很多化合物发生复分解反应。乙酰氯对皮肤和黏膜有腐蚀作用，对眼睛有较强刺激性。乙酰氯可与蛋白质中的巯基结合，因此对人体有毒。乙酰氯是重要的乙酰化试剂，其酰化能力比乙酸酐强，广泛应用于有机合成中。

2. 乙酸酐（$CH_3\!-\!\underset{\displaystyle O}{\overset{\displaystyle O}{C}}\!-\!O\!-\!\underset{\displaystyle O}{\overset{\displaystyle O}{C}}\!-\!CH_3$）

乙酸酐又名醋（酸）酐，为无色有极强乙酸气味的液体，沸点为 139.5 ℃，是良好的溶剂。它与热水作用生成乙酸。乙酸酐具有酸酐的通性，是重要的乙酰化试剂，也是重要的化工原料，工业上大量用于合成乙酸纤维、染料、医药用品、香料、油漆和塑料等。

3. 乙酸乙酯（$H_3C\!-\!\overset{\displaystyle O}{\overset{\|}{C}}\!-\!O\!-\!CH_2CH_3$）

乙酸乙酯，又称醋酸乙酯，是无色黏稠状透明液体，有水果香味。陈年白酒中的香味与乙酸乙酯的含量有关。乙酸乙酯易挥发，空气中的水分即能使其缓慢分解。乙酸乙酯是一种用途广泛的精细化工产品、有机化工原料和极好的工业溶剂，具有很强的溶解性、速干性，被广泛用于生产乙酸纤维、氯化橡胶、乙烯基树脂、乙酸纤维素树脂、合成橡胶、涂料及油漆等。

4. α-甲基丙烯酸甲酯（$H_2C\!=\!\underset{\displaystyle CH_3}{\overset{\displaystyle O}{\overset{\|}{C}}}\!-\!OCH_3$）

α-甲基丙烯酸甲酯为无色液体，微溶于水，溶于乙醇和乙醚，易挥发，易聚合。α-甲基丙烯酸甲酯在引发剂存在的条件下，可聚合生成无色透明聚合物，俗称"有机玻璃"。其质轻、不易破碎，溶于丙酮、乙酸乙酯等。由于它的高度透明性，多用以制造光学仪器和照明用品，如航空玻璃、仪表盘、防护罩等，着色后可制纽扣、牙刷柄、广告牌等。

5. 邻苯二甲酸酐（$\displaystyle\text{结构式}$）

邻苯二甲酸酐俗称苯酐，为白色固体，熔点为 130.8 ℃，易升华，溶于乙醇、苯等有机溶剂，微溶于冷水，易溶于热水并水解为邻苯二甲酸。它是重要的化工原料，广泛用于制备染料、药物、塑料和涤纶等。苯酐经醇解,可制得邻苯二甲酸酯类,如常用的增塑剂邻苯二甲酸二丁酯、邻苯二甲酸二辛酯等。此外,常用的酸碱指示剂酚酞,也可由苯酐和苯酚缩合而成。

 **本章小结**

1. 知识思维导图

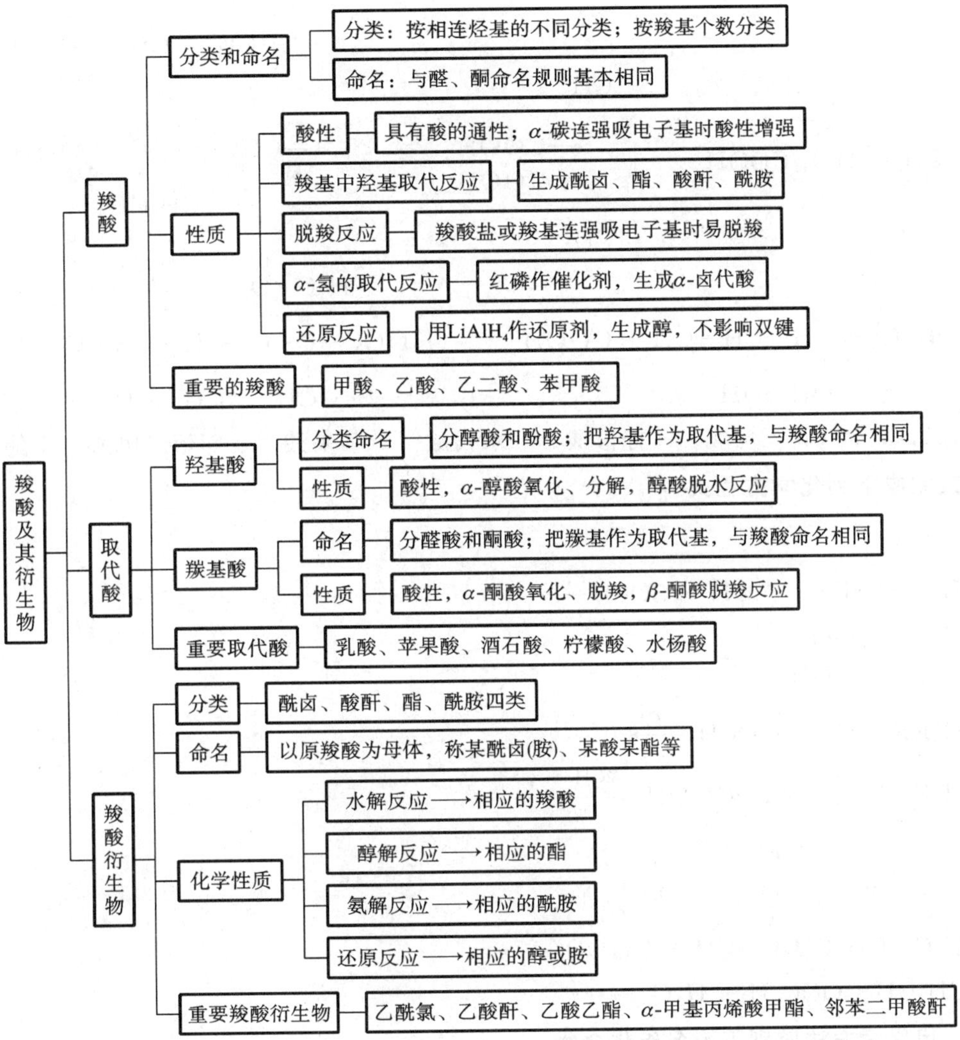

羧酸及其衍生物
- 羧酸
  - 分类和命名
    - 分类:按相连烃基的不同分类;按羧基个数分类
    - 命名:与醛、酮命名规则基本相同
  - 性质
    - 酸性 — 具有酸的通性;α-碳连强吸电子基时酸性增强
    - 羧基中羟基取代反应 — 生成酰卤、酯、酸酐、酰胺
    - 脱羧反应 — 羧酸盐或羧基连强吸电子基时易脱羧
    - α-氢的取代反应 — 红磷作催化剂,生成α-卤代酸
    - 还原反应 — 用$LiAlH_4$作还原剂,生成醇,不影响双键
  - 重要的羧酸 — 甲酸、乙酸、乙二酸、苯甲酸
- 取代酸
  - 羟基酸
    - 分类命名 — 分醇酸和酚酸;把羟基作为取代基,与羧酸命名相同
    - 性质 — 酸性,α-醇酸氧化、分解,醇酸脱水反应
  - 羰基酸
    - 命名 — 分醛酸和酮酸;把羰基作为取代基,与羧酸命名相同
    - 性质 — 酸性,α-酮酸氧化、脱羧,β-酮酸脱羧反应
  - 重要取代酸 — 乳酸、苹果酸、酒石酸、柠檬酸、水杨酸
- 羧酸衍生物
  - 分类 — 酰卤、酸酐、酯、酰胺四类
  - 命名 — 以原羧酸为母体,称某酰卤(胺)、某酸某酯等
  - 化学性质
    - 水解反应——相应的羧酸
    - 醇解反应——相应的酯
    - 氨解反应——相应的酰胺
    - 还原反应——相应的醇或胺
  - 重要羧酸衍生物 — 乙酰氯、乙酸酐、乙酸乙酯、α-甲基丙烯酸甲酯、邻苯二甲酸酐

2. 学习方法概要

羧酸是烃的衍生物,因此,要在掌握烃的结构、分类及命名的基础上学习羧酸的性质、应用等知识。学习羧酸的分类、命名时要与烃及醛、酮对比进行,通过知识的迁移获得新知识。学习羧酸的性质时,应首先分析羧酸中官能团羧基的结构特点,根据结构特点总结羧酸的物理及化学性质的规律,学会化学性质。学习取代酸时,在关注羧基、羟基及羰基的性质的同时,应分析官能团之间的影响。根据官能团间的相互影响,获得取代酸的性质。在学习羧酸衍生物的结构、命名、性质时,要紧密联系母体的结构、命名及其性质与反应式。

综 合 测 评

一、用系统命名法命名下列化合物或根据化合物名称写出结构简式

$CH_3(CH_2)_4CH=CHCH_2CH=CH(CH_2)_7COOH$

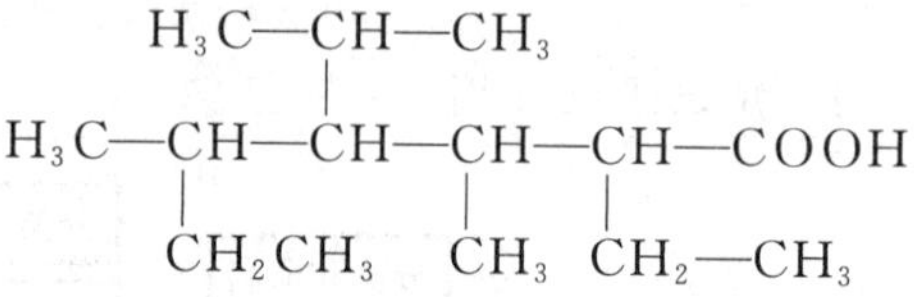

$$H_3C-CH-CH-CH-CH-COOH$$
（带有 $H_3C-CH-CH_3$、CH_2CH_3、CH_3、CH_2-CH_3 支链）

$CH_3(CH_2)_{14}COOH$

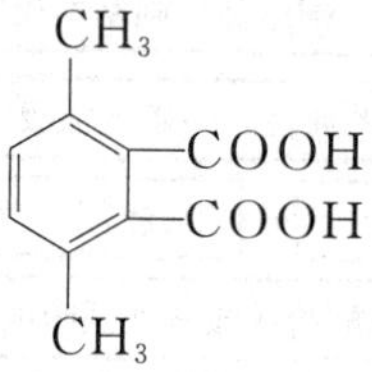

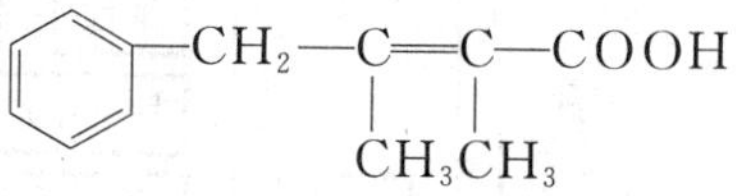

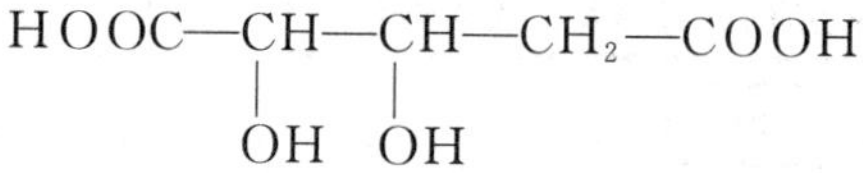

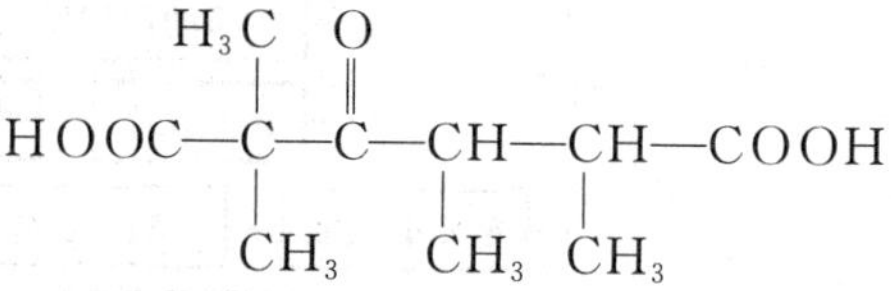

（2,6-二甲基苯二甲酸结构，带 CH_3、$COOH$、$COOH$、CH_3）

（苯基-$CH_2-C=C-COOH$，带 CH_3、CH_3）

$$HOOC-CH-CH-CH_2-COOH$$
（带 OH、OH）

$$HOOC-C-C-CH-CH-COOH$$
（带 H_3C、O、CH_3、CH_3、CH_3）

9,11,13-十八碳三烯酸   柠檬酸   水杨酸   苹果酸   邻苯二甲酸二丁酯

二、完成下列化学方程式

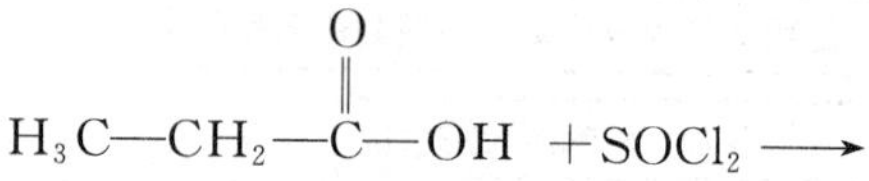

$$H_3C-CH_2-\overset{O}{\underset{}{C}}-OH + SOCl_2 \longrightarrow$$

$$\text{（邻苯二甲酸）} \overset{\triangle}{\longrightarrow}$$

$$HOOC-CH_2-COOH \overset{\triangle}{\longrightarrow}$$

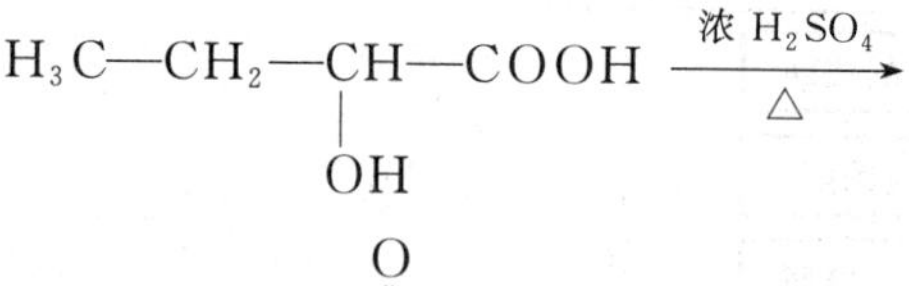

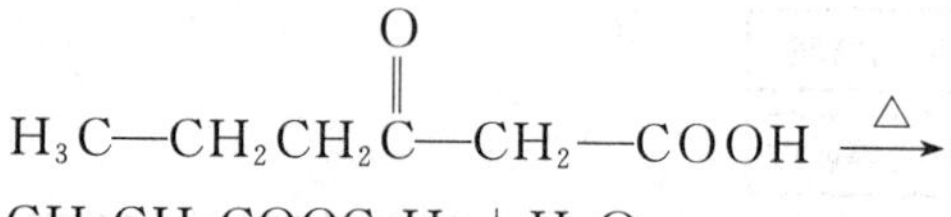

$$H_3C-CH_2-\underset{OH}{CH}-COOH \xrightarrow[\triangle]{\text{浓 } H_2SO_4}$$

$$H_3C-CH_2CH_2-\overset{O}{\underset{}{C}}-CH_2-COOH \overset{\triangle}{\longrightarrow}$$

$CH_3CH_2COOC_2H_5 + H_2O \longrightarrow$

三、用化学方法鉴别下列各组化合物

1. 甲酸　丙酸　丙醛　丙酮　乙酸甲酯
2. 甲酸　乙酸　乙醛
3. 乙二酸　丁二酸　苯酚

第八章

脂类和甾体化合物

 学习目标

1. 了解脂类化合物的概念和分类；
2. 掌握油脂的组成、结构和命名；
3. 熟悉油脂的化学性质（皂化、加氢、加碘、干化、酸败）；
4. 了解甾体化合物的基本骨架、立体异构及命名方法；
5. 了解重要的甾体化合物及其生物学功能。

脂类是生物体内能量的重要来源，也是生命运动不可缺少的物质；脂类也是脂溶性维生素A、维生素D、维生素E和维生素K的良好溶剂，对维生素等脂溶性物质的吸收有促进作用；分布在脏器周围的脂类还具有保护内脏的作用。

甾体化合物是一类重要的天然产物，广泛存在于动植物组织中，如动物体内的甾醇、胆甾酸、维生素D，植物中的麦角甾醇等。甾体化合物对机体代谢、生长和发育有重要的调节作用。

第一节　油　脂

油脂是油和脂肪的总称，习惯上把室温下呈固态或半固态的油脂称为脂肪，在常温下呈液态的称为油。脂肪大多来源于动物，比如猪油、牛油、羊油等；油大多来源于植物，比如豆油、花生油、菜籽油、蓖麻油等。油脂是维持生命不可缺少的物质。

一、油脂的组成、结构和命名

油脂是由1分子甘油与3分子高级脂肪酸发生酯化反应生成的酯，称为三酰甘油，医学上也称为甘油三酯。油脂的结构可用如下通式表示：

$$
\begin{array}{l}
CH_2-O-\overset{\displaystyle O}{\overset{\|}{C}}-R_1 \\[2mm]
CH-O-\overset{\displaystyle O}{\overset{\|}{C}}-R_2 \\[2mm]
CH_2-O-\overset{\displaystyle O}{\overset{\|}{C}}-R_3
\end{array}
$$

其中,R_1、R_2、R_3可以相同,也可以不同。相同的称为单甘油酯,不同的称为混甘油酯。天然油脂大多为混甘油酯。此外,油脂中还含有少量游离脂肪酸、维生素和色素等物质,所以天然油脂是以混甘油酯为主的复杂混合物。

组成油脂的脂肪酸,已知的有 50 多种。油脂中脂肪酸的碳原子数一般在 12～20 之间,其中含 16 个碳原子、18 个碳原子的高级脂肪羧酸较多。脂肪酸包括饱和脂肪酸和不饱和脂肪酸两类。一般情况下,饱和脂肪酸含量较高的油脂熔点较高,常温下呈固态;不饱和脂肪酸含量较高的油脂熔点较低,常温下呈液态。常见油脂中的重要脂肪酸见表 3-8-1。

表 3-8-1　常见油脂中的重要脂肪酸

	名　称	结 构 简 式	熔点/℃
饱和脂肪酸	月桂酸(十二碳酸)	$CH_3(CH_2)_{10}COOH$	43.6
	肉豆蔻酸(十四碳酸)	$CH_3(CH_2)_{12}COOH$	58.0
	软脂酸(十六碳酸)	$CH_3(CH_2)_{14}COOH$	62.9
	硬脂酸(十八碳酸)	$CH_3(CH_2)_{16}COOH$	69.9
	花生酸(二十碳酸)	$CH_3(CH_2)_{18}COOH$	75.2
不饱和脂肪酸	棕榈油酸(9-十六碳烯酸)	$CH_3(CH_2)_5CH=CH(CH_2)_7COOH$	33
	油酸(9-十八碳烯酸)	$CH_3(CH_2)_7CH=CH(CH_2)_7COOH$	16.3
	亚油酸(9,12-十八碳二烯酸)	$CH_3(CH_2)_4(CH=CHCH_2)_2(CH_2)_6COOH$	−5
	亚麻酸(9,12,15-十八碳三烯酸)	$CH_3(CH_2CH=CH)_3(CH_2)_7COOH$	−11.3
	花生四烯酸(5,8,11,14-二十碳四烯酸)	$CH_3(CH_2)_4(CH=CHCH_2)_4(CH_2)_2COOH$	−49.5
	芥酸(13-二十二碳烯酸)	$CH_3(CH_2)_7CH=CH(CH_2)_{11}COOH$	33.5
	桐油酸(9,11,13-十八碳三烯酸)	$CH_3(CH_2)_3(CH=CH)_3(CH_2)_7COOH$	49

在饱和脂肪酸中,以分子中含 16 个碳原子的软脂酸和 18 个碳原子的硬脂酸分布较广,其次是月桂酸、肉豆蔻酸,含 12 个碳原子以下的饱和脂肪酸比较少见。常见油脂中高级脂肪羧酸的含量见表 3-8-2。

表 3-8-2　常见油脂中高级脂肪酸的含量(质量分数)　　　　　　单位:%

名　称	软脂酸	硬脂酸	油酸	亚油酸	其　他
大豆油	6～10	2～4	21～29	50～59	亚麻酸 4～8
花生油	6～9	2～6	50～70	13～26	花生酸 4～8
棉籽油	19～24	1～2	23～33	40～48	—
蓖麻油	0～2	—	0～9	3～7	蓖麻油酸 80～92

续表

名　　称	软脂酸	硬脂酸	油酸	亚油酸	其　　他
桐油	—	2～6	4～16	0～1	桐油酸 74～91
亚麻油	4～7	2～5	9～38	3～43	亚麻酸 25～58
猪油	28～30	12～18	41～48	6～7	—
牛油	24～32	14～32	35～48	1～2	—
山茶籽油	4～5	0～5	68～87	3～14	亚麻酸 0～2

　　组成油脂的大多数脂肪酸在人体内能够合成,但亚油酸和亚麻酸这两种多不饱和脂肪酸在人体内不能合成,而营养上又不可缺少,必须由食物供给,故称其为营养必需脂肪酸。

　　油脂的命名与一般酯相同。命名时将脂肪酸名称放在前面,甘油的名称放在后面,称为某酸甘油酯(或某脂酰甘油),但其中的脂肪酸通常采用俗名,如三硬脂酰甘油。如果是混甘油酯,则需用 α,α' 和 β 分别标明脂肪酸的位次,如 α-亚油酸-β-油酸-α'-硬脂酰甘油。

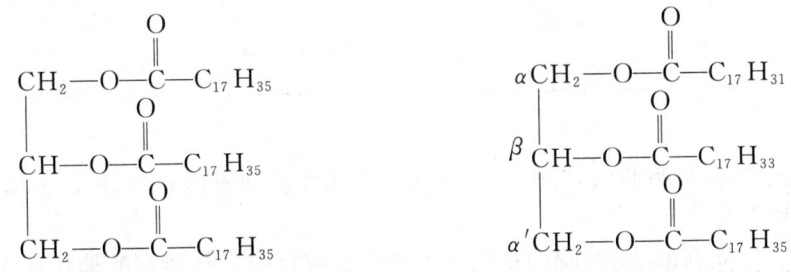

三硬脂酰甘油(单甘油酯)
(三硬脂酸甘油酯)

α-亚油酸-β-油酸-α'-硬脂酰甘油(混甘油酯)
(α-亚油酸-β-油酸-α'-硬脂酸甘油酯)

二、油脂的性质

你知道吗?

1. 物理性质

　　纯净的油脂是无色、无味、无臭的中性化合物。天然油脂常含有某些色素和杂质,而呈现一定的颜色或具有某种气味。如植物油脂一般呈黄色或黄绿色,菜籽油带有辛辣味,芝麻油带有香味。

　　油脂比水轻,植物油脂的相对密度一般为 0.90～0.95,而动物油脂常为 0.86 左右。油脂难溶于水,易溶于热乙醇、乙醚、石油醚、氯仿、四氯化碳和苯等有机溶剂。因此,油脂总是浮在水面上。

　　由于油脂是混合物,所以没有恒定的熔点和沸点,但各种油脂都有一定的熔点范围,如花生油为 28～32 ℃,牛油为 40～46 ℃,猪油为 28～48 ℃。常见油脂的理化常数见表3-8-3。

表 3-8-3　常见油脂的理化常数

油脂名称	凝固点/℃	相 对 密 度	皂化值/ (mg/g(油脂))	碘值/ (g/100 g(油脂))
椰子油	21.8～23	0.917～0.919 (25 ℃/15.5 ℃)	250～264	7.5～10.5

油脂名称	凝固点/℃	相对密度	皂化值/ (mg/g(油脂))	碘值/ (g/100 g(油脂))
棉籽油	−5～5	0.916～0.918	189～198	99～113
花生油	−3～3	0.910～0.915	188～195	84～100
葵花子油	−18～−16	0.915～0.919	188～194	125～136
米糠油	−5～5	0.916～0.921	181～189	99～108
高芥酸菜籽油	−12～−10	0.906～0.910	170～180	97～108
大豆油	−18～−15	0.917～0.921	189～195	120～141
桐油	0 左右	0.9360～0.9396	189～195	160～175
猪油	28～48(熔点)	0.858～0.864 (99 ℃/15.5 ℃)	195～202	46～70
牛油	40～46(熔点)	0.860～0.870 (99 ℃/15.5 ℃)	193～202	35～48

2. 化学性质

油脂的主要成分是高级脂肪酸甘油三酯,且具有不同程度的不饱和性,所以油脂可以发生水解、加成、氧化、聚合等反应。

(1) 水解反应　油脂在酸、碱或酶的作用下可发生水解反应。油脂在酸催化下水解生成1分子甘油和 3 分子高级脂肪酸,其反应是可逆的。

$$
\begin{array}{l}
CH_2-O-\overset{\overset{O}{\parallel}}{C}-C_{17}H_{31} \\
CH-O-\overset{\overset{O}{\parallel}}{C}-C_{17}H_{33} + H_2O \xrightarrow{H^+} \\
CH_2-O-\overset{\overset{O}{\parallel}}{C}-C_{17}H_{35}
\end{array}
\quad
\begin{array}{l}
CH_2-OH \quad C_{17}H_{31}COOH \\
CH-OH \; + \; C_{17}H_{33}COOH \\
CH_2-OH \quad C_{17}H_{35}COOH
\end{array}
$$

α-亚油酸-β-油酸-α′-硬脂酸甘油酯　　　　　甘油　　　高级脂肪酸

动植物体内油脂的水解是在脂肪酶的作用下进行的。如种子发芽时,种子内油脂在脂肪酶催化下水解生成甘油和高级脂肪酸,甘油和高级脂肪酸再经酶的催化而进一步转化或氧化分解,为幼苗生长提供养料和能量。

油脂在碱性条件下水解则生成甘油和高级脂肪酸盐,例如:

$$
\begin{array}{l}
CH_2-O-\overset{\overset{O}{\parallel}}{C}-C_{17}H_{31} \\
CH-O-\overset{\overset{O}{\parallel}}{C}-C_{17}H_{33} + NaOH \longrightarrow \\
CH_2-O-\overset{\overset{O}{\parallel}}{C}-C_{17}H_{35}
\end{array}
\quad
\begin{array}{l}
CH_2-OH \quad C_{17}H_{31}COONa \\
CH-OH \; + \; C_{17}H_{33}COONa \\
CH_2-OH \quad C_{17}H_{35}COONa
\end{array}
$$

α-亚油酸-β-油酸-α′-硬脂酸甘油酯　　　　　甘油　　　高级脂肪酸钠

高级脂肪酸的钠盐是肥皂的主要成分,故油脂在碱性溶液中的水解反应又称**皂化反应**,是工业上制肥皂和甘油的重要方法。油脂在碱性条件下的水解反应一般不可逆。

1 g 油脂完全皂化时所需的氢氧化钾的质量(mg)称为**皂化值**。根据皂化值的大小,可以判断油脂中甘油三酯的平均相对分子质量。油脂中甘油三酯的平均相对分子质量越大,则 1 g 油脂所含甘油三酯物质的量越少,皂化时所需碱的量也越少,即皂化值越小。反之,皂化值越大,表示甘油三酯的平均相对分子质量越小。

皂化值是衡量油脂质量的重要指标之一。天然油脂都有一定的皂化值范围,不纯的油脂,因含有不能被皂化的杂质,故其皂化值偏低。常见油脂的皂化值见表 3-8-3。

(2)加成反应 含有不饱和脂肪酸成分的油脂,其分子中含有碳碳双键,因此可以和 H_2、卤素单质等发生加成反应。

在催化剂(Ni、Pt、Pd)的作用下,油脂中不饱和脂肪酸的碳碳双键与氢作用而变成饱和键,成为饱和脂肪酸含量较高的油脂。

$$
\begin{array}{c}
CH_2OOCC_{17}H_{33} \\
| \\
CHOOCC_{17}H_{33} \\
| \\
CH_2OOCC_{17}H_{33}
\end{array}
+3H_2
\xrightarrow[\text{加热加压}]{\text{催化剂}}
\begin{array}{c}
CH_2OOCC_{17}H_{35} \\
| \\
CHOOCC_{17}H_{35} \\
| \\
CH_2OOCC_{17}H_{35}
\end{array}
$$

油脂加氢后,原来液态的油将变为固态或半固态的脂肪,熔点升高,故油脂的催化加氢又称为油脂的硬化,加氢后得到的油脂叫氢化油,也称硬化油。硬化油容易储存、运输,还能扩大油脂的应用范围。例如,经脱色、脱臭后精制植物油加氢制得硬化油,可做人造奶油和人造黄油;不宜食用的硬化油用来制肥皂。

在油脂分析中常利用油脂中的碳碳双键与碘的加成反应来判断油脂的不饱和程度。100 g 油脂所能吸收的碘的质量(g)称为**碘值**。碘值越大,表示油脂中不饱和脂肪酸的含量越高。由于碘的加成速率较小,常采用氯化碘或溴化碘代替碘,以增大加成速率。反应完毕,根据卤化碘的量换算成碘,即得碘值。一些常见油脂的碘值见表 3-8-3。

(3)干化 碘值在 130 g 以上的不饱和油脂如桐油、亚麻油等,在空气中放置,能逐渐形成一层干燥而有韧性的薄膜,这种现象称为油脂的**干化**。具有这种性质的油叫干性油。干化的化学本质是复杂的,一般认为由氧引起的聚合所致。油的干性强弱(即结膜的快慢)与油分子中所含碳碳双键的数目及其相对位置有关。含有碳碳双键数目多并有共轭双键结构体系的油脂干化快。油的干性强弱是判断它们能否作为油漆涂料的主要依据。例如:桐油中的桐油酸,含有较易发生聚合作用的共轭双键,桐油酸含量高达 74%~91% 的桐油是性能优良的油漆原料。用桐油制成的油漆,不仅干化成膜快,而且漆膜坚韧、耐光、耐冷热变化、耐潮湿、耐腐蚀。

(4)酸败 油脂储存不当或在空气中放置过久,逐渐变质,并产生一种令人不愉快的气味,这种现象称为油脂的**酸败**。油脂酸败的原因主要是受空气中的氧气、水和微生物的作用,油脂中不饱和脂肪酸的碳碳双键被氧化,变成过氧化物,后者继续分解或进一步被氧化,生成有臭味的低级醛、酮或羧酸。光、湿、热及真菌等对油脂的酸败有催化作用。

油脂的酸败降低了油脂的食用价值,酸败的油脂不仅口感差,而且有微毒,不宜食用,更不能药用。为防止或减少油脂酸败,应将其储存在干燥、避光的密闭容器中,并置于阴凉处,也可添加适量的抗氧化剂,如维生素 E、芝麻酚等。

第二节　类　　脂

类脂主要是指在结构或性质上与油脂相似的天然化合物。它们在动植物界分布较广,种类也较多,主要包括蜡、磷脂、萜类和甾体化合物等。

一、磷脂

磷脂是一类含磷酸二酯键结构的高级脂肪酸酯,是构成细胞膜的主要成分,广泛存在于动物的肝、脑、脊髓和神经组织以及植物的种子和微生物中。例如蛋黄中含磷脂 9.4% ,牛脑中含磷脂 6.0% ,大豆中含磷脂 1.82% ,细胞膜含磷脂高达 $40\%\sim50\%$ 。磷脂根据组成和结构,可分为甘油磷脂和神经磷脂两类。

1. 磷脂酸

磷脂酸是一种常见的磷脂,它是由 1 分子甘油与 2 分子高级脂肪酸、1 分子磷酸通过酯键结合而成的化合物,即 3-磷酸-1,2-甘油二酯。自然界常见的是 L-α-磷脂酸。磷脂酸的结构可用通式表示为

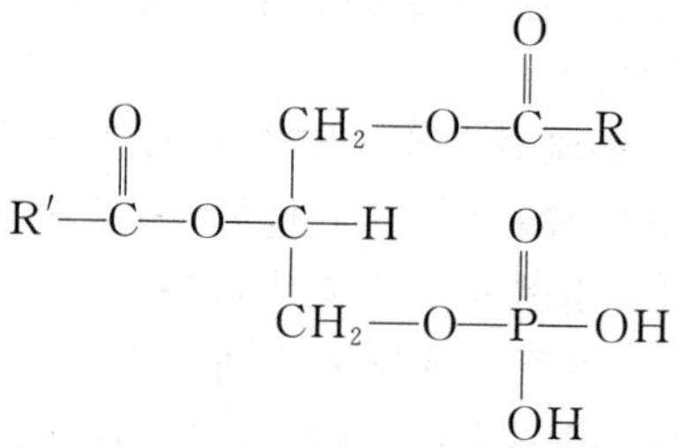

磷脂酸

通常,R 为饱和脂肪基,R′为不饱和脂肪基。磷脂酸在磷脂酸酶的作用下,水解释放出无机磷酸,而转变为甘油二酯,只需酯化即可生成甘油三酯。磷脂酸的衍生物在生物体内具有特殊的生理作用。

2. 甘油磷脂

甘油磷脂又称磷酸甘油酯,是磷脂酸的衍生物。磷脂酸中的磷酸与其他物质结合,可得到各种不同的甘油磷脂,常见的是卵磷脂和脑磷脂。

（1）卵磷脂　卵磷脂又称为磷脂酰胆碱,存在于脑、神经组织及植物的种子中,尤以蛋黄中含量最丰富。它能促进肝中脂肪的运输,常作为抗脂肪肝的药物,其结构式如下:

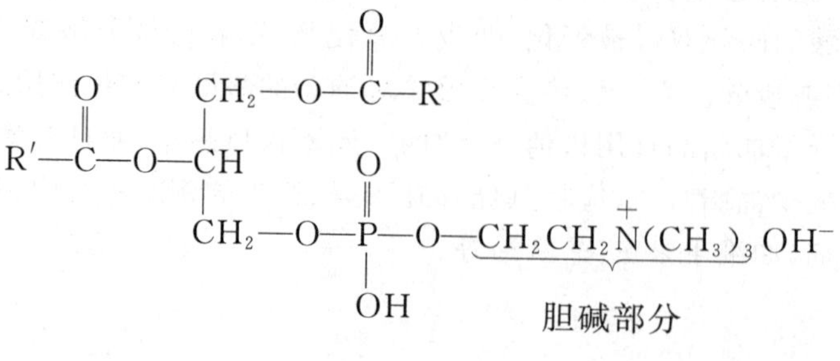

胆碱部分

天然的卵磷脂是一种混合物,水解后得到脂肪酸、胆碱、甘油和磷酸等物质。不同卵磷脂的主要区别是组成其分子的脂肪酸不同,常见的脂肪酸为软脂酸、硬脂酸、油酸、亚油酸、亚麻酸和花生四烯酸等。

卵磷脂是一种白色蜡状固体,吸湿性强,以胶体形式分散于水中。卵磷脂不溶于丙酮,易溶于乙醚、乙醇及氯仿。新鲜卵磷脂制品为无色蜡状固体,放置在空气中,卵磷脂中的不饱和脂肪酸易被氧化而变为黄色或棕色。

（2）脑磷脂　脑磷脂又称磷脂酰胆胺,是由磷脂酸分子中的磷酸与胆胺（乙醇胺）中的羟基酯化而成的化合物。其结构（内盐形式）如下：

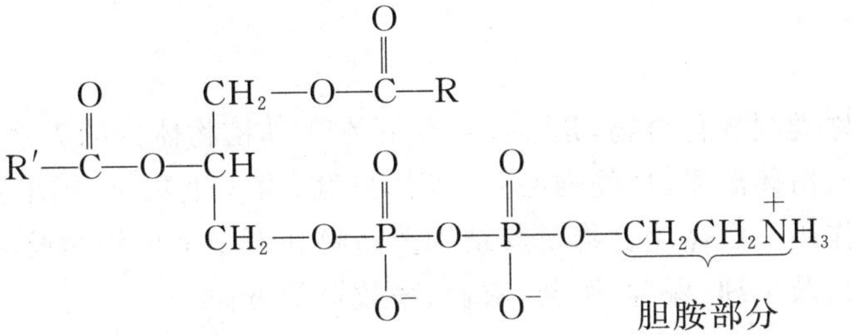

脑磷脂的结构和理化性质与卵磷脂相似,在空气中放置易变为棕黄色。脑磷脂易溶于乙醚,难溶于丙酮,与卵磷脂不同的是,脑磷脂难溶于冷乙醚,由此可分离卵磷脂和脑磷脂。脑磷脂通常与卵磷脂共存于脑、神经组织和许多组织器官中,在蛋黄和大豆中含量也较丰富。

3. 神经磷脂

神经磷脂简称鞘磷脂,存在于脑、神经组织和红细胞膜中,脾、肝及其他组织中含量较少。鞘磷脂不含甘油部分,它由磷酸、胆碱、脂肪酸和鞘氨醇组成。鞘磷脂分子中的脂肪酸连接在鞘氨醇的氨基上,磷酸以酯的形式与鞘氨醇及胆碱相结合。

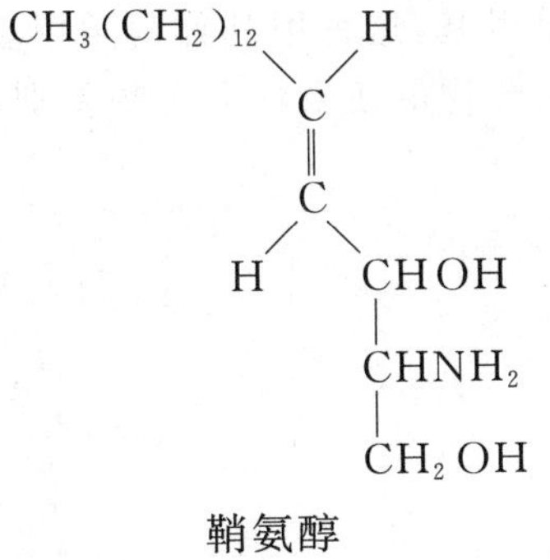

鞘氨醇 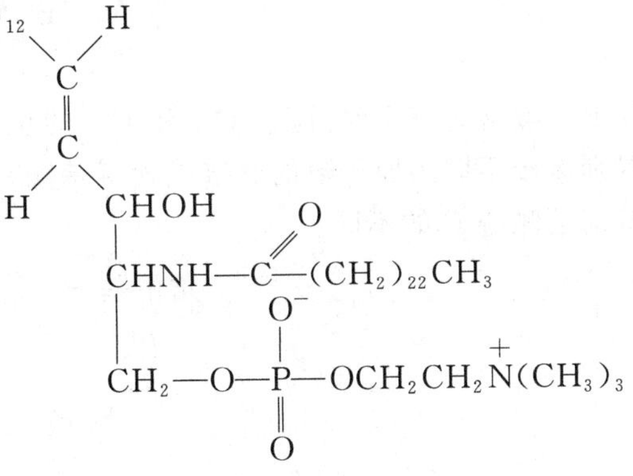　　　　　　　　　　　　　　鞘磷脂

鞘磷脂是无色晶体,在光的作用下或在空气中不易被氧化,比较稳定,不溶于丙酮及乙醚,而溶于热乙醇中。

二、蜡

蜡是高级脂肪酸和高级饱和一元醇形成的酯,广泛存在于动植物体中,如蜂蜡等。蜡的生物学功能是作为生物体对外界环境的保护层,存在于皮肤、毛皮、羽毛、植物叶片、果实以及许多昆虫外骨骼的表面。天然蜡还含有少量游离高级脂肪酸、高级醇和烷烃等。常见的酸是软

脂酸和二十六碳酸,常见的醇是十六醇、二十六醇和三十醇。

常温下蜡是固态,能溶于乙醚、苯、氯仿等有机溶剂,不溶于水。蜡不易发生皂化反应,也不能被解脂酶水解。

蜡可以作为化工原料,用于造纸,制备防水剂、光泽剂。蜡也可用于水果涂层,以达到长期保鲜的目的。

第三节　甾体化合物

甾体化合物也称类固醇化合物,是一类广泛存在于动植物体内的天然有机化合物,包括甾醇(也称固醇)、胆酸、甾体激素、植物强心苷、甾体皂苷、甾体生物碱、蟾酥毒素等,它们对动植物生命活动起重要作用。甾体化合物及其结构改造物在医学上可作为避孕药、抗肿瘤药、强心药、抗炎症剂等,常涉及生理、保健、医药、农业、畜牧业等方面。

一、甾体化合物的基本结构

甾体化合物分子中都含有一个由四个环组成的环戊烷多氢菲的基本骨架,该结构是甾体化合物的母核。四个环用字母 A、B、C、D 表示,并将 17 个碳原子按特定顺序编号。

环上一般含有三个侧链,在 C_{10} 和 C_{13} 的位置上,通常是甲基,这种甲基称为角甲基;C_{17} 的位置则连接不同碳原子数的碳链或含氧基团。各类甾体化合物虽在甾环上有些差别,但最大的差别是侧链 R 的不同。

二、甾体化合物的分类与命名

1. 分类

甾体化合物结构类型及数目繁多,各类甾体化合物的 C_{17} 位均有侧链,根据侧链结构的不同,又分为许多种类,它们各有其生物活性,在临床上被用于治疗某些疾病。常见天然甾体化合物的结构如表 3-8-4 所示。

表 3-8-4　天然甾体化合物的种类及结构特点

名　　称	A/B	B/C	C/D	C_{17} 位取代基
植物甾醇	顺、反	反	反	8～10 个碳原子的脂肪烃
胆汁酸	顺	反	反	戊酸
C_{21} 甾醇	反	反	顺	C_2H_5
昆虫变态激素	顺	反	反	8～10 个碳原子的脂肪烃
强心苷	顺、反	反	顺	不饱和内酯环
蟾毒配基	顺、反	反	反	六元不饱和内酯环
甾体皂苷	顺、反	反	反	含氧螺杂环
甾体生物碱	—	—		

　　天然甾体化合物的 B/C 环都是反式,C/D 环多为反式,A/B 环有顺、反两种稠合方式。由此,甾体化合物可分为两种类型:A/B 环顺式稠合的称正系,即 C_5 位上的氢原子和 C_{10} 位上的角甲基都伸向环平面的前方,处于同一边,为 β 型,以实线表示;A/B 环反式稠合的称别系,即 C_5 位上的氢原子和 C_{10} 位上的角甲基不在同一边,而是伸向环平面的后方,为 α 型,以虚线表示。通常这类化合物的 C_{10}、C_{13}、C_{17} 位侧链多为 β 型,C_3 位上有羟基,且多为 β 型。甾体母核的其他位置上也可以有羟基、羰基、双键等官能团。

　　2. 命名

　　命名时常把甾体化合物看作有关甾体母核衍生物而加以定名,在甾体母核名称前后,加上取代基的位置、名称和构型。母核中含有碳碳双键、羟基、羰基或羧基时,则将"烷"改成"烯""醇""酮"或"酸"等,并将其位置表示出来。取代基用 α、β 表示其构型。例如:

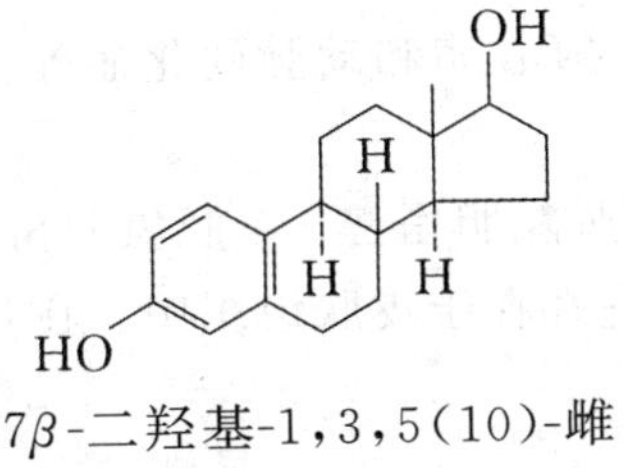

3,17β-二羟基-1,3,5(10)-雌甾
三烯(β-雌二醇)

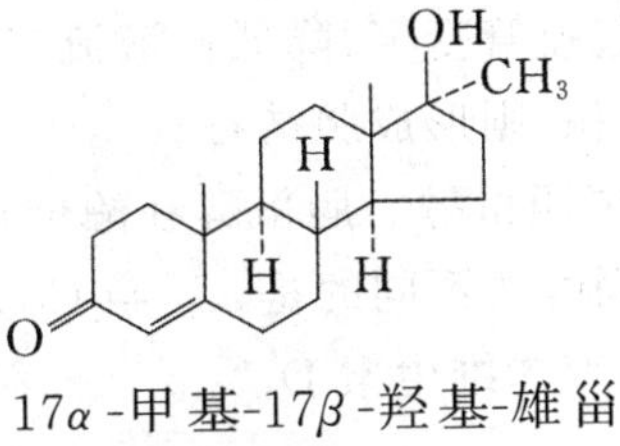

17α-甲基-17β-羟基-雄甾-4-
烯-3-酮(甲睾酮)

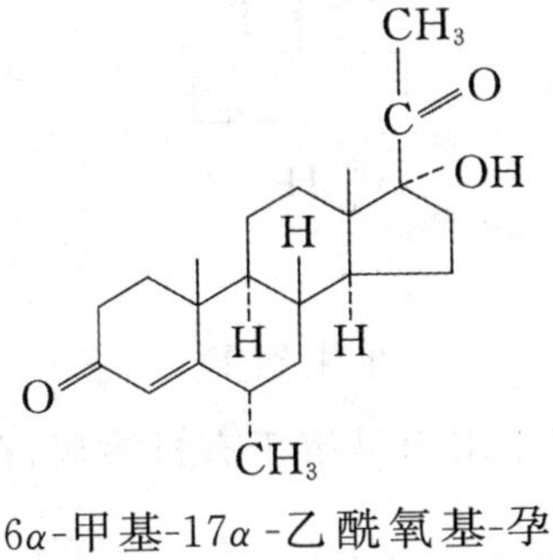

6α-甲基-17α-乙酰氧基-孕甾-4-
烯-3,20-二酮(甲羟孕酮)

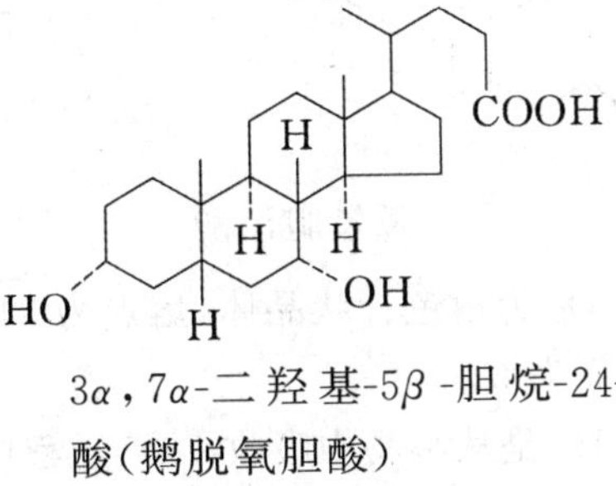

3α,7α-二羟基-5β-胆烷-24-
酸(鹅脱氧胆酸)

　　此外,也可用系统命名法,但稍显复杂。

三、重要的甾体化合物

1. 甾醇

甾醇是甾环上连有醇羟基的固态物质,故又称固醇。根据来源不同,甾醇可分为动物甾醇和植物甾醇两类。

(1)胆甾醇　胆甾醇最早是从胆石中发现的固体状醇,所以又把胆甾醇称为胆固醇。它是动物甾体化合物中最重要的一种,存在于动物的脊髓、脑、神经组织及血液中。蛋黄中含量最多,牛黄、蟾酥中也含有胆固醇。

胆固醇为无色或略带黄色的结晶,熔点为 148.5 ℃,难溶于水,易溶于乙醇、乙醚、氯仿等有机溶剂。其结构特点:C_3 上有一个羟基,C_5 与 C_6 之间有一个双键,C_{17} 上有一个 8 个碳原子的烃基。其结构如下:

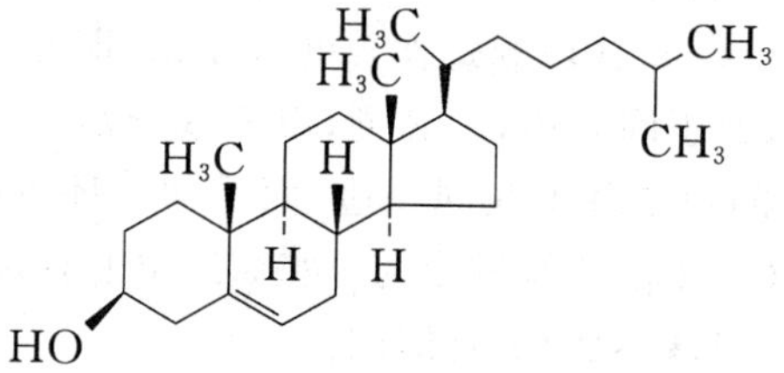

胆固醇

胆固醇在人和动物体内主要以脂肪酸酯的形式存在,是细胞生物膜的基本成分,也是多种固醇类物质的合成前体,如维生素 D、胆酸、甾体激素等。它对脂肪酸的代谢机理有调节作用,是血液中脂类物质之一。胆固醇摄入过量或代谢发生障碍时,胆固醇会从血清中沉积在动脉血管壁上,引起血管变窄,降低血液流速,造成高血压、冠心病和动脉硬化症等。在胆汁液中,若有胆固醇沉积,则形成胆结石。

(2)7-脱氢胆甾醇　胆甾醇在酶催化下氧化成 7-脱氢胆甾醇。7-脱氢胆甾醇也是一种动物甾醇,与胆固醇所不同的是,C_7 与 C_8 之间为双键,它存在于皮肤组织中。在日光照射下,它的 B 环打开转变为维生素 D_3。

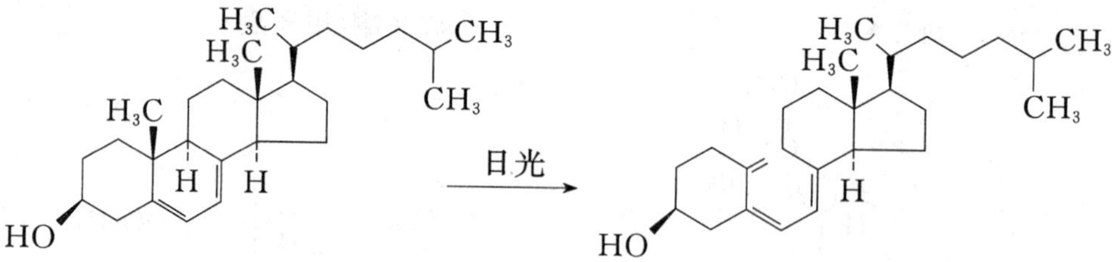

7-脱氢胆甾醇　　　　　　　　　　　维生素 D_3

维生素 D_3 为白色针状晶体,熔点为 84～85 ℃,不溶于水而易溶于有机溶剂,在潮湿空气中易被氧化而失效。

维生素 D_3 是从小肠中吸收 Ca^{2+} 过程中的关键化合物。体内维生素 D_3 的浓度太低,会引起 Ca^{2+} 缺乏,不足以维持骨骼的正常生成而引发软骨病。因此,多晒太阳是获得维生素 D_3 的最简单方法。

（3）麦角甾醇　麦角甾醇存在于麦角和酵母之中，属于植物甾醇，最初是从麦角中得到的。其结构与7-脱氢胆甾醇相似，在 C_{17} 所连的烃基上多了一个双键和一个甲基。麦角甾醇受到紫外线照射后，B 环开环而成前钙化醇，前钙化醇加热后形成维生素 D_2（即钙化醇）。

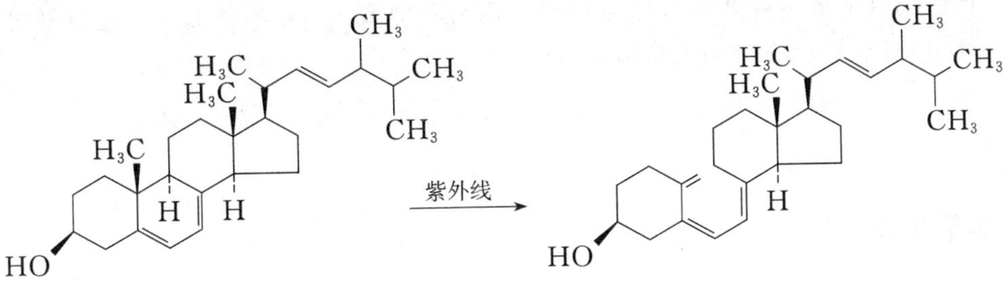

麦角甾醇　　　　　　　　　　　　　维生素 D_2

维生素 D_2、维生素 D_3 都属于维生素 D，是脂溶性维生素，具有抗佝偻病的作用。因此，可以将麦角甾醇用紫外线照射后加入牛奶和其他食品中，以保证儿童能得到足够的维生素 D。

2．胆甾酸

胆酸、脱氧胆酸和石胆酸等存在于动物胆汁中，它们分子中都含有羧基，故总称为胆甾酸。胆甾酸在人体内可以由胆固醇直接生物合成。至今发现的胆甾酸已有 100 多种，其中人体内最重要的是胆酸。

胆甾酸在胆汁中分别与甘氨酸和牛磺酸通过酰胺键结合，分别生成甘氨胆酸和牛磺胆酸，这些结合胆甾酸总称为胆汁酸。在胆汁中，胆汁酸以钠盐或钾盐的形式存在。胆汁酸盐分子内部既有亲水性的羟基和羧基（或磺酸基），又有亲脂性的甾环，是一种既亲水又亲脂的分子，具有乳化剂的作用，能使油脂在肠中乳化成细小微团，易于水解、消化和吸收。实验表明胆甾酸还有镇咳、解热、抑菌、抗炎等作用，去氢胆酸有强心作用。临床所用的利胆药——胆酸钠，就是甘氨胆酸钠和牛磺胆酸钠的混合物。

知识拓展

油脂与健康

油脂不仅使食物香美可口，促进食欲，而且是人体正常生命活动所需要的营养物质。油脂除了供给人体能量外，还能维持体温、保护内脏，并且提供人体必需的脂肪酸，促进脂溶性维生素 A、维生素 D、维生素 E 和维生素 K 的吸收，对人体生理功能的维持起着重要的作用。

随着人们生活水平的不断提高，过多的油脂消费给人们的健康带来诸多问题，高血压、糖尿病、冠心病、癌症等慢性疾病已成为主要的公共卫生问题，膳食脂肪与健康的关系已成为目前研究的热点。

健康体质必须从健康饮食入手，控制膳食油脂的合理摄入量，选择合理的膳食用油，将有效预防心血管疾病、肥胖症等现代疾病，促进人体健康。

（1）定量用油。烹调时少用荤油，如猪油，尤其是未经改良的、饱和脂肪酸含量高的猪油。按照营养学家建议，日常生活中用油量应减少一半，血脂高的人减少 2/3。

（2）搭配用油。植物油和动物油要搭配食用才更科学，平时用油还应搭配一些高端油，如红花籽油、橄榄油、山茶籽油、核桃油等。红花籽油含有丰富的必需脂肪酸和维生素 E，是国际心脏协会极力推荐的食品油之一；核桃油中的不饱和脂肪酸含量

高达 90%,含有丰富的微量营养成分维生素 E 和磷脂等,用它烹调出来的菜肴更细腻滑爽,是孕妇、儿童和脑力工作者的最佳选择;山茶籽油被誉为"东方橄榄油",不饱和脂肪酸含量高达 90% 以上,是心血管疾病的天然防御者。

(3)低温食用。高温油不但会破坏食物的营养成分,还会产生一些过氧化物和致癌物质,过氧化物会影响人体心血管功能。

 本章小结

1. 知识思维导图

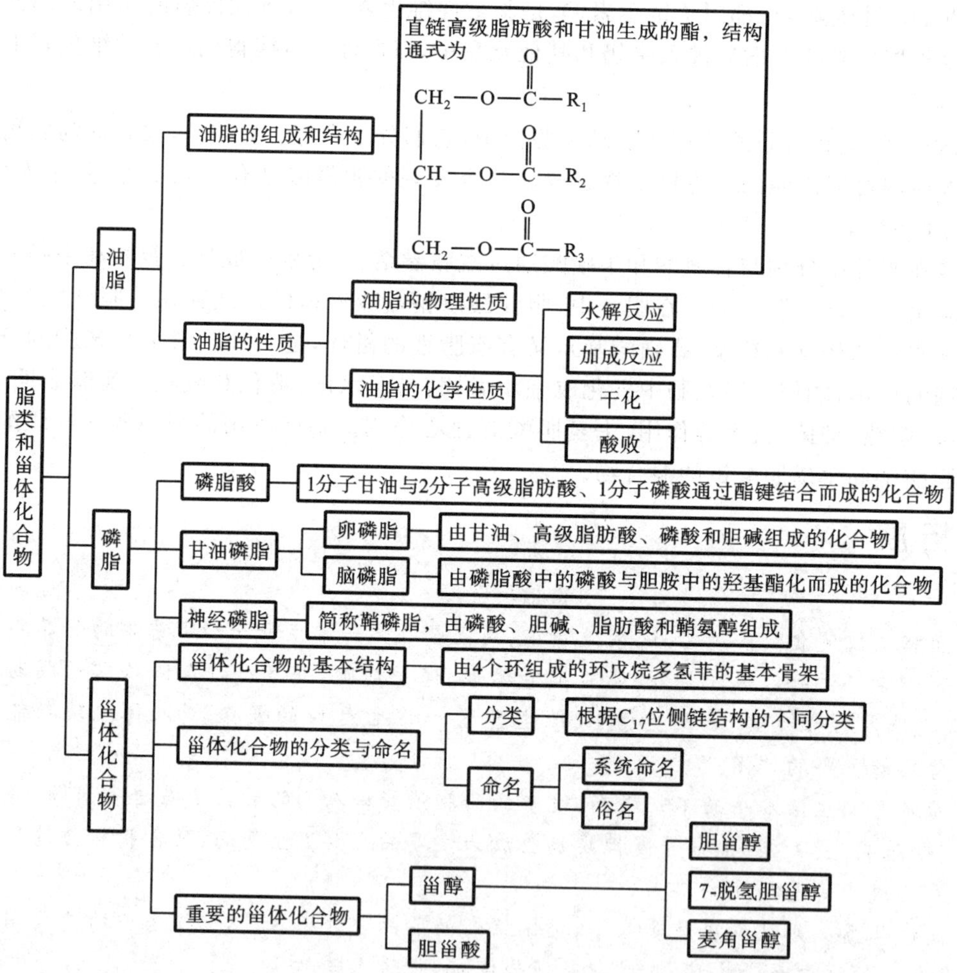

```
                    ┌─ 油脂的组成和结构 ──┐ 直链高级脂肪酸和甘油生成的酯,结构
                    │                    │ 通式为
                    │                    │            O
                    │                    │            ‖
          ┌─ 油脂 ─┤                    │  CH₂—O—C—R₁
          │        │                    │            |
          │        │                    │            O
          │        │                    │            ‖
          │        │                    │  CH—O—C—R₂
          │        └─ 油脂的性质 ─┐      │            |
          │                       │      │            O
          │           ┌─ 油脂的物理性质 │            ‖
          │           │           │      │  CH₂—O—C—R₃
          │           │           └─ 油脂的化学性质 ─┬─ 水解反应
          │                                          ├─ 加成反应
脂类                                                  ├─ 干化
和甾                                                  └─ 酸败
体化 ─┤
合物     │        ┌─ 磷脂酸 ─ 1分子甘油与2分子高级脂肪酸、1分子磷酸通过酯键结合而成的化合物
          │        │                ┌─ 卵磷脂 ─ 由甘油、高级脂肪酸、磷酸和胆碱组成的化合物
          ├─ 磷脂 ─┼─ 甘油磷脂 ─┤
          │        │                └─ 脑磷脂 ─ 由磷脂酸中的磷酸与胆胺中的羟基酯化而成的化合物
          │        └─ 神经磷脂 ─ 简称鞘磷脂,由磷酸、胆碱、脂肪酸和鞘氨醇组成
          │
          │        ┌─ 甾体化合物的基本结构 ─ 由4个环组成的环戊烷多氢菲的基本骨架
          │        │                        ┌─ 分类 ─ 根据C₁₇位侧链结构的不同分类
          └─ 甾体 ─┼─ 甾体化合物的分类与命名 ┤
             化     │                        └─ 命名 ─┬─ 系统命名
             合      │                                └─ 俗名
             物      │                                      ┌─ 胆甾醇
                     │                    ┌─ 甾醇 ──────┼─ 7-脱氢胆甾醇
                     └─ 重要的甾体化合物 ─┤                └─ 麦角甾醇
                                          └─ 胆甾酸
```

2. 学习方法概要

本章主要学习脂类(油脂和类脂)和甾体化合物的相关知识。首先要明确脂类和甾体化合物的组成和结构特征,在此基础上理解脂类和甾体化合物的分类、命名。通过对脂类组成成分的理解,完成脂类主要理化性质的学习。更要学会运用结构决定性质、性质决定用途的辩证观点,深入分析脂类的组成和结构,推断出脂类可能具有的化学性质,并识记评价油脂品质的三

个重要指标。通过对甾体化合物母核和侧链差异的学习,能根据其侧链结构的不同了解不同甾体化合物可能具有的生物活性。

目标检测

一、名词解释

1. 皂化反应　　2. 碘值　　3. 酸败　　4. 必需脂肪酸

二、问答题

1. 油脂的主要成分是什么? 写出其通式。

2. 已知棉籽油和桐油的碘值分别为 $103\sim115$ g、$160\sim180$ g,指出这两种油中哪种的不饱和度大。

三、完成下列反应式

1.

$$
\begin{array}{l}
CH_2-O-\overset{O}{\overset{\|}{C}}-(CH_2)_{14}CH_3 \\
CH-O-\overset{O}{\overset{\|}{C}}-(CH_2)_{14}CH_3 \quad +3NaOH \xrightarrow{\triangle} \\
CH_2-O-\overset{O}{\overset{\|}{C}}-(CH_2)_{14}CH_3
\end{array}
$$

2.

$$
\begin{array}{l}
CH_2-O-\overset{O}{\overset{\|}{C}}-(CH_2)_{14}CH_3 \\
CH-O-\overset{O}{\overset{\|}{C}}-(CH_2)_{16}CH_3 \quad\quad +H_2 \xrightarrow{Ni} \\
CH_2-O-\overset{O}{\overset{\|}{C}}-(CH_2)_7CH=CH(CH_2)_7CH_3
\end{array}
$$

第九章

糖

 **学习目标**

> 1. 了解糖的含义、分类；
> 2. 熟悉葡萄糖和果糖的开链式、氧环式和哈沃斯结构式等结构；
> 3. 掌握单糖的化学性质及其具体应用；
> 4. 熟悉蔗糖、麦芽糖和乳糖的糖苷键类型及淀粉、纤维素、糖原和右旋糖苷的组成、结构特征及其生理功能；
> 5. 初步具备分析糖在生产、生活上的应用的能力。

糖是自然界存在最多、分布最广的一类有机化合物，几乎存在于所有生物体中，在人类的生活中占据着重要地位。根据能否水解以及水解产物的多少，糖可分为单糖、低聚糖和多糖三类。在结构上，糖可看作多羟基醛或多羟基酮及它们的脱水缩合产物。葡萄糖、果糖、淀粉、纤维素等都属于糖。由于早年发现的一些糖具有 $C_n(H_2O)_m$ 的通式，符合水分子氢和氧的比例，因此糖也称为**碳水化合物**。

第一节　单　　糖

单糖指不能再水解的多羟基醛或多羟基酮，多羟基醛又称为醛糖，多羟基酮又称为酮糖，是最简单的糖。按分子中所含碳原子的数目，单糖又可分为丙糖、丁糖、戊糖、己糖、庚糖等。自然界中，以戊糖和己糖多见，如核糖和阿拉伯糖属戊醛糖，但分布最广也最重要的单糖是己醛糖中的葡萄糖和己酮糖中的果糖。

低聚糖和多聚糖都是由单糖构成的，因此认识单糖的结构与性质，也是了解低聚糖和多聚糖的结构与性质的基础。

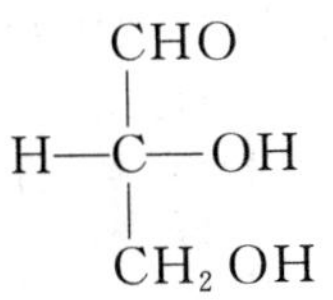

甘油醛 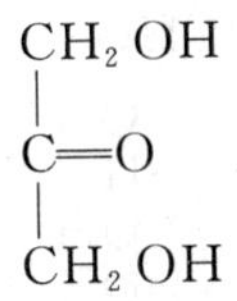　　　　　　　1,3-二羟基丙酮

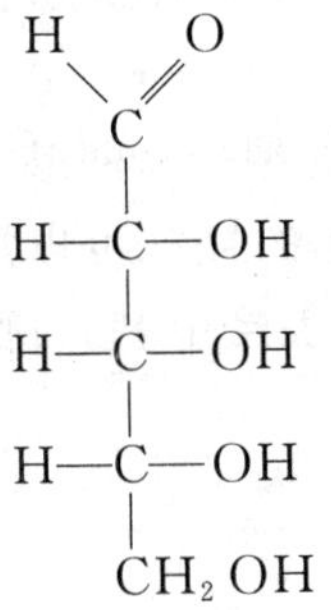

核糖 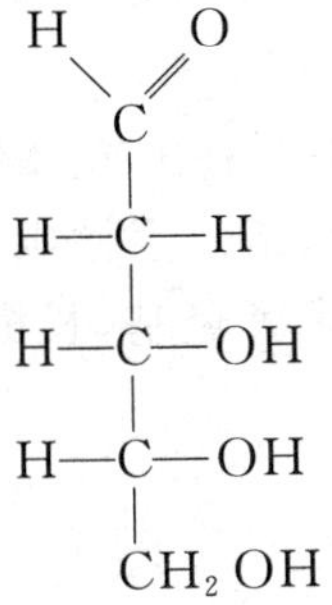　　　　脱氧核糖 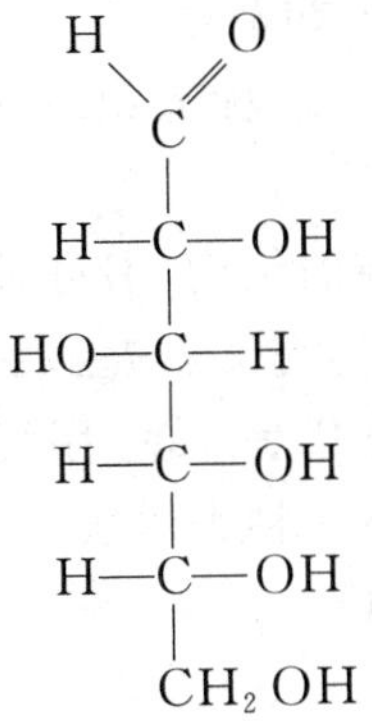　　　　葡萄糖 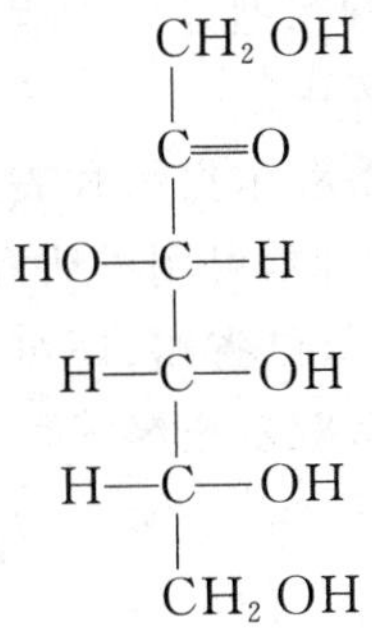　　　　果糖

一、单糖的结构

1. 葡萄糖的结构

葡萄糖广泛存在于蜂蜜及植物的根、茎、叶、花和果实中,也是人体血液的重要组成部分,正常人的血液中,保持有 $0.08\%\sim0.11\%$ 的葡萄糖,称为血糖。它在人体内经氧化生成二氧化碳和水的同时并放出热量,是人体进行新陈代谢不可缺少的营养物质。糖尿病患者由于糖代谢功能失调,尿中常含有较多的葡萄糖。

葡萄糖也是食品、医药等工业的重要原料。工业上,葡萄糖的制取是由淀粉在酸性条件下水解得到的。

$$(C_6H_{10}O_5)_n + nH_2O \xrightarrow{\text{酸性条件}} nC_6H_{12}O_6$$

（1）开链结构　单糖的结构常用费歇尔(Fischer)投影式表示,也就是通常所说的开链结构。最简单的单糖是含有 3 个碳原子的甘油醛,它有两种构型:D 型和 L 型。

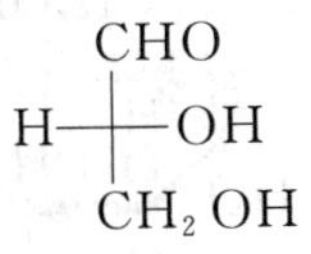

D型 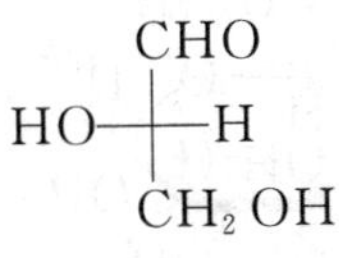　　　　　　　　　　L型

大多数单糖有手性碳原子,存在对映异构现象。按照习惯,对于含有多个手性碳原子的单糖,将编号最大的 1 个手性碳原子的羟基在右侧的定为 **D 型**,在左侧的定为 **L 型**。葡萄糖分子中含 4 个手性碳原子,由 5 个羟基和 1 个醛基组成,其费歇尔投影式的 D、L 型如下:

$$
\begin{array}{c}
\text{CHO} \\
\text{H}\!-\!\!-\!\text{OH} \\
\text{HO}\!-\!\!-\!\text{H} \\
\text{H}\!-\!\!-\!\text{OH} \\
\text{H}\!-\!\!-\!\text{OH} \\
\text{CH}_2\text{OH}
\end{array}
\qquad\qquad
\begin{array}{c}
\text{CHO} \\
\text{H}\!-\!\!-\!\text{OH} \\
\text{HO}\!-\!\!-\!\text{H} \\
\text{H}\!-\!\!-\!\text{OH} \\
\text{HO}\!-\!\!-\!\text{H} \\
\text{CH}_2\text{OH}
\end{array}
$$

D-(＋)-葡萄糖   L-(－)-葡萄糖

这种构型是人为规定的,所以称为相对构型。一系列化学实验证明,葡萄糖以 D 型存在于自然界中。

用费歇尔投影式表示单糖的结构,书写时把醛基写在上方,碳原子的编号从醛基开始。为了书写方便,可用横线和竖线的交叉点表示手性碳原子。手性碳原子上的羟基可以用短横线表示,而氢可省略;还可以用△代表醛基,用短横线代表羟基,长横线代表羟甲基。例如,D-葡萄糖的费歇尔投影式可有以下三种表示法。

D-(＋)-葡萄糖

(2) 环状结构　　从葡萄糖的链状结构来看,葡萄糖是含多个羟基的醛,但在红外光谱中却找不到醛基的特征峰值。尽管开链式结构可以解释很多性质或反应,但有一些现象却不能解释,如在常温下由水溶液中结晶出来的葡萄糖,熔点为 146 ℃,比旋光度为＋112°;而在高温下重结晶得到的葡萄糖,熔点为 150 ℃,比旋光度为＋18.7°。将两种晶体溶液放置一段时间后,比旋光度会随时间的延长而改变,前者逐渐下降,而后者不断上升,最终均稳定在＋52.7°。这种比旋光度随时间而自行发生变化的现象,称为**变旋光现象**。

经物理及化学方法证明,结晶状态的葡萄糖是以氧环式结构存在的。此种结构称为**哈沃斯式(Haworth)结构**。

α-D-吡喃葡萄糖   β-D-吡喃葡萄糖

环状结构的存在,是由葡萄糖中同时含有醇羟基和羰基,可以发生分子内加成,进而生成环状半缩醛所致。如 D-葡萄糖的环状结构是开链结构中 C_5 上的羟基与 C_1 上的醛基进行加成,形成了六元环的半缩醛。

D-葡萄糖由开链结构转变成环状半缩醛结构时,原来的醛基碳原子(C_1)由非手性碳原子转变为手性碳原子。新生成的半缩醛羟基(苷羟基)在空间上有两种取向,得到两种光学异构体,是非对映体。

　　用哈沃斯结构式表示葡萄糖等单糖的结构时,首先把碳链写成六元氧环式,把氧原子写在右上角,使碳原子编号按顺时针方向排列。将环的平面垂直于纸平面,粗实线表示在纸平面的前方,细线表示在纸平面的后方;在葡萄糖开链式结构中位于碳链左侧的羟基和氢写在环平面的上方,位于右侧的基团写在环平面的下方。因此,在哈沃斯结构式中苷羟基写在环平面下方的为 α 型异构体,在环平面上方的为 β 型异构体。它们之间的差别,仅在于第一个手性碳原子的构型不同,其他手性碳原子的构型完全相同,彼此互为**差向异构体**。

　　将费歇尔投影式改写成哈沃斯结构式的过程如下:

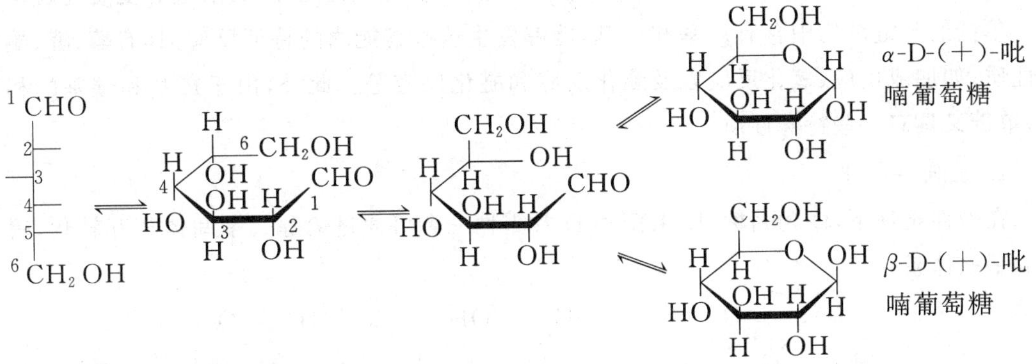

α-D-(+)-吡喃葡萄糖

β-D-(+)-吡喃葡萄糖

2. 果糖的结构

　　果糖是最重要的己酮糖,为白色晶体,是最甜的一种糖,它主要存在于蜂蜜和水果中,与葡萄糖是同分异构体。天然的果糖是 D 型左旋糖,所以称 D-(-)-果糖。与葡萄糖相似,D-果糖也主要以氧环式结构存在。当 C_5 上的羟基与 C_2 上的酮基加成时,形成五元环的半缩酮结构,该五元环和呋喃相似,称为呋喃果糖;当 C_6 上的羟基与 C_2 上的酮基加成时,形成六元环的半缩酮结构,称为吡喃果糖。由于成环后,酮基碳变成手性碳,与其相连的半缩酮羟基(苷羟基)也有两种空间构型,所以果糖的两种环状结构都拥有各自的 α 型和 β 型两种异构体。

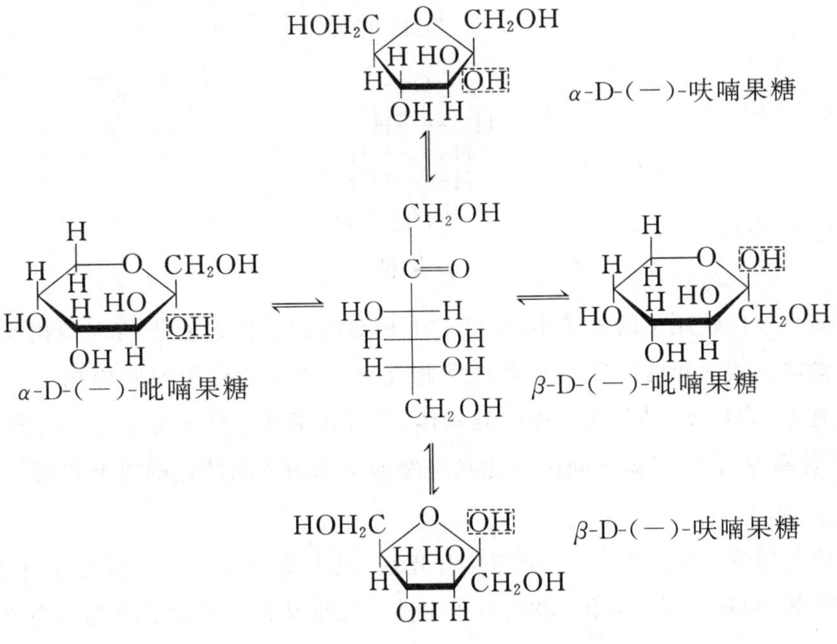

α-D-(-)-呋喃果糖

α-D-(-)-吡喃果糖

β-D-(-)-吡喃果糖

β-D-(-)-呋喃果糖

在 D-果糖的溶液中,两种异构体可通过开链结构相互转化,同时,也可由一种环状结构通过开链结构转换成另一种环状结构,形成互变平衡体系。因此,果糖也存在变旋光现象,达到平衡时,其比旋光度为-92°。通常所说的 D-葡萄糖为右旋体,D-果糖为左旋体。

二、单糖的性质

单糖是具有甜味的无色结晶性物质,有吸湿性,易溶于水,但难溶于乙醇。多个羟基的存在使分子中氢键缔合很强,因而单糖有很高的沸点。单糖有旋光性,其溶液有变旋光现象。

单糖的开链结构中含有羟基和羰基,能够发生这些官能团的特征反应,具有醇、醛、酮的一般性质,如加成反应、氧化反应以及酯化反应和醚化反应等。此外,由于羟基和羰基的相互影响,单糖又具有一些特殊性质。

1. 差向异构化

在碱性条件下,D-葡萄糖、D-果糖和 D-甘露糖三者可通过烯醇式中间体相互转化,得到下面的平衡体系。

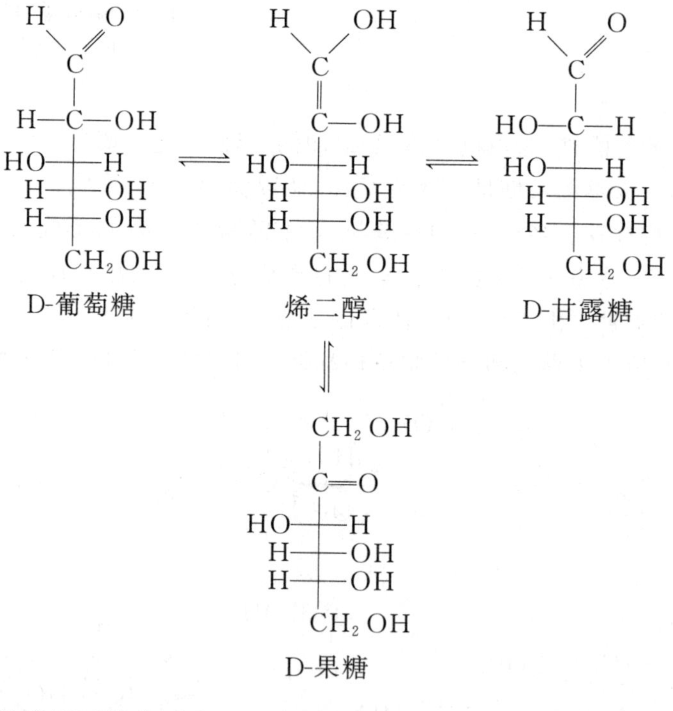

在含有多个手性碳原子的分子中,只有一个相对应的手性碳原子的构型相反的异构体互称为**差向异构体**。差向异构体在一定条件下相互转化的反应称为差向异构化。D-葡萄糖和D-甘露糖仅在 C_2 位构型不同,互为差向异构体,二者在碱性条件下可发生差向异构化。而 D-葡萄糖或 D-甘露糖与 D-果糖之间的转化则是醛糖与酮糖之间转化的典型代表。

2. 氧化反应

单糖无论是醛糖还是酮糖,分子中均含有醛基(或酮基)和羟基,在碱性条件下,都能被弱氧化剂托伦试剂、费林试剂等氧化,表现出还原性。凡是具有还原性的糖称为**还原糖**,反之,称为**非还原糖**。单糖都是还原糖。

（1）**与托伦试剂、费林试剂反应**　葡萄糖等单糖可将托伦试剂中的 Ag^+ 还原为银，附着在玻璃器皿壁上形成光亮的银镜，亦称**银镜反应**。

$$\begin{array}{c}
\text{CHO} \\
\text{H}\!-\!\text{OH} \\
\text{HO}\!-\!\text{H} \\
\text{H}\!-\!\text{OH} \\
\text{H}\!-\!\text{OH} \\
\text{CH}_2\text{OH}
\end{array}
\xrightarrow[\text{水浴加热}]{[Ag(NH_3)_2]OH}
\begin{array}{c}
\text{COOH} \\
\text{H}\!-\!\text{OH} \\
\text{HO}\!-\!\text{H} \\
\text{H}\!-\!\text{OH} \\
\text{H}\!-\!\text{OH} \\
\text{CH}_2\text{OH}
\end{array}
+\text{Ag}\downarrow$$

D-葡萄糖　　　　　　　　　　　D-葡萄糖酸

葡萄糖与费林试剂作用，可将铜配离子还原为砖红色的 Cu_2O 沉淀。在临床检验中，常用这一反应检验尿液中的葡萄糖。

$$\begin{array}{c}
\text{CHO} \\
\text{H}\!-\!\text{OH} \\
\text{HO}\!-\!\text{H} \\
\text{H}\!-\!\text{OH} \\
\text{H}\!-\!\text{OH} \\
\text{CH}_2\text{OH}
\end{array}
+Cu^{2+}（配离子）
\xrightarrow[\triangle]{OH^-}
\begin{array}{c}
\text{COOH} \\
\text{H}\!-\!\text{OH} \\
\text{HO}\!-\!\text{H} \\
\text{H}\!-\!\text{OH} \\
\text{H}\!-\!\text{OH} \\
\text{CH}_2\text{OH}
\end{array}
+\text{Cu}_2\text{O}\downarrow$$

（2）**与溴水反应**　溴水是弱氧化剂，可将醛糖氧化成相应的糖酸，但不能氧化酮糖，因此可以利用溴水来区别醛糖和酮糖。

$$\begin{array}{c}
\text{CHO} \\
\text{H}\!-\!\text{OH} \\
\text{HO}\!-\!\text{H} \\
\text{H}\!-\!\text{OH} \\
\text{H}\!-\!\text{OH} \\
\text{CH}_2\text{OH}
\end{array}
\xrightarrow[\text{H}_2\text{O}]{\text{Br}_2}
\begin{array}{c}
\text{COOH} \\
\text{H}\!-\!\text{OH} \\
\text{HO}\!-\!\text{H} \\
\text{H}\!-\!\text{OH} \\
\text{H}\!-\!\text{OH} \\
\text{CH}_2\text{OH}
\end{array}$$

葡萄糖酸与氢氧化钙作用生成的葡萄糖酸钙，主要用于儿童补钙。

（3）**与稀硝酸反应**　稀硝酸是强氧化剂，它不但能将醛基氧化成羧基，也能将羟甲基氧化成羧基，生成糖二酸。D-葡萄糖二酸具有旋光性，根据生成的糖二酸是否具有旋光性可以推测单糖的构型。

$$\begin{array}{c}
\text{CHO} \\
\text{H}\!-\!\text{OH} \\
\text{HO}\!-\!\text{H} \\
\text{H}\!-\!\text{OH} \\
\text{H}\!-\!\text{OH} \\
\text{CH}_2\text{OH}
\end{array}
\xrightarrow[100\,℃]{\text{稀硝酸}}
\begin{array}{c}
\text{COOH} \\
\text{H}\!-\!\text{OH} \\
\text{HO}\!-\!\text{H} \\
\text{H}\!-\!\text{OH} \\
\text{H}\!-\!\text{OH} \\
\text{COOH}
\end{array}$$

D-葡萄糖　　　　　　　　D-葡萄糖二酸

稀硝酸也能氧化酮糖，导致 C_1—C_2 键断裂，生成小分子二元酸。

（4）**与高碘酸反应**　单糖被高碘酸（HIO_4）氧化，碳碳单键都发生断裂，反应常是定量的。

1 mol 碳碳单键要消耗 1 mol 的高碘酸,因此高碘酸氧化可用于单糖结构的测定。D-葡萄糖氧化时,消耗 5 mol 高碘酸,生成 5 mol 甲酸和 1 mol 甲醛。

$$
\begin{array}{c}
\text{CHO} \\
\text{H}\!-\!\!\!-\!\text{OH} \\
\text{HO}\!-\!\!\!-\!\text{H} \\
\text{H}\!-\!\!\!-\!\text{OH} \\
\text{H}\!-\!\!\!-\!\text{OH} \\
\text{CH}_2\text{OH}
\end{array}
\xrightarrow{\text{HIO}_4}
\begin{array}{c}
\text{HCOOH} \\
+ \\
\text{HCOOH} \\
+ \\
\text{HCOOH} \\
+ \\
\text{HCOOH} \\
+ \\
\text{HCOOH} \\
+ \\
\text{HCHO}
\end{array}
$$

3. 成脎反应

单糖与苯肼作用,首先羰基与苯肼作用生成苯腙,当苯肼过量时,α-羟基能继续与苯肼反应,生成一种不溶于水的黄色晶体,称为糖脎。

$$
\begin{array}{c}
\text{CHO} \\
\text{H}\!-\!\!\!-\!\text{OH} \\
\text{HO}\!-\!\!\!-\!\text{H} \\
\text{H}\!-\!\!\!-\!\text{OH} \\
\text{H}\!-\!\!\!-\!\text{OH} \\
\text{CH}_2\text{OH}
\end{array}
\xrightarrow{\text{C}_6\text{H}_5\text{NHNH}_2}
\begin{array}{c}
\text{CH}\!=\!\text{NNHC}_6\text{H}_5 \\
\text{H}\!-\!\!\!-\!\text{OH} \\
\text{HO}\!-\!\!\!-\!\text{H} \\
\text{H}\!-\!\!\!-\!\text{OH} \\
\text{H}\!-\!\!\!-\!\text{OH} \\
\text{CH}_2\text{OH}
\end{array}
\xrightarrow{2\text{C}_6\text{H}_5\text{NHNH}_2}
\begin{array}{c}
\text{CH}\!=\!\text{NNHC}_6\text{H}_5 \\
\text{C}\!=\!\text{NNHC}_6\text{H}_5 \\
\text{HO}\!-\!\!\!-\!\text{H} \\
\text{H}\!-\!\!\!-\!\text{OH} \\
\text{H}\!-\!\!\!-\!\text{OH} \\
\text{CH}_2\text{OH}
\end{array}
$$

D-葡萄糖苯腙   D-葡萄糖脎

无论醛糖还是酮糖,反应都是发生在 C_1 和 C_2 上,其他碳原子一般不发生反应。因此,含碳原子数相同的 D 型单糖,如果只是 C_1 和 C_2 的羰基不同或构型不同,其他原子的构型完全相同时,与苯肼反应都生成相同的糖脎,如 D-葡萄糖、D-果糖及 D-甘露糖都生成相同的糖脎。

不同的糖脎,晶形(图 3-9-1)和熔点不同,即使生成相同的糖脎,不同的糖在反应中生成糖脎的速率也不同。因此,可利用糖脎的晶形及生成时间来鉴别糖。

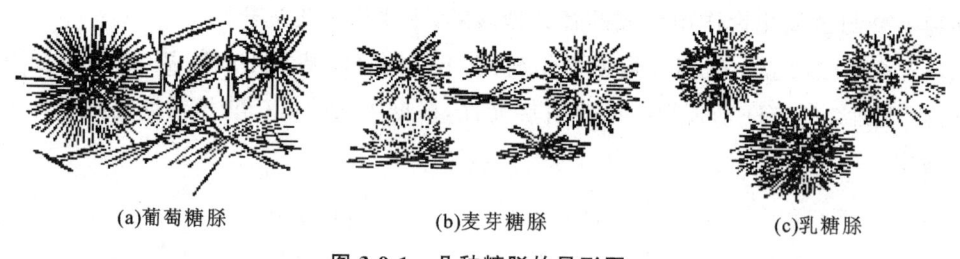

(a)葡萄糖脎   (b)麦芽糖脎   (c)乳糖脎

图 3-9-1　几种糖脎的晶形图

4. 酯化反应

单糖分子中的羟基能与酸反应生成酯。如 D-葡萄糖在一定条件下可与磷酸作用生成葡萄糖-1-磷酸酯、葡萄糖-6-磷酸酯及葡萄糖-1,6-二磷酸酯。

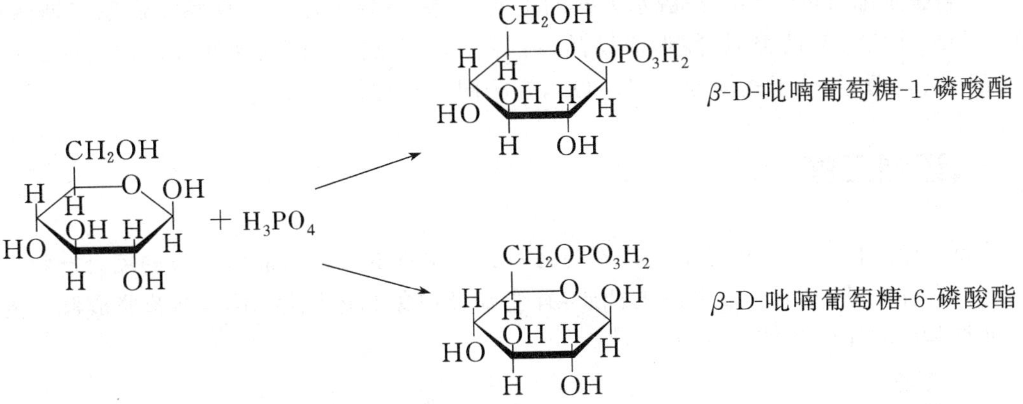

β-D-吡喃葡萄糖-1-磷酸酯

$+ H_3PO_4$

β-D-吡喃葡萄糖-6-磷酸酯

5. 成苷反应

单糖分子中的苷羟基比较活泼,容易与其他分子中的羟基、氨基缩合失水而生成缩醛,该反应称为成苷反应。其产物称为配糖体或糖苷,简称"苷"。糖苷分子中糖的部分称为糖苷基,非糖部分称为配糖基或非糖体。糖苷基和配糖基之间的键称为糖苷键。例如,在 HCl 存在下,葡萄糖与热的甲醇作用生成 α-D-吡喃葡萄糖甲苷,其中葡萄糖是糖苷基,甲基是配糖基,二者通过氧苷键相连。

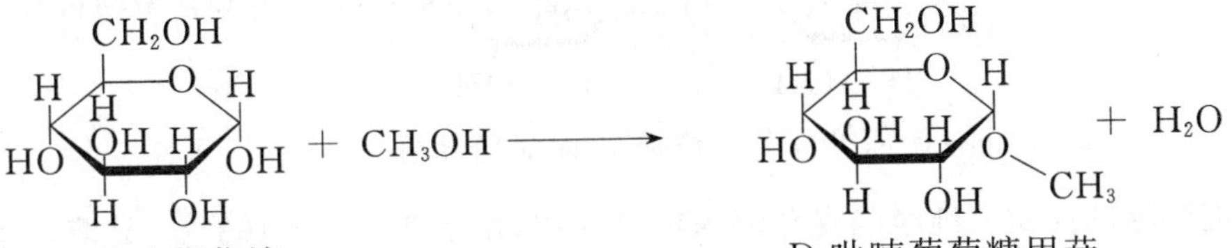

α-D-吡喃葡萄糖 $+ CH_3OH \longrightarrow$ α-D-吡喃葡萄糖甲苷 $+ H_2O$

糖苷广泛分布于植物的根、茎、叶、花和果实中,如松针中的水杨苷、梨树叶中的熊果苷、白芍药中的芍药苷。

糖苷也是许多中药的有效成分。例如苦杏仁中的苦杏仁苷有止咳作用,甘草中的甘草皂苷是甘草解毒的有效成分,洋地黄中的洋地黄毒苷有强心作用,葛根中的葛根黄素具有改善心血管功能,同时也具有抗癌、降血脂等作用。

6. 显色反应

(1)莫利希(Molisch)反应 在糖的水溶液中加入 α-萘酚的乙醇溶液,然后沿试管壁小心地注入浓硫酸,不要摇动试管,则在两层液面之间形成一个紫色的环,称为莫利希反应。所有糖都能发生此反应,故常用此法鉴别糖。

(2)塞利瓦诺夫(Seliwanoff)反应 塞利瓦诺夫试剂是间苯二酚的盐酸溶液。单糖在强酸作用下与塞利瓦诺夫试剂发生显色作用,酮糖生成红色化合物,反应速率比醛糖大,常用此反应来鉴别酮糖和醛糖。

第二节 二 糖

二糖是最简单的低聚糖,是由一分子单糖的苷羟基和另一分子单糖中的羟基(醇羟基或苷

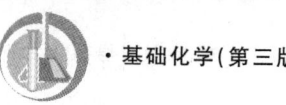

羟基)之间脱水缩合的产物。按脱水方式的不同,二糖可分为还原二糖和非还原二糖两大类。二糖的物理性质与单糖类似,能形成结晶,易溶于水,有甜味,有旋光性等。常见的二糖有蔗糖、麦芽糖、乳糖等,分子式均为 $C_{12}H_{22}O_{11}$,互为同分异构体。

一、还原二糖

还原二糖是由一分子单糖的苷羟基与另一分子单糖的醇羟基脱水形成的缩合产物。分子中仍保留有苷羟基,具有一般单糖的性质:有变旋光现象和还原性,并能与苯肼成脎。麦芽糖和乳糖是典型的还原二糖。

1. 麦芽糖

麦芽糖广泛存在于发芽的种子中,特别是在麦芽中含量最多。麦芽糖是淀粉的基本结构单元,为无色片状结晶,水解后可生成两分子葡萄糖。

(1)麦芽糖的结构　麦芽糖是由一分子 α-D-吡喃葡萄糖 C_1 上的 α-苷羟基与另一分子 D-吡喃葡萄糖 C_4 上的醇羟基脱去一分子水后,通过 α-1,4-糖苷键连接而成的。

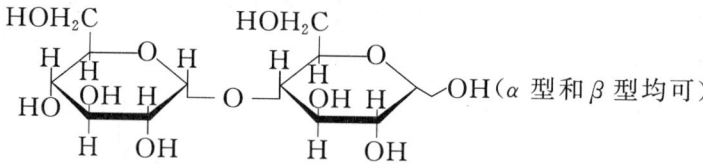

α-D-吡喃葡萄糖部分　　D-吡喃葡萄糖部分

(2)麦芽糖的性质　纯净的麦芽糖为白色晶体,熔点为 102～103 ℃,易溶于水,有甜味,甜度约为蔗糖的 70%,是饴糖的主要成分,可用作糖果及细菌的培养基。麦芽糖分子中仍有苷羟基,能与托伦试剂、费林试剂作用,也能发生成苷反应和酯化反应,其水溶液有变旋光现象,达到平衡时比旋光度为 +136°。在酸或酶的作用下,一分子麦芽糖可水解生成两分子葡萄糖。

2. 乳糖

乳糖主要存在于哺乳动物的乳汁中,人乳中含 5%～8%,牛乳中含 4%～5%。乳糖常是奶酪工业的副产品。

(1)乳糖的结构　乳糖是由一分子 β-D-吡喃半乳糖 C_1 上的苷羟基与一分子 D-吡喃葡萄糖 C_4 上的醇羟基脱去一分子水,通过糖苷键连接而成的二糖,该糖苷键是 β-1,4-糖苷键。其结构如下:

β-D-吡喃半乳糖部分　　D-吡喃葡萄糖部分

(2)乳糖的性质　纯净的乳糖是白色粉末,甜度约为蔗糖的 15%,易溶于水,无吸湿性,在医药上用作片剂、散剂的矫味剂及填充剂。化学性质与麦芽糖相似,其水溶液有变旋光现象,达到平衡时的比旋光度为 +53.5°,能水解生成一分子 β-半乳糖和一分子葡萄糖。

二、非还原二糖

非还原二糖是由两个单糖的苷羟基脱水缩合而成的,两个单糖都成为苷。由于分子中不再存在苷羟基,所以没有变旋光现象和还原性,也不与苯肼作用。

蔗糖是自然界分布最广、最重要的非还原二糖,以甘蔗和甜菜中含量较高。蔗糖是无色晶体,熔点为 186 ℃,易溶于水而难溶于乙醇,溶液的比旋光度为 +66.7°,甜度仅次于果糖。

(1)蔗糖的结构 蔗糖是由一分子 α-D-吡喃葡萄糖 C_1 上的苷羟基与一分子 β-D-呋喃果糖 C_2 上的苷羟基之间脱去一分子水,以 α-1,2-糖苷键连接而成的二糖。其结构如下:

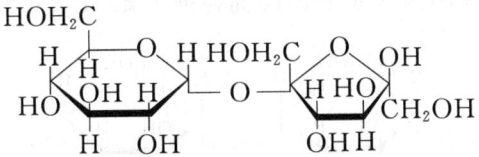

α-D-吡喃葡萄糖部分 β-D-呋喃果糖部分

(2)蔗糖的性质 蔗糖分子中已无苷羟基,是非还原二糖。其水溶液无变旋光现象,无还原性,不能与托伦试剂、费林试剂等反应,也不能成脲。

第三节 多 糖

多糖是指完全水解后产生 10 个以上单糖分子的糖,也称高聚糖。多糖在自然界中分布极广,是生物体的组分或养料,如淀粉、纤维素等。天然多糖是由许多单糖分子通过分子间脱水以糖苷键连接而成的高分子。由同一种单糖组成的多糖称为均多糖,如淀粉、纤维素和糖原,完全是由葡萄糖组成的,分子式可用通式 $(C_6H_{10}O_5)_n$ 表示。由不同的单糖及其衍生物组成的多糖称为杂多糖,如透明质酸、肝素等。

多糖与单糖及低聚糖的性质不同,一般为无定形粉末,没有甜味,无一定熔点,大多数不溶于水,少数能溶于水形成胶体溶液。多糖分子中虽然有苷羟基,但因为相对分子质量很大,所以没有还原性和变旋光现象。多糖也是糖苷,可以水解,在水解过程中,往往产生一系列的中间产物,最终完全水解得到单糖。

一、淀粉

淀粉是绿色植物光合作用的产物,是植物体内储藏的养分,也是人类的主要食物之一,广泛存在于植物的块根、块茎、种子中,如稻米中含淀粉 75%～80%,小麦中含淀粉 60%～65%,玉米中含淀粉约 65%,马铃薯中含淀粉约 20%。

淀粉的分子式为 $(C_6H_{10}O_5)_n$,是白色的无定形粉末,不溶于一般的有机溶剂,也没有还原性。在酸或酶的作用下,淀粉可逐步水解,首先生成相对分子质量较低的糊精,继续水解得到麦芽糖和异麦芽糖,完全水解为 D-葡萄糖。

$$\underset{\substack{\text{淀粉}}}{(C_6H_{10}O_5)_n} \xrightarrow[\substack{H_2O \\ m<n}]{H^+ 或酶} \underset{\substack{\text{糊精}}}{(C_6H_{10}O_5)_m} \xrightarrow[H_2O]{H^+ 或酶} \underset{\substack{\text{麦芽糖或异麦芽糖}}}{C_{12}H_{22}O_{11}} \xrightarrow[H_2O]{H^+ 或酶} \underset{\substack{\text{D-葡萄糖}}}{C_6H_{12}O_6}$$

淀粉按结构可分为两种:可溶性的直链淀粉,不溶性的支链淀粉。它们的比例因植物的种类不同而异,一般天然淀粉中直链淀粉占 10%～30%、支链淀粉占 70%～90%。

1. 直链淀粉

直链淀粉是由许多 α-D-葡萄糖通过 α-1,4-糖苷键连接而成的链状高分子。每个直链淀粉的分子结构含 200～1000 个葡萄糖单元。直链淀粉并不是直线形分子,而是借助分子内氢键的作用盘旋成螺旋状,每一螺圈约含 6 个 α-D-葡萄糖单元(图 3-9-2)。

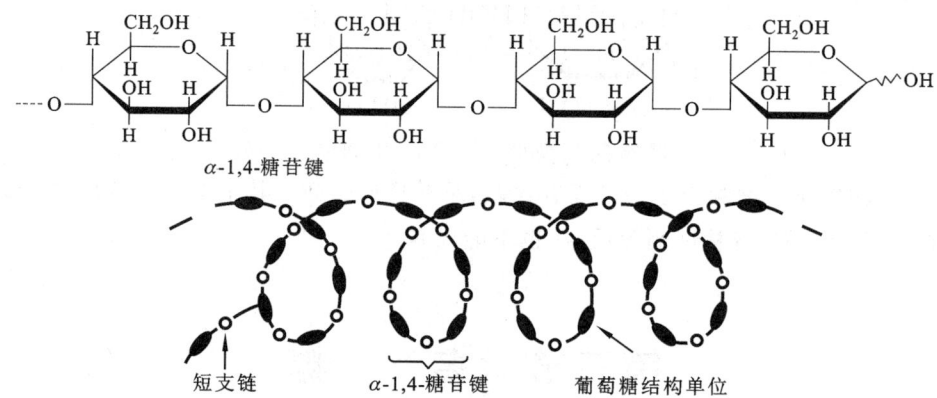

图 3-9-2　直链淀粉的螺旋状结构示意图

淀粉遇碘显色,是由于碘分子进入淀粉的螺旋状或支链的空隙中,借助范德瓦耳斯力,形成淀粉-碘配合物(图 3-9-3),从而改变碘原有的颜色。所显示的颜色随淀粉的组成、聚合度(链的长短)的不同而异。直链淀粉显蓝色,支链淀粉显紫红色。这个现象很明显,常用于淀粉和碘的定性鉴别。

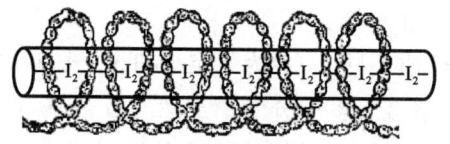

图 3-9-3　淀粉-碘配合物结构示意图

2. 支链淀粉

支链淀粉也是以 D-葡萄糖为基本单位组成的高分子,相对分子质量比直链淀粉大,一般含 600～6000 个葡萄糖单元。支链淀粉分子中主链以 α-1,4-糖苷键连接,在分支点上则以 α-1,6-糖苷键连接。支链淀粉平均每隔 20～25 个 α-D-葡萄糖单元就有一个以 α-1,6-糖苷键连接的分支。其结构如图 3-9-4 所示。

支链淀粉不溶于水中,与热水作用则成糊状,常作为缓释剂、载体等被广泛应用于医药、香精、染料等领域。

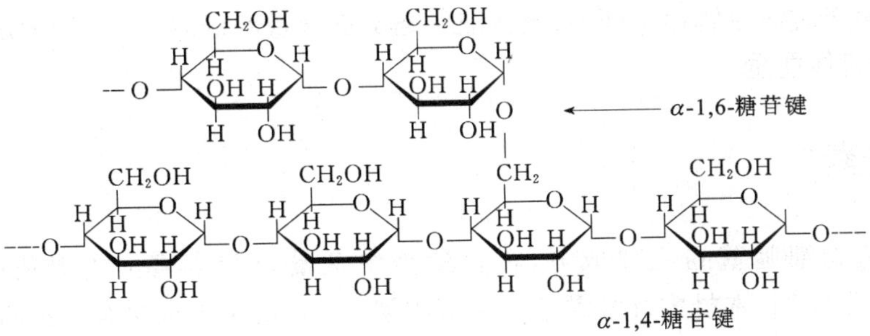

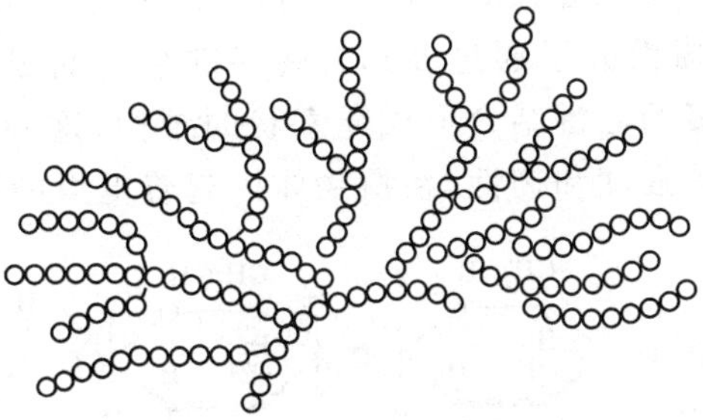

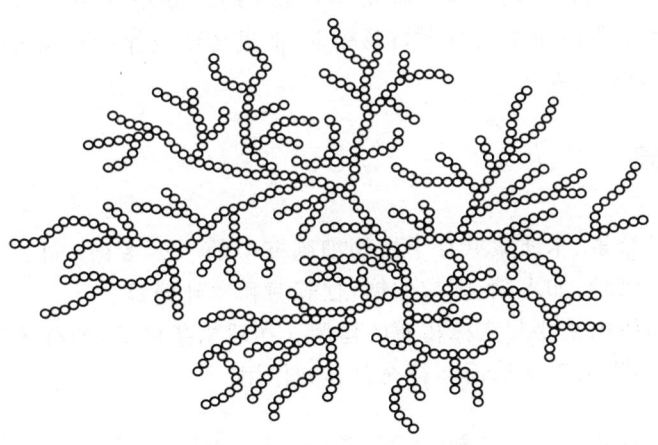

图 3-9-4　支链淀粉的分支状结构示意图

二、糖原

糖原在结构上与支链淀粉相似,D-葡萄糖之间也是以 α-1,4-糖苷键结合形成主链,主链和支链之间的连接点以 α-1,6-糖苷键结合。在糖原中,每隔 8～10 个葡萄糖单元就出现α-1,6-糖苷键连接的分支,分支程度比支链淀粉更高,属于高分子分支多糖。其结构如图 3-9-5 所示。

图 3-9-5　糖原的结构示意图

糖原是人和动物体内储存的多糖,是机体活动所需能量的重要来源,又称动物淀粉,主要存在于肝和肌肉中,因此有肝糖原和肌糖原之分。糖原水解的最终产物是 D-葡萄糖。

糖原是无色不定形粉末,溶于热水,溶解后形成胶体溶液。糖原也是由葡萄糖组成的,结构与支链淀粉相似,糖原水解的最终产物也是 D-葡萄糖。糖原溶液遇碘呈紫红色。

葡萄糖、乳酸、脂肪酸、甘油,以及某些氨基酸都可以通过适当的代谢途径转变为储存的糖原,并在体内酶的作用下合成或分解以维持血糖的正常水平。当血液中葡萄糖含量升高时,多

余的葡萄糖就转变成糖原储存于肝中;当血液中葡萄糖含量降低时,肝糖原就分解为葡萄糖进入血液中,供给机体能量。

三、纤维素

纤维素是植物细胞壁的主要成分,在自然界中含量非常丰富。在棉花中纤维素约占98%,亚麻中约占80%,木材中纤维素平均含量约为50%,蔬菜中也含有丰富的纤维素。

纤维素是无色无味的纤维状物质,不溶于水和一般的有机溶剂,无还原性和变旋光现象。纤维素是由许多 D-葡萄糖分子通过 β-1,4-糖苷键结合而成的天然高分子。由于纤维素分子的长链能够依靠众多的氢键结合形成绳索状的结构,这种结构再定向排布便形成了纤维。纤维具有一定的机械强度和韧性,在植物体内起着支撑的作用。其结构见图 3-9-6。

β-1,4-糖苷键

图 3-9-6 绳索状纤维素链示意图

纤维素水解比淀粉困难,一般需要高温、高压、无机酸的作用,才能水解成葡萄糖。将纤维素用纤维素酶(β-糖苷酶)水解,可生成 D-葡萄糖。食草动物的肠道中具有纤维素酶,因此能以纤维素为食。在人体消化道内只有水解 α-1,4-糖苷键的酶,没有水解 β-1,4-糖苷键的酶,所以人不能消化纤维素。但纤维素有刺激胃肠蠕动,促进排便及保持胃肠道微生物平衡的作用,能治疗便秘,预防直肠癌的发生。

四、半纤维素

半纤维素是与纤维素、木质素共存于植物细胞壁中的一类多糖。半纤维素彻底水解可以得到多种戊糖和多种己糖,如木糖、阿拉伯糖、甘露糖和半乳糖等。

半纤维素在植物体内主要起支撑物质的作用。在适当条件下,如种子发芽时,半纤维素在酶的作用下,也可水解生成单糖从而起补充营养的作用。

知识拓展

聚 葡 萄 糖

聚葡萄糖(polydextrose)又称聚糊精,俗名水溶性膳食纤维,是由美国 Pfiezr 中心实验室的 H. H. Reunhard 博士于 1965 年发现的。它是在山梨醇、柠檬酸的存在下,由天然葡萄糖经高温低压聚合而成的,是随机交联的葡萄糖组成的多糖,为白色或类白色固体颗粒,易溶于水,无特殊味道。

聚葡萄糖具有独特的营养保健功能,近年来得到快速发展,在 50 多个国家被批准使用。它可以添加在各种食品中以取代脂肪和糖,并增加食品的纤维素含量,改善食品的质感和口感。其进入人体消化系统后,产生特殊的生理代谢功能:①促进人体肠胃蠕动,消除便秘;②调节血脂,减少脂肪堆积,预防肥胖;③降低血胆固醇水平,减少动脉粥样硬化,也可使胆汁中胆固醇含量降低,减少胆结石病的发生;④降低血糖浓度,预防糖尿病。

目前,国内除了将聚葡萄糖作为添加剂使用外,还有部分以聚葡萄糖为主的胶囊、冲剂以及片剂之类的产品。随着研究的深入和人们认识的加强,作为膳食纤维补充剂,聚葡萄糖在众多食品、饮料中得到越来越广泛的应用。

本章小结

1. 知识思维导图

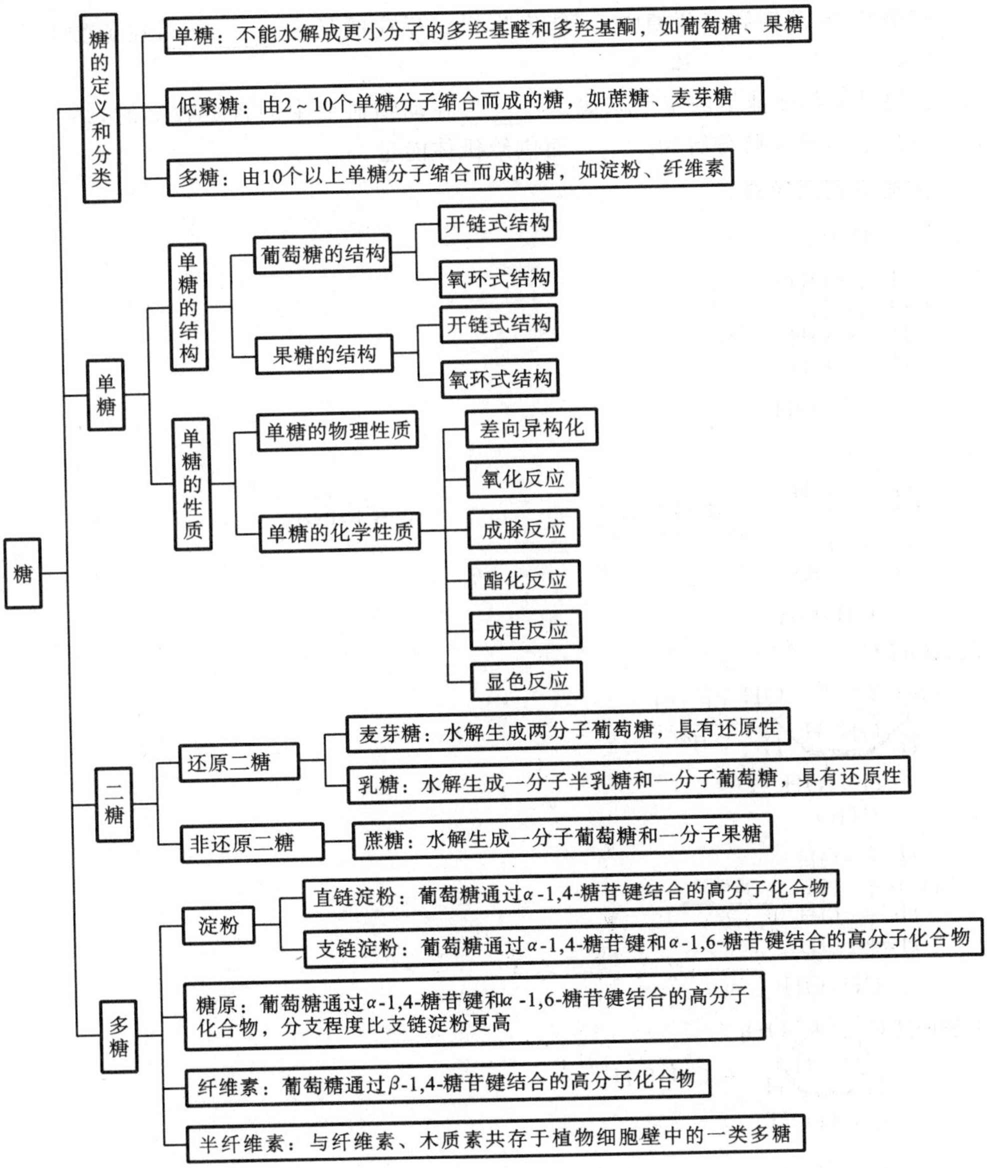

糖
- 糖的定义和分类
  - 单糖:不能水解成更小分子的多羟基醛和多羟基酮,如葡萄糖、果糖
  - 低聚糖:由2~10个单糖分子缩合而成的糖,如蔗糖、麦芽糖
  - 多糖:由10个以上单糖分子缩合而成的糖,如淀粉、纤维素
- 单糖
  - 单糖的结构
    - 葡萄糖的结构
      - 开链式结构
      - 氧环式结构
    - 果糖的结构
      - 开链式结构
      - 氧环式结构
  - 单糖的性质
    - 单糖的物理性质
    - 单糖的化学性质
      - 差向异构化
      - 氧化反应
      - 成脎反应
      - 酯化反应
      - 成苷反应
      - 显色反应
- 二糖
  - 还原二糖
    - 麦芽糖:水解生成两分子葡萄糖,具有还原性
    - 乳糖:水解生成一分子半乳糖和一分子葡萄糖,具有还原性
  - 非还原二糖
    - 蔗糖:水解生成一分子葡萄糖和一分子果糖
- 多糖
  - 淀粉
    - 直链淀粉:葡萄糖通过α-1,4-糖苷键结合的高分子化合物
    - 支链淀粉:葡萄糖通过α-1,4-糖苷键和α-1,6-糖苷键结合的高分子化合物
  - 糖原:葡萄糖通过α-1,4-糖苷键和α-1,6-糖苷键结合的高分子化合物,分支程度比支链淀粉更高
  - 纤维素:葡萄糖通过β-1,4-糖苷键结合的高分子化合物
  - 半纤维素:与纤维素、木质素共存于植物细胞壁中的一类多糖

2. 学习方法概要

首先正确理解糖的定义和分类,在此基础上熟悉单糖的构型,包括开链式结构及氧环式结构、哈沃斯结构式;从变旋光现象的角度理解葡萄糖在水溶液中的存在形式;通过单糖、二糖和多糖的结构及相互联系理解、掌握糖的典型化学性质,并用化学方法进行不同糖的鉴别;以应用为目的熟悉多糖的组成、结构特征和性质,了解多糖的应用价值。

综合测评

目标检测

一、填空题

1. 直链淀粉中的葡萄糖残基之间以_____连接而成,纤维素中的葡萄糖残基之间以_____连接而成。

2. 葡萄糖能发生银镜反应,也能跟费林试剂反应生成红色沉淀。这说明葡萄糖具有还原性,分子中含_____官能团。

3. 在葡萄糖、蔗糖和麦芽糖中,不能发生银镜反应的是_____;在硫酸的催化下,能发生水解反应的是_____和_____。

4. 糖原是动物体能量的主要来源。_____在动物血液中的含量较高时,结合成糖原;当血糖含量降低时,糖原就分解为_____而供给机体能量。

二、完成下列反应式

1. 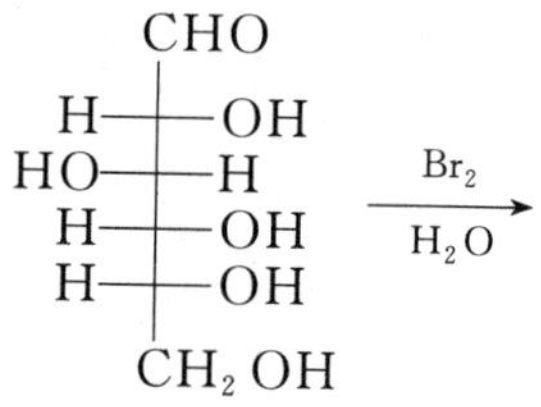
$$
\begin{array}{c}
CHO \\
H{-}OH \\
HO{-}H \\
H{-}OH \\
H{-}OH \\
CH_2OH
\end{array}
\xrightarrow[H_2O]{Br_2}
$$

2.
$$
\begin{array}{c}
CHO \\
H{-}OH \\
HO{-}H \\
HO{-}H \\
H{-}OH \\
CH_2OH
\end{array}
\xrightarrow{C_6H_5NHNH_2}
\xrightarrow{2C_6H_5NHNH_2}
$$

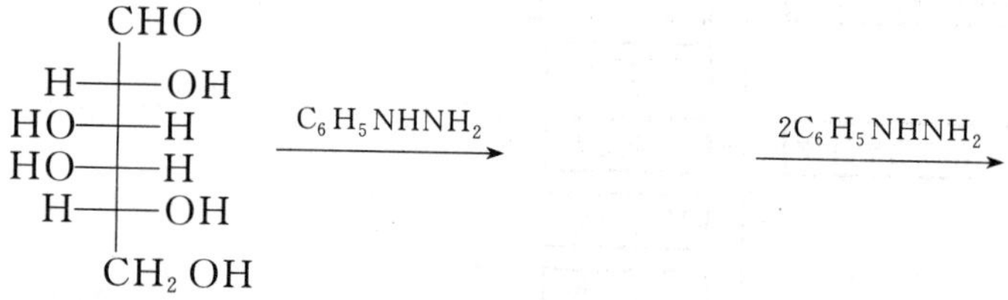

3.
$$
\text{(结构式)} \xrightarrow[HCl]{CH_3OH}
$$

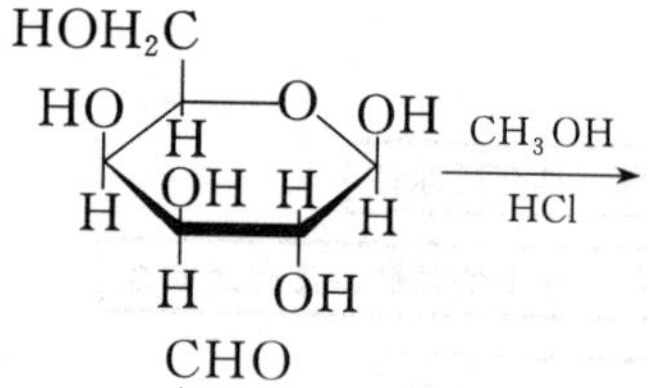

4.
$$
\begin{array}{c}
CHO \\
H{-}OH \\
HO{-}H \\
H{-}OH \\
H{-}OH \\
CH_2OH
\end{array}
\xrightarrow[100\ ℃]{稀硝酸}
$$

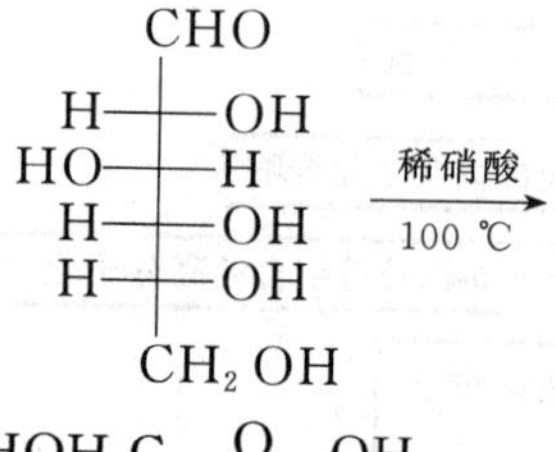

5.
$$
\text{(结构式)} + CH_3OH \xrightarrow{H^+}
$$

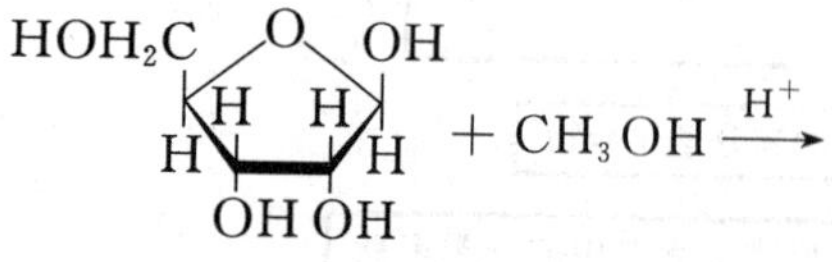

三、用化学方法鉴别下列物质

1. 葡萄糖与果糖
2. 麦芽糖、蔗糖、果糖
3. 葡萄糖、果糖、蔗糖、淀粉

四、推断题

化合物 $A(C_9H_{18}O_6)$ 无还原性，经水解生成化合物 B 和 C，$B(C_6H_{12}O_6)$ 有还原性，可被溴水氧化，与葡萄糖生成相同的糖脎，$C(C_3H_8O)$ 可发生碘仿反应。请写出 A、B、C 的结构式及相关反应式。

第十章

含氮有机化合物

学习目标

1. 掌握硝基化合物的分类、命名及性质；
2. 掌握胺的分类、结构、命名及性质；
3. 了解腈的主要物理性质和化学性质；
4. 熟悉氨基酸和蛋白质的组成结构、分类及性质。

含氮有机化合物是指分子中含有碳氮键的一类有机化合物，其广泛存在于自然界中，与生命活动和人类日常生活等关系密切，多数具有重要的生理作用。蛋白质、核酸、含氮激素、抗生素、生物碱等都是含氮有机化合物。

第一节 硝基化合物

硝基化合物是烃分子中的氢原子被硝基（—NO_2）取代的一系列衍生物。硝基（—NO_2）是它的官能团。硝基化合物与亚硝酸酯（R—ONO）互为同分异构体。

一、硝基化合物的分类和命名

1. 硝基化合物的分类

（1）根据分子中烃基种类的不同，硝基化合物分为脂肪硝基化合物和芳香硝基化合物。

$$CH_3CH_2NO_2$$

—NO_2

硝基乙烷　　　　　　　　　硝基苯

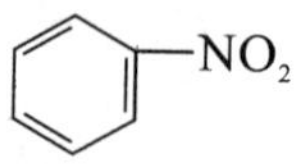

（2）根据分子中硝基数目的不同,硝基化合物分为一元硝基化合物和多元硝基化合物。

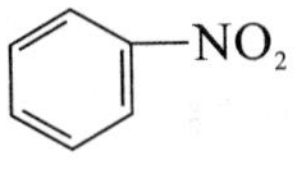

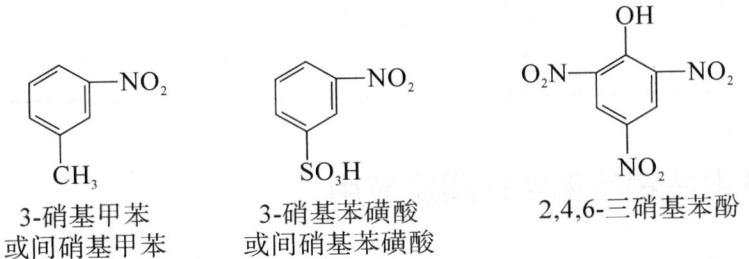

硝基苯 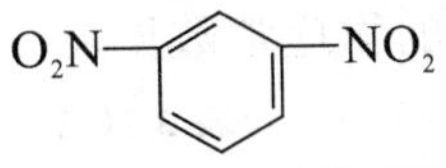　　　　　　　　　　间二硝基苯

（3）根据与硝基所连接碳原子种类的不同,硝基化合物分为伯硝基化合物、仲硝基化合物、叔硝基化合物。

$$CH_3CH_2NO_2 \qquad CH_3-\underset{\underset{NO_2}{|}}{CH}-CH_3 \qquad CH_3-\underset{\underset{NO_2}{|}}{\overset{\overset{CH_3}{|}}{C}}-CH_3$$

硝基乙烷(伯硝基化合物)　2-硝基丙烷(仲硝基化合物) 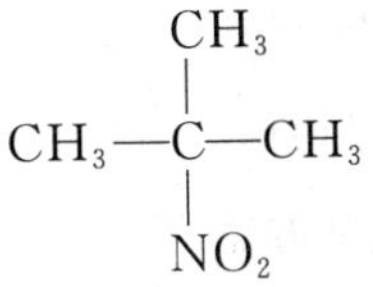　2-甲基-2-硝基丙烷(叔硝基化合物)

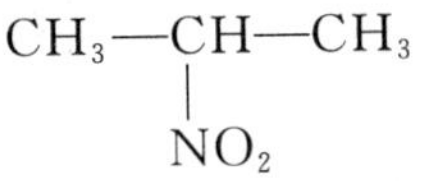

[练一练]　下列硝基化合物分别属于哪一类?

硝基丁烷、2-甲基-2-硝基丁烷、2-硝基丁烷。

2. 硝基化合物的命名

脂肪硝基化合物的命名按烷烃的系统命名法命名,命名时将硝基作为取代基。例如:

$$CH_3NO_2 \qquad\qquad CH_3-\underset{\underset{NO_2}{|}}{CH}-CH_3$$

硝基甲烷　　　　　　　　2-硝基丙烷

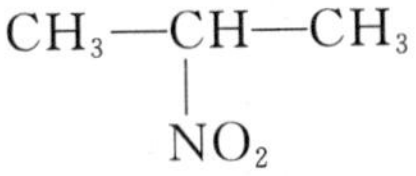

芳香硝基化合物命名时,硝基总是作为取代基。例如:

3-硝基甲苯　　　　　　　3-硝基苯磺酸　　　　　　2,4,6-三硝基苯酚
或间硝基甲苯　　　　　　或间硝基苯磺酸

二、硝基化合物的物理性质

1. 状态

低级硝基烷烃是无色液体,加热可能爆炸;芳香硝基化合物除一硝基化合物为高沸点液体外,一般是无色或淡黄色的结晶固体。多硝基化合物通常具有爆炸性,可用作炸药。叔丁基苯的某些多硝基化合物具有类似天然麝香的气味,可用作香料。

2. 熔点、沸点、相对密度

脂肪硝基化合物的熔点、沸点随相对分子质量的增加而有一定规律的变化,而芳香硝基化合物因为没有硝基烷烃那样的同系列的递变规律,故熔点、沸点没有相应的递变规律。硝基化合物的相对密度大于1。

3. 溶解度

硝基化合物均不溶于水,而易溶于有机溶剂。液体硝基化合物是良好的溶剂,但硝基化合

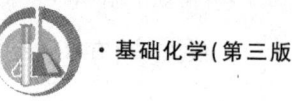
物均有毒,接触皮肤或吸入蒸气能和血液中的血红素作用而引起中毒,因而生产上很少用作溶剂。常见硝基化合物的物理常数见表 3-10-1。

表 3-10-1　常见硝基化合物的物理常数

名称	熔点/℃	沸点/℃	相对密度 d_4^{20}
硝基甲烷	−29	101	1.130
硝基乙烷	−90	114	1.0448
硝基丙烷	−108	132	1.0221
2-硝基丙烷	−93	120	1.024
硝基苯	5.7	210.8	1.203
邻二硝基苯	118	319	1.565
间二硝基苯	89.8	291	1.571
对二硝基苯	174	299	1.625
均三硝基苯	122	分解	1.688
邻硝基甲苯	4	222	1.163
间硝基甲苯	16	231	1.157
对硝基甲苯	52	238.5	1.286
2,4-二硝基甲苯	70	300	1.521
α-硝基萘	61	304	1.322

三、硝基化合物的化学性质及应用

1. 被还原成胺

硝基化合物可以被还原,特别是芳香硝基化合物的还原有很大的实用意义。芳香硝基化合物在不同的介质中使用不同的还原剂可以得到一系列不同的还原产物。在强烈的反应条件下,用催化剂加氢法和化学还原剂,如金属和酸(铁或锌和稀盐酸)、氯化亚锡和盐酸、硫化物等,芳香硝基化合物被还原成相应的胺。

$$\underset{}{\text{—NO}_2} \xrightarrow[\text{Fe,H}_2\text{O,H}^+]{\text{H}_2,\text{Cu,255 ℃}} \text{—NH}_2$$

[应用示例]　在工业上,苯胺就是由硝基苯经铁粉还原和加氢还原合成的。

2. 苯环上的取代反应

硝基是间位定位基。由于硝基的强吸电子诱导效应和共轭效应,苯环上的电子云密度大大下降,亲电取代比苯困难,以至于不能与较弱的亲电试剂发生反应,如硝基苯不能发生傅瑞德尔-克拉夫茨反应(傅-克反应)。

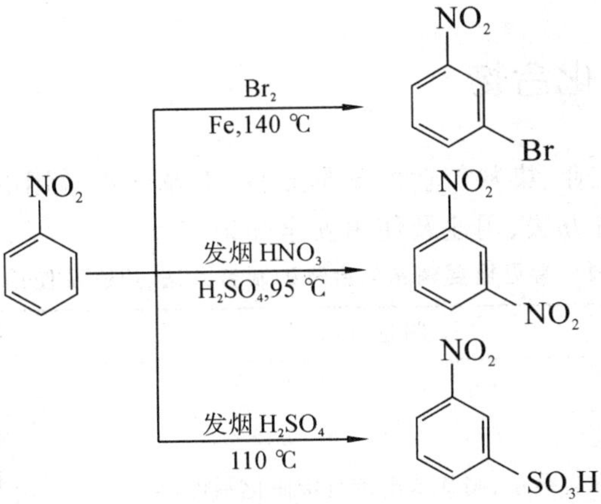

[**想一想**] 将硝基苯发生溴化、硝化和磺化的反应条件与苯发生溴化、硝化和磺化的反应条件比较,有什么不同？说明原因。

3. 与碱作用

含有 α-氢的硝基烷烃(RCH_2NO_2 或 R_2CHNO_2)能与强碱作用生成盐,因此伯硝基烷烃或仲硝基烷烃能慢慢溶解于氢氧化钠溶液中。例如:

$$RCH_2NO_2 + NaOH \longrightarrow (RCHNO_2)^- Na^+ + H_2O$$

钠盐经酸化后,重新生成硝基化合物。不含 α-氢的硝基化合物,例如叔硝基化合物、硝基苯没有这个性质。

4. 硝基对苯环上取代基的影响

硝基是一个强的吸电子基,它的影响可以通过苯环传递到邻、对位的取代基上,而对间位上的取代基则影响较微弱。因此硝基的邻、对位上取代基的化学活性比没有硝基时要活泼。例如,氯苯与氢氧化钠溶液共热到 200 ℃也不能水解成苯酚。但当卤原子的邻、对位上有硝基时,卤原子就比较活泼,取代反应较易发生。邻、对位上的硝基数目越多,卤原子的活性也越高。例如:

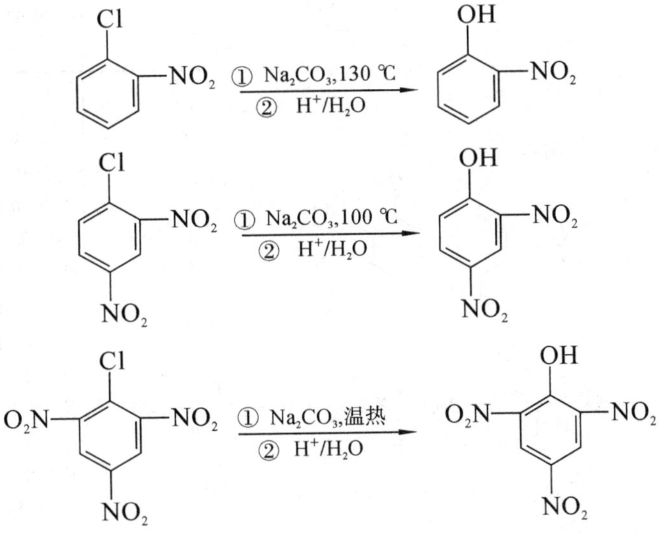

苯环上的硝基,除了对邻、对位上卤原子有活化作用外,还能增强邻、对位的羟基和羧基的酸性,也能降低相应氨基的碱性。

四、重要的硝基化合物

硝基化合物是化学工业、染料工业的基本原料,工业分析常用的试剂,表 3-10-2 列举了几种重要的硝基化合物制备方法、用途及使用安全知识。

表 3-10-2　常见重要硝基化合物的制备方法、用途及使用安全知识

名称、结构简式	制备方法	用途	使用安全知识
硝基苯 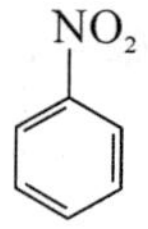 NO_2	在工业上和实验室,硝基苯由苯直接硝化制得: 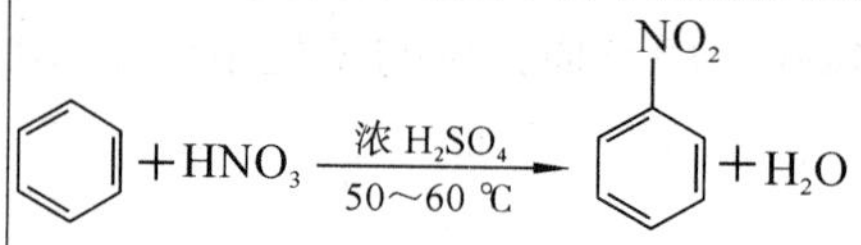 苯 $+ HNO_3 \xrightarrow[50\sim60\,℃]{\text{浓 }H_2SO_4}$ 硝基苯 $+ H_2O$	重要的工业原料,主要用来制备苯胺,用于染料、制药等工业	允许浓度 $1\,mg\cdot m^{-3}$,超过允许浓度会引起中毒。着火点为 482 ℃,闪点为 86 ℃。如遇火灾,可用水、二氧化碳灭火剂和泡沫灭火剂进行灭火
2,4,6-三硝基苯酚（苦味酸） 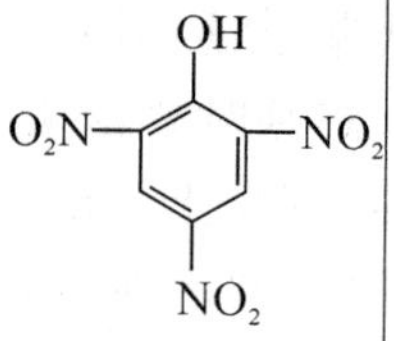 O_2N - OH - NO_2 , NO_2	①由苯酚先磺化再硝化而制得:见模块三第五章第二节。 ②由氯苯制得: 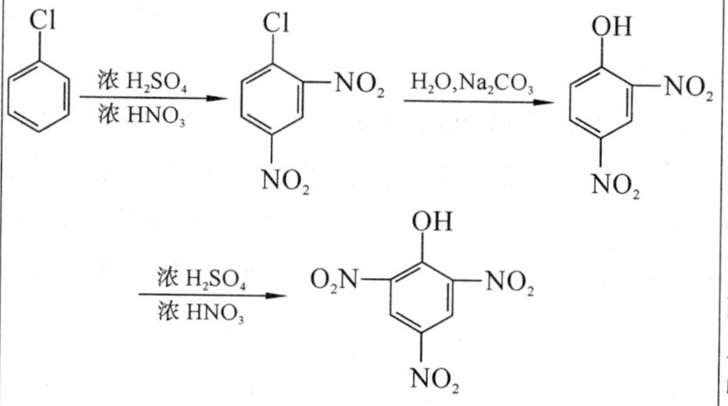 氯苯 $\xrightarrow[\text{浓 }HNO_3]{\text{浓 }H_2SO_4}$ 1-氯-2,4-二硝基苯 $\xrightarrow[]{H_2O,Na_2CO_3}$ 2,4-二硝基苯酚 $\xrightarrow[\text{浓 }HNO_3]{\text{浓 }H_2SO_4}$ 2,4,6-三硝基苯酚	苦味酸是制造硫化染料的原料,它本身也是一种染料,可以染丝和毛;也可用作炸药;医药上可作为收敛剂	允许浓度 $0.1\,mg\cdot m^{-3}$,超过允许浓度会引起中毒;易爆炸,如遇火灾,可用水进行灭火
2,4,6-三硝基甲苯（TNT） 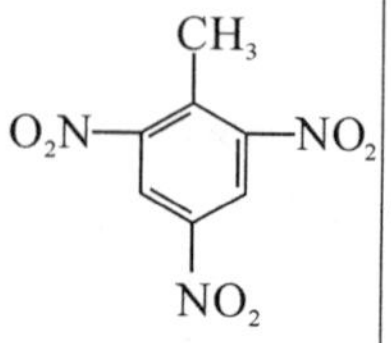 O_2N - CH_3 - NO_2 , NO_2	由甲苯硝化制得: 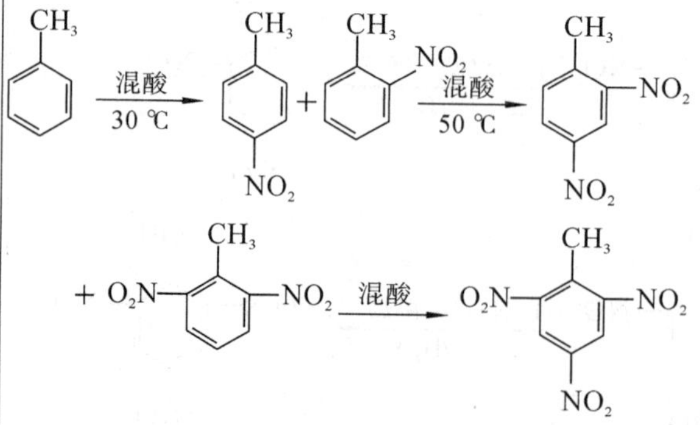 甲苯 $\xrightarrow[30\,℃]{\text{混酸}}$ 对硝基甲苯 + 邻硝基甲苯 $\xrightarrow[50\,℃]{\text{混酸}}$ 2,4-二硝基甲苯 2,4-二硝基甲苯 $\xrightarrow[]{\text{混酸}}$ 2,4,6-三硝基甲苯	2,4,6-三硝基甲苯为黄色结晶,是重要的炸药之一。作为炸药,它可以单独使用,也可以与其他炸药混合使用	TNT 为比较安全的炸药,耐受撞击和摩擦,但突然受热能引起爆炸;中等毒性,可经皮肤、呼吸道、消化道侵入;主要危害是慢性中毒

第二节 胺

胺是氨(NH_3)分子中的氢原子被烃基取代而生成的一系列衍生物。烃基包括饱和或不饱和脂肪烃基、脂环烃基、芳香烃基等。

一、胺的结构、分类与命名

1. 胺的结构

胺与氨的结构相似。在胺中,氮原子为 sp^3 杂化,3 个 sp^3 杂化轨道与 3 个取代基(或氢原子)形成三个 σ 键,另一个 sp^3 杂化轨道被一对孤对电子占据,形成三角锥形的结构。

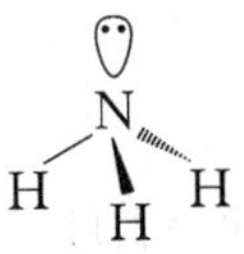

氨的结构 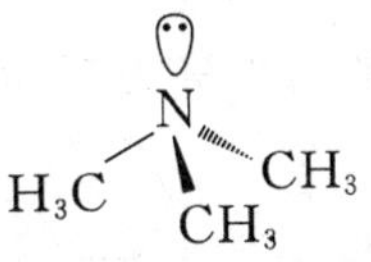　　　　　三甲胺的结构

2. 胺的分类

(1) 根据胺分子中氮原子所连接的烃基种类不同,胺可分为脂肪胺和芳香胺。例如:

$$CH_3NH_2$$

脂肪胺　　　　　芳香胺

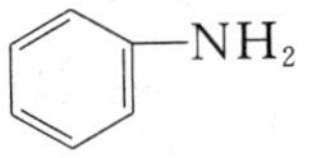

(2) 根据胺分子中与氮原子相连的烃基数目不同,胺可分为伯胺、仲胺、叔胺和季铵盐(或季铵碱)。

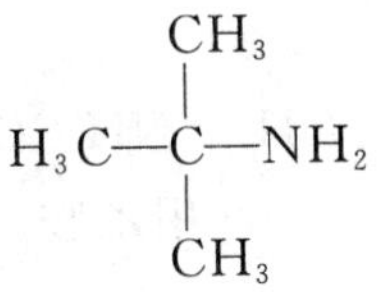

伯胺(一级胺) 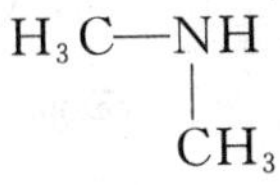　　仲胺(二级胺) 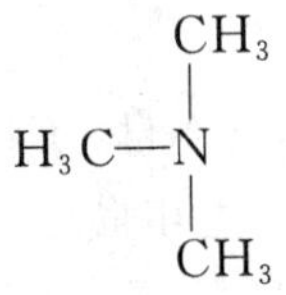　　叔胺(三级胺)

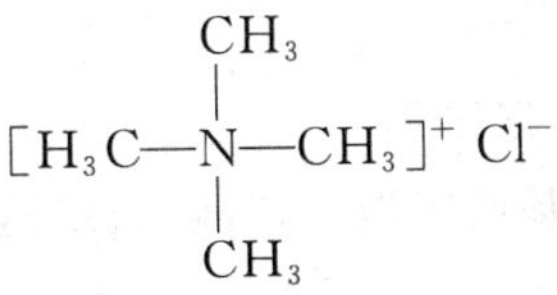

季铵盐 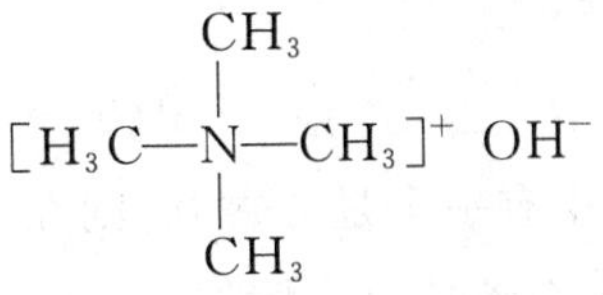　　　　　　季铵碱

胺的这种分类与卤代烃、醇不同。伯胺、仲胺、叔胺的分类是以氮原子上所连接烃基的数目为依据的,与烃基本身的结构无关;而卤代烃、醇的分类是以卤原子或羟基所连接碳原子(或烃基)的类型确定的。

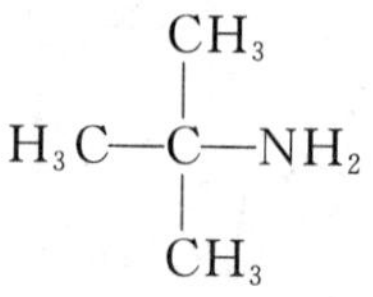

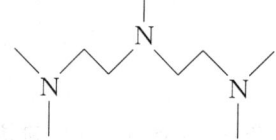

H₃C—C(CH₃)₂—NH₂ ⟶ 伯胺

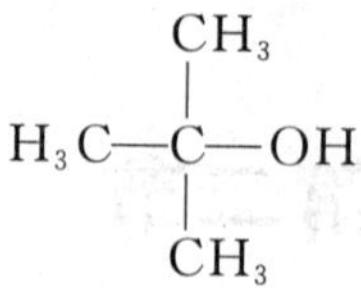

H₃C—C(CH₃)₂—OH ⟶ 叔醇

H₃C—C(CH₃)₂—Cl ⟶ 叔卤代烃

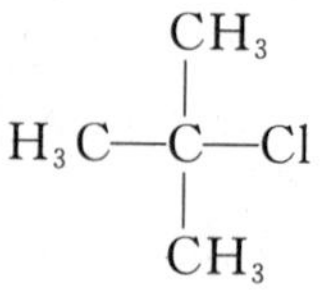

（3）根据分子中氨基的数目，胺可分为一元胺、二元胺和多元胺。

一元胺　　　　　CH_3—NH_2　　　　　甲胺

二元胺　　　NH_2—CH_2—CH_2—NH_2　　　乙二胺

多元胺　　　　　　　　　　　　　N,N,N,N,N-五甲基二亚乙基三胺

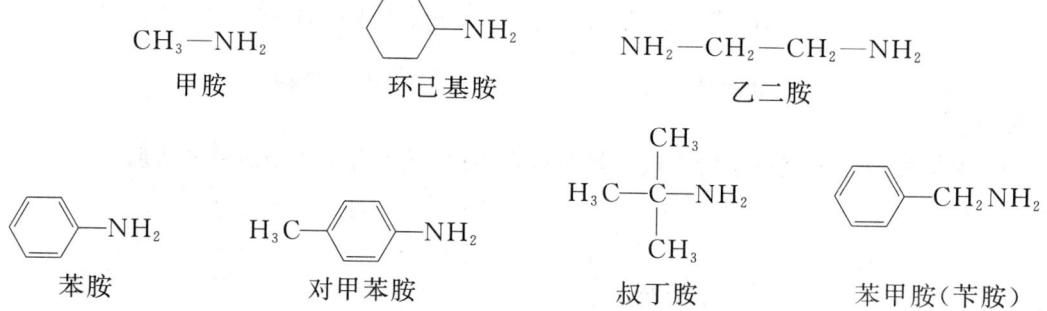

3. 胺的命名

（1）简单胺　　简单胺的命名是以胺为母体，烃基为取代基。

① 伯胺　　根据烃基的名称称为"某胺"。例如：

CH_3—NH_2　　　　环己基—NH_2　　　　NH_2—CH_2—CH_2—NH_2

甲胺　　　　　　　　环己基胺　　　　　　　　乙二胺

苯—NH_2　　　H_3C—苯—NH_2　　　H_3C—C(CH₃)₂—NH_2　　　苯—CH_2NH_2

苯胺　　　　　对甲苯胺　　　　　叔丁胺　　　　　苯甲胺（苄胺）

② 仲胺和叔胺　　如果氮原子上所连的烃基相同，需要将烃基合并表达；若所连烃基不相同，则把简单的烃基写在前面。例如：

CH_3—NH—CH_3　　　　二苯NH　　　　CH_3—NH—C_2H_5

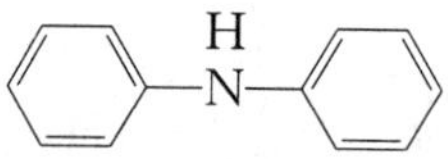

二甲胺　　　　　　二苯胺　　　　　　甲乙胺

$(CH_3)_3N$　　　　　　（苯）₃N

三甲胺　　　　　　　三苯胺

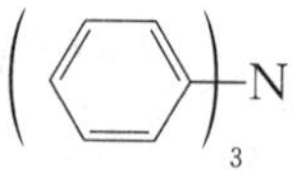

若所连基团中有一个是芳香基，则在非芳香取代基前冠以"N"，以表示这个基团是连在氮原子上，而不是连在芳环上。例如：

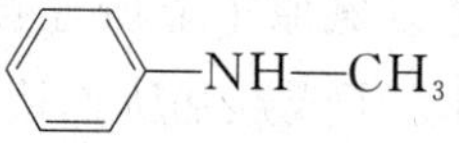

苯—NH—CH_3　　　苯—N(CH₃)₂　　　苯—N(CH₃)(C₂H₅)

N-甲基苯胺 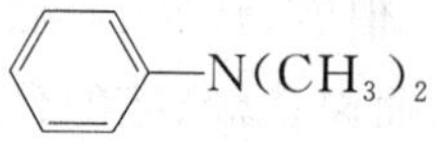　　　　N,N-二甲基苯胺 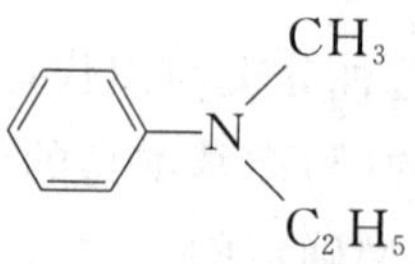　　　N-甲基-N-乙基苯胺

（2）复杂胺　　复杂胺的命名以氨基作为取代基，按系统命名法命名。例如：

$$H_3C-\overset{\overset{\displaystyle CH_3}{|}}{HC}-CH_2-\overset{\overset{\displaystyle NH_2}{|}}{CH}-CH_3$$

2-甲基-4-氨基戊烷

$$CH_3\overset{\overset{\displaystyle CH_3}{|}}{CH}CH_2\overset{\overset{\displaystyle CH_3}{|}}{CH}CHCH_3$$
$$\underset{\overset{\displaystyle |}{CH_3}}{}\qquad\underset{\overset{\displaystyle |}{NHCH_3}}{}$$

3,5-二甲基-2-甲氨基己烷

$$CH_3\overset{\overset{\displaystyle CH_3}{|}}{CH}CH_2\overset{\overset{\displaystyle CH_3}{|}}{C}H_3$$
$$\underset{\displaystyle NH_2}{}$$

4-甲基-2-苯基-4-氨基己烷

$$CH_3CH_2\overset{\overset{\displaystyle CH_3}{|}}{CH}CH-N(CH_2CH_3)_2$$
$$\underset{\overset{\displaystyle |}{CH_3}}{}$$

3-甲基-2-(N,N-二乙基)氨基戊烷

（3）季铵盐和季铵碱　季铵盐和季铵碱的命名与铵盐和氢氧化铵的命名类似。例如：

$$(CH_3)_4N^+OH^- \qquad\qquad (CH_3CH_2)_4N^+Br^-$$

氢氧化四甲基铵　　　　　溴化四乙基铵

在有机化学中，"氨""胺""铵"三字用法不同，常容易混淆。表示取代基时叫"氨基"，如 $-NH_2$ 称氨基，CH_3NH- 称甲氨基；表示 NH_3 的烃基衍生物时叫"胺"，如 $CH_3CH_2NH_2$ 称乙胺；氮上带有正电荷时称"铵"，如 $CH_3NH_3^+Cl^-$ 称为氯化甲基铵，但写成 $CH_3NH_2 \cdot HCl$ 时则称甲胺盐酸盐。

二、胺的性质

低级胺是气体或易挥发的液体，气味与氨相似，有的有鱼腥味（鱼的腥味主要来自三甲胺）；高级胺为固体；芳香胺多为高沸点液体或低熔点固体，具有特殊气味。胺的沸点比相对分子质量相近的非极性化合物高，比醇或羧酸的沸点低；叔胺的沸点比相对分子质量相近的伯胺和仲胺低。胺是极性化合物，低级胺易溶于水，胺还可溶于醇、醚、苯等有机溶剂。

1. 碱性

由于胺的氮原子有一对孤对电子，因此胺具有碱性和亲核性，能与 Lewis 酸反应生成盐，并能与亲电试剂反应。

$$R\overset{\displaystyle ..}{N}H_2+H^+ \rightleftharpoons R\overset{+}{N}H_3$$

胺的碱性比醇、醚和水都强。当胺溶于水时，水作为酸提供一个质子，与胺作用，发生下列电离反应：

$$RNH_2+H_2O \rightleftharpoons R\overset{+}{N}H_3+OH^-$$

$$\text{(苯基)}NH_2 +H_2O \rightleftharpoons \text{(苯基)}\overset{+}{N}H_3 +OH^-$$

不同胺的碱性由电子效应与空间效应共同决定。一般氮原子上电子云密度大，接受质子能力强，相应胺的碱性就强。氮原子周围空间位阻大，结合质子就困难，胺的碱性就弱。

胺与氨的碱性强弱顺序：脂肪胺＞氨＞芳香胺。

这是因为在脂肪胺中，烷基是供电子基，它能使氮原子上的电子云密度增大，进而接受质子能力增强，所以碱性增强。芳香胺的碱性比氨弱，这是因为氮原子上的孤对电子与苯环的 π

电子互相作用,形成一个均匀的共轭体系而变得稳定,氮原子上的孤对电子部分地转向苯环,因此氮原子与质子的结合能力降低,故芳香胺的碱性比氨弱。芳香胺不能使红色石蕊试纸变蓝,而脂肪胺能使红色石蕊试纸变蓝。

伯胺、仲胺、叔胺的碱性强弱顺序:二甲胺＞甲胺＞三甲胺。

从诱导效应看,烷基越多,胺的碱性应越强。事实上,除诱导效应外,还应考虑空间效应、溶剂化效应等影响。从空间效应看,由于烷基数目增加,在空间所占的位置也增大,这样给氮原子以屏蔽作用,阻碍了氮原子的未共用电子对与质子的结合,因此叔胺的碱性减弱。从溶剂化效应看,胺分子中的氮原子上的氢原子越多,则与水形成氢键的概率就越大,溶剂化的程度就越大,形成的铵离子就越稳定,碱性就越强。因此,胺的碱性强弱是诱导效应、空间效应和溶剂化效应综合影响的结果。

由于胺具有弱碱性,它可以与盐酸、硫酸、硝酸、草酸等成盐。成盐时,氨基氮原子上的孤对电子与氢离子结合形成一个共价键,变成铵离子:

$$RNH_2 + HCl \longrightarrow RNH_3^+ Cl^-$$

有机铵盐在水中溶解度较小,易溶于乙醇。由于铵盐是弱碱形成的盐,一遇到强碱即游离出胺来,因此常利用这些性质将胺与其他化合物分离。欲将胺从一个中性化合物中分离出来,可用稀盐酸处理,胺与盐酸成盐并溶于稀盐酸中,而中性化合物不溶,将二者分开后,铵盐溶液再与碱作用而得到原来的胺。

$$RNH_3^+ Cl^- + NaOH \longrightarrow RNH_2 + NaCl + H_2O$$

2. 胺的酰基化和磺酰基化反应

在氨或胺分子中引入酰基的反应,称为**酰基化反应**。常用的酰基化试剂有酰卤和酸酐,如 CH_3COCl、$(CH_3CO)_2O$ 等。

$$RNH_2 + CH_3COCl \longrightarrow RNHCOCH_3 + HCl$$

$$R_1R_2NH + CH_3COCl \longrightarrow R_1R_2NCOCH_3 + HCl$$

叔胺的氮原子上没有氢,不能发生酰基化反应。

胺的酰基衍生物多为晶体,具有一定的熔点,呈中性,不与酸成盐。因此在醚溶液中,伯胺、仲胺、叔胺的混合物经乙酸酐酰化后,再加稀盐酸,则只有叔胺仍能与盐酸成盐,利用这个性质可将叔胺从混合物中分离出来。而伯胺、仲胺的酰化产物经水解后又得到原来的胺。反应式如下:

$$RNHCOCH_3 + H_2O \xrightarrow{H^+} RNH_2 + CH_3COOH$$

$$R_1R_2NCOCH_3 + H_2O \xrightarrow{H^+} R_1R_2NH + CH_3COOH$$

酰基可水解脱去的性质常用在有机合成中。由于氨基很容易被氧化,所以在有机合成中,经常将氨基酰化后,再进行其他反应,最后将酰基脱去,从而起到保护氨基的作用。例如,在苯胺的硝化反应中,先用乙酰基将氨基保护起来,虽然酰氨基和氨基都是邻、对位定位基,但是酰氨基对苯环的致活作用没有氨基强,且体积较大,所以空间位阻也较大。这样既可避免氨基被硝化试剂氧化,又可降低苯环的反应活性,使反应主要生成对位取代的一硝基产物。

　　抗结核药对氨基水杨酸不稳定,易被氧化,常将其氨基苯甲酰化,形成对苯甲酰氨基水杨酸,稳定性提高,在体内水解后又释放出对氨基水杨酸。

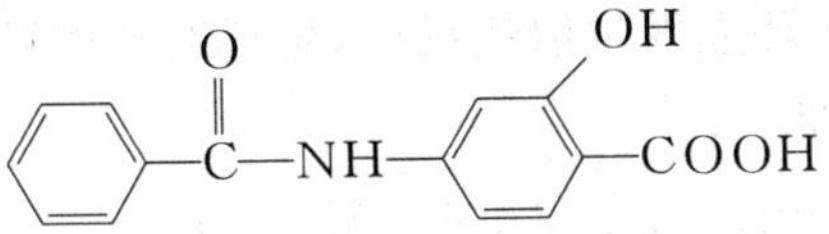

对苯甲酰氨基水杨酸 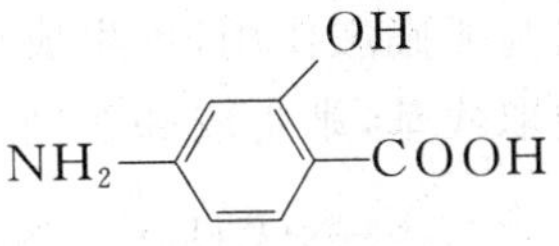　　　　　　　对氨基水杨酸

　　伯胺、仲胺还可以与苯磺酰氯发生磺酰化反应,氮上的氢被苯磺酰基取代而生成苯磺酰胺。磺酰化反应可以在碱性条件下进行,伯胺反应产生的磺酰胺,氮上还有一个氢,因受磺酰基的吸电子影响而呈弱酸性,可溶于碱成盐;仲胺形成的磺酰胺因氮上无氢,不溶于碱;叔胺不发生这个反应,可溶于酸。这些性质可用于三类胺的分离与鉴定,这个反应称为**兴斯堡(Hinsberg)反应**。

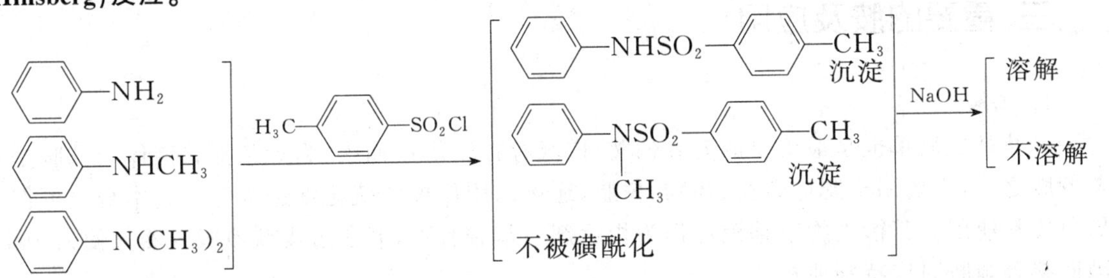

　　3. 与亚硝酸反应

　　不同类型的胺与亚硝酸反应,会生成不同的产物。但亚硝酸不稳定,一般在反应过程中由亚硝酸钠与盐酸或硫酸作用得到。

　　(1) 伯胺与亚硝酸的反应　　脂肪伯胺与亚硝酸作用先生成极不稳定的脂肪重氮盐,它立即分解成氮气和碳阳离子,然后碳阳离子可发生各种反应而生成醇、烯烃及卤代烃等化合物。由于这个反应放出的氮气是定量的,因此可用于氨基的定量测定。

$$RNH_2 + NaNO_2 + HCl \longrightarrow R-\overset{+}{N}\equiv NX \xrightarrow{常温下} R^+ + N_2\uparrow$$

　　芳香伯胺与亚硝酸在低温及强酸水溶液中反应,生成芳基重氮盐,这个反应称为重氮化反应。

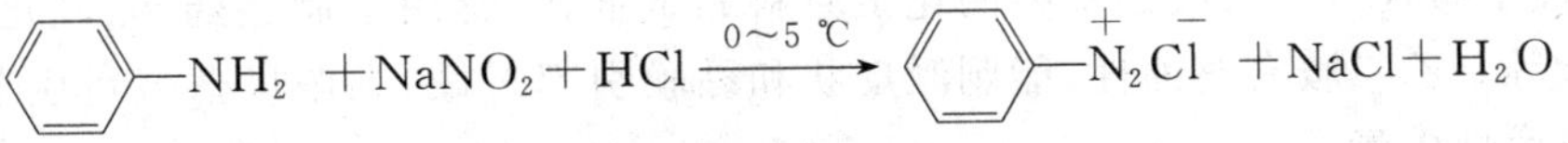

　　重氮盐不稳定。升高温度,重氮盐分解为酚和氮气。

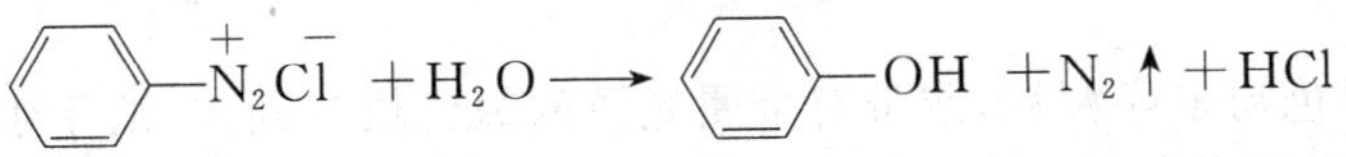

　　(2) 仲胺与亚硝酸的反应　　脂肪仲胺与亚硝酸反应生成 N-亚硝基胺,该类物质为黄色油状物,有强烈的致癌作用。

$$(CH_3CH_2)_2NH + NaNO_2 + HCl \longrightarrow (CH_3CH_2)_2N-NO$$

　　芳香仲胺与亚硝酸作用也生成 N-亚硝基胺的黄色油状物。

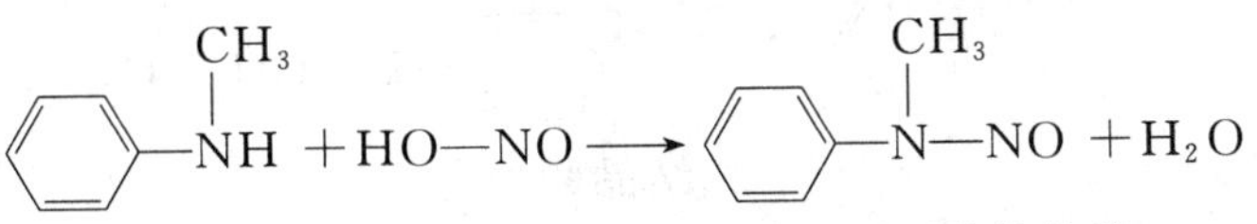

N-亚硝基-N-甲基苯胺

　　(3) 叔胺与亚硝酸的作用　　脂肪叔胺由于氮原子上没有氢原子,不能亚硝基化,与亚硝酸

反应只能形成不稳定的水溶性亚硝酸盐。

$$(CH_3CH_2)_3N + NaNO_2 + HCl \longrightarrow (CH_3CH_2)_3NH^+ NO_2^-$$

芳香叔胺与亚硝酸作用,不生成盐,可以在环上发生取代反应,生成对亚硝基芳香叔胺;如果对位有其他取代基,则生成邻亚硝基芳香叔胺。

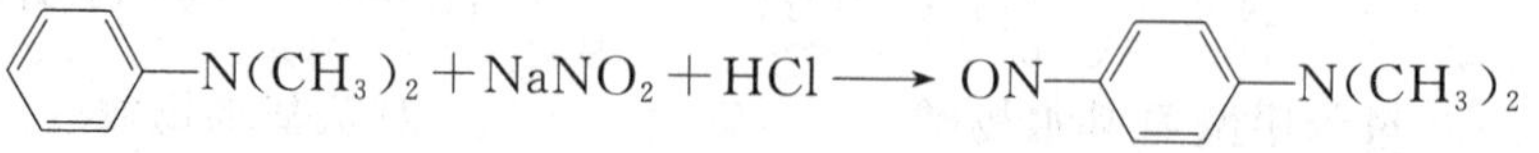

对亚硝基-N,N-二甲基苯胺
(翠绿色晶体)

伯胺、仲胺、叔胺与亚硝酸反应的现象与产物各不相同,所以可通过与亚硝酸的反应鉴别三种不同类型的胺。

三、重要的胺及应用

1. 苯胺

苯胺是最简单也是最重要的芳香伯胺,广泛存在于煤焦油中,为无色油状液体。苯胺是重要的胺之一,主要用于制造染料、药物、树脂,还可以用作橡胶硫化促进剂等。它本身也可作为黑色染料使用。其衍生物甲基橙可作为指示剂。苯胺有毒,能通过皮肤或吸入蒸气使人中毒,因此接触苯胺时应特别注意。

在苯胺的水溶液中滴加溴水,会立即生成2,4,6-三溴苯胺的白色沉淀,此反应可用于苯胺的定性分析和定量检测。

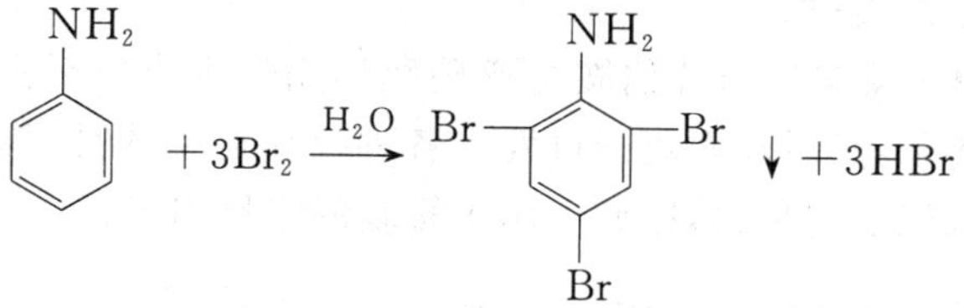

2. 乙二胺

乙二胺($NH_2CH_2CH_2NH_2$)是无色黏稠状液体,沸点为118 ℃,有类似氨的气味,易溶于水,其水溶液呈碱性。乙二胺是重要的化工原料和试剂,广泛用于制造药物、乳化剂、农药、离子交换树脂等。乙二胺有腐蚀性,能刺激皮肤和黏膜引起过敏,高浓度蒸气可引起哮喘,严重时可导致致命性中毒。

3. 结晶紫

结晶紫是暗绿色粉末或颗粒,或带有金属光泽的绿色块状固体,溶于水,呈深紫蓝色,可作为指示剂、细菌染色剂。它在医药上称为龙胆紫,对革兰阳性菌有抑制作用,作为伤口的防腐消毒剂,可配成"紫药水"使用。

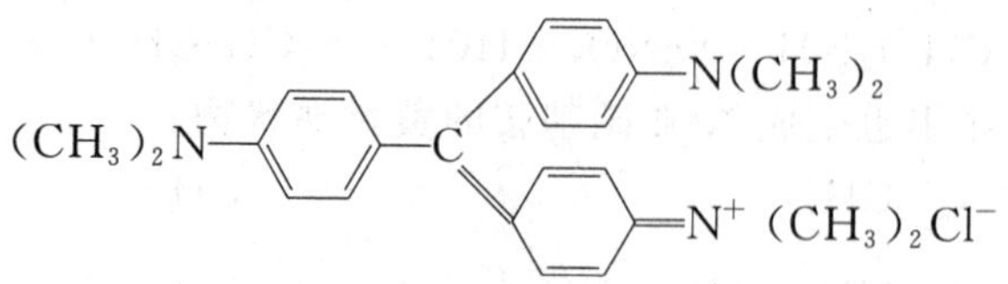

结晶紫

4. 新洁尔灭

新洁尔灭的化学名称为溴化二甲基十二烷基苄基铵,其结构式如下:

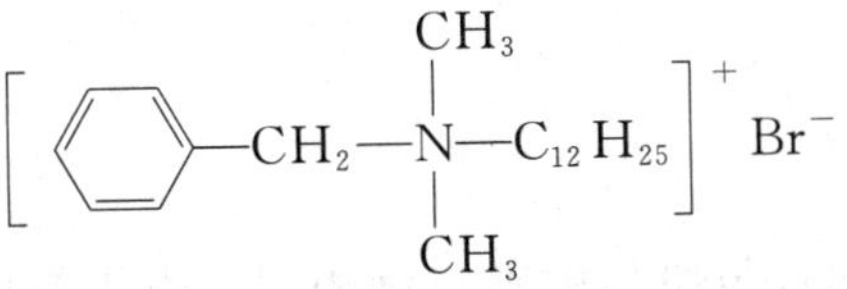

$$\left[\begin{array}{c} \\ \text{CH}_3 \\ | \\ \bigcirc\!\!\!-\!\text{CH}_2\!-\!\text{N}\!-\!\text{C}_{12}\text{H}_{25} \\ | \\ \text{CH}_3 \end{array}\right]^{+} \text{Br}^{-}$$

新洁尔灭

在常温下,新洁尔灭为微黄色的黏稠状液体,属于阳离子型表面活性剂,也是消毒剂,临床上用于皮肤、器皿及手术前的消毒。新洁尔灭的杀菌和去垢作用强而快,对金属无腐蚀作用,不污染衣服,性质稳定,易于保存,属消毒防腐剂。

5. 对氨基苯磺酰胺

对氨基苯磺酰胺简称磺胺,是白色结晶,难溶于冷水。

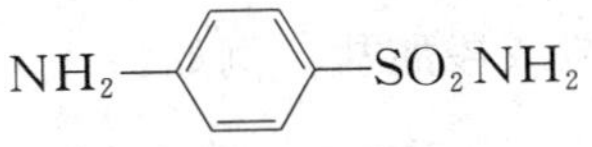

$$\text{NH}_2\!-\!\bigcirc\!\!\!-\!\text{SO}_2\text{NH}_2$$

对氨基苯磺酰胺

磺胺类药物是一类重要的抗菌药物,对链球菌和葡萄球菌有抑制作用,自 20 世纪 30 年代开始使用,至今仍为临床所应用。

6. 肾上腺素和去甲肾上腺素

肾上腺素和去甲肾上腺素是肾上腺髓质分泌的两种激素,具有酚和胺的一般性质,日光、空气都会使它们氧化而呈红色,直至棕色。因此,它们宜避光、密闭保存于阴凉处。

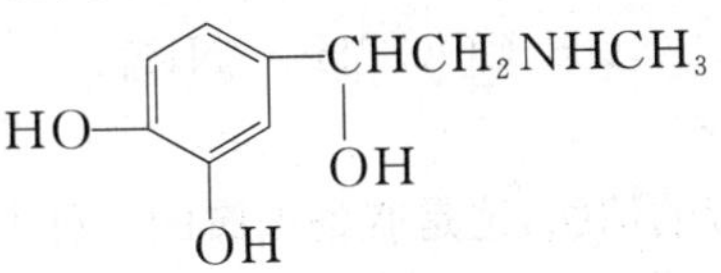

肾上腺素 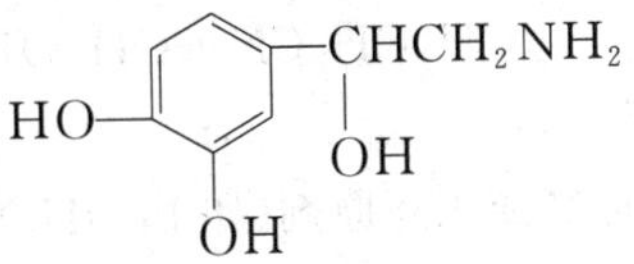　　　　　　　　去甲肾上腺素

它们的主要作用是收缩血管、升高血压、舒张支气管、加速心率、加强心肌收缩力等,临床上用作升压药、平喘药、抗心律失常药。

第三节　腈

腈可以看作烃分子中的氢原子被氰基($—\text{C}\equiv\text{N}$)取代生成的化合物,也可看作氢氰酸(HCN)分子中的氢原子被烃基取代后的产物。通式是 RCN 或 ArCN。

一、腈的命名

腈根据所含碳原子数(包括氰基的碳)称为某腈。例如:

$$\text{CH}_3\text{CN} \qquad \text{CH}_2\!=\!\text{CH}\!-\!\text{CN} \qquad \bigcirc\!\!\!-\!\text{CN} \qquad \text{NC(CH}_2)_4\text{CN}$$

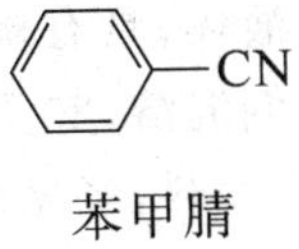

乙腈　　　　　　丙烯腈　　　　　　苯甲腈　　　　　己二腈

二、腈的性质

氰基为碳氮三键(—C≡N),与炔的碳碳三键相似。由于氮原子的电负性比碳原子大,所以氰基是吸电子基,故腈分子的极性较大。低级腈为无色液体,高级腈为固体。腈的沸点与相对分子质量相当的醇相近,但低于羧酸。

低级腈能溶于水,但随相对分子质量的增加,其溶解速率迅速减小。腈也能溶解多种极性和非极性物质,并能溶解许多盐,因此腈是一类优良的溶剂。

腈的化学性质比较活泼,可以发生水解、醇解、还原等反应。

1. 水解反应

腈与酸或碱共热,水解生成羧酸或羧酸盐。例如:

$$CH_3CH_2CH_2CN \xrightarrow{H^+/H_2O} CH_3CH_2CH_2COOH$$

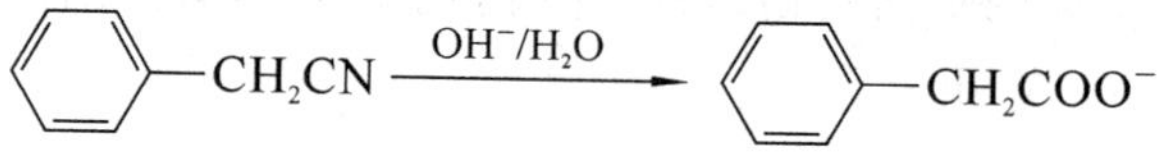

$$\text{⬡}-CH_2CN \xrightarrow{OH^-/H_2O} \text{⬡}-CH_2COO^-$$

2. 醇解反应

腈在酸的催化下,与醇反应生成酯。

$$CH_3CH_2CN + CH_3OH + H_2O \xrightarrow{H^+} CH_3CH_2COOCH_3 + NH_3$$

3. 还原反应

腈催化加氢或用还原剂(如 $LiAlH_4$)还原,生成相应的伯胺,这是制备伯胺的一种方法。例如:

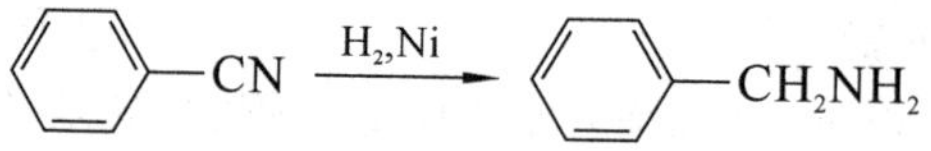

$$\text{⬡}-CN \xrightarrow{H_2, Ni} \text{⬡}-CH_2NH_2$$

三、腈的制备

腈可由氯代烃和氰化钠或氰化钾反应制备。例如:

$$\text{⬡}-CH_2Cl + NaCN \longrightarrow \text{⬡}-CH_2CN + NaCl$$

$$Cl(CH_2)_4Cl + 2NaCN \longrightarrow NC(CH_2)_4CN + 2NaCl$$

也可利用酰胺或羧酸的铵盐与 P_2O_5 共热,脱水制备。

四、重要的腈——丙烯腈

丙烯腈是具有挥发性的无色液体,具有桃仁气味,沸点为 77.3 ℃,可与许多有机溶剂(如丙酮、苯、乙醚、甲醇等)以任意比例混溶,20 ℃时丙烯腈在水中的溶解度为 10.8%。

工业上,丙烯腈主要以丙烯为原料,经氨氧化法制备:

$$CH_2\!=\!CH-CH_3 + NH_3 + \frac{3}{2}O_2 \xrightarrow[470\ ℃]{催化剂} CH_2\!=\!CH-CN + 3H_2O$$

丙烯腈是合成纤维腈纶的单体,也是合成丁腈橡胶的单体,在三大合成中占有重要的地位。丙烯腈又是重要的化工原料,例如丙烯腈水解可制得丙烯酰胺或丙烯酸,醇解可制得丙烯酸酯等。丙烯腈自身聚合可制得聚丙烯腈,聚丙烯腈可以制成合成纤维——腈纶,因其柔软性和保暖性好,近似于羊毛,俗称"合成羊毛"。它具有强度高(比羊毛高1~2.5倍),相对密度小(聚丙烯腈相对密度1.14~1.17,羊毛相对密度1.30~1.32),耐日光,耐酸和耐大多数溶剂等优点。

第四节 氨基酸、多肽和蛋白质

蛋白质是一类存在于所有动植物细胞中的有机高分子,也是动物组织的重要成分。例如,毛发、皮肤、肌肉、骨骼、角、鳞片、神经,血液中的血红素,体内的激素、抗体以及酶,甚至病毒等都是蛋白质。绝大多数蛋白质在酸、碱或酶的作用下,能水解成 α-氨基酸的混合物。

一、氨基酸

分子中既含有氨基(—NH$_2$)又含有羧基(—COOH)的化合物,称为氨基酸。在自然界中发现的氨基酸主要以多肽或蛋白质等聚合物的形式存在于动植物体内。

(一) 氨基酸的结构、分类和命名

根据烃基不同,氨基酸分为脂肪氨基酸、芳香氨基酸和杂环氨基酸;根据氨基和羧基的相对位置,氨基酸又可分为 α-氨基酸、β-氨基酸、γ-氨基酸等。例如:

RCHCOOH　　　RCHCH$_2$COOH　　　RCHCH$_2$CH$_2$COOH
　|　　　　　　　|　　　　　　　　　|
　NH$_2$　　　　　NH$_2$　　　　　　　NH$_2$
α-氨基酸　　　β-氨基酸　　　　　　γ-氨基酸

其中,α-氨基酸在自然界中存在最多,它们是构成蛋白质分子的基础。

根据分子中氨基和羧基的数目,氨基酸又可分为中性氨基酸(羧基和氨基的数目相等)、酸性氨基酸(羧基数目多于氨基数目)和碱性氨基酸(氨基数目多于羧基数目)。

蛋白质水解可以得到多种氨基酸。人体所需的氨基酸,有些可以在体内由其他物质自行合成,有些则不能,必须通过食物摄取,这些氨基酸称为**必需氨基酸**。如果缺乏这些氨基酸,就会导致某些疾病。人们可以从不同的食物中得到必需氨基酸,但并不能从某一种食物中获得全部必需氨基酸,因此要注意饮食的多样化。表3-10-3中有 * 号的9种氨基酸就是必需氨基酸,其中组氨酸为婴儿必需氨基酸。

氨基酸的系统命名方法与羟基酸等相似,以羧酸为母体,氨基为取代基,氨基的位置常用 α、β、γ 等表示。天然氨基酸根据其来源或性质多用俗名,例如谷氨酸是因它最先来源于谷物而得名,甘氨酸是由于它具有甜味而得名。

H—CH—COOH　　　　　HOOC—CH$_2$—CH$_2$—CH—COOH
　|　　　　　　　　　　　　　　　　　　　|
　NH$_2$　　　　　　　　　　　　　　　　　NH$_2$
α-氨基乙酸　　　　　　　　　　　α-氨基戊二酸
甘氨酸　　　　　　　　　　　　　　谷氨酸

除最简单的甘氨基酸外,其他 α-氨基酸都含有一个手性碳原子,而且其构型都属于 L 型。若用 R/S 标记法,绝大多数氨基酸的 α-碳的构型是 S 型。

$$
\begin{array}{ccc}
\text{CHO} & \text{COOH} & \text{COOH} \\
| & | & | \\
\text{HO}-\text{C}-\text{H} & \text{NH}_2-\text{C}-\text{H} & \text{NH}_2-\text{C}-\text{H} \\
| & | & | \\
\text{CH}_2\text{OH} & \text{R} & \text{CH}_2\text{OH} \\
\text{L-甘油醛} & \text{L-氨基酸} & \text{L-丝氨酸}
\end{array}
$$

另外,为表示蛋白质结构的需要,氨基酸的名称常使用英文三字母缩写符号,有时也使用单字母符号。表 3-10-3 列出了蛋白质水解得到的 20 种 α-氨基酸的分类、结构、名称、三字母的缩写符号等内容。

表 3-10-3　组成蛋白质的 α-氨基酸

中英文名称	结　构　式	中英文缩写	符号	等电点
中性氨基酸				
甘氨酸　glycine (氨基乙酸)	$\text{H}-\overset{\displaystyle |}{\underset{\displaystyle \text{NH}_2}{\text{CH}}}-\text{COOH}$	甘	Gly	5.97
丙氨酸　alanine (α-氨基丙酸)	$\text{CH}_3-\overset{\displaystyle |}{\underset{\displaystyle \text{NH}_2}{\text{CH}}}-\text{COOH}$	丙	Ala	6.00
缬氨酸*　valine (α-氨基-β-甲基丁酸)	$\text{CH}_3-\overset{\displaystyle |}{\underset{\displaystyle \text{CH}_3}{\text{CH}}}-\overset{\displaystyle |}{\underset{\displaystyle \text{NH}_2}{\text{CH}}}-\text{COOH}$	缬	Val	5.96
异亮氨酸*　isoleucine (α-氨基-β-甲基戊酸)	$\text{CH}_3-\text{CH}_2-\overset{\displaystyle \text{CH}_3}{\overset{\displaystyle |}{\text{CH}}}-\overset{\displaystyle |}{\underset{\displaystyle \text{NH}_2}{\text{CH}}}-\text{COOH}$	异亮	Ile	6.02
亮氨酸*　leucine (α-氨基-γ-甲基戊酸)	$\text{CH}_3-\overset{\displaystyle \text{CH}_3}{\overset{\displaystyle |}{\text{CH}}}-\text{CH}_2-\overset{\displaystyle |}{\underset{\displaystyle \text{NH}_2}{\text{CH}}}-\text{COOH}$	亮	Leu	5.98
丝氨酸　serine (α-氨基-β-羟基丙酸)	$\text{HO}-\text{CH}_2-\overset{\displaystyle |}{\underset{\displaystyle \text{NH}_2}{\text{CH}}}-\text{COOH}$	丝	Ser	5.68
半胱氨酸　cysteine (α-氨基-β-巯基丙酸)	$\text{HS}-\text{CH}_2-\overset{\displaystyle |}{\underset{\displaystyle \text{NH}_2}{\text{CH}}}-\text{COOH}$	半胱	Cys	5.07
苯丙氨酸* phenylalanine (α-氨基-β-苯基丙酸)	苯环$-\text{CH}_2-\overset{\displaystyle |}{\underset{\displaystyle \text{NH}_2}{\text{CH}}}-\text{COOH}$	苯丙	Phe	5.48

中英文名称	结 构 式	中英文缩写	符号	等电点
蛋氨酸* methionine (α-氨基-γ-甲硫基丁酸)	$CH_3-S-CH_2-CH_2-CH-COOH$ 　　　　　　　　　NH_2	蛋	Met	5.74
苏氨酸* threonine (α-氨基-β-羟基丁酸)	$CH_3-CH-CH-COOH$ 　　　OH　NH_2	苏	Thr	5.60
脯氨酸 proline (α-羧基四氢吡咯)	[吡咯环]—COOH N H	脯	Pro	6.30
酪氨酸 tyrosine (α-氨基-β-对羟苯基丙酸)	HO—[苯环]—$CH_2-CH-COOH$ 　　　　　　　　NH_2	酪	Tyr	5.66
天冬酰胺 asparagine (α-氨基-4-羧基丁酰胺)	O 　　　‖ $H_2N-C-CH_2-CH-COOH$ 　　　　　　　NH_2	天酰或 天-NH_2	Asn 或 Asp-NH_2	5.41
谷氨酰胺 glutamine (α-氨基-5-羧基戊酰胺)	O 　　　‖ $H_2N-C-CH_2-CH_2-CH-COOH$ 　　　　　　　　　NH_2	谷酰或 谷-NH_2	Gln	5.65
色氨酸* tryptophan (α-氨基-β-吲哚基丙酸)	[吲哚环]—$CH_2-CH-COOH$ N　　　　　NH_2 H	色	Trp	5.89
酸性氨基酸				
天冬氨酸 aspartic acid (α-氨基丁二酸)	$H_2N-CH-COOH$ 　　　CH_2-COOH	天	Asp	2.77
谷氨酸 glutamic acid (α-氨基戊二酸)	$HOOC-CH_2-CH_2-CH-COOH$ 　　　　　　　　NH_2	谷	Glu	3.22
碱性氨基酸				
精氨酸 arginine (α-氨基-δ-胍基戊酸)	$H_2N-C-NH-CH_2-CH_2-CH_2-CH-COOH$ 　　‖　　　　　　　　　　　NH_2 　　NH	精	Arg	10.76
组氨酸* histidine (α-氨基-β-咪唑基丙酸)	[咪唑环]—$CH_2-CH-COOH$ N　NH　　　　NH_2	组	His	7.59
赖氨酸* lysine (α,ε-二氨基己酸)	$CH_2-CH_2-CH_2-CH_2-CH-COOH$ 　NH_2　　　　　　　NH_2	赖	Lys	9.74

（二）氨基酸的性质

α-氨基酸为形状各异的无色晶体，熔点一般在 200 ℃以上。大多数氨基酸易溶于水，而难溶于苯、乙醚等有机溶剂。除最简单的甘氨酸外，α-氨基酸都有旋光性。

氨基酸分子中既含有氨基，又含有羧基，因此具有羧基和氨基的典型性质。同时，由于氨基与羧基之间的相互影响及分子中 R 基团的某些特殊结构，氨基酸又显示出一些特殊的性质。

1. 两性和等电点

氨基酸分子既含有碱性的氨基（—NH₂），可以和酸反应生成铵盐；又含有酸性的羧基（—COOH），可以和碱生成羧酸盐。因此氨基酸是两性化合物。例如：

$$R-\underset{\overset{|}{+NH_3}}{CH}-COOH \xleftarrow{HCl} R-\underset{\overset{|}{NH_2}}{CH}-COOH \xrightarrow{NaOH} R-\underset{\overset{|}{NH_2}}{CH}-COO^-$$

氨基酸分子中的羧基和氨基也能相互作用生成内盐。

$$R-\underset{\overset{|}{NH_2}}{CH}-COOH \rightleftharpoons R-\underset{\overset{|}{+NH_3}}{CH}-COO^-$$

这种内盐又称偶极离子。氨基酸在固态时主要以内盐或偶极离子的形式存在，因而具有盐的性质。例如，熔点较高，难溶于有机溶剂等。在水溶液中，氨基酸的偶极离子既可作为酸与 OH⁻ 结合成为阴离子，又可以作为碱与 H⁺ 结合成为阳离子，从而形成一个平衡体系。

$$R-\underset{\overset{|}{+NH_3}}{CH}-COOH \underset{H^+}{\overset{OH^-}{\rightleftharpoons}} R-\underset{\overset{|}{+NH_3}}{CH}-COO^- \underset{H^+}{\overset{OH^-}{\rightleftharpoons}} R-\underset{\overset{|}{NH_2}}{CH}-COO^-$$

阳离子	偶极离子	阴离子
pH<pI	pH=pI	pH>pI

由于氨基酸中羧基的电离能力与氨基接受质子的能力并不相等，因此在上述平衡体系中阴、阳离子和偶极离子的量是不相等的。究竟哪种离子占优势，取决于溶液的 pH 值和氨基酸的类型或结构。

氨基酸在强酸性溶液中，主要以阳离子的形式存在，在电场中向负极移动；在强碱性溶液中，主要以阴离子的形式存在，在电场中向正极移动。当溶液的酸碱性达到某一 pH 值时，氨基酸主要以偶极离子的形式存在，所带的正电荷数量与负电荷数量正好相等，在电场中，既不向阴极移动也不向阳极移动。此时溶液的 pH 值，称为该氨基酸的等电点，用 pI 表示。

由于结构不同，各氨基酸的等电点也不相同，一般中性氨基酸的等电点为 5.05～6.30，酸性氨基酸的等电点为 2.77～3.22，碱性氨基酸的等电点为 7.59～10.76。常见的 20 种氨基酸的等电点见表 3-10-3。

氨基酸的等电点并不是中性点。例如，中性氨基酸的氨基和羧基尽管数目相等，但由于羧基电离出质子的能力大于氨基接受质子的能力，因此在纯水溶液中，中性氨基酸呈弱酸性。在等电点时，偶极离子的浓度最大，而溶解度最小，最容易从溶液中析出。因此，可以通过调节溶液 pH 值的方法，将等电点不同的氨基酸从其混合液中分离出来。

2. 主要化学反应

氨基酸的化学性质体现为氨基、羧基和侧链中其他官能团的化学性质,主要有以下几类。

(1) **与亚硝酸反应** 氨基酸的氨基和亚硝酸的反应与伯胺相似,这个反应可用于氨基酸的定量分析,根据放出氮气的量,可以算出样品中氨基的含量。

$$R-CH-COOH + HNO_2 \longrightarrow R-CH-COOH + N_2\uparrow + H_2O$$
$$\underset{NH_2}{|} \qquad\qquad\qquad \underset{OH}{|}$$

(2) **酰化反应** 氨基酸能和酰氯、酸酐等作用(氨解),生成酰胺。例如:

$$R'-\underset{O}{\overset{||}{C}}-Cl + H_2N-\underset{R}{\overset{|}{CH}}-COOH \longrightarrow R'-\underset{O}{\overset{||}{C}}-NH-\underset{R}{\overset{|}{CH}}-COOH + HCl$$

反应需在碱性溶液中进行,因为只有在碱性溶液中,氨基酸的氨基以游离状态存在。该反应可在人工合成蛋白质时,用于保护氨基。

(3) **脱羧反应** 某些氨基酸在体外(Ba(OH)$_2$、加热)或体内酶的作用下,可发生脱羧反应,生成相应的胺。脱羧反应是人体内氨基酸代谢的形式之一,例如在肠道细菌作用下,组氨酸可脱羧生成组胺。

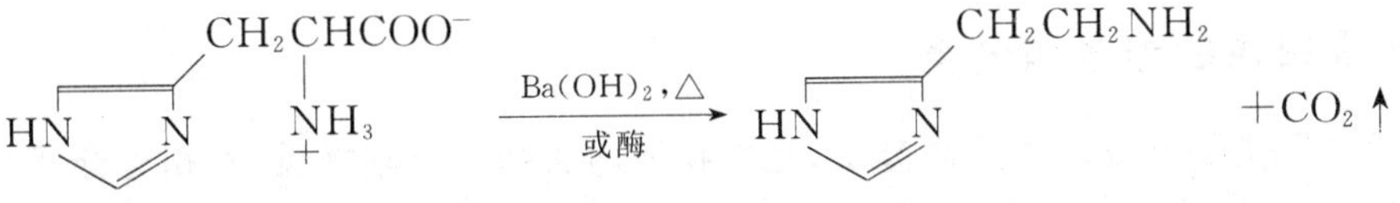

组氨酸   组胺

脱羧反应也可在蛋白质腐败时发生。例如,在某些细菌作用下,蛋白质中的赖氨酸可变成毒性很强,且有强烈气味的尸胺(戊二胺)。

$$H_2N(CH_2)_4\underset{NH_2}{\overset{|}{CH}}-COOH \xrightarrow{-CO_2} H_2N(CH_2)_5NH_2$$

赖氨酸   尸胺

(4) **与水合茚三酮的显色反应** α-氨基酸在弱碱性溶液中,与水合茚三酮共热,生成一种蓝紫色化合物(脯氨酸或羟脯氨酸与茚三酮反应的产物呈黄色)。例如:

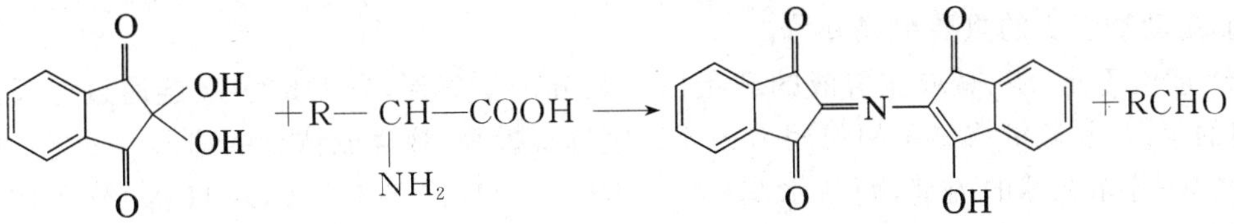

水合茚三酮(无色)   蓝紫色化合物

由于该反应生成蓝紫色物质,且非常灵敏,常用于 α-氨基酸的鉴别。此法还可以用于氨基酸的比色测定、纸上层析的显色,以及刑侦中的指纹显示。

二、多肽和蛋白质

(一) 肽与肽键

α-氨基酸分子中的氨基和另一个 α-氨基酸分子的羧基,发生分子间脱水产生的以酰胺键

（—CONH₂—）相连接的缩合物,称为**肽**。肽分子中的酰胺键,称为肽键。例如：

$$H_2N-\underset{R}{\overset{O}{\underset{|}{\overset{\|}{C}}}}-C-OH + H-\underset{R'}{\overset{H}{\underset{|}{\overset{|}{N}}}}-C-COOH \xrightarrow[\triangle]{-H_2O} H_2N-\underset{R}{\overset{O}{\underset{|}{\overset{\|}{C}}}}-\underset{}{\overset{}{C}}-\underset{}{\overset{H}{\underset{|}{\overset{|}{N}}}}-\underset{R'}{\overset{}{C}}-COOH$$

酰胺键

缩合成肽是氨基酸的重要性质之一,氨基酸的种类越多,相互缩合的产物越复杂。由 2 个氨基酸缩合而成的肽,称为二肽;由 3 个氨基酸缩合而成的肽,称为三肽;以此类推。一般将 10 个及 10 个以下的 α-氨基酸分子间脱水形成的聚酰胺称为寡肽,10 个以上 α-氨基酸分子形成的肽称为多肽,50 个以上的 α-氨基酸分子形成的多肽称为蛋白质。

自然界中的多肽都是由多种氨基酸组成的,是生物化学中一类重要的化合物。例如,青霉素结构中含有二肽,脑啡肽为五肽等。

多肽是蛋白质部分水解的产物,蛋白质是由数十个到数百个氨基酸借助肽键相互连接起来的多肽链。有些蛋白质分子只由一条多肽链组成,多数蛋白质分子中含有几条多肽链,多肽链之间通过二硫键、氢键等结合在一起。因此,多肽的合成即为蛋白质合成的基础。

(二)蛋白质的组成和分类

蛋白质是一类很重要的生物高分子,是生物体内组织的基础物质,其相对分子质量一般都在 10000 以上,有的高达数百万。蛋白质种类繁多,其组成因来源不同而异。经元素分析,蛋白质除了含碳、氢、氧、氮外,还含有硫,有些含少量磷和铁。一般蛋白质组成元素质量分数如下：

C	O	H	N	S
50%~55%	20%~23%	6%~7%	15%~17%	0.3%~2.5%

蛋白质有多种分类方法,一般根据其溶解性及化学组成进行分类,也可按水解产物进行分类。

根据溶解性的不同,蛋白质一般分为以下两类。

（1）不溶于水的纤维蛋白　其结构为线形多肽长链分子缠绕在一起,或呈纤维状平行排列,它们是动物组织的重要组成部分。

（2）能溶于水、酸、碱或盐溶液的球蛋白　其分子呈球形,它们的多肽链通过分子内某些基团间的氢键、二硫键或分子间作用力相互作用自身折叠、缠绕成特有的球形。分子中的憎水基（如烃基）分布在球的内部,而亲水基（如—OH、—NH₂、—SH、—COOH 等）分布在球的表面。酶和血红蛋白都是球蛋白。球蛋白的水溶性较大,并形成胶体溶液。

(三)蛋白质的结构

蛋白质的结构极其复杂,各种蛋白质的特殊功能和生物活性,不仅取决于多肽链中氨基酸的组成、数目和连接顺序,而且与其特定的空间构象关系密切。蛋白质的结构通常分为一级结构、二级结构、三级结构和四级结构等。

1. 一级结构

蛋白质多肽链中氨基酸的排列顺序,称为蛋白质的一级结构。一级结构可由一条或多条多肽链组成,是蛋白质的骨架。一级结构多肽链中每个氨基酸单位,称为氨基酸残基;由多条多肽链组成的蛋白质,每条多肽链称为亚基。如我国科学家首先合成的具有生物活性的结晶牛胰岛素有两条亚基,共 51 个氨基酸残基构成。

蛋白质的一级结构决定了蛋白质的高级结构,并可由一级结构获得高级结构的信息。

2. 二级结构

蛋白质的二级结构是指分子中多肽链折叠和盘绕的方式。二级结构的形成几乎全部依靠碳链骨架中羰基上的氧原子和亚酰基上的氢原子之间的氢键维系。肽段之间的氢键越多,形成的二级结构越稳定。二级结构主要有 α-螺旋、β-折叠、β-转角等形式。

(1)α-螺旋 多肽链的某段局部盘曲成螺旋形结构,称为 α-螺旋。在 α-螺旋中,每隔 3.6 个氨基酸残基螺旋上升一圈,螺距 0.54 nm,每个氨基酸残基跨距为 0.15 nm;螺旋体中所有氨基酸残基 R 侧链都伸向外侧。如图 3-10-1 所示。

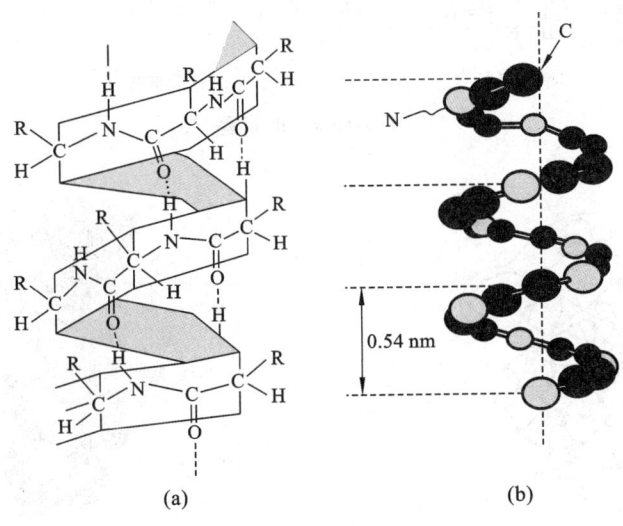

(a)　　　　　　　　　(b)

图 3-10-1　α-螺旋示意图

(2)β-折叠 β-折叠又称 β-片层,是两条多肽链或一条多肽链的两段平行排列,形成较为伸展的片状结构。β-折叠可分为平行式和反平行式两种类型,也是通过多肽链间或肽段间的氢键维系,可以将其想象为由折叠的条状纸片侧向并排而成,每条纸片可看作一条多肽链,如图 3-10-2 所示。

3. 三级结构

多肽链在二级结构的基础上,进一步卷曲、折叠成具有一定规律性的三维空间结构,称为蛋白质的三级结构。三级结构是在二级结构基础上的再折叠或再盘绕,类似于弹簧的扭结(图 3-10-3)。维持蛋白质三级结构的因素主要是侧链基团的相互作用,包括二硫键、氢键、离子键、分子间作用力、疏水作用等。

4. 四级结构

由两条或两条以上具有独立三级结构的多肽链通过非共价键结合,形成的具有一定空间结构的聚合体,称为蛋白质的四级结构。其中每一条具有独立三级结构的多肽链称为亚基。单独的亚基不具有生物学功能,只有完整的四级结构寡聚体才有生物学功能。例如,血红蛋白(图 3-10-4)是由 2 个 α 亚基(141 个残基)和 2 个 β 亚基(146 个残基)组成的,2 种亚基的三级结构很相似,每个亚基都结合 1 个血红素,4 个亚基通过 8 个离子键相连,形成四聚体,具有运输 O_2 和 CO_2 的功能。

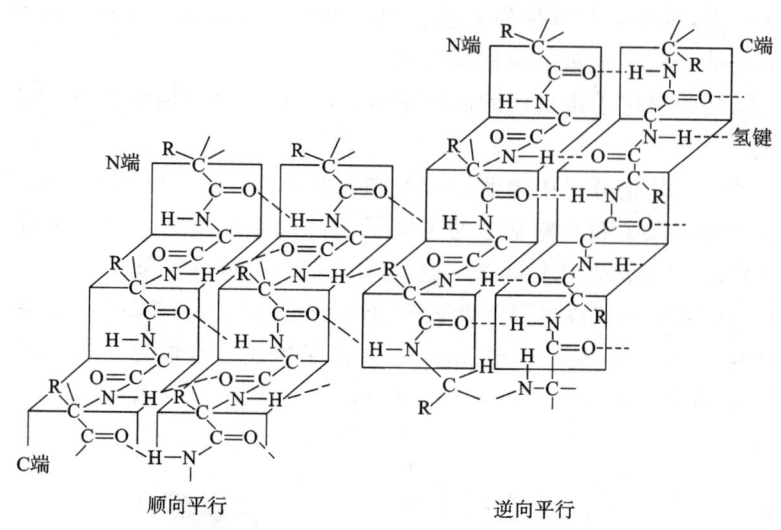

图 3-10-2　β-折叠

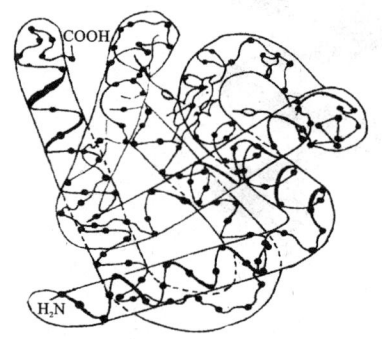

图 3-10-3　肌红蛋白三级结构示意图

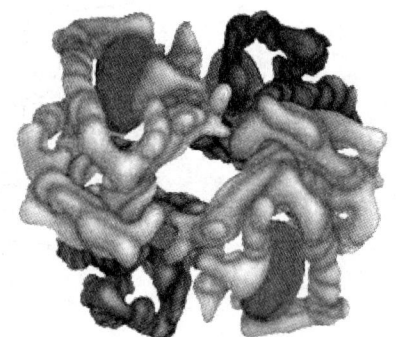

图 3-10-4　血红蛋白四级结构示意图

（四）蛋白质的性质

蛋白质是由氨基酸组成的,许多理化性质与氨基酸相似,如两性电离、等电点及紫外吸收等。但是,蛋白质是高聚物,有些性质与氨基酸不同,如溶胶的性质、盐析和变性等。

1. 两性电离和等电点

蛋白质与氨基酸相似,也具有两性电离。在水溶液中,蛋白质分子以阳离子、阴离子或偶极离子的形式存在,即蛋白质分子在溶液中存在下列电离平衡:

$$
\underset{\substack{\text{阴离子}\\ \text{pH}>\text{pI}}}{\text{Pr}\underset{\text{COO}^-}{\overset{\text{NH}_2}{\big<}}}
\underset{\text{OH}^-}{\overset{\text{H}^+}{\rightleftharpoons}}
\underset{\substack{\text{偶极离子}\\ \text{等电点(pI)}}}{\text{Pr}\underset{\text{COO}^-}{\overset{\overset{+}{\text{NH}_3}}{\big<}}}
\underset{\text{OH}^-}{\overset{\text{H}^+}{\rightleftharpoons}}
\underset{\substack{\text{阳离子}\\ \text{pH}<\text{pI}}}{\text{Pr}\underset{\text{COOH}}{\overset{\overset{+}{\text{NH}_3}}{\big<}}}
$$

Pr 表示不包括链端氨基和链端羧基在内的蛋白质大分子。

蛋白质在溶液中存在的状态或形式,取决于蛋白质的结构及溶液的 pH 值。调节溶液的 pH 值至一定数值时,蛋白质以偶极离子形式存在,在电场中既不向负极移动,也不向正极移动。此时溶液的 pH 值就是该蛋白质的等电点(pI)。

不同的蛋白质有不同的等电点。例如,人和动物体内大多数蛋白质的等电点在 5 左右。由于人体液(如血液、组织液和细胞内液等)的 pH 值约为 7.4,所以体内蛋白质分子大多以阴离子的形式存在,可与体液中的 K^+、Ca^{2+}、Na^+、Mg^{2+} 等阳离子结合成蛋白质盐,并与蛋白质分子组成缓冲对,在体内起重要的缓冲作用。

等电点时蛋白质在水中的溶解度最小,最容易沉淀。这个性质可作为分离和提纯蛋白质的依据。在同一 pH 值的溶液中,各种蛋白质所带电荷的性质、数量不同,分子大小不同,因此在电场中移动的速率或方向也不同。利用这种性质可将不同蛋白质进行分离和分析,称为电泳分析法。电泳分析法在临床上常用于测定血清蛋白的成分,借以诊断疾病。

2. 溶解性和盐析

多数蛋白质可溶于水或其他极性溶剂,但不溶于非极性溶剂。蛋白质为生物大分子,分子直径达 1~100 nm,所以蛋白质的水溶液具有亲水溶胶的性质,可发生电泳,不能透过半透膜,而相对分子质量低的有机化合物和无机盐能透过半透膜。利用这种性质来分离、提纯蛋白质的方法,称为**渗析法**。

3. 蛋白质的变性

在热、紫外线、超声波、X 射线以及某些化学试剂作用下,蛋白质的性质会发生变化,导致其溶解度降低而凝结,且这种凝结是不可逆的,不能再恢复到原来的蛋白质,这种现象称为蛋白质的**变性**。变性后的蛋白质通常丧失了原有的生理作用。医疗场所或器械利用红外线、紫外线或高温消毒,目的是促使细菌的蛋白质变性;疫苗放在冰箱中冷藏,是为防止其高温变性。

4. 显色反应

蛋白质中含有不同的氨基酸,可与某些试剂发生特殊的颜色反应,称为蛋白质的显色反应。利用这些反应可以鉴别蛋白质。

5. 水解作用

用酸、碱或酶水解单纯蛋白质时,最后所得产物是各种 α-氨基酸的混合物。用酸、碱水解时,有一些氨基酸在水解过程中会被破坏或发生外消旋化。但用各种酶(如胃蛋白酶、胰蛋白酶等)水解则比较温和,可使蛋白质逐步水解并得到各种中间产物。即

蛋白质→多肽→二肽→α-氨基酸

研究蛋白质水解的中间产物的结构和性质,可为蛋白质的研究提供有效的参考。蛋白质水解生成各种 α-氨基酸的混合物,是工业上生产氨基酸的主要途径。

知识拓展

生 物 酶

生物酶是一种具有生物活性的蛋白质,是生物体内许多复杂化学反应的催化剂。

人类从发明酒、造醋制酱和面粉发酵时起,就对生物催化作用有了初步的了解,但当时并不知道起催化作用的物质就是生物酶。进入 19 世纪后期,人们开始对酶有了认识,并了解到酶来自生物细胞。到了 20 世纪,人们已经发现了许多种酶,并对其进行了大量研究。例如,1926 年第一次成功地从刀豆中提取了脲酶的结晶,并证明这种结晶具有蛋白质的化学性质,它能催化尿素分解为 NH_3 和 CO_2。此后,又相继分离出许多酶的结晶,如胃蛋白酶、胰蛋白酶等。

研究表明,酶的成分与蛋白质一样,由氨基酸长链组成。其中一部分链呈螺旋状,

一部分为折叠的薄片结构,而这两部分由不折叠的氨基酸链连接起来,使整个酶分子成为特定的三维结构。生物酶是从生物体中产生的,具有特殊的催化功能。生物催化具有以下特点。

(1)易变性失活　生物酶具有蛋白质的一般特性,当受到高温、强酸、强碱、重金属离子、配体或紫外线照射等因素影响时,非常容易变性失活。

(2)催化反应条件温和　酶催化不像一般催化剂需要高温、高压、强酸、强碱等剧烈条件,可在较温和的条件下进行。例如,在人体内的各种酶促反应,一般都是在体温(37 ℃)和血液的 pH 值(约为 7.4)条件下进行。

(3)高度专一性　一种酶只能催化一类物质的化学反应,即酶是仅能催化特定化合物、特定化学键、特定化学变化的催化剂。例如,脲酶只能催化尿素分解,而对尿素衍生物和其他物质的水解不具有催化作用,也不能使尿素发生其他反应。麦芽糖酶只能催化麦芽糖水解成葡萄糖,蔗糖酶只能催化蔗糖水解成葡萄糖和果糖。

(4)催化高效性　酶的催化效率是一般无机催化剂的 $10^7 \sim 10^{13}$ 倍。酶能提高化学反应的速率,主要是因为其显著降低了反应的活化能,使反应更易进行。而且酶在反应前后理论上是不被消耗的,还可回收利用。

人类对于生物酶的研究已经形成了一个独立的科学体系——生物酶工程,它是以酶学和 DNA 重组技术为主的现代分子生物学技术相结合的产物。其研究内容包括三个方面:一是利用 DNA 重组技术大量地生产酶;二是对酶基因进行修饰,产生遗传修饰酶;三是设计新的酶基因,合成催化效率更高的酶。

知识拓展

褪黑激素

1958 年,美国科学家首先在牛脑的松果体里分离出褪黑激素纯品——一种呈淡黄色的柳叶状结晶物,并测定其化学结构为 N-乙酰-5-甲氧基色胺(色氨酸的衍生物之一)。20 世纪 70 年代初,美国化学家发现,利用一种廉价化学原料 5-甲氧基吲哚为起始原料,经两种不同路线可以合成出与牛脑松果体中提取的褪黑激素完全相同的工业产品褪黑激素。

科学家研究发现褪黑激素是一种出色的天然安眠药物,而且对人体无毒副作用。研究表明,生活在 21 世纪里的现代人的褪黑激素分泌情况与半个多世纪以前已大不相同。这是因为在我们的生活环境里有不少因素能扰乱褪黑激素的正常分泌,其中包括因跨越国际日期变更线的长途飞行所产生的"时差"、城市里随处可见的严重光污染等,这些均有可能扰乱我们松果体中褪黑激素的分泌,从而造成失眠症的流行。而对于那些长期睡眠欠佳的人来说,口服褪黑激素可以改善睡眠质量。

更令人振奋的消息是,研究人员陆续发现了褪黑激素有不少重要临床新用途,如:治疗苯二氮䓬类安眠药物的成瘾作用;治疗糖尿病,尤其对 2 型糖尿病十分有效;降血脂;防止非甾体抗炎药引起的胃黏膜损伤;治疗绝经后妇女的骨质疏松症等。上述褪黑激素的全新用途引起了医学界的极大兴趣。

本章小结

1. 知识思维导图

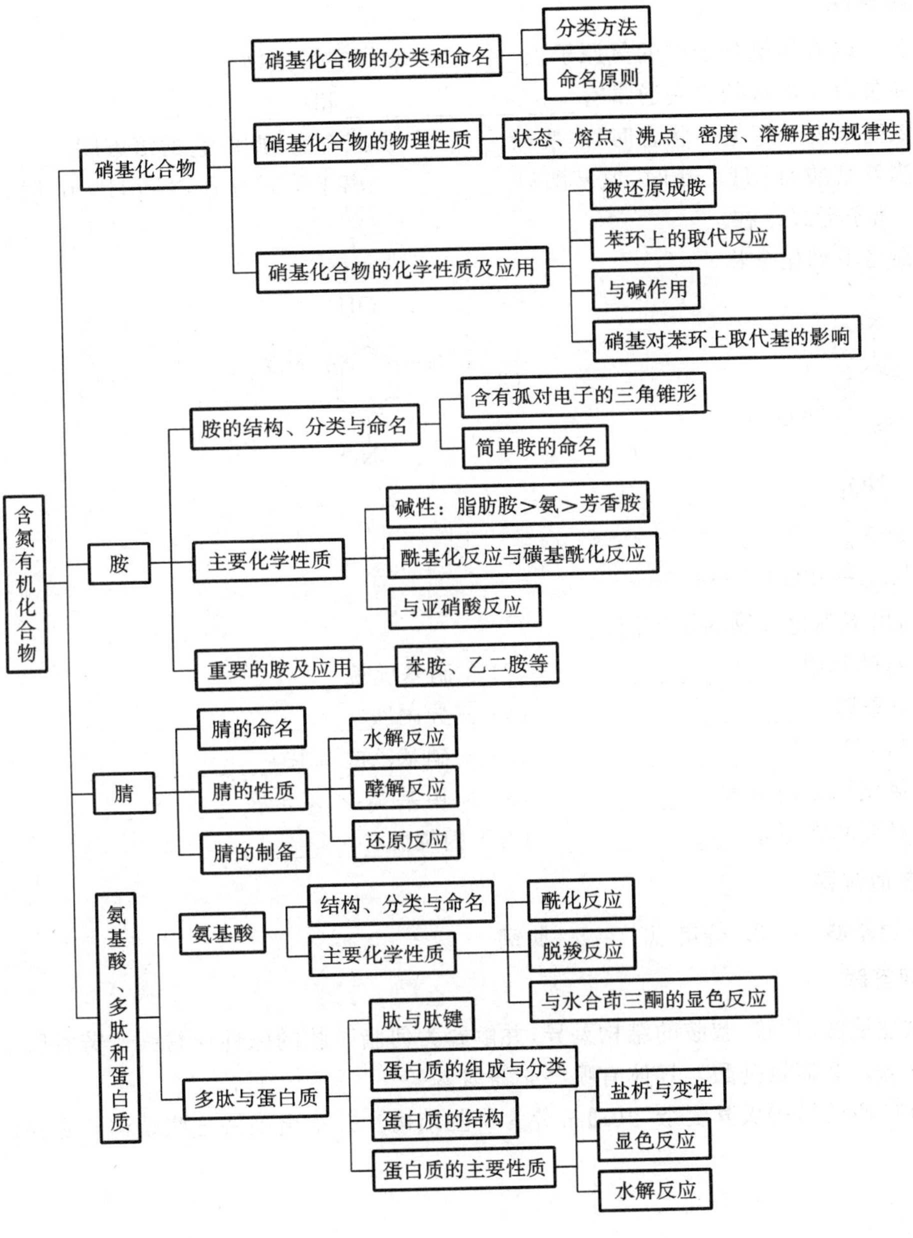

```
                                                          ┌─ 分类方法
                                      硝基化合物的分类和命名 ─┤
                                                          └─ 命名原则

                      硝基化合物 ─┬─ 硝基化合物的物理性质 ── 状态、熔点、沸点、密度、溶解度的规律性
                                 │
                                 │                         ┌─ 被还原成胺
                                 │                         ├─ 苯环上的取代反应
                                 └─ 硝基化合物的化学性质及应用 ─┤
                                                           ├─ 与碱作用
                                                           └─ 硝基对苯环上取代基的影响

                                                    ┌─ 含有孤对电子的三角锥形
                              胺的结构、分类与命名 ─┤
                                                    └─ 简单胺的命名

                                                ┌─ 碱性：脂肪胺＞氨＞芳香胺
        含                胺 ─┬─ 主要化学性质 ─┤─ 酰基化反应与磺基酰化反应
        氮                   │                └─ 与亚硝酸反应
        有                   │
        机                   └─ 重要的胺及应用 ── 苯胺、乙二胺等
        化
        合
        物                   ┌─ 腈的命名        ┌─ 水解反应
                        腈 ─┤─ 腈的性质 ────────┤─ 醇解反应
                            └─ 腈的制备        └─ 还原反应

                                                         ┌─ 酰化反应
                             ┌─ 氨基酸 ─┬─ 结构、分类与命名 ┤
                             │         └─ 主要化学性质 ────┤─ 脱羧反应
        氨                   │                            └─ 与水合茚三酮的显色反应
        基
        酸、                 │                ┌─ 肽与肽键
        多                   │                ├─ 蛋白质的组成与分类      ┌─ 盐析与变性
        肽                   └─ 多肽与蛋白质 ─┤─ 蛋白质的结构           │
        和                                    └─ 蛋白质的主要性质 ──────┤─ 显色反应
        蛋                                                            └─ 水解反应
        白
        质
```

2. 学习方法概要

每一类别的有机化合物都有特定的官能团和结构。本章按照"结构→分类→命名→应用"的顺序简要介绍了硝基化合物、胺、腈、氨基酸、多肽和蛋白质等较典型的含氮有机化合物。要掌握含氮有机化合物的命名和化学性质,适当的记忆是必需的,但是要切记死记硬背是不行的,一定要在弄清结构的基础上,理解记忆其典型性质与应用。

综合测评

一、填空题

1. 胺可以看作氨分子中的氢原子被_____取代的衍生物。

2. 使蛋白质水解的方法通常有_____、_____和_____。

3. 氨基酸处于等电点状态时,主要以_____形式存在,此时它的溶解度_____。

4. 当氨基酸的 pH＜pI 时,氨基酸以_____离子形式存在,当 pH＞pI 时,氨基酸以_____离子形式存在。

5. 命名下列化合物。

(1) _____

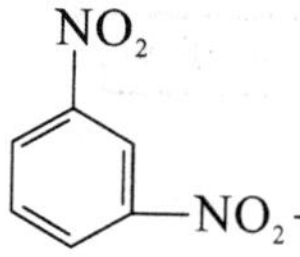

(2) _____

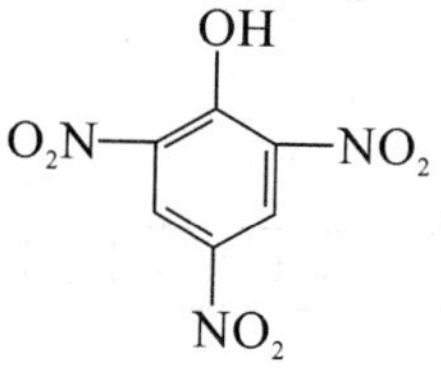

(3) _____

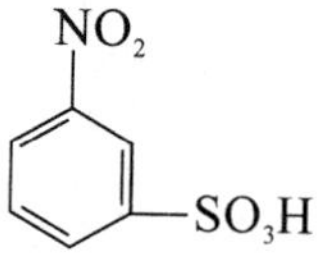

6. 写出下列化合物的结构简式。

(1) 对硝基甲苯_____   (2) 3-硝基戊烷_____

(3) α-萘胺_____   (4) 三异丙胺_____

(5) 1,4-丁二胺_____   (6) 间硝基乙酰苯胺_____

(7) 氯化四正丙基铵_____   (8) N-甲基-N-乙基苯胺_____

(9) 对羟基偶氮苯_____   (10) 丙烯腈_____

二、名词解释

1. α-氨基酸   2. 等电点   3. 肽键

三、问答题

1. 试述伯胺、仲胺、叔胺的结构差异,并解释为何脂肪胺的碱性通常强于芳香胺。

2. 什么是必需氨基酸?具体有哪些必需氨基酸?

3. 蛋白质的结构极其复杂,其通常分为哪些结构?并指出维持这些结构的主要作用力。

模块四

化学基本实验

预备知识

基础化学实验基本常识

（一）化学实验的一般程序

化学实验的目的不仅是培养学生实验技术和巩固其化学理论知识，更重要的是要培养学生严谨的作风和科学的思维方法，不断调动学生的主动性和创造性，通过训练提高其独立解决问题的能力。为此，在化学实验中，必须完成下列基本程序。

1. 实验预习

实验前要认真预习，明确实验目的，了解基本原理和操作内容，对实验的步骤进行统筹安排，并在预习的基础上写出预习报告，主要包括实验目的、实验步骤、实验现象和数据的记录等。

2. 实验过程中的规范操作

在实验过程中学生应正确操作，保持安静，遵守实验室安全守则，预防火灾、触电、中毒和化学伤害等事故的发生；注意保持室内整洁，随时保持实验台干净、整洁；注意节约水、电、煤气和药品，爱护仪器。

3. 观察记录

实验过程中学生应仔细观察、勤于思考，并将实验现象和数据及时、准确、如实地记录在实验报告本上，不能等到实验结束后再记录，也不可将原始数据随便记录在草稿本、小纸片或其他地方。应养成实事求是的态度，不得随意涂改数据或者主观臆造数据。若个别数据确有错误，必须寻找原因，如有可能，应补做该实验，记录数据，最后请指导教师签字认可。

4. 实验报告

每次实验完成后，应及时完成实验报告。报告要求文字表达清楚、语言简洁明确。报告一般应包括：①实验名称、日期；②实验目的、要求；③简明的实验原理；④实验步骤；⑤实验现象、数据的原始记录；⑥实验数据处理和结论，包括计算公式和结果表示；⑦实验的心得、体会，存在问题及失败原因的分析。

5. 实验的交流与讨论

在实验过程中，往往会出现实际观察到的现象和数据与教材内容有不同程度的差别，同学之间、小组之间也有差别，甚至出现与理论不吻合的情况。针对这种情况，应认真思考，反思自己是否严格按操作步骤及条件进行实验，是否有操作失误；若无上述原因，则同学之间相互交流，或与指导教师一起讨论，认真分析导致异常现象或误差的原因，根据讨论结果，对实验的条件和方法进行改进，以取得科学的实验结果。

（二）化学实验室的安全和环保知识

1. 化学实验室的安全规则

（1）实验前一定要做好预习和准备工作,检查实验所需的药品、仪器是否齐全。若做规定以外的实验或操作,应先经教师允许。

（2）实验时要集中精力、认真操作。实验过程中药品和仪器应存放有序、清洁整齐,以免发生意外倾倒事故。

（3）不要用湿手、物接触电源;水、电、煤气使用完毕应立即关闭开关和电闸;点燃的火柴用后应立即熄灭,不得乱扔。

（4）严禁在实验室内饮食、吸烟;实验完毕须洗净双手;实验时应穿实验工作服,不得穿拖鞋,应配备必要的防护眼镜;倾倒药品或加热液体时,不要俯视容器,以防溅入眼睛;加热操作时,容器口不能对着自己或别人。

（5）严禁随意混合各种化学药品;严禁试剂,特别是有毒试剂（如重铬酸钾、钡盐、铅盐、砷的化合物、汞的化合物、氰化物）入口或接触伤口。

（6）实验室所有药品不得带出室外,用剩的有毒药品应交还给教师。

2. 化学易燃、易爆物质及火灾、爆炸的预防

大多数常用的有机化学试剂（如烷烃、醇、醚等）,以及部分无机化合物（如白磷、硫黄、铝粉、钠、钾等）具有易燃性。强氧化剂（如臭氧、过氧化物、氯酸、高氯酸盐、重氮化合物等）在受热、摩擦或与其他物质接触时会发生爆炸;可燃性的气体（如甲烷、乙炔、氢气、水煤气等）和可燃性液体（如汽油、各类液态有机化合物）的蒸气在一定范围内与空气混合后,遇到明火会发生爆炸。

实验室预防燃烧和爆炸应遵循下列原则:

（1）各类易燃、易爆试剂在存放时要远离明火,环境应通风、阴凉;易相互发生反应的试剂应分开放置;活泼的金属钾、钠不要与水接触或暴露在空气中,应保存在煤油中;白磷应保存在水中;盛有有机试剂的试剂瓶瓶塞要塞紧。

（2）实验过程中使用易燃、易爆的化学试剂时,应远离明火。加热蒸馏可燃性试剂时,应注意将水充入冷凝器;以加热方式蒸发易挥发及易燃性的有机溶剂时,应在水浴锅或封闭的电热板上缓慢地进行,严禁用电炉或火焰直接加热。

（3）使用煤气、天然气时要严防泄漏,火源要与其他物品保持一定的距离,用后要关闭煤气阀门。

（4）使用高压气体钢瓶时,要严格按操作规程进行,如乙炔钢瓶应存放在远离明火、通风良好的地方。

（5）易爆物质在移动或使用时不得剧烈振荡,必要时戴好面罩进行操作。

（6）实验室内严禁吸烟,严禁将不同的药品胡乱掺和,严禁使用不知其成分的试剂。

3. 化学有害物质及中毒的预防

氰化物、三氧化二砷、氯化汞、硫酸二甲酯等都是剧毒药品,实验过程中产生的 CO、H_2S、SO_2、NO_2、Cl_2 等气体和一些易挥发的有机试剂的蒸气,可以使人发生不同程度的中毒。实验室中预防中毒的主要原则如下:

（1）剧毒药品必须有严格的管理、使用制度,领用时要登记,用完后要收拾干净,并把落过毒性药品的桌子和地板擦净。

（2）严禁试剂入口，用移液管吸取药品时不能用嘴；闻试剂气味时，应将试剂瓶远离鼻子，以手轻轻扇动，稍闻其气味即可。

（3）对于有毒的气体和蒸气，必须在通风橱内进行操作。

（4）严禁在实验室内饮食。

（三）常见事故的处理和急救

1. 火灾

化学实验室如发生火灾事故，全体人员应积极而有序地参加灭火。一般采用如下措施：

（1）使燃着的物质与空气隔绝　小器皿内（如烧杯或烧瓶内）物质着火可盖上石棉板使之隔绝空气而熄灭，若火势小，也可用数层抹布把着火的仪器包裹起来，以达到灭火的目的，但绝对不能用口吹。

（2）防止火势蔓延　在失火初期，可以使用灭火器、砂、毛毡等灭火，同时还应立即熄灭其他火源，关闭室内总电闸，移开易燃物质等。实验室通常不能用水直接灭火，可能会引起更大火灾。常用的灭火器及其使用范围如表 4-0-1 所示。

表 4-0-1　常用的灭火器及其使用范围

灭火器类型	药液成分	适用范围
酸碱灭火器	H_2SO_4、$NaHCO_3$	非油类和电器失火
泡沫灭火器	$Al_2(SO_4)_3$、$NaHCO_3$	油类起火
二氧化碳灭火器	液态 CO_2	电器、小范围油类和忌水的化学品失火
干粉灭火器	$NaHCO_3$ 等盐、润滑剂、防潮剂	油类、可燃性气体、电器、精密仪器、图书文件和遇水易燃烧药品的初起火灾
1211 灭火器	CF_2ClBr 液化气体	特别适用于油类、有机溶剂、精密仪器、高压电气设备失火

2. 玻璃割伤

玻璃割伤是常见的事故，受伤后要仔细观察伤口有没有玻璃碎粒，若伤势不重，用消毒棉花和硼酸水（或双氧水）洗净伤口，涂上碘酒后包扎好；若伤口深，流血不止时，可在伤口上下 10 cm 之处用纱布扎紧，减慢血流并有助于凝血，随即到医务室就诊。

3. 药品的灼伤

应根据灼伤的部位及化学物质的种类采取不同的急救措施。

（1）酸灼伤　皮肤灼伤后应立即用大量水冲洗，然后用 5% 碳酸氢钠溶液洗涤，再涂上油膏，并将伤口包扎好；眼睛灼伤后应立即用水冲洗溅在眼睛外面的酸，用清水慢慢对准眼睛冲洗，再用稀碳酸氢钠溶液洗涤，最后滴入少许蓖麻油；衣服灼烧后先用水冲洗，再用稀氨水洗，最后用水冲洗。

（2）碱灼伤　皮肤灼伤后应立即用水冲洗，然后用饱和硼酸溶液或 1% 乙酸溶液洗涤，再涂上油膏，并包扎好；眼睛灼伤后应立即用水冲洗溅在眼睛外面的碱，用清水慢慢对准眼睛冲洗，再用饱和硼酸溶液洗涤，最后滴入少量蓖麻油；衣服灼烧后先用水冲洗，然后用 10% 乙酸溶液洗涤，再用氨水中和多余的乙酸，最后用水冲洗。

上述各种急救法，仅为暂时减轻疼痛的措施。若伤势较重，在急救之后，应立即送医院诊治。

任务一

配制一定浓度的溶液

 **学习目标**

> 1. 能利用公式正确计算出配制不同溶液所需溶质和溶剂的用量；
> 2. 能熟练使用台秤称取所需固体溶质的质量，熟练使用量筒量取所需液体溶质和溶剂的体积；
> 3. 能熟练掌握溶液的配制方法，独立完成不同浓度溶液的配制。

（一）仪器和试剂

（1）仪器　台秤、容量瓶、移液管、烧杯、胶头滴管、玻璃棒、药匙、量筒等。
（2）试剂　氯化钠、浓硫酸、乙酸、蒸馏水等。

（二）实验原理

质量分数、摩尔分数、体积比、物质的量浓度等是化学学习和化工生产中经常用到的溶液组成表示方法，本次实验将理论计算和实践操作相结合，帮助大家理解计算公式中各个物理量的含义。

（三）实验内容及操作

1. 配制 50 g 质量分数为 10% 的氯化钠溶液

（1）计算所需固体氯化钠的质量和水的质量、水的体积。氯化钠的质量：_____g；水的质量：_____g，水的体积：_____mL。

（2）用台秤称取所需氯化钠，倒入烧杯中。

（3）用量筒量取所需的蒸馏水（水的密度按 $1\ \text{g} \cdot \text{mL}^{-1}$ 计），倒入同一烧杯中，搅拌（玻璃棒要均匀转动，不要接触烧杯）使其溶解。

（4）将制备的氯化钠溶液倒入玻璃试剂瓶中，贴上标签备用。

2. 配制 100 mL 物质的量浓度为 $3\ \text{mol} \cdot \text{L}^{-1}$ 的硫酸溶液

（1）计算所需浓硫酸的体积（98% 的浓硫酸的密度为 $1.84\ \text{g} \cdot \text{mL}^{-1}$）。浓硫酸的体积：

_____mL。

（2）配制：用量筒量取所需浓硫酸的体积，沿玻璃棒缓慢倒入盛有约 30 mL 蒸馏水的烧杯中，**边倒边搅拌**；**用少量蒸馏水将量筒洗涤 2～3 次**，洗涤液并入烧杯中。冷却至室温后将溶液移入 100 mL 容量瓶中，用少量蒸馏水洗涤烧杯 2～3 次，洗涤液也移入容量瓶中；再小心地加蒸馏水至接近标线 1～2 cm 处；改用胶头滴管定容；盖好瓶塞摇匀，即得 3 mol·L^{-1} 硫酸溶液。

（注意混合顺序：把浓硫酸加入水中，切忌加反！）

3. 精确配制 100 mL 0.1000 mol·L^{-1} NaCl 溶液

自主设计此实验。

4. 准确稀释乙酸溶液

用移液管吸取 1.0000 mol·L^{-1} 乙酸溶液 25 mL，移入 100 mL 容量瓶中，用蒸馏水稀释至刻度。摇匀。计算其准确浓度。（已知冰乙酸的密度为 1.049 g·mL^{-1}）。

（四）安全环保和注意事项

（1）浓硫酸具有强腐蚀性，取用时必须戴好防护手套。

（2）配好的溶液不要随意倾倒，可以集中在大试剂瓶中，贴好标签，用于后续其他实验。

任务二

影响化学反应速率因素的探究

 学习目标

　　1. 理解浓度、温度、催化剂等对化学反应速率影响的原理；
　　2. 探究浓度、温度和催化剂等条件对化学反应速率的具体影响，初步了解如何调控化学反应速率的大小。

（一）仪器和试剂

（1）仪器　试管、烧杯、恒温水浴锅、温度计、量筒、秒表等。
（2）试剂　KIO_3 溶液（0.05 mol·L^{-1}）、$NaHSO_3$ 溶液（0.05 mol·L^{-1}，带有淀粉）、MnO_2（固体）、H_2O_2 溶液（3%）等。

（二）实验原理

1. 浓度对化学反应速率的影响
$$2KIO_3 + 5NaHSO_3 \longrightarrow Na_2SO_4 + 3NaHSO_4 + K_2SO_4 + I_2 + H_2O$$
一般的化学反应，增加反应物浓度，化学反应速率增大。

2. 温度对化学反应速率的影响
一般的化学反应，温度升高，化学反应速率增大。

3. 催化剂对化学反应速率的影响
一般的化学反应，使用催化剂时，化学反应速率增大。

（三）实验内容及操作

1. 浓度对化学反应速率的影响
用量筒准确量取 10 mL 0.05 mol·L^{-1} $NaHSO_3$ 溶液和 35 mL 蒸馏水，倒入 100 mL 烧杯中，搅拌均匀。用另一支量筒准确量取 5 mL 0.05 mol·L^{-1} KIO_3 溶液，将量筒中的 KIO_3 溶液迅速倒入盛有 $NaHSO_3$ 溶液的烧杯中，立刻按秒表计时，并搅拌溶液，记录溶液变为蓝色的时间，将数据填入表 4-2-1。

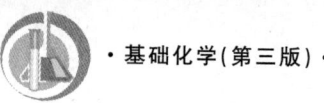

表 4-2-1 浓度对化学反应速率的影响

实验编号	NaHSO₃ 体积/mL	H₂O 体积/mL	KIO₃ 体积/mL	溶液变为蓝色的时间/s	$c(KIO_3)/(mol \cdot L^{-1})$
1	10	35	5		
2	10	30	10		
3	10	25	15		
4	10	20	20		
5	10	15	25		

根据实验现象,分析浓度对化学反应速率的影响:＿＿＿＿＿＿＿＿＿＿＿＿＿＿＿＿。

2. 温度对化学反应速率的影响

在一只 100 mL 烧杯中,加入 10 mL NaHSO₃ 溶液和 35 mL 蒸馏水,在另一只 100 mL 烧杯中加入 5 mL KIO₃ 溶液,将两只烧杯同时放在水浴中,加热到比室温高约 10 ℃,恒温 3 min 左右,将 KIO₃ 溶液倒入 NaHSO₃ 溶液中,立即计时,并搅拌溶液,记录溶液变为蓝色的时间,将数据填入表 4-2-2。

表 4-2-2 温度对化学反应速率的影响

实验编号	NaHSO₃ 体积/mL	H₂O 体积/mL	KIO₃ 体积/mL	实验温度/℃	溶液变为蓝色的时间/s
1	10	35	5	室温	
2	10	35	5		
3	10	35	5		

根据实验现象,分析温度对化学反应速率的影响:＿＿＿＿＿＿＿＿＿＿＿＿＿＿＿＿。

3. 催化剂对化学反应速率的影响

在试管中加入 3％H₂O₂ 溶液 3 mL,观察是否有气泡产生,然后向试管中加入少量 MnO₂ 粉末,观察是否有气泡放出,并检验是否为氧气。

相关反应式:＿＿＿＿＿＿＿＿＿＿＿＿＿＿＿＿＿＿＿＿＿＿＿＿＿＿＿。

根据实验现象,分析催化剂对化学反应速率的影响:＿＿＿＿＿＿＿＿＿＿＿＿＿＿＿＿。

(四) 安全环保及注意事项

实验完成后,废纸扔到废纸桶,试剂倒入废液桶,不要将废液倒回试剂瓶中。

任务三

蔗糖水解反应速率常数的测定

 **学习目标**

> 1. 学会使用旋光仪测定旋光度;
> 2. 了解旋光仪的构造、工作原理,学会旋光仪的操作技术;
> 3. 明确蔗糖转化率与化学反应速率系数之间的关系;
> 4. 能够正确采取措施来控制化学反应速率。

(一) 仪器和试剂

(1) 仪器　旋光仪、超级恒温槽(公用)、秒表、容量瓶、锥形瓶、移液管、洗耳球、台秤(公用)等。

(2) 试剂　蔗糖(分析纯)、HCl 溶液(2 mol·L^{-1})等。

(二) 实验原理

蔗糖在水中会水解转化为葡萄糖与果糖:

$$C_{12}H_{22}O_{11} + H_2O \xrightarrow{H^+} C_6H_{12}O_6 + C_6H_{12}O_6$$

$$\text{蔗糖} \qquad\qquad \text{葡萄糖} \quad \text{果糖}$$

在水中此反应进行得很慢,通常需在 H$^+$ 催化下进行。由于反应时水是大量存在的,尽管有部分水分子参加了反应,但仍可近似地认为反应过程中水的浓度是不变的,而 H$^+$ 只起催化作用,浓度也不变,因此蔗糖转化反应可以看作一级反应,即所谓准一级反应。

一级反应的反应速率方程为

$$-\frac{\mathrm{d}c_A}{\mathrm{d}t} = kc_A \tag{4-3-1}$$

式中:k 为反应速率常数;c_A 为时间 t 时的反应物浓度。对上式积分可得

$$\ln c_A = -kt + \ln c_{0,A} \tag{4-3-2}$$

式中:$c_{0,A}$ 为反应开始时反应物的浓度。

当 $c_A = \dfrac{1}{2} c_{0,A}$ 时，t 用 $t_{1/2}$ 表示，称为反应半衰期。

$$t_{1/2} = \frac{\ln 2}{k} = \frac{0.6932}{k} \tag{4-3-3}$$

蔗糖及其水解产物均为旋光性物质，当反应进行时，测定体系旋光度的改变就可以度量反应的进程。而溶液的旋光度与溶液中所含旋光物质的种类、浓度、液层厚度、光源波长及反应温度等因素有关。

为了比较各种物质的旋光能力，引入比旋光度 $[\alpha]$ 这一概念，其表达式如下：

$$[\alpha]_D^{20} = \frac{100\alpha}{l \cdot c} \tag{4-3-4}$$

式中：20 表示实验温度为 20 ℃；D 表示所用为钠光源 D 线，波长为 589 nm；α 为测得的旋光度；l 为样品管长度(m)；c 为样品浓度(kg·m^{-3})。

当温度、光源波长及溶剂一定时，各种物质的 $[\alpha]_D^{20}$ 为一定值。如以水为溶剂时，蔗糖的 $[\alpha]_D^{20} = +66.6°$，葡萄糖的 $[\alpha]_D^{20} = +52.5°$，果糖的 $[\alpha]_D^{20} = -91.9°$。

当比旋光度、旋光管的长度一定时，由式(4-3-4)可知溶液的旋光度 α 与物质的浓度 c 成正比，即

$$\alpha = kc \tag{4-3-5}$$

式中：k 为比例常数，它的大小与物质的旋光能力、液层厚度、溶剂性质、光源波长、温度等因素有关。

在蔗糖的水解反应中，反应物蔗糖是右旋物质，产物葡萄糖和果糖分别是右旋物质和左旋物质。当反应开始时，系统的旋光度为正值，随着反应的进行，溶液中葡萄糖和果糖逐渐增多，虽然二者的浓度相等，但由于果糖的左旋光度相对于葡萄糖的右旋光度较大，系统的旋光度不断变小，且由正值渐变为负值，即系统旋光性由右旋逐渐变为左旋。

设系统的起始旋光度为 α_0，起始浓度为 $c_{0,A}$，时间 t 时的旋光度为 α_t，浓度为 c_A，反应终点时的旋光度为 α_∞，依据式(4-3-5)可得

$$\alpha_0 = k_{蔗} c_{0,A} \tag{4-3-6}$$

$$\alpha_t = k_{蔗} c_A + (k_{葡} + k_{果})(c_{0,A} - c_A) \tag{4-3-7}$$

$$\alpha_\infty = (k_{葡} + k_{果}) c_{0,A} \tag{4-3-8}$$

联立式(4-3-6)、式(4-3-7)、式(4-3-8)可得

$$c_{0,A} = \frac{\alpha_0 - \alpha_\infty}{k_{蔗} - (k_{葡} + k_{果})} \tag{4-3-9}$$

$$c_A = \frac{\alpha_t - \alpha_\infty}{k_{蔗} - (k_{葡} + k_{果})} \tag{4-3-10}$$

将式(4-3-9)与式(4-3-10)代入式(4-3-2)并整理可得

$$\ln(\alpha_t - \alpha_\infty) = -kt + \ln(\alpha_0 - \alpha_\infty) \tag{4-3-11}$$

由 $\ln(\alpha_t - \alpha_\infty)$ 对 t 作图，得一直线，由直线斜率可求出反应速率常数 k。

(三) 实验内容及操作

1. 校正旋光仪零点

打开旋光仪电源开关，预热几分钟。然后将已洗净的旋光管一端的盖子旋紧，由另一端向

管内注满蒸馏水,使水面形成一凸出的液面,取玻璃盖片从旁边轻轻推入盖好,再旋紧套盖,勿使漏水,管内应尽量避免气泡存在。若有微小气泡,应设法赶至管的凸肚部分(玻璃盖子勿在水槽中洗涤,防止丢失)。用纸擦干旋光管外部,再用擦镜纸擦两端玻片。将旋光管置于旋光仪内,盖上槽盖。

调节目镜使视场明亮清晰,转动刻度盘手轮至视场三分视界消失,此时刻度盘读数记作零位,在以后各次测量读数中应加上或减去该数值。

2. 溶液的配制

称取 10 g 蔗糖,溶于蒸馏水中,待完全溶解后,倒入 50 mL 容量瓶中,并稀释至刻度。

3. 测定 α_t 值

用移液管移取 25 mL 蔗糖溶液置于 100 mL 锥形瓶中,用另一支移液管移取 25 mL 2 mol·L^{-1} HCl 溶液加到盛有蔗糖的锥形瓶中混合,并在 HCl 溶液加至一半时,启动秒表开始计时(作为反应起始时间)。不断振荡锥形瓶,取出少量混合液清洗旋光管,然后将混合液注满旋光管,用手指轻弹旋光管以排除附于管壁的气泡至凸出部分,垫好橡皮圈,拧紧螺帽,擦干管外的水,放入镜筒中。调节目镜使视场明亮清晰,转动刻度盘手轮至视场三分视界消失,此时刻度盘上的读数即为试样的旋光度。第一个数据要求离反应起始时间 1~2 min。

为了多读取数据以消除随机误差,反应开始后可每 3 min 读数一次,30 min 以后,每 5 min 测量一次,测定 1 h。

4. 测定 α_∞ 值

为了测定反应终点的旋光度 α_t 值,即 α_∞ 值,可将操作 3 中锥形瓶内剩余的混合液置于 50~60 ℃ 水浴中温热 30 min,以加速蔗糖水解转化,然后冷却至室温,测定其旋光度,即为 α_∞ 值。必须注意水浴温度不可过高,否则将发生副反应,溶液变黄。

5. 数据处理

将相关数据填入表 4-3-1。

实验温度(室温)_____℃   大气压_____Pa

HCl 溶液浓度_____mol·L^{-1} 蔗糖溶液浓度_____mol·L^{-1}

$\alpha_\infty =$ _____。

表 4-3-1 蔗糖水解反应速率系数的测定

反应时间/min	α_t	$\alpha_t - \alpha_\infty$	$\ln(\alpha_t - \alpha_\infty)$

以 $\ln(\alpha_t - \alpha_\infty)$ 对 t 作图得一直线,由直线斜率求反应速率常数 k,并计算半衰期 $t_{1/2}$。

(四)安全环保及注意事项

(1)装样品时,旋光管管盖旋至不漏液即可,不要用力过猛,以免压碎玻璃片。

(2)测定 α_∞ 时,通过加热使化学反应速率增大,转化完全。但加热温度不要超过 60 ℃,

加热过程要防止水的挥发致使溶液浓度变化。

（3）由于反应混合液酸度较大，因此必须将旋光管外面擦干后才能将其放入旋光仪内测量。旋光管在实验结束后必须洗涤干净。

（4）实验完成后，废纸扔到废纸桶，试剂倒入废液桶，不要将废液倒回试剂瓶中。

任务四

乙酸电离常数的测定（酸度计法）

 **学习目标**

> 1. 学会溶液的稀释方法及滴定管的使用方法；
> 2. 学会配制 pH＝4.0 的标准缓冲溶液；
> 3. 能熟练使用酸度计测定不同水溶液的 pH 值。

（一）仪器和试剂

（1）仪器　酸度计、酸式滴定管、碱式滴定管、烧杯、玻璃棒等。

（2）试剂　HAc 标准溶液（$0.1000\ \text{mol} \cdot \text{L}^{-1}$）。

（二）实验原理

弱电解质 HAc 在水溶液中存在下列电离平衡：

$$\text{HAc(aq)} \Longleftrightarrow \text{H}^+\text{(aq)} + \text{Ac}^-\text{(aq)}$$

其电离常数 $K^{\ominus}$ 的表达式如下：

$$K^{\ominus}_{\text{HAc}} = \frac{(c_{\text{H}^+}/c^{\ominus}) \cdot (c_{\text{Ac}^-}/c^{\ominus})}{c_{\text{HAc}}/c^{\ominus}} = \frac{[\text{H}^+] \cdot [\text{Ac}^-]}{[\text{HAc}]} \tag{4-4-1}$$

温度一定时，HAc 的电离度为 α，则 $[\text{H}^+] = [\text{Ac}^-] = c\alpha$（$c$ 为相对浓度），代入式（4-4-1）得

$$K^{\ominus}_{\text{HAc}} = \frac{(c\alpha)^2}{c(1-\alpha)} = \frac{c\alpha^2}{1-\alpha} \tag{4-4-2}$$

在一定温度下，用酸度计测一系列已知浓度的 HAc 溶液的 pH 值，根据 $\text{pH} = -\lg c_{\text{H}^+}$，可求得各浓度 HAc 溶液对应的 c_{H^+}，利用 $c_{\text{H}^+} = c\alpha$，求得各对应的电离度 α 值，将 α 代入式（4-4-2）中，可求得一系列对应的 $K^{\ominus}$ 值。取 α 及 $K^{\ominus}$ 的平均值，即得该温度下乙酸的电离常数 $K^{\ominus}_{\text{HAc}}$ 及 α_{HAc}。

（三）实验内容及操作

1. 配制不同浓度的乙酸溶液

（1）取 5 只洗净烘干的 100 mL 烧杯，编号 $1^{\#} \sim 5^{\#}$。

（2）从酸式滴定管中分别向 1#、2#、3#、4#、5# 烧杯中准确放入 3.00 mL、6.00 mL、12.00 mL、24.00 mL、48.00 mL 已准确标定的 0.1000 mol·L^{-1} HAc 溶液。

（3）用碱式滴定管分别向上述烧杯中准确放入 45.00 mL、42.00 mL、36.00 mL、24.00 mL、0.00 mL 蒸馏水，并用玻璃棒将杯中溶液搅拌均匀。

2. 乙酸溶液 pH 值的测定

用酸度计分别测量 1#~5# 烧杯中乙酸溶液的 pH 值，并如实正确记录测定数据。

3. 数据记录和处理

数据记录和处理见表 4-4-1。

乙酸溶液的原始浓度：$c_{HAc}=$ _____ mol·L^{-1}，室温= _____ ℃。

表 4-4-1　乙酸溶液 pH 值的测定数值记录

编号	V_{HAc}/mL	V_{H_2O}/mL	c_{HAc}/(mol·L^{-1})	pH 值	c_{H^+}/(mol·L^{-1})	α/(%)	$K_{HAc}^{\ominus}$
1#							
2#							
3#							
4#							
5#							
乙酸电离常数平均值 $K_{HAc}^{\ominus}$,							

（四）安全环保及注意事项

（1）酸碱取用时注意安全。

（2）废液倒入相应废液桶。

（3）玻璃仪器使用时注意防止打碎伤手。

任务五

粗食盐的提纯与精制

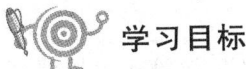 学习目标

1. 学会用重结晶法提纯精制固体物质的方法；
2. 掌握玻璃仪器的洗涤、台秤的使用方法；
3. 掌握常压过滤、减压过滤、加热、溶解、蒸发和结晶等基本操作；
4. 学会定性检验产品纯度的方法；
5. 理解粗食盐的提纯原理，理解减压过滤原理。

（一）仪器和试剂

（1）仪器　台秤、烧杯、漏斗、漏斗架、真空泵、布氏漏斗、抽滤瓶、蒸发皿、石棉网、玻璃棒、点滴板、量筒（杯）、酒精灯（或电炉）等。

（2）试剂　粗食盐、$BaCl_2$ 溶液（1.0 mol·L^{-1}）、NaOH 溶液（2.0 mol·L^{-1}）、Na_2CO_3 溶液（1.0 mol·L^{-1}）、HCl 溶液（2.0 mol·L^{-1}）、$(NH_4)C_2O_4$ 溶液（饱和）、HAc 溶液（6 mol·L^{-1}）、乙醇（65%）、镁试剂、亚硝酸钴钠等。

其他用品：pH 试纸等。

（二）实验原理

粗食盐中含有不溶性杂质和可溶性杂质（如泥沙和 K^+、Mg^{2+}、SO_4^{2+}、Ca^{2+} 等）。不溶性杂质可用溶解、过滤的方法除去；可溶性杂质则是向粗食盐的溶液中加入能与杂质离子反应的盐，使生成沉淀后过滤以除去。采用的方法：在粗食盐的溶液中加入稍过量的 $BaCl_2$ 溶液，可将 SO_4^{2-} 转化为难溶的 $BaSO_4$ 沉淀：

$$Ba^{2+} + SO_4^{2-} =\!=\!= BaSO_4 \downarrow$$

将溶液过滤可除去 $BaSO_4$ 沉淀。在其滤液中再加入 NaOH 和 Na_2CO_3 溶液，由于发生下列反应：

$$Mg^{2+} + 2OH^- =\!=\!= Mg(OH)_2 \downarrow$$

$$Ca^{2+} + CO_3^{2-} =\!=\!= CaCO_3 \downarrow$$

$$Ba^{2+} + CO_3^{2-} =\!=\!= BaCO_3 \downarrow$$

食盐中的 Mg^{2+}、Ca^{2+} 以及沉淀 SO_4^{2-} 时加入的过量 Ba^{2+}，相应地转化为上述沉淀，可通过过滤除去；少量的可溶性杂质 K^+，在蒸发、浓缩、结晶过程中，由于在相同温度条件下 KCl 比 NaCl 的溶解度大，KCl 仍留在母液中，不会与食盐(NaCl)一起结晶出来。

(三)实验内容及操作

1. 溶解粗食盐并过滤除去不溶性杂质

用台秤称取 5.0 g 粗食盐，置于 100 mL 烧杯中，加入 25 mL 蒸馏水，用玻璃棒搅拌，加热使其溶解，用漏斗过滤，除去不溶性杂质。

2. 沉淀并过滤除去 SO_4^{2-}

将滤液加热至沸腾，边搅拌，边滴加 1 mol·L^{-1} BaCl$_2$ 溶液(约 1 mL)至沉淀完全，继续加热 2~4 min，停止加热。待沉淀沉降后，检查 SO_4^{2-} 是否沉淀完全。

检查沉淀是否完全的方法：暂停加热，待沉淀下降后，滴加 1~2 滴 BaCl$_2$ 溶液于上层清液中，若滴落点处不再出现混浊，说明 SO_4^{2-} 已沉淀完全。如果仍有混浊现象，则继续滴加适量的 BaCl$_2$ 溶液。

沉淀完全后，采用倾注法过滤，用少量蒸馏水洗涤沉淀 2~3 次，滤液收集在烧杯中，弃去沉淀。(洗涤沉淀的方法：沿玻璃棒向漏斗或其他过滤容器中的沉淀上加蒸馏水至淹没沉淀，静置，使其全部滤出，重复操作数次。)

3. 沉淀并过滤除去 Ca^{2+}、Mg^{2+}、Ba^{2+} 等阳离子

在过滤后的滤液中加 1 mL 2 mol·L^{-1} NaOH 溶液和 1.5 mL 1.0 mol·L^{-1} Na$_2$CO$_3$ 溶液，搅拌并加热至沸，待沉淀沉降后，检查是否沉淀完全(检验是否沉淀完全的方法同上)。当沉淀完全后，用倾注法过滤，弃去沉淀。

4. 调节溶液酸度，除去剩余的 CO_3^{2-}

向滤液中滴加 2 mol·L^{-1} HCl 溶液，搅拌并加热，以除去 CO$_2$ 气体，用 pH 试纸检验，当溶液呈微酸性时即可。

5. 蒸发浓缩和结晶

把溶液倒入蒸发皿中，用小火加热蒸发，浓缩至大量食盐晶体析出，溶液呈糊状时(切勿将溶液蒸发至干)，停止加热。

6. 冷却、抽滤和干燥

将食盐浓缩液在室温下冷却后，用布氏漏斗进行减压过滤，将食盐晶体抽干，并用少量蒸馏水或 65% 乙醇洗涤晶体表面的母液，尽量将晶体抽干，然后将晶体移入事先称量好的蒸发皿中，在石棉网上用小火加热干燥，冷却至室温，称量并计算产率。

$$产率 = \frac{精盐质量(g)}{5.0\ g} \times 100\%$$

7. 产品质量的检验

称取 1 g 精盐于试管中，加 5 mL 蒸馏水溶解。

SO_4^{2-} 的检验：取 1 mL 上述溶液于另一支试管中，滴加 1.0 mol·L^{-1} BaCl$_2$ 溶液，观察是否有 BaSO$_4$ 沉淀生成。

Ca^{2+} 的检验：取 1 mL 上述溶液于另一支试管中，滴加 2~3 滴饱和 (NH$_4$)$_2$C$_2$O$_4$ 溶液，观

察是否有 CaC_2O_4 沉淀生成。

Mg^{2+} 的检验:取 1 mL 上述溶液于另一支试管中,滴加 2～3 滴 2.0 mol·L^{-1} NaOH 溶液,使溶液呈碱性(可用 pH 试纸检验),再加入 2～3 滴镁试剂,观察现象。

K^+ 的检验:取上述溶液 2～3 滴于点滴板中,滴加 6 mol·L^{-1} HAc 溶液 2～3 滴酸化,加入新配制的亚硝酸钴钠溶液,观察是否有沉淀生成(若现象不明显,可用玻璃棒摩擦点滴板)。

(四) 安全环保及注意事项

(1) $BaCl_2$ 具有毒性,取用时必须佩戴手套,条件允许时最好戴护目镜。

(2) 实验完成后,有机废液、无机废液分类收集。

任务六

配合物的生成与沉淀的转化

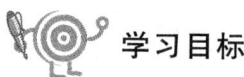 **学习目标**

> 1. 理解沉淀的生成与转化原理；
> 2. 初步学会沉淀的生成与转化的方法；
> 3. 学会实验现象与数据记录的方法；
> 4. 学会实验现象的解释方法。

（一）仪器和试剂

（1）仪器　烧杯、量筒、试管、玻璃棒、酒精灯等。

（2）试剂　$CuSO_4$ 溶液（$0.2\ mol \cdot L^{-1}$）、氨水（$8\ mol \cdot L^{-1}$）、H_2SO_4 溶液（$2\ mol \cdot L^{-1}$）、$NaOH$ 溶液（$2\ mol \cdot L^{-1}$）、Na_2S 溶液（$0.1\ mol \cdot L^{-1}$）、乙醇（95%）等。

（二）实验原理

在硫酸铜溶液中加入浓氨水，首先析出浅蓝色的碱式硫酸铜沉淀，氨水过量时此沉淀溶解，同时生成四氨合铜（Ⅱ）配离子（铜氨配离子）。铜氨配离子较稳定，不与稀碱液作用，而且可以利用它在乙醇溶液中溶解度很小的特点来获得硫酸四氨合铜（Ⅱ）晶体。在一定条件下若配离子所处的配位平衡被破坏，随着配位平衡的移动，铜氨配离子也要电离。

（三）实验内容及操作

1. 铜氨配离子的制备

烧杯中加入 $10\ mL\ 0.2\ mol \cdot L^{-1}\ CuSO_4$ 溶液，再滴加 $8\ mol \cdot L^{-1}$ 氨水，则有浅蓝色碱式硫酸铜沉淀生成，继续滴加氨水至沉淀完全溶解，此时即得深蓝色的含有铜氨配离子的溶液。将此溶液分别装入 5 支已编号的试管中。

2. 铜氨配离子的性质

（1）在 1# 试管中滴加 $2\ mol \cdot L^{-1}\ H_2SO_4$ 溶液，则溶液由深蓝色变为浅蓝色。

（2）在 2# 试管中滴加 $2\ mol \cdot L^{-1}\ NaOH$ 溶液，无变化。

（3）将 3# 试管加热至沸，则深蓝色溶液中逐渐析出浅蓝色沉淀，继续加热则变为黑色沉淀，上层溶液变为浅蓝色。

（4）在 4# 试管中加入 $0.1 \, mol \cdot L^{-1}$ Na_2S 溶液，则溶液的深蓝色逐渐褪去，同时有黑色硫化铜沉淀析出。

（5）在 5# 试管中加入等体积的 95% 乙醇，则深蓝色溶液变混浊，静置后有深蓝色晶体析出，上层溶液颜色变浅。可用玻璃棒蘸取少许晶体，移放到滤纸上进行观察。

3．实验现象的解释

根据实验现象完成表 4-6-1。

表 4-6-1　铜氨配离子的性质

序号	现象	理论解释
1#		
2#		
3#		
4#		
5#		

（四）安全环保及注意事项

（1）本实验较易成功，对 $CuSO_4$ 以及氨水的浓度要求不太严格。

（2）移取硫酸四氨合铜晶体（Ⅱ）时，只需蘸取少许混有晶体的溶液即可，取的晶体过多反而不利于观察晶型。

（3）关于碱式硫酸铜组成的问题较复杂，主要与硫酸铜和氨水的浓度及用量有关，但不影响铜氨配离子的生成和其他主要反应，可不考虑。

任务七

标准溶液的配制

7.1　直接法配制 0.1000 mol·L⁻¹ NaCl 标准溶液

 学习目标

1. 掌握固定质量称样法称取基准物质的操作方法；
2. 掌握容量瓶的操作使用方法；
3. 学会用直接法配制标准溶液；
4. 学会"恒量"操作方法。

（一）仪器和试剂

（1）仪器　电子分析天平(感量 0.1 mg)、烧杯、容量瓶、称量瓶、蒸发皿、干燥器、量筒、洗瓶、高温炉等。

（2）试剂　氯化钠(GR 或 AR)等。

（二）实验原理

对于经高温灼烧至恒量的工作基准试剂 NaCl,可用直接法配制标准溶液。即用固定质量称样法称取一定量 NaCl,加水溶解,定量转移至容量瓶并定容,计算溶液的准确浓度。将配制好的溶液转入试剂瓶储存备用。

NaCl 标准溶液的浓度(c_{NaCl})按式(4-7-1)计算：

$$c_{NaCl} = \frac{m \times 1000}{V \times M} \tag{4-7-1}$$

式中:m 为 NaCl 的质量,g;V 为 NaCl 溶液的体积,mL;M 为 NaCl 的摩尔质量,g·mol⁻¹($M_{NaCl} = 58.442$ g·mol⁻¹)。

（三）实验内容及操作

（1）电子分析天平通电开机预热（≥15 min）。

（2）将 50 g NaCl 装入干净蒸发皿中，置于(550±50)℃的高温炉中灼烧 40 min，移入干燥器中冷却至室温，称量质量。再置于(550±50)℃的高温炉中灼烧 30 min，冷却、称量，两次称量质量之差不超过 0.2 mg 即为恒量。

将 NaCl 分装于称量瓶中盖好，置于干燥器中备用。

（3）计算需称量 NaCl 固体的质量 m（根据实际需要确定配制溶液体积，例如配制 100 mL）。

$$m = \frac{c \times V \times M}{1000} = \frac{0.1000 \times 100 \times 58.44}{1000} \text{ g} = 0.5844 \text{ g}$$

（4）用固定质量称样法称取 0.5844 g NaCl，加 30 mL 水溶解，定量转移至 100 mL 容量瓶，加水稀释至刻度。

（5）计算溶液的准确浓度，单位为 mol·L⁻¹，保留 4 位有效数字。

（6）将配制好的溶液转入试剂瓶，贴标签，储存备用。

（四）问题讨论

（1）固定质量称样法需准备哪些实验器材？

（2）直接法配制标准溶液，需要注意哪些事项？

（3）将 $c_{NaCl} = 0.1000$ mol·L⁻¹ 换算为质量浓度 ρ（mg·mL⁻¹）。

7.2 标准溶液的稀释

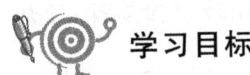 **学习目标**

> 1. 掌握溶液稀释原理；
> 2. 掌握移液管、容量瓶的操作使用方法；
> 3. 学会稀释标准溶液及稀释计算。

（一）仪器和试剂

（1）仪器 移液管（吸量管）、烧杯、量筒、试剂瓶、容量瓶、洗瓶、洗耳球等。

（2）试剂 NaCl 标准溶液（0.1000 mol·L⁻¹）、浓硫酸（AR，密度 1.84 g·mL⁻¹，质量分数 98%）等。

（二）实验原理

稀释溶液是指通过向浓溶液中加入溶剂（通常为水），降低溶质浓度的过程。稀释溶液的核心是保持溶质总量不变。稀释遵循的是稀释定律：稀释过程中，溶液中溶质的物质的量（或质量）保持不变，计算式分别是式(4-7-2)（物质的量浓度稀释公式）、式(4-7-3)（质量浓度稀释公式）、式(4-7-4)（质量分数稀释公式）：

$$c_1V_1 = c_2V_2 \tag{4-7-2}$$

$$\rho_1V_1 = \rho_2V_2 \tag{4-7-3}$$

$$m_1w_1 = m_2w_2 \tag{4-7-4}$$

式中：c_1、ρ_1、V_1 是浓溶液的浓度和体积；c_2、ρ_2、V_2 是稀释后稀溶液的浓度和体积；m_1、w_1 是浓溶液的质量和质量分数；m_2、w_2 是稀释后稀溶液的质量和质量分数。

对标准溶液进行准确稀释，应使用移液管（吸量管）移取一定量的标准溶液，加入容量瓶中，加水定容，摇匀。

标准溶液的稀释倍数＝定容容积÷移取体积。

（三）实验内容及操作

1. 浓酸稀释操作步骤（以配制一定浓度稀酸溶液为例）

用 98% 浓硫酸（密度 1.84 g·mL^{-1}）配制 250 mL 0.50 mol·L^{-1} 的稀硫酸。

（1）计算浓酸的浓度及量取体积。

浓硫酸的物质的量浓度：

$$c_1 = \frac{1000 \times 1.84 \times 98\%}{98} = 18.4(\text{mol·L}^{-1})$$

根据稀释定律式(4-7-2)计算所需浓溶液的体积：

$$V_1 = \frac{c_2V_2}{c_1} = \frac{0.50 \times 250}{18.4} = 6.8(\text{mL})$$

（2）量取浓酸溶液　用量筒量取 6.8 mL 浓硫酸。

（3）稀释溶液　将浓硫酸沿玻璃棒缓慢注入 200 mL 蒸馏水中，同时用玻璃棒搅拌，使热量均匀散发。

（4）转移与定容　将稀释后的溶液冷却至室温后，用玻璃棒引流转移至 250 mL 试剂瓶中。

用蒸馏水洗涤烧杯和玻璃棒 2～3 次，洗液倒入试剂瓶，确保溶质完全转移。

向试剂瓶中加水至刻度线，摇匀，即得目标浓度溶液。

（5）试剂瓶贴标签，标注溶液名称、溶液浓度、配制日期、责任人等信息。

2. 标准溶液准确稀释操作步骤（以稀释 NaCl 标准溶液为例）

将 $\rho_1 = 5.844$ mg·mL^{-1} NaCl 标准溶液稀释为 $\rho_2 = 1.000$ mg·mL^{-1} NaCl 标准溶液。

（1）计算所需浓溶液的体积　假设需要 $\rho_2 = 1.000$ mg·mL^{-1} NaCl 溶液 100 mL。根据稀释定律式(4-7-3)，可得

$$V_1 = \frac{\rho_2V_2}{\rho_1} = \frac{1.000 \times 100}{5.844} = 17.11(\text{mL})$$

（2）准确移取浓溶液至容量瓶中　用 20 mL 移液管移取 17.11 mL $\rho_1 = 5.844$ mg·mL^{-1} NaCl 标准溶液，加入 100 mL 容量瓶中。

（3）定容　向容量瓶中加水至刻度线，摇匀，即得目标浓度溶液。

（4）将稀释后的溶液转入试剂瓶，贴标签。

3. 稀释操作实训

学生参照以上实验操作实例，按教师指定的溶液浓度（或稀释倍数）进行溶液稀释操作。

（四）注意事项

1. 安全防护

强腐蚀性试剂（如浓硫酸、浓硝酸、浓盐酸、浓氨水）的操作需戴防护手套和护目镜；挥发性试剂的配制必须在通风橱中操作，避免皮肤接触或吸入挥发气体。

放热反应：浓硫酸稀释时会释放大量热，若将水倒入浓硫酸中，水会因密度小浮在上方，剧烈放热导致液体飞溅，引发危险。稀释时需缓慢操作并搅拌，防止溶液暴沸或容器破裂。

2. 仪器选用

精确稀释：配制标准溶液时需用容量瓶、移液管等精密仪器，确保浓度准确。

粗略稀释：一般的辅助试剂、与结果计算不相干的实验试剂可用量筒和烧杯直接作稀释操作。

3. 特殊溶液处理

易挥发试剂（如浓盐酸、浓氨水）：稀释时需在冷水中操作或冰浴冷却，以减少挥发损失。

热敏感试剂（如高锰酸钾溶液）：稀释后需冷却至室温再定容，避免温度变化影响容量瓶精密度。

4. 误差控制

溶质损失：转移溶液时若有残留，会导致稀溶液浓度偏小，需彻底洗涤烧杯和玻璃棒。

定容误差：仰视刻度线会使加水过量，浓度偏小，俯视则使浓度偏大，需平视刻度线。

（五）问题讨论

（1）什么情况下需要将标准溶液稀释为稀溶液？为什么不直接配制稀溶液？

（2）稀释后溶液的保存要注意什么问题？

（3）标准溶液准确稀释的关键操作是什么？

7.3　0.1000 mol·L⁻¹ HCl 标准溶液的配制与标定

 学习目标

1. 掌握递减称样法称取基准物质的操作技巧；

2. 掌握用 Na_2CO_3 标定 HCl 溶液的原理；

3. 学会配制酸标准溶液，能熟练准确地进行滴定操作。

（一）仪器和试剂

（1）仪器　分析天平、称量瓶、滴定管、容量瓶、移液管、锥形瓶、烧杯、量筒、洗耳球等。

（2）试剂　浓盐酸（密度 1.19 kg·L^{-1}，AR）、无水 Na_2CO_3（AR）、硼砂（AR）、甲基橙指示剂（0.1%）、甲基红指示剂（0.1%）、蒸馏水等。

（二）实验原理

滴定分析法是将一种已知准确浓度的标准溶液滴加到被测试样溶液中，直到化学反应完全为止（滴定终点），然后根据标准溶液的浓度和体积求得被测试样中组分含量的一种方法。在进行滴定分析时，一方面要会配制滴定剂并能准确测定其浓度；另一方面要准确测量滴定过程中所消耗滴定剂的体积。

滴定分析法包括酸碱滴定法、氧化还原滴定法、沉淀滴定法和配位滴定法。本实验主要以酸碱滴定法中，酸滴定剂标准溶液的配制、基准物质的称量以及测量滴定剂体积消耗为例，再次练习滴定分析法的基本操作。

酸碱滴定法中常用盐酸、硫酸、氢氧化钠溶液等作为滴定剂。由于浓盐酸易挥发，氢氧化钠易吸收空气中的水分和二氧化碳，故此滴定剂无法直接配制准确，只能先配制近似浓度的溶液，然后用基准物质标定其浓度。

标定酸时常用的基准物质有 Na_2CO_3 和 $Na_2B_4O_7 \cdot 10H_2O$ 等，Na_2CO_3 与盐酸的反应式如下：

$$Na_2CO_3 + HCl =\!=\!= NaHCO_3 + NaCl$$

$$NaHCO_3 + HCl =\!=\!= NaCl + H_2O + CO_2$$

以上反应的 pH 值突跃范围是 3.5~5，可选用甲基橙作指示剂。

$Na_2B_4O_7 \cdot 10H_2O$ 与盐酸的反应式如下：

$$Na_2B_4O_7 \cdot 10H_2O + 2HCl =\!=\!= 4H_3BO_3 + 2NaCl + 5H_2O$$

化学计量点的 pH 值约为 5，可以选用甲基红作指示剂。

（三）实验内容及操作

1. 0.1 mol·L^{-1} HCl 溶液的配制

计算配制 0.1 mol·L^{-1} HCl 溶液 250 mL 所需浓盐酸（密度 1.19 kg·L^{-1}，AR）的体积（约 2.3 mL）──→量取后用蒸馏水稀释配成 250 mL 溶液──→储存于试剂瓶中──→贴好标签，备用。

2. 标定 0.1 mol·L^{-1} HCl 溶液的浓度

（1）用 Na_2CO_3 标定　以递减称样法称取预先烘干的无水 Na_2CO_3（1.4~1.8 g，精确至 0.0001 g），置于 100 mL 烧杯中，加约 50 mL 水溶解，然后将溶液定量移入 250 mL 容量瓶中，以纯水稀释至刻度，摇匀。用 25 mL 移液管准确移取 Na_2CO_3 溶液置于 250 mL 锥形瓶中，加甲基橙指示剂一滴，用欲标定的 0.1 mol·L^{-1} HCl 溶液进行滴定，直至溶液由黄色转变为橙色，且 30 s 内不褪色即为终点，读数并记录。平行滴定 3 次。

根据 Na_2CO_3 的质量 m 和所消耗 HCl 溶液的体积（V），计算出 HCl 标准溶液的浓度（保留 4 位有效数字）及标定结果的精密度（表 4-7-1）。

表 4-7-1　用 Na_2CO_3 标定 HCl 溶液

项目	1	2	3
称得 Na_2CO_3 的质量/g			
V_{HCl}(起始读数)/mL			
V_{HCl}(最终读数)/mL			
V_{HCl}(消耗)/mL			
$c(HCl)/(mol \cdot L^{-1})$			
平均值/$(mol \cdot L^{-1})$			
相对平均偏差			

（2）用硼砂标定　准确称取 0.4～0.5 g（精确至 0.0001 g）硼砂三份，分别置于三个已编号的 250 mL 锥形瓶中，分别加水 50 mL 溶解后，加甲基红指示剂一滴，用所配制的 HCl 溶液滴定至溶液由黄色变为橙色，且 30 s 内不褪色，记录 HCl 溶液用量，按实验原理中的公式求算 HCl 溶液浓度（表 4-7-2）。

表 4-7-2　用硼砂（$Na_2B_4O_7 \cdot 10H_2O$）标定 HCl 溶液

项目	1	2	3
称得硼砂的质量/g			
V_{HCl}(起始读数)/mL			
V_{HCl}(最终读数)/mL			
V_{HCl}(消耗)/mL			
$c(HCl)/(mol \cdot L^{-1})$			
平均值/$(mol \cdot L^{-1})$			
相对平均偏差			

3. 注意事项

（1）0.1 mol·L^{-1} HCl 溶液为粗略配制，故量取浓盐酸不必十分精确。

（2）用差减法称量基准物质时要注意操作规范。

（3）滴定所用锥形瓶要标记瓶号，以免混乱。

（4）准确记录和保留实验数据的有效数字。

（5）用无水 Na_2CO_3 标定 HCl 溶液时，反应产生 H_2CO_3，会使滴定突跃不明显，致使指示剂颜色变化不够敏锐。因此，在接近滴定终点以前，应剧烈摇动或将溶液加热至沸，并摇动以赶走 CO_2，冷却后再继续滴定。

（四）问题讨论

（1）为什么把 Na_2CO_3 放在称量瓶中称量？称量瓶是否要预先称准？称量时盖子是否需要盖好？

（2）标定 0.1 mol·L^{-1} HCl 溶液时，称取硼砂 0.4～0.5 g，此称量范围是怎样计算的？

若称取太多或太少有什么影响?

(3) 用 Na_2CO_3 标定 HCl 溶液是否可用酚酞作指示剂?

(4) 实验中所用的锥形瓶是否要烘干?

7.4　0.1000 mol·L^{-1} NaOH 标准溶液的配制与标定

 学习目标

> 1. 掌握 NaOH 标准溶液的配制、标定及保存方法;
> 2. 掌握用邻苯二甲酸氢钾标定氢氧化钠溶液的原理和方法;
> 3. 掌握天平、容量器皿(滴定管、移液管、容量瓶等)的操作技能。

(一) 仪器和试剂

(1) 仪器　分析天平、称量瓶、滴定管、容量瓶、移液管、锥形瓶、烧杯、量筒、洗耳球、试剂瓶等。

(2) 试剂　固体 NaOH、邻苯二甲酸氢钾($KHC_8H_4O_4$,AR)、酚酞指示剂(0.2%)、蒸馏水等。

(二) 实验原理

由于 NaOH 固体易吸收空气中的 CO_2 和水分,故只能选用标定法(间接法)来配制其标准溶液,即先配成近似浓度的溶液,再用基准物质或已知准确浓度的酸溶液标定其准确浓度。

标定 NaOH 溶液常用的基准物质有草酸($H_2C_2O_4 \cdot 2H_2O$)、邻苯二甲酸氢钾($KHC_8H_4O_4$),也可以用标准 HCl 溶液进行标定。

以草酸标定 NaOH 溶液,反应式如下:

$$H_2C_2O_4 + 2NaOH \longrightarrow Na_2C_2O_4 + 2H_2O$$

滴定反应的 pH 值突跃范围为 7.7~10.0,可以用酚酞作指示剂。

待标定的 NaOH 溶液的浓度(mol·L^{-1}),用下式计算。

$$c_{NaOH} = \frac{2 \times \dfrac{m}{M} \times 1000}{V_{NaOH}}$$

式中:m 为草酸的质量,g;M 为草酸的摩尔质量,g·mol^{-1};V_{NaOH} 为消耗的 NaOH 溶液体积,mL。

以邻苯二甲酸氢钾($KHC_8H_4O_4$)标定 NaOH 溶液,反应式如下:

$$KHC_8H_4O_4 + NaOH \longrightarrow KNaC_8H_4O_4 + H_2O$$

滴定产物为 $KNaC_8H_4O_4$,溶液呈碱性,也可用酚酞作指示剂。

NaOH 溶液的浓度（mol·L^{-1}），用下式计算。

$$c_{NaOH} = \frac{\frac{m}{M} \times 1000}{V_{NaOH}}$$

式中：m 为邻苯二甲酸氢钾（KHC$_8$H$_4$O$_4$）的质量，g；M 为邻苯二甲酸氢钾（KHC$_8$H$_4$O$_4$）的摩尔质量，g·mol^{-1}；V_{NaOH} 为消耗的 NaOH 溶液体积，mL。

标准溶液的浓度要保留 4 位有效数字。

（三）实验内容及操作

1. 0.1 mol·L^{-1} NaOH 溶液的配制

用台秤称取固体 NaOH 2 g，置于 250 mL 烧杯中，加入蒸馏水使之溶解，稍冷却后转入试剂瓶中，加水稀释至 500 mL，用橡皮塞塞好瓶口，充分摇匀，贴好标签。

2. KHC$_8$H$_4$O$_4$ 溶液的配制

用递减称样法称取 KHC$_8$H$_4$O$_4$ 三份，每份质量 0.4～0.6 g，精确至 0.0001 g。分别置于三个已编号的 250 mL 锥形瓶中，各加 50 mL 不含二氧化碳的热水使之溶解，冷却备用。

3. 0.1 mol·L^{-1} NaOH 溶液的标定

在上述 KHC$_8$H$_4$O$_4$ 溶液中，分别加酚酞指示剂 2～3 滴，用欲标定的 0.1 mol·L^{-1} NaOH 溶液滴定，直至溶液由无色转为微红色，30 s 内不褪色，即为终点。

注：如果经较长时间终点微红色慢慢褪去，那是由于溶液吸收了空气中的 CO$_2$ 生成 H$_2$CO$_3$。

4. 计算 c_{NaOH} 及标定的精密度

邻苯二甲酸氢钾（KHC$_8$H$_4$O$_4$）标定 NaOH 溶液的相关数据见表 4-7-3。

表 4-7-3 邻苯二甲酸氢钾（KHC$_8$H$_4$O$_4$）标定 NaOH 溶液

项 目	1	2	3
m（邻苯二甲酸氢钾）/g			
V_{NaOH}（起始读数）/mL			
V_{NaOH}（最终读数）/mL			
V_{NaOH}（消耗）/mL			
c_{NaOH}/(mol·L^{-1})			
平均值/(mol·L^{-1})			
相对偏差			
相对平均偏差			

（四）问题讨论

（1）为什么配制 NaOH 溶液时用台秤称量，而称取 KHC$_8$H$_4$O$_4$ 时用分析天平？

（2）装基准物质的锥形瓶，其内壁是否必须干燥？溶解基准物质所用水的体积是否需要准确？为什么？

（3）用邻苯二甲酸氢钾（$KHC_8H_4O_4$）标定 NaOH 溶液时，为什么用酚酞而不用甲基橙作指示剂？

（4）根据标定结果，试分析本次标定可能引入的个人操作误差。

任务八

滴定分析的应用

8.1 酸碱滴定法测定食醋总酸含量

 学习目标

1. 掌握移液管、容量瓶的操作使用及溶液的稀释操作；
2. 掌握标定操作基本流程；
3. 掌握强碱滴定弱酸的滴定操作技术；
4. 掌握实验数据处理方法。

（一）实验原理

食醋中的主要成分是醋酸（乙酸），同时也含有少量其他弱酸（如乳酸等），因此用 NaOH 滴定食醋，测出的是总酸含量（以乙酸含量来表示）。食醋中含 3%～5% 的乙酸，可适当稀释后再进行滴定。白醋可以直接滴定，颜色较深的食醋（如镇江香醋、山西陈醋等），可用中性活性炭脱色后再行滴定。

乙酸是一种有机弱酸，可用标准碱（NaOH）溶液直接滴定，化学计量点时反应产物 NaAc 是强碱弱酸盐，其溶液 pH 值在 8.7 左右，宜采用酚酞作滴定指示剂。

标准碱（NaOH）溶液使用前应用邻苯二甲酸氢钾（$KHC_8H_4O_4$）进行标定。标定的 NaOH 标准溶液在保存时若吸收了空气中的 CO_2，以它测定食醋中总酸含量，用酚酞作指示剂，则测定结果会偏高。为使测定结果准确，NaOH 标准溶液应临用前标定。

（二）实验仪器和试剂

（1）仪器　分析天平（精密度 0.1 mg）、碱式滴定管、吸量管、移液管、容量瓶、锥形瓶、称量瓶（配表面皿）。

（2）试剂　邻苯二甲酸氢钾、NaOH 溶液（$0.1\ mol \cdot L^{-1}$）、0.1% 酚酞指示剂、食醋（6°白

醋王,总酸含量≥6 g/100 mL)。

(三) 实验内容及操作

1. NaOH 标准溶液的标定

用差减法称取 0.4～0.6 g **邻苯二甲酸氢钾**基准物质,置于锥形瓶中,加入 30～40 mL 去离子水溶解后,滴加 2 滴 0.1% 酚酞指示剂。用待标定的 NaOH 溶液滴定至无色变为微红色,并保持 30 s 内不褪色即为终点。平行操作 3 次。同时做空白实验。

计算 NaOH 溶液的准确浓度、相对极差。

$$c(\text{NaOH}) = \frac{m \times 1000}{(V_1 - V_2) \times M}$$

式中:m 为邻苯二甲酸氢钾的质量,g;V_1 为滴定邻苯二甲酸氢钾时消耗 NaOH 溶液的体积,mL;V_2 为空白实验消耗 NaOH 溶液的体积,mL;M 为邻苯二甲酸氢钾的摩尔质量,g·mol^{-1}($M_{\text{KHC}_8\text{H}_4\text{O}_4} = 204.22$ g·mol^{-1})。

2. 食醋中总酸含量的测定

(1)用吸量管吸取 10.00 mL 食醋试样,置于 100 mL 容量瓶中,用水稀释至刻度,摇匀。

(2)用移液管吸取 25.00 mL 稀释后的试液,置于 250 mL 锥形瓶中,加入 0.1% 酚酞指示剂 2 滴,用 NaOH 标准溶液滴定至试液呈现微红色,并保持 30 s 内不褪色即为终点。记录滴定前后滴定管中 NaOH 标准溶液的体积。

(3)重复(1)、(2)操作,测定另两份试样。三份测定结果的体积极差应小于 0.2 mL。

(4)同时做空白实验。

(5)计算试样中总酸含量:

$$X = \frac{c \times (V_3 - V_4) \times M}{V_5 \times 10} \times K$$

式中:X 为试样中总酸含量(以乙酸计,g/100 mL);c 为 NaOH 标准溶液的浓度,mol·L^{-1};V_3 为滴定消耗 NaOH 标准溶液的体积,mL;V_4 为空白实验消耗 NaOH 标准溶液的体积,mL;M 为乙酸(CH$_3$COOH)的摩尔质量,g·mol^{-1};V_5 为测定用食醋试液的体积,mL;K 为食醋溶液的稀释倍数(10)。

测定结果保留 3 位有效数字。

(6)精密度 测定结果相对极差应小于 2%。

(四) 实验数据记录及处理

1. NaOH 标准溶液的标定
数据见表 4-8-1。

表 4-8-1 NaOH 标准溶液的标定

项 目	1	2	3	空白实验1	空白实验2	空白实验3
倾样前(称量瓶+试样)/g				—	—	—
倾样后(称量瓶+试样)/g				—	—	—
$m_{\text{KHC}_8\text{H}_4\text{O}_4}$/g				—	—	—

续表

项 目	1	2	3	空白实验1	空白实验2	空白实验3
NaOH 滴定初读数/mL						
NaOH 滴定终读数/mL						
滴定 NaOH 用量 V_1/mL						
c_{NaOH}/(mol·L^{-1})				平均空白值 V_2/mL		
c_{NaOH} 平均值/(mol·L^{-1})				—		
相对极差/(%)				—		

2. 食醋中总酸含量的测定

数据见表 4-8-2。

表 4-8-2　食醋中总酸含量的测定

项 目	1	2	3	空白实验
吸取食醋试样 V/mL				
吸取试样稀释液 V_5/mL				
滴定消耗 NaOH 溶液 V_3/mL				
空白实验消耗 NaOH 溶液 V_4/mL				
试样中总酸含量(g/100 mL)				
试样中总酸含量平均值(g/100 mL)				
总酸含量相对极差/(%)				

(五) 问题讨论

(1) 标定 NaOH 标准溶液,要注意什么问题?

(2) 写出标定操作基本流程。

(3) 如果测定食醋总酸含量时消耗的 NaOH 溶液体积较小,应采取什么措施增大滴定体积?

(4) 如何判断滴定终点? 怎样操作才达到恰当的滴定终点?

8.2　配位滴定法测定自来水的硬度

 学习目标

1. 掌握配制和标定 EDTA 标准溶液的原理及操作方法;

2. 掌握用配位滴定法测定水的硬度的原理和方法;

3. 了解水硬度的表示方法,学会水硬度的计算方法。

(一)仪器和试剂

(1)仪器　台秤、分析天平、滴定管、容量瓶、移液管、锥形瓶、烧杯、量筒、洗耳球等。

(2)试剂　固体 $CaCO_3$(AR)、EDTA 二钠盐(AR)、盐酸(浓)、盐酸(1:2)、盐酸(6 mol·L^{-1})、KOH 溶液(2 mol·L^{-1})、NaOH 溶液(4 mol·L^{-1})、氨水(1:1)、NH_3-NH_4Cl 缓冲溶液(pH=10)、铬黑 T(5 g/L)、钙指示剂(钙指示剂与固体 NaCl 以 1:100 混合)、水样(自来水)、蒸馏水等。

其他用品:刚果红试纸。

(二)实验原理

1. EDTA 标准溶液的配制和标定

(1)乙二胺四乙酸(简称 EDTA),难溶于水,常温下溶解度为 0.2 g·L^{-1}(约 0.0007 mol·L^{-1}),在分析中通常使用其二钠盐配制标准溶液。乙二胺四乙酸二钠盐的溶解度为 120 g·L^{-1},可配成 0.3 mol·L^{-1} 以上的溶液,其标准溶液常采用间接法配制。

(2)标定 EDTA 常用的基准物质有 Zn、ZnO、$CaCO_3$、Bi、Cu、$MgSO_4$·$7H_2O$、Pb 等,通常选用与被测物组分相同的物质作基准物质,这样滴定条件一致,可减小误差。因本实验要测量水的硬度,故选用碳酸钙作基准物质。

(3)EDTA 为配位性较强的配位剂,几乎能跟所有的阳离子进行 1:1 配位,其应用相当广泛。

(4)变色原理:钙指示剂(以 H_3In 表示)在水中存在如下平衡:

$$H_3In \Longrightarrow 2H^+ + HIn^{2-}$$

在 pH≥12 时,HIn^{2-} 与 Ca^{2+} 形成比较稳定的配离子,其反应式如下:

$$HIn^{2-} + Ca^{2+} \Longrightarrow CaIn^- + H^+$$

$$\text{纯蓝色} \qquad\qquad \text{酒红色}$$

所以,在含 Ca^{2+} 的溶液中加入钙指示剂时,溶液呈酒红色。当用 EDTA 溶液滴定时,由于 EDTA 能与 Ca^{2+} 形成比 $CaIn^-$ 更稳定的配离子,因此在滴定终点附近,$CaIn^-$ 不断转化为较稳定的 CaY^{2-},使钙指示剂游离出来,溶液变为蓝色。滴定反应式如下:

$$CaIn^- + H_2Y^{2-} + OH^- \Longrightarrow CaY^{2-} + HIn^{2-} + H_2O$$

$$\text{酒红色} \qquad\qquad\qquad \text{无色} \quad \text{纯蓝色}$$

(5)用此法测定钙时,若有 Mg^{2+} 共存(pH≥12 时,$Mg^{2+} \longrightarrow Mg(OH)_2\downarrow$),则 Mg^{2+} 不仅不干扰测定,而且使终点变化比 Ca^{2+} 单独存在时更敏锐(当 Ca^{2+}、Mg^{2+} 共存时,终点由酒红色到纯蓝色,当 Ca^{2+} 单独存在时,则由酒红色到紫红色,所以标定时常常加入少量 Mg^{2+})。

2. 水硬度的表示及测定

(1)水的硬度大小是以 Ca、Mg 总量折算成 CaO 的量来衡量的,各国采用的硬度单位有所不同。我国目前常用的表示方法,以度(°)计,即 1 L 水中含有 10 mg CaO 称为 1°。有时也以质量浓度(mg·L^{-1})表示。

硬水和软水尚无明确的界限,硬度小于 5.6° 的水,一般可称为软水。生活饮用水要求硬度小于 25°;工业用水则要求为软水,否则易在容器、管道表面形成水垢,造成危害。

(2)水硬度的测定主要用 EDTA 滴定法。在 pH≈10 的氨性缓冲溶液中,用铬黑 T 作指示剂进行滴定,溶液由酒红色变成纯蓝色即为终点。滴定时,Fe^{3+}、Al^{3+} 等干扰离子可用三乙醇胺及酒石酸钾钠掩蔽,少量 Cu^{2+}、Pb^{2+}、Zn^{2+} 等则可用 KCN、Na_2S 或巯基乙酸等掩蔽。

(三)实验内容及操作

1. EDTA 标准溶液的配制和标定

(1) $0.02\ mol \cdot L^{-1}$ EDTA 标准溶液的配制　称取分析纯 $Na_2H_2Y \cdot 2H_2O$ 3.7 g,溶于 300 mL 水中,加热溶解,冷却后转移至试剂瓶中,稀释至 500 mL,充分摇匀,待标定。

(2) EDTA 标准溶液的标定　采用 $CaCO_3$ 溶液标定法。

① Ca^{2+} 标准溶液的配制　将基准物质 $CaCO_3$ 在 105 ℃下烘 2 h,冷却至室温。准确称取 0.5000 g $CaCO_3$,放入 100 mL 烧杯中,盖上表面皿,加入少量水润湿,然后滴加盐酸(1:2,控制速率防止飞溅)使 $CaCO_3$ 全部溶解。以少量水冲洗表面皿,定量转移至 250 mL 容量瓶中,用水稀释至刻度,摇匀,即得到 $0.0200\ mol \cdot L^{-1}$ Ca^{2+} 标准溶液。

② 标定 EDTA 溶液　用移液管准确移取 25.00 mL Ca^{2+} 标准溶液于 250 mL 锥形瓶中,加约 20 mL 蒸馏水,再加入少量钙指示剂,滴加 KOH 溶液(大约 20 滴)至溶液呈现稳定的紫红色,然后用待标定的 EDTA 溶液滴定至溶液由紫红色变成纯蓝色。记下所消耗的 EDTA 溶液的体积 V_{EDTA}。平行做三次。EDTA 溶液的标定数据见表 4-8-3。

表 4-8-3　EDTA 溶液的标定

序号	$CaCO_3$ 质量/g	V_{EDTA}/mL	$c_{EDTA}/(mol \cdot L^{-1})$	平均值	RSD
1					
2					
3					

根据所消耗 EDTA 溶液的体积和标准溶液中 $CaCO_3$ 质量,计算出 EDTA 溶液的准确浓度。EDTA 溶液浓度的计算式如下。

$$c_{EDTA} = \frac{m_{CaCO_3} \times \dfrac{25.00}{250.0}}{100.09 \times V_{EDTA}} \times 1000$$

式中:c_{EDTA} 为 EDTA 溶液的浓度,$mol \cdot L^{-1}$;V_{EDTA} 为消耗 EDTA 溶液的体积,mL;m_{CaCO_3} 为 $CaCO_3$ 的准确称量质量;100.09 为 $CaCO_3$ 的摩尔质量,$g \cdot mol^{-1}$。

2. 水硬度的测定

(1) 总硬度的测定　用 50 mL 移液管吸取水样 50.00 mL,置于 250 mL 锥形瓶中,加入 pH=10 的 NH_3-NH_4Cl 缓冲溶液 5 mL、铬黑 T 2~3 滴,用上面已标定的 EDTA 标准溶液,滴定至溶液由酒红色变成纯蓝色即为终点,记下所用 EDTA 标准溶液的体积 V_1。

(2) 钙硬度的测定　用 100 mL 移液管吸取水样 100.00 mL 置于 250 mL 锥形瓶中。加入 $6\ mol \cdot L^{-1}$ 盐酸酸化,至刚果红试纸(pH=3~5 时颜色由蓝变红)变蓝紫色为止。煮沸 2~3 min,冷却至 40~50 ℃,加入 $4\ mol \cdot L^{-1}$ NaOH 溶液 4 mL,再加少量钙指示剂,以 EDTA 标准溶液滴定至溶液由红色变成蓝色即为终点,记下所用的体积 V_2。水总硬度的测定数据见表 4-8-4。

表 4-8-4　水总硬度的测定

序号	V/mL	V_1/mL	水的总硬度/(mg·L^{-1})	平均值	RSD
1					
2					
3					

根据所耗 EDTA 标准溶液的体积 V_1 和水样的体积 V(50.00 mL),计算出水的总硬度。计算公式如下:

$$\rho_{总,\text{CaCO}_3}(\text{mg}\cdot\text{L}^{-1})=\frac{c_{\text{EDTA}}\times V_1\times M_{\text{CaCO}_3}}{V}\times 1000$$

$$水的总硬度(°)=\frac{c_{\text{EDTA}}\times V_1\times M_{\text{CaO}}}{V\times 10}\times 1000$$

根据所耗 EDTA 标准溶液的体积 V_2 和水样的体积 V(100.00 mL),计算出水的钙硬度(表 4-8-5)。计算公式如下:

$$\rho_{钙,\text{CaCO}_3}(\text{mg}\cdot\text{L}^{-1})=\frac{c_{\text{EDTA}}\times V_2\times M_{\text{CaCO}_3}}{V}\times 1000$$

式中:c_{EDTA} 为 EDTA 标准溶液浓度,mol·L^{-1};V_1 为测总硬度时消耗 EDTA 标准溶液的体积,mL;V_2 为测定钙硬度时消耗 EDTA 标准溶液的体积,mL;V 为所取水样体积,mL;M_{CaCO_3} 为 CaCO$_3$ 的摩尔质量,g·mol^{-1};M_{CaO} 为 CaO 的摩尔质量,g·mol^{-1};$\rho_{总,\text{CaCO}_3}$ 为以 CaCO$_3$ 的质量浓度计水的总硬度,mg·L^{-1};$\rho_{钙,\text{CaCO}_3}$ 为以 CaCO$_3$ 的质量浓度计水的钙硬度,mg·L^{-1}。

表 4-8-5　水的钙硬度的测定

序号	V/mL	V_2/mL	水的钙硬度/(mg·L^{-1})	平均值	RSD
1					
2					
3					

(四) 问题讨论

(1) 配制 EDTA 标准溶液通常使用乙二胺四乙酸二钠,而不使用乙二胺四乙酸,为什么?

(2) 称量 Na$_2$H$_2$Y·2H$_2$O 时是否要精确到小数点后第 4 位? 为什么?

(3) 单独测定 Ca^{2+} 时能否用铬黑 T 为指示剂? Mg^{2+} 的存在是否干扰测定? 若在铬黑 T 指示剂中加入一定量 MgY,对滴定终点有何影响? 说明反应原理。

(4) 水的硬度的单位有哪几种表示方法?

(5) 根据本实验分析结果,评价该水样的水质。

8.3 氧化还原法测定果蔬中维生素 C 的含量

🔬 **学习目标**

1. 了解测定维生素 C 含量的原理与方法;
2. 掌握微量滴定法的操作技术,能利用微量滴定法测定水果或蔬菜中维生素 C 的含量。

(一) 仪器和试剂

(1) 仪器　研钵(匀浆机)、锥形瓶、天平、容量瓶、量筒、移液管、微量滴定管、漏斗等。

(2) 试剂　2%草酸溶液(草酸 2 g 溶于 100 mL 蒸馏水中)、1% 草酸溶液(草酸 1 g 溶于 100 mL 蒸馏水中)、2,6-二氯酚靛酚溶液、标准维生素 C 溶液、蒸馏水等。

其他用品:纱布、新鲜蔬菜或新鲜水果、滤纸等。

(二) 实验原理

维生素 C 是人类营养物质中重要的维生素之一,人体缺乏维生素 C 会导致坏血病,因此其又称为抗坏血酸(ascorbic acid)。它对物质代谢的调节具有重要的作用。近年来,研究发现维生素 C 还能增强机体对肿瘤的抵抗力,并具有化学致癌物的阻断作用。

维生素 C 是具有 L 系糖型的不饱和多羟基物,属于水溶性维生素。它分布很广,植物的绿色部分及许多水果(如橘子、苹果、草莓、山楂等)、蔬菜(黄瓜、洋白菜、西红柿等)中其含量极为丰富。维生素 C 具有很强的还原性,可分为还原型和脱氢型。金属铜和酶(维生素 C 氧化酶)可以催化维生素 C 氧化为脱氢型。维生素 C 能还原染料 2,6-二氯酚靛酚(DCPIP),本身则被氧化为脱氢型。在酸性溶液中,2,6-二氯酚靛酚呈红色,被还原后变为无色。

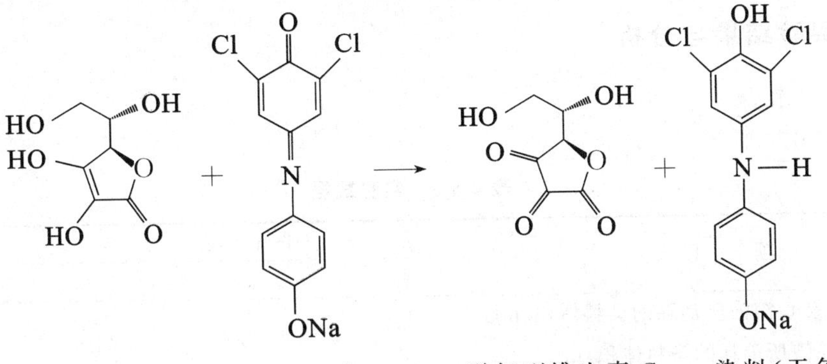

维生素 C　　染料(红色)　　脱氢型维生素 C　　染料(无色)

因此,当用此染料滴定含有维生素 C 的酸性溶液时,维生素 C 全部被氧化前,染料被还原成无色。一旦溶液中的维生素 C 被全部氧化,则溶液立即变成粉红色。所以,当溶液从无色变成微红色时即表示维生素 C 刚刚全部被氧化,此时即为滴定终点。在无其他杂质干扰时,可以依据标准 2,6-二氯酚靛酚的消耗量求出维生素 C 的含量。

本法用于测定还原型维生素 C。总维生素 C 的量则常用 2,4-二硝基苯肼法和荧光分光光度法测定。

(三)实验内容与操作

1. 标准维生素 C 溶液(0.1 mg/mL)的配制

准确称取 10.00 mg 纯维生素 C(应为洁白色,如变为黄色则不能用),溶于 1% 草酸溶液中,并稀释至 100 mL,保存于棕色瓶中。

2. 0.01% 2,6-二氯酚靛酚溶液的配制

称取 25 mg 2,6-二氯酚靛酚溶于 150 mL 含有 52 mg 碳酸氢钠的热水中,冷却后加水稀释至 250 mL,滤去不溶物,保存于棕色瓶中,并以标准维生素 C 溶液标定。

3. 样品液提取

将新鲜蔬菜或水果用水洗净,用纱布或吸水纸吸去表面水分。称取新鲜样品约 10 g,置于研钵中,加入 10 mL 2% 草酸溶液研成匀浆,残渣再次研磨成浆状,用四层纱布过滤,滤液备用。纱布可用少量 2% 草酸溶液洗几次,合并滤液并转入 50 mL 容量瓶中,用 2% 草酸溶液定容,此为样品液。

4. 标准维生素 C 溶液的滴定

准确吸取标准维生素 C 溶液 1.0 mL 至 100 mL 锥形瓶中,加入 9 mL 1% 草酸溶液,立即用 2,6-二氯酚靛酚溶液滴定至溶液呈粉红色,15 s 内不褪色为终点,记录染料消耗体积,重复三次,取平均值。由所用染料的体积计算出 1 mL 染料相当于多少毫克维生素 C。

5. 样品液的滴定

准确吸取样品液 15.0 mL,放入 100 mL 锥形瓶内,立即用 2,6-二氯酚靛酚溶液滴定至溶液呈粉红色,15 s 内不褪色为终点,记录每次所用染料的体积(V_A),重复三次,取平均值。滴定过程一般不要超过 2 min。

6. 空白对照测试

吸取 2% 草酸溶液 15 mL,放入 100 mL 锥形瓶中,用 2,6-二氯酚靛酚溶液滴定至终点,记录滴定液消耗的体积(V_B),重复三次,取平均值。

(四)实验结果与分析

1. 数据记录

见表 4-8-6。

表 4-8-6　实验数据

项 目	平行滴定			平均值
	1	2	3	
滴定标准维生素 C 溶液所消耗的染料体积/mL				
滴定样品液所消耗的染料体积/mL				
空白实验所消耗的染料体积/mL				

2. 计算试样中维生素 C 的含量

计算公式：

$$100\ g\ 样品中维生素\ C\ 含量(mg)=\frac{(V_A-V_B)\times V\times T\times 100}{D\times W}$$

式中：V_A 为滴定样品液所耗用的染料的平均体积，mL；V_B 为滴定空白液所耗用的染料的平均体积，mL；T 为 1 mL 染料相当于维生素 C 的质量（由标准维生素 C 溶液的滴定计算），$mg\cdot mL^{-1}$；W 为样品总质量，g；V 为样品液的总体积，mL；D 为滴定时所取样品液的体积，mL。

3. 注意事项

(1) 某些水果、蔬菜(如橘子、西红柿)浆状物泡沫太多，可加数滴丁醇或辛醇消除。

(2) 整个操作过程要迅速，防止还原型维生素 C 被氧化。滴定过程一般不超过 2 min。滴定所用的染料不应少于 1 mL 或多于 4 mL，如果样品中维生素 C 含量太高或太低，酌情增减样品液用量。

(3) 本实验必须在酸性条件下进行。在此条件下干扰物质反应进行得很慢。

(4) 2%草酸有抑制维生素 C 氧化酶的作用，而 1%草酸无此作用。

(五) 问题讨论

(1) 维生素 C 理化性质中最重要的是哪一点？

(2) 为了准确测定维生素 C 的含量，实验过程中应注意哪些操作步骤？为什么？

任务九

密度的测定

 **学习目标**

1. 学会韦氏天平的装配及使用方法；
2. 学会测定密度的操作技能；
3. 了解密度的含义及测定密度的意义；
4. 了解密度测定常用的方法及原理。

（一）仪器和试剂

（1）仪器　韦氏天平、恒温水浴装置、量筒等。
（2）试剂　高纯水（新）、三氯甲烷（AR）、乙醇（AR）等。

（二）实验原理

1. 密度及其测定方法

密度是物质的重要物理常数之一。测定密度可以定性鉴定化合物，判断化合物的纯度。

物质的密度是指在规定的温度 t（℃）下单位体积物质的质量，单位为 g・cm^{-3} 或 g・mL^{-1}，以 ρ_t 表示：

$$\rho_t = \frac{m}{V} \tag{4-9-1}$$

式中：m 为物质的质量，g；V 为物质的体积，cm^3 或 mL。

由于物质热胀冷缩，其体积随温度的变化而变化，所以物质的密度也随温度变化而变化。因此，同一物质在不同温度下测得的密度是不同的，表示密度时必须注明温度，常以 20 ℃ 为准。国家标准规定化学试剂的密度是指在 20 ℃时单位体积物质的质量，用 ρ 表示。在其他温度时，则必须在 ρ 的右下角注明温度，即用 ρ_t 表示。

物质的密度与其分子间作用力有关。若物质中有杂质，则改变了分子间作用力，密度也随之改变。所以根据密度可以区分化学组成相似而密度不同的化合物、检验化合物的纯度及定量分析物质的浓度。因此在生产中，密度是物质产品质量控制指标之一。此外，由密度还可以估算物质的其他物理性质，如沸点、黏度、表面张力等。

液体和固体的密度受压力的影响极小,因此在测定其密度时通常不考虑压力的影响。密度的测定,包括气体、液体和固体密度的测定。其中液体密度的测定除韦氏天平法外,常用的还有密度瓶法和密度计法。

韦氏天平法测定密度的基本依据是阿基米德定律,即当物体完全浸入液体时,它所受到的浮力或所减轻的质量等于该物体排开液体的质量。因此,在一定温度(20 ℃)下,分别测出同一物体(玻璃浮锤)在水及试样中的浮力,即可计算试样的密度。由于浮锤排开水和试样的体积相同,而浮锤排开水的体积为

$$V = \frac{m_{水}}{\rho_0} \tag{4-9-2}$$

所以试样的密度为

$$\rho = \frac{m_{样}}{m_{水}} \rho_0 \tag{4-9-3}$$

式中:ρ 为试样于 20 ℃时的密度,g/cm³;$m_{样}$ 为浮锤浸于试样中时的浮力(骑码读数),g;$m_{水}$ 为浮锤浸于水中时的浮力(骑码读数),g;ρ_0 为 20 ℃时水的密度,0.99820 g·cm⁻³。

2.测定仪器——韦氏天平

韦氏天平的构造如图 4-9-1 所示。它主要由支架、横梁、玻璃浮锤及骑码等部分组成。天平横梁 4 用支架支持在刀座 5 上,梁的两臂形状不同且不等长。长臂上刻有分度,末端有悬挂玻璃浮锤的钩环 7,短臂末端有指针,当两臂平衡时,指针应和固定指针 3 平齐。旋松支柱紧定螺丝 2,可使支柱上下移动。支柱下部有一个水平调整螺钉 11,横梁的左侧有水平调节器,它们可用于调节天平平衡。

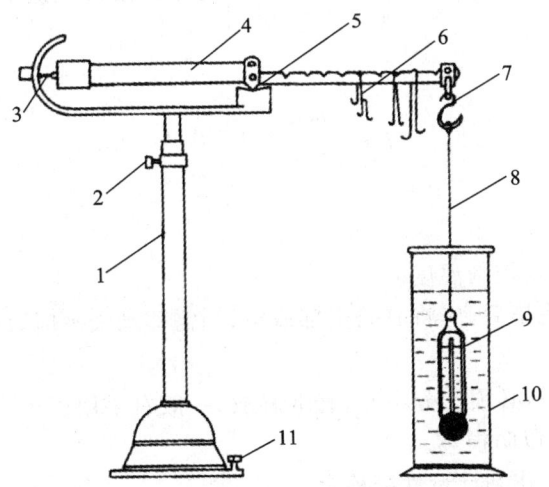

1—支架;2—支柱紧定螺丝;3—固定指针;4—横梁;
5—刀座;6—骑码;7—钩环;8—细白金丝;9—浮锤;
10—玻璃筒;11—水平调整螺钉

图 4-9-1　韦氏天平

每台天平有两组骑码,每组有大小不同的四个骑码。最大骑码的质量等于浮锤在 20 ℃的水中所排开水的质量,其他骑码依次为最大骑码的 1/10、1/100、1/1000。四个骑码在各个位置上的读数如表 4-9-1 所示。

表 4-9-1　韦氏天平各骑码位置的读数

骑码位置	一号骑码	二号骑码	三号骑码	四号骑码
放在第 10 位时	1	0.1	0.01	0.001
放在第 9 位时	0.9	0.09	0.009	0.0009
⋮	⋮	⋮	⋮	⋮
放在第 1 位时	0.1	0.01	0.001	0.0001

　　例如一号骑码在第 8 位上,二号骑码在第 7 位上,三号骑码在第 6 位上,四号骑码在第 3 位上,则读数为 0.8763。

（三）实验内容及操作

　　(1) 将恒温水浴装置接通电源,开启恒温水浴开关,将温度恒定在 (20 ± 0.1) ℃范围内。

　　(2) 按图 4-9-1 所示安装韦氏天平,先用等重砝码使天平平衡,再用玻璃浮锤使天平平衡,两者允许误差 ±0.005 g,否则需调节。

　　(3) 取一个 100 mL 量筒,加入经煮沸并冷却至 20 ℃左右的蒸馏水 100 mL,用乙醇擦净浮锤,用蒸馏水洗 2～3 次,并全部浸入水中,不得带入气泡,浮锤不得与量筒壁或量筒底接触。把量筒置于恒温水浴中,恒温 20 min 以上,然后由大到小把骑码加在横梁的 V 形槽上,使指针重新水平对齐,记录骑码读数 $m_{水}$。

　　(4) 将玻璃浮锤取出,倒出量筒内的水,用乙醇洗涤后,用少量三氯甲烷洗 2～3 次。向量筒内注入试样三氯甲烷(或乙醇)100 mL,立即将浮锤全部浸入三氯甲烷中。同操作(3)恒温,记录骑码读数 $m_{样}$。

　　(5) 数据处理。

$$\rho_{样}=\frac{m_{样}}{m_{水}}\times0.99820$$

（四）注意事项

　　(1) 测定过程中,严格控制温度。

　　(2) 韦氏天平使用完毕后,应将骑码全部取下,当需移动天平时,应将横梁等零件取下,以免损坏刀口。

　　(3) 取用玻璃浮锤时,必须十分小心,轻取轻放,一般右手用镊子夹住钩环,左手垫绸布或清洁滤纸托住玻璃浮锤,以防损坏。

　　(4) 定期进行清洁工作和计量性能检定。

任务十

熔点的测定

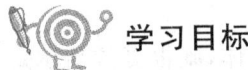

学习目标

1. 学会熔点仪的安装；
2. 掌握用提勒管和数字显微熔点仪测定熔点的基本操作；
3. 能准确记录数据，并能对数据进行分析。

（一）仪器和试剂

（1）仪器　温度计、b 形管（提勒管）、毛细管、酒精灯、表面皿、长玻璃管等。

（2）试剂　液体石蜡、萘、苯甲酸（A R）、未知试样等。

（二）实验原理

1. 熔点

熔点是物质重要的物理常数。通过测定固体化合物的熔点，可以定性鉴别化合物及确定化合物的纯度。

在常压下，固体物质受热而从固态转变成液态的过程称为熔化。物质放热时，从液态转变为固态的过程称为凝固。在标准大气压下，物质的固态与液态达到平衡时的温度称为该物质的熔点。物质开始熔化至全部熔化的温度范围，称为熔点范围或熔程。

纯物质固、液态之间的变化相当敏锐，熔程狭窄，一般不超过 1 ℃。若混有杂质时，熔点下降，并且熔程变宽。

但应注意：少数易分解的有机化合物虽然很纯，但也没有固定的熔点，且熔程较宽。这是因为试样受热尚未熔融就局部分解，分解产物的存在犹如引入了杂质。

（1）纯物质的熔点　纯物质的熔点可以从蒸气压与温度的变化曲线（图 4-10-1）来理解。固态蒸气压-温度曲线 SM 的变化速率比相应的液态蒸气压-温度曲线 ML 的变化速率大，因而两曲线相交在 M 点，这时的温度 T_M 即为该物质的熔点。只有在此温度时，固、液两相的蒸气压才相等，固、液两相才达到平衡，这就是纯固体物质有固定熔点的原因。当温度稍超过 T_M，即使很小的变化，只要有足够的时间，固体就可以全部转变为液体。因此，为了精确测定熔点,在接近熔点时加热速率一定要小,这样才能使熔化过程尽可能接近两相平衡的条件。

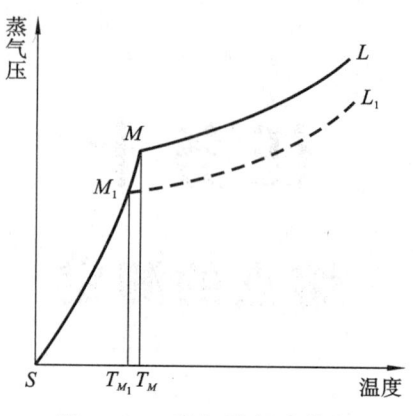

图 4-10-1   蒸气压-温度曲线

(2) 杂质对熔点的影响   若化合物含有杂质,并假定两者不生成固溶体,则根据拉乌尔定律,在一定压力和温度下,在溶剂中增加溶质的量,将导致溶剂蒸气压降低,所以出现新的液态曲线 M_1L_1(图 4-10-1),在 M_1 点建立新的平衡,相应的温度为 T_{M_1},即发生熔点下降。应当指出,若有杂质存在,融化过程中固、液两相平衡时的相对量在不断改变,因此两相平衡时不是一个温度点 T_{M_1},而是从最低共熔点(与杂质能共同结晶成共熔混合物,其熔化的温度称为最低共熔点)到 T_{M_1} 的一段。这说明杂质的存在不但使初熔温度降低,而且还会使熔程变宽,所以在测熔点时一定要记录初熔和全熔的温度。因此,熔点是晶体化合物纯度的重要指标。有机化合物熔点一般不超过 350 ℃,较易测定,故可借测熔点来鉴别未知物或判断其纯度。

在鉴定某未知物时,若测得其熔点和某已知物的熔点相同或相近,不能认为它们为同一物质。还需取未知物和标准品,将它们研细并混合均匀,测定混合物的熔点。若熔点下降或熔程变宽,即可断定它们不是同一化合物。如果混合物的熔点不发生变化,基本可以肯定为同一种物质。测定混合物熔点时,至少要测定三种比例即 1∶9、1∶1、9∶1。

熔点的测定方法常用的有毛细管法和显微熔点法等。

2. 毛细管法测定熔点

(1) 毛细管法测定熔点所需仪器   毛细管法测定熔点的常用方式有双浴式和提勒管式两种,见图 4-10-2。

①毛细管(熔点管):毛细管是用中性硬质玻璃制成的,一端熔封,内径 0.9～1.1 mm,壁厚 0.1～0.15 mm,长度 80～100 mm。

②温度计:测量温度计为单球内标式,分度值为 0.1 ℃,并具有适当量程。辅助温度计为一般温度计,分度值为 1 ℃,且具有适当量程。

③圆底烧瓶:容积 250 mL,球部直径 80 mm,颈长 20～30 mm,口径约 30 mm。

④试管:长度 100～110 mm,口径约为 20 mm。

⑤热浴。

a.提勒管式热浴:提勒管的支管有利于载热体受热时在支管内产生对流循环,使得整个管内的载热体能保持相当均匀的温度分布。

b.双浴式热浴:采用双载热体加热,具有加热均匀、容易控制加热速率的优点,是目前一般实验室最常用的熔点测定方法。

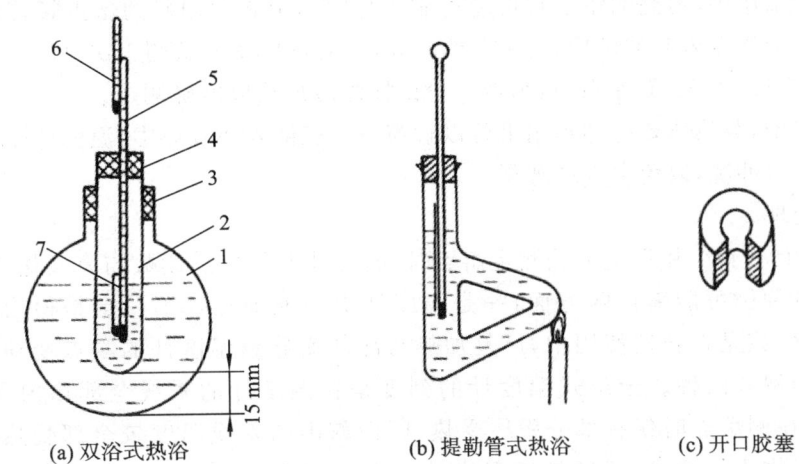

(a) 双浴式热浴　　　　　　(b) 提勒管式热浴　　　(c) 开口胶塞

1—圆底烧瓶；2—试管；3，4—开口胶塞；5—测量温度计；6—辅助温度计；7—毛细管

图 4-10-2　熔点测定装置

⑥载热体的选择：应选用沸点高于被测物质全熔温度，而且性能稳定、清澈透明、黏度小的液体作为载热体。有机硅油是无色透明、热稳定性较好的液体，它具有对一般化学试剂稳定、无腐蚀性、闪点高、不易着火以及黏度变化不大等优点，故广泛使用。常用载热体见表 4-10-2。

表 4-10-2　常用载热体

载热体	最高使用温度/℃	载热体	最高使用温度/℃
液体石蜡	230	浓硫酸	220
甘油	230	有机硅油	350
石蜡	250～350	磷酸	300

（2）测定方法。

①熔点管的制备　取一内径约 1 mm、长约 100 mm 的洁净毛细管，以斜向下 45°角，将其一端对着酒精灯稳定火焰的边沿，边加热，边均匀旋转，使其融合封闭。要求封闭严、薄、直。

②将试样研成尽可能细的粉末，放在洁净、干燥的表面皿上。将毛细管开口端插入粉末中，取一支长 50～60 cm 的干燥玻璃管，直立于玻璃板或表面皿上，将装有试样的毛细管投入其中数次，至试样紧缩至高 2～3 mm，如图 4-10-3 所示。

③将装好试样的毛细管按图 4-10-2 所示附在内标式单球温度计上（使试样层面与内标式单球温度计的水银球中部在同一高度）。

④将载热体升温，控制升温速率不超过 5 ℃/min，当温度升至低于试样熔点 10 ℃时，控制升温速率为(1±0.1) ℃/min。试样局部熔化时的温度为初熔温度，试样完全熔化时的温度为全熔温度。记录初熔和全熔时的温度值，即为试样的熔程。例如，初熔温度 156 ℃，全熔温度 158 ℃，则熔点应记录为 156～158 ℃，而不是它们的平均值 157 ℃，因为这样所表示的熔程完全不同，前者为 2 ℃，而后者则为 0 ℃。

⑤测定熔点至少要有 2 次重复数据，一般一个样品要测定 3～5 次，

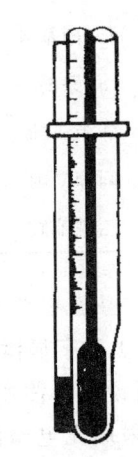

图 4-10-3　熔点管的位置

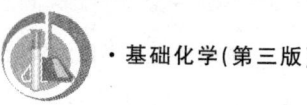

重复数据的次数越多,得到的熔点数据越可靠。每次测定必须用新的熔点管装试样。若要测定高熔点试样或熔点未知的试样,为了节约时间,可对试样快速试测 1 次,以测得近似的熔点。待浴温冷至熔点以下 20 ℃左右,再另取一份试样缓缓加热以准确测定。

⑥测定完毕,载热体要冷却到用手可以触摸时才能倒入回收瓶中,温度计冷却后用纸擦去载热体方可用水冲洗,以免水银球破裂。

⑦数据处理。

(3)温度计校正　用以上方法测定熔点时,温度计上的熔点读数与真实熔点之间常有一定的偏差。其原因可能来自两方面:一是温度计中的毛细孔径不一定是很均匀的,有时刻度也不很精确,或是在长期使用中,反复加热与冷却而导致温度计的零点变动;二是温度计有全浸式和半浸式两种。全浸式温度计的刻度是在温度计的汞线全部均匀受热的情况下刻出来的,而在测熔点时仅有部分汞线受热,因而露出的汞线温度较全部受热时低。因此,若要精确测定物质的熔点,就须校正温度计。为了校正温度计,可用一套标准温度计与它比较,进行读数校正,这种方法称为比较法。也可采用纯有机化合物的熔点(文献值)作为校正的标准,后一种方法是在校正时选择数种已知熔点的纯有机化合物作为标准样品,以实测的熔点为纵坐标、实测熔点与标准熔点(文献值)的差值为横坐标作图,可得校正曲线,利用该曲线能直接读出任一温度下的校正值。表 4-10-3 所示为供校正温度计刻度用的纯化合物及其熔点(严格地说,为了得到正确的熔点,仅这样校正是不够的,还要对温度计外露段所引起的误差进行读数校正)。

表 4-10-3　供校正温度计刻度用的纯化合物及其熔点

化合物	熔点/℃	化合物	熔点/℃
水-冰	0	苯甲酸	122
α-萘胺	50	脲	132
二苯胺	53.5	水杨酸	159
对硝基苯甲酸乙酯	56	对苯二酚	170
苯甲酸苯酯	69	马尿酸	187
间二硝基苯	89.5	3,5-二硝基苯甲酸	205
α-萘酚	96	蒽	216
邻苯二酚	104	对硝基苯甲酸	239
间苯二酚	112	酚酞	265
乙酰苯胺	114	蒽醌	285

3. 显微熔点法测定熔点

(1)数字显微熔点仪的特点　数字显微熔点仪型号很多,这里以 WRS-1A 数字熔点仪为例进行说明。使用数字熔点仪进行测定,方便、准确、易于操作。WRS-1A 数字熔点仪(图 4-10-4)采用光电检测、数字温度显示等技术,具有初熔、全熔读数自动显示功能,可与记录仪配合使用,可进行熔化曲线自动记录。该仪器采用集成化的电子线路,能快速达到设定的起始温度,并具有六挡可供选择的线性升、降温速率自动控制,初熔、全熔读数可自动储存,无须监管。该熔点仪采用毛细管作试样管。

图 4-10-4　WRS-1A 数字熔点仪

（2）操作步骤

①开启电源开关,稳定 20 min。

②通过【拨盘】设定起始温度,再按起始温度按钮,输入此温度,此时预置灯亮。

③选择升温速率,把波段开关旋至所需位置。

④当预置灯熄灭时,可插入装有试样的毛细管,此时初熔灯也熄灭。

⑤把电表调至零,按升温按钮,数分钟后初熔灯先亮,然后出现全熔读数显示。

⑥按初熔按钮,显示初熔读数,记录初熔、全熔温度。

⑦按降温按钮,使温度降至室温,最后切断电源。

（三）实验内容及操作

1. 熔点管的制备

取内径约 1 mm、长 100 mm 的毛细管,将其一端在酒精灯上封口,即制得熔点管。

2. 试样的装入

将少许苯甲酸放在干净表面皿上,用玻璃棒将其研细并集成一堆。把毛细管开口一端垂直插入堆集的试样中,使一些试样进入管内,然后,把该毛细管垂直桌面轻轻上下振动,使苯甲酸进入管底,再将装有试样的毛细管的管口向上,放入长 50~60 cm 垂直于桌面的玻璃管中,管下可垫一表面皿,使毛细管从高处落于表面皿上,如此反复几次后,可把试样装实,试样高度 2~3 mm。

3. 测熔点

按图 4-10-2(b)所示装配好装置,放入载热体(液体石蜡),用温度计水银球蘸取少量载热体,小心地将熔点管黏附于水银球壁上,或剪取一小段橡皮圈套在温度计和熔点管的上部。将黏附有熔点管的温度计小心地插入载热体中,以小火在图示部位加热。开始时升温速率可以大些,当导热液温度低于该化合物熔点 10~15 ℃时,调整火焰使温度每分钟上升 1~2 ℃,越接近熔点,升温速率应越小,每分钟 0.2~0.3 ℃。记下试样开始塌落并有液相产生(初熔)时和固体完全消失(全熔)时的温度读数,即为该化合物的熔程。重复实验 2~3 次。

4. 未知试样熔点的测定

按上述操作步骤,测定未知试样的熔点,粗测 1 次,平行精测 2 次。

5. 推测可能化合物

根据所测熔点,推测可能化合物,并向指导教师索取该化合物,测定其熔点。若测得熔点与未知试样相同,再将其与未知试样混合并测定混合试样的熔点,观察其熔程,确认测定结果。

6. 数据记录及处理

将数据记录于表 4-10-4 中。

表 4-10-4　数据记录

试　样	测定值/℃	初熔/℃	全熔/℃	文献值/℃
萘	第一次			
	第二次			
苯甲酸	第一次			
	第二次			
未知试样	初测			
	第一次			
	第二次			

（四）注意事项

（1）熔点管必须洁净。若含有灰尘等，能产生 4～10 ℃的误差。

（2）熔点管底未封好会产生漏管。

（3）试样粉碎要细，填装要实，否则产生空隙，不易传热，造成熔程变大。

（4）试样不干燥或含有杂质，会使熔点偏低，熔程变大。

（5）试样量太少不便观察，而且熔点偏低；太多会造成熔程变大，熔点偏高。

（6）为了保证有充分时间让热量由管外传至毛细管内使固体熔化，升温速率是准确测定熔点的关键；另一方面，观察者不可能同时观察温度计所示读数和试样的变化情况，只有缓慢加热才可使此项误差减小。升温速率过大，熔点偏高。

（7）熔点管壁太厚，热传导时间长，会使熔点偏高。

（8）使用液体石蜡作载热体要特别小心，不能让有机化合物碰到液体石蜡，否则浴液颜色会变深，有碍熔点的观察。

（9）要注意加热过程中试样是否有萎缩、变色、发泡、升华、碳化等现象，均应如实记录。

（10）熔点测定至少要有两次的重复数据。每一次测定必须用新的熔点管另装试样，不得将已测过熔点的熔点管冷却，使其中试样固化后再做第二次测定。因为有时某些化合物部分分解，有些化合物经加热会转变为具有不同熔点的其他结晶形式。

（11）如果测定未知物的熔点，应先对试样粗测一次，加热可以稍快，得到大致的熔程。待浴温冷至熔点以下 20 ℃左右，再另取一根装好试样的熔点管做准确的测定。

（12）一定要等载热体冷却后，方可将其倒回瓶中。

任务十一

石油产品运动黏度的测定

 学习目标

1. 学会黏度的测量方法,能熟练准确地测量黏度;
2. 学会正确使用毛细管黏度计、秒表等;
3. 了解各种黏度的测定原理。

(一) 仪器和试剂

(1) 仪器　运动黏度实验仪器:由恒温浴装置、控温装置、计时装置等组成;常用规格玻璃毛细管黏度计一组(毛细管内径为 0.8 mm、1.0 mm、1.2 mm、1.5 mm 等);玻璃水银温度计(38～42 ℃ 1 支,98～100 ℃ 1 支,符合 GB/T 514—2005《石油产品试验用玻璃液体温度计技术条件》运动黏度用的 4 号、1 号温度计要求)等;秒表、电吹风、洗耳球、橡皮管等。

(2) 试剂　溶剂油或石油醚(60～90 ℃,化学纯)、铬酸洗液、95%乙醇(化学纯)。

(二) 实验原理

黏度是液态化合物的一个重要物理常数。它在石油、医药、食品、涂料工业中具有广泛的应用。

当流体在外力作用下流动时,相邻两层流体分子之间存在的内摩擦力阻滞流体的流动,这种特性称为流体的黏滞性。衡量流体黏滞性大小的物理常数称为黏度。黏度是流体分子之间摩擦力的量度,摩擦力越大,黏度越大。黏度还与流体的温度有关,液体的黏度随温度的升高而减小,气体的黏度随温度的升高而增大。因此,测定黏度时必须注明温度。压力增大时,液体的黏度通常会增大,且压力越大,黏度增大越显著。气体的黏度随压力增加而增大不明显。

黏度通常分为绝对黏度、运动黏度、相对黏度和条件黏度。

1. 绝对黏度

绝对黏度(动力黏度)是当两个面积为 1 m² 、垂直距离为 1 m 的相邻液层,以 1 m/s 的速率做相对运动时所产生的内摩擦力,常用 η 表示。当内摩擦力为 1 N 时,则该液体的黏度为 1,单位为 Pa・s(N・s/m²)。在温度 t 时,绝对黏度用 η_t 表示。

2. 运动黏度

运动黏度是流体的绝对黏度与该流体在同一温度下的密度之比,以 v 表示。即

$$v = \frac{\eta}{\rho}$$

单位是 m^2/s。在温度 t 时,运动黏度以 v_t 表示。

3. 条件黏度

条件黏度是在规定温度下,在特定的黏度计中,一定量液体流出的时间。或此流出时间与在同一仪器中,规定温度下的另一种标准液体(通常是水)的流出时间之比。根据所用仪器和条件的不同分为恩氏黏度、赛氏黏度、雷氏黏度。

恩氏黏度是试样在规定的温度下,从恩氏黏度计中流出 200 mL 所需的时间与 20 ℃ 的蒸馏水从同一黏度计中流出 200 mL 所需的时间之比,用 E_t 表示。

常用的黏度计测定方法有毛细管黏度计法、恩氏黏度计法、旋转黏度计法。

4. 毛细管黏度计法

毛细管黏度计法通常用于运动黏度的测定。

(1)测定原理 在一定温度下,当液体在已被液体完全润湿的毛细管中流动时,其运动黏度与流动时间成正比。若用已知运动黏度的液体(常用 20 ℃ 时的蒸馏水)作标准,测量其在毛细管中流动的时间,再用该黏度计测量样品在其中的流动时间,即可由下式计算出试样的黏度:

$$\frac{v_t^{样}}{v_t^{标}} = \frac{\tau_t^{样}}{\tau_t^{标}} \tag{4-11-1}$$

$$v_t^{样} = \frac{v_t^{标} \cdot \tau_t^{样}}{\tau_t^{标}} \tag{4-11-2}$$

式中:$v_t^{标}$ 为标准液体在一定温度下的运动黏度;$\tau_t^{标}$ 为标准液体在黏度计中的流出时间;$v_t^{样}$ 为试样液体在一定温度下的运动黏度;$\tau_t^{标}$ 为试样液体在黏度计中的流出时间。

$v_t^{标}$ 是已知的,$\tau_t^{标}$ 是一定值,所以对于一定的毛细管黏度计,$\frac{v_t^{标}}{\tau_t^{标}}$ 为一常数(仪器出厂时已经标出),称为该黏度计的黏度常数,以 K 表示,则式(4-11-2)可改写为

$$v_t^{样} = K\tau_t^{样} \tag{4-11-3}$$

由此可见,测定某一试样液体的运动黏度时,只需测出指定温度时试样液体的流出时间,即可计算出其运动黏度 $\tau_t^{样}$。

(2)测定仪器及用品。

①毛细管黏度计 毛细管黏度计的结构如图 4-11-1 所示。毛细管黏度计一组共有 13 支,毛细管内径分别为 0.4 mm,0.6 mm,0.8 mm,1.0 mm,1.2 mm,1.5 mm,2.0 mm,2.5 mm,3.0 mm,3.5 mm,4.0 mm,5.0 mm,6.0 mm。

毛细管黏度计选用原则:选用的黏度计应使试样流出时间在 120～480 s。在 0 ℃ 及更低温度下测定高黏度试样时,流出时间可增加至 900 s;在 20 ℃ 测定液体燃料时,流出时间可减少至 60 s。

② 恒温浴装置 容积不小于 2 L,高度不小于 180 mm,带有自动控温仪及自动搅拌器,并有透明壁及观察孔。

③温度计 测定运动黏度专用温度计,分度值为 0.1 ℃。

④秒表　通用秒表,最小分度值为 0.1 s。

⑤恒温液体　根据测定所需温度的不同,选用适当的恒温液体。常用的恒温液体见表 4-11-1。

表 4-11-1　不同温度下使用的恒温液体

测定温度/℃	恒温液体
50～100	透明矿物油、甘油或 25% 硝酸铵溶液(表面应浮有一层透明的矿物油)
20～50	水
0～20	水和冰的混合物,或乙醚、冰与干冰的混合物
-50～0	乙醇与干冰的混合物(无乙醇时可用无铅汽油代替)

(三) 实验内容及操作

1. 试样预处理

试样含有水或机械杂质时,脱水或去除杂质。

2. 清洗黏度计

黏度计一般用溶剂油或石油醚洗涤;若沾有污垢,依次用铬酸洗液、水、蒸馏水或 95% 乙醇洗涤。然后放入烘箱中烘干或用通过棉花过滤的热空气吹干。

3. 装入试样

选择内径符合要求的清洁、干燥毛细管黏度计,吸入试样。在装试样之前,将橡皮管套在支管 3 上,并用手指堵住管身 2 的管口,同时倒置黏度计,将管身 4 插入盛有试样的容器中,利用洗耳球(或真空泵)将试样吸到标线 b,同时注意不要使管身 4、扩张部分 5 和 6 中的试样产生气泡和裂隙。当液面到达标线 b 时,从容器中提出黏度计,并迅速恢复至正常状态,同时将管身 4 的管端外壁所沾附的多余试样擦去,并从支管 3 取下橡皮管套在管身 4 上(图 4-11-1)。

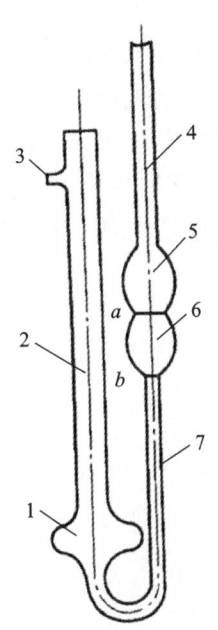

1, 5, 6—扩张部分;2, 4—管身;3—支管;7—毛细管;a, b-标线

图 4-11-1　毛细管黏度计示意图

4. 安装仪器

将装好试样的黏度计浸入恒温浴中,用夹子将黏度计固定在支架上,在选择固定位置时,必须把毛细管黏度计的扩张部分 5 浸入一半。温度计要利用另一个夹子固定,务必使水银球的位置接近毛细管中央点的水平面,并使温度计上要测温的刻度位于恒温浴的液面上 10 mm 处。

5. 调整黏度计位置

将黏度计调整为垂直状态,要利用铅垂线从两个相互垂直的方向去检查毛细管的垂直情况。恒温浴内温度调节至 20 ℃,在此温度下保持 10 min 以上。实验温度必须保持恒定,波动范围不允许超过 0.1 ℃。

6. 运动时间的测定

用洗耳球将试样吸至标线 a 以上约 10 mm 处(不要出现气泡),停止抽吸,使液体自由流下,注意观察液面。当液面降至标线 a 时,启动秒表,液面流至标线 b 时,按停秒表,记下由标线 a 至标线 b 的时间。重复测定 3 次,各次偏差不超过 0.5%,取 3 次流动时间的算术平均值作为试样的流出时间 $\tau_{20}^{样}$。

7. 数据处理和报告

(1)根据下式计算试样的运动黏度:

$$v_{20}^{样} = K\tau_{20}^{样}$$

式中:$v_{20}^{样}$ 为 20 ℃时试样的运动黏度,mm^2/s;K 为毛细管黏度计的黏度常数,mm^2/s^2;$\tau_{20}^{样}$ 为测出样品的流动时间,s。

(2)测定结果 取重复测定结果的算术平均值,作为试样的运动黏度,黏度测定结果的数值取四位有效数字。同时在报告中要注明所使用黏度计的规格、编号和黏度常数。

(四)注意事项

(1)由于石油产品的黏度随温度升高而减小,随温度下降而增大,所以测定前试样和毛细管黏度计均应在恒温浴中准确恒温,温度变化在±0.1 ℃范围内,并保持一定时间。如实验温度为 50 ℃,恒温时间为 15 min;实验温度为 20 ℃时,恒温时间为 10 min。

(2)试样中有气泡会影响试样的体积,而且进入毛细管后可能形成气塞,增大液体流动的阻力,使流动时间拖长,造成误差。

(3)黏度计必须调整成垂直状态,否则会改变液面高度。

任务十二

折射率的测定

 **学习目标**

1. 了解阿贝折射仪的结构；
2. 掌握用阿贝折射仪测定折射率的原理；
3. 了解用阿贝折射仪测定折射率的方法；
4. 了解测定折射率的用途。

（一）仪器和试剂

（1）仪器　阿贝折射仪、超级恒温水浴槽、擦镜纸等。

（2）试剂　无水乙醇（AR）、丙酮（AR）、乙酸乙酯（AR）、蒸馏水等。

（二）实验原理

1. 光的折射现象与临界角

（1）光的反射现象与反射定律　一束光照射在两种介质的分界面上时，它的传播方向发生改变但仍在原介质上传播，这种现象称为光的反射，见图 4-12-1。光的反射遵守以下定律。

①入射线、反射线和法线总是在同一平面内，入射线和反射线分居于法线的两侧。

②入射角等于反射角。

（2）光的折射现象与折射定律

①光的折射现象：当光从一种介质射到另一种介质时，在分界面上，光的传播方向发生了改变，一部分光进入第二种介质，这种现象称为光的折射。

②光的折射定律。

a. 入射线、法线和折射线在同一平面内，入射线和折射线分居法线的两侧，见图 4-12-2。

b. 无论入射角怎样改变，入射角正弦与折射角正弦之比，恒等于光在两种介质中的传播速度之比：

$$\frac{\sin\alpha_1}{\sin\alpha_2}=\frac{v_1}{v_2} \tag{4-12-1}$$

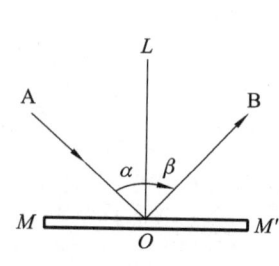

图 4-12-1　光的反射

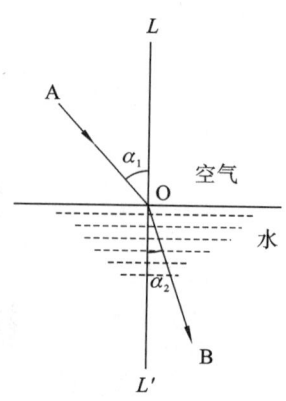

图 4-12-2　光的折射

式中：v_1 为光在第一种介质中的传播速度；v_2 为光在第二种介质中的传播速度；α_1 为入射角；α_2 为折射角。

（3）折射率　光在真空中的速度 c 和在介质中的速度 v 之比，称为介质的绝对折射率（简称折射率），以 n 表示，即

$$n=\frac{c}{v}$$

显然

$$n_1=\frac{c}{v_1}, \quad n_2=\frac{c}{v_2}$$

式中：n_1 和 n_2 分别为第一种介质和第二种介质的折射率。故式(4-12-1)可表示为

$$\frac{\sin\alpha_1}{\sin\alpha_2}=\frac{n_2}{n_1} \tag{4-12-2}$$

（4）临界角。

①光密介质与光疏介质：两种介质相比，光在其中传播速度较大的称为光疏介质，其折射率较小；反之称为光密介质，其折射率较大。

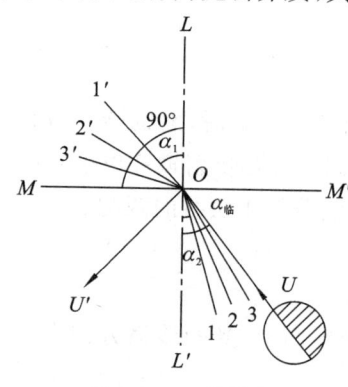

图 4-12-3　临界角

②临界角：当光从光疏介质进入光密介质（如光从空气进入水中，或从样液射入棱镜中）时，因 $n_1<n_2$，由折射定律可知折射角 α_2 恒小于入射角 α_1，即折射线靠近法线；当入射角为 90°时，$\sin\alpha_1=1$。此时折射角达到最大值，称为临界角，用 $\alpha_{临}$ 表示，见图 4-12-3。

由式(4-12-2)得

$$n_1=n_2\sin\alpha_{临} \tag{4-12-3}$$

式中：n_2 为棱镜的折射率，是已知的。因此，只要测得临界角 $\alpha_{临}$ 就可求出被测样液的折射率 n_1。

（5）折射率的应用

①测定所合成的已知化合物的折射率，与文献值对照，以验证所得产品。

②将折射率作为检验原料、溶剂、中间体及最终产品纯度的依据。

③根据反应物和产物（指液体）的折射率改变情况，推测反应进行的程度。

④分馏时，将折射率配合沸点作为划分馏分的依据。

2. 阿贝折射仪

（1）阿贝折射仪的构造　阿贝折射仪用于测定物质的折射率，它是基于测定临界角的原理设计的。阿贝折射仪的构造及外形如图 4-12-4 所示。

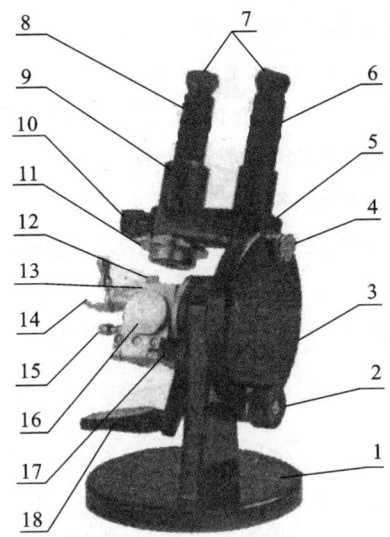

1—底座；2—棱镜转动手轮；3—圆盘组（内有刻度板）；4—小反光镜；5—支架；
6—读数镜筒；7—目镜；8—望远镜筒；9—示值调节螺钉；10—阿米西棱镜手轮（消色散手轮）；
11—色散值刻度圈；12—棱镜锁紧扳手；13—棱镜组（测量棱镜与辅助棱镜）；14—温度计座；
15—恒温器接头；16—保护罩；17—主轴；18—反光镜

图 4-12-4　阿贝折射仪的构造及外形

阿贝折射仪的主要部件是两块标准直角棱镜（测量棱镜与辅助棱镜）13，上面一块是可以启闭的辅助棱镜，其斜面是磨砂的，下面一块是光滑的。两块压紧时，放入其间的液体分散成一层均匀的薄膜。入射光由辅助棱镜射入，斜面磨砂可发生漫射，漫射的光线透过液层而从各个方向进入主棱镜，以各个方向进入主棱镜的光线均产生折射，而其折射角都落在临界角 $\alpha_{临}$ 之内。此时，在临界角以内区域均有光线通过，是明亮的，而临界角以外区域由于折射光线消失，没有光线通过，是暗的，形成半明半暗、界线清晰的像，经消色散镜和会聚透镜后达到目镜 7。液体介质不同，临界角不同，从目镜 7 中观察到的明暗界线的位置也不同。每次测定时，调节棱镜转动手轮 2，使目镜 7 中的明暗界线与"×"形十字交叉线交点重合，即可读得折射率（折射仪中已将折射角换算为折射率）。

刻度盘有两行数字，一行是用角度换算出的折射率 n_D，刻度范围为 1.3000～1.7000，测量精密度可达 0.0001；另一行是工业上测量的固体在水中的浓度，通常是糖溶液的浓度，其范围为 0～95%，相当于折射率为 1.333～1.531。

折射率的大小与物质的结构、入射光波长、温度和压强等因素有关。因大气压的变化对折射率影响极小，只有在很精密的测定中才考虑压强的影响。所以在表示折射率时，只需注明入射光波长和温度。国家标准规定以 20 ℃ 为标准温度，以黄色钠光 D 线（$\lambda=589.3$ nm）为标准光源，折射率用符号 n_D^{20} 表示。如水的折射率 $n_D^{20}=1.33299$。

阿贝折射仪所用光源为日光，日光通过棱镜时产生色散，旋转消色散手轮消除色散，使明暗分界线清晰，所得数值即相当于使用钠光 D 线的折射率。

（2）基本操作。

①仪器安装：将阿贝折射仪安放在光亮处，但应避免日光的直接照射，以免液体试样受热迅速蒸发。将超级恒温水浴槽与其相连接，使恒温水通入棱镜夹套内，检查棱镜上温度计的读数是否符合要求，一般选用(20.0±0.1)℃或(25.0±0.1)℃。

②加样：旋开测量棱镜和辅助棱镜13的闭合旋钮，向棱镜表面滴加少量丙酮，用擦镜纸顺单一方向轻擦镜面(不可来回擦)。待镜面洗净干燥后，用滴管滴加数滴试样于棱镜表面，迅速合上辅助棱镜，旋紧棱镜锁紧扳手12。若液体易挥发，动作要迅速，或先将两棱镜闭合，然后用滴管从加液孔中注入试样(注意切勿将滴管折断在孔内)。

③对光：打开遮光板，调节反光镜18，调节目镜7视度，使视场"×"形十字交叉线最清晰。

④粗调：转动消色散手轮10，使刻度盘标尺上的示值逐渐增大，直至观察到视场中出现彩色光带或黑白分界线。

⑤消色散：转动阿米西棱镜手轮10(消色散手轮)，使视场内呈现一清晰的明暗界线，见图4-12-5。

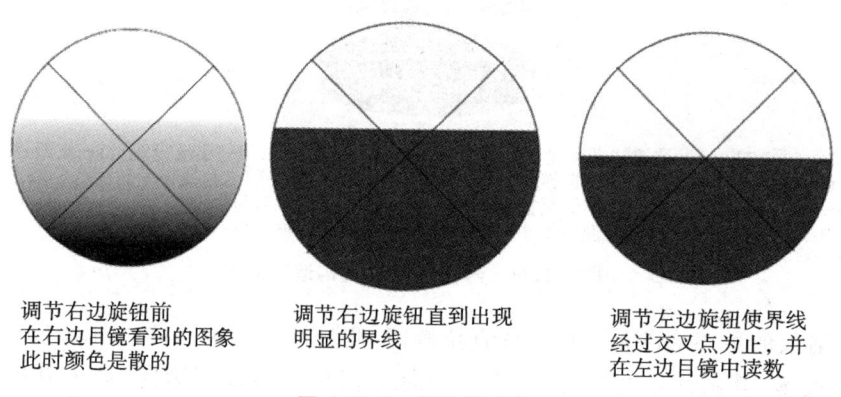

调节右边旋钮前
在右边目镜看到的图象
此时颜色是散的

调节右边旋钮直到出现
明显的界线

调节左边旋钮使界线
经过交叉点为止，并
在左边目镜中读数

图4-12-5 视场的变化

⑥精调：再仔细调节棱镜转动手轮2，使界线正好处于"×"形十字交叉线交点上。

⑦读数：从目镜7中读出刻度盘上的折射率数值，如图4-12-6所示。为了使读数准确，一般应将试样重复测量三次，每次数值相差不能超过0.0002，然后取平均值。

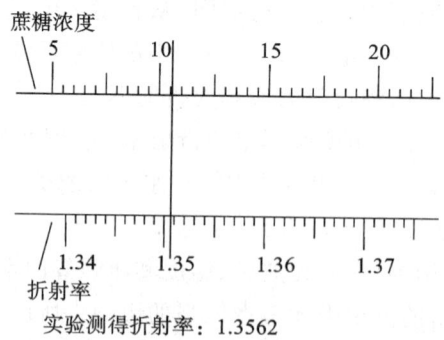

蔗糖浓度

折射率

实验测得折射率：1.3562

图4-12-6 读数示例

⑧仪器校正：折射仪刻度盘上标尺的零点有时会发生移动，须加以校正。校正的方法是用一种已知折射率的标准液体，一般用纯水，按上述方法进行测定，将平均值与表4-12-1中标准

值比较,其差值即为校正值。在精密的测量工作中,须在所测范围内用几种不同折射率的标准液体进行校正,并画出校正曲线,以供测试时对照校核。

表 4-12-1　不同温度下纯水和乙醇的折射率

温度/℃	水的折射率 n_D^t	乙醇(99.8%)的折射率 n_D^t
14	1.33346	
18	1.33316	1.36129
20	1.33299	1.36048
24	1.33261	1.35885
28	1.33217	1.35721
32	1.33170	1.35557

（3）阿贝折射仪的维护与保养。

①折射仪应置于干燥、通风的室内,防止受潮,因为受潮后光学零件容易发霉。

②折射仪用完后必须做好清洁工作,并放入箱内,箱内应储存有干燥剂,防止空气中水分及灰尘侵入。

③经常保持折射仪清洁,严禁油手或汗手触及光学零件。

④折射仪应避免强烈振动或撞击,以防止光学零件损坏及影响精密度。

⑤不能测定有腐蚀性的液体。

⑥使用完毕后,将金属套中的水放尽,拆下温度计。

（三）实验内容及操作

1. 阿贝折射仪的安装与清洗

把折射仪放在光线充足的位置,用橡皮管与超级恒温水浴槽连接,调节水的温度到（20±0.1）℃,分开两面棱镜,用数滴无水乙醇清洗棱镜表面,用擦镜纸将乙醇吸干、干燥。

2. 校正

棱镜表面滴入数滴约 20 ℃的二次蒸馏水,立即闭合棱镜并旋紧,待棱镜温度计读数恢复到（20±0.1）℃时,调节棱镜转动手轮 2 至刻度盘读数为 1.33299,观察视场明暗界线是否与"×"形十字交叉线交点重合（若视场有彩虹则转动消色散手轮 10 消除）,如视场明暗界线不与"×"形十字交叉线交点重合,则需调节示值调节螺钉 9,使明暗界线与"×"形十字交叉线交点重合。

3. 测定

用无水乙醇清洗棱镜表面,滴入数滴约 20 ℃的试样于棱镜表面,立即闭合棱镜并旋紧,使试样均匀、无气泡并充满视场,待棱镜温度计读数恢复到（20±0.1）℃时,调节棱镜转动手轮 2 至视场分为明暗两部分,转动阿米西棱镜手轮 10（消色散手轮）消除彩虹,并使明暗界线清晰,继续调节棱镜转动手轮 2 使明暗界线在"×"形十字交叉线交点上,记录读数,读准至小数点后第四位,轮流从一边到另一边将界线对准"×"形十字交叉线交点,重复观察和记录三次,读数的差值不得大于 0.0002,取其平均值,即为试样的折射率。

测完后,应立即用擦镜纸擦干试液,再用无水乙醇或丙酮擦洗棱镜的上下镜面,晾干后再关闭。

4. 数据记录与处理

数据记录与处理见表 4-12-2。

温度＿＿＿＿＿＿℃。

表 4-12-2　数据记录与处理

试样	第一次	第二次	第三次	平均值	文献值 n_D^{20}	绝对误差
乙酸乙酯						
无水乙醇						
丙酮						

（四）注意事项

（1）在测定试样之前，应对折射仪进行校正。

（2）液体试样放得过少或分布不均，会看不清楚，此时可多加一点试样。对于易挥发的液体试样，应熟练而敏捷地测定。

任务十三

工业乙醇的蒸馏和分馏

 学习目标

1. 学会蒸馏及分馏仪器的装配技术及操作方法；
2. 学会沸点的测定方法；
3. 能根据需要采取措施提高分离效率；
4. 能根据需要选用合适的分馏柱；
5. 了解蒸馏及分馏的原理；
6. 了解沸点的测定原理。

（一）仪器和试剂

（1）仪器　圆底烧瓶、韦氏分馏柱、温度计（150 ℃）及套管、蒸馏头、直形冷凝管、双头接液管、锥形瓶、水浴锅（或电热套）、量筒、沸石、漏斗、密度计等。

（2）试剂　95％工业乙醇、60％工业乙醇等。

（二）实验原理

蒸馏是分离提纯有机化合物的常用手段之一。其方法包括常压蒸馏、水蒸气蒸馏、分馏、减压蒸馏，可根据有机化合物的性质合理选用，下面主要讨论常压蒸馏与分馏。

1. 常压蒸馏

常压蒸馏简称为蒸馏，是分离混合物和提纯有机液体化合物的重要方法之一。

（1）常压蒸馏的原理　常压蒸馏是在常压下加热液体至沸腾使之汽化，再经蒸气冷凝成液体，将冷凝液收集下来的操作过程。

液体混合物受热时，圆底烧瓶内的混合液不断汽化，当液体的蒸气压与施加给液体表面的外压相等时，液体沸腾，此时的温度称为该液体的沸点。液体混合物之所以能用蒸馏的方法加以分离，是因为组成混合液的各组分具有不同的挥发度。当被蒸馏的液体混合物各组分沸点差别较大时，蒸气的组成与液相的组成不同。蒸气中低沸点组分的相对含量较大，而其在液相中的含量则较小，当蒸气冷凝时，就可得到低沸点组分含量高的馏出液，沸点较高者随后蒸出，

不挥发的物质留在圆底烧瓶中。一般情况下,当两种液体的沸点差大于 30 ℃时,就可以利用普通蒸馏进行分离。当混合溶液中各组分的沸点相差较小时,若要分离混合物中的各组分,必须采用其他蒸馏方法。

常压蒸馏主要用于沸点在 40～150 ℃之间化合物的分离。温度高于 150 ℃时,多数化合物会分解或由于温度高而操作不方便。

纯净的液体化合物在一定大气压下具有固定的沸点,沸程一般为 0.5～1 ℃,不纯的物质沸程较长,因此蒸馏也可以用于判断有机化合物的纯度。但是,有些有机化合物常与其他组分形成二元共沸混合物或三元共沸混合物,这种混合物有固定的沸点,其沸点低于或高于混合物中任何一个组分的沸点。共沸混合物所形成的蒸气相与液相有相同的组成,因而不能用蒸馏的方法进行分离。

(2) 常压蒸馏装置及其操作。

①蒸馏装置:常压蒸馏装置主要由圆底烧瓶、蒸馏头、温度计套管、温度计、直形冷凝管、接液管、接收瓶等部分组装而成。

圆底烧瓶的选择以蒸馏液占圆底烧瓶容积的 1/3～2/3 为宜。

一般不选用球形冷凝管,因球形冷凝管的凹进部分会积存馏出液。当液体沸点高于 140 ℃时选用空气冷凝管。冷凝水从冷凝管的下端流进,从上端流出,且上端的出水口应当向上,使冷凝管内充满水。

接收部分由接液管和接收瓶组成。注意接液管、接收瓶应与大气相通。

图 4-13-1(a)所示为普通玻璃蒸馏装置,价格低廉,但装配麻烦,需用打孔的橡皮塞与玻璃管连接仪器。图 4-13-1(b)所示为用标准磨口玻璃仪器装配的蒸馏装置,装配灵活简单。表 4-13-1 列出了常见蒸馏装置的种类及用途。

表 4-13-1　常见蒸馏装置的种类和用途

装　　置	用　　途
普通常压蒸馏装置(图 4-13-1)	用于易挥发、低沸点试样的蒸馏
加干燥管的蒸馏装置(图 4-13-2)	用于易潮解试样的蒸馏
易燃、有毒物质的蒸馏装置(图 4-13-3)	用于易挥发、易燃或有毒物质的蒸馏
连续蒸馏装置(图 4-13-4)	可随时加入样品,用于易挥发、易燃液体的蒸馏
高沸点物质的蒸馏装置(图 4-13-5)	用于高沸点(高于 140 ℃)物质的蒸馏

②蒸馏装置的安装:蒸馏装置的安装过程中要注意以下几点。

应本着自下而上、由左向右的顺序安装,从侧面观察,整套装置的轴线应在同一个平面内,所有铁夹和铁架台整齐地放在仪器背后。安装前,检查所使用的磨口仪器是否洁净。若沾有固体物质,会使磨口对接不紧密或损坏磨口。温度计的量度应与液体沸点相近,必要时,应对温度计进行校正。一般温度计的偏差较小,可忽略不计。

a.安装圆底烧瓶:以热源的高度为准固定圆底烧瓶下的铁圈位置,然后将圆底烧瓶用铁夹固定在铁架台上,并使圆底烧瓶在铁圈上方。铁夹不宜夹得太紧或太松,稍用力能转动圆底烧瓶即可(其他仪器也如此)。铁夹不应直接和玻璃仪器接触,应套上橡皮管。铁圈上应垫有石棉网,如图 4-13-1(a)所示。在调整装配其他部分时,不可再改变圆底烧瓶的位置。

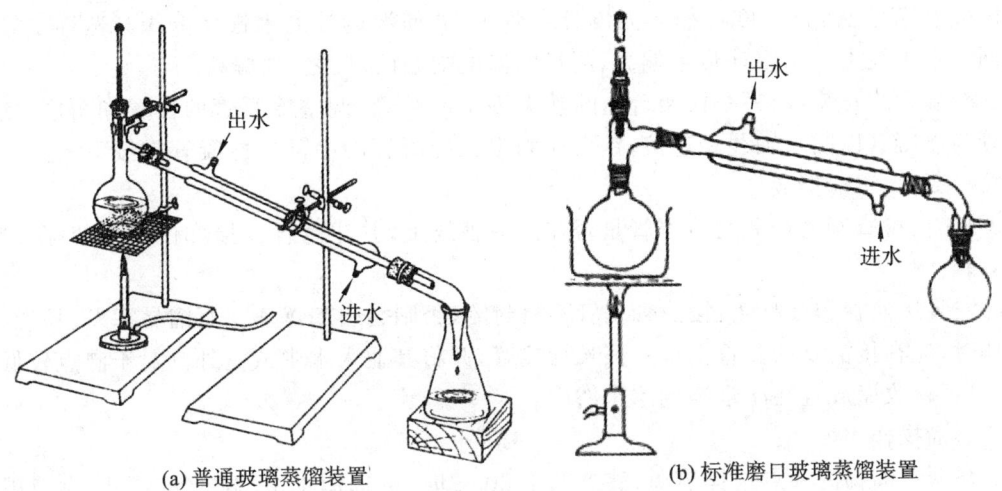

(a) 普通玻璃蒸馏装置　　　　　　　　　　(b) 标准磨口玻璃蒸馏装置

图 4-13-1　普通常压蒸馏装置

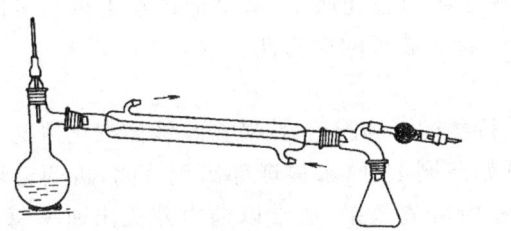

图 4-13-2　加干燥管的蒸馏装置

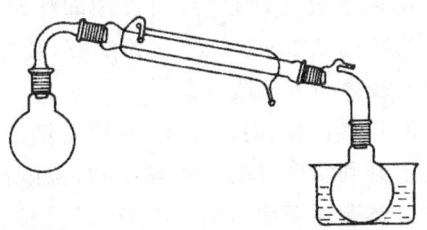

图 4-13-3　易燃、有毒物质的蒸馏装置

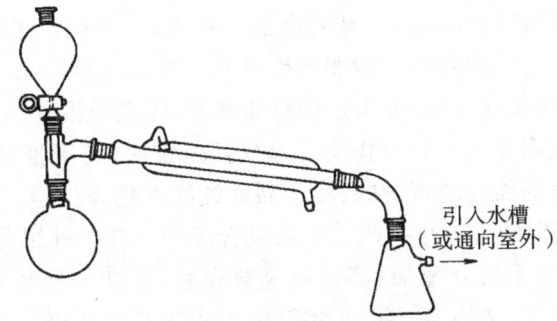

图 4-13-4　连续蒸馏装置

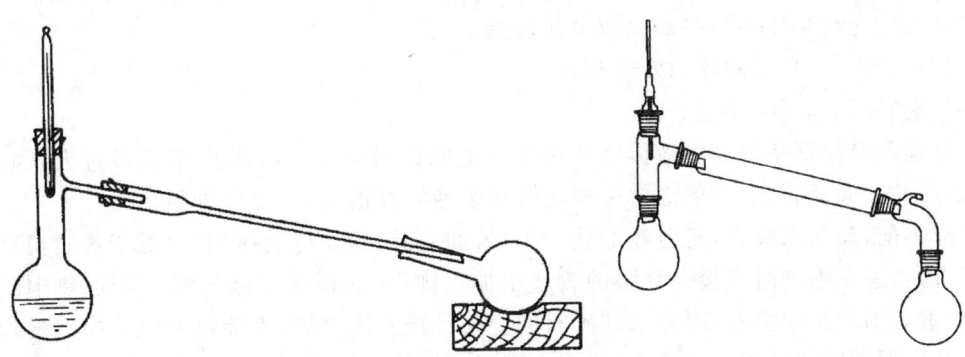

图 4-13-5　高沸点物质的蒸馏装置

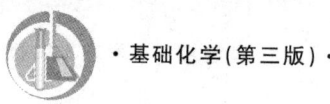

b.安装蒸馏头:将温度计插入温度计套管中,并使温度计的水银球上缘与蒸馏支管的下缘在同一水平线上。水银球位置偏高,测量的温度则偏低,反之,则偏高。

c.冷凝管的安装:用另一铁架台上的铁夹固定冷凝管,调整冷凝管的位置和角度,使蒸馏头支管与冷凝管以同一轴线相连接,铁夹应固定在冷凝管的中部。冷凝管应按下入上出的顺序连接冷凝水,不应倒装。

d.检查:检查圆底烧瓶与冷凝管是否在同一轴线上,并注意各连接部位是否装配紧密、稳固、不漏气。

e.安装接液管和接收瓶:接液管支管不得封闭,否则会引起爆炸。蒸馏易挥发、易燃、有毒的液体时,应在接液管的支管上接一根长橡皮管,并将其通入水中或室外。对于沸点较低的馏出物,可把接收瓶放置在冷水浴或冰水浴中。

③蒸馏操作。

a.根据蒸馏物的沸点选择热源,沸点低于 80 ℃时,可选用水浴,高于 80 ℃则应使用油浴或电热套。

b.取下温度计套管,用长颈漏斗将待蒸馏液注入圆底烧瓶中,蒸馏液体积不得超过圆底烧瓶容积的 2/3,加入 2～3 粒沸石,装好温度计。检查装置的气密性。

c.缓慢通入冷凝水。

d.加热,初始时用小火,然后逐渐加大火力,待蒸馏液沸腾后,注意观察液体汽化情况。当蒸气上升到温度计的水银球部时,温度计汞柱开始急剧上升,水银球部出现液滴,再调整加热速率。蒸馏速率应适当,太小耗时过长,太大将影响分离效果,通常以馏出液流出速率每秒 1～2 滴为宜,并记下第 1 滴馏出液滴入接收瓶时的温度。要注意,在蒸馏过程中温度计水银球上应附有冷凝的液滴,即保持气液两相达到平衡,此时的温度即为馏出液的沸点。如果温度计水银球上没有液滴,可能有两种情况:一是温度低于沸点,体系内气液未达到平衡,此时,应调大火力;二是温度过高,出现过热现象,说明温度已高于沸点,应调小火力。

e.至少要准备两个接收瓶,当温度未达到物质沸程(沸点范围)时,此时滴入接收瓶的是沸点较低的前馏分(馏头),当温度上升至物质的沸程且恒定时,需更换接收瓶,收集此温度范围内的馏分,即产物。馏分的沸程越窄,则收集产品的纯度就越高。

f.当温度超过沸程时,即可停止接收。如果混合液中只有一种组分需要收集,蒸馏瓶内的少量液体即为馏尾。若是多组分蒸馏,第一组分蒸完后,温度上升到第二组分沸程前的馏出液,则既是第一组分的馏尾,又是第二组分的馏头,当温度稳定在第二组分沸程内时,接收第二组分。蒸馏瓶内的液体绝对不能蒸干。停止加热后,待温度降至 40 ℃左右时,移去热源,关闭冷凝水(注意:先后顺序不可颠倒),取下接收瓶。

④仪器的拆卸:拆卸顺序与安装相反。

(3)蒸馏操作注意事项。

①蒸馏前应根据待蒸馏的液体体积选择合适的圆底烧瓶。圆底烧瓶不可过大,因圆底烧瓶越大,产品损失就越多,一般液体体积占圆底烧瓶容积的 1/3～2/3 即可。

②加热前,要加入沸石,若已经加热,发现未加入沸石,要待液体稍冷(低于沸腾温度)后再加入沸石,切忌在沸腾时或接近沸腾的溶液中加入沸石,这样会引起暴沸。若加热中断,再加热时,应重新加入新的沸石,因原来的沸石的小孔已被液体充满,不能再起汽化中心的作用。

③蒸馏挥发性和易燃性的液体时,不能用明火加热,以免引起火灾。在接液管的支管上接一根长橡皮管,将橡皮管的尾部引入水中或室外。

④蒸馏乙醚等易生成过氧化物的液体时,蒸馏前应检验过氧化物是否存在,若含有过氧化物,应将其除去后再蒸馏。

⑤在蒸馏过程中需要加入液体时,必须停止加热,但不能停止通冷凝水。

⑥当冷凝管处于热的状态而要通入冷凝水时,应注意缓慢通入,以免冷凝管因骤冷而破裂。

⑦蒸馏体系绝对不能密封,当接收的产品易受潮,接液管连接干燥管或其他吸收管时,更应引起注意。

⑧无论进行任何操作,圆底烧瓶内的液体都不应蒸干,以防止圆底烧瓶过热或有过氧化物存在而发生爆炸。

2. 分馏

对各组分的沸点差大于 30 ℃的混合物可用普通蒸馏法分离,但当混合物中各组分的沸点相近时,用普通蒸馏法分离的效果较差。若要得到纯度较高的产品,需将蒸馏得到的馏出液反复蒸馏。但这样既费时,液体损失量又大。此时,需用分馏的方法进行分离。分馏主要用于分离两种或两种以上沸点相近的有机化合物(共沸化合物除外)。此方法广泛应用于化学工业上,工业上将分馏称为精馏。在实验室常采用分馏柱进行分馏,而工业上则采用精馏塔分馏。

(1)分馏原理　分馏即反复多次的简单蒸馏。分馏装置与普通蒸馏装置类似,所不同的是在圆底烧瓶与蒸馏头之间增加了一根分馏柱,如图 4-13-6 所示。当混合物的蒸气通过分馏柱时,蒸气中高沸点组分被柱外冷空气冷凝变成液体,流回圆底烧瓶中,使柱内上升的蒸气中低沸点组分相对增多;冷凝液在流回圆底烧瓶的途中又与上升的蒸气接触,两者之间进行热量的交换,使上升蒸气中的高沸点组分被冷凝下来,低沸点组分蒸气仍然继续上升,经过在柱中反复多次的汽化、冷凝,最终低沸点组分不断上升而被蒸馏出来,高沸点组分不断流回圆底烧瓶中。随着温度的不断上升,首先被蒸馏出来的是低沸点组分,然后是高沸点组分,最后留在蒸馏瓶中的是不易挥发的组分。由此可见,分馏柱沿着柱身存在着动态平衡,不同的高度段存在温度梯度和浓度梯度,这样的过程实质上是一个热与质的传递过程。

分馏原理还可以通过二元混合物(A、B)的温度-组成图来说明。

(2)分馏装置。

①分馏柱的类型:分馏柱可以是填料式或塔板式,实验室常用的分馏柱见图 4-13-6。

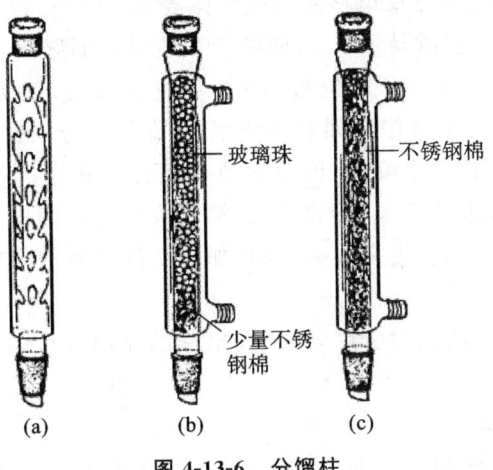

图 4-13-6　分馏柱

图 4-13-6(a)所示为韦氏分馏柱,柱内有三根向下倾斜的玻璃刺状物,又称"垂刺形"分馏柱。图 4-13-6(b)和(c)所示为填料式分馏柱,柱内填有各种惰性材料。填料的类型如图 4-13-7 所示。玻璃珠填料效率低,但能抗腐蚀;圈形填料为不锈钢或玻璃材料,效率较低;三角形填料和网状填料效率高,为金属材料。填料应填装均匀,否则会造成分馏柱的"泛液"现象。

玻璃珠填料　　　　　　圈形填料

三角形填料　　　　　　网状填料

图 4-13-7　填料类型

分馏就是混合组分在分馏柱中进行了多次汽化-冷凝-再汽化-再冷凝的过程,这种"次数"即为分馏柱的效率。分馏柱的效率与柱的长径比、填充物的种类、回流比有关。所谓回流比是指在同一时间内冷凝液回流到圆底烧瓶的速率与柱顶蒸汽通过冷凝管流出的速率比。回流比越高,则分馏效果越好,但分馏的速率越小。常见分馏柱的长度一般为 40～100 cm,可根据需要选择。

②分馏柱的选择:选用分馏柱时应考虑待分离组分的性质、分离的难易程度、对分离物质纯度的要求等因素。在能满足分离效果的前提下,应选择形体小、效率高的分馏柱。

(3)分馏操作方法。

①仪器的安装:将待分馏液体加入圆底烧瓶中,加数粒沸石,按照普通蒸馏的装配方法,根据热源的高度安装圆底烧瓶。按图 4-13-1(a)所示,用铁夹将分馏柱夹紧,插上温度计、蒸馏头(分馏头),将冷凝管与蒸馏头连接好,安装接液管和接收瓶。

②预泛液:分馏开始时,先将电压调大些,当液体沸腾时,观察蒸气是否到达柱顶,并调节火焰温度,控制蒸气只到柱顶而不进入分馏头支管就全部被冷凝下来,回流到圆底烧瓶中。此过程是人为地利用"泛液"使柱身及填料完全被液体浸润,这样可以充分发挥填料本身的效率,这种操作称为"预泛液"。这样维持 5 min,使柱身和填料全部湿润。

③控制回流比:调节火焰到合适位置,控制好柱顶温度,使流出速率控制在每 1～2 s 1 滴,并使一定量的液体从分馏柱中流回圆底烧瓶中,即控制分馏比。

④接收馏分:蒸气温度持续下降时,说明此沸点组分已蒸完。若只有两组分分馏,可停止加热。若是多组分分馏,可继续升温,接收第二、第三等组分的馏出液。

⑤在将欲收集的组分全部收集完毕后,停止加热。待体系稍冷后关闭冷凝水,自后向前拆卸分馏装置。

⑥用密度计测定馏出液的相对密度,记录馏出液的流出温度、体积,以及馏出液和残留液的体积。

(4)分馏操作注意事项。

①在分馏过程中,不论使用什么种类的分馏柱,都应防止回流液在分馏柱中聚集,使柱身被流下来的冷凝液体堵塞,这种现象称为"泛液"。泛液会减少液体和蒸气的接触面积,或因蒸

气上升将液体冲入冷凝管,造成分馏失败。泛液的产生是由于柱内温度太低和分馏柱的填料装填不均匀(此时需重新填装)。为了保持柱内的温度梯度,避免柱内温度太低使蒸气在柱内冷凝太快而引起泛液,可在分馏柱外用石棉绳或玻璃布等保温材料缠扎分馏柱。另外填充柱不要填装太紧或不均匀。

②分馏操作中最重要的是通过加热控制温度,使柱内保持一定的温度梯度,一般柱底的温度与圆底烧瓶内液体沸腾时的温度相接近,柱内温度自下而上不断降低,柱顶温度接近易挥发组分的沸点,柱内的温度梯度可通过馏出液的流出速率来实现。当加热速率过大时,流出速率也大,柱内的温度梯度就小,分离效果就差。反之,加热速率过小,也会由于"泛液",影响分馏操作的进行。这就需要控制回流比。回流比的大小可根据物系及操作情况而定。一般回流比控制在 4∶1,即冷凝液回到蒸馏瓶的速率为每秒 4 滴,柱顶馏出液的流出速率是每 1~2 s 1 滴。

③分馏柱中的蒸气未升到温度计水银球处时,温度计读数偏低且变化缓慢。此时不可加热过猛,以防蒸气突然升至水银球处,导致温度读数急剧升高,造成分馏过程失控。

[注]某些有机化合物可与其他组分按一定的比例组成混合物(二元共沸混合物或三元共沸混合物)。在蒸馏时,它们的液体组分与饱和蒸气的成分一样,这种混合物称为共沸混合物或恒沸物,这种混合物的沸点高于或低于混合物中任何一个组分的沸点,其沸点称为恒沸点。共沸混合物不能用蒸馏或分馏的方法进行分离,例如:乙醇-水共沸混合物的组成是 95.6% 乙醇、4.4% 水,共沸点为 78.17 ℃;无水乙醇的沸点为 78.5 ℃。

(三) 实验内容及操作

首先蒸馏一种纯液体,同时观察它的沸点(恒定的);然后分别用蒸馏和分馏的方法来分离同一种二组分混合物。通过混合物的分离比较各种类型装置的分离效率。

1. 95% 工业乙醇的蒸馏

按图 4-13-8 所示装配仪器,用圆底烧瓶作接收瓶。在 100 mL 干燥的圆底烧瓶中加入 80 mL 95% 工业乙醇,再加入几粒沸石。与此同时,应测出投料混合物的浓度(用酒精密度计测定)。

投料后再次认真检查仪器装置,确保无误,不漏气,接通冷凝水,加热。

当液体沸腾后,注意观察圆底烧瓶中的现象,当蒸气环由瓶颈逐渐上升到温度计水银球周围时,

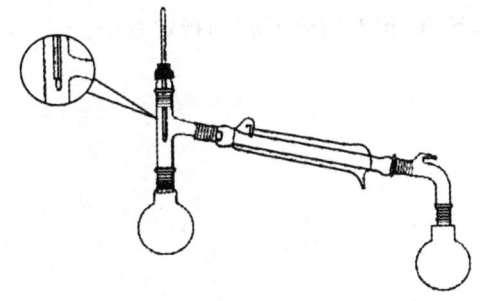

图 4-13-8　普通蒸馏装置

温度计的水银柱很快上升,这时要注意调整加热电炉的电压,使馏出液自接液管以每秒滴下 1~2 滴为宜。在蒸馏过程中温度计水银球应常有被冷凝的液滴,此时温度计的读数就是馏出液的沸点。记录收集 5 mL、10 mL、15 mL、20 mL、25 mL……馏出液的温度,然后停止蒸馏。

蒸馏结束后,停止加热,冷却后再关闭冷凝水、拆卸仪器。弃去残液,把馏分回收到指定瓶中。

2. 用简单蒸馏法分离二元混合物

用上述蒸馏装置,在圆底烧瓶中加入 90 mL 工业乙醇及 2~3 粒沸石,用同样的方法进行蒸馏操作。

　　记录每获得 3 mL 馏出液时的温度,一直到温度高于 95 ℃时停止蒸馏(82 ℃以后换一量筒作接收瓶)。

　　记录 82 ℃以前馏分的体积,测其浓度,并与投料混合物的浓度相比较。弃去残液,把各馏分回收到指定瓶中。

　　3. 用分馏法分离二元混合物

　　在 100 mL 圆底烧瓶中加入 50 mL 工业乙醇及几粒沸石,装上分馏柱,按图 4-13-9 所示分馏装置装配仪器。其操作方法与普通蒸馏大致相同,但当液体沸腾后注意控制加热温度,保持馏出液流出速率以每 2～3 s 1 滴为宜,防止产生泛液。

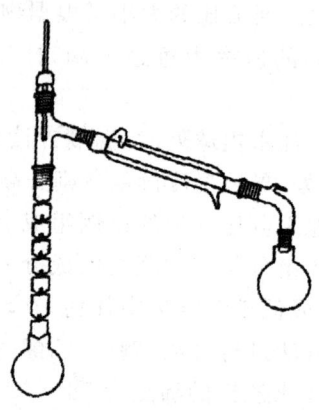

图 4-13-9　分馏装置

　　记录每获得 3 mL 馏出液时的温度,直到温度高于 95 ℃时停止蒸馏(82 ℃以后换一量筒作接收瓶)。

　　记录 82 ℃以前馏分的体积,测其浓度,并与投料混合物、普通蒸馏的馏分浓度相比较。弃去残液,把各馏分回收到指定瓶中。

附录

附录 A 酸、碱的电离常数

表 A-1 弱酸的电离常数(298 K)

弱 酸	电离常数 K_a
H_3AlO_4	$K_1 = 6.3 \times 10^{-12}$
H_3AsO_4	$K_1 = 6.0 \times 10^{-3}$; $K_2 = 1.0 \times 10^{-7}$; $K_3 = 3.2 \times 10^{-12}$
H_3AsO_3	$K_1 = 6.6 \times 10^{-10}$
H_3BO_3	$K_1 = 5.8 \times 10^{-10}$
$H_2B_4O_7$	$K_1 = 1.0 \times 10^{-4}$; $K_2 = 1.0 \times 10^{-9}$
$HBrO$	$K_1 = 2.0 \times 10^{-9}$
H_2CO_3	$K_1 = 4.4 \times 10^{-7}$; $K_2 = 4.7 \times 10^{-11}$
HCN	$K_1 = 6.2 \times 10^{-10}$
H_2CrO_4	$K_1 = 4.1$; $K_2 = 1.3 \times 10^{-4}$
$HClO$	$K_1 = 2.8 \times 10^{-8}$
HF	$K_1 = 6.6 \times 10^{-4}$
HIO	$K_1 = 2.3 \times 10^{-11}$
HIO_3	$K_1 = 0.16$
H_5IO_6	$K_1 = 2.8 \times 10^{-2}$; $K_2 = 5.0 \times 10^{-9}$
H_2MnO_4	$K_2 = 7.1 \times 10^{-11}$
HNO_2	$K_1 = 7.2 \times 10^{-4}$
H_2O_2	$K_1 = 2.2 \times 10^{-12}$
H_2O	$K_1 = 1.8 \times 10^{-16}$
H_3PO_4	$K_1 = 7.1 \times 10^{-3}$; $K_2 = 6.3 \times 10^{-8}$; $K_3 = 4.2 \times 10^{-13}$
$H_4P_2O_7$	$K_1 = 3.0 \times 10^{-2}$; $K_2 = 4.4 \times 10^{-3}$; $K_3 = 2.5 \times 10^{-7}$; $K_4 = 5.6 \times 10^{-10}$
$H_5P_3O_{10}$	$K_3 = 1.6 \times 10^{-3}$; $K_4 = 3.4 \times 10^{-7}$; $K_5 = 5.8 \times 10^{-10}$
H_3PO_3	$K_1 = 6.3 \times 10^{-2}$; $K_2 = 2.0 \times 10^{-7}$
H_2SO_3	$K_1 = 1.3 \times 10^{-2}$; $K_2 = 6.1 \times 10^{-3}$
$H_2S_2O_3$	$K_1 = 0.25$; $K_2 = 2.0 \times 10^{-2} \sim 3.2 \times 10^{-2}$
$H_2S_2O_4$	$K_1 = 0.45$; $K_2 = 3.5 \times 10^{-3}$
H_2Se	$K_1 = 1.3 \times 10^{-4}$; $K_2 = 1.0 \times 10^{-11}$

续表

弱　酸	电离常数 K_a
H_2S	$K_1 = 1.32 \times 10^{-7}; K_2 = 7.10 \times 10^{-15}$
H_2SeO_3	$K_1 = 2.3 \times 10^{-2}; K_2 = 5.0 \times 10^{-9}$
HSCN	$K_1 = 1.41 \times 10^{-1}$
H_2SiO_3	$K_1 = 1.7 \times 10^{-10}; K_2 = 1.6 \times 10^{-12}$
$HSb(OH)_6$	$K_1 = 2.8 \times 10^{-3}$
H_2TeO_3	$K_1 = 3.5 \times 10^{-3}; K_2 = 1.9 \times 10^{-8}$
H_2Te	$K_1 = 2.3 \times 10^{-3}; K_2 = 1.0 \times 10^{-12} \sim 1.0 \times 10^{-11}$
H_2WO_4	$K_1 = 3.2 \times 10^{-4}; K_2 = 2.5 \times 10^{-5}$
NH_4^+	$K_1 = 5.8 \times 10^{-5}$
$H_2C_2O_4$(草酸)	$K_1 = 5.4 \times 10^{-2}; K_2 = 5.4 \times 10^{-5}$
HCOOH(甲酸)	$K_1 = 1.77 \times 10^{-4}$
CH_3COOH(乙酸)	$K_1 = 1.76 \times 10^{-5}$
$ClCH_2COOH$(氯代乙酸)	$K_1 = 1.4 \times 10^{-3}$
$CH_2CHCOOH$(丙烯酸)	$K_1 = 5.5 \times 10^{-5}$
CH_3COCH_2COOH(乙酰乙酸)	$K_1 = 2.6 \times 10^{-4}$(316.15 K)
$H_3C_6H_5O_7$(柠檬酸)	$K_1 = 7.4 \times 10^{-4}; K_2 = 1.73 \times 10^{-5}; K_3 = 4 \times 10^{-7}$

表 A-2　弱碱的电离常数(298 K)

弱　碱	电离常数 K_b
$NH_3 \cdot H_2O$	1.8×10^{-5}
NH_2NH_2(联氨)	9.8×10^{-7}
NH_2OH(羟胺)	9.1×10^{-9}
$C_6H_5NH_2$(苯胺)	4×10^{-9}
C_5H_5N(吡啶)	1.7×10^{-9}
$(CH_2)_6N_4$(六次甲基四胺)	1.4×10^{-9}

附录 B　常见难溶电解质的溶度积常数(溶度积)(298 K)

难溶电解质	$K_{sp}^{\ominus}$	难溶电解质	$K_{sp}^{\ominus}$
AgCl	1.8×10^{-10}	$Fe(OH)_2$	4.87×10^{-17}
AgBr	5.4×10^{-13}	$Fe(OH)_3$	1.1×10^{-36}
AgI	8.5×10^{-17}	HgS	4.0×10^{-53}
Ag_2CO_3	8.46×10^{-12}	$MgCO_3$	6.82×10^{-6}
Ag_2CrO_4	1.1×10^{-12}	$Mg(OH)_2$	5.61×10^{-12}
Ag_2SO_4	1.20×10^{-5}	$Mn(OH)_2$	1.9×10^{-13}

难溶电解质	$K_{sp}^{\ominus}$	难溶电解质	$K_{sp}^{\ominus}$
$BaCO_3$	2.58×10^{-9}	MnS	2.5×10^{-13}
$BaSO_4$	1.1×10^{-10}	$PbCO_3$	7.4×10^{-14}
$BaCrO_4$	1.17×10^{-10}	$PbCrO_4$	2.8×10^{-13}
$CaCO_3$	5.0×10^{-9}	$Pb(OH)_2$	1.43×10^{-15}
$CaC_2O_4 \cdot H_2O$	2.32×10^{-9}	PbI_2	9.8×10^{-9}
$Ca_3(PO_4)_2$	2.07×10^{-29}	$PbSO_4$	2.53×10^{-8}
$CaSO_4$	7.1×10^{-5}	PbS	8×10^{-28}
CdS	8.2×10^{-27}	$ZnCO_3$	1.46×10^{-10}
CuS	6.3×10^{-36}	$\alpha\text{-}ZnS$	2.5×10^{-22}

附录 C 标准电极电势

表 C-1 酸性溶液中的标准电极电势(298 K)

	电 极 反 应	$\varphi^{\ominus}/V$
Ag	$AgBr + e^- \rightleftharpoons Ag + Br^-$	$+0.071$
	$AgCl + e^- \rightleftharpoons Ag + Cl^-$	$+0.2223$
	$Ag_2CrO_4 + 2e^- \rightleftharpoons 2Ag + CrO_4^{2-}$	$+0.447$
	$Ag^+ + e^- \rightleftharpoons Ag$	$+0.7996$
Al	$Al^{3+} + 3e^- \rightleftharpoons Al$	-1.662
As	$HAsO_2 + 3H^+ + 3e^- \rightleftharpoons As + 2H_2O$	$+0.248$
	$H_3AsO_4 + 2H^+ + 2e^- \rightleftharpoons HAsO_2 + 2H_2O$	$+0.560$
Bi	$BiOCl + 2H^+ + 3e^- \rightleftharpoons Bi + H_2O + Cl^-$	$+0.158$
	$BiO^+ + 2H^+ + 3e^- \rightleftharpoons Bi + H_2O$	$+0.320$
Br	$Br_2 + 2e^- \rightleftharpoons 2Br^-$	$+1.066$
	$BrO_3^- + 6H^+ + 5e^- \rightleftharpoons \frac{1}{2}Br_2 + 3H_2O$	$+1.482$
Ca	$Ca^{2+} + 2e^- \rightleftharpoons Ca$	-2.868
Cl	$ClO_4^- + 2H^+ + 2e^- \rightleftharpoons ClO_3^- + H_2O$	$+1.189$
	$Cl_2 + 2e^- \rightleftharpoons 2Cl^-$	$+1.358$
	$ClO_3^- + 6H^+ + 6e^- \rightleftharpoons Cl^- + 3H_2O$	$+1.451$
	$ClO_3^- + 6H^+ + 5e^- \rightleftharpoons \frac{1}{2}Cl_2 + 3H_2O$	$+1.470$
	$HClO + H^+ + e^- \rightleftharpoons \frac{1}{2}Cl_2 + H_2O$	$+1.611$
	$ClO_3^- + 3H^+ + 2e^- \rightleftharpoons HClO_2 + H_2O$	$+1.214$
	$ClO_2 + H^+ + e^- \rightleftharpoons HClO_2$	$+1.277$
	$HClO_2 + 2H^+ + 2e^- \rightleftharpoons HClO + H_2O$	$+1.645$

电 极 反 应	$\varphi^{\ominus}/V$
Co $\quad Co^{3+}+e^-\rightleftharpoons Co^{2+}$	$+1.830$
Cr $\quad Cr_2O_7^{2-}+14H^++6e^-\rightleftharpoons 2Cr^{3+}+7H_2O$	$+1.231$
Cu $\quad Cu^{2+}+e^-\rightleftharpoons Cu^+$	$+0.153$
$\quad\quad Cu^{2+}+2e^-\rightleftharpoons Cu$	$+0.342$
$\quad\quad Cu^++e^-\rightleftharpoons Cu$	$+0.522$
Fe $\quad Fe^{2+}+2e^-\rightleftharpoons Fe$	-0.447
$\quad\quad [Fe(CN)_6]^{3-}+e^-\rightleftharpoons [Fe(CN)_6]^{4-}$	$+0.358$
$\quad\quad Fe^{3+}+e^-\rightleftharpoons Fe^{2+}$	$+0.771$
H $\quad 2H^++2e^-\rightleftharpoons H_2$	$+0.000$
Hg $\quad Hg_2Cl_2+2e^-\rightleftharpoons 2Hg+2Cl^-$	$+0.281$
$\quad\quad Hg^{2+}+2e^-\rightleftharpoons Hg$	$+0.851$
$\quad\quad 2Hg^{2+}+2e^-\rightleftharpoons Hg_2^{2+}$	$+0.920$
I $\quad I_2+2e^-\rightleftharpoons 2I^-$	$+0.5355$
$\quad\quad I_3^-+2e^-\rightleftharpoons 3I^-$	$+0.536$
$\quad\quad IO_3^-+6H^++5e^-\rightleftharpoons \frac{1}{2}I_2+3H_2O$	$+1.195$
$\quad\quad HIO+H^++e^-\rightleftharpoons \frac{1}{2}I_2+H_2O$	$+1.493$
K $\quad K^++e^-\rightleftharpoons K$	-2.931
Mg $\quad Mg^{2+}+2e^-\rightleftharpoons Mg$	-2.372
Mn $\quad Mn^{2+}+2e^-\rightleftharpoons Mn$	-1.185
$\quad\quad MnO_4^-+e^-\rightleftharpoons MnO_4^{2-}$	$+0.558$
$\quad\quad MnO_2+4H^++2e^-\rightleftharpoons Mn^{2+}+2H_2O$	$+1.230$
$\quad\quad MnO_4^-+8H^++5e^-\rightleftharpoons Mn^{2+}+4H_2O$	$+1.507$
$\quad\quad MnO_4^-+4H^++3e^-\rightleftharpoons MnO_2+2H_2O$	$+1.679$
Na $\quad Na^++e^-\rightleftharpoons Na$	-2.713
N $\quad NO_3^-+4H^++3e^-\rightleftharpoons NO+2H_2O$	$+0.957$
$\quad\quad 2NO_3^-+4H^++2e^-\rightleftharpoons N_2O_4+2H_2O$	$+0.803$
$\quad\quad HNO_2+H^++e^-\rightleftharpoons NO+H_2O$	$+0.983$
$\quad\quad N_2O_4+4H^++4e^-\rightleftharpoons 2NO+2H_2O$	$+1.035$
$\quad\quad NO_3^-+3H^++2e^-\rightleftharpoons HNO_2+H_2O$	$+0.934$
$\quad\quad N_2O_4+2H^++2e^-\rightleftharpoons 2HNO_2$	$+1.065$
O $\quad O_2+2H^++2e^-\rightleftharpoons H_2O_2$	$+0.695$
$\quad\quad H_2O_2+2H^++2e^-\rightleftharpoons 2H_2O$	$+1.776$

电 极 反 应	$\varphi^{\ominus}/V$
$O_2+4H^++4e^-\Longrightarrow 2H_2O$	$+1.229$
P　$H_3PO_4+2H^++2e^-\Longrightarrow H_3PO_3+H_2O$	-0.276
Pb　$PbI_2+2e^-\Longrightarrow Pb+2I^-$	-0.365
$PbCl_2+2e^-\Longrightarrow Pb+2Cl^-$	-0.2675
$Pb^{2+}+2e^-\Longrightarrow Pb$	-0.1262
$PbO_2+4H^++2e^-\Longrightarrow Pb^{2+}+2H_2O$	$+1.455$
$PbO_2+SO_4^{2-}+4H^++2e^-\Longrightarrow PbSO_4+2H_2O$	$+1.6913$
S　$H_2SO_3+4H^++4e^-\Longrightarrow S+3H_2O$	$+0.449$
$S+2H^++2e^-\Longrightarrow H_2S$	$+0.142$
$SO_4^{2-}+4H^++2e^-\Longrightarrow H_2SO_3+H_2O$	$+0.172$
$S_4O_6^{2-}+2e^-\Longrightarrow 2S_2O_3^{2-}$	$+0.080$
$S_2O_8^{2-}+2e^-\Longrightarrow 2SO_4^{2-}$	$+2.010$
Sb　$Sb_2O_3+6H^++6e^-\Longrightarrow 2Sb+3H_2O$	$+0.152$
$Sb_2O_5+6H^++4e^-\Longrightarrow 2SbO^++3H_2O$	$+0.581$
Sn　$Sn^{4+}+2e^-\Longrightarrow Sn^{2+}$	$+0.151$
V　$[V(OH)_4]^++4H^++5e^-\Longrightarrow V+4H_2O$	-0.254
$VO^{2+}+2H^++e^-\Longrightarrow V^{3+}+H_2O$	$+0.337$
$[V(OH)_4]^++2H^++e^-\Longrightarrow VO^{2+}+3H_2O$	$+1.000$
Zn　$Zn^{2+}+2e^-\Longrightarrow Zn$	-0.763

表 C-2　碱性溶液中的标准电极电势(298 K)

电 极 反 应	$\varphi^{\ominus}/V$
Ag　$Ag_2S+2e^-\Longrightarrow 2Ag+S^{2-}$	-0.691
$Ag_2O+H_2O+2e^-\Longrightarrow 2Ag+2OH^-$	$+0.342$
Al　$H_2AlO_3^-+H_2O+3e^-\Longrightarrow Al+4OH^-$	-2.33
As　$AsO_2^-+2H_2O+3e^-\Longrightarrow As+4OH^-$	-0.68
$AsO_4^{3-}+2H_2O+2e^-\Longrightarrow AsO_2^-+4OH^-$	-0.71
Br　$BrO_3^-+3H_2O+6e^-\Longrightarrow Br^-+6OH^-$	$+0.61$
$BrO^-+H_2O+2e^-\Longrightarrow Br^-+2OH^-$	$+0.761$
Cl　$ClO_3^-+H_2O+2e^-\Longrightarrow ClO_2^-+2OH^-$	$+0.33$
$ClO_4^-+H_2O+2e^-\Longrightarrow ClO_3^-+2OH^-$	$+0.17$
$ClO_2^-+H_2O+2e^-\Longrightarrow ClO^-+2OH^-$	$+0.66$
$ClO^-+H_2O+2e^-\Longrightarrow Cl^-+2OH^-$	$+0.81$

	电 极 反 应	$\varphi^{\ominus}/V$
Co	$Co(OH)_2 + 2e^- \rightleftharpoons Co + 2OH^-$	-0.73
	$[Co(NH_3)_6]^{3+} + e^- \rightleftharpoons [Co(NH_3)_6]^{2+}$	$+0.108$
	$Co(OH)_3 + e^- \rightleftharpoons Co(OH)_2 + OH^-$	$+0.17$
Cr	$Cr(OH)_3 + 3e^- \rightleftharpoons Cr + 3OH^-$	-1.48
	$CrO_2^- + 2H_2O + 3e^- \rightleftharpoons Cr + 4OH^-$	-1.2
	$CrO_4^{2-} + 4H_2O + 3e^- \rightleftharpoons Cr(OH)_3 + 5OH^-$	-0.13
Cu	$Cu_2O + H_2O + 2e^- \rightleftharpoons 2Cu + 2OH^-$	-0.36
Fe	$Fe(OH)_3 + e^- \rightleftharpoons Fe(OH)_2 + OH^-$	-0.56
H	$2H_2O + 2e^- \rightleftharpoons H_2 + 2OH^-$	$-0.827\,7$
Hg	$HgO + H_2O + 2e^- \rightleftharpoons Hg + 2OH^-$	$+0.097\,7$
I	$IO_3^- + 3H_2O + 6e^- \rightleftharpoons I^- + 6OH^-$	$+0.26$
	$IO^- + H_2O + 2e^- \rightleftharpoons I^- + 2OH^-$	$+0.485$
Mg	$Mg(OH)_2 + 2e^- \rightleftharpoons Mg + 2OH^-$	-2.69
Mn	$Mn(OH)_2 + 2e^- \rightleftharpoons Mn + 2OH^-$	-1.56
	$MnO_4^- + 2H_2O + 3e^- \rightleftharpoons MnO_2 + 4OH^-$	$+0.595$
	$MnO_4^{2-} + 2H_2O + 2e^- \rightleftharpoons MnO_2 + 4OH^-$	$+0.60$
N	$NO_3^- + H_2O + 2e^- \rightleftharpoons NO_2^- + 2OH^-$	$+0.01$
O	$O_2 + 2H_2O + 4e^- \rightleftharpoons 4OH^-$	$+0.501$
S	$S + 2e^- \rightleftharpoons S^{2-}$	$-0.476\,27$
	$SO_4^{2-} + H_2O + 2e^- \rightleftharpoons SO_3^{2-} + 2OH^-$	-0.93
	$2SO_3^{2-} + 3H_2O + 4e^- \rightleftharpoons S_2O_3^{2-} + 6OH^-$	-0.571
	$S_4O_6^{2-} + 2e^- \rightleftharpoons 2S_2O_3^{2-}$	$+0.08$
Sb	$SbO_2^- + 2H_2O + 3e^- \rightleftharpoons Sb + 4OH^-$	-0.66
Sn	$[Sn(OH)_6]^{2-} + 2e^- \rightleftharpoons HSnO_2^- + H_2O + 3OH^-$	-0.93
	$HSnO_2^- + H_2O + 2e^- \rightleftharpoons Sn + 3OH^-$	-0.909

附录 D 元素周期表

图例说明：

原子序数 → 92 U ← 元素符号
元素名 → 铀
拼音 → yóu
相对原子质量 → 238.0

| 金属 | 非金属 | 过渡元素 |

族 / 周期	IA	IIA	IIIB	IVB	VB	VIB	VIIB	VIII	VIII	VIII	IB	IIB	IIIA	IVA	VA	VIA	VIIA	0
1	1 H 氢 qīng 1.008																	2 He 氦 hài 4.003
2	3 Li 锂 lǐ 6.941	4 Be 铍 pí 9.012											5 B 硼 péng 10.81	6 C 碳 tàn 12.01	7 N 氮 dàn 14.01	8 O 氧 yǎng 16.00	9 F 氟 fú 19.00	10 Ne 氖 nǎi 20.18
3	11 Na 钠 nà 22.99	12 Mg 镁 měi 24.31											13 Al 铝 lǚ 26.98	14 Si 硅 guī 28.09	15 P 磷 lín 30.97	16 S 硫 liú 32.07	17 Cl 氯 lǜ 35.45	18 Ar 氩 yà 39.95
4	19 K 钾 jiǎ 39.10	20 Ca 钙 gài 40.08	21 Sc 钪 kàng 44.96	22 Ti 钛 tài 47.87	23 V 钒 fán 50.94	24 Cr 铬 gè 52.00	25 Mn 锰 měng 54.94	26 Fe 铁 tiě 55.85	27 Co 钴 gǔ 58.93	28 Ni 镍 niè 58.69	29 Cu 铜 tóng 63.55	30 Zn 锌 xīn 65.39	31 Ga 镓 jiā 69.72	32 Ge 锗 zhě 72.61	33 As 砷 shēn 74.92	34 Se 硒 xī 78.96	35 Br 溴 xiù 79.90	36 Kr 氪 kè 83.80
5	37 Rb 铷 rú 85.47	38 Sr 锶 sī 87.62	39 Y 钇 yǐ 88.91	40 Zr 锆 gào 91.22	41 Nb 铌 ní 92.91	42 Mo 钼 mù 95.94	43 Tc 锝* dé [99]	44 Ru 钌 liǎo 101.1	45 Rh 铑 lǎo 102.9	46 Pd 钯 bǎ 106.4	47 Ag 银 yín 107.9	48 Cd 镉 gé 112.4	49 In 铟 yīn 114.8	50 Sn 锡 xī 118.7	51 Sb 锑 tī 121.8	52 Te 碲 dì 127.6	53 I 碘 diǎn 126.9	54 Xe 氙 xiān 131.3
6	55 Cs 铯 sè 132.9	56 Ba 钡 bèi 137.3	57-71 La-Lu 镧系	72 Hf 铪 hā 178.5	73 Ta 钽 tǎn 180.9	74 W 钨 wū 183.8	75 Re 铼 lái 186.2	76 Os 锇 é 190.2	77 Ir 铱 yī 192.2	78 Pt 铂 bó 195.1	79 Au 金 jīn 197.0	80 Hg 汞 gǒng 200.6	81 Tl 铊 tā 204.4	82 Pb 铅 qiān 207.2	83 Bi 铋 bì 209.0	84 Po 钋 pō [209]	85 At 砹 ài [210]	86 Rn 氡 dōng [222]
7	87 Fr 钫 fāng [223]	88 Ra 镭 léi 226.0	89-103 Ac-Lr 锕系	104 Rf 𬬻* lú [265]	105 Db 𬭊* dù [268]	106 Sg 𬭳* xǐ [271]	107 Bh 𬭛* bō [270]	108 Hs 𬭶* hēi [271]	109 Mt 鿏* mài [276]	110 Ds 𫟼* dá [281]	111 Rg 𬬭* lún [280]	112 Cn 鿔* gē [285]	113 Nh 钦* xǐ [284]	114 Fl 铁* fū [289]	115 Mc 镆* mò [288]	116 Lv 𫟷* lì [292]	117 Ts 础* tián [294]	118 Og 𬤌* ào [293]

镧系

57 La 镧 lán 138.9	58 Ce 铈 shì 140.1	59 Pr 镨 pǔ 140.9	60 Nd 钕 nǚ 144.2	61 Pm 钷* pǒ [147]	62 Sm 钐 shān 150.4	63 Eu 铕 yǒu 152.0	64 Gd 钆 gá 157.3	65 Tb 铽 tè 158.9	66 Dy 镝 dī 162.5	67 Ho 钬 huǒ 164.9	68 Er 铒 ěr 167.3	69 Tm 铥 diū 168.9	70 Yb 镱 yì 173.0	71 Lu 镥 lǔ 175.0

锕系

89 Ac 锕 ā 227.0	90 Th 钍 tǔ 232.0	91 Pa 镤 pú 231.0	92 U 铀 yóu 238.0	93 Np 镎 ná 237.0	94 Pu 钚 bù [244]	95 Am 镅* méi [243]	96 Cm 锔* jú [247]	97 Bk 锫* péi [247]	98 Cf 锎* kāi [251]	99 Es 锿* āi [252]	100 Fm 镄* fèi [257]	101 Md 钔* mén [258]	102 No 锘* nuò [259]	103 Lr 铹* láo [260]

参考文献

[1] 魏祖期.基础化学[M].7 版.北京:人民卫生出版社,2008.

[2] 高琳.基础化学[M].北京:高等教育出版社,2006.

[3] 高职高专化学教材编写组.无机化学[M].3 版.北京:高等教育出版社,2006.

[4] 谢吉民.医学化学[M].北京:人民卫生出版社,2006.

[5] 李炳诗,廖朝东.基础化学[M].郑州:河南科学技术出版社,2007.

[6] 韩忠霄,孙乃有.无机及分析化学[M].北京:化学工业出版社,2006.

[7] 天津大学无机化学教研室.无机化学[M].3 版.北京:高等教育出版社,2005.

[8] 古国榜,李朴.无机化学[M].2 版.北京:化学工业出版社,2006.

[9] 刘晶莹.无机化学[M].北京:中国医药科技出版社,2004.

[10] 侯新初.无机化学[M].北京:中国医药科技出版社,2005.

[11] 大连理工大学无机化学教研室.无机化学[M].4 版.北京:高等教育出版社,2002.

[12] 李淑华.基础化学[M].北京:化学工业出版社,2008.

[13] 高职高专化学教材编写组.物理化学[M].2 版.北京:高等教育出版社,2000.

[14] 邢其毅.基础有机化学[M].3 版.北京:高等教育出版社,2005.

[15] 张法庆.有机化学[M].2 版.北京:化学工业出版社,2008.

[16] 刘斌.有机化学[M].北京:人民卫生出版社,2003.

[17] 曾崇理.有机化学[M].北京:人民卫生出版社,2002.

[18] 吴英锦.基础化学[M].北京:高等教育出版社,2007.

[19] 张欣荣.医用化学[M].北京:中国医药科技出版社,2004.

[20] 庞茂林.医用化学[M].4 版.北京:人民卫生出版社,2000.

[21] 倪沛洲.有机化学[M].4 版.北京:人民教育出版社,2002.

[22] 薛会君,刘德云.无机化学[M].2 版.北京:科学出版社,2008.